求 是 集

——李杰学术论文选

第二卷

同济大学出版社
TONGJI UNIVERSITY PRESS

内 容 提 要

本文集是李杰教授在结构工程领域发表论文的选集。书中论述了结构工程研究的关键科学问题和作者关于物理随机系统研究的基本思想。以此为纲，全书从六个方面展现了作者在过去20年中的主要研究工作。包括：灾害性动力作用分析与建模、混凝土随机损伤力学、随机结构分析与建模、概率密度演化理论、结构可靠性分析与结构控制、工程网络可靠性分析与设计方面的内容。这些内容反映了我国结构工程基础研究领域的热点问题和最新研究进展。

本书可供结构工程领域的教学、科研、工程技术人员和研究生阅读参考。

图书在版编目(CIP)数据

求是集：李杰学术论文选. 第二卷 / 李杰著. -- 上海：同济大学出版社，2016.10

ISBN 978-7-5608-6565-2

Ⅰ.①求… Ⅱ.①李… Ⅲ.①结构工程—文集 Ⅳ.①TU3-53

中国版本图书馆CIP数据核字(2016)第240245号

求是集——李杰学术论文选(第二卷)

李 杰 著

责任编辑 李小敏 **责任校对** 徐春莲 **封面设计** 于 飞

出版发行 同济大学出版社 www.tongjipress.com.cn

(地址：上海市四平路1239号 邮编：200092 电话：021-65985622)

经 销 全国各地新华书店

印 刷 虎彩印艺股份有限公司

开 本 787 mm×1 092 mm 1/16

印 张 29.5

字 数 590 000

版 次 2016年10月第1版 2016年10月第1次印刷

书 号 ISBN 978-7-5608-6565-2

定 价 198.00元

李杰，同济大学结构工程学科讲座教授，博士生导师，上海防灾救灾研究所所长。兼任国际结构安全性与可靠性协会(IASSAR)执行委员会委员、国际土木工程风险与可靠性协会(CERRA)主席团成员、国际结构安全性联合委员会(JCSS)委员；中国振动工程学会副理事长、随机振动专业委员会主任、中国建筑学会结构计算理论与工程应用专业委员会主任等学术职务；国际期刊 *Structural Safety*，*International Journal of Damage Mechanics* 等刊编委。

长期从事结构工程理论研究工作，在随机动力学、混凝土损伤力学、工程可靠性研究中有系列学术贡献。著有《地震工程学导论》(地震出版社，1992 年)、《随机结构系统——分析与建模》(科学出版社，1996 年)、《生命线工程抗震——基础理论与应用》(科学出版社，2005 年)、《Stochastic Dynamics of Structures》(John Wiley & Sons，2009)、《混凝土随机损伤力学》(科学出版社，2014 年)等学术著作；在国内外学术期刊发表研究论文 400 余篇，其中 SCI 收录 120 余篇、EI 收录 260 余篇，研究论著被他人引用 7000 余次；获得国家级、省部级科技奖励 20 余项。

1998 年获得国家杰出青年科学基金；1999 年入选教育部“长江学者奖励计划”首批特聘教授；同年，被国务院授予“有突出贡献的中青年专家”称号；2001 年被教育部授予“全国优秀教师”称号；2004 年被上海市授予“劳动模范”称号；2005 年入选上海市“科技领军人才计划”；2012 年被中国科学技术协会授予“全国优秀科技工作者”称号；2013 年被丹麦王国奥尔堡大学授予荣誉博士学位；2014 年，因在概率密度演化理论与大规模基础设施系统抗震可靠性设计方面的学术成就，被美国土木工程师学会(ASCE)授予 Freudenthal 奖章，是这一权威国际奖项设立 40 年来的第一位亚洲获奖者。

目　录

第一卷目录

综论一　结构工程研究中的关键科学问题

第一篇　结构动力作用分析与建模

第二篇　混凝土随机损伤力学

第二卷目录

第三篇　随机结构分析与建模

第四篇　概率密度演化理论

第五篇　结构可靠性分析与结构控制

第六篇　工程网络可靠性分析与设计

综论二　物理随机系统研究的若干基本观点

第三篇　随机结构分析与建模

随机结构动力矩阵的线性表示与线性截断

李 杰

摘 要 随机结构地震反应分析是地震工程研究在20世纪90年代的热点课题之一.文中论述了随机结构分析中动力矩阵的线性表示与线性截断方式.提出了虚拟结构方法,为随机结构动力矩阵的形成打开了方便之门.

前 言

传统的结构地震反应分析理论,是基于确定性结构、确定性或随机性的地震动输入这样一个基本格局的.这种分析模型忽略了结构物在模型化过程中所引入的各种不确定性因素,而仅仅关注于结构主导因素的把握.容忍这样忽略的主要原因来自两方面的认识:①地震动是随机性很大的动力作用,与动力作用的随机性相比较,结构的随机性可以忽略;②与输入的随机性相比较,结构的随机性是更难把握的一个侧面,不仅在分析上存在巨大的数学困难而难以获得问题的解析解,而且对动力问题甚至难以获得理想的近似解,同时,在对结构随机因素的概率描述与概率统计上也存在实际的困难.近年来,这两方面的认识都不同程度地有所转变,针对地震动的随机性与结构随机性的关系问题,人们认识到这是属于两个不同性质的问题,简单地以一种随机性代替另一种随机性是不适宜的.尤其是地震动研究在近二十年来的巨大进展,已使人们感觉到地震动的随机性已远不如人们开始想象的那么严重,事实上,当把震级、距离、场地条件等因素综合考虑进来之后,地震动的随机性已进入到人们可以接受的数值范围.而在另一侧面,结构的随机性所引起的动力反应的大幅度涨落现象则使人们认识到,在一些情况下,结构随机性所引起的反应变异特性已足可以和地震动的随机性相比较.至于对于随机结构的分析与结构随机性质的把握,则因为随机结构分析的正交展开理论的产生与发展,随机结构建模理论的出现,而使得在实际工程中进行随机结构地震反应分析工作成为可以预期的现实.正是基于上述观念的转变,随机结构地震反应分析研究工作正在成为90年代地震工程基础理论研究工作中的热点问题之一.

在随机结构分析中,结构动力矩阵的形成是带有基础性意义的工作.由于多数文献集中于怎样进行分析的研究之中,对于随机动力矩阵的形成还极少系统、专门的论述.基于这一背景,本文特别阐述随机结构动力矩阵的线性表示与线性截断问题.文中,提出了虚拟结构方法,使得随机结构动力矩阵可以如常规有限元刚度集成一样方便而简单.

1 随机动力矩阵

本文所述随机矩阵是指在随机结构动力分析中所出现的反映结构动力特性的矩阵,如质量矩阵、阻尼矩阵、刚度矩阵等.当这些矩阵中的基本变量如材料的质量密度、阻尼系数、弹性模量、泊松比、几何尺寸等被处理为随机参数时,相应的矩阵成为随机矩阵.

不失一般性,设结构参数随机场为$\{B(U)U\in D\}$,则利用随机场离散的离散化方法如局部平均法[1],可将其离散化为随机变量集合$\{V_e,\ e=1,\ 2,\ \cdots,\ n\}$,这里$n$为场域单元划分数.通常,为方便起见,将随机场离散划分格式取作与结构有限单元相同的划分格式.将V_e转化为标准化随机变量的方式表达

$$V_e = V_{e0} + V_{er}\zeta_e \quad (e = 1,\ 2,\ \cdots,\ n) \tag{1}$$

式中,V_{e0}为V_e的均值;V_{er}为V_e的均方差;ζ_e为均值为零、方差为1的标准化随机变量.

在另一方面,对经过上述有限单元划分的单元,可以按有限元位移法建立其单元特性矩阵,一般地有

$$\tilde{\boldsymbol{m}}_e = \int_\Omega \boldsymbol{N}^{\mathrm{T}}\rho\boldsymbol{N}\mathrm{d}\Omega \tag{2}$$

$$\tilde{\boldsymbol{c}}_e = \int_\Omega \boldsymbol{N}^{\mathrm{T}}\eta\boldsymbol{N}\mathrm{d}\Omega \tag{3}$$

$$\tilde{\boldsymbol{k}}_e = \int_\Omega \boldsymbol{BDB}\mathrm{d}\Omega \tag{4}$$

式中,ρ为质量密度;η为阻尼系数;$\boldsymbol{N}$为形函数矩阵;$\boldsymbol{B}$为几何矩阵;$\boldsymbol{D}$为弹性矩阵.

前述V_e可以表示单元特性矩阵中的任一基本变量,如ρ, η, E, U, L_e, I_e, A_e等.亦可以用$V_{ei}(i=1,\ 2,\ \cdots)$表示多个基本变量的共同影响.显然,当单元特性矩阵中出现基本变量为随机变量的情况时,相应单元特性矩阵成为单元随机矩阵.

2 随机矩阵的线性表示

当随机变量V_e以线性因子形式出现在动力矩阵中时,相应随机矩阵可以表示为标准化随机变量的线性函数形式.不失一般性,用$\boldsymbol{S}$表达一般的随机动力矩阵,则有

$$\widetilde{\boldsymbol{S}}_e = \widetilde{\boldsymbol{S}}_e + \widetilde{\boldsymbol{S}}_{er}\zeta_e \tag{5}$$

其中，$\widetilde{\boldsymbol{S}}_e$ 表示单元随机矩阵；$\widetilde{\boldsymbol{S}}_{e0}$ 为单元均值参数矩阵；$\widetilde{\boldsymbol{S}}_{er}$ 为单元均方差参数矩阵；ζ_e 为相应于 e 单元的标准化随机变量.

事实上，上述结果可由随机矩阵 $\widetilde{\boldsymbol{S}}_e$ 关于标准化随机变量 ζ_e 的级数展开形式导出

$$\widetilde{\boldsymbol{S}}_e = \widetilde{\boldsymbol{S}}_{e0} + \frac{\mathrm{d}\widetilde{\boldsymbol{S}}_e}{S_e}\bigg|_{\zeta_e=0}\zeta_e + \frac{1}{2}\frac{\mathrm{d}^2\widetilde{\boldsymbol{S}}_e}{\mathrm{d}\zeta_e^2}\bigg|_{\zeta_e=0}\zeta_e + \cdots \tag{6}$$

由于 V_e 为 $\widetilde{\boldsymbol{S}}_e$ 中的线性因子，因此二阶以上导数为零，而

$$\frac{\mathrm{d}\widetilde{\boldsymbol{S}}_e}{\mathrm{d}\zeta_e} = \frac{\mathrm{d}\widetilde{\boldsymbol{S}}_e}{\mathrm{d}V_e}\frac{\mathrm{d}V_e}{\mathrm{d}\zeta_e} = \widetilde{\boldsymbol{S}}_{er} \tag{7}$$

于是式(5)成立.

以线性因子形式出现在动力矩阵中的基本变量有 ρ，η，E，I，A 等物理量. 以平面梁单元为例，不考虑轴向变形，当取 ρ 为随机参数时，有

$$\widetilde{\boldsymbol{m}}_{e0} = \frac{\rho_{e0}Al}{420} \times \begin{bmatrix} 156 & 22l & 54 & -13l \\ 22l & 4l^2 & 13l & -3l^2 \\ 54 & 13l & 12 & -6l \\ -13l & -3l^2 & -6l & 4l^2 \end{bmatrix} \tag{8}$$

$$\widetilde{\boldsymbol{m}}_{er} = \frac{\rho_{er}Al}{420} \times \begin{bmatrix} 156 & 22l & 54 & -13l \\ 22l & 4l^2 & 13l & -3l^2 \\ 54 & 13l & 12 & -6l \\ -13l & -3l^2 & -6l & 4l^2 \end{bmatrix} \tag{9}$$

由于坐标变换与单元定位属于确定性线性变换，因此，对于在整体坐标系下的单元矩阵及整体结构动力矩阵亦保持类似于式(5)的关系，即有

$$\boldsymbol{S}_e = \boldsymbol{S}_{e0} + \boldsymbol{S}_{er}\zeta_e \tag{10}$$

$$\boldsymbol{S} = \boldsymbol{S}_0 + \sum_e \boldsymbol{S}_{er}\zeta_e \tag{11}$$

其中，

$$\boldsymbol{S}_e = \boldsymbol{T}_a{}^{\mathrm{T}}\widetilde{\boldsymbol{S}}_{e0}\boldsymbol{T}_a \tag{12}$$

$$\boldsymbol{S}_{er} = \boldsymbol{T}_a{}^{\mathrm{T}}\widetilde{\boldsymbol{S}}_{er}\boldsymbol{T}_a \tag{13}$$

$$\boldsymbol{S}_0 = \sum_e \boldsymbol{T}_e{}^{\mathrm{T}}\boldsymbol{S}_{e0}\boldsymbol{T}_e \tag{14}$$

$$\bar{\boldsymbol{S}}_{er} = \boldsymbol{T}_e{}^{\mathrm{T}}\boldsymbol{S}_{er}\boldsymbol{T}_e \tag{15}$$

这里，$\boldsymbol{T}_a$ 为单元坐标转换矩阵，$\boldsymbol{T}_e$ 为单元定位矩阵. 于是，系统的整体动力矩阵可以通过均值参数矩阵 $\boldsymbol{S}_0$ 和均方差参数矩阵 $\widetilde{\boldsymbol{S}}_{er}$ 按式(11)形成. 其中均值参数矩阵可以以单元均值参数按直接刚度法形成，均方差参数矩阵可以通过构造如下"虚拟结构"按直接刚度法形成. 这一虚拟结构各单元相应于给定基本变量的参数为

$$\{r\} = (0,\ 0,\ \cdots,\ \underset{\text{第}e\text{个单元}}{V_{er}},\ 0,\ \cdots,\ 0)^{\mathrm{T}} \tag{16}$$

当单元随机变量具有同分布参数时，可以合并构造虚拟结构. 不失一般性，设结构内各单元随机变量可以划分为 N 个子集，在每个子集内随机变量具有同分布性质，则式(11)可表示为

$$\boldsymbol{S} = \boldsymbol{S}_0 + \sum_{j=1}^{N} \boldsymbol{S}_j \zeta_j \tag{17}$$

其中

$$\boldsymbol{S}_J = \sum_e \boldsymbol{T}_e{}^r \boldsymbol{S}_e \boldsymbol{T}_e \tag{18}$$

$\boldsymbol{S}_j$ 可按如下虚拟结构由直接刚度法形成：

$$\{r\} = (0,\ \cdots,\ V_{lr},\ 0,\ \cdots,\ V_{mr},\ 0,\ \cdots,\ V_{pr},\ 0,\ \cdots,\ 0) \tag{19}$$

上式表明，在第 j 个子集中，共有 3 个单元，由这 3 个单元相应的均方差参数与其他零单元一起共同构成虚拟结构.

引用随机向量的相关分解技术，可以进一步使动力矩阵的线性表达与形成得到简化. 事实上，根据相关结构分解技术，式(1)可表达为

$$V_e = V_{e0} + \sum_{i=1}^{n} \phi_i \sqrt{\lambda_i} b_i \tag{20}$$

式中 $b_i(i=1,\ 2,\ \cdots)$为标准化独立随机变量序列；λ_i 与 ϕ_i 分别为 V 的协方差矩阵的特征值与特征向量.

对比式(1)与式(20)可知：

$$\zeta_e = \frac{1}{V_{er}} \sum_{i=1}^{n} \phi_i \sqrt{\lambda_i} b_i \tag{21}$$

将上式代入式(11)，将给出

$$\boldsymbol{S} = \boldsymbol{S}_0 + \sum_e \widetilde{\boldsymbol{S}}_{er} \frac{1}{V_{er}} \sum_{i=1}^{n} \phi_i \sqrt{\lambda_i} b_i \tag{22}$$

由于随机变量 V_e 以线性因子形式出现于动力矩阵中，所以上式分母中的 V_{er} 可与 $\widetilde{\boldsymbol{S}}_{er}$ 中的 V_{er} 约去. 同时，上式中两个求和号也可以调换次序写为如下形式

$$\boldsymbol{S} = \boldsymbol{S}_0 + \sum_{i=1}^{n} \boldsymbol{S}_i b_i \tag{23}$$

其中

$$\boldsymbol{S}_i = \sum_e \boldsymbol{T}_e{}^{\mathrm{T}} \boldsymbol{S}_{er} \boldsymbol{T}_e \tag{24}$$

式中，$\boldsymbol{S}_{er}$ 是以 $\phi_i \sqrt{\lambda_i}$ 为基本变量形成第 i 个虚拟结构时的 e 单元在整体坐标系下的单元动力矩阵.

由于独立随机变量 $\eta_i = \sqrt{\lambda_i} b_i$ 的方差具有渐近序列的性质，因此可以用 $q < n$ 的子集代替原随机变量集合，即有

$$\boldsymbol{S} = \boldsymbol{S}_0 + \sum_{i=1}^{q} \boldsymbol{S}_i b_i \tag{25}$$

针对 r 个虚拟结构分别形成均方差矩阵 $\boldsymbol{S}_i$，均值参数结构形成 $\boldsymbol{S}_0$，即可按式(25)形成结构的随机动力矩阵. 有意义的是，上述形成方式均可借助有限单元法中的直接刚度法进行，因此是比较方便的.

应该指出，经过相关结构分解，标准化随机变量集合 b 已为独立随机变量集合，这为计算反应的数值特征进一步提供了方便.

3 随机矩阵的级数表示与截断

当随机变量 V_e 以非线性因子形式出现在动力矩阵中时，相应的随机矩阵可表示为级数形式. 以层间剪切型结构为例，其第 e 层的单元刚度矩阵可表示为

$$\boldsymbol{K}_e = \frac{12\boldsymbol{E}_e \boldsymbol{I}_e}{l_e^3} \begin{bmatrix} 1 & -1 \\ -1 & 1 \end{bmatrix} \tag{26}$$

当层间高度 l_e 为随机参数时，它以非线性因子方式出现在动力矩阵之中，设

$$l_e = l_{e0} + l_{er} \cdot \zeta_e \tag{27}$$

其中，l_{e0} 为层高均值；l_{er} 为层高方差；ζ_e 为标准化随机变量.

将 l_e 的表达式代入式(26)，则单元刚度矩阵为关于随机变量 ζ_e 的非线性函数，利用随机函数的级数展开，可以将这种表达式转化为关于 ζ_e 的级数表达形式，即

$$\begin{aligned} \boldsymbol{K}_e &= \boldsymbol{K}_{e0} + \left.\frac{\mathrm{d}\boldsymbol{K}_e}{\mathrm{d}\zeta_e}\right|_{\zeta_e=0} \zeta_e + \frac{1}{2} \left.\frac{\mathrm{d}^2\boldsymbol{K}_e}{\mathrm{d}\zeta_e^2}\right|_{\zeta_e=0} \\ \zeta_e^2 + \cdots &= \frac{12\boldsymbol{E}_e\boldsymbol{I}_e}{l_{e0}^3} \begin{bmatrix} 1 & -1 \\ -1 & 1 \end{bmatrix} - \frac{36\boldsymbol{E}_e\boldsymbol{I}_e l_{er}}{l_{e0}^4} \begin{bmatrix} 1 & -1 \\ -1 & 1 \end{bmatrix} \zeta_e + \\ &\quad \frac{72\boldsymbol{E}_e\boldsymbol{I}_e l_{er}^2}{l_{e0}^5} \begin{bmatrix} 1 & -1 \\ -1 & 1 \end{bmatrix} \zeta_e^2 + \cdots \end{aligned} \tag{28}$$

显然，当仅取前两项时，$\boldsymbol{K}_e$ 退化为 ζ_e 的线性函数.

一般地，含非线性变量的随机动力矩阵可以用下式表示

$$\widetilde{\boldsymbol{S}}_e = \widetilde{\boldsymbol{S}}_{0e} + \left.\frac{\mathrm{d}\widetilde{\boldsymbol{S}}_e}{\mathrm{d}\zeta_e}\right|_{\zeta_e=0}\zeta_e + \frac{1}{2}\left.\frac{\mathrm{d}^2\widetilde{\boldsymbol{S}}_e}{\mathrm{d}\zeta_e^2}\right|_{\zeta_e=0}\zeta_e^2 + \cdots \tag{29}$$

或写为

$$\widetilde{\boldsymbol{S}}_e = \widetilde{\boldsymbol{S}}_{0e} + \widetilde{\boldsymbol{S}}_{1e}\zeta_e + \widetilde{\boldsymbol{S}}_{2e}\zeta_e^2 + \cdots \tag{30}$$

此处，

$$\widetilde{\boldsymbol{S}}_{ie} = \frac{1}{i!}\left.\frac{\mathrm{d}^{(i)}\widetilde{\boldsymbol{S}}_e}{\mathrm{d}\zeta_e}\right|_{\zeta_e=0} \tag{31}$$

经过坐标变换和单元定位，可给出整体动力矩阵为

$$\boldsymbol{S} = \boldsymbol{S}_0 + \sum_e \bar{\boldsymbol{S}}_{1e}\zeta_e + \sum_e \bar{\boldsymbol{S}}_{2e}\zeta_e^2 + \cdots \tag{32}$$

其中，

$$\bar{\boldsymbol{S}}_{ie} = \boldsymbol{T}_e^{\mathrm{T}}\boldsymbol{T}_a^{\mathrm{T}}\widetilde{S}_{ie}\boldsymbol{T}_a^{\mathrm{T}}\boldsymbol{T}_e^{\mathrm{T}} \tag{33}$$

由于基本变量 V_{er}/V_{e0} 为一小量，所以从数字特征收敛意义上，上述级数展开可取有限展开形式加以截断. 最常见的是线性截断，此时有

$$\widetilde{\boldsymbol{S}}_e \approx \widetilde{\boldsymbol{S}}_{0e} + \widetilde{\boldsymbol{S}}_{1e}\zeta_e \tag{34}$$

$$\boldsymbol{S} = \boldsymbol{S}_0 + \sum_e \bar{\boldsymbol{S}}_{1e}\zeta_e \tag{35}$$

截断误差应从 M 阶精度意义上考虑，例如，线性截断的二阶精度可用方差函数的余项表达：

$$\varepsilon = \frac{D\boldsymbol{S}_2 - D\boldsymbol{S}}{D\boldsymbol{S}_1} \tag{36}$$

这里，$\boldsymbol{S}_1$ 表示按线性截断的结果；$\boldsymbol{S}_2$ 表示按 ζ_e 的 2 次项截断的结果.

对于上述线性截断形式，也可以引用相关结构分解的概念将式(35)化为式(25)的形式，这将使计算得到简化.

4 多随机因素复合情况

上述两节，是从每一动力矩阵中只出现一类随机参数的情况考虑的，本节考虑出现多类随机参数的情形. 此时，对于结构有限元划分的任一单元，经随机场局部平均后的随机变量组可以表达为

$$V_{ej}=V_{ej0}+V_{ejr}\zeta_{ej}\begin{pmatrix}e=1,\ 2,\ \cdots,\ n\\ j=1,\ 2,\ \cdots,\ m\end{pmatrix} \tag{37}$$

式中,m 为单元 e 中需考虑的随机变量个数.其余各符号含义可据式(1)类推.

随机矩阵 $\widetilde{\boldsymbol{S}}_e$ 关于标准化随机变量的级数展开式为

$$\widetilde{\boldsymbol{S}}_e=\widetilde{\boldsymbol{S}}_{e0}+\sum_{j=1}^{m}\left(\frac{\partial\widetilde{\boldsymbol{S}}_e}{\partial\zeta_{ej}}\right)\zeta_{ej}+\frac{1}{2}\sum_{j=1}^{m}\sum_{l=1}^{m}\left(\frac{\partial^2\widetilde{\boldsymbol{S}}_e}{\partial\zeta_{ej}\partial\zeta_{el}}\right)_0\zeta_{ej}\zeta_{el}+\cdots \tag{38}$$

式中,记号$(\quad)_0$ 表示对求导后函数中所有 ζ_{ej} 取零值.

当各基本变量皆为动力矩阵的线性因子时,即,若

$$\widetilde{\boldsymbol{S}}_e=\widetilde{\boldsymbol{S}}_e\left(\prod_{j=1}^{m}V_{ej}\right) \tag{39}$$

则式(38)可表示为

$$\widetilde{\boldsymbol{S}}_e=\widetilde{\boldsymbol{S}}_{e0}+\sum_{j=1}^{m}\widetilde{\boldsymbol{S}}_{ejr}\zeta_{ej}+\frac{1}{2}\sum_{j=1}^{m}\sum_{l=1}^{m}\widetilde{\boldsymbol{S}}_{ejlr}\zeta_{ej}\zeta_{el}+\cdots \tag{40}$$

其中,

$$\widetilde{\boldsymbol{S}}_{e0}=\widetilde{\boldsymbol{S}}_{e0}\left(\prod_{j=1}^{m}V_{rjD}\right) \tag{41}$$

$$\widetilde{\boldsymbol{S}}_{ejr}=\widetilde{\boldsymbol{S}}_{ejr}\left(V_{ejr}\prod_{\substack{i=1\\ i\neq j}}^{m}V_{ejD}\right) \tag{42}$$

$$\widetilde{\boldsymbol{S}}_{ejlr}=\widetilde{\boldsymbol{S}}_{ejlr}\left(V_{ejr}V_{elr}\prod_{\substack{i=1\\ i\neq j,\ e}}^{m}V_{ejD}\right) \tag{43}$$

$(\cdot)$表示按这些参数形成单元动力矩阵.

与单类变量情况比较,可见多类变量的特殊性在于要考虑复合均方差参数矩阵(如 $\widetilde{\boldsymbol{S}}_{erjl}$)的影响.对于实际工程问题,方差参数与均值参数相比一般为小参数.因此从满足动力矩阵的二阶精度的角度考虑,可以对式(40)作线性截断.即取

$$\widetilde{\boldsymbol{S}}_e=\widetilde{\boldsymbol{S}}_{e0}+\sum_{j=1}^{m}\widetilde{\boldsymbol{S}}_{ejr}\zeta_{ej} \tag{44}$$

而整体结构的动力矩阵可表示为

$$\boldsymbol{S}=\boldsymbol{S}_0+\sum_{j=1}^{m}\sum_{e}\bar{\boldsymbol{S}}_{ejr}\zeta_{ej} \tag{45}$$

其中

$$\bar{\boldsymbol{S}}_{ejr}=\boldsymbol{T}_a^{\mathrm{T}}\boldsymbol{T}_e^{\mathrm{T}}\widetilde{\boldsymbol{S}}_{ejr}\boldsymbol{T}_e\boldsymbol{T}_a \tag{46}$$

引用随机向量的相关分解技术，可以进而将式(41)简化为

$$\boldsymbol{S}=\boldsymbol{S}_0+\sum_{j=1}^{m}\sum_{l=1}^{q_j}\boldsymbol{S}_j\boldsymbol{b}_{ji} \tag{47}$$

其中，q_j 为针对第 j 个随机参数所取的独立随机变量个数.

$$\boldsymbol{S}_{ji}=\sum_{e}\boldsymbol{T}_a^{\mathrm{T}}\boldsymbol{T}_e^{\mathrm{T}}\widetilde{\boldsymbol{S}}_{ejr}\boldsymbol{T}_e\boldsymbol{T}_a \tag{48}$$

$\boldsymbol{S}_{ejr}$ 是以 $\phi_{ji}\sqrt{\lambda_{ji}}$ 为基本变量形成关于第 j 类变量的第 i 个虚拟结构时的 e 单元在局部坐标系下的单元动力矩阵. 实际上，$\boldsymbol{S}_{ji}$ 可直接由虚拟结构概念按直接刚度法形成.

5 结　语

本文从对随机矩阵中参数因子的分析出发，指出对于以线性因子形式出现于动力矩阵中的随机参数，其相应随机动力矩阵可以精确地表示为关于标准化随机变量的线性形式. 并且，可以引用虚拟结构方法形成相应的均值参数矩阵与方差参数矩阵. 而对于以非线性因子出现的随机因素，则要求引用随机级数的线性截断形式才可以化为关于标准化随机变量的线性表示形式. 在实际工程的地震反应分析中，所需考虑的随机因素多以线性因子形式出现在动力矩阵中，因此，本文建议的虚拟结构方法，为基于有限单元概念的随机结构地震反应分析提供了重要基础.

参考文献

[1] Vanmark E. Randoln Fields: Analysis and Synthesis [M]. Massachusetts: MIT Press, 1983.
[2] 李杰. 结构动力分析的若干发展趋势[J]. 世界地震工程，1993(2).

The Linear Expression and Truncation of Dyaamic Matrix of Stochastic Structures

Li Jie

Abstract: This Paper discusses the linear expression and truncation of dynamic matrix of stochastic structures. A subjunctive structure method is proposed for the purpose of forming the dynamic matrix of stochastic structures.

(本文原载于《世界地震工程》第 2 期，1995 年 5 月)

随机结构分析的扩阶系统方法(Ⅰ)：扩阶系统方程

李　杰

摘　要　本文提出了一类新的随机结构分析方法——扩阶系统方法. 文中首先论述了随机函数空间中的正交展开与次序正交展开概念. 利用随机函数空间中的正交分解原理，证明了扩阶系统方程的正确性.

引　言

结构分析是结构设计的基础. 当结构分析模型中的参数被处理为随机场或随机变量时，相应的结构分析模型称为随机结构模型，简称随机结构. 与确定性结构分析模型相比较，随机结构分析模型是对现实工程结构系统的一种更合理的反映. 关于随机结构分析的研究，可认为是起源于 60 年代中期，发展于 70 与 80 年代[1]. 在这一潮流中，占主导地位的研究方法可归纳为随机模拟方法与摄动有限元方法[2-5]. 前者一般计算量较大，往往难以应用于工程实际，后者则局限于小参数摄动范围，且对于动力分析问题，摄动有限元方法在本质上不适用. 在另一方面，80 年代末至 90 年代初，研究者们在 Sun[6] 的思想启发下，试图寻求沿着正交多项式展开的方式求取随机结构反应的解答[7-10]，取得了一定进展. 在这一背景下，本文作者正式提出了随机结构分析的扩阶系统方法，利用随机函数空间中的次序正交展开思想，严格证明了扩阶系统的控制方程，并将扩阶系统方法推广应用于各类力学分析模型之中，从而形成了一类带有普遍性意义的算法，本文将详细介绍这种方法.

1　随机函数的正交分解与次序正交分解

设随机函数空间 H 具有如下概率测度

$$P(x \in \Omega_x) = \int_{\Omega_x} p_\zeta(x)\mathrm{d}x \tag{1}$$

其中，$p_\zeta(x)$为 ζ 的概率分布密度函数；Ω_x 为关于实变量 x 的给定集合.

又设：$\{H_i(\zeta),\ i=0,\ 1,\ 2,\ \cdots\}$为 H 空间中的标准正交函数系，其中任意两个基函数之间满足

$$\int_\Omega p_\zeta(x)H_n(x)H_m(x)\mathrm{d}x = \delta_{mn} \tag{2}$$

其中，δ_{mn}为克罗内克尔记号；Ω 为实变量 x 的定义域.

若在 H 中定义任意两个随机函数的内积为

$$\langle f,\ g\rangle = \int_\Omega p_\zeta(x)f(x)g(x)\mathrm{d}x \tag{3}$$

并按此内积定义 H 空间中的范数及距离

$$\| f(x) \| = \sqrt{\int_\Omega p_\zeta(x)f^2(x)\mathrm{d}x} = \sqrt{E[f^2(x)]} \tag{4}$$

$$d(f,\ g) = \sqrt{\int_\Omega p_\zeta(x)[f(x) - g(x)]^2\mathrm{d}x} \tag{5}$$

在上述距离定义下，若 H 中每个柯西点列均收敛(这意味着 H 中随机函数满足均方收敛条件)，则 H 空间同时为一希尔伯特空间. 根据泛函分析理论，在此空间中的任意函数可以展开为如下级数形式：

$$f(\zeta) = \sum_{i=0}^{\infty} a_i H_i(\zeta) \tag{6}$$

$$a_i = \langle f,\ H_i\rangle = \int_\Omega p_\zeta(x)f(x)H_i(x)\mathrm{d}x \tag{7}$$

形如式(6)的展开称为关于单随机变量函数的正交分解.

可以将单随机变量推广于独立随机变量集合的场合. 此时，设随机向量

$$\boldsymbol{b} = (b_1,\ b_2,\ \cdots,\ b_n) \tag{8}$$

由于 b_i 与 b_j 互为独立随机变量，则随机函数空间 H_b 的概率测度可定义为

$$P(\boldsymbol{u} \in \Omega_u) = \int_{\Omega_u} \omega(\boldsymbol{u})\mathrm{d}\boldsymbol{u} \tag{9}$$

其中 Ω_u 为关于 $\boldsymbol{u}$ 的给定集合；

$$\omega(\boldsymbol{b}) = \prod_{i=1}^{n} P_{b_i}(x_i) \tag{10}$$

$$\boldsymbol{u} = (x_1,\ x_2,\ \cdots,\ x_n) \tag{11}$$

$P_{b_i}(x)$为关于 b_i 的概率密度函数.

若存在基函数系 $\{H_l(\boldsymbol{b}),\ l = 0,\ 1,\ 2,\ \cdots\}$，且满足

$$\int_{\Omega_b} \omega(\boldsymbol{u}) H_l(\boldsymbol{u}) H_k(\boldsymbol{u}) \mathrm{d}\boldsymbol{u} = \delta_{lk} \tag{12}$$

其中 Ω_b 为关于 $\boldsymbol{u}$ 的定义域.

则可以引用类似于式(3)的内积定义,使 H_b 空间同时为一希尔伯特空间,而其中的任意函数 $Y(\boldsymbol{b})$ 可以展开为如下级数形式:

$$Y(\boldsymbol{b}) = \sum_{l=0}^{\infty} X_l H_l(\boldsymbol{b}) \tag{13}$$

其中,

$$X_l = \int_{\Omega_b} \omega(\boldsymbol{u}) F(\boldsymbol{u}) H_l(\boldsymbol{u}) \mathrm{d}\boldsymbol{u} \tag{14}$$

称式(13)为关于独立随机变量集合函数的正交分解.

选取式(13)中的基函数系 $H_l(\boldsymbol{b})$ 可以有多种途径,例如,利用关于随机函数 $Y(\boldsymbol{b})$ 的相关结构分解给出本征向量系作为基函数系,这一般应用于 $Y(\boldsymbol{b})$ 已知的情况下. 在 $Y(\boldsymbol{b})$ 未知时,显然无法进行其相关结构的分解. 但是,如果我们仅需要待定系数形式的分解式,便可以利用 $\boldsymbol{b}$ 集合中变量的独立性来构造 $H_l(\boldsymbol{b})$. 为此,首先考虑关于变量 b_1 的分解,有

$$Y(\boldsymbol{b}) = \sum_{l_1=0}^{\infty} X_{l_1}(b_2, b_3, \cdots, b_n) H_{l_1}(b_1) \tag{15}$$

其中,

$$X_{l_1}(b_2, b_3, \cdots, b_n) = \int_{\Omega_{b_1}} P_{b_1}(x_1) Y(\boldsymbol{u}) H_{l_1}(x_1) \mathrm{d}x_1 \tag{16}$$

为较 $Y(\boldsymbol{u})$ 低一维的随机函数;$\{H_{l_1}(b_1),\ l_1=0,\ 1,\ 2,\ \cdots\}$ 为关于变量 b_1 的标准正交函数系;Ω_{b_1} 为实变量 x_1 的定义区间.

其次,考虑 $x_{l_1}(b_2, b_3, \cdots, b_n)$ 关于 b_2 的分解,有

$$x_{l_1}(b_2, b_3, \cdots, b_n) = \sum_{l_2=0}^{\infty} x_{l_1 l_2}(b_3, \cdots, b_n) H_{l_2} \tag{17}$$

其中,

$$x_{l_1 l_2}(b_3, \cdots, b_n) = \int_{\Omega_{b_2}} P_{b_2}(x_2) x_{l_1}(x_2, x_3, \cdots, x_n) H_{l_3} \mathrm{d}x_2 \tag{18}$$

为较 $Y(\boldsymbol{u})$ 低二维的随机函数;$\{H_{l_1}(b_2),\ l_2=0,\ 1,\ 2,\ \cdots\}$ 为关于变量 b_2 的标准正交函数系. Ω_{b_2} 为实变量 x_2 的定义区间.

如此类推至关于 b_n 的分解,再依次回代,将给出:

$$Y(\boldsymbol{b}) = \sum_{l_1=0}^{\infty}\sum_{l_2=0}^{\infty}\cdots\sum_{l_n=0}^{\infty} X_{l_1 l_2 \cdots l_n} H_{l_1}(b_1) H_{l_2}(b_2)\cdots H_{l_n}(b_n) \tag{19}$$

其中，$X_{l_1 l_2 \cdots l_n}$ 为确定性的待定系数；脚标 $l_1 l_2 \cdots l_n$ 称为脚标向量.

当取有限级数逼近时，式(19)可以近似表示为

$$\begin{aligned} Y(\boldsymbol{b}) &= \sum_{l_1=0}^{N_1}\sum_{l_2=0}^{N_1}\cdots\sum_{l_n=0}^{N_n} X_{l_1 l_2 \cdots l_n} H_{l_1}(b_1) H_{l_2}(b_2)\cdots H_{l_n}(b_n) \\ &= \sum_{0\leqslant l_s\leqslant N_s,\ 1\leqslant s\leqslant n} X_{l_1 l_2 \cdots l_n} \prod_{s=1}^{n} H_{l_s}(b_s) \end{aligned} \tag{20}$$

称上述过程为随机函数 $Y(\boldsymbol{b})$ 的次序正交分解.

就其本质而言，次序正交分解是在随机函数空间内逐变量地在相应子空间内进行正交分解. 次序正交分解的概念亦可以推广到复合测度空间之中.

2 扩阶系统方法

为使问题能得到较为清晰的描述，以随机结构静力分析说明随机结构分析的扩阶系统方法的基本原理.

文献[11]的研究表明，随机结构的力学矩阵可以直接用线性形式表示或用级数的线性截断形式加以表示. 对于静力分析问题，若仅考虑一类随机因素，则其刚度矩阵一般地可表示为

$$\boldsymbol{K} = \boldsymbol{K}_0 + \sum_{i=1}^{n} \boldsymbol{K}_i \zeta_i \tag{21}$$

其中，$\boldsymbol{K}_i$ 视随机因素出现形式而定，当为线性因子时，$\boldsymbol{K}_i$ 为均方差参数矩阵；当为非线性因子时，$\boldsymbol{K}_i$ 为 $\boldsymbol{K}$ 关于随机因子的一阶导数矩阵.

引用相关结构分解技术，可以将上式转化为

$$\boldsymbol{K} = \boldsymbol{K}_0 + \sum_{j=1}^{N_K} \boldsymbol{K}_j b_j \tag{22}$$

而静力分析的控制方程为

$$\left(\boldsymbol{K}_0 + \sum_{j=1}^{N_K} \boldsymbol{K}_j b_j\right)\boldsymbol{Y} = \boldsymbol{F} \tag{23}$$

正交分解方法的基本思想是利用随机变量 b_i 的独立性，在抽象空间中将反应量次序地展开为正交基函数的级数，即取

$$\boldsymbol{Y}(\boldsymbol{b}) = \sum_{0\leqslant l_j\leqslant N_j,\ 1\leqslant j\leqslant N_k} \boldsymbol{X}_{l_1 l_2 \cdots l_{N_k}} \prod_{j=1}^{N_k} H_{l_j}(b_j) \tag{24}$$

其中,N_j 为关于变量 b_j 所取展开基函数的个数;$H_{l_j}(b_j)$为关于变量 b_j 的基函数,可根据随机变量的概率分布类型取为正交多项式,例如,对于正态分布随机变量,可以选取带权埃尔米特多项式,对于均匀分布随机变量,可以选取勒让德多项式等.

将式(24)代入式(23),经一系列推导与证明(见下节),可以得出如下形式的方程:

$$\sum_{P=1}^{M}(\boldsymbol{a}_k)_{lp}\boldsymbol{X}_p=\boldsymbol{f}_l\quad(l=1,2,\cdots,M)\tag{25}$$

其中

$$(\boldsymbol{a}_k)_{lp}=\boldsymbol{K}_0\delta_{l,p}+\sum_{j=1}^{N_k}\boldsymbol{K}_j(\gamma_{k_{j-1}}\delta_{l-\zeta_j\cdot p}+\beta_{k_j}\delta_{lp}+\alpha_{k_{j+1}}\delta_{1+\zeta_j\cdot p})$$
$$(0\leqslant k_j\leqslant N_j)\tag{26}$$

$$\zeta_j=\begin{cases}1, & j=N_k\\ \prod_{i=1}^{N_k-j}(N_{N_k-j}+1), & j_1<N_k\end{cases}\tag{27}$$

$$l=1+\sum_{j=1}^{N_k}k_j\prod_{i=j+1}^{N_k}(N_i+1)\tag{28}$$

α, β, γ 为正交多项式的递推系数,而

$$M=\prod_{i=1}^{N_k}(N_i+1)\tag{29}$$

$$\boldsymbol{f}_l=\boldsymbol{f}_{k_1,k_2,\cdots,k_{N_k}}=\boldsymbol{F}\prod_{i=1}^{N_k}\delta_{0k_j}\tag{30}$$

$$\boldsymbol{X}_p=\boldsymbol{X}_{l_1,l_2,\cdots,l_{N_k}}\tag{31}$$

式(25)显然可写成如下总体方程

$$\boldsymbol{A}_{\boldsymbol{K}}\boldsymbol{X}=\boldsymbol{P}\tag{32}$$

其中

$$\boldsymbol{A}_{\boldsymbol{K}}=\begin{bmatrix}\boldsymbol{a}_{k_{11}} & \boldsymbol{a}_{k_{12}} & \cdots & \boldsymbol{a}_{k_{1m}}\\ \boldsymbol{a}_{k_{21}} & \boldsymbol{a}_{k_{22}} & \cdots & \boldsymbol{a}_{k_{2m}}\\ \cdots & \cdots & \cdots & \cdots\\ \boldsymbol{a}_{k_{m1}} & \boldsymbol{a}_{k_{m2}} & \cdots & \boldsymbol{a}_{k_{mm}}\end{bmatrix}\tag{33}$$

$$\boldsymbol{X}=(x_1,x_2,\cdots,x_m)^{\mathrm{T}}\tag{34}$$

$$\boldsymbol{P}=(\boldsymbol{f}_1,\ \boldsymbol{f}_2,\ \cdots,\ \boldsymbol{f}_m)^{\mathrm{T}} \tag{35}$$

方程(32)已为确定性变量的分析方程.可以用普通代数方程求解方式求解.注意到原系统的自由度数为 n 个,而方程(32)的变量数为 $n\times m$ 个,因此,方程(32)可称为原系统的扩阶系统方程.

3 扩阶系统方程的证明

上节所述扩阶系统方程可以通过逐变量正交分解给出.而这一方程的严格证明,则可以借助数学归纳法完成.为此,首先考虑 $N_k=1$ 即只存在单一随机变量的情况.

应用 $\boldsymbol{Y}$ 关于 b_1 的正交分解,即

$$\boldsymbol{Y}=\sum_{l_1=1}^{N_1}\boldsymbol{X}_{l_1}H_{l_1}(b_1) \tag{36}$$

此处 N_l 为关于变量 b_1 的展开阶数.

将式(36)代入式(23),并注意到 $N_k=1$.将所得方程两边同乘以 $H_{k_1}(b_1)$,然后关于 b_1 取形如式(3)的内积,利用正交基函数的正交性,可得到

$$\boldsymbol{K}_0\boldsymbol{X}_{k_1}+\alpha_{k_1+1}\boldsymbol{K}_1\boldsymbol{X}_{k_1+1}+\beta_{k_1}\boldsymbol{K}_1\boldsymbol{X}_{k_1}+\gamma_{k_1-1}\boldsymbol{K}_1\boldsymbol{X}_{k_1-1}=\boldsymbol{F}\delta_{0k_1}\quad(k_1=0,\ 1,\ 2,\ \cdots) \tag{37}$$

将上式改写为矩阵形式有

$$\sum_{P=1}^{N_k+1}\boldsymbol{a}_{lp}\boldsymbol{X}_p=\boldsymbol{f}_{k_1} \tag{38}$$

其中,

$$\boldsymbol{a}_{l,\,p}=\boldsymbol{K}_0\delta_{l,\,p}+\boldsymbol{K}_1(\gamma_{k_1}\delta_{l-1,\,p}+\beta_{k_1}\delta_{l,\,p}+\alpha_{k_1+1}\delta_{l+1,\,p})\quad(0\leqslant k_1\leqslant N_1) \tag{39}$$

$$\boldsymbol{f}_{k_1}=\boldsymbol{F}\delta_{0k_1} \tag{40}$$

显然,这一组公式与式(25)—式(30)在 $N_k=1$ 时结果相同,即:扩阶系统方程在单一随机变量场合正确.

假定扩阶系统方程在 $n-1$ 个独立随机变量时仍正确,即如下方程为正确:

$$\sum_{s=1}^{M_{n-1}}\boldsymbol{a}_{rs}\boldsymbol{X}_s=\boldsymbol{f}_{k_1k_2\cdots k_{n-1}} \tag{41}$$

其中,

$$\boldsymbol{a}'_{rs}=\mathbf{K}_0\delta_{r,\,s}+\sum_{j=1}^{n=1}\mathbf{K}_j(\gamma_{k_j-1}\delta_{r-\lambda_j,\,s}+\beta_{k_j}\delta_{r,\,s}+\alpha_{k_j+1}\delta_{r+\lambda_j,\,s})\quad(0\leqslant k_j\leqslant N_j) \tag{42}$$

$$\boldsymbol{f}_{k_1 k_2 \cdots k_{n-1}} = \boldsymbol{F} \prod_{j=1}^{n-1} \delta_{0k_j} \tag{43}$$

$$\boldsymbol{X}_s = \boldsymbol{X}_{l_1 l_2 \cdots l_{n-1}} \tag{44}$$

$$\lambda_j = \begin{cases} 1, & j = n-1 \\ \prod_{i=1}^{n-j-1} (N_{n-i-1} + 1), & j < n-1 \end{cases} \tag{45}$$

$$M_{n-1} = \prod_{i=1}^{n-1} (N_i + 1) \tag{46}$$

$$r = 1 + \sum_{j=1}^{n-1} k_j \prod_{i=j+1}^{n-1} (N_i + 1) \tag{47}$$

然后,考虑具有 n 个独立随机变量的扩阶系统,在此情况下,$\boldsymbol{Y}$ 关于前 $n-1$ 个随机变量的正交分解可表示为

$$\boldsymbol{Y}(\boldsymbol{b}) = \sum_{0 \leqslant l_j \leqslant N_j,\ 1 \leqslant j \leqslant n-1} X_{l_1 l_2 \cdots l_{n-1}}(b_n) \prod_{j=1}^{n-1} H_{l_i}(b_j) \tag{48}$$

根据公式(41)—(47),上述展开将导致如下扩阶系统方程:

$$\sum_{s=1}^{M_{n-1}} \tilde{\boldsymbol{a}}_{rs} \boldsymbol{X}_s(b_n) = \boldsymbol{f}_{k_1 k_2 \cdots k_{n-1}} \tag{49}$$

其中,

$$\tilde{\boldsymbol{a}}_{r,s} = \boldsymbol{a}_{r,s} + \boldsymbol{K}_n(b_n)\delta_{rs} \tag{50}$$

$$\boldsymbol{X}_s(b_n) = \boldsymbol{X}_{l_1 l_2 \cdots l_{n-1}}(b_n) \tag{51}$$

应用前述随机函数空间中的次序正交分解概念,式(49)中 $\boldsymbol{X}_s(b_n)$ 可关于第 n 个随机变量 b_n 进一步分解为

$$\boldsymbol{X}_s(b_n) = \sum_{l_n=0}^{N_n} \boldsymbol{X}_{l_1 l_2 \cdots l_n} H_{l_n}(b_n) \tag{52}$$

这里,$\boldsymbol{X}_{l_1 l_2 \cdots l_n} H_{l_n}$ 为确定性变量.

将式(52)代入式(49),并将所得方程两边同乘以 $H_{k_n}(b_n)$,然后,关于 b_n 取类于式(3)的内积,利用正交基函数的正交性,可得到

$$\begin{aligned} &\sum [\boldsymbol{X}_{l_1 l_2 \cdots l k_n} \tilde{\boldsymbol{a}}_{rs} + \boldsymbol{K}_n(\alpha_{k_n+1} \boldsymbol{X}_{l_1 l_2 \cdots l_{n-1} k_{n+1}} + \beta_{k_n} \boldsymbol{X}_{l_1 l_2 \cdots l_{n-1} k_n} + \gamma_{k_{n-1}} \boldsymbol{X}_{l_1 l_2 \cdots l_{n-1} k_{n-1}})\delta_{rs}] \\ &= \boldsymbol{f}_{k_1 k_2 \cdots k_{n-1}} \delta_{0k_n} \quad (k_n = 0, 1, 2, \cdots, N_n) \end{aligned} \tag{53}$$

令

$$\boldsymbol{Z}_m = \boldsymbol{X}_{l_1 l_3 \cdots l_{n-1} k_n} \tag{54}$$

$$\boldsymbol{f}_{k_1 k_2 \cdots k_n} = \boldsymbol{f}_{k_1 k_2 \cdots k_{n-1}} \delta_{0 k_n} \tag{55}$$

则方程(53)可改写为

$$\sum_{m=1}^{N_n+1} (\boldsymbol{a}_{im})_{rs} \boldsymbol{Z}_m = \boldsymbol{f}_{k_1 k_2 \cdots k_n} \tag{56}$$

其中，

$$\begin{aligned}(\boldsymbol{a}_{im})_{rs} = \sum_{s=1}^{M_{n-1}} [&\boldsymbol{K}_0 \delta_{rs} \delta_{im} + \boldsymbol{K}_n (\gamma_{k_{n-1}} \delta_{i-1,\, m} + \beta_{k_n} \delta_{im} + \alpha_{k_{n+1}} \delta_{i+1,\, m}) \delta_{rs} + \\ &\sum_{j=1}^{n-1} \boldsymbol{K}_j (\gamma_{k_{j-1}} \delta_{r-\lambda_{j},\, s} + \beta_{k_j} \delta_{rs} + \alpha_{k_j+1} \delta_{r+\lambda_{j},\, s}) \delta_{im}]\end{aligned} \tag{57}$$

令

$$\boldsymbol{a}_{lp} = (\boldsymbol{a}_{im})_{rs} \tag{58}$$

则根据矩阵排列规律，存在下述关系式：

$$l = (r-1)(N_n+1) + i \tag{59}$$

$$P = (s-1)(N_n+1) + m \tag{60}$$

容易证明：

$$\delta_{rs} \delta_{im} = \delta_{lp} \tag{61}$$

类似地，令

$$\delta_{i-1,\, m} \delta_{rs} = \delta_{l-\zeta_n,\, p} \tag{62}$$

$$\delta_{i+1,\, m} \delta_{rs} = \delta_{l+\zeta_n,\, p} \tag{63}$$

$$\delta_{im} \delta_{r-\lambda_j,\, s} = \delta_{l-\zeta_j,\, p} \tag{64}$$

$$\delta_{im} \delta_{r+\lambda_j,\, s} = \delta_{l+\zeta_j,\, p} \tag{65}$$

由上述关系可推出：

$$\zeta_n = 1 \tag{66}$$

$$\zeta_j = \lambda_j (N_n+1) \tag{67}$$

将式(58)—式(62)代入式(56)与式(57)，即给出

$$\sum_{P=1}^{M_n} \boldsymbol{a}_{lp} \boldsymbol{X}_p = \boldsymbol{f}_l \tag{68}$$

$$\boldsymbol{a}_{lp}=\boldsymbol{K}_0\delta_{l,p}+\sum_{j=1}^{n}\boldsymbol{K}_j(\gamma_{k_{j-1}}\delta_{l-\zeta_j,p}+\beta_{k_j}\delta_{l,p}+\alpha_{k_{j+1}}\delta_{l+\zeta_j,p})\quad(0\leqslant k_j\leqslant N_j)\tag{69}$$

$$\boldsymbol{f}_l=\boldsymbol{f}_{k_1k_2\cdots k_n}=\boldsymbol{F}\prod_{j=1}^{n}\delta_{0k_j}\tag{70}$$

$$\boldsymbol{X}_p=\boldsymbol{X}_{l_1l_2\cdots l_n}\tag{71}$$

$$\zeta_j=\begin{cases}1, & j=n\\ \prod_{i=1}^{n-j}(N_{n-i}+1), & j<n\end{cases}\tag{72}$$

$$M_n=\prod_{i=1}^{n}(N_i+1)\tag{73}$$

$$l=1+\sum_{j=1}^{n}k_j\prod_{i=j+1}^{n}(N_i+1)\tag{74}$$

上述结果表明,若假定扩阶系统方程在 $n-1$ 个独立随机变量场合是正确的,则可以证明其在 n 个独立随机变量时仍正确.结合前述单随机变量的证明,根据数学归纳法原理,扩阶系统方程(25)或式(32)对任意个独立随机变量都是正确的.

4 结 语

通过在随机响应空间中选取合适的基函数,可以实现随机函数的次序正交分解.利用这一原理,可证明对于一般的线性随机结构系统,存在形式如式(25)或式(32)的扩阶系统方程.本文基于次序正交分解原理与数学归纳法,证明了扩阶系统方程的正确性.应该指出,上述结果可以容易地推广到动力分析与复合随机振动问题之中去.请详见本文后续部分内容.

参考文献

[1] 李杰.随机结构分析研究进展.已投寄"力学与实践".

[2] Shinozuka, M. Probability modelling of concrete structures[J]. J. Eng. Mech. Div., ASCE, 1972, 98:1433-1451.

[3] Shionzuka, M. Newman expansion for stochastic finite element amalysis[J]. J. Eng. Mech. 1988, 114:1335-1354.

[4] Liu W K, Besterfield G H, Belytschko P. Variational approach to probabilistic finite elements[J]. J. Eng. Mech., 1988, 114: 2115-2133.

[5] Kleiber M, Hiem T D. The Stochastic finite element method: basic perturbation technique and computer implementation[M]. New Jersey: Wiley Press, 1992.

[6] Sun T C. A finite element method for random differential equations with random

coefficients[J]. Siam. J. Numer. Anal., 1979, 16(6):1019-1036.
[7] Ghanem R, Spanos P D. Polynomial chaosin stochastic finite elements[J]. J. Appl. Mech., 1990, 57:197-202.
[8] Ghanem R, Spanos P D. Spectral stochastic finite-element formulation for reliability analysis[J]. J. Eng. Mech., 1991, 117:2351-2372.
[9] Jensen H, Iwan W D. Response variability in structural dynamics[J]. Earthquake Engineering and Structural Dynamics, 1991, 20:949-959.
[10] Iwan W D, Jensen H. On the dynamic response of Continuous systems including model uncertainty[J]. J. Appl. Mech., 1993, 60: 484-490.
[11] 李杰. 随机矩阵的线性表示与线性截断[J]. 世界地震工程,1995.

Expanded Order System Method of Stochastic Structures Analysis, Part 1: Equation of Expanded Order System

Li Jie

Abstract: This paper developed a type of new analysis method for stochastic structural system. The idea of orthogonal expansion and sequence decomposition in random space is discussed firstly. Then, by applying orthogonal expanding technique in random space, a set of general formulation is verified.

(本文原载于《地震工程与工程振动》第 15 卷第 3 期,1995 年 9 月)

随机结构分析的扩阶系统方法(Ⅱ)：结构动力分析

李 杰

摘 要 本文论述随机结构系统在确定性时程激励下的分析方法. 文中提供的扩阶系统动力方程的一般公式，适用于同时具有随机质量、随机阻尼、随机刚度参数的多自由度动力系统. 文中并对此扩阶动力方程建议了基于线性加速度假定的递归聚缩算法.

前 言

在本文部第Ⅰ部分的分析中，通过应用随机函数空间中的次序正交分解理论，给出了随机结构分析的扩阶系统方法，并应用数学归纳法，证明了扩阶系统方程的正确性. 对于随机动力系统，存在两类分析问题：①随机结构在确定性时程激励下的响应分析问题；②随机结构在随机过程输入下的响应分析问题，又称为复合随机振动问题. 本文讨论第一类问题的扩阶系统控制方程与求解策略.

文中，通过一些简单的变换，将前文导出的扩阶系统方程推广于具有随机质量、随机阻尼、随机刚度参数的一般多自由度动力系统. 对此动力系统，建议了基于线性加速度假定的递归聚缩算法. 最后，在算例中讨论了一般扩阶系统方法的精度及均值参数反应与系统均值反应之间的差异等问题.

1 随机结构动力分析

一般多自由度随机动力系统的动力平衡方程可以表示为

$$\boldsymbol{M}\ddot{\boldsymbol{Y}} + \boldsymbol{C}\dot{\boldsymbol{Y}} + \boldsymbol{K}\boldsymbol{Y} = \boldsymbol{F}(t) \tag{1}$$

其中，$\boldsymbol{F}(t)$ 为确定性时程激励函数；$\boldsymbol{Y}$ 为位移反应矢量，$\boldsymbol{M}$，$\boldsymbol{C}$，$\boldsymbol{K}$ 分别为随机质量、随机阻尼与随机刚度矩阵，根据文献[1]的分析，它们可分别表达为

$$\boldsymbol{M} = \boldsymbol{M}_0 + \sum_{j=1}^{N_m} \boldsymbol{M}_j b_j \tag{2}$$

$$\boldsymbol{C} = \boldsymbol{C}_0 + \sum_{j=1}^{N_c} \boldsymbol{C}_j b_j \tag{3}$$

$$\boldsymbol{K} = \boldsymbol{K}_0 + \sum_{j=1}^{N_k} \boldsymbol{K}_j b_j \tag{4}$$

式中，N_m，N_c 与 N_k 分别为质量独立随机变量、阻尼独立随机变量及刚度独立随机变量的数目.

引入记号：

$$\boldsymbol{A}_{ms} = \begin{cases} \boldsymbol{M}_j, & S \leqslant N_m, \quad j = s \\ 0, & S > N_m \end{cases} \tag{5}$$

$$\boldsymbol{A}_{cs} = \begin{cases} 0, & S \leqslant N_m \\ \boldsymbol{C}_j, & N_m < S \leqslant N_m + N_c, \quad j = S - N \\ 0, & S > N_m + N_c \end{cases} \tag{6}$$

$$\boldsymbol{A}_{ks} = \begin{cases} 0, & S \leqslant N_m + N_c, \\ \boldsymbol{K}_j, & S > N_m + N_c, \end{cases} \quad j = S - (N_m + N_c) \tag{7}$$

以及

$$\boldsymbol{A}_{m0} = \boldsymbol{M}_0, \ \boldsymbol{A}_{c0} = \boldsymbol{C}_0, \ \boldsymbol{A}_{k0} = \boldsymbol{K}_0 \tag{8}$$

注意到式(2)，(3)，(4)，则方程(1)可以写为

$$\left(\boldsymbol{A}_{m0} + \sum_{s=1}^{R} \boldsymbol{A}_{ms} b_s\right)\ddot{\boldsymbol{Y}} + \left(\boldsymbol{A}_{c0} + \sum_{s=1}^{R} \boldsymbol{A}_{cs} b_s\right)\dot{\boldsymbol{Y}} + \left(\boldsymbol{A}_{k0} + \sum_{s=1}^{R} \boldsymbol{A}_{ks} b_s\right)\boldsymbol{Y} = \boldsymbol{F}(t) \tag{9}$$

或

$$\bar{\boldsymbol{A}}_m \ddot{\boldsymbol{Y}} + \bar{\boldsymbol{A}}_c \dot{\boldsymbol{Y}} + \bar{\boldsymbol{A}}_k \boldsymbol{Y} = \boldsymbol{F}(t) \tag{10}$$

式(9)中，$R = N_m + N_c + N_k$.

从泛函分析的观点考察，随机结构的动力反应可以被认为是在随机变量空间中的轨迹. 令 $\mathscr{H}$ 表示由基函数 $\{\boldsymbol{H}_l(b)\}_{l=0}^{\infty}$ 所张成的希尔伯特空间. 引用次序正交分解的思想，可知轨迹 $\boldsymbol{Y}$ 可以表示为下述形式：

$$\boldsymbol{Y}(b, t) = \sum_{\substack{0 \leqslant l_1 \leqslant N_1 \\ l \leqslant S \leqslant R}} \boldsymbol{X}_{l_1, l_2, \cdots, l_R}(t) \prod_{s=1}^{R} H_{l_t}(b_s) \tag{11}$$

此处 N_s 为关于变量 b_s 的展开阶数；$X_{l_1, l_2, \cdots, l_R}(t)$ 为确定性函数，并称 l_1，l_2，…，l_R 为脚标向量. 同样地，速度与加速度反应可以表示为

$$\dot{\boldsymbol{Y}}(b, t) = \sum_{\substack{0 \leqslant l_s \leqslant N_s \\ l \leqslant S \leqslant R}} \dot{\boldsymbol{X}}_{l_1, l_2, \cdots, l_R}(t) \prod_{s=1}^{R} H_{l_t}(b_s) \tag{12}$$

$$\ddot{\boldsymbol{Y}}(b,\ t)=\sum_{\substack{0\leqslant l_1\leqslant N_1\\ l\leqslant S\leqslant R}}\ddot{\boldsymbol{X}}_{l_1,\ l_2,\ \cdots,\ l_R}(t)\prod_{s=1}^{R}H_{l_t}(b_s) \tag{13}$$

引用类似于静力分析扩阶系统的证明方式,可以证明,关于系统方程(1)存在如下扩阶系统方程:

$$\boldsymbol{A}_m\ddot{\boldsymbol{X}}_l+\boldsymbol{A}_c\dot{\boldsymbol{X}}+\boldsymbol{A}_k\boldsymbol{X}=\boldsymbol{P}(t) \tag{14}$$

其分量表达为

$$\sum^{M_R}[(\boldsymbol{a}_m)_{lp}\ddot{\boldsymbol{x}}_p(t)+(\boldsymbol{a}_c)_{lp}\dot{\boldsymbol{x}}_p(t)+(\boldsymbol{a}_k)_{lp}\dot{\boldsymbol{x}}_p(t)]=\boldsymbol{f}_l(t) \tag{15}$$

上式中,略去脚标 m, c, k,有分块矩阵 $\boldsymbol{a}_{l,\ p}$ 的一般表达式为

$$\boldsymbol{a}_{l,\ p}=\boldsymbol{A}\delta_{l,\ p}+\sum_{s=1}^{R}\boldsymbol{A}_s(\gamma_{k_s-1}\delta_{l-\zeta_{lp}}+\beta_{k_s},\ \delta_{l,\ p}+x_{k_s-1},\ \delta_{l,\ \zeta_{lp}})\quad(0\leqslant k_s\leqslant N_s) \tag{16}$$

其中,

$$\zeta_s=\begin{cases}1, & S=R\\ \prod\limits_{j=1}^{R-S}(N_{R-j}+1), & S<R\end{cases} \tag{17}$$

而

$$M_R=\prod_{S=1}^{R}(N_S+1) \tag{18}$$

$$l=1+\sum_{S=1}^{R}k_s\prod_{j=s+1}^{R}(N_j+1) \tag{19}$$

$$\boldsymbol{f}_l=\boldsymbol{f}_{k_1k_2\cdots k_R}=\boldsymbol{F}(t)\prod_{S=1}^{R}\delta_{0k_s} \tag{20}$$

$$\boldsymbol{X}_p(t)=\boldsymbol{X}_{l_1l_2\cdots l_R}(t) \tag{21}$$

式(16)中 α, β, γ 源于下述正交多项式的递推公式:

$$b_sH_{l_s}(b_s)=\alpha_{l_s}H_{l_s-1}(b_s)+\beta_{l_s}H_{l_s}(b_s)+\gamma_{l_s}H_{l_s+1}(b_s) \tag{22}$$

显然,式(14)在形式上类似于原系统(1),但是系统的阶数增加了.与此同时,原来的随机结构系统分析问题转化为确定性系统的分析问题.通过系统的扩阶,使问题从随机结构分析转化为确定性结构分析问题.本文称式(14)~(20)为扩阶系统的动力控制方程.

扩阶系统方程(14)与其分量表达式(15)中的矩阵、向量之间的一般关系为(略去脚标之后的一般形式):

$$\boldsymbol{A}=[\boldsymbol{a}_{lp}]_{\substack{l=1,2,\cdots,M_R\\p=1,2,\cdots,M_R}} \tag{23}$$

$$\boldsymbol{X}=(\boldsymbol{X}_1,\boldsymbol{X}_2,\cdots,\boldsymbol{X}_p,\cdots,\boldsymbol{X}_{M_R})^{\mathrm{T}} \tag{24}$$

$$\boldsymbol{P}=(\boldsymbol{f}_1,\boldsymbol{f}_2,\cdots,\boldsymbol{f}_1,\cdots,\boldsymbol{f}_{M_R})^{\mathrm{T}} \tag{25}$$

值得指出的是，在此前的研究中，Jensen 和 Iwan 在分析随机单自由度体系和连续体系（均仅限于刚度或阻尼具有随机性）时曾采用了与本文类似的思路[2-3]，但是其给出的推证结果是错误的. 详细分析导致其错误结果的原因可以发现：

（1）在 Jensen 等的结果中没有注意到下述恒等条件：

$$E\left[\prod_{s=1}^{R}H_{l_s}(b)\prod_{s=1}^{R}H_{k_s}(b_s)\right]=\begin{cases}1, & 当\ l_s\equiv k_s\\0, & 其他\end{cases} \tag{26}$$

其中，$E[\cdot]$表示内积算子.

（2）其使用递推关系（22）时，混淆了脚标与多项式阶数的关系. 因此，Jensen 等的文章中仅得出了本文推证过程中的一个中间结果，且这个中间结果颠倒了扩阶矩阵中非对角线元素的位置. 本文则不仅将 Jensen 等所考虑的特殊问题推广为全面考虑各种随机因素的一般动力系统，而且独立地导出了正确的公式，并给出了形式十分紧凑、明了的扩阶系统控制方程.

根据式（11），关于不同随机变量的展开阶数是可以改变的. 关于扩阶矩阵 $\boldsymbol{A}_m$，$\boldsymbol{A}_c$和$\boldsymbol{A}_s$的分析表明，当各变量采用同阶展开时，扩阶矩阵将保持对称性，而当各变量采用变阶展开时，扩阶矩阵的对称性可能被破坏.

设方程（1）的初始条件为

$$\boldsymbol{Y}(0)=\boldsymbol{Y}_0,\ \dot{\boldsymbol{Y}}(0)=\dot{\boldsymbol{Y}}_0 \tag{27}$$

其中，$\boldsymbol{Y}_0$ 和 $\dot{\boldsymbol{Y}}_0$ 为确定性矢量. 则扩阶方程（14）的初始条件为

$$\boldsymbol{X}_l(0)=\boldsymbol{X}_{k_1k_2\cdots k_R}(0)=\boldsymbol{Y}_0\prod_{s=1}^{R}\delta_{0k_s} \tag{28}$$

$$\dot{\boldsymbol{X}}_l(0)=\dot{\boldsymbol{X}}_{k_1k_2\cdots k_R}(0)=\dot{\boldsymbol{Y}}_0\prod_{s=1}^{R}\delta_{0k_s} \tag{29}$$

结合上述初始条件，扩阶系统方程（14）可以引用任何一种确定性动力系统的动力分析方法求解.

2 递归聚缩算法

分析扩阶系统方程的荷载表达式（20）可以发现，扩阶荷载项仅在 $k_s=0$ 时才可能为非零值，而在其他情况下恒为零值. 利用这一点，并结合线性加速度假设，可以实现动力扩阶系统方程的聚缩求解. 为此，将式（14）写成如下形式：

$$\begin{bmatrix} \boldsymbol{m}_{uu} & \boldsymbol{m}_{u\theta} \\ \boldsymbol{m}_{\theta u} & \boldsymbol{m}_{\theta\theta} \end{bmatrix}\begin{Bmatrix} \ddot{\boldsymbol{X}}_u \\ \ddot{\boldsymbol{X}}_\theta \end{Bmatrix}+\begin{bmatrix} \boldsymbol{C}_{uu} & \boldsymbol{C}_{u\theta} \\ \boldsymbol{C}_{\theta u} & \boldsymbol{C}_{\theta\theta} \end{bmatrix}\begin{Bmatrix} \dot{\boldsymbol{X}}_u \\ \dot{\boldsymbol{X}}_0 \end{Bmatrix}+\begin{bmatrix} \boldsymbol{K}_{uu} & \boldsymbol{K}_{u\theta} \\ \boldsymbol{K}_{\theta u} & \boldsymbol{K}_{\theta\theta} \end{bmatrix}\begin{Bmatrix} \boldsymbol{X}_u \\ \boldsymbol{X}_\theta \end{Bmatrix}=\begin{Bmatrix} \boldsymbol{P}_u \\ \boldsymbol{P}_\theta \end{Bmatrix} \tag{30}$$

其中,

$$\boldsymbol{P}_u = \boldsymbol{f}_{00\cdots0}(t) \tag{31}$$

$$\boldsymbol{X}_u = \boldsymbol{X}_{00\cdots0}(t) \tag{32}$$

为非聚缩荷载向量与位移向量. $\boldsymbol{P}_\theta$, $\boldsymbol{X}_\theta$ 为聚缩荷载向量与位移向量. 各系数矩阵为对于上述荷载矢量分块方式的分块扩阶动力矩阵.

由 $\boldsymbol{P}_\theta = \boldsymbol{0}$, 可知式(30)的第二行方程组为

$$\boldsymbol{m}_{\theta u}\ddot{\boldsymbol{X}}_u + \boldsymbol{m}_{\theta\theta}\ddot{\boldsymbol{X}}_\theta + \boldsymbol{C}_{\theta u}\dot{\boldsymbol{X}}_\theta + \boldsymbol{C}_{\theta\theta}\dot{\boldsymbol{X}}_\theta + \boldsymbol{K}_{\theta u}\boldsymbol{X}_u + \boldsymbol{K}_{\theta\theta}\boldsymbol{X}_\theta = \boldsymbol{0} \tag{33}$$

上式显然在任一时点均成立. 于是,利用位移反应与速度反应的泰勒展开式

$$\boldsymbol{X}(t_j+\tau) = \boldsymbol{X}(t_j) + \dot{\boldsymbol{X}}(t_j)\tau + \frac{\ddot{\boldsymbol{X}}(t_j)}{2}\tau^2 + \frac{\dddot{\boldsymbol{X}}(t_j)}{6}\tau^3 + \cdots \tag{34}$$

$$\dot{\boldsymbol{X}}(t_j+\tau) = \dot{\boldsymbol{X}}(t_j) + \ddot{\boldsymbol{X}}(t_j)\tau + \frac{1}{2}\dddot{\boldsymbol{X}}(t_j)\tau^2 + \cdots \tag{35}$$

并引入线性加速度假定,可有

$$\dot{\boldsymbol{X}}_{u_{j+1}} = \frac{3}{\Delta t}\boldsymbol{X}_{u_{j+1}} - \left(\frac{3}{\Delta t}\boldsymbol{X}_{u_j} + 2\dot{\boldsymbol{X}}_{u_j} + \frac{\Delta t}{2}\ddot{\boldsymbol{X}}_{u_1}\right) = \frac{3}{\Delta t}\boldsymbol{X}_{u_{j+1}} - \boldsymbol{B}_{u_j} \tag{36}$$

$$\ddot{\boldsymbol{X}}_{u_{j+1}} = \frac{6}{\Delta t^2}\boldsymbol{X}_{u_{j+1}} - \left(\frac{6}{\Delta t^2}\boldsymbol{X}_{u_j} + \frac{6}{\Delta t}\dot{\boldsymbol{X}}_{u_j} + 2\ddot{\boldsymbol{X}}_{u_1}\right) = \frac{6}{\Delta t^2}\boldsymbol{X}_{u_{j+1}} - \boldsymbol{A}_{u_j} \tag{37}$$

$$\dot{\boldsymbol{X}}_{\theta_{j+1}} = \frac{3}{\Delta t}\boldsymbol{X}_{\theta_{j+1}} - \left(\frac{3}{\Delta t}\boldsymbol{X}_{\theta_j} + 2\dot{\boldsymbol{X}}_{\theta_j} + \frac{\Delta t}{2}\ddot{\boldsymbol{X}}_{\theta_1}\right) = \frac{3}{\Delta t}\boldsymbol{X}_{\theta_{j+1}} - \boldsymbol{B}_{\theta_j} \tag{38}$$

$$\ddot{\boldsymbol{X}}_{\theta_{j+1}} = \frac{6}{\Delta t^2}\boldsymbol{X}_{\theta_{j+1}} - \left(\frac{6}{\Delta t^2}\boldsymbol{X}_{\theta_j} + \frac{6}{\Delta t}\dot{\boldsymbol{X}}_{\theta_j} + 2\ddot{\boldsymbol{X}}_{\theta_1}\right) = \frac{6}{\Delta t^2}\boldsymbol{X}_{\theta_{j+1}} - \boldsymbol{A}_{\theta_j} \tag{39}$$

其中, $\Delta t = t_{j+1} - t_j$ 为给定时间间隔.

以上述诸式代入式(33)在 t_{j+1}时点的方程,可给出:

$$\boldsymbol{K}_{\theta u}^{*}X_{u_{j+1}} + \boldsymbol{K}_{\theta\theta}^{*}\boldsymbol{X}_{\theta_{j+1}} - \boldsymbol{E}_j = 0 \tag{40}$$

其中,

$$\boldsymbol{K}_{\theta u}^{*} = \frac{6}{\Delta t^2}\boldsymbol{m}_{\theta u} + \frac{3}{\Delta t}\boldsymbol{C}_{\theta u} + \boldsymbol{K}_{\theta u} \tag{41}$$

$$\boldsymbol{K}_{\theta\theta}^{*} = \frac{6}{\Delta t^2}\boldsymbol{m}_{\theta\theta} + \frac{3}{\Delta t}\boldsymbol{C}_{\theta\theta} + \boldsymbol{K}_{\theta\theta} \tag{42}$$

$$\boldsymbol{E}_j = \boldsymbol{m}_{\theta u}\boldsymbol{A}_{uj} + \boldsymbol{m}_{\theta\theta}\boldsymbol{A}_{\theta j} + \boldsymbol{C}_{\theta u}\boldsymbol{B}_{uj} + \boldsymbol{C}_{\theta\theta}\boldsymbol{B}_{\theta j} \tag{43}$$

由式(40)可解出：

$$\boldsymbol{X}_{\theta_{j+1}} = \boldsymbol{K}_{\theta\theta}^{*-1}(\boldsymbol{E}_i - \boldsymbol{K}_{\theta u}^{*}\boldsymbol{X}_{u_{j-1}}) \tag{44}$$

对于方程(30)的第一行，同样可给出离散化方程

$$\boldsymbol{K}_{uu}^{*}\boldsymbol{K}_{u_{j+1}} + \boldsymbol{K}_{u\theta}^{*}\boldsymbol{X}_{\theta_{j+1}} = \boldsymbol{P}_{u_{j+1}} + \boldsymbol{F}_j \tag{45}$$

其中，

$$\boldsymbol{K}_{uu}^{*} = \frac{6}{\Delta t^2}\boldsymbol{m}_{uu} + \frac{3}{\Delta t}\boldsymbol{C}_{uu} + \boldsymbol{K}_{uu} \tag{46}$$

$$\boldsymbol{K}_{u\theta}^{*} = \frac{6}{\Delta t^2}\boldsymbol{m}_{u\theta} + \frac{3}{\Delta t}\boldsymbol{C}_{u\theta} + \boldsymbol{K}_{u\theta} \tag{47}$$

$$\boldsymbol{F}_j = \boldsymbol{m}_{uu}\boldsymbol{A}_{uj} + \boldsymbol{m}_{u\theta}\boldsymbol{A}_{\theta j} + \boldsymbol{C}_{uu}\boldsymbol{B}_{uj} + \boldsymbol{C}_{u\theta}\boldsymbol{B}_{\theta j} \tag{48}$$

将式(44)代入式(45)，可给出关于 $\boldsymbol{X}_{u_{j+1}}$ 的聚缩方程组

$$\widetilde{\boldsymbol{K}}_u\boldsymbol{X}_{u_{j+1}} = \widetilde{\boldsymbol{P}}_{j-1} \tag{49}$$

其中，

$$\widetilde{\boldsymbol{K}}_u = \boldsymbol{K}_{uu}^{*} - \boldsymbol{K}_{u\theta}^{*}\boldsymbol{K}_{\theta\theta}^{*-1}\boldsymbol{K}_{\theta u}^{*} \tag{50}$$

$$\widetilde{\boldsymbol{P}}_{j+1} = \boldsymbol{P}_{u_{j+1}} + \boldsymbol{F}_j - \boldsymbol{K}_{u\theta}^{*}\boldsymbol{K}_{\theta\theta}^{*-1}\boldsymbol{E}_j \tag{51}$$

显然，方程(49)的求解方程组数等于原系统的自由度数. 逐时点用普通代数方程组求解方式求出方程(49)的解答，并逐步代入式(44)，即可求得动力扩阶系统的全时程解答. 注意到对线性结构 $\widetilde{\boldsymbol{K}}_u$ 与 $\boldsymbol{K}_{u\theta}^{*}\boldsymbol{K}_{\theta\theta}^{*-1}$ 在全时程中均为常量，而 $\boldsymbol{E}_j$，$\boldsymbol{F}_j$ 取决于前步反应量. 故而在计算中的每一步，要根据前一步的反应值修正聚缩荷载 $\boldsymbol{P}_{u_{j+1}}$ 项. 由于是用前步响应值形成本步聚缩方程，故称之为递归聚缩算法. 实际经验表明，这类算法可以使动力扩阶系统的求解工作量降低到接近于相应的确定性系统求解工作量的规模.

3 反应量数值特征

在求得扩阶系统反应之后，原随机结构系统反应的数字特征值可以利用正交多项式的正交性质导出. 例如，位移反应的均值为

$$E[\boldsymbol{Y}(t)] = \boldsymbol{X}_{00\cdots 0}(t) \tag{52}$$

位移反应任两时点之间的相关函数矩阵为

$$R_{\boldsymbol{Y}}(t_1, t_2) = \sum_{\substack{0\leqslant l_s\leqslant N_s \\ 1\leqslant S\leqslant R}} \boldsymbol{X}_{l_1 l_2\cdots l_R}(t_1)\boldsymbol{X}_{l_1 l_2\cdots l_R}^{\mathrm{T}}(t_2) \tag{53}$$

位移反应任两时点之间的协方差矩阵为

$$C_{\boldsymbol{Y}}(t_1,\ t_2)=\sum_{\substack{1\leqslant l_s\leqslant N_s\\1\leqslant S\leqslant R}}\boldsymbol{X}_{l_1l_2\cdots l_R}(t_1)\boldsymbol{X}_{l_1l_2\cdots l_R}^{\mathrm{T}}(t_2)\tag{54}$$

当 $t_1=t_2=t$ 时,协方差矩阵退化为方差矩阵

$$P_{\boldsymbol{Y}}(t)=\sum_{\substack{1\leqslant l_s\leqslant N_s\\1\leqslant S\leqslant R}}\boldsymbol{X}_{l_1l_2\cdots l_R}(t_1)\boldsymbol{X}_{l_1l_2\cdots l_R}^{\mathrm{T}}(t_2)\tag{55}$$

上式本质上为矩阵表达,其对角线部分构成原系统各自由度本身的位移反应方差向量

$$\mathrm{Var}(\boldsymbol{Y})=\sum_{\substack{1\leqslant l_s\leqslant N_s\\1\leqslant S\leqslant R}}\boldsymbol{X}_{l_1l_2\cdots l_R}^{\mathrm{T}}(t)\boldsymbol{X}_{l_1l_2\cdots l_R}(t)\tag{56}$$

一般说来,随机结构动力系统对于确定性激励的反应是非平稳随机过程. 因此,其位移反应过程的谱密度应按下述方式定义

$$S_{\boldsymbol{Y}}(\omega_1,\ \omega_2)=\int_{-\infty}^{\infty}\int_{-\infty}^{\infty}R_{\boldsymbol{Y}}(t_1,\ t_2)\mathrm{e}^{-i(\omega_1t_1-\omega_2t_2)}\mathrm{d}t_1\mathrm{d}t_2\tag{57}$$

这样定义的谱密度一般称之为广义谱密度. 显然,其傅氏逆变换为反应的相关函数

$$R_{\boldsymbol{Y}}(t_1,\ t_2)=\frac{1}{4\pi^2}\int_{-\infty}^{\infty}\int_{-\infty}^{\infty}S_{\boldsymbol{Y}}(\omega_1,\ \omega_2)\mathrm{e}^{i(\omega_1t_1-\omega_2t_2)}\mathrm{d}\omega_1\mathrm{d}\omega_2\tag{58}$$

类似于式(52)—式(58),可以定义随机结构在确定性激励下的速度反应、加速度反应的诸项数字特征值.

4 随机结构均值反应与均值参数结构反应的差异

系统(1)的随机反应可以划分为两部分为

$$\boldsymbol{Y}=\boldsymbol{Y}_1+\boldsymbol{Y}_2\tag{59}$$

其中,$\boldsymbol{Y}_1$ 对应于系统均值参数的反应,而 $\boldsymbol{Y}_2$ 为与系统变异参数相联系的反应.

显然,$\boldsymbol{Y}_1$ 为如下均值参数系统动力方程的解答:

$$\boldsymbol{M}_0\boldsymbol{Y}_1+\boldsymbol{C}_0\boldsymbol{Y}_1+\boldsymbol{K}_0\boldsymbol{Y}_1=\boldsymbol{F}(t)\tag{60}$$

均值参数系统的反应是不同于随机结构的均值反应 $E(\boldsymbol{Y})$ 的. 事实上,存在

$$E(\boldsymbol{Y})=\boldsymbol{Y}_1+E(\boldsymbol{Y}_2)\tag{61}$$

在系统均值参数反应与系统均值反应之间存在差异项 $E(\boldsymbol{Y}_2)$,这一重要事实

被以往的研究者们忽略了. 由于差异项 $E(\boldsymbol{Y}_2)$ 将随参数变异性的增大而增大(本文提供的例子将证实这一点),因此忽略上述差异可能会导致结构可靠度评价或结构系统识别的重要失误. 事实上,任何结构模型都是对现实世界中原型的一种抽象. 由于对于设计结构的非完全控制与对于现存结构的非完备观测背景的限制,合理的结构分析模型应采用随机结构的分析模型. 结构越是复杂,越应如此. 而传统的力学分析模型,则基本上是针对均值参数系统的分析. 我们注意到,这种分析甚至不能正确反映原型结构系统的均值反应. 因此,从工程设计,工程可靠度评价、工程系统识别与工程结构控制各个方面考察,上述发现都具有重要意义.

5 算 例

为验证扩阶系统方法,已经计算了大量算例. 这些算例包括考虑结构质量变异特性、阻尼变异特性、刚度变异特性及其各种组合的情形. 这里限于篇幅,仅给出个别例子. 给出例子的目的在于:①说明本文提出方法的有效性;②指出均值参数结构反应与随机系统均值反应之间的差异.

为实现第一个目的,选取一两自由度随机结构系统,系统质量与刚度参数具有变异性(分析表明,阻尼特性的变异在非共振情况下一般影响不大,故本文算例不加介绍). 假设该系统为一剪切型结构体系,其单元参数为

$$m_{10} = m_{20} = 1, \quad K_{10} = K_{20} = 39.48$$
$$\delta_{m1} = \delta_{m2} = 0.1, \quad \delta_{k1} = \delta_{k2} = 0.2$$

此处 δ 为随机参数的均方差与均值之比. 随机参数的概率分布均假定为正态,系统阻尼比为 0.05. 系统输入取地震动加速度记录(El-Centor 记录 N-S 分量).

分别按一阶展开和四阶展开形成扩阶系统,采用时域数值积分方法进行扩阶系统分析. 与此同时,利用 Monte Carlo 模拟技术进行了原随机结构系统的分析. 图 1 与图 2 为计算均值反应及方差反应比较. 可见,对于均值反应估计而言,一阶展开已经足够,而对于方差反应估计,则需要 4 阶多项式展开.

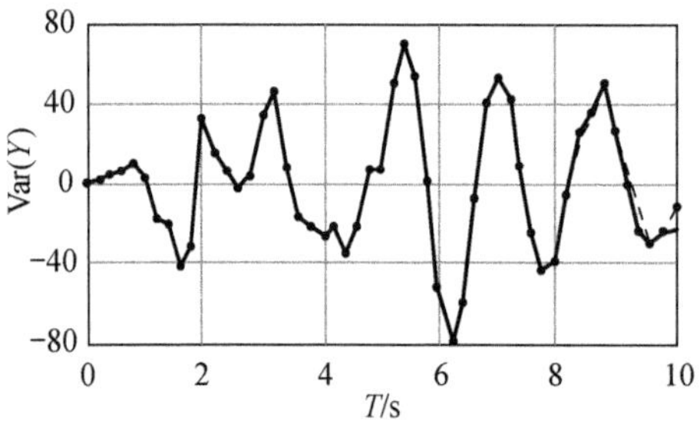

图 1 均值反应比较(·,5 000 次模拟;实线:4 阶展开;虚线:1 阶展开)

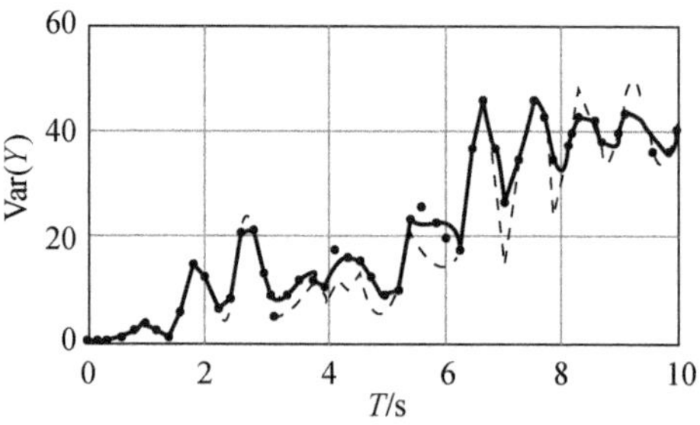

图 2 反应方差比较(图例同图 1)

在另一方面,图 3 反映出了均值参数系统反应与随机结构均值反应的差异,在这一例子中的计算参数同前,但系统输入取为作用于每个质量上的正弦荷载,

$$f_1(t) = f_2(t) = \sin(\omega t), \quad \omega = 3.1416$$

图 4 则进一步说明,上述差异随系统参数变异性的增大而增大. 对本例而言,当参数变异系数大于 0.1 时,上述差异必须在结构设计、评价、识别、控制中加以考虑.

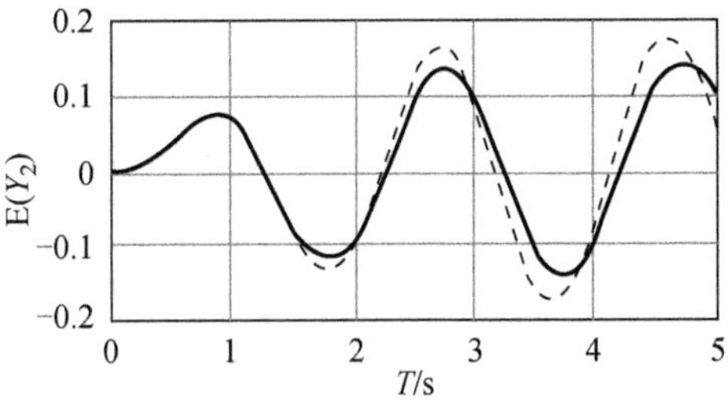

图 3 随机结构均值反应(实线)与均值参数系统反应(虚线)的比较

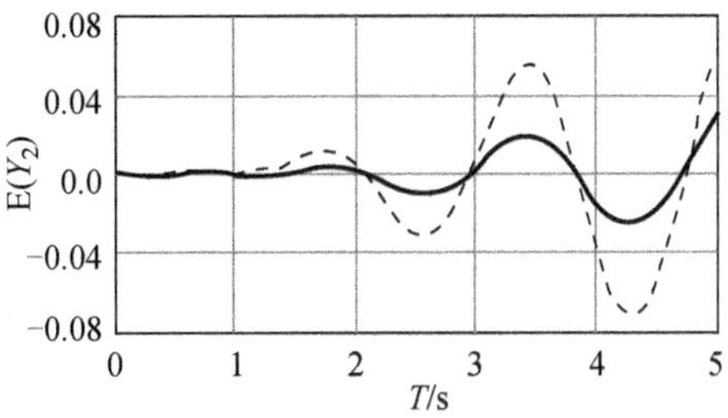

图 4 不同变异系统的差异反应(实线:$\delta=0.1$,虚线:$\delta=0.2$)

6 结 语

本文将扩阶系统方法推广到一般多自由度动力系统,发展了可用于同时具有随机质量、随机阻尼、随机刚度的多自由度体系的扩阶系统方法. 利用线性加速度假定,建议了动态聚缩算法并给出了随机结构反应的常用数值统计特征公式. 文中提供的算例表明了扩阶系统方法的有效性. 最后,文中特别指出了系统均值反应与均值参数系统反应之间的重要差异.

参考文献

[1] 李杰. 随机矩阵的线性表示与线性截断[J]. 世界地震工程,1995(2).

[2] Jensen H, Iwan W D. Response Variability in Structural Dynamics[J]. Earthquake Engineering and Structural Dynamics, 1991,20:949-959.

[3] Iwan W D, Jensen H. On the Dynamic Response of Continuous Systems Including Model Uncertainty[J]. Journal of Applied Mechanics, 1993,60:484-490.

[4] 李杰. 随机结构分析的扩阶系统方法(Ⅰ):扩阶系统方程[J]. 地震工程与工程振动,1995,15(3).

Expanded Order System Method of Stochastic Structures Analysis, Part 2: Dynamic Analysis of Structures

Li Jie

Abstract: This paper discusses the anlaysis method of stochastic structural system with deterministic excitations. A general formulation, which is suitable for the dynamic anlaysis of linear multi-degree of freedom stochastic structural system, is established. This can be used for various kinds of systems which possess combinations of random mass, damping and stiffness parameters. A recursive condensation algorithm for sloving the equation of expanded order system is put forward.

（本文原载于《地震工程与工程振动》第 15 卷第 4 期，1995 年 12 月）

复合随机振动分析的扩阶系统方法

李 杰

摘 要 提出了随机结构系统反应的子空间次序正交分解的思想.基于这一思想,文中导出了一类用于考虑随机激励的随机结构复合随机振动分析的扩阶系统方法,从而可以应用传统的确定性结构随机振动各种分析方法求解复合随机振动问题.作为特例,本文给出了使用模态分析法求解的过程.将文中算例与随机模拟结果相比较,证实了本文思想与方法的实用性.

引 言

传统的随机振动理论一般研究确定性结构系统在随机激励下的反应预测问题[1-3].然而,从现实的工程背景考察,任何一种确定性的结构系统模型都只能是对原型结构的一种近似,由于对设计的工程结构不可能实现制造过程中的完全控制(非完全控制),而对于现有的工程结构不可能实现完备的测量观测(非完备观测),因此,在结构系统模型中引入随机性的概念,即采用随机结构系统模型是较确定性结构系统模型更为合理的一种选择.近年来发展起来的随机有限元方法,正是基于这一现实背景产生的.20多年来,尽管人们在随机结构静力分析、稳定性分析等领域取得了一系列的研究进展[4],在考虑确定性激励条件下的随机结构动力分析方面也取得了若干成果[5,6].然而,对于考虑随机激励条件下的随机结构振动分析问题(所谓复合随机振动或双重随机振动问题),却研究甚少.

在本文作者见及的研究复合随机振动问题的文献中,文献[7]与文献[8]可以说反映了近年来研究有代表性的两种思路,在文献[7]中,Lee通过将随机反应的协方差矩阵关于标准正态随机变量作幂级数展开,获取关于李雅普诺夫矩阵方程的摄动方程.随机系统的解答以方差矩阵的统计特征值给出.在这类研究中,摄动法中固有的永年项问题往往不能很好地被解决.与此类似,在文献[8]中,Jensen和Iwan采用了将方差矩阵关于独立随机变量作正交多项式展开的方式.其解答亦为给出方差矩阵的统计特征值.我们注意到,两类方法均属于随机振动分析中的方差矩阵分析方法的范畴,从这些方法中,是很难给出系统反应的其他概率信息的(如系统反应的相关函数、谱密度等等).

本文试图从一个新的视角来考察复合随机振动分析问题.文中,首先提出了随机函数空间的次序正交分解的思想. 在此基础上,应用关于场域随机变量的子空间正交分解思想,建立了在泛函意义上等价于原随机系统的确定性扩阶系统动力方程. 扩阶系统方程的建立,提供了应用各类传统随机振动分析方法求解复合随机振动问题的可能性. 作为特例,本文给出了使用模态分析法求解的过程. 通过与随机模拟方法相比较,证实了本文思想和方法的实用性.

1 随机反应的子空间分解

在数学上,随机结构系统参数的随机性可以描述为随机场或随机变量. 对于随机场,可以借助于随机场离散化及相关结构的谱分解技术将随机场描述转化为独立随机变量描述[9]. 类似地,对于一般的随机变量,也可以利用正规化技术将其转化为一组独立随机变量. 在另一方面,输入随机过程亦可以通过 Karhuenn-Loeve 分解转化为独立随机变量集合描述.

令$\{b_i\}$, $i=1, 2, \cdots$,表示上述场域独立随机变量集合;$\{\zeta_i\}$, $i=1, 2, \cdots$,表示上述时域独立随机变量集合,则在随机激励下的随机结构动力反应,可以一般地表示为$Y(\boldsymbol{b}, \boldsymbol{\zeta}, t)$. 从泛函分析的观点考察,$Y(\boldsymbol{b}, \boldsymbol{\zeta}, t)$ 亦可以认为是在随机变量 $\boldsymbol{b}$, $\boldsymbol{\zeta}$ 空间中的运动轨迹. 根据泛函空间理论,在完备正交空间中的泛函数可以表示为关于生成空间的基函数系的投影形式. 特别地,令 $\mathscr{H}_b$ 表示由基函数系 $\{H_L(\boldsymbol{b})\}_{l=0}^{\infty}$ 张成的场域概率测度空间;$\mathscr{H}_t$ 表示由基函数系$\{G_m(\boldsymbol{\zeta})\}_{m=0}^{\infty}$张成的时域概率测度空间;最后,令 $\mathscr{H}$ 表示由 $\mathscr{H}_b$ 与 $\mathscr{H}_t$ 构成的复合概率测度空间. 则应用关于基函数系 $\{H_l(\boldsymbol{b})\}_{l=0}^{\infty}$ 的正交投影,可以在场域内将随机反应 $Y(\boldsymbol{b}, \xi, t)$ 分解为

$$Y(\boldsymbol{b}, \boldsymbol{\xi}, t) = \sum_{l=0}^{\infty} H_L(\boldsymbol{b}) X_l(\boldsymbol{\xi}, t) \tag{1}$$

其中 $X_l(\xi, t)$为时域随机过程

$$X_l(\boldsymbol{\zeta}, t) = \int_{\Omega_b} Y(\boldsymbol{u}, \boldsymbol{\zeta}, t) H_l(\boldsymbol{u}) w(\boldsymbol{u}) \mathrm{d}\boldsymbol{u} \tag{2}$$

此处 $\omega(\boldsymbol{u})$ 为关于 $\boldsymbol{b}$ 的概率密度函数,Ω_b 为关于实域矢量 $\boldsymbol{u}$ 的积分域.

类似地,应用关于基函数系 $\{G_m(\zeta\}_{m=0}^{\infty}$ 的正交投影,可以将 $Y(\boldsymbol{b}, \zeta, t)$ 在时域内展开

$$Y(\boldsymbol{b}, \boldsymbol{\zeta}, t) = \sum_{m=0}^{\infty} G_m(\boldsymbol{\zeta}) X_m(\boldsymbol{b}, t) \tag{3}$$

其中 $X_m(\boldsymbol{b}, t)$ 为场域随机过程

$$X_m(\boldsymbol{b}, t) = \int_{\Omega_t} Y(\boldsymbol{b}, \boldsymbol{x}, t) G_m(\boldsymbol{x}) \theta(\boldsymbol{x}) \mathrm{d}\boldsymbol{x} \tag{4}$$

此处，$\theta(\boldsymbol{x})$ 为关于 $\boldsymbol{\xi}$ 的概率密度函数，Ω_t 为关于实域矢量 $\boldsymbol{x}$ 的积分域.

按一定次序进行上述正交分解就引出了复合测度空间的次序正交分解概念. 此时关于 $Y(\boldsymbol{b},\ \boldsymbol{\zeta},\ t)$ 的一般分解可表示为

$$Y(\boldsymbol{b},\ \boldsymbol{\zeta},\ t)=\sum_{l=0}^{\infty}\sum_{m=0}^{\infty}H_l(\boldsymbol{b})G_m(\boldsymbol{\xi})X_{lm}(t) \tag{5}$$

式中 $X_{lm}(t)$ 成为确定性时间过程

$$X_{lm}(t)=\int_{\Omega_b}\int_{\Omega_t}Y(\boldsymbol{u},\ \boldsymbol{x},\ t)H_l(\boldsymbol{u})G_m(\boldsymbol{x})\omega(\boldsymbol{u})\theta(\boldsymbol{x})\mathrm{d}\boldsymbol{x}\mathrm{d}\boldsymbol{u} \tag{6}$$

上述次序正交分解理论提供了求解复合随机振动问题的各种可能性. 例如，对于随机系统反应的预测，既可以通过场域分解方式获得，也在原则上可以通过时域分解获得. 并且，如果需要，复合随机振动解答也可借助全过程次序正交分解的方式求得. 作为例子，本文具体讨论场域子空间正交分解方法，并选取正交多项式作为 H_b 的基函数集合，且定义

$$H_l(b)=\prod_{s=1}^{R}H_{l_s}(b_s) \tag{7}$$

式中 $H_{l_s}(b_s)$为关于变量 b_s 的 l_s 阶正交多项式. 正交多项式类型的选择可以根据随机变量的概率分布类型确定. 例如，对于标准正态分布可取加权 Hermit 多项式，对于均匀分布，则可取 Legendre 多项式.

$H_l(b)$满足如下正交特性

$$E\left[\prod_{s=1}^{R}H_{l_s}(b_s)\prod_{s=1}^{R}H_{k_s}(b_s)\right]=\begin{cases}1, & \text{当 } l_s\equiv k_s\\ 0, & \text{其他}\end{cases} \tag{8}$$

2 扩阶系统方程

一般多自由度随机结构系统在随机激励条件下的动力方程为

$$\boldsymbol{M}\ddot{\boldsymbol{Y}}+\boldsymbol{C}\dot{\boldsymbol{Y}}+\boldsymbol{K}\boldsymbol{Y}=\boldsymbol{F}(t) \tag{9}$$

式中，$\boldsymbol{M}$，$\boldsymbol{C}$，$\boldsymbol{K}$ 分别为随机质量、随机阻尼和随机刚度矩阵，$\boldsymbol{Y}$，$\dot{\boldsymbol{Y}}$，$\ddot{\boldsymbol{Y}}$ 分别为系统位移、速度与加速度反应矢量；$\boldsymbol{F}(t)$ 为随机外荷载矢量；应用调制随机过程的概念，可将 $\boldsymbol{F}(t)$ 表示为

$$\boldsymbol{F}(t)=\sum_{i=1}^{N_t}g_i(t)\Gamma_i(t)\boldsymbol{Z}(t) \tag{10}$$

此处 $\boldsymbol{Z}(t)$ 为平稳过程矢量；N_t 为分段函数段数；$g_i(t)$ 为确定性函数；$\Gamma_i(t)$ 为一分段函数.

应用随机场转换或随机变量变换技术，可以将系统随机质量、随机阻尼与随机刚度写为[9]

$$\boldsymbol{M} = \boldsymbol{M}_0 + \sum_{s=1}^{N_m} \boldsymbol{M}_s b_s \tag{11}$$

$$\boldsymbol{C} = \boldsymbol{C}_0 + \sum_{s=1}^{N_c} \boldsymbol{C}_s b_s \tag{12}$$

$$\boldsymbol{K} = \boldsymbol{K}_0 + \sum_{s=1}^{N_k} \boldsymbol{K}_s b_s \tag{13}$$

式中，$\boldsymbol{M}_0$，$\boldsymbol{C}_0$，$\boldsymbol{K}_0$ 分别为均值质量、均值阻尼、均值刚度矩阵；$\boldsymbol{M}_s$，$\boldsymbol{C}_s$ 和 $\boldsymbol{K}_s$ 分别为质量、阻尼、刚度的名义方差矩阵；N_m，N_c 和 N_k 为相应于每类参数的独立随机变量数目.

根据上节所述的场域正交分解思想，随机结构系统(9)的反应可由下述级数逼近

$$Y(\boldsymbol{b},\ t) = \sum_{\substack{0 \leqslant l_s \leqslant N_s \\ 1 \leqslant s \leqslant R}} X_{l_1 l_2 \cdots l_R}(t) \prod_{s=1}^{R} H_{l_s}(b_s) \tag{14}$$

式中，N_s 为关于变量 b_s 的正交多项式展开项数；$X_{l_1 l_2 \cdots l_R}$ 为相应于式(1)中 $X_l(\varepsilon, t)$ 的时域随机过程.

将式(14)代入(9)，然后将所得方程两边同乘以 $\prod_{s=1}^{R} H_{k_s}(b_s)$ 并关于随机矢量 $\boldsymbol{b}$ 取数学期望，应用基函数系的正交性质(8)，经过一系列的推演，可以导出如下方程

$$A_m \ddot{X}_l + A_c \dot{X}_l + A_k X_l = F_l(t) \tag{15}$$

其分量表达式为

$$\sum_{p=1}^{MN} [(\boldsymbol{a}_m)_{lp} \ddot{X}_p(t) + (\boldsymbol{a}_c)_{lp} \ddot{X}_p(t) + (\boldsymbol{a}_k)_{lp} X_p(t)] = f_l(t) \tag{16}$$

式中诸符号分别有如下表示(忽略 m，c，k 脚标)

$$MN = \prod_{s=1}^{R} (N_s + 1) \tag{17}$$

$$\boldsymbol{a}_{lp} = A_0 \delta_{l,\ p} + \sum_{s=1}^{R} A_s (\gamma_{k_s - 1} \delta_{l - \zeta_{s,\ p}} + \beta_{k_s} \delta_{l,\ p} + \alpha_{k_s + 1} \delta_{1 + \zeta_{s,\ p}}) \quad (0 \leqslant k_s \leqslant N_s) \tag{18}$$

$$l = 1 + \sum_{s=1}^{R} k_s \prod_{j=s+1}^{R} (N_j + 1) \tag{19}$$

$$\zeta_s = \begin{cases} 1, & s = R \\ \prod_{j=1}^{R-s} (N_{R-j} + 1), & s < R \end{cases} \tag{20}$$

$$f_l = f_{k_1 k_2 \cdots k_R} = F(t) \prod_{s=1}^{R} \delta_{0k_s} \tag{21}$$

式(18)中的 α, β 和 γ 为如下正交多项式递推公式的系数,其值可据具体正交多项式类型确定.

$$b_s H_{l_s}(b_s) = \alpha_{l_s} H_{l_s-1}(b_s) + \beta_{l_s} H_{l_s}(b_s) + \gamma_{l_s} H_{l_s+1}(b_s) \tag{22}$$

此外,关于 A_0 和 A_s 的定义分别为

$$A_{m0} = M_0,\ A_{c0} = C_0,\quad A_{k0} = K_0 \tag{23}$$

$$A_{ms} = \begin{cases} M_j, & s \leqslant N_m,\ j = s \\ 0, & s > N_m \end{cases} \tag{24}$$

$$A_{cs} = \begin{cases} 0, & s \leqslant N_m \\ C_j, & N_m < s \leqslant N_m + N_c,\ j = s - N_m \\ 0, & s > N_m + N_c \end{cases} \tag{25}$$

$$A_{ks} = \begin{cases} 0, & s \leqslant N_m + N_c \\ K_j, & s > N_m + N_c,\ j = s - (N_m + N_c) \end{cases} \tag{26}$$

我们注意到,方程(15)在形式上类似于方程(9),但方程(15)已转化为一个具有随机激励的确定性系统. 与此同时,与原随机系统相比,新的确定性系统的动力自由度数增加了. 我们称方程(15)表示的动力系统为原随机结构系统的扩阶系统,并称利用扩阶系统动力方程求解随机结构系统反应的方法为扩阶系统方法.

3 扩阶系统的解答

原则上,扩阶系统(15)可以利用任何一种传统的随机振动分析方法获得解答. 作为应用例子,本文采用模态分析方法给出扩阶系统的解答.

应用模态变换技术,可将(15)转化为下述解耦方程

$$\tilde{m}_j \ddot{u}_j + C_j \dot{u}_j + k_j u_j = \tilde{f}_j,\quad j = 1, 2, \cdots \tag{27}$$

式中,

$$\tilde{m}_j = \boldsymbol{\phi}_j^{\mathrm{T}} A_m \boldsymbol{\phi}_j,\quad c_j = \boldsymbol{\phi}_j^{\mathrm{T}} A_c \boldsymbol{\phi}_j \tag{27a, b}$$

$$\tilde{k}_j = \boldsymbol{\phi}_j^{\mathrm{T}} A_k \boldsymbol{\phi}_j, \quad \tilde{f}_j = \boldsymbol{\phi}_j^{\mathrm{T}} F_l \tag{27c, d}$$

引入

$$\omega_j^2 = \frac{\tilde{k}_j}{\tilde{m}_j}, \quad \zeta_j = \frac{\tilde{c}_j}{2\tilde{m}_j \omega_j}, \quad \gamma_{jp} = \frac{\boldsymbol{\phi}_j^{\mathrm{T}} \boldsymbol{I}_p}{\tilde{m}_j} \tag{28a, b, c}$$

则式(27)将转化为

$$\ddot{u}_j + 2\zeta_j \omega_j \dot{u}_j + \omega_j^2 u_j = \sum_{p=1}^{N_p} \gamma_{jp} f_p(t) \tag{29}$$

其中，γ_{jp} 为模态参与参数，N_p 为非零扩阶荷载的个数.

根据动力分析理论，式(29)的形式解为

$$u_j = \sum_{p=1}^{N_p} \int_0^t h_j(\tau) \gamma_{jp} f(t-\tau) \mathrm{d}\tau \tag{30}$$

其中，$h_j(\tau)$ 为时域传递函数.

根据模态叠加原理，扩阶系统的位移反应可表示为(采用分量表达并考虑 N_e 个模态叠加)

$$x_i = \sum_{p=1}^{N_p} \sum_{j=1}^{N_e} \gamma_{jp} \phi_{ij} \int_0^t h_j(\tau) f_p(t-\tau) \mathrm{d}\tau \tag{31}$$

设

$$f_p = \psi_p(t) Z_p(t) \tag{32}$$

式中，$Z_p(t)$ 为零均值平稳随机过程；$\psi(t)$ 为确定性函数.

系统的谱密度反应函数为

$$S_{x_i}(\omega, t) = \sum_{l=1}^{N_p} \sum_{m=1}^{N_p} \sum_{j=1}^{N_e} \sum_{k=1}^{N_e} \gamma_{jl} \gamma_{km} \phi_{ij} \phi_{ik} H_{jl}^*(\omega, t) H_{km}(\omega, t) S_{z_l z_m}(\omega) \tag{33}$$

式中，$S_{z_l z_m}(\omega)$ 为输入 z_l 与 z_m 的互谱密度函数，广义频谱传递函数为

$$H_{km}(\omega, t) = \int_0^t h_k(\tau) \psi_m(t-\tau) \mathrm{e}^{-\mathrm{i}\omega\tau} \mathrm{d}\tau \tag{34}$$

$H_{jl}^*(\omega, t)$ 表示 $H_{jl}(\omega, t)$ 的复共轭函数.

若原输入过程彼此统计独立，式(33)简化为

$$S_{x_i}(\omega, t) = \sum_{p=1}^{N_p} \sum_{j=1}^{N_e} \sum_{k=1}^{N_e} \gamma_{jp} \gamma_{kp} \phi_{ij} \phi_{ik} H_{jp}^*(\omega, t) H_{kp}(\omega, t) S_{z_p z_p}(\omega) \tag{35}$$

相应于式(35)的反应相关函数为

$$R_{x_i}(t_1, t_2) = \frac{1}{2\pi}\sum_{p=1}^{N_p}\sum_{j=1}^{N_e}\sum_{k=1}^{N_e}\gamma_{jp}\gamma_{kp}\phi_{ij}\phi_{ik}\int_{-\infty}^{\infty} H_{jp}^*(\omega, t)\cdot H_{kp}(\omega, t_z)S_{z_pz_p}(\omega)e^{i\omega(t_1-t_1)}d\omega \tag{36}$$

相应的方差反应函数为

$$\sigma_{x_i}(t) = \frac{1}{2\pi}\sum_{p=1}^{N_p}\sum_{j=1}^{N_e}\sum_{k=1}^{N_e}\gamma_{jp}\gamma_{kp}\phi_{ij}\phi_{ik}\int_{-\infty}^{\infty} H_{jp}^*(\omega, t)H_{kp}(\omega, t)S_{z_pz_p}(\omega)d\omega \tag{37}$$

4 随机结构系统反应

一旦获得扩阶系统反应解，原随机结构系统反应的解答即可容易地利用基函数的正交性质求出. 例如，原系统反应的谱密度函数为

$$S_y(\boldsymbol{b}, \omega, t) = \sum_{\substack{0\leqslant l_s\leqslant N_s\\1\leqslant s\leqslant R}} S_{xl_1l_2,\cdots,l_R}(\omega, t) \tag{38}$$

反应相关函数为

$$R_y(\boldsymbol{b}, t_1, t_2) = \sum_{\substack{0\leqslant l_s\leqslant N_s\\1\leqslant s\leqslant R}} R_{xl_1l_2,\cdots,l_R}(t_1, t_2) \tag{39}$$

方差反应函数为

$$\sigma_y^2(\boldsymbol{b}, t) = \sum_{\substack{0\leqslant l_s\leqslant N_s\\1\leqslant s\leqslant R}} \sigma^2_{xl_1l_2,\cdots,l_R}(t) \tag{40}$$

类似地，输出之间的互谱密度函数、互相关函数、互协方差函数亦可容易地写出，限于篇幅，此处从略.

5 算　例

算例 1　承受白噪声激励的单自由度随机系统，系统参数为

$$m_0 = 1,\quad k_0 = 39.48,\quad \varepsilon_0 = 0.05,\quad \sigma_k = 3.95,\quad S_f(\omega) = 100$$

显然，对应于式(9)的随机系统运动方程为

$$\ddot{Y} + 0.63\dot{Y} + (39.48 + 3.95b)Y = f(t) \tag{41}$$

这里，$f(t)$ 为白噪声激励过程；b 为服从 $N(0, 1)$ 分布的标准正态随机变量.

在扩阶系统分析中，分别选取 1 阶、3 阶、5 阶 Hermit 正交多项式展开 $Y(t)$，限于篇幅，这里仅给出 3 阶展开时的扩阶系统方程. 根据式(16)—式(21)可知有

$$\begin{bmatrix}1&&&\\&1&&\\&&1&\\&&&1\end{bmatrix}\begin{Bmatrix}\ddot{x}_1\\\ddot{x}_2\\\ddot{x}_3\\\ddot{x}_4\end{Bmatrix}+\begin{bmatrix}0.63&&&\\&0.63&&\\&&0.63&\\&&&0.63\end{bmatrix}\begin{Bmatrix}\dot{x}_1\\\dot{x}_2\\\dot{x}_3\\\dot{x}_4\end{Bmatrix}+$$
$$\begin{bmatrix}39.48&3.95&&\\3.95&39.48&\sqrt{2}\cdot3.95&\\&\sqrt{2}\cdot3.95&39.48&\sqrt{3}\cdot3.95\\&&\sqrt{3}\cdot3.95&39.48\end{bmatrix}\begin{Bmatrix}x_1\\x_2\\x_3\\x_4\end{Bmatrix}=\begin{Bmatrix}f(t)\\0\\0\\0\end{Bmatrix} \tag{42}$$

按照普通随机振动问题求解上述扩阶系统方程，可求得关于 x 的解答，进而，利用式(38)—式(40)，不难获得原问题(42)的解答.

作为对比，采用 Monte-Carlo 随机模拟方法给出原系统(41)真实解的估计值. 对于每一随机样本结构，采用普通随机振动分析方法求解.

图 1 示出了按式(38)计算的随机系统反应的谱密度解答与随机模拟结果的比较，可见 3 阶展开已具有较好的计算精度. 在图 2 中，则显示了在随机激励条件下随机结构体系与确定性结构体系之间的反应差异. 该图表明：与确定性系统的谱密度函数比较，随机结构系统的谱密度函数具有峰值降低、谱形变宽的特点.

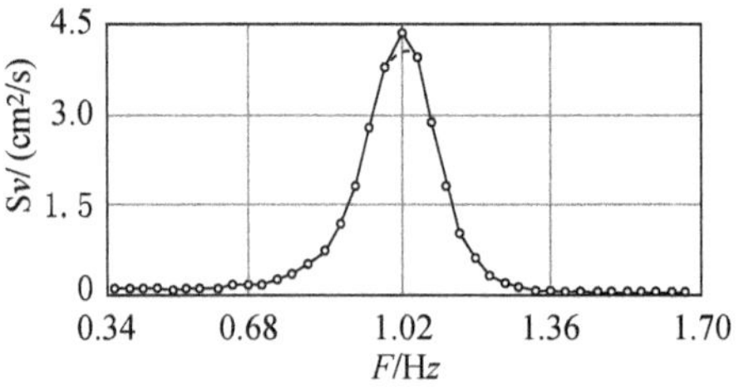

图 1

○ 1 000 次模拟， …… 1 阶展开，
- - - - 3 阶展开， - · - · - 5 阶展开

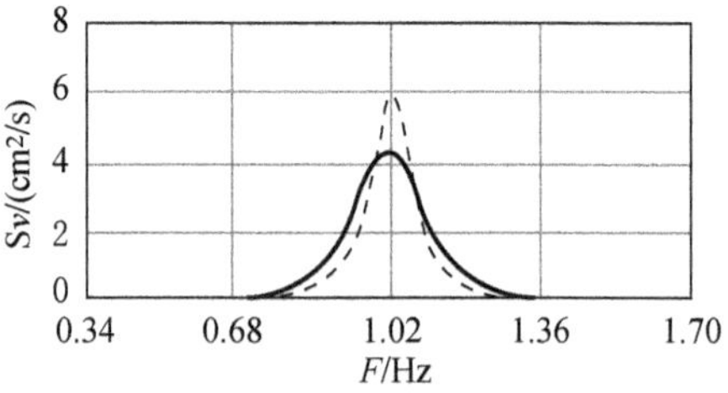

图 2

——随机系统， - - -确定性系统

算例 2 考虑一剪切型 3 自由度随机结构系统，承受平稳的地面随机激励，系统参数分别为

$$m_{10}=m_{20}=m_{30}=1,\quad k_{10}=k_{20}=k_{30}=39.48,$$
$$\zeta_0=0.05,\quad \sigma_{k_1}=\sigma_{k_2}=\sigma_{k_3}=3.95,\quad S_z(\omega)=100$$

随机刚度参数的概率分布取为正态分布.

与随机模拟结果比较，发现一阶展开已可以足够精确地预测反应谱密度(图 3).

算例 3 本例考虑非平稳地面激励的情形. 结构参数取与例 1 同. 输入的调制函数取为

$$g_i(t)=\begin{cases}0.5t, & t\leqslant 2\ \mathrm{s}\\ 1, & 2\ \mathrm{s}\leqslant \tau\leqslant 7.5\ \mathrm{s}\\ \mathrm{e}^{-0.8(t-0.75)}, & t>7.5\ \mathrm{s}\end{cases} \tag{43}$$

平稳过程的谱密度函数取作 Kanai-Tajimi 谱，即

$$S_z(\omega)=\frac{1+4\beta_0\left(\frac{\omega}{\omega_0}\right)^2}{\left[1-\left(\frac{\omega}{\omega_0}\right)^2\right]^2+4\beta_0\left(\frac{\omega}{\omega_0}\right)^2}S_0 \tag{44}$$

且在本例中 $\beta_0=0.64$，$\omega_0=15.56$，$S_0=0.011$.

图 4 给出利用扩阶系统方法与利用随机模拟方法计算的均方差反应的比较. 可见，扩阶系统方法可以良好地预测随机结构系统的复合随机振动反应.

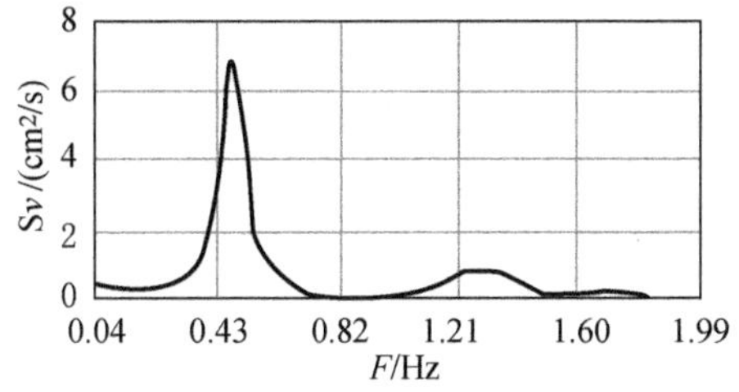

图 3

—— 1 000 次模拟， - - - - 1 阶展开，

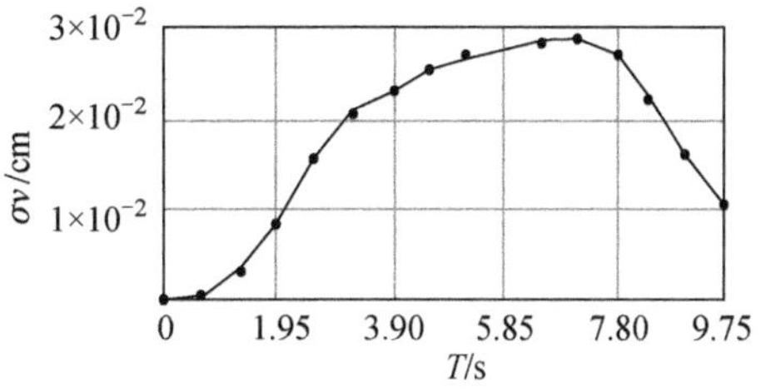

图 4

○ 1 000 次模拟， —— 3 阶展开

6 结 论

本文首次提出了关于复合测度空间的正交分解思想. 基于这一思想，存在着多种进行复合随机振动分析的途径. 特别地，本文建议了基于场域子空间正交分解的扩阶系统方法. 对于同时具有随机质量、随机阻尼、随机刚度的复合随机振动问题，本文给出了扩阶系统动力控制方程. 这一方程可以采用各类普通随机振动的分析方法求解. 作为应用例子，文中进一步给出了应用模态分析方法求解的过程. 通过数值算例及与随机模拟值相对比，证明了本文建议方法的有效性. 事实上，建立解耦扩阶系统，从而借助确定性结构动力分析手段进行复合随机振动分析亦是可行的. 有关工作将在相关文章中进一步介绍.

致谢 感谢英国 Sussex 大学工程学院和 J. B. Roberts 教授在本文研究中所提供的帮助.

参考文献

[1] Lin Y K. Methods of stochastic structural dynamics[J]. Structural Safety, 1986(3): 167-194.

[2] Roberts J B, Spanos P D. Random Vibration and Statistical Linearization[M]. Wiley Press, 1990.

[3] 朱位秋. 随机振动[M]. 北京:科学出版社,1992.

[4] Kleiber M, Hien T D. The Stochastic Finite Element Method: Basic Perturbation Technique and Computer Implementation[M]. Wiley Press, 1992.

[5] 李杰. 结构动力分析的若干发展趋势[J]. 世界地震工程,1993(2):1-12.

[6] Benaroye H, Rehah M. Finite element method in probabilistic structural analysis: A selective review[J]. Applied Mechanics Review, 1988,4:201-213.

[7] Lee X X. Double random vibration of non-linear systems[R]. Proceeding of International Conference on Computational Stochastic Mechanics, Corfu, Greeze, 1991.

[8] Jensen H, Iwan W D. Response of systems with uncertain parameters to stochastic excitation[J]. Journal of Engineering Mechanics, 1992, 118:1012-1025.

[9] Li Jie. A note on stochastic structural system modelling[R]. Research Report No. 93.1 University of Sussex, 1993.

[10] 李杰,李国强. 地震工程学导论[M]. 北京:地震出版社,1992.

The Expanded Order System Method of Combined Random Vibration Analysis

Li Jie

Abstract: A new approach is developed for combined vibration analysis of stochastic structural system with random excitations. It is based on the idea of subspace orthogonal decomposition of response of stochastic structural system. By applying orthogonal expand approach about field domain random variables in random space, a set of expanded system equations about original structural system is presented. This then supplies the possibility of solving the dynamic equations using various traditional random vibration methods. In particular, this paper gives the procedure of using model analysis method. The validity of the proposed method is demonstrated by comparing with the results of random simulation method.

(本文原载于《力学学报》第 28 卷第 1 期,1996 年 1 月)

考虑场地介质随机特性的无限域波动分析

廖松涛　李杰

摘　要　针对场地介质具有随机特性的无限域地震波动分析问题，在概率空间中将随机反应向量按随机介质场离散所得主导随机变量的正交多项式级数形式展开，使随机微分方程变换为确定性的扩阶线性方程组；并在波动有限元模拟技术的基础上，构造了扩阶透射人工边界公式，两者结合形成了求解无限域随机介质中波动传播问题的有限元分析方法. 该方法不仅不受基于摄动思想各类方法的久期项的干扰，而且避免了采用模拟方法时人工边界区单元参数样本不均匀所引起的数值计算不稳定问题.

引　言

随机介质场地中，地震波动传播分析问题中的相关波动观测量应当以其统计特征加以描述. 在声学、电磁学诸多领域内的波动现象分析中，考虑介质的随机特性对波动传播的影响，自 20 世纪 50 年代以来一直是人们的关注热点之一[1, 2]. 考虑场地介质随机特性的无限域地震波动分析问题一般有两类解决方法：①Monte Carol 模拟方法：首先依据一定算法产生随机介质的样本，然后利用确定性介质波动数值模拟技术得到波动观测点的响应样本，重复模拟多次后可在一定精度水平上得到相应的波动统计特征. ②各类随机摄动方法，其共同特征是将随机波动方程的随机算子或随机矩阵按级数展开，根据同次幂项相等的思想获得一系列递推方程，由此可以顺序求解均值或二阶矩. 根据不同的摄动展开途径，又可以将摄动系列方法划分为三类：第一类为近似解析理论，直接在随机波动微分方程的基础上，对线性微分算子进行摄动展开[1]；Born 一阶近似方法和多次散射理论等即属于此类. 第二类是随机有限元法，随着计算机技术的发展，这类方法在静力分析、动力特征值计算等领域得到了成功，但一般均未涉及无限域随机介质中波的传播问题[3, 4]. 第三类为随机边界元法[5, 6]，近年来，人们亦尝试以随机边界元法分析无限域随机介质中波动传播问题，以边界元模拟无限域的外行波动的能量单向传播. 总的来说，摄动方法应用方便，但它要求场地介质的随机变异性小，并且存在久期项问题，随着计算时间的增加，分析结果的精度将急剧恶化.

无限域地震波动分析是一个能量开放体系的动力分析问题，本文把考虑场地介质随机特性时的这一问题归结为求解广义随机系统的响应问题，在确定性波动有限元模拟技术的基础上，根据随机结构正交展开理论，将离散介质节点响应随机过程在随机泛函空间中以正交多项式为基函数进行级数展开，通过引入扩阶透射边界公式考虑随机介质中波动传播分析的人工边界问题，形成求解无限域随机介质中波动传播的一种分析途径. 文中所给算例表明：该方法可以避免久期项问题，与相应 Monte Carlo 方法分析结果吻合良好.

1　无限域波动有限元分析

对于无限域内复杂场地的地震波动问题，应用传统的解析方法难以获得解答，而波动有限元分析技术以其在模拟复杂场地条件的强适应性及高度的灵活性而在地震近场波动分析中得到广泛应用，原则上这类方法可用以研究任何复杂介质中的波动分析问题[7, 8].

对所关心的近场波动分析区域，基于有限元离散技术和弹性动力学 Hamilton 变分原理可以写出相应离散网格点的波动运动控制方程

$$\boldsymbol{M}\ddot{\boldsymbol{u}} + \boldsymbol{C}\dot{\boldsymbol{u}} + \boldsymbol{K}\boldsymbol{u} = \boldsymbol{R}(t) \tag{1}$$

式中，$\boldsymbol{M}$, $\boldsymbol{C}$ 及 $\boldsymbol{K}$ 分别为计算区域的质量矩阵、阻尼矩阵和刚度矩阵.

为了减小波动分析的计算规模，人们采用各种人工边界模拟场地无限域，其中廖振鹏等人提出的多次人工透射边界是效果较好的一种. 多次人工透射边界直接模拟单侧波动的共同运动学特征，假定任意人工边界点及其充分邻近的介质点运动在每一时间步距内可以表示为若干个穿过人工边界向外传播的平面波的叠加，利用高阶误差项同样是行波的波动自变量的函数这一性质，得到如下的多次透射公式

$$\hat{\boldsymbol{u}}_0^{p+1} = \sum_{j=1}^{N}(-1)^{j+1}C_j^N\boldsymbol{T}_j\hat{\boldsymbol{u}}_j^{p+1-j} \tag{2}$$

式中，C_j^N 为组合计算公式，$\hat{\boldsymbol{u}}_0^{p+1}$ 表示人工边界节点位移向量，$\hat{\boldsymbol{u}}_j^{p+1-j}$ 为与$\boldsymbol{u}_0^{p+1}$ 相对应的、由人工边界节点及内部节点位移所组成的向量. 注意两者的维数一般不同；它们的上标表示计算时刻，下标为离散网格节点的坐标，$\boldsymbol{T}_j$ 是联系计算点与节点之间的插值矩阵，与计算时所选取的人工波速 c_a 有关.

联立式(1)，(2)即可求解场地地震波动问题.

原本连续且无限的场地介质经过人工边界分隔及离散化处理后，将产生附加频散、寄生振荡等现象，为了保证波动有限元分析的计算精度，离散有限元单元网格尺寸 Δ 一般应当满足

$$\Delta \leqslant (1/8)\lambda_{\min} \tag{3}$$

其中 $\lambda_{\min}$ 为分析中所关心频段内谐波的最短波长.

透射人工边界公式中所涉及的人工波速的取值范围为

$$c_a \leqslant 2c_{\min} \tag{4}$$

式中 $c_{\min}$ 为场地介质的最小物理波速，对弹性体波而言 $c_{\min}$ 为介质的剪切波速.

2 随机介质中波动有限元列式的正交展开

考虑结构材料参数的随机特性时，正交展开理论在结构分析领域取得了成功，避免了摄动方法在动力分析中的久期项问题[9]. 对于通过人工边界分隔的场地波动分析这一开放的广义结构系统，正交展开理论同样适用.

因为介质的随机特性，式(2)所代表的离散波动有限元运动方程中的位移向量 $\boldsymbol{u}$、速度向量 $\dot{\boldsymbol{u}}$ 以及加速度向量 $\ddot{\boldsymbol{u}}$ 均为随机过程. 根据正交展开理论，可以在随机泛函空间中将随机位移向量次序正交展开为以随机正交多项式集合场 $H_{l_s}(b_s)$ 的级数形式

$$\boldsymbol{u}(b) = \sum_{\substack{0 \leqslant l_s \leqslant N_s \\ 1 \leqslant s \leqslant R}} \boldsymbol{X}_{l_1 l_2 \cdots l_R}(t) \prod_{s=1}^{N} H_{l_s}(b_s) \tag{5}$$

其中，b 表示介质的随机性，$\boldsymbol{X}_{l_1 l_2 \cdots l_R}(t)$ 为确定性的待定函数向量，相应的随机速度向量、随机加速度向量可以通过求导运算以类似的形式写出. 而式(2)同时可以展开为随机矩阵方程列式

$$\left(\boldsymbol{M}_0 + \sum_{i=1}^{N_m} \boldsymbol{M}_i b_i\right)\ddot{\boldsymbol{u}} + \left(\boldsymbol{C}_0 + \sum_{i=1}^{N_c} \boldsymbol{C}_i b_i\right)\dot{\boldsymbol{u}} + \left(\boldsymbol{K}_0 + \sum_{i=1}^{N_k} \boldsymbol{K}_i b_i\right)\boldsymbol{u} = \boldsymbol{R}(t) \tag{6}$$

式中，$\boldsymbol{M}_0$，$\boldsymbol{C}_0$，$\boldsymbol{K}_0$ 为均值质量矩阵、均值阻尼矩阵及均值刚度矩阵；N_m，N_c，N_k 分别为质量随机场、阻尼随机场和刚度随机场所考虑的独立随机变量个数；$\boldsymbol{M}_i$，$\boldsymbol{C}_i$，$\boldsymbol{K}_i$ 分别为结构体系的均方差质量矩阵、均方差阻尼矩阵和均方差刚度矩阵.

正交多项式集合有如下的递推关系和正交特性

$$b \cdot H_i(b) = \alpha_i H_{i-1}(b) + \beta_i H_i(b) + \gamma_i H_{i+1}(b) \tag{7}$$

$$E\left[\prod_{i=1}^{R} H_{l_i}(b_i) \cdot \prod_{i=1}^{R} H_{k_i}(b_i)\right] = \delta_{l,\,k_i} \tag{8}$$

在式(6)的基础上，对 $\prod_{i=1}^{R} H_{l_i}(b_i)$ 的每一种组合均可运用以上关系式并得到 n 个确定性方程组，将其组集起来即可形成考虑介质随机特性的离散波动运动方程的扩阶整体矩阵

$$\boldsymbol{A}_M\ddot{\boldsymbol{X}} + \boldsymbol{A}_C\dot{\boldsymbol{X}} + \boldsymbol{A}_K\boldsymbol{X} = \boldsymbol{F}(t) \tag{9}$$

由于正交多项式的总组合数为 $M_R = \prod_{S=1}^{R}(N_S+1)$（其中 R 为所考虑独立随机变量的总数，N_S 为每个随机变量的正交多项式展开项数），扩阶矩阵的阶数为 $n \cdot M_R$. 有关各扩阶矩阵的详细表达可以参见文献[9].

对于无限域随机介质波动问题，还需要考虑人工边界. 介质的随机特性同样使人工边界节点响应向量为随机过程，将式(5)代入式(1)，有

$$\sum_{\substack{0\leqslant l_s\leqslant N_s\\ 1\leqslant s\leqslant R}} \hat{\boldsymbol{X}}_{l_1 l_2 \cdots l_R}(t)\Big|_0^{p+1} H_{l_s}(b_s) = \sum_{j=1}^{N}(-1)^{j+1}C_j^N \boldsymbol{T}_j \cdot \sum_{\substack{0\leqslant l_s\leqslant N_s\\ 1\leqslant s\leqslant R}} \hat{\boldsymbol{X}}_{l_1 l_2 \cdots l_R}(t)\Big|_j^{p+1-j} H_{l_s}(b_s) \tag{10}$$

因为现有的各类正交基函数均有如下性质

$$H_0(b_s) \equiv 1.0$$

故结合期望运算性质式(8)，有

$$E[H_{l_i}(b_i)] = E[H_0(b_i) \cdot H_{l_i}(b_i)] = \begin{cases} 0, & l_i \neq 0 \\ 1, & l_i = 0 \end{cases} \tag{11}$$

对于式(10)中正交多项式计算式 $\prod_{i=1}^{R} H_{l_2}(b_i)$ 的每一组合，应用 R 次期望运算，经过整理可以得到如下确定性的代数关系式

$$\hat{\boldsymbol{X}}_{l_1 l_2 \cdots l_R}(t)\Big|_0^{p+1} = \sum_{j=1}^{N}(-1)^{j+1}C_j^N \boldsymbol{T}_j \cdot \hat{\boldsymbol{X}}_{l_1 l_2 \cdots l_R}(t)\Big|_j^{p+1-j} \tag{12}$$

总共可得到 M_R 个相似的表达式，其中上下标的意义和公式(2)相同. 与扩阶方程相对应，我们称式(12)为扩阶透射边界公式. 根据扩阶方程及扩阶透射边界公式可以求解相应的扩阶待定函数 $\boldsymbol{X}_{l_1 l_2 \cdots l_R}(t)$，利用式(8)所表示的正交多项式基函数系性质，可以写出波动观测量的均值以及方差等统计特征.

对于观测点的位移响应矢量，其均值为

$$E[\boldsymbol{u}(b)] = \boldsymbol{X}_{00\cdots 0}(t) \tag{13}$$

协方差矩阵可写成

$$\begin{aligned}\mathrm{cov}[\boldsymbol{u}(b), \boldsymbol{u}(b)] &= E[\boldsymbol{u}(b)\boldsymbol{u}(b)^{\mathrm{T}}] - E[\boldsymbol{u}(b)]E[\boldsymbol{u}(b)^{\mathrm{T}}] = \\ &\sum_{\substack{0\leqslant l_s\leqslant N_s\\ 1\leqslant s\leqslant R}} \boldsymbol{X}_{l_1 l_2 \cdots l_R}(t)\boldsymbol{X}_{l_1 l_2 \cdots l_R}^{\mathrm{T}}(t)\end{aligned} \tag{14}$$

由之可以得到位移响应矢量的方差表示

$$\mathrm{var}[\boldsymbol{u}(b)]=\sum_{\substack{0\leqslant l_s\leqslant N_s\\1\leqslant s\leqslant R}}\boldsymbol{X}^{\mathrm{T}}_{l_1l_2\cdots l_R}(t)\boldsymbol{X}_{l_1l_2\cdots l_R}(t) \tag{15}$$

依据相同的原理可以推导得到波动观测点的速度或加速度响应矢量的统计特征表达式，兹不赘述.

3 算 例

为了说明本文方法的可行性，考虑一弹性半空间场地在某一点振源下的波动响应问题. 为此，取如图 1 所示场地模型作为计算示例，通过人工边界将该场地分隔为宽 200 m，高 100 m 的计算区域，模型的两竖直边界与底部边界均采用二阶透射人工边界. 假定在点 K 处有一确定性振源作用，这里采用实际的地震记录. 场地质量密度取为 1 000 kg/m^3，弹性模量为 1.524×10^9 Pa，泊松比为 0.166 9，则所对应的 SV 剪切波速为 808 m/s，P 波波速为1 278 m/s. 采用 10 m×10 m 的有限元网格对计算区域进行离散，积分步长取为 0.007 s. 考虑场地介质的弹性模量具有随机性，并以均匀、各向同性随机场的形式表述，假定该物理参数的变异系数为 22.47%，其相关长度为 100.0 m. 由于弹性模量的随机特性，场地的各种波速必然具有随机性.

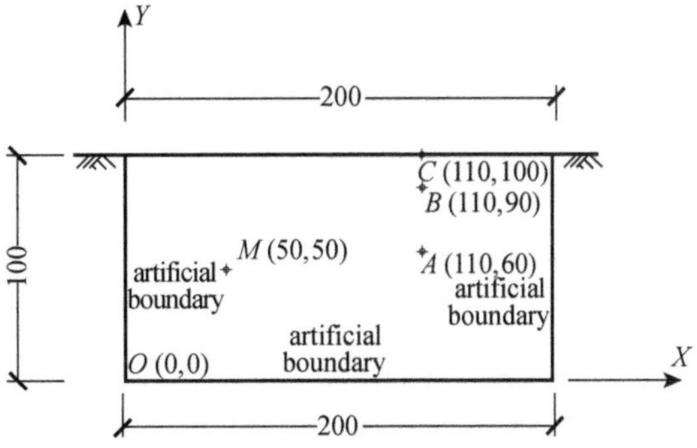

图 1　场地计算模型(单位：m)

对上述算例同时进行正交展开分析和 Monte Carlo 模拟. 当进行正交展开分析时，利用局部平均法将弹性模量随机参数场离散化为一组随机变量集 $\{\zeta_1, \zeta_2, \cdots, \zeta_m\}$，离散网格与有限元分析网格相同；采用相关结构分解技术把该随机变量集转换为独立随机变量序列 $\{b_1, b_2, \cdots, b_q\}$，并取前 2 个独立随机变量表述原离散随机变量集的主导特征.

为了检验取 2 个独立随机变量的合理性，设局部平均随机场的随机变量集对应的协方差矩阵记为 $\boldsymbol{C}_\zeta$，最后截取的标准独立随机变量集的协方差矩阵 $\boldsymbol{C}_b$ 为

$$\boldsymbol{C}_b=\boldsymbol{\Phi}_{m\times q}\boldsymbol{\Lambda}_{q\times q}\boldsymbol{\Phi}^{\mathrm{T}}_{q\times m} \tag{16}$$

式中，$\boldsymbol{\Phi}_{m\times q}$ 表示由 q 个截断特征向量组成的矩阵，$\boldsymbol{\Lambda}_{q\times q}$ 表示 q 阶特征值对角矩阵，这里$q=2$. 协方差矩阵 $\boldsymbol{C}_\zeta$ 与 $\boldsymbol{C}_b$ 之间的相对误差为

$$\delta = \frac{\| \boldsymbol{C}_{\zeta} \| - \| \boldsymbol{C}_{b} \|}{\| \boldsymbol{C}_{\zeta} \|} \tag{17}$$

式中范数种类可以选用 Frobenius 范数. 即对一个 $m \times n$ 的矩阵 $\boldsymbol{C}$ 而言，相应的 Frobenius 范数定义为

$$\| \boldsymbol{C} \| = \left(\sum_{i=1}^{m} \sum_{j=1}^{n} c_{ij}^{2} \right)^{1/2} \tag{18}$$

通过计算，本文算例的协方差之间的相对误差为 3.011%，所以可以认为对本算例而言，2 个独立随机变量完全能够表述原离散随机变量集的主导特征.

以上述分析场地中的 3 个波动观测点 A, B, C 为例进行分析. 当不考虑透射人工边界区域单元的弹性模量的随机特性时，图 2，图 3 以及图 4 依次给出了 A, B, C 点的均值响应曲线和标准差响应曲线，各图中同时绘出了正交展开分析结果与 3 000 次 Monte Carlo 模拟分析结果. 从图中可以看出，两种方法的分析结果吻合相当良好，扩阶方法的分析结果没有久期项的干扰.

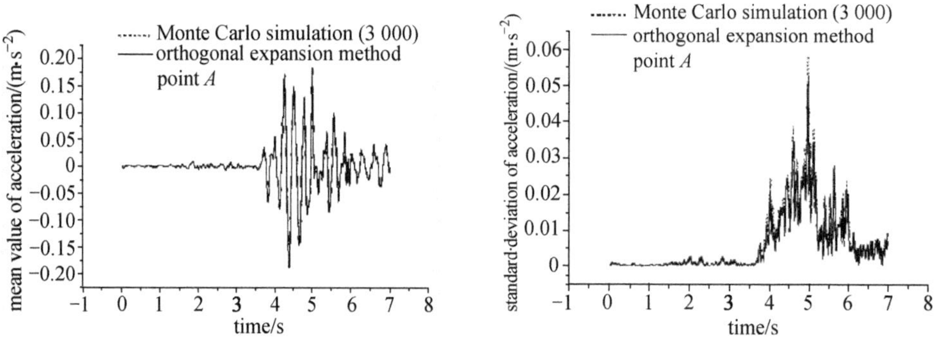

(a) (b)

图 2 波动观测点 A 的均值响应曲线及相应的标准差

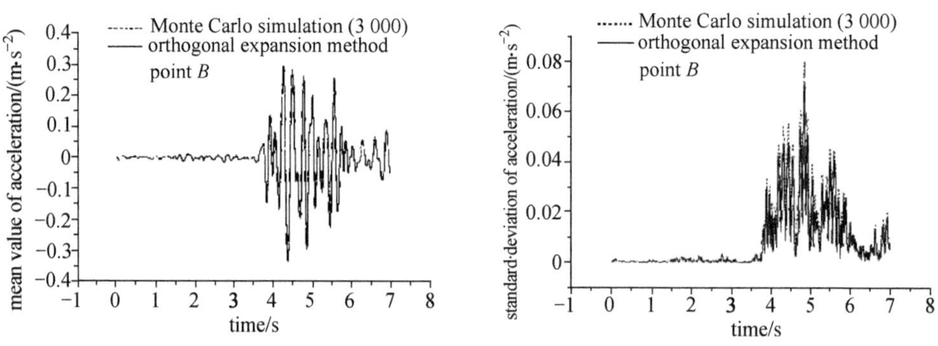

(a) (b)

图 3 波动观测点 B 的均值响应曲线及相应的标准差

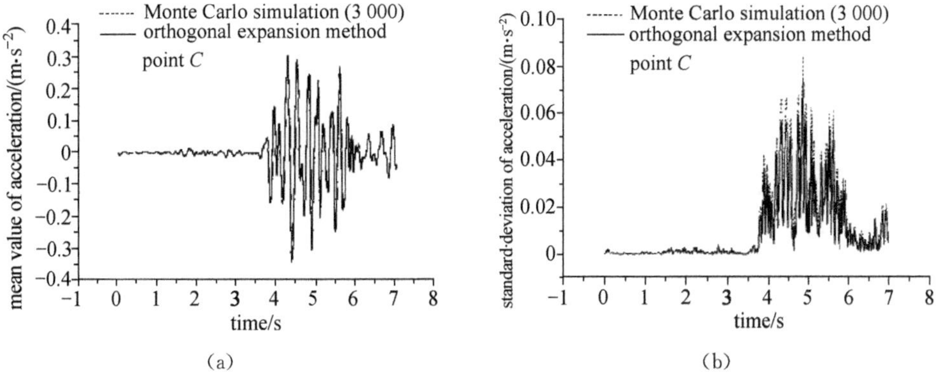

图 4　波动观测点 C 的均值响应曲线及相应的标准差

值得指出的是，简单采用随机模拟方法进行波动分析将导致错误的分析结果. 图 5 是当人工边界区单元的弹性模量采用模拟样本时 C 点的 500 次模拟计算结果，可见标准差反应曲线随时间增大而迅速扩大，此种现象是由数值计算上的不稳定造成的，结果没有可信度. 有鉴于此，在图 2 至图 4 的分析中均假定人工边界区域各单元的物理参数不存在随机性. 事实上，在进行确定性有限元波动分析时，多次透射人工边界要求沿人工边界法线方向上的介质是均匀的. 在波动分析时采用随机模拟方法产生人工边界区域单元的样本将无法满足这一条件，因而必然得到错误的波动分析结果. 这就是说，人工边界区域单元法线方向介质均匀这一条件，决定了当采用基于多次透射人工边界的随机模拟波动分析技术进行随机介质中波动传播分析时无限域问题将无法得到有效地处理.

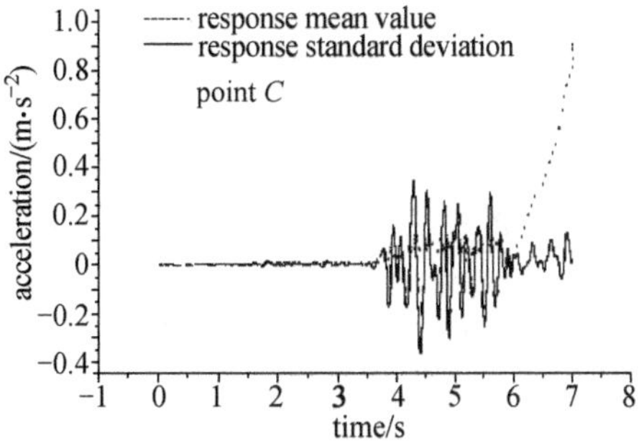

图 5　考虑人工边界区单元随机特性时的 C 点 Nonte Carlo 模拟计算结果(500)

本文所建议的方法则不存在 Monte Carlo 模拟方法的上述问题，当采用扩阶多次透射边界公式对随机介质无限域进行描述时，从数值计算这一角度来看，公式(12)表示的扩阶多次透射人工边界公式所涉及的人工边界区单元计算参数是“沿人工边界法线方向均匀”的，不会引起计算结果的畸变. 图 6 是考虑人工边界区单元随机特性的正交展开分析结果，作为比较，图中还给出了不考虑人工边界区单元随机特性时的结果；从该图可以看出，考虑人工边界区单元随机特性时正交展开分析结果不存在类似 Monte Carlo 模拟方法中响应标准差随时间而迅速增大的畸变现象. 并且，考虑人工边界区单元随机特性时的均值响应与不考虑人工边界区单元随机特性时的分析结果十分吻合，但对标准差而言，则前者明显高于后者. 这正是我们所预期的：人工边界区域单元的随机特性代表了整个计算区外无限域场地介质的随机特性,因而必然增大波动观测量的变异性.

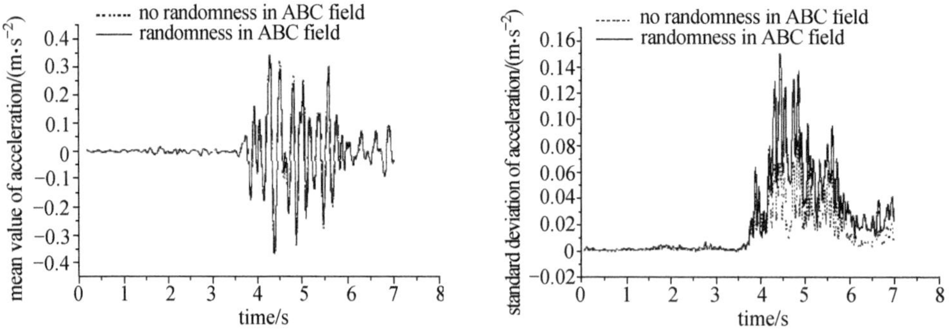

(a) (b)

图 6 考虑人工边界区单元介质随机特性的正交展开分析结果

4 结 论

针对考虑场地介质的随机特性的无限域地震波动分析问题,本文在确定性波动有限元模拟技术的基础上,将随机结构正交展开理论应用于能量开放体系动力分析问题,引入扩阶透射边界公式以反映随机介质无限域,形成了一种新的分析方法.为了检验该方法的合理性,在确定性波动有限元基础上以 Monte Carlo 模拟方法给出波动观测量的响应均值、标准差计算结果.比较分析表明:扩阶透射人工边界公式可以有效描述无限域中波动单向传播的特性.与摄动分析方法相比,本文方法分析结果不受久期项问题的干扰.同时,本文方法避免了采用基于多次透射人工边界有限元分析技术模拟无限域随机介质波动传播问题时的数值计算不稳定现象.

但是,由于所得的扩阶方程的阶数远大于波动离散系统的自由度数,并且因为能量开放系统无法应用基于振动模态的动力聚缩方法,所以需要进一步寻求降低问题求解计算成本的途径.

参考文献

[1] Sobczyk K. Stochastic Wave Proapagation[M]. Warsaw: PWNPolish Scientific Publishers, 1985:248.

[2] Uscinski B J. The Elements of Wave Propagation in Random Media[M]. New York: McGraw-Hill, 1977,153.

[3] Faccioli E, Tagliani A. Attenuation analysis of high frequency SH waves in random media by finite differences [R]. Proceedings of Ninth World Conference on Earthquake Engineering, Vol. Ⅷ, Paper SA-2. Tokyo, 1989:25-30.

[4] Manolis G D, Shaw RP . Harmonic wave propagation through visco-elastic heterogeneous media exhibiting mild stochasticity——Ⅱ. Applications[J]. Soil Dynamics and Earthquake

Engineering, 1996, 15(2): 129-139.

[5] Burczynski T, Skrzypczyk J. Theoretical and computational aspects of the stochastic boundary element method[J]. Computer Methods in Applied Mechanics and Engineering, 1999, 168(1-4): 321-344.

[6] 向家琳,姚振汉,杜庆华. 弹性半平面中 SH 波动问题的随机边界元法及其应用[J]. 清华大学学报(自然科学版),1996,36(10):56-61.

[7] Smith W D. The application of finite element analysis to body wave propagation problems [J]. Geophys J. R. Astr. Soc., 1975, 42(9):747-768.

[8] 廖振鹏. 工程波动理论导引[M]. 北京:科学出版社,1996:322.

[9] 李杰. 随机结构系统——分析与建模[M]. 北京:科学出版社,1996:297.

Infinite Domain Wave Motion Analysis in Random Media

Liao Song-tao　Li Jie

Abstract: The random parameter field is discretized into random variables which are expanded in the form of orthogonal polynomials in probability space, and the random differential wave equation is transformed into deterministic linear order-expanded equations. An order-expanded multi-transmitting artificial boundary formula is also derived based on the finite element simulation of wave motion. The combination of the deterministic order-expanded equations and the order-expanded multi-transmitting artificial boundary formula can provide a method to analyze the problem of wave motion analysis in infinite domain with uncertainty in site. Not only is this method free from the secular problem of the corresponding methods which are based on perturbation idea, but also it avoid the numberical instability resulted from the heterogeneity of the ABC elements samples when the Monte Carlo simulation method is used.

(本文原载于《力学学报》第 35 卷第 2 期,2003 年 3 月)

考虑岩土介质随机特性的工程场地地震动随机场分析

李 杰　廖松涛

摘　要　将随机结构正交展开理论和随机振动分析的虚拟激励原理运用于场地波动有限元分析,形成了一种可以考虑岩土介质随机特性对工程场地地震动相干函数影响的分析方法.实例分析表明,场地介质随机特性将在场地卓越频率附近显著降低迟滞相干函数值,在进行工程场地地震动随机场研究时应当考虑场地介质随机特性的影响.

引　言

地震动空间变化规律对大尺度结构的地震响应有着重要影响.为进行大型工程结构地震响应分析,要求事先确定工程场址的地震动随机场.目前,这一工作通常是利用密集台阵地震记录,通过统计分析获取反映地震动空间变化的经验相干函数模型[1, 2].但是通过统计回归方式获得的相干函数模型,仅仅反映强震观测台阵的地质地形条件,难以符合实际工程场址的具体条件.为了能够获得较为符合实际工程场址条件的地震动随机场分布信息,近年来逐渐出现采用理论分析方法进行的研究工作[3, 4].

由随机介质中波动传播理论可知,传播介质的随机性将使波动在传播过程中发生散射,这正是产生地震动非相干效应的原因之一.1997 年,Zerva 和 Harada 通过研究发现:局部场地介质的随机特性将显著影响迟滞相干函数,土层物理参数的随机变化使局部场地卓越频率附近的迟滞相干函数值减少[5].2000 年,Horike 和 Takeuchi 通过对一实际场地进行的现场观测和数值分析发现:地震动高频段相干性损失可以有效地由场地波速的随机模型进行解释[6].这同样说明,场地介质的随机特性是影响地震动空间变化的一个重要因素.然而,由于上述理论研究是在简单的理论抽象模型基础上开展的工作,因此很难反映实际工程场址的种种复杂因素(如地形变化、分层介质等等).笔者认为,为了解决实际复杂工程场址的地震动随机场预测问题,必须发展基于随机波动分析的数值模拟方法.基于这一认识,笔者近年来进行了系列的相关研究工作[7-9].本文即为这一工作中的一个组成部分.文中研究了场地介质随机特性对地震动迟滞相干函数的影响，提出了一种考虑工程场地介质随机特性的地震动相干函数数值分析方法，该方法将正交展开理论与虚拟激励原理扩展到波动有限元分析之中，直接计算分析得到波动观测量的谱结构，并由之获取相干函数的信息. 论文还给出了若干实际工程场地的分析结果.

1 确定性波动有限元分析

自 20 世纪 60 年代以来，波动问题研究中的数值方法得到了极大的发展，其中波动有限元分析方法由于功能强大、描述材料介质灵活等优点在复杂场地波动分析领域中得到广泛的应用[10]. 单纯从场地介质的离散、形函数的选择以及动力矩阵的集成等方面而言，波动有限元分析技术与一般结构动力有限元方法并没有实质性的差别. 但在对工程场地进行波动有限元分析时，由于要从无限域中截取一个有限计算区域，因此在计算区域的边界处需要采用特殊的技术模拟外行波场. 这种依据数学方法经人为引入的边界一般称之为人工边界，它构成了有限元波动模拟技术的鲜明特征.

本文考虑二维波动分析问题，对工程场地进行有限元离散后，可以写出运动控制方程的波动有限元矩阵形式：

$$\boldsymbol{M}\ddot{\boldsymbol{u}}(t)+\boldsymbol{C}\dot{\boldsymbol{u}}(t)+\boldsymbol{K}\boldsymbol{u}(t)=\boldsymbol{R}(t) \tag{1}$$

式中，$\boldsymbol{M}$, $\boldsymbol{C}$ 以及 $\boldsymbol{K}$ 分别为质量矩阵、阻尼矩阵和刚度矩阵，$\boldsymbol{R}(t)$ 为外激励.

采用文献[10]发展的多次透射人工边界，有如下以内部结点位移表示的人工边界节点位移关系式：

$$\hat{\boldsymbol{u}}_0^{p+1}=\sum_{j=1}^{N}(-1)^{j+1}C_j^N\boldsymbol{T}_j\boldsymbol{u}_j^{p+1-j} \tag{2}$$

式中，N 为人工边界的透射阶数；C_j^N 为组合计算公式；$\hat{\boldsymbol{u}}_0^{p+1}$ 表示人工边界节点位移向量；$\hat{\boldsymbol{u}}_j^{p+1-j}$ 为与 $\hat{\boldsymbol{u}}_0^{p+1}$ 相对应的由人工边界节点及内部节点位移所组成的向量，注意两者的维数一般不同：它们的上标表示计算时刻，下标为离散网格节点的坐标；$\boldsymbol{T}_j$ 是联系计算点与网格节点之间位移的插值矩阵，与计算时所选取的人工波动 $\boldsymbol{C}_a$ 有关.

采用上述人工边界和动力方程，可以按照常规有限元动力分析方法进行场地波动反应分析.

2 随机介质场地随机波动分析的正交展开方法

具有随机介质场地的随机波动有限元运动控制方程可以近似写成如下形式[11]：

$$(\boldsymbol{M}_0+\sum_{i=1}^{N_m}\boldsymbol{M}_i b_i)\ddot{\boldsymbol{u}}+(\boldsymbol{C}_0+\sum_{i=1}^{N_c}\boldsymbol{C}_i b_i)\dot{\boldsymbol{u}}+(\boldsymbol{K}_0+\sum_{i=1}^{N_k}\boldsymbol{K}_i b_i)\boldsymbol{u}=\boldsymbol{R}(t) \tag{3}$$

式中，$\boldsymbol{M}_0$，$\boldsymbol{C}_0$，$\boldsymbol{K}_0$ 分别为场地介质的均值质量矩阵、均值阻尼矩阵及均值刚度矩阵；N_m，N_c，N_k 分别为质量随机场、阻尼随机场和刚度随机场所考虑的独立随机变量个数；$\boldsymbol{M}_i$，$\boldsymbol{C}_i$，$\boldsymbol{K}_i$ 分别为场地介质的均方差质量矩阵、均方差阻尼矩阵和均方差刚度矩阵；$\boldsymbol{R}(t)$ 为确定性或随机性的载荷矢量；$\ddot{\boldsymbol{u}}$，$\dot{\boldsymbol{u}}$，$\boldsymbol{u}$ 为随时间变化的随机加速度、随机速度以及随机位移矢量，其随机特性同时来源于场地介质随机参数和随机外荷载.

在随机泛函空间中，将随机位移响应 $\boldsymbol{u}$ 展开为以正交多项式为基函数的截断级数形式[12]：

$$\boldsymbol{u}(b,\ \zeta,\ t)=\sum_{\substack{0\leqslant l_j\leqslant N_j\\ l\leqslant j\leqslant R}} X_{l_1 l_2\cdots l_R}(\zeta,\ t)\prod_{j=1}^{R}H_{l_j}(b_j) \tag{4}$$

式中，b 代表来源于介质参数的随机特性；ζ 表示来源于外荷载的随机特性；$X_{l_1 l_2\cdots l_R}(\zeta,\ t)$为待定函数；$R$ 为所考虑独立随机变量的总的个数；随机速度介质响应 $\dot{\boldsymbol{u}}$ 和加速度响应 $\ddot{\boldsymbol{u}}$ 可以根据求导法则进行类似的展开.

正交多项式具有如下的递推关系式和正交性质[11]：

$$b\varphi_N(b)=\alpha_N\varphi_{N-1}(b)+\beta_N\varphi_N(b)+\gamma_N\varphi_{N+1}(b) \tag{5}$$

$$E\Big[\prod_{j=1}^{N_k}H_{l_j}(b_j)\prod_{j=1}^{N_k}H_{k_j}(b_j)\Big]=\begin{cases}1,\ l_j\equiv k_j\\ 0,\ l_j\neq k_j\end{cases} \tag{6}$$

将式(4)中及相应速度、加速度展开式代入随机结构动力平衡方程式(3)，并注意上述正交多项式的正交性质，可以在期望算子意义上形成等价于原随机动力方程的扩阶系统方程[11]：

$$A_M\ddot{X}+A_C\dot{X}+A_K X=P(t) \tag{7}$$

由于正交多项式的总组合数为 $M_R=\prod_{s=1}^{R}(N_s+1)$（其中 R 为所考虑独立随机变量个数之和，N_s 为每个随机变量按正交多项式展开所截断项数），式(7)中扩阶矩阵的阶数 p 为 M_R 和实际结构自由度数 n 之乘积. A_M，A_C 和 A_K 分别称为扩阶质量矩阵、扩阶阻尼矩阵和扩阶刚度矩阵.

同理，可以对多次透射人工边界公式(2)进行类似的正交展开，最后得到如下的扩阶透射边界公式

$$\hat{X}_{l_1 l_2\cdots l_R}(t)\Big|_0^{p+1}=\sum_{j=1}^{N}(-1)^{j+1}C_j^N T_j\hat{X}_{l_1 l_2\cdots l_R}(t)\Big|_0^{p+1-j} \tag{8}$$

总共可得到 M_R 个相似的表达式，其中上下标的意义和公式(2)相同.

根据扩阶方程及扩阶透射边界公式可以求解相应的扩阶待定函数 $X_{l_1 l_2 \cdots l_R}(t)$，利用式(6)所表示的正交多项式基函数系性质，可以写出波动观测量的均值以及方差等统计特征，兹不赘述.

3 考虑场地随机介质的地震动场相干函数分析

在地震动随机场的研究中，地震动互功率谱密度函数可以由相应的自谱密度和标准化互功率谱密度函数完全确定，后者即地震动场相干函数. 根据随机过程理论的基本概念，对于 i, j 两点地震动，它们之间的相干函数 $\gamma_{ij}(\omega)$ 的严格数学定义为

$$\gamma_{ij}(\omega)=\begin{cases}\dfrac{S_{ij}(\omega)}{\sqrt{S_{ii}(\omega)S_{jj}(\omega)}}, & \text{当 } S_{ii}(\omega)S_{jj}(\omega)\neq 0\\ 0, & \text{当 } S_{ii}(\omega)S_{jj}(\omega)=0\end{cases} \tag{9}$$

式中，$S_{ij}(\omega)$ 为两点地震动随机过程之间的互功率谱密度；$S_{ii}(\omega)$ 和 $S_{jj}(\omega)$ 分别为对应于 i, j 两点的自功率谱密度.

由于互功率谱密度为复函数，所以相干函数亦为复函数. 由相干函数的定义可知，场地介质随机特性对地震动相干函数的影响分析实际上是考察场地介质随机特性所引起的波动观测量之间谱结构的改变. 为此，应考虑上述随机波动有限元列式的外激励 $R(t)$ 具有随机特性的情形.

仔细分析扩阶方程系统方程和扩阶透射边界可知，式(7)，(8)在形式上已转化为确定性系统的随机振动分析，因此原则上可以用任何相应成熟的算法进行求解. 本文采用林家浩提出的随机振动分析的虚拟激励方法[13]. 这一方法把随机激励下的结构响应分析问题转换为随频率变化的确定性虚拟振源作用下的结构动力时程反应分析问题，从而简化了运算. 由于虚拟激励法不需将结构的频率响应函数显式表达，以及其处理非平衡激励或随机场激励的简便性，使以前某些难以处理的复杂随机振动分析问题可以用比较简单的方式实现.

为了分析场地两点的地震动相干函数信息，本文将虚拟激励原理应用于式(7)，(8)，直接得到 X, $\dot{X}$ 以及 $\ddot{X}$ 等时域随机过程矢量的时变功率谱密度矩阵. 例如，位移响应矢量的功率谱密度矩阵可写为

$$S_{xx}(\omega, t)=X^{*}(\omega, t)X^{\mathrm{T}}(\omega, t) \tag{10}$$

式中，右端项为扩阶系统在确定性虚拟激励作用下的位移响应量. 其中 $X(\omega, t)$ 是确定性虚拟激励作用下扩阶系统的分析结果，可以运用各种时程积分方法计算而得，“ * ”代表取复数共轭，“T”代表对矩阵进行转置运算.

根据计算得出的扩阶系统响应的自功率谱密度与互功率谱密度函数，再利用正交基函数系的正交特性，即可从扩阶系统反应分量的功率谱还原出实际结构的

功率谱、方差等统计信息[12]. 以位移响应为例,响应均值为

$$
\begin{aligned}
E[Y(b,\ \zeta,\ t)] &= \sum_{\substack{0\leqslant l_j\leqslant N_s \\ l\leqslant j\leqslant R}} E[X_{l_1 l_2\cdots l_R}(\zeta,\ t)]\cdot E\left[\prod_{j=1}^{R} H_{l_j}(b_j)\right] \\
&= E[X_{00\cdots 0}(\zeta,\ t)]
\end{aligned}
\tag{11}
$$

对具有零均值的地震输入而言,响应均值矢量为零矢量. 相关函数矩阵为

$$
\begin{aligned}
E[Y(b,\ \zeta,\ t_1)Y^{\mathrm{T}}(b,\ \zeta,\ t_2)] &= \sum_{\substack{0\leqslant l_s\leqslant N_s \\ l\leqslant s\leqslant R}} \sum_{\substack{0\leqslant l_j\leqslant N_s \\ l\leqslant j\leqslant R}} E[X_{l_1 l_2\cdots l_R}(\zeta,\ t_1)X^{\mathrm{T}}X_{l_1 l_2\cdots l_R}(\zeta,\ t_2)]\cdot \\
&\quad E\left[\prod_{j=1}^{R} H_{l_j}(b_j)\prod_{j=1}^{R} H_{k_j}(b_j)\right] \\
&= \sum_{\substack{0\leqslant l_s\leqslant N_s \\ l\leqslant s\leqslant R}} E[X_{l_1 l_2\cdots l_R}(\zeta,\ t_1)X^{\mathrm{T}}_{l_1 l_2\cdots l_R}(\zeta,\ t_2)]
\end{aligned}
\tag{12}
$$

经过一系列推导,最终可以写出随机介质场地在随机激励下位移响应的功率谱密度矩阵:

$$
[S_{YY}(b,\ \zeta,\ \omega,\ t)] = \sum_{\substack{0\leqslant l_s\leqslant N_s \\ l\leqslant s\leqslant R}} \{X_{l_1 l_2\cdots l_R}(\omega,\ t)\}^{*}\{X_{l_1 l_2\cdots l_R}(\omega,\ t)\}^{\mathrm{T}} \tag{13}
$$

式中,右端矢量项为扩阶系统在虚拟激励作用下的扩阶系统的确定性谱和响应.

将计算得到的波动观测量的谱密度代入地震动相干函数定义式(9),即可获得所求的地震动相干函数.

4 实例分析

例 1 考虑一个具有随机介质的工程场地,采用多次透射人工边界将场地分离出宽 220 m、高 100 m 的计算区域,场地在坐标为(50, 50)的 M 处有一有限带宽白噪声随机振源,在 X 与 Y 方向同时作用相同大小的激励,如图 1 所示. 假定该场地介质参数中弹性模量为均匀随机场,并采用指数型相关结构[11],相关尺度取为 100.0 m,质量密度为 2 000 kg/m^3,泊松比为 0.167,均值弹性模量为 3.524×10^8 Pa,其相应变异系数为 0.2,均值剪切模量为 1.51×10^8 Pa,场地的均值 SV 波

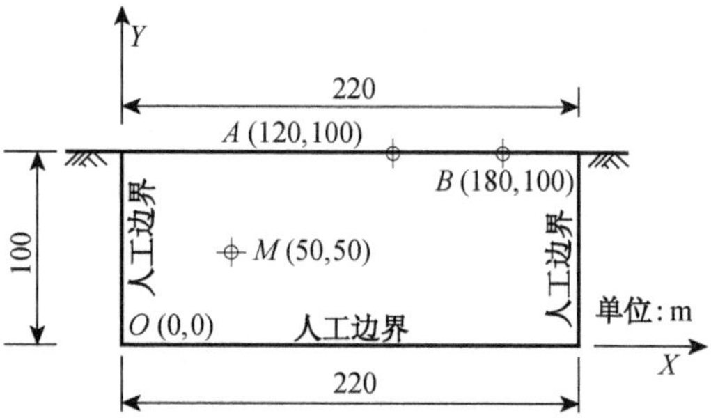

图 1　弹性半空间随机场地计算模型

波速为 274 m/s,均值 P 波波速为 435 m/s,在实际工程中属于二类场地土. 采用 10 m×10 m 的有限元网格将计算区域进行离散.

本文建议方法最后所得的相干函数计算结果见图 2,图 2 中参考点为图 1 中的点 A,其中曲线分别对应各点与点 A 之间的相干函数值,符号 D 表示两点之间的距离,在图 2 中绘出了距离为 10 m 到 60 m 的相干函数曲线,其中图 2(a)为迟滞相干函数值.

从图 2(a)可以看出,迟滞相干函数值随两点之间的距离增大而逐渐减小,而且当频率小于某一特定值时所有的迟滞相干函数均可近似视为单位 1. 频率超过该特定值后,迟滞相干函数均随频率的增大而逐渐减小,亦即波长愈短,场地介质随机特性对其影响愈大,超过某一波长范围,介质随机特性的影响即可忽略不计. 虽然该算例的一点振源尺度远小于实际地震动,但本算例计算所得到的定性趋势与从实际密集地震台阵统计回归得到的迟滞相干函数特性基本保持一致. 这说明,相干函数的非相干效应部分可以由地震波在随机介质中的散射来揭示. 图 2(b)为相干函数的相角变化,然而,图中各曲线变化紊乱,似无规律可循.

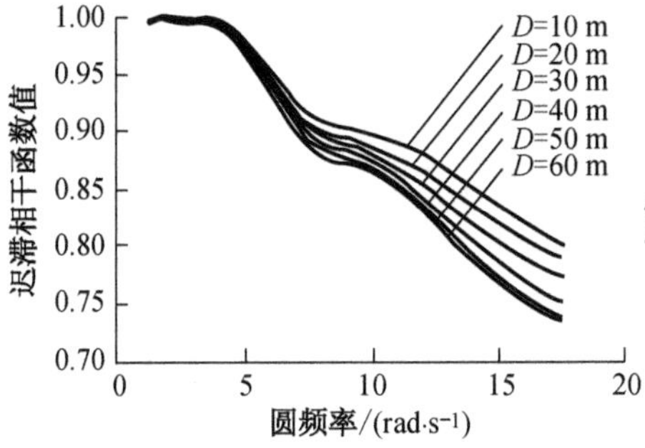

(a) 迟滞相干函数

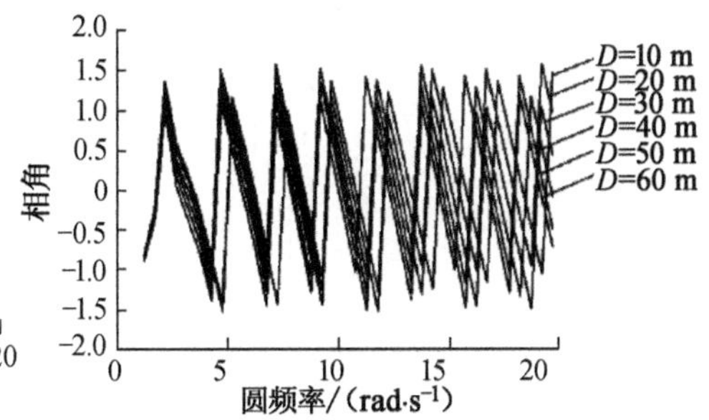

(b) 相干函数相角

图 2　一点振源下弹性半空间随机介质自由表面相干函数计算结果

例 2　考虑局部场地对地震动影响时,常将地震动视为从基岩处垂直向上入射,在目前分析相干函数的局部场地效应时亦经常采用这样的假定[5],在例 1 的基础上,分析了基岩垂直入射地震波的情形. 与例 1 相同,以人工透射边界将场地分离出宽 220 m、高为 100 m 的计算区域,随机波动在与基岩接触的结点上采用位移方式输入,并假定各结点波动输入是同步的. 以有限带宽白噪声作为位移输入谱. 场地土的均值物理参数、有限单元网格大小、场域独立随机变量保留个数等均与例 1 相同,仅弹性模量随机场的变异系数变动为 0.1. 图 3 给出了 A 点的加速度响应自谱密度,以及迟滞相干函数和相干函数相角.

从图 3(a)可以看出,单一土层场地有多个卓越频率,这是由于考虑随机介质影响时,场地本身具有不同的波动传播速度,波经过基岩和自由表面的来回反射,在稳态时将出现多个卓越频率. 更有意思的是,计算得到的迟滞相干函数值在各个场地卓越频率附近均有不同程度的降低,这与 Zerva 和 Harada 依据单自由度系统得到的分析结果在性质上是一致的. 而且容易看出:场地卓越频率所对应的响应自谱密度的峰值愈高，迟滞相干函数的降低幅度愈大. 同时，即使在非卓越频率附近，局部场地介质的随机特性本身将使高频部分的迟滞相干函数值有所减小，这是 Zerva 和 Harada 所采用的单自由度系统所无法揭示的. 与例 1 类似的是，对相干函数相角图似乎无法发现明显的规律.

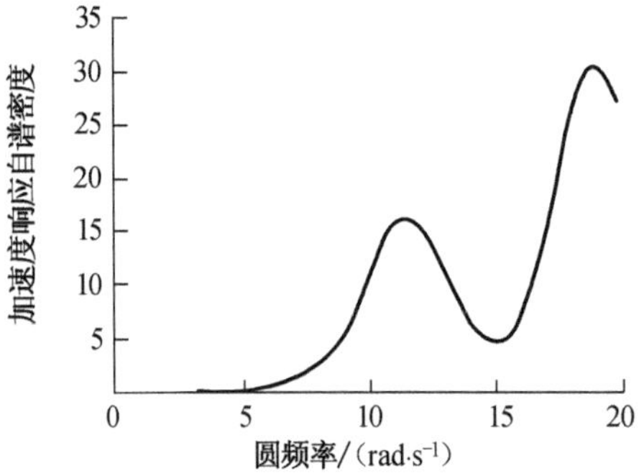

(a) 点 A 加速度响应自谱密度

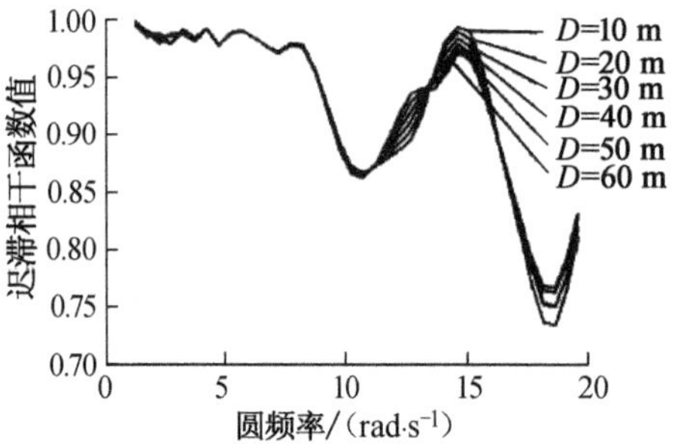

(b) 迟滞相干函数

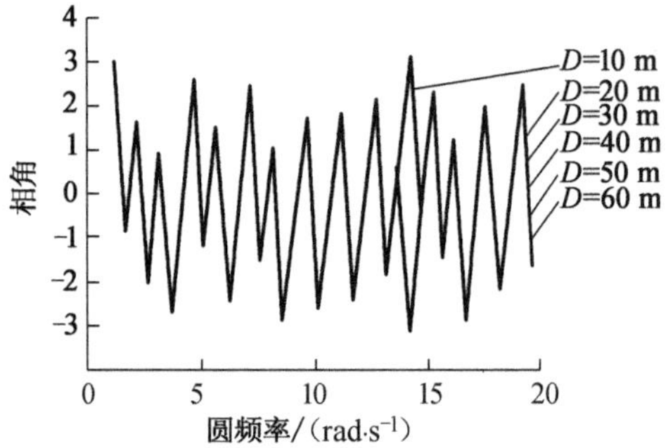

(c) 相干函数相角

图 3　基底垂直入射时场地自由表面相干函数分析结果

5　结　语

在随机结构正交展开理论和波动有限元分析基础上，提出了一种能够考虑场地介质随机特性的工程场地地震动随机场的计算分析方法. 通过对考虑场地介质随机特性的实例分析结果表明：对于局部场地，在邻近卓越频率处的迟滞相干函数值将因为介质随机特性而有显著降低. 因此，在进行地震动相干函数研究时，应当考虑场地随机介质特性的影响，不能简单地以随频率增大而降低的指数函数形式来笼统描述地震动相干函数.

应当指出，震源机制、传播介质及途径等也会造成地震动相干函数的显著变化. 本文主旨，仅在研究局部场地介质的影响. 显然，将这种研究和对前两种因素的研究相结合，可以构成对地震动场相干函数的更完整认识.

参考文献

[1] Schneider J F, Stepp J C, Abrahamson N A. The spatial variation of earthquake ground motion and effects of local site conditions[A]. Proceedings Tenth World Conference on Earthquake Engineering[C]. Rotterdam: A A Balkema, 1992:967-972.

[2] Spudich P. Recent seismological insights into the spatial variation of earthquake ground motions[A]. New Developments in Earthquake Ground Motion Estimation and Implications for Engineering Design Practice[C]. ATC35-1, 1994. 13-31.

[3] Kiureghian A D. A coherency model for spatially varying ground motions[J]. Earthquake Engineering & Structural Dynamics, 1996, 25(1):99-111.

[4] Luco J E, Wong H L. Response of a rigid foundation to a spatially random ground motion [J]. Earthquake Engineering and Structural Dynamics, 1986, 14:891-908.

[5] Zerva A, Harada T. Effect of surface layer stochasticity on seismic ground motion coherence and strain estimates[J]. Soil Dynamics and Earthquake Engineering, 1997, 16: 445-457.

[6] Horike M, Takeuchi Y. Possibility of spatial variation of high-frequency seismic motions due to random-velocity fluctuation of sediments[J]. Bulletin of the Seismological Society of American, 2000, 90(1):48-65.

[7] Li J, Liao S T. Response analysis of stochastic parameter structures under non-stationary random excitation[J]. Computational Mechanics, 2001, 27(1):61-68.

[8] Liao S T, Li J. A stochastic approach to site-response component in seismic ground motion coherency model[A]. Proceeding of the 10th International Soil Dynamics & Earthquake Engineering[C]. Philadelphia, 2001.

[9] 廖松涛,李杰. 工程场地随机地震波动分析方法研究[J]. 同济大学学报,2002,30(2): 173-176.

[10] 廖振鹏. 工程波动理论导引[M]. 北京:科学出版社,1996.

[11] 李杰. 随机结构系统——分析与建模[M]. 北京:科学出版社,1996.

[12] 李杰. 复合随机振动分析方法研究[J]. 力学学报,1996,28(1):66-74.

[13] 林家浩. 随机地震响应的确定性算法[J]. 地震工程与工程振动,1985, 5(1):89-94.

The Analysis of Coherency Function of Earthquake Ground Motion Considering Stochastic Effect in Site Media

Li Jie　Liao Song-tao

Abstract: With the introduction of the orthogonal expansion method and the pseudo-excitation method into the wave finite element analysis of complex site, a method with which the effect of the random site media on the coherency function of earthquake ground motion can be considered is proposed in this paper. The numerical examples show that the stochastic media of the site tends to reduce the lagged coherency function in the vicinity of the predominant frequency. This diminution phenomena resulted from the random site media should be considered in the coherency function research.

(本文原载于《岩土工程学报》第 24 卷第 6 期,2002 年 11 月)

基于微分算子变换的广义卡尔曼估计方法

李 杰

摘 要 本文发展了一类新的动力系统参数识别方法. 通过引入微分算子变换,使系统状态变量与系统参数成功地分离开来. 然后,以算子变换方程作为观测方程,并引入关于系统参数的状态方程,利用广义卡尔曼滤波方法进行参数递推估计. 系统仿真算例表明:本文建议的新方法,不仅可以适用于较高噪声环境情形,而且可以同时适用于线性参数系统与非线性参数系统.

引 言

动力系统的参数识别方法在土木工程、海洋工程、航天工程等多种领域都有着广泛的应用价值. 近年来,随着结构系统损伤监测、大型工程结构可靠度评价、结构控制等工作的深入展开,对于动力系统的时域识别方法提出了更高的要求. 例如,如何在高噪声环境下提高系统识别的精度? 如何避免参数识别的有偏现象产生? 如何提高时域识别的在线能力等等. 围绕动力系统的时域法识别问题,在过去二十余年中,逐步发展起来了递推最小二乘法、最大似然估计算法[1]、推广卡尔曼滤波方法[2]、状态变量滤波方法[3, 4]等一系列方法,比较而言,推广卡尔曼方法与状态变量滤波方法在识别的在线能力、要求先验信息量的多寡、对非线性系统的适应性等方面有着较明显的优点. 然而,已有的研究业已表明:这两类方法都可能引入较明显的有偏估计误差,当系统输入或输出中噪声较大时,尤其如此.

早期的研究工作曾经指出,推广卡尔曼滤波方法用于系统参数估计会带来参数有偏性影响的主要原因在于系统状态变量与系统增广状态变量(系统识别参数)之间的非线性耦合影响[5]. 因此,可以设想,如果能成功地实现系统参数与系统状态变量之间的分离,将可以有助于参数识别精度的提高. 本文的研究工作,即从这一基本出发点展开. 在本文中,通过引入微分算子变换,使得系统状态变量与系统参数在变换空间中处于分离状态. 进而,取经算子变换后的系统动力方程为观测方程,并引入系统参数表示作为系统状态方程,在此基础上,利用广义卡尔曼滤波方法进行参数递推估计. 我们称这类新方法为基于微分算子变换的广义卡尔曼估计方法(或称 AE-EKF 方法),仿真算例表明,即使在测量噪声水平较高时,本文方法亦可以给出系统参数的良好估计结果.

1 微分算子变换

一般多自由度动力系统的运动方程为

$$\boldsymbol{M}\ddot{\boldsymbol{Y}}+\boldsymbol{C}\dot{\boldsymbol{Y}}+\boldsymbol{K}\boldsymbol{Y}=\boldsymbol{F}(t) \tag{1}$$

$$\boldsymbol{Y}(0)=\boldsymbol{Y}_0,\quad \dot{\boldsymbol{Y}}(0)=\dot{\boldsymbol{Y}}_0 \tag{2}$$

式中,$\boldsymbol{M}$, $\boldsymbol{C}$, $\boldsymbol{K}$ 分别为系统质量,阻尼与刚度矩阵;$\boldsymbol{Y}$, $\dot{\boldsymbol{Y}}$, $\ddot{\boldsymbol{Y}}$ 分别为系统位移,速度及加速度反应向量;$\boldsymbol{F}$ 为荷载向量;$\boldsymbol{Y}_0$ 与 $\dot{\boldsymbol{Y}}_0$ 为系统初始状态;系统动力自由度数取为 N.

对应上述动力系统,可考虑如下二阶微分算子

$$\mathscr{L}=\tilde{\boldsymbol{m}}\frac{\mathrm{d}^2}{\mathrm{d}t^2}+\tilde{\boldsymbol{c}}\frac{\mathrm{d}}{\mathrm{d}t}+\tilde{\boldsymbol{k}}$$

此处,$\tilde{\boldsymbol{m}}$, $\tilde{\boldsymbol{c}}$ 与 $\tilde{\boldsymbol{k}}$ 为基于系统参数初始估计值的拟质量、拟阻尼与拟刚度矩阵.

设算子 $\mathscr{L}$ 的逆算子 $\mathscr{L}^{-1}$ 存在,则可对式(1),(2)作用此逆算子给出

$$\mathscr{L}^{-1}(\boldsymbol{M}\ddot{\boldsymbol{Y}}+\boldsymbol{C}\dot{\boldsymbol{Y}}+\boldsymbol{K}\boldsymbol{Y})=\mathscr{L}^{-1}[\boldsymbol{F}(t)]$$
$$\mathscr{L}^{-1}(\boldsymbol{Y}(0))=\mathscr{L}^{-1}(\boldsymbol{Y}_0),\quad \mathscr{L}^{-1}(\dot{\boldsymbol{Y}}(0))=\mathscr{L}^{-1}(\dot{\boldsymbol{Y}}_0)$$

定义

$$\boldsymbol{X}=\mathscr{L}^{-1}(\boldsymbol{Y})\quad \boldsymbol{X}_1=\mathscr{L}^{-1}(\dot{\boldsymbol{Y}})$$
$$\boldsymbol{X}_2=\mathscr{L}^{-1}(\ddot{\boldsymbol{Y}})\quad \boldsymbol{F}_z=\mathscr{L}^{-1}(\boldsymbol{F})$$

并注意到

$$\boldsymbol{X}_1=\mathscr{L}^{-1}(\dot{\boldsymbol{Y}})=\frac{\mathrm{d}}{\mathrm{d}t}\mathscr{L}^{-1}(\boldsymbol{Y})=\dot{\boldsymbol{X}}$$

$$\boldsymbol{X}_2=\mathscr{L}^{-1}(\ddot{\boldsymbol{Y}})=\frac{\mathrm{d}^2}{\mathrm{d}t^2}\mathscr{L}(\boldsymbol{Y})=\ddot{\boldsymbol{X}}$$

则可在经算子变换后空间中得到如下系统动力方程

$$\boldsymbol{M}\ddot{\boldsymbol{X}}+\boldsymbol{C}\dot{\boldsymbol{X}}+\boldsymbol{K}\boldsymbol{X}=\boldsymbol{F}_z \tag{3}$$

显然,上式中的 $\boldsymbol{X}$, $\dot{\boldsymbol{X}}$ 和 $\ddot{\boldsymbol{X}}$ 可以由下述方程中解出

$$\tilde{\boldsymbol{m}}\ddot{\boldsymbol{X}}+\tilde{\boldsymbol{c}}\dot{\boldsymbol{X}}+\boldsymbol{k}\boldsymbol{X}=\boldsymbol{Y}$$
$$\boldsymbol{X}(0)=\tilde{\boldsymbol{k}}^{-1}\boldsymbol{Y}_0,\quad \dot{\boldsymbol{X}}(0)=\tilde{\boldsymbol{k}}^{-1}\dot{\boldsymbol{Y}}_0$$

而 $\boldsymbol{F}_z$ 可由

$$\tilde{\boldsymbol{m}}\ddot{\boldsymbol{F}}_z+\tilde{\boldsymbol{c}}\dot{\boldsymbol{F}}_z+\tilde{\boldsymbol{k}}\boldsymbol{F}_z=\boldsymbol{F}(t)$$
$$\boldsymbol{F}_z(0)=\dot{\boldsymbol{F}}_z(0)=\boldsymbol{0}$$

解出.

值得指出,滤波算子参数 $\tilde{\boldsymbol{m}}$, $\tilde{\boldsymbol{c}}$, $\tilde{\boldsymbol{k}}$ 的选取,与下节所述系统参数 $\boldsymbol{\theta}_m$, $\boldsymbol{\theta}_c$, $\boldsymbol{\theta}_k$ 并无迭代关系. 一般,可取对于原系统参数的初值估计值构造滤波算子. 作者进行的算例分析表明,对初始估计值的精度要求并不高.

2 线性参数系统与非线性参数系统

根据所研究问题的物理背景,可以将线性动力系统表示成关于参数的线性方程形式(线性参数系统)或非线性方程形式(非线性参数系统). 先来考察线性参数系统. 改写方程(3)为

$$\boldsymbol{F}_z=\boldsymbol{M}\ddot{\boldsymbol{X}}+\boldsymbol{C}\dot{\boldsymbol{X}}+\boldsymbol{K}\boldsymbol{X} \tag{4}$$

根据有限单元法的基本概念,可以将刚度矩阵 $\boldsymbol{K}$ 表示为

$$\boldsymbol{K}=\sum_{i=1}^{n}\boldsymbol{T}_{ki}^{\mathrm{T}}\boldsymbol{k}_{ei}\boldsymbol{T}_{ki}=\sum_{i=1}^{n}\theta_{ki}\boldsymbol{T}_{ki}^{\mathrm{T}}\tilde{\boldsymbol{k}}_{ei}\boldsymbol{T}_{ki}$$

式中, $\boldsymbol{T}_{ki}$ 为定位矩阵; $\boldsymbol{k}_{ei}$ 为增广单元刚度矩阵; $\theta_{ki}=k_i$ 为第 i 个单元的单元刚度; $\bar{\boldsymbol{k}}_{ei}$ 为标准化增广单元刚度矩阵.

引入

$$\boldsymbol{R}_{ki}=\boldsymbol{T}_{kt}^{\mathrm{T}}\boldsymbol{k}_{ei}\boldsymbol{T}_{ki}\boldsymbol{X}$$

则有:

$$\boldsymbol{K}\boldsymbol{X}=\boldsymbol{H}_k\boldsymbol{\theta}_k \tag{5}$$

其中, $\boldsymbol{H}_k=[\boldsymbol{R}_{k_1},\boldsymbol{R}_{k_2},\cdots,\boldsymbol{R}_{k_n}]$; $\boldsymbol{\theta}_k=(\theta_{k_1},\theta_{k_2},\cdots,\theta_{k_n})^{\mathrm{T}}$

类似地,对于一致质量矩阵或集中质量矩阵,有

$$\boldsymbol{M}\ddot{\boldsymbol{X}}=\boldsymbol{H}_m\boldsymbol{\theta}_m \tag{6}$$

其中, $\boldsymbol{H}_m=[R_{m_1},R_{m_2},\cdots,R_{m_n}]$; $\boldsymbol{\theta}_m=(\theta_{m_1},\theta_{m_2},\cdots,\theta_{m_n})^{\mathrm{T}}$

而

$$\boldsymbol{R}_{m_1}=\boldsymbol{T}_{mi}^{\mathrm{T}}\bar{\boldsymbol{m}}_{ei}\boldsymbol{T}_{mi}\ddot{\boldsymbol{X}}$$

上述式中, $\theta_{mi}=m_i$ 为第 i 个单元的质量; $\bar{\boldsymbol{m}}_{ei}$ 为标准化增广单元质量矩阵.

对于仅考虑内阻尼或仅考虑外阻尼的系统,有

$$\boldsymbol{C}\dot{\boldsymbol{X}}=\boldsymbol{H}_c\boldsymbol{\theta}_c \tag{7}$$

其中, $\boldsymbol{H}_c=[\boldsymbol{R}_{c_1},\boldsymbol{R}_{c_2},\cdots,\boldsymbol{R}_{c_n}]$; $\boldsymbol{\theta}_c=(\boldsymbol{\theta}_{c_1},\boldsymbol{\theta}_{c_2},\cdots,\boldsymbol{\theta}_{c_n})^{\mathrm{T}}$.

而

$$\boldsymbol{R}_{ci} = \boldsymbol{T}_{ci}\bar{\boldsymbol{c}}_{ei}\boldsymbol{T}_{ci}\dot{\boldsymbol{X}}$$

上述式中 $\theta_{ci} = c_l$ 为第 i 单元的内(外) 阻尼;$\boldsymbol{C}_{ei}$ 为标准化增广单元阻尼矩阵.

将式(5),(6),(7)代入式(4)并引入 $\boldsymbol{H} = [\boldsymbol{H}_m, \boldsymbol{H}_c, \boldsymbol{H}_k]$ 及 $\boldsymbol{\theta} = (\boldsymbol{\theta}_m, \boldsymbol{\theta}_c, \boldsymbol{\theta}_k)^{\mathrm{T}}$ 则可给出:

$$\boldsymbol{F}_z = \boldsymbol{H\theta} \tag{8}$$

显然,此为关于识别参数 $\boldsymbol{\theta}$ 的线性方程.

然而,如果系统阻尼不符合仅为内阻尼或外阻尼的假定,则关于系统参数的线性表述形式将不成立. 例如,在考虑比例阻尼时,将导出非线性参数系统方程,为说明这一问题,可设阻尼为如下瑞利阻尼形式

$$\boldsymbol{C} = a\boldsymbol{M} + b\boldsymbol{K}$$

当仅考虑与系统基本频率相应的阻尼比时,有 $a = \zeta \cdot \omega_0$, $b = \zeta/\omega_0$.

应用上节算子变换,并进行与本节前述过程类似的推导,将给出

$$\boldsymbol{F}_z = \boldsymbol{H}_m\boldsymbol{\theta}_m + \zeta\left(\omega_0\boldsymbol{H}_{am}\boldsymbol{\theta}_m + \frac{1}{\omega_0}\boldsymbol{H}_{bk}\boldsymbol{\theta}_k\right) + \boldsymbol{H}_k\boldsymbol{\theta}_k = \boldsymbol{h}(\boldsymbol{X}, \boldsymbol{\theta}) \tag{9}$$

式中, $\boldsymbol{H}_{am} = [\boldsymbol{R}_{am_1}, \boldsymbol{R}_{am_2}, \cdots, \boldsymbol{R}_{am_n}]$, $\boldsymbol{H}_{bk} = [\boldsymbol{R}_{bk_1}, \boldsymbol{R}_{bk_2}, \cdots, \boldsymbol{R}_{bk_n}]$;而 $\boldsymbol{R}_{am_1} = \boldsymbol{T}_{mi}^{\mathrm{T}}\bar{\boldsymbol{m}}_{el}\boldsymbol{T}_{mi}\dot{\boldsymbol{X}}$, $\boldsymbol{R}_{bk_i} = \boldsymbol{T}_{ki}^{\mathrm{T}}\bar{\boldsymbol{k}}\boldsymbol{T}_{ki}\dot{\boldsymbol{X}}$.

显然,式(9)为关于系统参数的非线性方程.

顺便指出,当考虑地震荷载激励情形时,若同时进行质量参数的识别,亦将给出关于系统参数的非线性方程[6].

3 广义卡尔曼滤波

引入关于系统参数的下述表达式为状态方程

$$\boldsymbol{\theta}_{j+1} = \boldsymbol{I\theta}_j + \boldsymbol{GW}$$

式中, $\boldsymbol{I}$ 为单位矩阵;$\boldsymbol{W}$ 为反映参数随机性影响的矢量;$\boldsymbol{G}$ 为关于 $\boldsymbol{W}$ 的分配矩阵,不失一般性,可假定 $\boldsymbol{W}$ 均值为零,协方差矩阵为 $\boldsymbol{Q}$.

与此同时,取经微分算子变换后的系统动力方程为观测方程

$$\boldsymbol{F}_z = \boldsymbol{H\theta} + \boldsymbol{e}(t)$$

或

$$\boldsymbol{F}_z = \boldsymbol{h}(\boldsymbol{X}, \boldsymbol{\theta}) + \boldsymbol{e}(t)$$

此处 $\boldsymbol{e}(t)$ 为观测噪声向量,其均值为零,协方差矩阵为 $\boldsymbol{R}$.

对于上述状态方程与观测方程,可引用如下卡尔曼滤波估计过程进行关于系统参数的递推估计[7]:

状态予测 $\quad \tilde{\boldsymbol{\theta}}_{j+1} = \tilde{\boldsymbol{\theta}}_j$

协方差矩阵予测　$\tilde{\boldsymbol{P}}_{j+1}=\boldsymbol{P}_j+\boldsymbol{G}_j\boldsymbol{\theta}_j\boldsymbol{G}_j^{\mathrm{T}}$

增益矩阵　$\boldsymbol{K}_{j+1}=\tilde{\boldsymbol{P}}_{j+1}\boldsymbol{H}_{j+1}^{\mathrm{T}}(\boldsymbol{H}_{j+1}\tilde{\boldsymbol{P}}_{j+1}\boldsymbol{H}_{j+1}^{T}+\boldsymbol{R}^{j+1})^{-1}$

状态滤波　$\hat{\boldsymbol{\theta}}_{j+1}=\bar{\boldsymbol{\theta}}_{j+1}+\boldsymbol{K}_{j+1}[\boldsymbol{F}_{j+1}-\boldsymbol{h}(\boldsymbol{X}_{j+1},\bar{\boldsymbol{\theta}}_{j+1})]$

滤波协方差　$\boldsymbol{P}_{j+1}=(\boldsymbol{I}-\boldsymbol{K}_{j+1}\boldsymbol{H}_{j+1})\tilde{\boldsymbol{P}}_{j+1}$

在上述计算中，关于线性参数系统，可以直接用式(8)中 $\boldsymbol{H}$ 的含义定义该矩阵，而对于非线性参数系统，则应采用如下定义：

$$\boldsymbol{H}_j=\left[\frac{\partial\boldsymbol{h}_j(\boldsymbol{X}_j,\hat{\boldsymbol{\theta}}_j)}{\partial\hat{\boldsymbol{\theta}}_j}\right]$$

例如，对于考虑瑞利阻尼的系统，有

$$\boldsymbol{H}=\left[\left[\frac{\partial\boldsymbol{h}}{\partial\boldsymbol{\theta}_m}\right],\left\{\frac{\partial\boldsymbol{h}}{\partial\boldsymbol{\zeta}}\right\},\left[\frac{\partial\boldsymbol{h}}{\partial\boldsymbol{\theta}_k}\right]\right]$$

式中，

$$\left[\frac{\partial\boldsymbol{h}}{\partial\boldsymbol{\theta}_m}\right]=\boldsymbol{H}_m+\boldsymbol{\zeta}\omega_0\boldsymbol{H}_{am}$$

$$\left\{\frac{\partial\boldsymbol{h}}{\partial\boldsymbol{\zeta}}\right\}=\omega_0\boldsymbol{H}_{am}\boldsymbol{\theta}_m+\frac{1}{\omega_0}\boldsymbol{H}_{bk}\boldsymbol{\theta}_k$$

$$\left[\frac{\partial\boldsymbol{h}}{\partial\boldsymbol{\theta}_k}\right]=\boldsymbol{H}_k+\frac{\boldsymbol{\zeta}}{\omega_0}\boldsymbol{H}_{bk}$$

注意到，在上述递推滤波估计中，由于无需在识别过程中同时进行系统状态变量的估计(这是一般推广卡尔曼估计方法所无法避免的!)，因此，不仅避免了系统参数与系统状态变量的非线性耦合，而且递推计算工作量亦大大降低，从而可以大幅度地提高系统识别的在线能力.

进一步，值得指出，在关于系统参数的状态方程中，我们引入了系统参数的随机变异性影响，从而使本文建议方法不仅可以应用于一般确定性模型系统参数的识别，而且可以应用于随机结构系统的均值参数识别之中.有关后一方面的研究成果，作者将另文发表.

4 算　例

算例 1　此为考虑线性参数系统的仿真算例.取一三自由度剪切型结构体系为研究对象，系统参数真值取为：$m_1=m_2=m_3=1$，$k_1=k_2=k_3=39.48$，$\zeta=0.05$.

作为线性参数系统，取单元刚度参数和内阻尼参数为识别参数，并以实际地震加速度记录(El-centro NS 分量)为系统输入.对应于不同的噪声水平，识别计算结果示于表 1.单元刚度识别参数变化过程示于图 1.

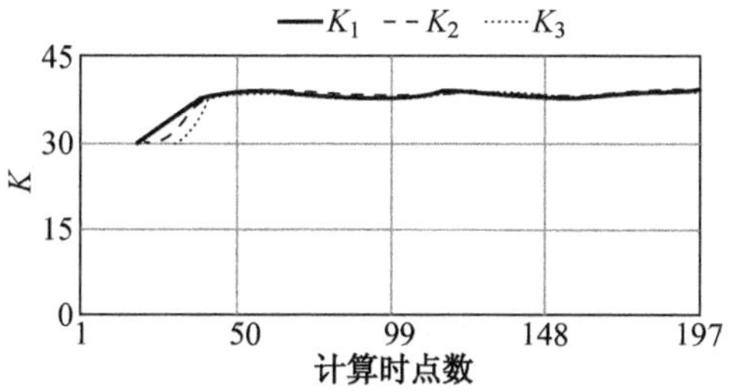

图 1　识别参数变化

表 1　识别值与真值比较(ρ 噪信比)

	k_1	k_2	k_3	ξ
真值	39.48	39.48	39.48	0.05
$\rho=0$	39.48	39.48	39.46	0.050
$\rho=0.05$	39.51	39.43	39.45	0.050 3
$\rho=0.1$	39.60	39.31	38.91	0.050 3
$\rho=0.2$	39.63	39.23	38.81	0.050 4

算例 2　考虑非线性参数系统情形. 为此,取与上例同样的结构体系,但取瑞利阻尼作为阻尼模型. 以系统质量参数与阻尼参数为识别参数,并以正弦波荷载作用于各质点. 对应于不同的噪声水平,识别计算结果示于表 2.

表 2　识别值与真值比较(ρ 噪信比)

	m_1	m_2	m_3	ξ
真值	1.000	1.000	1.000	0.05
$\rho=0$	1.000	1.000	1.000	0.050
$\rho=0.05$	1.000	0.999	1.000	0.050
$\rho=0.1$	1.001	0.995	1.000	0.050 1
$\rho=0.2$	0.998	0.996	0.999	0.050 2

无论对线性参数系统还是非线性参数系统,本文建议方法都具有很强的抗噪声干扰能力. 为进一步说明这一点,以算例 2 的识别反应、反应真值与含噪声模拟输出的比较示于图 2. 可见,在模拟输出中噪声高达百分之二十的时候,识别反应值基本重合于反应真值. 事实上,当仅考虑单一类型参数识别时,甚至在噪信比高达百分之四十时,亦可获得与上述精度类似的结果. 充分反映了本文方法的抗噪声能力.

算例 3　为进一步说明本文方法实用性,给出一个实验识别算例. 该算例背景为作者所进行的结构-设备体系地震模拟振动台试验研究[8]其中结构体系为一混凝土空间框架,上置一个双质点模拟设备体系. 对于对称结构体系,采用三自由度体系建立模型. 表 3 为针对 El-centro 波地震输入时的刚度识别结果及与实测体系基本频率对比情况. 图 3 为实验结果与识别反应的对比. 可见刚度识别结果是可信的.

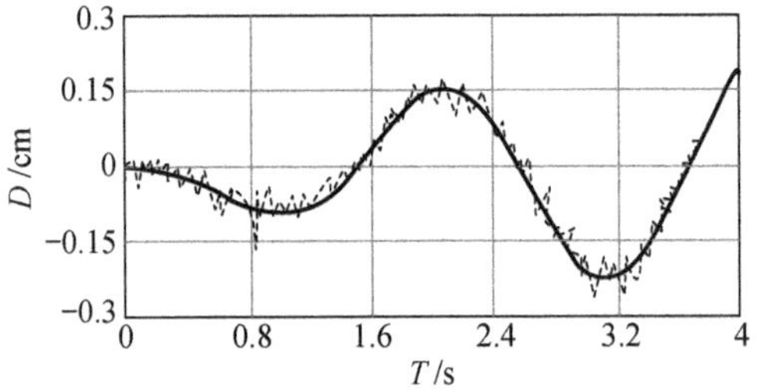

图 2　时程比较(实线:识别反应与无噪声输出;虚线:有噪声输出)

表 3　试验算例识别结果

k_1	k_2	k_3	识别 f_1	实测 f_1
3.68×10^6	1.96×10^6	2.0×10^6	11.60	11.52

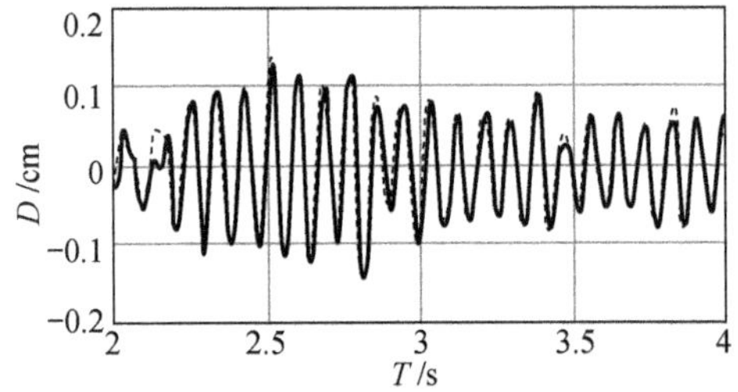

图 3　模型顶层设备反应比较(实线:试验结果;虚线:识别结果)

5　结　语

基于微分算子变换的广义卡尔曼估计方法,可以有效地分离动力系统的状态变量与识别参数,从而不仅有助于提高在高噪声环境条件下的识别精度,而且因参数解耦而大大降低了计算工作量,因之可以有效地提高识别算法的在线能力. 有理由认为,这是一类值得推荐的动力系统识别新方法. 与本文研究相关的问题尚有微分算子的滤波特性、噪声还原特性等一系列饶有趣味的问题,有关这些研究结果,限于本文篇幅,将另文发表.

参考文献

[1] Ljung L. System identification: Theory for the user[M]. Prentice-Hall Press, 1987.

[2] Hoshiya M, Saito E. System identification by extended kalman filter[J]. Journal of Engineering Mechanics ASCE, 1984.

[3] Roberts J B, Ellis J, Sianaki A. The determination of squential film dynamic coefficients from transient two-dimensional experimental data[J]. Joural of Tribology, Transations of the ASME, 1990, (112):228-296.

[4] Roberts J B, Sedeghi A H. Sequential parametric identification and response of hysteric oscillators with random excitation[J]. Struetural Safety, 1990, 8:45-68.

[5] Ljung L. Asymptotic behavior of the extended kalman filter as a parameter estimator for linear Sysem[J]. IEEE 1979, 24:36-50.

[6] Li Jie. A New identification methodolgoy-AE-EKF Method[R]. Research report No. 2 University of Sussex, 1993.

[7] 李杰,李国强. 地震工程学导论[M]. 北京:地震出版社,1992.

[8] 李杰等. 结构-设备体系动力相互作用,(Ⅰ)建模与实验[R]. 上海:土木工程防灾国家重点试验室基金资助项目研究报告,1994.

The Extended Kalman Estimation Method Based on the Deferential Opeartor Transform

Li Jie

Abstract: This paper presents a new scheme for parameter identification of multi-degree-of-freedom structural system: AE-EKF method. The new methodology is based on the idea of deferential operator transform about measured data and the extended Kalman filter method. It can be used either for linear parameter system or non-linear parameter system. Results of simulation studies indicate that the new method can yield reliable estimates of system parameters even when the noise level in measurement records are higher.

(本文原载于《计算结构力学及其应用》第 12 卷第 4 期,1995 年 11 月)

随机结构系统建模问题研究

李　杰

摘　要　初步研究了随机结构系统的建模问题. 本文首先给出了随机结构系统建模的一般定义. 然后,以随机结构分析的扩阶系统方法为基础,建议了一类二阶段迭代的随机建模方法. 最后,通过仿真算例,说明了二阶段建模方法的实用性.

引　言

传统的结构系统识别,一般研究具有确定性参数的系统. 结构参数识别的目的,往往在于确立在某种等价意义上代表结构主要性质的均值参数. 然而,随着结构分析研究的深入,人们发现,采用随机结构系统模型较之采用确定性结构系统模型能更合理地把握客观系统的响应特征. 这就自然地提出了一个问题:怎样根据实验或测量数据来确立随机结构系统的参数? 从这一基本背景出发,随机结构系统建模的一般定义可以表述为:

随机结构系统建模是一类结构系统识别技术,它利用系统的输入和输出测量记录,应用随机结构分析的基本方法和随机建模准则建立结构系统的模型,这一模型在概率意义上与客观本原系统等价.

采用随机结构系统模型来反映本原结构,首先遇到的问题是采用什么样的概率模型来表达结构材料特性与几何特性. 在原则上,存在两类基本的描述方式:随机场表达与随机变量表达. 因此,从一般意义上考察,随机结构系统建模结果应能给出随机场的基本参数(如相关核函数)或随机变量的分布参数值. 作为问题研究的初阶,本文将结构系统模型中的基本物理参数处理为随机变量,并具体探讨通过实验结果估计随机变量的基本数值特征的可能性.

1　随机结构分析

多自由度随机结构系统的动力方程为

$$\boldsymbol{M}\dot{\boldsymbol{Y}} + \boldsymbol{C}\dot{\boldsymbol{Y}} + \boldsymbol{K}\boldsymbol{Y} = \boldsymbol{F}(t)$$

$$\boldsymbol{Y}(0)=\boldsymbol{Y}_0,\ \dot{\boldsymbol{Y}}(0)=\dot{\boldsymbol{Y}}_0 \tag{1a}$$

式中,$\boldsymbol{M}$, $\boldsymbol{C}$, $\boldsymbol{K}$ 分别为随机质量、随机阻尼与随机刚度矩阵;$\boldsymbol{Y}$ 为随机位移响应向量;$\boldsymbol{F}(t)$ 为确定性外荷载向量;$\boldsymbol{Y}_0$ 和 $\dot{\boldsymbol{Y}}_0$ 为确定性初始位移及速度向量.

根据文[1],可以将随机质量、随机阻尼与随机刚度矩阵表达为

$$\boldsymbol{M}=\boldsymbol{M}_0+\sum_{j=1}^{N_m}\boldsymbol{M}_j b_j=\boldsymbol{M}_0+\Delta\boldsymbol{M} \tag{2}$$

$$\boldsymbol{C}=\boldsymbol{C}_0+\sum_{j=1}^{N_c}\boldsymbol{C}_j b_j=\boldsymbol{C}_0+\Delta\boldsymbol{C} \tag{3}$$

$$\boldsymbol{K}=\boldsymbol{K}_0+\sum_{j=1}^{N_k}\boldsymbol{K}_j b_j=\boldsymbol{K}_0+\Delta\boldsymbol{K} \tag{4}$$

式中,$\boldsymbol{M}_0$, $\boldsymbol{C}_0$ 和 $\boldsymbol{K}_0$ 分别为质量、阻尼与刚度的均值矩阵;$\boldsymbol{M}_j$, $\boldsymbol{C}_j$ 和 $\boldsymbol{K}_j$ 分别为质量、阻尼、刚度的名义方差矩阵;b 为标准化随机变量;N_m, N_c 和 N_k 分别为各类参数中的独立随机变量数目.

为给出随机结构系统建模的基本方程,设系统(1)的响应可以划分为两部分

$$\boldsymbol{Y}=\boldsymbol{Y}_1+\boldsymbol{Y}_2 \tag{5}$$

其中,$\boldsymbol{Y}_1$ 为与系统均值参数相联系的响应;$\boldsymbol{Y}_2$ 为与系统变异参数相联系的响应. 显然,$\boldsymbol{Y}_1$ 是如下动力系统的解

$$\boldsymbol{M}_0\ddot{\boldsymbol{Y}}_1+\boldsymbol{C}_1\dot{\boldsymbol{Y}}_1+\boldsymbol{K}_0\boldsymbol{Y}_1=\boldsymbol{F}(t) \tag{6}$$

$$\boldsymbol{Y}_1(0)=\boldsymbol{Y}_0,\ \dot{\boldsymbol{Y}}_1(0)=\dot{\boldsymbol{Y}}_0 \tag{6a}$$

以式(2)—式(5)代入式(1),则有

$$(\boldsymbol{M}_0+\Delta\boldsymbol{M})(\ddot{\boldsymbol{Y}}_1+\ddot{\boldsymbol{Y}}_2)+(\boldsymbol{C}_0+\Delta\boldsymbol{C})(\dot{\boldsymbol{Y}}_1+\dot{\boldsymbol{Y}}_2)+(\boldsymbol{K}_0+\Delta\boldsymbol{K})(\boldsymbol{Y}_1+\boldsymbol{Y}_2)=\boldsymbol{F}(t) \tag{7}$$

$$\boldsymbol{Y}(0)=\boldsymbol{Y}_0,\ \dot{\boldsymbol{Y}}(0)=\dot{\boldsymbol{Y}}_0 \tag{7a}$$

从式(7)减去式(6)将给出

$$(\boldsymbol{M}_0+\Delta\boldsymbol{M})\ddot{\boldsymbol{Y}}_2+(\boldsymbol{C}_0+\Delta\boldsymbol{C})\dot{\boldsymbol{Y}}_2+(\boldsymbol{K}_0+\Delta\boldsymbol{K})\boldsymbol{Y}_2=-(\Delta\boldsymbol{M}\ddot{\boldsymbol{Y}}_1+\Delta\boldsymbol{C}\dot{\boldsymbol{Y}}_1+\Delta\boldsymbol{K}\boldsymbol{Y}_1) \tag{8}$$

$$\boldsymbol{Y}_2(0)=0,\ \dot{\boldsymbol{Y}}_2(0)=0 \tag{8a}$$

方程(6)与(8)构成了随机结构系统建模的基本分析方程. 其中方程(6)与通常概念中的动力学系统识别分析方程本质相同,可直接用于系统均值参数的识别. 而方程(8)则控制着方差参数的识别. 为了进行这后一工作,需引用随机结构的分析方法. 关于随机结构的分析,在过去二十年中已进行了大量研究工作. 对于动

力问题，随机摄动方法因其固有的久期项问题而很难获取较好的分析近似结果，在一些情况下甚至出现不收敛的情况．因此，随机结构动力分析的较好算法是近年来发展起来的正交展开方法[3-5]．在文[3]中，本文作者基于泛函空间中的次序正交理论，发展了一类扩阶系统方法，本文即采用这一方法作为方程(8)分析的手段．

根据泛函空间中的次序正交分解理论，随机结构系统(8)的响应可以由如下正交多项式级数形式表达

$$\boldsymbol{Y}_2(b,\ t)=\sum_{0\leqslant l_s\leqslant N_s}\boldsymbol{X}_{l_1 l_2\cdots l_n}(t)\prod_{s=1}^{R}H_{ts}(b_s) \tag{9}$$

式中，$\boldsymbol{X}_{l_1 l_2\cdots l_n}(t)$ 为确定性时间过程矢量；$H_{ts}(b_s)$ 为 l_s 阶的关于标准化变量 b_s 的正交多项式；N_s 为关于变量 b_s 的展开阶数；$R=N_m+N_k+N_c$．

将式(9)代入式(8)，并将所得方程两边同乘以 $\prod_{s=1}^{R}H_{k_s}(b_s)$，然后关于随机矢量 $\boldsymbol{b}$ 取期望运算，经一系列的推导，可给出如下方程

$$\begin{aligned}&\sum_{p=1}^{MN}[(a_m)_{lp}\ddot{\boldsymbol{X}}_p(t)+(a_c)_{ep}\dot{\boldsymbol{X}}_p(t)+(a_k)_{lp}\boldsymbol{X}_p(t)]\\&=-(D_m\ddot{\boldsymbol{Y}}_1+D_c\dot{\boldsymbol{Y}}_1+D_k\boldsymbol{Y}_1)\quad(l=1,\ 2,\ \cdots,\ MN)\end{aligned} \tag{10}$$

$$\boldsymbol{X}_p(0)=\boldsymbol{0},\ \dot{\boldsymbol{X}}_p(0)=\boldsymbol{0}\quad(p=1,\ 2,\ \cdots,\ MN) \tag{11}$$

式中忽略下标 $m,\ c,\ k$ 有

$$\boldsymbol{a}_{lp}=\boldsymbol{A}_0\delta_{l,\ p}+\sum_{s=1}^{R}\boldsymbol{A}_s(\gamma_{k_s-1}\delta_{l-\zeta_{s},\ p}+\beta_{k_s}\delta_{l,\ p}+a_{k_s+1}\delta_{l+\zeta_{s},\ p})\quad(0\leqslant k_s\leqslant N_s) \tag{12}$$

$$D=\sum_{s=1}^{R}\boldsymbol{A}_s(\beta_0\prod_{i=1}^{R}\delta_{0ki}+\gamma_0\delta_{1ks}\sum_{\substack{i=1\\i\neq s}}^{R}\delta_{0ki}) \tag{13}$$

$$l=1+\sum_{s=1}^{R}k_s\prod_{j=s+1}^{R}(N_j+1) \tag{14}$$

$$\xi_s=\begin{cases}1, & S=R\\ \prod_{j=1}^{R-S}(N_{R-j}+1), & S<R\end{cases} \tag{15}$$

$$MN=\prod_{s=1}^{R}(N_s+1) \tag{16}$$

在式(12)，(13)中出现的 δ 为 Kroniker 符号；而 $\alpha,\ \beta,\ \gamma$ 则源于下述关于正交多项式的递推关系式

$$b_s H_{l_s}(b_s) = \alpha_{l_s} H_{l_s-1}(b_s) + \beta_{l_s} H_{l_s}(b_s) + \gamma_{l_s} H_{l_s+1}(b_s) \tag{17}$$

式(12),(13)中 $\boldsymbol{A}_0$，$\boldsymbol{A}_s$ 的具体定义为

$$\boldsymbol{A}_{mo} = \boldsymbol{M}_0,\ \boldsymbol{A}_{co} = \boldsymbol{C}_0,\ \boldsymbol{A}_{ko} = \boldsymbol{K}_0 \tag{18}$$

$$\boldsymbol{A}_{ms} = \begin{cases} \boldsymbol{M}_j, & s \leqslant N_m, \quad j = s \\ \boldsymbol{0}, & s > N_m \end{cases} \tag{19a}$$

$$\boldsymbol{A}_{cs} = \begin{cases} \boldsymbol{0}, & s \leqslant N_m \\ \boldsymbol{C}_j, & N_m < s \leqslant N_m + N_c,\ j = s - N_m \\ \boldsymbol{0}, & s > N_m + N_c \end{cases} \tag{19b}$$

$$\boldsymbol{A}_{ks} = \begin{cases} 0, & s \leqslant N_m + N_c \\ \boldsymbol{K}_j, & s > N_m + N_c,\ j = s - (N_m + N_c) \end{cases} \tag{19c}$$

方程(10),(11)可以用任何一类常规动力分析方法求解. 一旦获得其解，则根据式(9)，便可以容易地计算出系统随机响应的统计特征值，例如，关于 $\boldsymbol{Y}_2$ 的均值响应与方差响应将分别为

$$E[\boldsymbol{Y}_2(t)] = \boldsymbol{X}_{00\cdots0}(t) \tag{20}$$

$$\mathrm{Var}[\boldsymbol{Y}_2(t)] = \sum_{\substack{1 \leqslant l_s \leqslant N_s \\ 1 \leqslant S \leqslant R}} \boldsymbol{X}^{\mathrm{T}}_{l_1 l_2 \cdots l_R}(t) \boldsymbol{X}_{l_1 l_2 \cdots l_R}(t) \tag{21}$$

称基于式(10)的分析方法为随机结构分析的扩阶系统方法.

2 分离识别算法

当系统参数变异性较小时，可以采用分离识别算法进行建模工作. 此时，针对关于均值参数的分析方程(6)，可直接引用普通系统识别的算法依据测量结果进行均值参数估计工作. 例如，当采用最小二乘估计时，有估计准则

$$J_1 = \frac{1}{m} \sum_{j=1}^{m} \lambda_j \boldsymbol{e}_j^{\mathrm{T}} \boldsymbol{e}_j \Rightarrow \min \tag{22}$$

其中 $\boldsymbol{e}_j = \widetilde{\boldsymbol{Y}} - \boldsymbol{Y}_1$；$\widetilde{\boldsymbol{Y}}$ 为样本测量数据；m 为测量时程点数；λ_j 为有效测量标识参数.

原则上，可以引用各类成熟的传统识别算法进行均值参数的估计. 本文采用作者新近发展的基于微分算子滤波的广义卡尔曼估计方法(AE-EKF 方法)[2]. 这一方法因具有较强的在线能力与抗噪声能力，特别适合于随机结构系统的均值参数估计工作.

在获取系统均值参数估计值之后，可进一步进行系统方差参数的估计工作. 为此，定义关于 $\boldsymbol{Y}_2$ 的测量统计特征值如下

$$E(\boldsymbol{e}) = E(\tilde{\boldsymbol{Y}} - \boldsymbol{Y}_1) \tag{23}$$

$$\mathrm{Var}(\boldsymbol{e}) = \mathrm{Var}(\tilde{\boldsymbol{Y}} - \boldsymbol{Y}_1) \tag{24}$$

并定义如下损失函数

$$J_2 = \frac{1}{m}\sum_{j=1}^{m}(a_j \boldsymbol{\Gamma}_j^{\mathrm{T}}\boldsymbol{\Gamma}_j + \beta_j \boldsymbol{\Omega}_j^{\mathrm{T}}\boldsymbol{\Omega}_j) \tag{25}$$

其中

$$\Gamma = E(\boldsymbol{T}_2) - E(\boldsymbol{e}) \tag{26}$$

$$\Omega = \mathrm{Var}(\boldsymbol{Y}_2) - \mathrm{Var}(\boldsymbol{e}) \tag{27}$$

注意,这里 α 与 β 分别为权重参数.

真实的方差参数应使上述损失函数取得最小值

$$J_2 \Rightarrow \min \tag{28}$$

这一准则一般导致一个多维优化问题,可以引用多种成熟算法进行这类问题的求解. 据研究,在不需导数的各类优化算法中,Powell 的共轭方向加速度法是有效的一类算法[6]. 本文即取这一算法求解问题(28).

3 二阶段迭代算法

作者在此前的研究[3]已经阐明:随机结构系统的均值响应与均值参数系统的响应是不同的,这一差异随结构参数变异性的增大而迅速增大. 因此,从随机结构系统的观点分析,传统的动力系统辩识方法给出的只能是本原系统均值参数的一个有偏估计结果. 只是在系统参数随机性较小时,这种估计有偏性亦较小,因而尚未引起人们的重视. 当系统参数随机性增大时(如非匀质材料、复杂系统等),参数变异性对均值参数估计的影响就不能忽略了. 同样地,在参数变异性较大时,上节所述分离式识别算法亦不足以给出随机结构系统模型参数的可靠结果. 为此,本文进一步提出一类二阶段迭代算法,具体过程如下:

(1) 任意假定系统均值参数初值. 采用 AE-EKF 算法,求得均值参数的首轮估计值;

(2) 以上述估计值代入式(6),算得 $\boldsymbol{Y}_1$;

(3) 应用随机结构分析的扩阶系统方法和建模准则(28),引用 Powell 算法给出方差参数估值,与此同时,也给出了 $E(\boldsymbol{Y}_2)$;

(4) 从测量数据中减去 $E(\boldsymbol{Y}_2)$,并依据所得结果为系统输出,应用 AE-EKF 方法进行新一轮的均值参数估计;

(5) 重复步骤(2)至(4)直到均值参数与方差参数均达到收敛.

上述过程可以用图 1 直观地表示. 计算经验表明,一般仅经 2 至 3 次迭代即可获得很好的收敛结果.

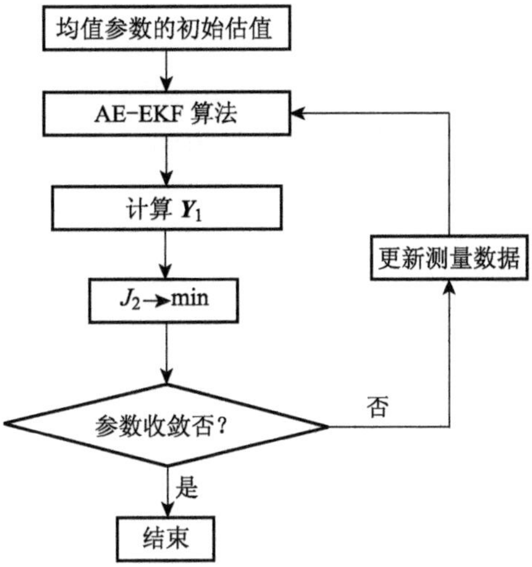

图 1　迭代过程图

4 算　例

取一个三自由度剪切型结构作为建模对象. 结构的基本参数为

$$m_{10}=m_{20}=m_{30}=1,\ k_{10}=k_{20}=k_{30}=39.48$$
$$\xi_0=0.05,\ \sigma_{k_1}=\sigma_{k_2}=\sigma_{k_3}=11.48,\ \sigma_{m_i}=\sigma_{\zeta}=0$$

即仅考虑刚度参数的变异性. 设该系统承受地震激励,并取实际地震波(Elcentro NS 分量)记录为输入数据. 输出测量数据通过随机结构分析的 Monte Carlo 算法获取. 在参数随机变量服从均匀分布假定下,利用二阶段迭代算法识别的系统均值参数与方差参数示于表 1. 表中第一行的结果事实上是分离式算法的结果. 迭代进程显著地改进了分离式算法的有偏估计现象.

表 1　迭代后的系统均值参数与方差参数

迭代次数	K_{10}	K_{20}	K_{30}	σ_{K_1}	σ_{K_2}	σ_{K_3}
0	40.14	40.99	41.60	12.96	13.23	13.43
1	39.54	39.47	39.33	12.42	12.40	12.35
2	39.55	39.48	39.36	12.42	12.40	12.36
真值	39.48	39.48	39.48	11.95	11.95	11.95

就本例题而言,在 IBM386/40 微机上计算,分离式算法的总计算时间是 47 min. 主要的时间是用在方差参数的识别寻优上. 就均值识别而言,分离式算法中仅需 CPU6s.

图 2 与图 3 示出了识别反应与测量均值之间的对比情况，可见符合良好. 事实上，作者已进行各类不同结构形式、参数概率分布形式、不同识别参数组合的计算，结果均表明了本文方法的可行性. 一般说来，当系统参数变异系数小于 0.1 时，采用分离式算法即可获得可靠的识别结果. 当系统参数变异系统大于 0.2 时，一般需进行 2～3 轮迭代计算，才可获得可靠的建模结果.

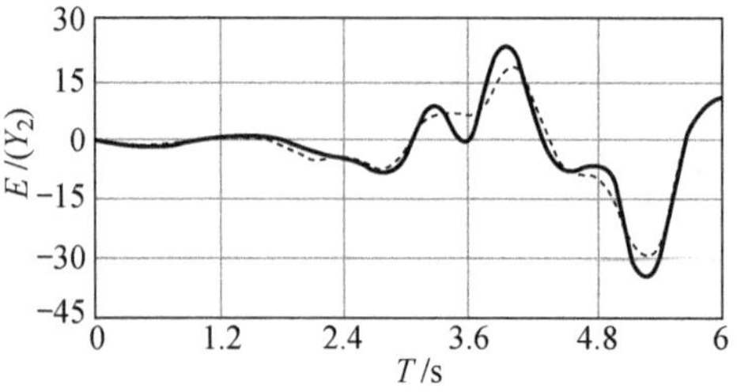

图 2　均值反应比较(实线:模拟响应;虚线:识别响应)

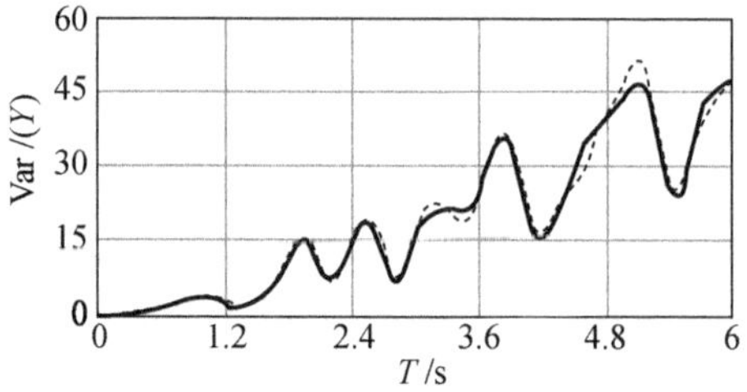

图 3　方差反应比较(实线:模拟响应;虚线:识别响应)

5　结　论

利用随机结构系统模型来反映本原结构系统较之确定性结构系统模型更为合理. 对于非匀质材料结构、动力系统或稳定问题，这方面的重要性更为突出. 本文在给出随机结构系统建模一般定义的基础上，初步研究了利用随机结构分析方法与随机建模准则进行随机结构的均值参数与方差参数识别的方法，建议了具体的算法. 算例表明，本文建议方法可行.

随机结构系统建模为结构系统的可靠性评估、大型工程结构损伤监测、结构控制提供了一个新的基本手段，因而是一个值得推荐的研究方向. 与此有关的研究工作尚包括：

(1) 随机场的相关结构识别；

(2) 非线性随机结构分析研究；

(3) 非线性随机结构建模研究；

(4) 与结构可靠性评估、结构损伤监测、结构控制相关联的研究.

上述研究工作的全面开展，将有助于随机结构建模这一分支学科的建立与发展.

致谢　感谢英国 Sussex 大学工程学院和 J. B. Roberts 教授在本文研究中所提供的帮助.

参考文献

[1] 李杰. 随机动力矩阵的线性表示与线性截断[J]. 世界地震工程，1995(2)：8-12.

[2] 李杰. 基于微分算子变换的广义卡尔曼估计方法[J]. 计算结构力学及其应用，1995，12(4)：421-427.
[3] 李杰. 随机结构分析的扩阶系统方法[J]. 地震工程与工程振动，1995，15(3)：111-118；15(4)：27-35.
[4] Ghanem R, Spanos P D. Spectral stochastic finite-element formulation for reliability analysis[J]. Journal of the Engineering Mechanics, 1991, 117:2351-2372.
[5] Jensen H, Iwan W D. Response variability in structural dynamics [J]. Earthquake Engineering and Structural Dynamics, 1991; 20: 949-959.
[6] Brent R P. Algorithms for minimisation without derivatives[M]. Prente-Hall Press, 1973.

A Research on Modelling Stochastic Structures

Li Jie

Abstract: This paper suggests a new idea of modelling stochastic structures. By means of the stochastic structural analysis, a variance parameter identification technique based on the multidimensional optimisation algorithms is presented, By combining the technique with the mean parameter identification method, a stochastic structural system modelling scheme is presented. The simulation results show that the scheme can produce a good estimation of mean parameters and variance parameters of a stochastic structural system simultaneously.

（本文原载于《振动工程学报》第 9 卷第 1 期，1996 年 3 月）

未知输入条件下的结构物理参数识别研究

李杰　陈隽

摘　要　研究在输入信息未知条件下识别结构物理参数的问题.根据建筑结构风荷载的作用特点,提出了一类时域识别算法,用于高层建筑结构的结构物理参数识别.文中对算法给出了理论证明.数值分析算例表明:不考虑量测噪声时,文中方法可给出结构参数的精确识别结果;在量测噪声高达30%仍可得到较高精度的参数识别结果.

引　言

近年来,对结构物由于各种灾害性作用而导致的损伤的研究正在成为结构工程研究的一个重要侧面.其中,对于系统识别理论用于结构物损伤监测及安全性评估的研究较为活跃.一个重要的原因是系统识别理论在机械及航天器故障诊断中卓有成效的应用.同时,结合结构工程领域的实际特点,理论分析研究中又出现了三个新的特点,即:输出信息不完备[1,2]、输入信息未知[3,4]、考虑子结构技术[5,6]情况下的参数识别问题的研究.

传统的系统识别理论是建立在系统输入与输出数据均已知的基础之上的,然而这一条件并不总能得到满足.因此,输入未知条件下的参数识别算法的研究有着重要的理论价值及广泛的实际应用背景.例如在以脉动风作为激振源的结构物风动法动力测试中,由于实时记录结构各层的风力作用相当困难,因而必须假定输入源为有限带宽白噪声才能进行数据处理工作,这使得参数估计精度大受影响.文献研究表明,尝试在不利用输入信息的条件下解决识别问题的思路大致有三种:利用结构自由响应时间历程曲线[7];宽带输入假定[8];构造识别辅助条件[4].文献[4]中给出了一种称为统计平均法的算法,成功地解决了基底输入未知时的参数识别问题.该方法的核心是将基底作用的力学性质转化成一类关于估计输入的修正条件.本文继续采用这一思想构造解决风荷载未知时的系统识别算法.并给出了较为严格的理论证明.文中给出的分析算例进一步展示了算法的收敛性和良好的参数识别效果.

1 风荷载计算模型

距地面 z 高度处任一瞬时的风速 $V(z, t)$ 可以表示为[9]

$$v(z, t) = \bar{v}(z) + v_f(z, t) \tag{1}$$

式中，$\bar{v}(z)$ 为平均风速，$v_f(z, t)$ 为脉动风速. 根据风速与风压的关系，作用于结构物 z 高度处的风压 $w(z, t)$ 为

$$w(z, t) = \frac{1}{2}\rho\mu_s(z)v^2(z, t) \tag{2}$$

上式中 $\mu_s(z)$ 为高度 z 处结构体型系数，ρ 为空气密度. 将式(1)代入式(2)，展开后将二阶微量 $v_f^2(z, t)$ 略去，可得

$$\begin{aligned} w(z, t) &= \frac{1}{2}\rho\mu_s(z)\bar{v}^2(z) + \rho\mu_s(z)\bar{v}(z)v_f(z, t) \\ &= \bar{w}(z)\left[1 + 2\frac{v_f(z, t)}{\bar{v}(z)}\right] = \mu_s(z)\mu_z(z)\left[1 + 2\frac{v_f(z, t)}{\bar{v}(z)}\right]w_0 \end{aligned} \tag{3}$$

式中 w_0 为 10 米高度处的标准风压，_$z(z)$为风压高度变化系数. 在式(3)两端乘以 z 处的迎风面积 A_z，可得结构物在 z 高度处的风力荷载表达式

$$\begin{aligned} P(z, t) &= A_{z\mu_s}(z)\mu_z(z)\left[1 + 2\frac{v_f(z, t)}{\bar{v}(z)}\right]w_0 \\ &= B(z)\left[1 + 2\frac{v_f(z, t)}{\bar{v}(z)}\right]w_0 \end{aligned} \tag{4}$$

设脉动风的幅值与平均风速 $\bar{v}(z)$ 的比值为 U[10]，则可将脉动风表示为

$$v_f(z, t) = U\bar{v}(z)v_f(t) \tag{5}$$

此处，$v_f(t)$ 为与高度无关的规格化(幅值为 1)的平稳过程，可称为标准脉动风. 于是，可将式(4)进一步写成

$$P(z, t) = B(z)[1 + 2Uv_f(t)]w_0 \tag{6}$$

上式作为结构物上的风荷载模型. 式中 $B(z)$ 中诸系数的可计算或可测量性构成了下文建议方法的应用基础.

为了进一步在计算中考虑脉动风空间相关性的影响，可以引入脉动风相关长度的概念，定义为 d_L. 例如 $d_L=3$ 表示任意 3 层处的脉动风作用是完全相关的，因而采用式(6)形成风载值时可对相邻 3 层采用相同的标准脉动风时程.

2 参数识别算法

一般多自由度结构体系在风荷载作用下结构的动力方程为

$$\boldsymbol{M}\ddot{\boldsymbol{X}}+\boldsymbol{C}\dot{\boldsymbol{X}}+\boldsymbol{K}\boldsymbol{X}=\boldsymbol{P} \tag{7}$$

式中，

$$\boldsymbol{P}=(P_1 \quad P_2 \cdots \quad P_N)^{\mathrm{T}} \tag{8}$$

P_i 值由式(6)确定，N 为结构结点数. 根据基于有限元列式的动力系统参数表示方法[11]，式(7)可改写为

$$\boldsymbol{H}\boldsymbol{\theta}=\boldsymbol{P} \tag{9}$$

式中，$\boldsymbol{H}$ 是由结构响应组成的矩阵，$\boldsymbol{\theta}$ 为结构参数向量.

按照前述脉动风相关长度的假定，将式(8)中的 N 个 P_i 划分为 m 组，并记 $\boldsymbol{S}=(\Delta 1,\ \Delta 2,\ \cdots,\ \Delta_m)$，在任一组荷载中的脉动风时程是完全相关的. 于是，可以引入映射函数：

$$f_{lj}=\frac{1}{B_j(zl)}\ (l\in\Delta_j,\ j=1,\ 2,\ \cdots,\ m) \tag{10}$$

将 $P(z_i,\ t)$ 变化为规格化空间中的归一化输入集合

$$\begin{aligned}&\langle P_j(z_i,\ t)\rangle=f_{l_j}\cdot P(z_i,\ t)=[1+2Uv_{fj}(t)]w_0\\&(l\in\Delta_j,\ j=1,\ 2,\ \cdots,\ m)\end{aligned} \tag{11}$$

式中〈·〉表示变换空间的函数. 显然，由于在一组荷载中的 $v_{fj}(t)$ 是同一过程. 因而式(11)给出了相关尺度范围内的归一化结构输入. 在此基础上，我们构造了一类识别算法，其计算步骤为：

① 任意设定参数初值 $\tilde{\boldsymbol{\theta}}_0$，由式(9)给出输入荷载初值为

$$\tilde{\boldsymbol{P}}_0=\boldsymbol{H}\tilde{\boldsymbol{\theta}}_0 \tag{12}$$

② 设向量 $\tilde{\boldsymbol{P}}_0$ 中的荷载估计值为 $\tilde{\boldsymbol{P}}_{zl}(t)$，则引入式(11)所示的变换可得

$$\langle\tilde{\boldsymbol{P}}_{lj}(t)\rangle=f_{l_j}\tilde{\boldsymbol{P}}_{zl}(t)\quad(l\in\Delta j,\ j=1,\ 2,\cdots,\ m) \tag{13}$$

③ 在式(13)表示的各相关集合 Δ_j 中引用统计平均的思想，即由 $\langle\tilde{\boldsymbol{P}}_{lj}(t)\rangle$ 给出 $\langle\tilde{\boldsymbol{P}}_j(z_i,\ t)\rangle$ 的估计值

$$\langle\bar{\boldsymbol{P}}_j(z_i,\ t)\rangle=\frac{1}{\mathrm{N}_j}\sum_{j\in\Delta_j}^{N_j}\langle\tilde{\boldsymbol{P}}_{lj}(t)\rangle\quad(j=1,\ 2,\ \cdots,\ m) \tag{14}$$

④ 引用式(10)所示变换的逆变换，将式(14)的归一化荷载集合的估计值反射到问题解空间，即可得到修正估计荷载为

$$\hat{\boldsymbol{P}}_j(z_i,\ t)=\frac{\langle\bar{\boldsymbol{P}}_j(z_i,\ t)\rangle}{f_{lj}}=\frac{\boldsymbol{P}_j(z_i)}{\mathrm{N}_j}\sum_{l\in\Delta_j}\frac{\tilde{\boldsymbol{P}}_{z_l}(t)}{\boldsymbol{P}_j(z_l)}\quad(j=1,\ 2,\ \cdots,\ m) \tag{15}$$

经过步骤③,④可得修正后的输入荷载向量 $\hat{\boldsymbol{P}}_0$.

⑤ 由式(9)求出新的参数估计值

$$\tilde{\boldsymbol{\theta}}_1 = [\boldsymbol{H}^{\mathrm{T}}\boldsymbol{H}]^{-1}\boldsymbol{H}^{\mathrm{T}}\hat{\boldsymbol{P}}_0 \tag{16}$$

⑥ 判断参数是否收敛,判据为

$$\| \tilde{\boldsymbol{\theta}}_i - \tilde{\boldsymbol{\theta}}_{i-1} \| \leqslant X \tag{17}$$

式中,X 为给定的识别精度. 若上式满足则计算结束,取此时的结果为最终识别结果;若不满足,取当前结果为初值重复步骤①~⑥.

可以看出,上述方法的核心是利用输入的性质构造关于估计输入的修正条件,并将其引入到以最小二乘为识别准则的迭代计算格式中,从而达到识别结构参数的目的. 本文称此算法为荷载归一化统计平均方法,下节将对此方法的收敛性及唯一性给予证明.

3 算法证明

分析上节所建议的计算过程可知,在迭代计算过程中的每一计算单元包含有两种处理手段,其一是对于荷载信息的修正,其二是参数的识别计算. 因此,算法的理论证明也采用这种顺序.

不失一般性,设系统的估计输入由真实输入 $\boldsymbol{P}_R$ 和输入估计误差 $\tilde{\boldsymbol{E}}$ 两部分组成:

$$\tilde{\boldsymbol{P}} = \boldsymbol{P}_R + \tilde{\boldsymbol{E}} \tag{18}$$

则只要证明输入估计误差 $\tilde{\boldsymbol{E}}$ 在一次迭代进程中是持续下降的,则随着迭代次数 $L \rightarrow \infty$, 必有 $\tilde{\boldsymbol{E}} \rightarrow \boldsymbol{0}$, 因而系统的估计输入 $\tilde{\boldsymbol{P}}$ 也必然收敛于真实输入 $\boldsymbol{P}_R$, 相应地,系统估计参数也将收敛于真实参数.

对于向量与矩阵的度量,可采用范数 $\| \cdot \|_1$. 在此约定下,上述证明的思路即要证实图 1 中所示的关系. 图中,以"~"表示估计. 以"^"表示修正估计.

估计过程:$\cdots \tilde{\boldsymbol{\theta}}_i \Rightarrow \boxed{\tilde{\boldsymbol{P}}_i \Rightarrow \hat{\boldsymbol{P}}_i \Rightarrow \tilde{\boldsymbol{\theta}}_{i+1}} \Rightarrow \tilde{\boldsymbol{P}}_{i+1} \cdots\cdots$

证明目的:$\| \tilde{\boldsymbol{E}}_i \|_1 > \| \hat{\boldsymbol{E}}_i \|_1 \Leftrightarrow \| \tilde{\boldsymbol{E}}_{i+1} \|_1$

图 1　算法证明思路

以下即按上述思路证明之.

3.1　$\| \hat{\boldsymbol{E}}_i \|_1 < \| \tilde{\boldsymbol{E}}_i \|_1$

为方便记,先引入以下记号:

$$\boldsymbol{E}_i = (\boldsymbol{S}_1, \boldsymbol{S}_2, \cdots, \boldsymbol{S}_M)^{\mathrm{T}} \tag{19}$$

其中，M 为采样时点总数，向量 $\boldsymbol{S}_K$ 为时点 t_K 处的输入估计误差子集合：

$$\boldsymbol{S}_K = (e_1, e_2, \cdots\cdots, e_N) \tag{20}$$

e_j 为第 j 自由度处的输入估计误差，N 为结构自由度数.

同理

$$\boldsymbol{P}_R = (\boldsymbol{F}_{R_1}, \boldsymbol{F}_{R_2}, \cdots, \boldsymbol{F}_{RM})^{\mathrm{T}} \tag{21}$$

其中，向量 $\boldsymbol{F}_{RK}$ 为时点 t_K 处的真实输入

$$\boldsymbol{F}_{RK} = (f_{R_1}, f_{R_2}, \cdots, f_{RN}) \tag{22}$$

由于考虑脉动风的相关性，可将任一时点处的 $\boldsymbol{P}_K$ 划分为 m 个相关集合，在每一个集合内，经过式(10)规定的变换，存在

$$\langle \widetilde{\boldsymbol{P}}_{K\Delta_j} \rangle = \langle \boldsymbol{F}_{RK\Delta_j} \rangle + \langle \widetilde{\boldsymbol{S}}_{K\Delta_j} \rangle \tag{23}$$

而在变换空间内修正后估计输入则为

$$\langle \hat{\boldsymbol{P}}_{K\Delta_j} \rangle = \langle \boldsymbol{F}_{RK\Delta_j} \rangle + \langle \hat{\boldsymbol{S}}_{K\Delta_j} \rangle \tag{24}$$

注意到：

$$\langle \widetilde{\boldsymbol{S}}_{K\Delta_j} \rangle = \langle \widetilde{e}_l, l \in \Delta_j \rangle \tag{25}$$

而在变换空间内，据式(14)知有

$$\langle \hat{\boldsymbol{S}}_{K\Delta_j} \rangle = \langle \left(\frac{1}{N_j} \sum_{l \in \Delta_j} \widetilde{e}_l \right) \cdot \boldsymbol{I}_{\Delta_j} \rangle \tag{26}$$

式中，$\boldsymbol{I}_{\Delta_j}$ 为 $1 \times N_j$ 维的单位行向量.

对式(25)，(26)作式(10)所示变换的逆变换，则有

$$\widetilde{\boldsymbol{S}}_{K\Delta_j} = (\widetilde{e}_l \cdot P_j(z_l), l \in \Delta_j) \tag{27}$$

$$\hat{\boldsymbol{S}}_{K\Delta_j} = \left(\frac{1}{N_j} \sum_{l \in \Delta_j} \widetilde{e}_l \cdot P_j(z_l) \cdot \boldsymbol{I}_{\Delta_j} \right) \tag{28}$$

取上述两式中向量的 1-范数，则有

$$\| \widetilde{\boldsymbol{S}}_{K\Delta_j} \|_1 = \left| \sum_{l \in \Delta_j} \widetilde{e}_l \cdot P_j(z_l) \right| \tag{29}$$

$$\| \hat{\boldsymbol{S}}_{K\Delta_j} \|_1 = N_j \left| \frac{1}{N_j} \sum_{l \in \Delta_j} \widetilde{e}_l P_j(z_l) \right| = \left| \sum_{l \in \Delta_j} \widetilde{e}_l P_j(z_l) \right| \tag{30}$$

由于

$$\left| \sum_{l \in \Delta_j} \widetilde{e}_l P_j(z_l) \right| \leqslant \sum_{l \in \Delta_j} \left| \widetilde{e}_l P_j(z_l) \right| \tag{31}$$

故有

$$\| \hat{\boldsymbol{S}}_{K\Delta_j} \|_1 \leqslant \| \widetilde{\boldsymbol{S}}_{K\Delta_j} \|_1 \tag{32}$$

对于各时点的各相关集合，均存在上述关系，故有

$$\| \hat{\boldsymbol{S}}_K \|_1 \leqslant \| \tilde{\boldsymbol{S}}_K \|_1 \tag{33}$$

上式中等号成立的条件是所有 $\tilde{e}_j$ 均为同号，对于一个特定时点，这是可能的. 但对全部采样时程，估计输入的偏差恒为同号的概率将随采样时点数的增加而减少，当 $M \to \infty$ 时，估计输入偏差恒为同号的概率将趋于零. 因此，对于足够长的采样时程，必有

$$\| \hat{\boldsymbol{E}}_i \|_1 < \| \tilde{\boldsymbol{E}}_i \|_1 \tag{34}$$

这样，我们便证明了：在一次迭代过程中的输入修正阶段，修正估计输入的误差的 1-范数必小于未修正前的相应范数. 顺便指出，由于随着 M 值的增加，出现异号的概率增大，因此，$\| \tilde{\boldsymbol{E}}_i \|_1$ 到 $\| \hat{\boldsymbol{E}}_i \|_1$ 的下降梯度也将增大，迭代收敛速度将加快. 换句话说，采样时段越长，计算迭代收敛速度越快.

3.2 $\| \hat{\boldsymbol{E}}_i \|_1 \Leftrightarrow \| \tilde{\boldsymbol{E}}_i + 1 \|_1$

设系统参数的估计值为

$$\tilde{\boldsymbol{\theta}} = \boldsymbol{\theta} + \Delta\boldsymbol{\theta} \tag{35}$$

式中，$\boldsymbol{\theta}$ 为系统参数真值，$\Delta\boldsymbol{\theta}$ 为参数估计偏差.

根据最小二乘原则，对于给定的系统输出和系统输入（这里为 $\hat{\boldsymbol{P}}_i$），应有下式成立：

$$J = (\hat{\boldsymbol{P}}_i - \boldsymbol{H}\tilde{\boldsymbol{\theta}}_{i+1})^{\mathrm{T}}(\hat{\boldsymbol{P}}_i - \boldsymbol{H}\tilde{\boldsymbol{\theta}}_{i+1}) \to \min \tag{36}$$

将式(16)，(18)，(35)代入上式，不难导出

$$(\hat{\boldsymbol{E}}_i - \boldsymbol{H} \cdot \Delta\boldsymbol{\theta}_{i+1})^{\mathrm{T}}(\hat{\boldsymbol{E}}_i - \boldsymbol{H}\Delta\boldsymbol{\theta}_{i+1}) \to \min \tag{37}$$

另一方面：

$$\tilde{\boldsymbol{P}}_{i+1} = \boldsymbol{H}\tilde{\boldsymbol{\theta}}_{i+1} = \boldsymbol{H}(\boldsymbol{\theta}_{i+1} + \Delta\boldsymbol{\theta}) = \boldsymbol{P}_R + \boldsymbol{H}\Delta\boldsymbol{\theta} \tag{38}$$

$$\hat{\boldsymbol{P}}_i = \boldsymbol{P}_R + \hat{\boldsymbol{E}}_i \tag{39}$$

显然

$$\hat{\boldsymbol{P}}_i - \tilde{\boldsymbol{P}}_{i+1} = \hat{\boldsymbol{E}}_i - \boldsymbol{H}\Delta\boldsymbol{\theta} = \boldsymbol{\varepsilon}_i \tag{40}$$

对比式(37)可知 $\boldsymbol{\varepsilon}_i^{\mathrm{T}}\boldsymbol{\varepsilon}_i \to \min$. 这意味着在已知 $\hat{\boldsymbol{P}}_i$ 条件下，$\Delta\boldsymbol{\theta}$ 的选取是循着使 $\boldsymbol{H}\Delta\boldsymbol{\theta}$ 尽可能向接近于 $\hat{\boldsymbol{E}}_i$ 的规则进行的，这一规则也等同于使 $\tilde{\boldsymbol{P}}_{i+1}$ 尽可能接近 $\hat{\boldsymbol{P}}_i$，即在一步迭代计算的参数识别阶段，识别原则使 $\hat{\boldsymbol{P}}_i$ 向 $\tilde{\boldsymbol{P}}_{i+1}$ 转变阶段不产生大的误差. 事实上，由于

$$\tilde{\boldsymbol{P}}_{i+1} = \boldsymbol{P}_R + \tilde{\boldsymbol{E}}_{i+1} \tag{41}$$

所以存在

$$\tilde{\boldsymbol{E}}_{i+1} = \boldsymbol{H}\Delta\boldsymbol{\theta} \tag{42}$$

结合式(40)及式(37)，显然可知 $J \to \min$ 的实质是使

$$(\hat{\boldsymbol{E}}_i - \tilde{\boldsymbol{E}}_{i+1})^{\mathrm{T}}(\hat{\boldsymbol{E}}_i - \tilde{\boldsymbol{E}}_{i+1}) \to \min \tag{43}$$

换句话说，最小二乘准则使 $\widetilde{\boldsymbol{E}}_{i+1} \to \hat{\boldsymbol{E}}_i$，根据向量的1-范数将有

$$\| \hat{\boldsymbol{E}}_i \|_1 \Leftrightarrow \| \widetilde{\boldsymbol{E}}_{i+1} \|_1 \tag{44}$$

这里⇔表示近似等价.

这样，我们便在较为严格的意义上证明了存在图1中的关系. 于是，随 $L \to \infty$ 必有 $\widetilde{\boldsymbol{E}} \to \boldsymbol{0}$，注意到式(18)的关系可知

$$\widetilde{\boldsymbol{P}} \xrightarrow{L \to \infty} \boldsymbol{P}_R \tag{45}$$

相应地，在 $\widetilde{\boldsymbol{P}}$ 收敛于 $\boldsymbol{P}_R$ 的前提下，根据最小二乘准则，存在

$$\widetilde{\boldsymbol{\theta}} \xrightarrow{L \to \infty} \boldsymbol{\theta} \tag{46}$$

上述证明结论可简单描述为：随迭代次数的增加，反演荷载将趋于真实荷载，识别参数将趋于真实系统参数.

4 实例分析

为了进一步考察算法的识别效果，对一幢12层的高层建筑结构进行了实例分析. 表1给出了此结构的基本参数及各层集中风荷载值. 需要指出，前述推导及证明过程表明，本文方法适合于质量、阻尼、刚度均未知的情况. 这里根据实际情况，采用已知质量及结构阻尼的方式进行结构刚度参数的识别，并取结构阻尼矩阵为 $\boldsymbol{C} = a_0\boldsymbol{M}$ 的形式. 通过满足振型阻尼比的限制条件，求得 $a_0 = 0.751$. 分析计算前首先采用三角级数法进行脉动风时程仿真. 仿真中利用广为采用的 Davonport 功率谱[10]. 图2为仿真得到的一条峰值为1的标准脉动风记录.

表1 结构基本参数及计算风荷载值

层号	质量 /kg	刚度 /($\times 10^5$ N/m)	阻尼 /($\times 10^3$ N·s/m)	风振系数	集中风荷载 /($\times 10^3$N /m)
1	723 714	3 409	477	1.25	41.3
2	686 091	3 320	481	1.30	38.67
3	549 693	3 989	646	1.33	41.74
4	549 693	3 989	646	1.37	45.89
5	549 693	3 989	646	1.40	50.04
6	549 693	3 662	554	1.42	53.47
7	549 693	3 662	554	1.44	56.54
8	549 693	3 662	554	1.47	59.61
9	549 693	3 662	554	1.50	62.22
10	549 693	3 662	544	1.53	64.57
11	549 693	3 662	554	1.56	69.96
12	443 346	3 375	499	1.60	37.83

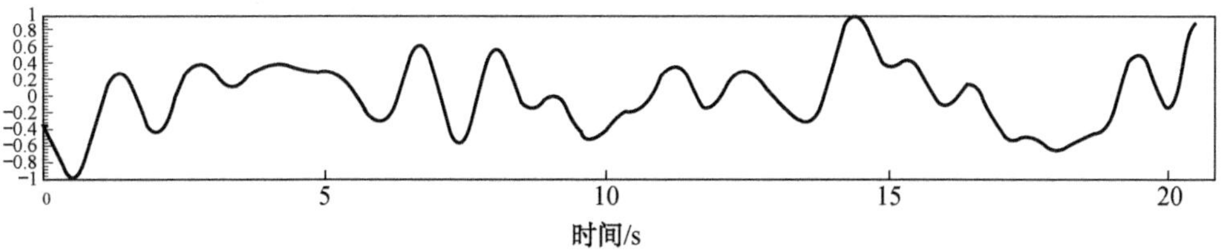

图 2　仿真得到的一条脉动风时程曲线

由式(6)形成作用于结构各层的风载过程,采用正分析的方法计算求得结构的风振响应.然后假定风荷载及结构参数未知,采用荷载归一化统计平均算法识别结构参数.

表 2 为 $\rho_L=12$(即各层标准脉动风完全相关)时,取不同参数初值时的参数识别结果.表中误差为百分数(下同).显然,识别结果与初值的选取无关,且 3 种情况下所有参数的识别误差不超过 0.3%,效果是相当令人满意的.

表 2　不同参数初值,$\rho_L=12$ 时的参数识别结果

识别参数	1		2		3	
	识别值	误差*	识别值	误差	识别值	误差
K_1	3 403.3	0.16	3 403.0	0.18	3 403.2	0.17
K_2	3 317.1	0.09	3 316.7	0.10	3 316.9	0.09
K_3	3 987.5	0.04	3 987.1	0.05	3 987.4	0.04
K_4	3 989.2	0.04	3 988.8	0.04	3 989.1	0.04
K_5	3 990.7	0.04	3 990.3	0.03	3 990.6	0.04
K_6	3 664.8	0.08	3 664.4	0.07	3 664.7	0.07
K_7	3 665.9	0.14	3 665.6	0.10	3 665.8	0.10
K_8	3 666.9	0.14	3 666.6	0.13	3 666.8	0.13
K_9	3 667.9	0.16	3 667.5	0.15	3 667.8	0.16
K_{10}	3 668.8	0.18	3 668.4	0.17	3 668.6	0.18
K_{11}	3 669.5	0.21	3 669.2	0.20	3 669.4	0.20
K_{12}	3 382.3	0.22	3 382.0	0.21	3 382.2	0.21

* 表中误差为百分数.

进而,我们在计算中分别考虑了 $\rho_L=12$, 6, 4, 3, 2 等 5 种风时程相关方式,并通过在结构风振响应时程中加入白噪声过程来模拟测量噪声(添加噪声水平按噪声时程峰值与脉动风时程峰值的比值来决定).且分别考虑 5%, 10%, 20%, 30%等四种噪声水平.这样,一共进行了 25 种工况的计算分析,计算中统一取时程点数为 400, $U=0.2$.

表 3 列出了不考虑噪声影响条件下的识别结果.可见,随相关长度的减小,参数识别误差有所增加,但即使在 $\rho_L=2$ 时,参数识别精度也是令人满意的(最大误差小于 5%).

表 3　不考虑噪声条件下的参数识别结果

待求参数	$\rho_L=12$		$\rho_L=6$		$\rho_L=4$		$\rho_L=3$		$\rho_L=2$	
	识别值	误差*	识别值	误差	识别值	误差	识别值	误差	识别值	误差
K_1	3 403.3	0.16	3 390.4	0.55	3 380.1	0.85	3 348.2	1.78	3 239.9	4.95
K_2	3 317.1	0.09	3 303.6	0.49	3 295.6	0.73	3 279.1	1.23	3 199.2	3.63
K_3	3 987.5	0.04	3 971.8	0.43	3 964.7	0.61	3 963.7	0.63	3 900.6	2.21
K_4	3 989.2	0.01	3 974.8	0.35	3 970.9	0.45	3 993.5	0.11	3 927.9	1.52
K_5	3 990.7	0.04	3 978.8	0.25	3 979.2	0.25	3 994.6	0.14	3 964.0	0.63
K_6	3 664.8	0.08	3 657.8	0.12	3 654.2	0.21	3 668.6	0.18	3 654.9	0.19
K_7	3 665.9	0.11	3 664.4	0.06	3 656.1	0.16	3 670.4	0.23	3 677.1	0.41
K_8	3 666.9	0.14	3 664.4	0.06	3 658.8	0.09	3 669.5	0.20	3 674.2	0.33
K_9	3 667.9	0.16	3 664.4	0.06	3 663.0	0.03	3 667.8	0.16	3 669.7	0.21
K_{10}	3 668.8	0.18	3 664.3	0.05	3 663.0	0.03	3 665.0	0.08	3 668.2	0.17
K_{11}	3 669.5	0.21	3 664.3	0.06	3 662.9	0.03	3 664.9	0.08	3 664.7	0.07
K_{12}	3 382.4	0.22	3 377.1	0.06	3 375.9	0.03	3 377.6	0.08	3 377.4	0.07

* 表中误差为百分数.

在不同噪声水平下的刚度识别结果表明本文建议的算法具有很强的噪声适应性.因篇幅所限,这里仅给出噪声水平为30%时的识别结果(表4).结果表明:在脉动风强相关的场合($\rho_L=12,\ 6,\ 4$),即使噪声水平高达30%,参数识别值与参数的真实值之间的最大识别误差也不超过1%.在弱相关场合($\rho_L=2,\ 3$),刚度参数的识别值在结构下部几层出现一定的误差.但从绝对数值来看,在$\rho_L=3$时参数最大识别误差不超过2%,$\rho_L=2$时最大误差不超过10%.应该指出:在噪声水平低于30%时,参数识别精度进一步提高.本文所列为最不利结果.计算分析中同时考察了识别进程中参数的收敛特性.图3—图4中示出了部分参数的收敛过程.从图中可见参数收敛过程是相当平稳的.

表 4　30%噪声水平下的刚度识别结果

待求参数	$\rho_L=12$		$\rho_L=6$		$\rho_L=4$		$\rho_L=3$		$\rho_L=2$	
	识别值	误差*	识别值	误差	识别值	误差	识别值	误差	识别值	误差
K_1	3 426.7	0.52	3 379.4	0.87	3 376.3	0.96	3 363.9	1.32	3 076.9	9.74
K_2	3 336.6	0.49	3 293.3	0.80	3 289.8	0.92	3 289.2	0.93	3 042.4	8.36
K_3	4 008.5	0.49	3 960.1	0.72	3 965.8	0.86	3 969.4	0.49	4 197.6	5.23
K_4	4 008.1	0.48	3 964.2	0.62	3 957.4	0.80	3 991.2	0.06	3 843.4	3.65
K_5	4 007.9	0.47	3 969.6	0.49	3 961.4	0.69	3 997.3	0.21	3 859.8	3.24
K_6	3 679.0	0.46	3 650.9	0.30	3 641.1	0.57	3 677.2	0.41	3 775.9	3.11
K_7	3 678.7	0.45	3 660.4	0.04	3 647.8	0.38	3 687.7	0.70	3 612.2	1.36
K_8	3 677.9	0.44	3 659.9	0.06	3 656.9	0.14	3 688.1	0.71	3 622.1	1.09
K_9	3 677.4	0.42	3 659.2	0.08	3 671.7	0.26	3 689.1	0.74	3 702.6	1.11

（续表）

待求参数	$\rho_L=12$		$\rho_L=6$		$\rho_L=4$		$\rho_L=3$		$\rho_L=2$	
	识别值	误差*	识别值	误差	识别值	误差	识别值	误差	识别值	误差
K_{10}	3 676.7	0.40	3 658.4	0.10	3 670.7	0.24	3 691.1	0.80	3 697.5	0.97
K_{11}	3 675.3	0.36	3 656.9	0.14	3 669.0	0.19	3 689.5	0.75	3 630.5	0.86
K_{12}	3 380.0	0.15	3 362.7	0.37	3 373.4	0.05	3 393.5	0.55	3 393.2	0.54

* 表中误差为百分数.

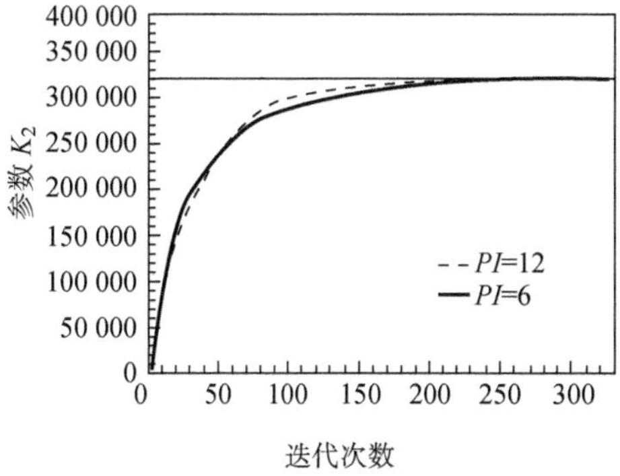

图 3　参数 K_2 收敛曲线

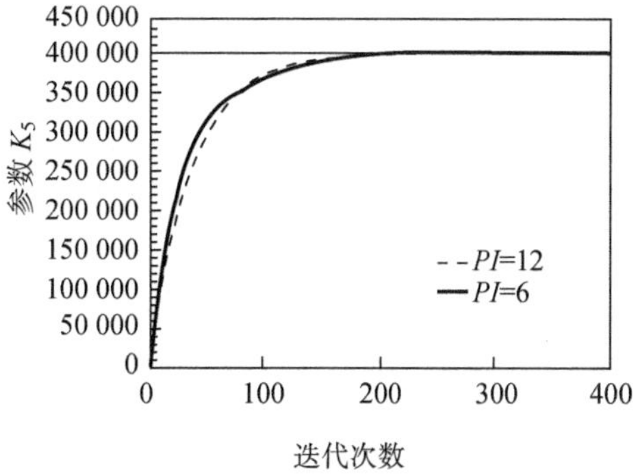

图 4　参数 K_5 收敛曲线

5 结　语

本文的研究工作，事实上给出了一般的未知输入条件下结构物理参数识别算法的基本框架. 算法的核心是统计平均法. 利用关于结构输入的物理或力学条件，存在将一般的输入映射为规格化空间中的一个规格化输入集合的可能. 然后借助统计平均的思想，可以构造关于估计输入的修正条件，从而使基于最小二乘准则的经典结构参数识别算法可以应用并形成相应的迭代过程. 反问题的求解方法往往涉及解的不适定问题，即解不连续地依赖于数据. 在一般情况，现在已经有了构造这种连续依赖解的方法[1]——只要在允许解类上加一些限制即可，例如对解加上定量或定性的补充信息. 本文研究工作正是基于上述思想，并将这一补充信息具体化为输入荷载的物理、力学性质后开展的. 对无测量噪声情况下的线弹性结构而言，本文方法为精确解法，这一点可从文中关于收敛性的证明及文献[4]的算例中看出. 实际应用结果表明：本文建议方法就参数识别而言，具有良好的抗噪声能力和相当理想的参数识别精度. 可以相信，本文研究工作将具有良好的实际应用前景.

参考文献

[1] Hjelmstad K D, Banan Mo R, Banan Ma R. Time-domain parameter estimation alg orithm for structures Ⅰ: Computation aspects[J]. J. Eng. Mech., 1995, 121(3): 424-434.

[2] Banan Mo R, Banan Ma R, Hjelmsand K D. Time-domain parameter estimation algorithm for structures Ⅱ: Numerical simulation studies[J]. J. Eng. Mech., 1995, 121(3): 435-447.
[3] Wang D, Haldar A, Element-level system Identification with unknown input[J]. J. Eng. Mech., 1994, 120(1): 159-176.
[4] 李杰,陈隽. 结构参数未知条件下的地震动反演研究[J]. 地震工程与工程振动,1997, 17(3): 27-35.
[5] Oreta A C, Tanabe T. Element identification of member properties of framed structures [J]. J. Struc. Eng., 1994, 120(7): 1961-1976.
[6] Koh C G, See L M, Balendra T. Estimation of structural parameters in time domain: A Substructure approach[J]. Earthquake Eng. & Struc. Dynamics, 1991, 20(8): 787-802.
[7] Kozin F. Estimation of parameter of system driven by white noise excitation[R]. Henning K ed. Proc. of IUT AM Symp. On Random Vibrations and Reliability. Frankfurt Ioder, Germany, 1985: 163-173.
[8] 周传荣,赵淳生. 机械振动参数识别及其应用[M]. 北京:科学出版社,1989.
[9] 张相庭. 结构风压和风振计算[M]. 上海:同济大学出版社,1985.
[10] 李桂青. 结构动力可靠性及其应用[M]. 北京:地震出版社,1993.
[11] 李杰. 随机结构系统——分析与建模[M]. 北京:科学出版社,1996.
[12] 刘家琦. 数学物理方程反问题的分类及不适定问题求解[J]. 计算数学与应用数学,1983(4): 43-65.

Study on Identification of Structural Dynamic Parameters with Unknown Input Information

Li Jie Chen Jun

Abstract: This paper focuses on the item of structural parameters identification without input information. An aglorithm named as uniform load statistical average method is proposed and its procedure is described based on the charicteristic of pulsation wind on structure. To give the algorithm a solid basis, a theoretical certificate is given in the paper. Further numerical studies show that the proposed algorithm is highly efficent not only for noise-free situation but also for noise-included situation. The new idea given in the paper seems to supply a hopeful way for parameter identification with unknown input.

(本文原载于《计算力学学报》第 16 卷第 1 期,1999 年 2 月)

部分输入未知时求解动力复合反演问题的补偿算法

李杰　陈隽

摘　要　将作者提出的全量补偿算法[8]推广为一类适用于一般多自由度系统的时域补偿识别算法. 该方法是基于最小二乘原则的一类迭代计算方法，对于结构上的部分作用力已知的情况，可用来同时识别结构的参数并反演输入. 文中应用不同类型的结构分析实例说明了此方法适用于实际工程动力检测的可能性.

引　言

随着系统识别技术在土木工程领域中研究和应用的深入，系统测量数据的不完整性问题引起了越来越多的研究者注意. 事实上，已有的大多数结构参数识别研究是建立在结构的输入(激励)和输出(响应)均已知的前提下，对于荷载反演问题则假定输出及结构模型和参数已知. 这些假定可统称为系统的完备信息假定. 然而，在实际工程中完备信息假定往往很难满足. 以建筑物的环境随机激励(地脉动、脉动风)及强迫激励动力测试为例，在实际测试过程中精确地测量输入的信息往往相当困难. 因此，对于输入信息不完备情况下的结构参数识别问题的研究是结构识别技术实用化过程中亟待解决的问题. 1992 年，Hoshyia[1]利用扩展卡尔曼滤波方法求解了梁上匀速运动荷载作用下的参数识别及荷载反演问题，基本做法是将表征运动荷载的参数(如速度 v 和幅值 P)作为未知参数引入到状态方程中，从而使得复合反演问题转化为单一的参数识别问题进行求解. 随后 Hoshyia[2]又应用类似的方法解决剪切型系统承受地震作用时的未知输入参数识别问题. 此方法首先人为假定输入，再应用卡尔曼滤波方法识别系统参数，然后利用识别得到的参数值通过卡尔曼估计反演输入时程. 然而，从作者提供的简单算例(3 自由度剪切体系)考察，其对参数识别效果并不理想. 事实上，在该文算例中，经反复迭代计算，识别总体误差反而趋于增加. 针对未知地震作用下的参数识别问题，Benedetii[3]建议利用结构上两个测量点响应记录傅立叶变换的幅值比来消除参数识别计算中对输入信息的需求，但是 Benedetii 的算法中，不能获取输入的时程. 1997 年，Wang[4]进一步发展了一种利用结构的响应直接识别结构物理参数的算法，算法假定计算区间起始处的前 2 个或 4 个时刻处结构的输入力为零，并以此为初始条件进行迭代计算. 该算法计算起始段结构输入力为零的假定具有明显的局限性.

研究表明：当系统的输入信息未知时，为获得结构系统的参数估计，事实上系统的参数识别问题和荷载反演问题必须同时考虑. 基于上述认识，作者在研究中提出了结构系统识别中的动力复合反演概念[5-7]. 所谓动力复合反演是指在输入未知的条件下识别结构的参数或者在参数未知的条件下反演结构的输入. 显然，复合反演问题代表了一类新的动力学系统反问题，它以一种联合的而不是割裂的观点来看待动力学系统的两类基本的反问题. 理论分析表明，复合反演问题可通过在计算中引入辅助计算条件的方式来解决. 文献[8]针对部分输入未知条件，以剪切型结构为例提出了全量补偿算法，本文将此方法进一步推广为适用于一般多自由度动力系统的一类时域补偿识别算法. 文中提供的分析实例表明：补偿算法可以理想地应用于高层建筑与桥梁结构的动力控制之中.

1　求解部分输入未知时的复合反演问题的补偿算法

文献[8]提出的全量补偿算法的基本思想是：对于多自由度系统的运动方程

$$\boldsymbol{M}\ddot{\boldsymbol{X}} + \boldsymbol{C}\dot{\boldsymbol{X}} + \boldsymbol{K}\boldsymbol{X} = \boldsymbol{F} \tag{1}$$

式中，$\boldsymbol{M}$, $\boldsymbol{C}$, $\boldsymbol{K}$ 分别是系统的质量、阻尼和刚度矩阵；$\boldsymbol{F}$ 为系统外作用力向量；$\boldsymbol{X}$, $\dot{\boldsymbol{X}}$, $\ddot{\boldsymbol{X}}$ 为系统的位移、速度和加速度响应.

根据所讨论问题的性质，可设外作用力向量 $\boldsymbol{F}$ 由两部分组成

$$\boldsymbol{F} = [\boldsymbol{F}_k,\ \boldsymbol{F}_u]^{\mathrm{T}} \tag{2}$$

式中，$\boldsymbol{F}_k$ 为时程信息已知的外作用力部分，$\boldsymbol{F}_u$ 为未知的外作用力部分.

利用基于有限元列式的动力参数系统识别模型的建立方法[9]，由式(1)可得到如下识别方程

$$\boldsymbol{H}\boldsymbol{\theta} = \boldsymbol{P} \tag{3}$$

其中，矩阵 $\boldsymbol{H}$ 由结构动力响应信息构成，具体构成形式随结构类型的不同而变化；$\boldsymbol{\theta}$ 为待识别参数向量. $\boldsymbol{P} = [\boldsymbol{P}_k,\ \boldsymbol{P}_u]^{\mathrm{T}}$，下标 k, u 含义同上.

从式(3)出发，结合最小二乘识别准则，可得到补偿算法的计算步骤如下. 描述中，符号“～”表示估计值，“^”表示修正值.

(1) 任意给定结构参数的初值 $\widetilde{\boldsymbol{\theta}}_0$，

(2) 利用式(3)计算 $\widetilde{\boldsymbol{P}}_0 = \boldsymbol{H}\widetilde{\boldsymbol{\theta}}_0$，其中 $\widetilde{\boldsymbol{P}}_0 = [\widetilde{\boldsymbol{P}}_k,\ \widetilde{\boldsymbol{P}}_u]^{\mathrm{T}}$，

(3) 用真实的 $\boldsymbol{P}_k$ 替代其估计值 $\widetilde{\boldsymbol{P}}_k$，得到修正后的 $\hat{\boldsymbol{P}}_0 = [\boldsymbol{P}_k,\ \widetilde{\boldsymbol{P}}_u]^{\mathrm{T}}$，

(4) 由 $\hat{\boldsymbol{P}}_0$, $\boldsymbol{H}$ 计算结构参数新的估计值，$\widetilde{\boldsymbol{\theta}}_1 = (\boldsymbol{H}^{\mathrm{T}}\boldsymbol{H})^{-1}\boldsymbol{H}^{\mathrm{T}}\hat{\boldsymbol{P}}_0$.

(5) 比较 $\widetilde{\boldsymbol{\theta}}_{i-1}$, $\widetilde{\boldsymbol{\theta}}_i$，若满足收敛条件，则取本步的参数估计值 $\widetilde{\boldsymbol{\theta}}$ 及 $\widetilde{\boldsymbol{P}}$ 为最终计算结果，并停机；否则，以步骤 4 的识别结果 $\widetilde{\boldsymbol{\theta}}_i$ 为新的初值，重复步骤 2～5 至收敛.

显然,补偿算法的核心是在第二步中将输入已知部分作为补偿条件引入并替换估计输入 $\hat{\boldsymbol{P}}_0$ 中的对应部分. 图 1 形象地说明了这一修正过程.

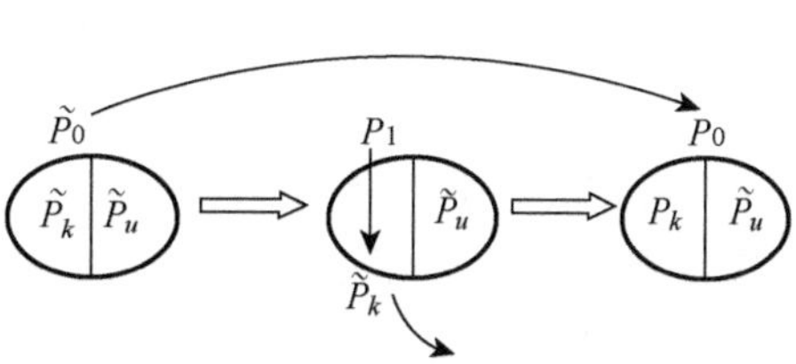

图 1　补偿算法的修正环节

在文献[8]的研究中,问题的性质被局限于剪切型结构体系. 同时,在文献[8]的有关算例研究中,我们曾发现: 对于剪切型结构而言,未知输入力的位置关于结构自由度是不能连续的. 并且,识别过程要求阻尼参数已知. 显然,这些限制条件大大影响了补偿算法的应用范围. 在进一步深入研究中,我们发现,上述限制条件都可以取消. 事实上,上述关于补偿算法的描述已经被推广于一般的多自由度体系动力系统,且对于未知输入力位置未提出任何要求. 而对于阻尼参数未知问题,则发展了一类松驰算法以适应于非线性参数系统. 在这一背景下,本文的主要用意在于:

(1) 以一种更为清晰直接的方法阐述全量补偿算法;

(2) 通过典型分析实例说明建议算法应用于实际高层建筑与桥梁结构动力检测之中的现实可能性.

2　补偿算法分析实例

本节试图通过对于不同类型结构的分析实例说明上述补偿算法应用于实际工程动力检测之中的可能性. 在下述实例分析中, 均首先利用 Wilson-θ 法计算出此结构对于给定荷载的动力响应,然后在结构动力响应计算值中添加噪声过程以模拟测量噪声,将此添加噪声后的结果模拟为结构动力响应的真实测量值. 文中描述时称为测量信息. 除特别声明外,文中测量噪声均为白噪声,噪声水平用噪信比表示.

例 1　15 层高层建筑结构

采用在结构的某一层(一般是顶层)施加简谐荷载的方式获得结构的动力响应,进而识别结构的动力参数,是强迫激励检测方法中的一种实用方法. 由于仪器控制以及结构反馈的影响,实际施加在结构上的作用力时程与初始的设定值可能存在偏差,而直接测量作用力时程又存在现实的困难. 此时,若应用补偿法识别结构的参数,则可理想地解决这一问题.

以一 15 层高层建筑的强迫激励检测为例,在结构的顶层作用有正弦荷载 $\boldsymbol{p} = 1\,000\sin(5t)$ N, 在此荷载作用下的结构动力响应已经测量得到(采样间隔为 0.01 秒),但作用荷载的具体时程未知,而仅知其作用位置与方向. 需要利用响应测量结果识别结构的参数. 结构各层的集中质量已知,为: $m_1 = 30\times10^3$ kg, $m_2 \sim m_{14} = 28.896\times10^3$ kg, $m_{15} = 27.741\times10^3$ kg. 结构阻尼为比例阻尼 $\boldsymbol{C} = a_0\boldsymbol{M} + b_0\boldsymbol{K}$, 阻尼系数已知,分别为 $a_0 = 0.293\,6$, $b_0 = 6.406\times10^{-3}$. 待识别参数为各层的层间刚度，其真实值为 $k_1=43\ 051$，$k_2=42\ 776$，$k_3=42\ 761$，$k_4=42\ 536$，$k_5=42\ 496$，$k_6=42\ 422$，$k_7=42\ 398$，$k_8=42\ 372$，$k_9=42\ 291$，$k_{10}=42\ 172$，$k_{11}=42\ 114$，$k_{12}=42\ 093$，$k_{13}=41\ 898$，$k_{14}=41\ 649$，$k_{15}=41\ 464$，刚度参数的单位为 kN/m.

根据实际测试时的情况，结构仅在顶层受荷载作用，而其余各层均不受力，即其荷载恒为零. 应用全量补偿法在输入荷载未知的条件下识别结构的层间刚度参数. 表 1 给出了在不同噪声水平下的刚度参数识别结果及识别误差.

表 1　例 1 刚度参数识别结果(采样点数 4 500)

层号	不同噪声水平							
	无噪声	误差%	5%噪声	误差%	10%噪声	误差%	15%噪声	误差%
1	43 051	0	42 870	0.42	42 278	1.79	41 269	4.13
2	42 776	0	42 615	0.37	42 087	1.61	41 166	3.76
3	42 761	0	42 720	0.09	42 555	0.48	42 139	1.45
4	42 536	0	42 040	1.16	40 513	4.75	39 812	6.40
5	42 496	0	42 088	0.95	40 834	3.91	39 906	6.09
6	42 422	0	42 032	0.91	40 848	3.71	40 021	5.66
7	42 398	0	41 995	0.95	40 815	3.73	39 990	5.68
8	42 372	0	41 992	0.89	40 887	3.50	40 172	5.19
9	42 290	0	41 968	0.76	41 028	2.99	40 558	4.09
10	42 171	0	41 973	0.47	41 446	1.72	40 587	3.75
11	42 113	0	41 917	0.46	41 392	1.71	40 534	3.75
12	42 092	0	41 925	0.39	41 461	1.50	40 704	3.29
13	41 897	0	41 747	0.35	41 297	1.43	40 567	3.17
14	41 648	0	41 511	0.33	41 075	1.37	40 381	3.04
15	41 463	0.001 3	41 385	0.18	41 067	0.95	40 615	2.04

表中结果显示，当无测量噪声时，补偿算法的识别结果为真实值；对于有测量噪声的情况，补偿算法同样有较高的识别精度，当噪声水平为 5%时，参数识别值的最大误差为 1%左右，而当噪声水平达到 15%时，参数识别值的最大误差也仅为 6.4%.

图 2(a)，(b)分别是 10%噪声时结构顶层及底层的荷载反演结果(为清晰起见，图中仅绘出了 0～8 秒段). 有意义的是，不仅顶层荷载反演结果可以理想地逼近真实荷载时程，而且在没有荷载作用的各层，荷载反演结果接近于零. 例如，本例中底层反演荷载的最大值是顶层反演荷载最大值的 1/160，近似为零.

这一实例说明，应用补偿算法作为高层建筑结构损伤动力检测的分析工具是可行的.

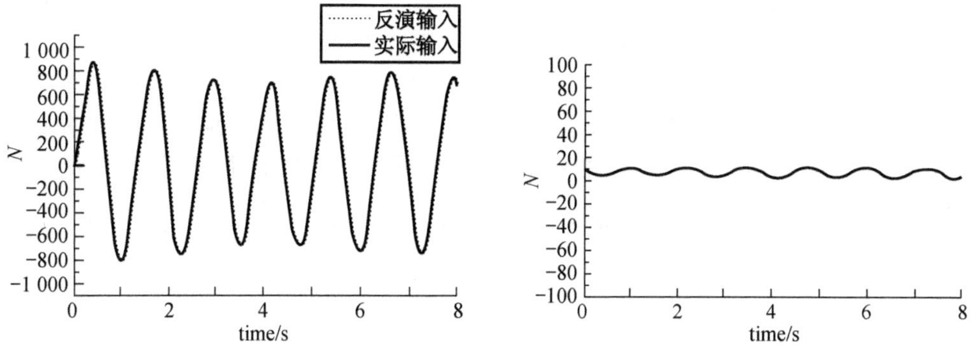

(a) 顶层输入反演结果　　(b) 底层输入反演结果

图 2　输入荷载反演结果

例 2　平面桁架桥

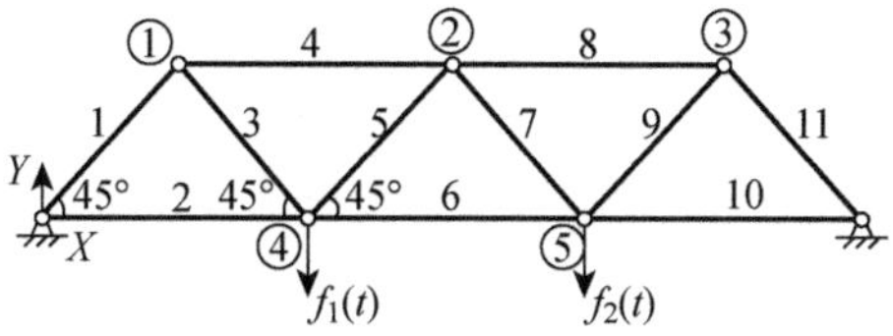

图 3　例 2 桁架桥计算模型

如图 3 所示的桁架桥结构. 此结构两端为铰支座，有 11 根平面桁架单元，5 个结点. 图中各桁杆上数字为杆件编号，带圈的数字为结点编号. 表 2 为此桁架模型的计算参数，其中 $\boldsymbol{d}_e$ 为桁架单元的质量密度，O 为桁架单元轴线与整体坐标系的夹角，l 为杆长. 设各杆件的质量密度 d_i 已知，且结构阻尼为比例阻尼 $\boldsymbol{C}=a\boldsymbol{M}+b\boldsymbol{K}$，比例系数 a，b 未知. 设在结构的 4，5 结点上作用有未知竖向动力荷载 $f_1(t)$ 和 $f_2(t)$. 需要利用各结点动力响应测量值 $\boldsymbol{u}$，$\dot{\boldsymbol{u}}$ 及 $\ddot{\boldsymbol{u}}$ 识别各杆件刚度参数 $\dfrac{E_iA_i}{l_i}$ 及阻尼比例常数 a，b.

表 2　桁架模型计算参数

杆单元编号	E_iA_i/l_i	$d_il_i/6$	O
1	14 142	540	$^{c}/4$
2	11 000	520	0
3	16 617	530	$3^{c}/4$
4	11 500	510	0
5	15 627	550	$^{c}/4$
6	10 000	560	0
7	15 627	550	$3^{c}/4$
8	11 500	510	0
9	16 617	530	$^{c}/4$
10	11 000	520	0
11	14 142	540	$3^{c}/4$

对此结构而言,可知除 4, 5 结点 Y 向作用有外荷载,结构其他自由度处外荷载均为零,利用此点可以构造补偿算法. 但在本例中,由于比例常数 a, b 也是未知量,因此参数识别模型相对于识别参数为非线性系统模型,要求同时应用松弛算法结合补偿算法来识别参数. 表 3 为参数识别结果. 虽然参数识别初值远离真实参数,但识别算法表现出了良好的参数收敛性质. 同时,从表中可见,尽管最小的 $\frac{E_iA_i}{l_i}$ 绝对值是 b 值的 10^7 倍,但刚度参数与阻尼参数的识别精度却基本相同,充分说明了本文建议方法的良好适应性. 与例 1 类似,在本例中,反演输入与真实输入亦吻合良好,限于篇幅,此处省略图示.

表 3　例 2 参数识别结果(1 700 个采样点)

杆单元编号	参数真值	参数初值	识别结果	识别误差/%
1	14 142	1	14 142.13	0.000 918
2	11 000	1	11 000.40	0.003 657
3	16 617	1	16 617.10	0.000 587
4	11 500	1	11 499.92	0.000 654
5	15 627	1	15 626.91	0.000 606
6	10 000	1	9 999.85	0.001 406
7	15 627	1	15 627.11	0.000 694
8	11 500	1	11 499.93	0.000 637
9	16 617	1	16 617.03	0.000 164
10	11 000	1	11 000.20	0.001 829
11	14 142	1	14 141.94	0.000 435
a	−0.566	10	−0.565 983	0.003 064
b	0.000 862	10	0.000 862	0.003 883

3　结　论

本文将文献[8]提出的全量补偿算法推广为一类适用于一般多自由度动力系统在部分输入未知时的时域复合反演计算方法. 实例分析表明:补偿识别算法具有很高的参数识别精度,并能较为准确地反演输入时程. 针对不同的问题在识别计算中灵活地应用补偿算法的基本思想,可为高层建筑、桥梁结构等的动力损伤监测提供一类方便的支持工具.

参考文献

[1] Hoshiya M, Maruyma O. Identification of running load and beam system [J]. J. Engrg. Mech., 1992, 113(6): 813-824.

[2] Hoshiya M, Sutoh A. Identification of input and parameter of MDOF system [A]. Proc., EASEC-5 [C]. Griffith univ., Gold Coast, Australia, 1995, 1309-1314.

[3] Benedetti D, Gentile C. Identification of modal quantities from two earthquake responses [J]. Earthquake Engineering and Structural Dynamic, 1994, 123(5): 504-511.

[4] Wang D, Haldar A. System identification with limited observation and without input [J]. J. of Engrg. Mech., 1997, 123(5): 504-511.

[5] 李杰,陈隽. 结构参数未知条件下的地震动反演研究[J]. 地震工程与工程振动,1997, 17(3).

[6] 李杰,陈隽. 输入未知条件下结构物理参数识别方法研究[J]. 计算力学学报,1997, 16(1): 32-40.

[7] 李杰,陈隽. 高层建筑结构动力复合反演问题研究[A]. 力学2000会议论文集[C]. 2000.

[8] 陈隽,李杰. 部分输入未知条件下的结构系统识别研究[J]. 地震工程与工程振动,1998, 18(4).

[9] 李杰. 随机结构系统——分析与建模[M]. 北京:科学出版社, 1996.

[10] 张方,朱德懋. 基于广义正交域的一种动荷载识别方法研究[J]. 南京航空航天大学学报, 1996, 28(6): 755-760.

Compensation Method for Structural Parameter Identification with Incomplete Input Information

Li Jie　Chen Jun

Abstract: A new time domain identification method called Compensation Method is proposed in this paper for solving structural parameter identification with incomplete input information. The method is applied to the situation when the loads acting on some parts of the structure are known. An iterative procedure based on least square criterion is used for inversing load process and estimating structural parameters, simultaneously. The key link of the method is that, the known input information is employed in each iterative step to replace the estimated values. A fifteen story building and a truss bridge as the numerical examples are given for evaluating the validity of the method. The noise free measurements as well as noise included measurements are considered in the numerical analysis processes to verify the robustness of the proposed algorithm. The numerical studies show that the proposed method has favorable characteristics, such as high accuracy, insensitivity to initial parameter guess and adaptability.

(本文原载于《计算力学学报》第19卷第3期,2002年3月)

一类加权全局迭代参数卡尔曼滤波算法

赵昕　李杰

摘　要　结合参数卡尔曼滤波算法和全局迭代推广卡尔曼滤波算法本文提出了加权全局迭代参数卡尔曼滤波算法．参数卡尔曼滤波算法可避免系统参数和状态变量之间的非线性耦合，同时通过带有目标函数的全局迭代算法保证能够获取到稳定、收敛的识别结果．分别针对线性结构模型和随动强化双线性结构模型进行了仿真参数识别．结果显示，不加权的全局迭代参数卡尔曼滤波算法对线性系统是有效的，而对非线性系统必须使用加权的全局迭代参数卡尔曼滤波算法．当信噪比较大，迭代无法得到收敛的结果时，目标函数保证了较好识别结果的获得．

引　言

1970 年，Andrew H. Jazwinski[1] 提出了完整的推广卡尔曼滤波算法(Extended Kalman Filter, EKF)解决了非线性滤波问题．其基本思想是将结构参数引入状态向量中，在结构参数不随时间变化的假定下，将其并入状态方程和测量方程之中，在对结构的测量数据进行滤波、估计的同时，识别出结构参数．由于这一算法采用增广状态向量，因此带来了结构状态变量与结构增广状态变量(结构参数)之间的非线性耦合，这一影响给结构参数估计带来了有偏性的影响[2]．文献[3]发展了一类广义卡尔曼滤波算法，直接以结构参数构造状态方程，不但解决了上述问题，而且减少了计算工作量，提 高了计算效率，称为参数卡尔曼滤波算法(Parametric Kalman Filter, PKF)．但是，由于卡尔曼滤波中协方差矩阵的衰减性质，不论是采用推广卡尔曼滤波算法还是参数卡尔曼算法都很难判断识别参数的稳定性．Masaru Hoshiya 和 Etsuro Saito[4] 于 1984 年对推广卡尔曼滤波算法的稳定性进行了研究，提出了一种加权全局迭代的推广卡尔曼滤波算法(EKF-WGI)．该算法由一个加权全局迭代的过程和一个目标函数组成，通过对协方差矩阵进行加权，对测量数据进行反复全局迭代来改善识别参数的稳定性，同时，利用目标函数来防止识别参数收敛于不理想的值．本文将参数卡尔曼滤波算法和加权全局迭代算法结合，提出了一类加权全局迭代参数卡尔曼滤波算法

(PKF-WGI).

1 参数卡尔曼滤波算法

n 自由度动力系统的动力方程为

$$\boldsymbol{M\ddot{Y}}+\boldsymbol{C\dot{Y}}+\boldsymbol{KY}=\boldsymbol{F}(t) \tag{1}$$

采用虚拟结构向量转换方法[3]可得

$$\boldsymbol{M\ddot{Y}}=\boldsymbol{H}_m\boldsymbol{X}_m \tag{2}$$

$$\boldsymbol{C\dot{Y}}=\boldsymbol{H}_c\boldsymbol{X}_c \tag{3}$$

$$\boldsymbol{KY}=\boldsymbol{H}_k\boldsymbol{X}_k \tag{4}$$

其中,$\boldsymbol{H}_m$, $\boldsymbol{H}_c$, $\boldsymbol{H}_k$ 分别为对应于质量、阻尼和刚度的反应矩阵;$\boldsymbol{X}_m$, $\boldsymbol{X}_c$, $\boldsymbol{X}_k$ 分别为待识别的质量、阻尼和刚度参数. 定义:

$$\boldsymbol{H}_j=[\boldsymbol{H}_m\quad\boldsymbol{H}_c\quad\boldsymbol{H}_k]_{t=j} \tag{5}$$

$$\boldsymbol{X}=(\boldsymbol{X}_n\quad\boldsymbol{X}_c\quad\boldsymbol{X}_k)^{\mathrm{T}} \tag{6}$$

则式(1)可写为

$$\boldsymbol{F}_j=\boldsymbol{H}_j\boldsymbol{X} \tag{7}$$

进一步令

$$\boldsymbol{H}=[\boldsymbol{H}_1^{\mathrm{T}}\quad\boldsymbol{H}_2^{\mathrm{T}}\quad\cdots\quad\boldsymbol{H}_N^{\mathrm{T}}]^{\mathrm{T}} \tag{8}$$

$$\boldsymbol{Z}=(\boldsymbol{F}_1^{\mathrm{T}}\quad\boldsymbol{F}_2^{\mathrm{T}}\quad\cdots\quad\boldsymbol{F}_N^{\mathrm{T}})^{\mathrm{T}} \tag{9}$$

其中,N 为采样时点数目.

得到

$$\boldsymbol{Z}=\boldsymbol{HX} \tag{10}$$

上式即为基于有限元的参数识别标准格式. 直接以上式作为卡尔曼滤波算法中的观测方程,利用系统参数向量关于时间的导数为零的特征形成以下状态方程:

$$\boldsymbol{X}_{i+1}=\boldsymbol{X}_i \tag{11}$$

从而可形成状态估计算法.

由于这种方法直接以系统参数构造状态方程,因而称之为参数卡尔曼滤波算法. 对一般的非线性参数系统,可按如下递推格式[5]进行计算:

$$\tilde{\boldsymbol{X}}_{i+1}=\hat{\boldsymbol{X}}_i \tag{12}$$

$$\hat{\boldsymbol{X}}_{i+1}=\tilde{\boldsymbol{X}}_{i+1}+\boldsymbol{K}_{i+1}\{\boldsymbol{Z}_{i+1}-\boldsymbol{F}[\tilde{\boldsymbol{X}}_{i+1},\boldsymbol{Y}_{i+1},\dot{\boldsymbol{Y}}_{t+1},\ddot{\boldsymbol{Y}}_{i+1}i+1]\} \tag{13}$$

$$\boldsymbol{K}_{i+1}=\widetilde{\boldsymbol{P}}_{i+1}\boldsymbol{H}_{i+1}^{\mathrm{T}}[\boldsymbol{H}_{i+1}\boldsymbol{P}_i\boldsymbol{H}_{i+1}^{\mathrm{T}}+\hat{\boldsymbol{R}}_{i+1}]^{-1} \tag{14}$$

$$\widetilde{\boldsymbol{P}}_{i+1}=\widetilde{\boldsymbol{P}}_i \tag{15}$$

$$\boldsymbol{P}_{i+1}=(\boldsymbol{I}-\boldsymbol{K}_{i+1}\boldsymbol{H}_{i+1})\widetilde{\boldsymbol{P}}_{i+1}(\boldsymbol{I}-\boldsymbol{K}_{i+1}\boldsymbol{H}_{i+1})^{\mathrm{T}}+\boldsymbol{K}_{i+1}\hat{\boldsymbol{R}}_{i+1}\boldsymbol{K}_{i+1}^{\mathrm{T}} \tag{16}$$

$$\boldsymbol{H}_{i+1}=\left.\frac{\partial \boldsymbol{F}[\cdot]}{\partial \boldsymbol{X}(t)}\right|_{\boldsymbol{X}(t)=\hat{\boldsymbol{X}}_{i+1}}=\begin{bmatrix}\frac{\partial F_1}{\partial x_1} & \frac{\partial F_1}{\partial x_2} & \cdots & \frac{\partial F_1}{\partial x_n}\\ \vdots & \vdots & \vdots & \vdots\\ \frac{\partial F_m}{\partial x_1} & \frac{\partial F_m}{\partial x_2} & \cdots & \frac{\partial F_m}{\partial x_n}\end{bmatrix}_{\boldsymbol{X}(t)=\hat{\boldsymbol{X}}_{i+1}} \tag{17}$$

注意这里 $\boldsymbol{Z}_i$ 为基于有限元列式的识别模型的模型输出，对应于实际结构的输入，也是观测方程中的观测量. $\boldsymbol{X}_i$ 为时刻的参数估计值. $\boldsymbol{Y}_i$, $\dot{\boldsymbol{Y}}_i$, $\ddot{\boldsymbol{Y}}_i$ 分别为第时刻的位移反应、速度反应、加速度反应值. $\boldsymbol{\varepsilon}_i$ 为估计残差，$\hat{\boldsymbol{R}}_i$ 和 $\hat{\boldsymbol{R}}_{i+1}$ 为 i 和 $i+1$ 时刻的估计残差均方差.

$$\hat{\boldsymbol{R}}_{i+1}=\hat{\boldsymbol{R}}_i+\frac{1}{i+1}[\boldsymbol{\varepsilon}_i\boldsymbol{\varepsilon}_i^{\mathrm{T}}-\hat{\boldsymbol{R}}_i] \tag{18}$$

$$\boldsymbol{\varepsilon}_i=\boldsymbol{Z}_i-\boldsymbol{F}[\hat{\boldsymbol{X}}_i,\boldsymbol{Y}_i,\dot{\boldsymbol{Y}}_i,\ddot{\boldsymbol{Y}}_i,i] \tag{19}$$

2 加权全局迭代参数卡尔曼滤波算法

算法的基本途径是：根据给定的估计初值 $\hat{X}(0)$, $\hat{P}(0)$，应用参数卡尔曼滤波算法进行参数识别，得到 $\hat{X}(s)$ 和 $\hat{P}(s)$，然后将 $\hat{P}(s)$ 乘以加权数 W 后和 $\hat{X}(s)$ 一起作为下一轮迭代识别的初值. 重复上述过程直到某一轮的初值 $\hat{X}(0)$, $\hat{P}(0)$ 和该轮的终值 $\hat{X}(s)$, $\hat{P}(s)$ 相等. 具体步骤如下：

(1) 由估计初值 $\hat{X}(0)$, $\hat{P}(0)$，应用参数卡尔曼滤波算法得到 $\hat{X}(s)$ 和 $\hat{P}(s)$；

(2) 以 $\hat{X}(0)=\hat{X}(s)$ 和 $\hat{P}(0)=W\hat{P}(s)$ 为估计初值，应用参数卡尔曼滤波算法得到 $\hat{X}(s)$ 和 $\hat{P}(s)$；

(3) 判断是否 $\hat{X}(0)=\hat{X}(s)$ 或 $\theta=\min$，是则进入第四步，否则返回第二步；

(4) 结束

引入目标函数 θ 来判断参数的稳定性和收敛性. 在每一轮的迭代中同时计算目标函数 θ 的值，以判断是否收敛于局部最小点，以及防止出现发散的情况. 目标函数 θ 由下列公式确定：

$$q_{ik}=z_{ik}-f_i,\quad \gamma_i=\frac{\sum_{k=1}^{s}q_{ik}^2}{\sum_{k=1}^{s}z_{ik}^2} \tag{20, 21}$$

$$\bar{\beta}=\frac{1}{\alpha'}\sum_{i=1}^{\alpha'}\gamma_i,\quad \theta=\Big[\sum_{i=1}^{\alpha'}(\gamma_i-\bar{\beta})^2\Big]^{1/2} \tag{22, 23}$$

其中，s 为观测量的采样数目；α' 为观测向量 Z 的维数.

3 数值试验

3.1 数值模型

将基础隔震结构作为单自由度系统来考虑，本文进行了两种恢复力模型的数值计算，一种是线性恢复力模型，另一种是双线性恢复力模型(图 1).

图 1 中，质量为已知，k 为线性恢复力模型的刚度，c 为线性恢复力模型或双线性恢复力模型的阻尼，k_1 为双线性恢复力模型的初始刚度，x_y 为双线性恢复力模型的屈服位移，$\alpha=k_2/k_1$，其中 k_2 为双线性恢复力模型的第二刚度.

取线性恢复力模型结构的动力方程为

$$\ddot{x}+2\beta\omega\dot{x}+\omega^2 x=-\ddot{x}_0 \tag{24}$$

取双线性滞回模型的动力方程为

$$\ddot{x}+2\beta\omega\dot{x}+\omega^2 g(x)=-\ddot{x}_0$$

其中 $g(x)$ 由以下公式给出，其形式见图 2.

FC: $g(x)=x \quad (-X_y\leqslant x\leqslant X_y)$

BD: $g(x)=\alpha x+(1-\alpha)X_y,\ \dot{x}>0.0$

ED: $g(x)=x+(1-\alpha)(X_y-X) \quad (x-2X_y\leqslant x\leqslant X)$

AE: $g(x)=\alpha x-(1-\alpha)X_y,\ \dot{x}<0.0$

AB: $g(x)=x-(1-\alpha)(X'-X_y) \quad (X'\leqslant x\leqslant X'+2X_y)$

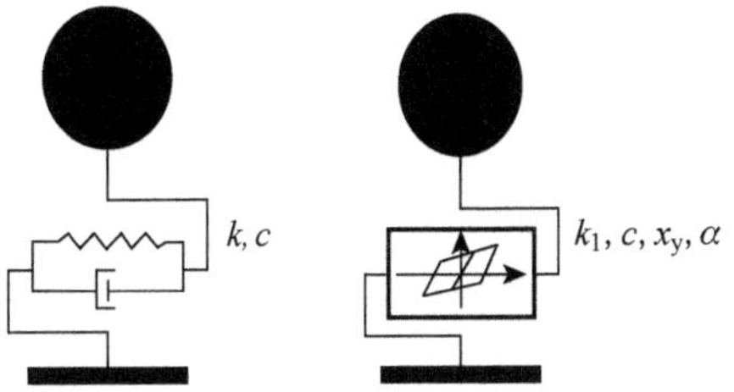

图 1　识别模型

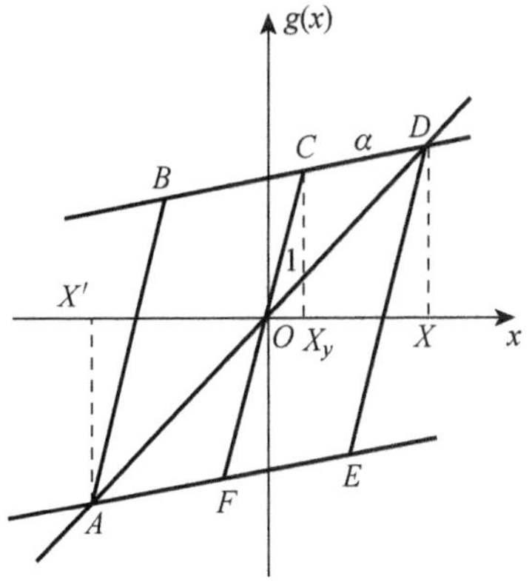

图 2　双线性恢复力模型

3.2 无噪声识别结果

为考虑算法的收敛性，首先对无噪声仿真测量数据进行了参数识别.

3.2.1 线性恢复力模型参数识别

识别结果表明，仅使用参数卡尔曼滤波算法，不需进行全局加权迭代即可识别出准确值(表 1)，收敛曲线见图 3.

表 1 线性恢复力模型参数识别仿真结果

	β	ω
初　值	1	20
识别结果	0.087	7.469 9
真　值	0.087	7.47

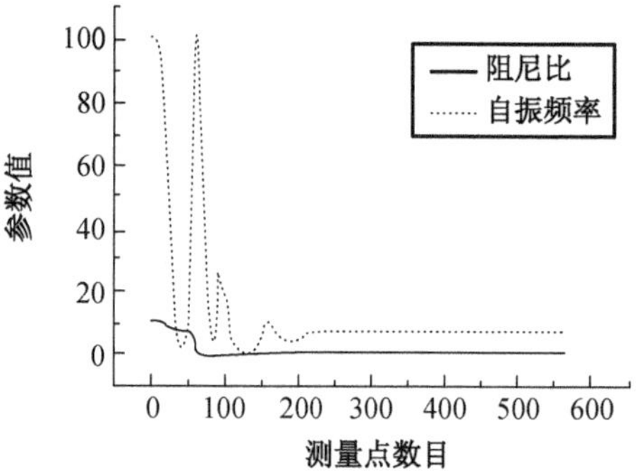

图 3 无噪声线性系统识别结果

3.2.2 双线性恢复力模型参数识别结果

注意屈服位移 x_y 初值的选取，如果 x_y 的初值选取过大，识别的结果只是一个等效线性参数，在实际中，为了避免识别出等效线性参数，应该将 x_y 的初值选取的小一些. 识别结果发现，若仅使用参数卡尔曼滤波算法，无法利用已有的数据识别出准确的参数值，必须使用全局加权迭代参数卡尔曼算法，进行数次全局迭代之后，可以识别出准确的参数值. 表 2、表 3 分别列出取不同的加权数的参数识别结果.

表 2 双线性恢复力模型加权数为 1 时的全局迭代结果

全局迭代次数	β	ω	x_y	α	θ
初值	1	20	0.001	1	
迭代第 10 次	0.015 7	8.603 2	0.001 4	0.476 9	0.013 6
真值	0.026 8	7.47	0.003 3	0.52	

表 3 双线性恢复力模型加权数为 10 时的全局迭代结果

全局迭代次数	β	ω	x_y	α	θ
初值	1	20	0.001	1	
迭代第 10 次	0.026 8	7.469 9	0.003 3	0.52	0
真值	0.026 8	7.47	0.003 3	0.52	

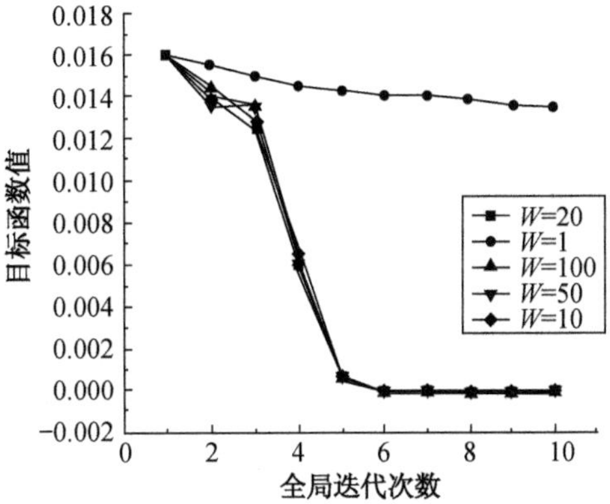

图 4　加权数大小对无噪声双线性系统识别结果的影响

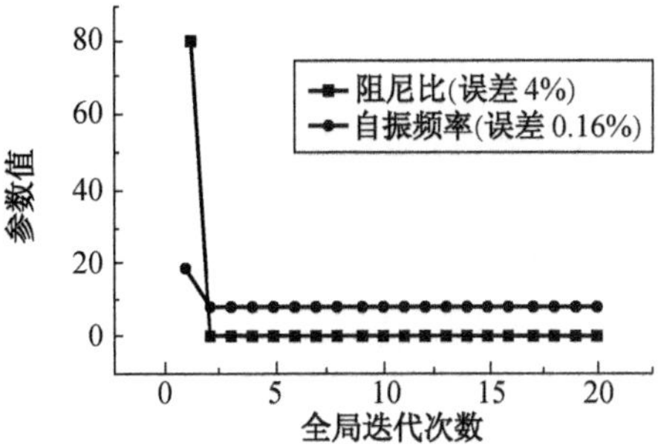

图 5　有噪声(1%)线性系统识别结果

将加权数大小对目标函数的影响列于图 4. 从图 4 中可看出，若不使用加权迭代的方法进行全局迭代($W=1$)，即使进行多次迭代也很难收敛于准确值. 而当使用加权数时，进行很少几次迭代结构参数即可收敛于准确值.

3.3　考虑测量噪声的参数识别

由于实际的数据通常受到噪声的污染. 为考查算法对噪声的敏感度，即鲁棒性，对结构反应数据加入白噪声后进行识别.

3.3.1　线性恢复力模型参数识别

对线性恢复力系统，加入噪信比为 1%的白噪声后的参数识别结果见图 5 与表 4、表 5.

表 4　线性恢复力模型参数识别仿真结果(1%噪信比，加权全局迭代参数卡尔曼，$W=1$)

	β	ω
初　值	1	20
识别结果	0.086 3	7.428
真　值	0.087	7.47
误　差	2.6%	0.18%

表 5　线性恢复力模型参数识别仿真结果(1%噪信比，加权全局迭代参数卡尔曼，$W=20$)

	β	ω
初　值	1	20
识别结果	0.083 5	7.458
真　值	0.087	7.47
误　差	4%	0.16%

由上述结果可知，全局迭代能够提高算法的鲁棒性，但是，加权全局迭代却不

一定得到最好的效果，加权数 W 选取不合适甚至会造成识别结果的发散. 因为对误差协方差矩阵加权是为了扩大搜索范围，尤其是当前一轮全局迭代的结果已经相当准确时，加权往往取得相反的效果. 此时，不加权进行多次全局迭代可以取得更好的效果.

与噪信比为 5%时的情况一样，当加权数选取不当时，将导致结果的发散. 不加权(加权数取 1)时可以得到很好的结果，见图 6.

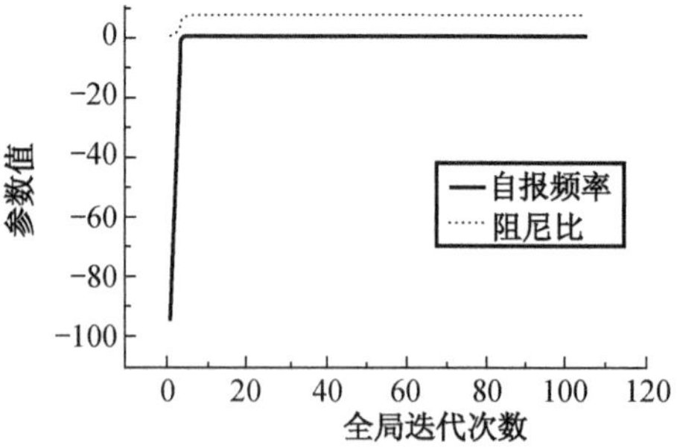

图 6　有噪声(5%)线性系统识别结果

3.3.2　双线性恢复力模型参数识别结果

对于有噪声情况下的双线性恢复力模型，用参数卡尔曼算法无法收敛并得到模型参数. 必须使用加权全局迭代参数卡尔曼算法. 表 7、表 8 和图 7 中的 a，b 分别为噪信比为 1%，3%时的双线性恢复力模型参数识别结果，加权数为 50.

表 6　双线性恢复力模型参数真实值

	β	ω	x_y	α
真值	0.026 8	7.47	0.003 3	0.52

表 7　双线性恢复力模型噪信比为 1%时的结果

	β	ω	x_y	α	θ
初　值	0.05	10	0.001	1	
迭代第 11 次时	0.024 5	7.467 2	0.003 3	0.521 8	0.009 1
误　差	8.58%	0.037%	0	0.35%	

表 8　双线性恢复力模型噪信比为 3%时的结果

	β	ω	x_y	α	θ
初值	0.05	10	0.001	1	
迭代第 12 次时	0.022 7	7.581 1	0.003 2	0.516 2	0.024 9
误差	15.3%	1.49%	3%	0.7%	

当噪信比为 5%时，目标函数收敛，但是目标函数的收敛值并非为最小值，故选用目标函数 θ 最小时(第 9 次)的参数作为识别结果，加权数为 50，结果见表 9 和图 7(c).

表 9　双线性恢复力模型噪信比为 5%时的结果

	β	ω	x_y	α	θ
初值	0.05	10	0.001	1	
收敛值	0.020 2	7.600 5	0.002 9	0.562 1	0.044 2

（续表）

	β	ω	x_y	α	θ
误差	24.6%	1.75%	12.1%	8.1%	
迭代第 9 次时	0.019 3	7.565 8	0.003 0	0.561 0	0.044 0
误差	28%	1.28%	9.1%	7.88%	

当噪信比为 8%时，迭代过程无法收敛，故选用前 20 次全局迭代中，目标函数最小(第 12 次)的参数作为识别结果，加权数为 50，结果见表 10 和图 7(d).

表 10　双线性恢复力模型噪信比为 8%时的结果

	β	ω	x_y	α	θ
初值	0.05	10	0.001	1	
迭代第 12 次时	0.007 5	7.588 2	0.003 1	0.570 6	0.073 1
误差	72%	1.58%	6.1%	9.73%	

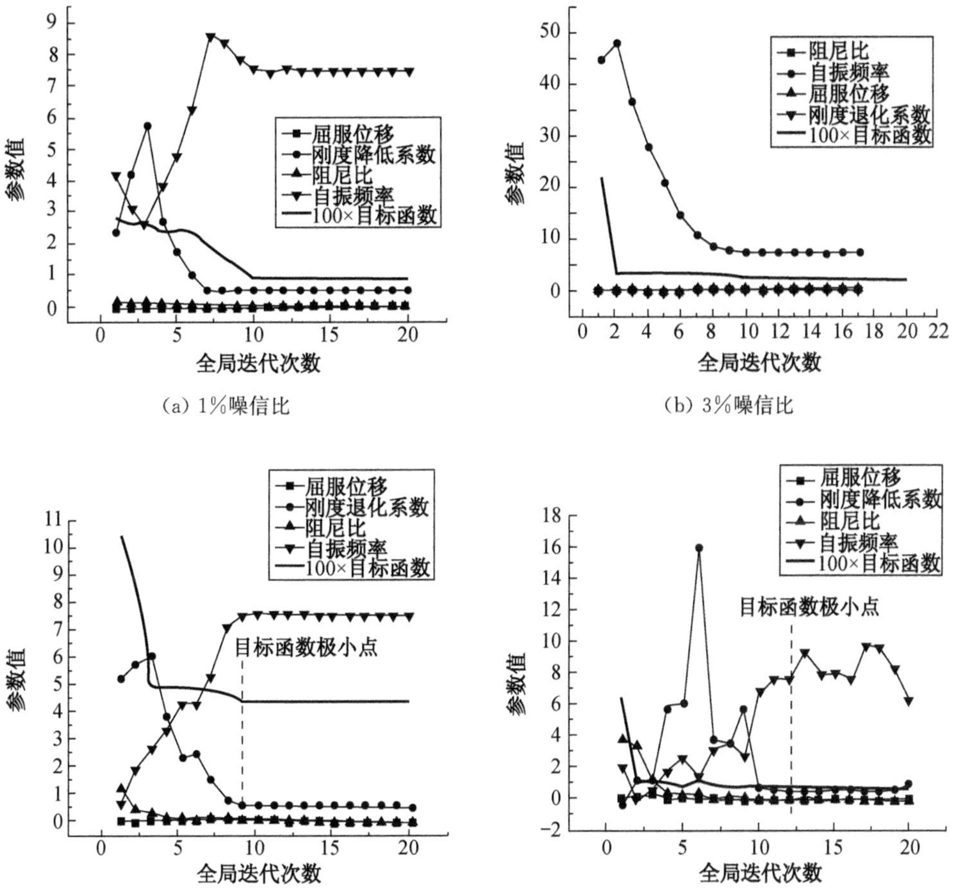

(a) 1%噪信比　(b) 3%噪信比

(c) 5%噪信比　(d) 8%噪信比

图 7　双线性滞回模型识别过程中参数的变化情况

4 结　论

本文结合参数卡尔曼滤波算法和全局迭代推广卡尔曼滤波算法提出了加权全局迭代参数卡尔曼滤波算法. 为验证算法的正确性，分别针对等效线性结构模型和随动强化双线性结构模型进行了仿真参数识别，结论如下：

（1）在无噪声情况下，对于线性系统，参数卡尔曼滤波算法能够获得系统参数的准确值，而对于双线性系统，参数卡尔曼滤波算法无法获得系统参数的准确值，必须使用本文提出的加权全局迭代参数卡尔曼滤波算法才能获得系统参数的准确值.

（2）在有噪声情况下，对线性系统，采用不加权而多次全局迭代的参数卡尔曼算法进行识别的效果更好. 对于双线性系统，必须使用本文提出的加权全局迭代参数卡尔曼滤波算法才能获得较好的系统参数估计值.

（3）在噪声较低的情况下，对非线性模型的参数识别来说，加权全局迭代参数卡尔曼算法可获得较好的估计值. 在噪声较高时，结果可能无法收敛，此时，通过目标函数的选择作用仍可得到较好的识别结果.

参考文献

[1] Andrew H, Jazwinski. Stochastic Process and Filtering Theory [M]. Academic Press, 1970.

[2] Ljung L. Asymptotic behavior of the extended Kalman filter as a parameter estimator for linear system [J]. IEE. 1979, 24: 36-50.

[3] 李杰. 基于微分算子变换的广义卡尔曼估计方法[J]. 计算结构力学及其应用，1995, 11 (4): 394-400.

[4] Masaru Hoshiya and Etsuro Saito. Structural Identification by Extended Kalman Filter [J]. Journal of Engineering Mechanics, 1984, 110: 12.

[5] 尚久铨. 卡尔曼滤波法在结构动态参数估计中的应用[J]. 地震工程与工程振动，1991,6.

A Weighted Global Iteration Parametric Kalman Filter Algorithm

Zhao Xin　Li Jie

Abstract: By combining Parametric Kalman Filter Algorithm with weighted global iteration procedure, a weighted global iteration parametric Kalman Filter Algorithm (PKF-WGI) is proposed. PKF algorithm can avoid the nonlinear coupling phenomenon between system parameters and state variables, and WGI procedure with an objective function is applied to obtain the stable and convergent solutions. The identification problems are investigated for single degree of freedom linear system and bilinear hysteretic systems. According to the numerical results, PKF-WGI of weight 1 (i. e.: WGI without weight) is effective for the identification of linear system. While, An appropriate weight should be chosen to obtain good results for the identification of nonlinear system. When noise level is high, WGI with an objective function can ensure stable and convergent results.

(本文原载于《计学力学学报》第 19 卷第 4 期,2002 年 11 月)

基于反应力向量灵敏度的模型参数化方法

赵 昕 李 杰

摘 要 模型参数化是建立识别方程的关键.本文在虚拟结构向量转换方法的基础上提出了"基于反应力向量灵敏度的模型参数化方法".该方法首先将反应力向量对单元物理参数作一阶展开,对线性参数系统来说,即为反应力向量灵敏度与单元物理参数的乘积;其次,在线性参数系统的假定下,对一个单元中包含多个单元物理参数的情况提出了一个简便的求反应力向量灵敏度的算法.利用该方法可直接由常规的有限元代码获得反应力向量灵敏度矩阵,而无需编制专门的有限元代码集成分析代码.文中通过算例阐述了该方法的应用.

引 言

结构识别最理想的结果是获得对结构单元物理参数的准确把握,然而在结构的动力平衡方程中,单元的物理参数往往包含在整体矩阵(整体质量矩阵、整体阻尼矩阵和整体刚度矩阵)中.由结构识别获得结构单元物理参数的途径有三种:一是先识别出结构的整体矩阵,继而由整体矩阵和各单元矩阵的对应关系获得单元矩阵,最后得到单元物理参数,这个途径很可能无法直接实现,因为整体矩阵中元素的个数一般大于未知单元物理参数的个数,为识别单元物理参数往往要引入某种优化准则.二是先获得各个单元矩阵,再通过各单元矩阵获得单元物理参数,这个途径通常可直接实现,因为单元矩阵通常是欠秩的,单元矩阵中元素的数目小于单元物理参数的个数;三是在识别模型中将待识别的单元物理参数同已知的单元物理参数、结构反应测量值分离,然后进行识别,直接获得待识别单元物理参数,显然这种方法是最为直接的.

已有的基于单元物理参数的识别方法有三种:虚拟结构向量转换方法[1]、基于灵敏度的模型修正[2]和基于连接矩阵的优化模型修正方法[3,4].虚拟结构向量转换方法的关键技巧是"只分不合"原则:用提取单元物理参数后的单元矩阵形成一个仅含一个单元的虚拟结构,将该虚拟结构直接与节点响应向量相乘,从而形成观测值的转换向量,进而构成参数识别标准方程.基于灵敏度的模型修正方法将整体矩阵中的各元素的修正量对各个单元参数的修正量进行一阶泰勒展开，当整体矩阵是单元物理参数的线性函数时，整体矩阵中各元素的修正量就是该元素对各单元参数的灵敏度与各单元参数修正量的乘积，从而将单元参数与整体矩阵相分离. 基于连接矩阵的优化模型修正方法用几何方法将整体矩阵写为连接矩阵与单元物理参数的乘积，从而达到将单元物理参数从整体矩阵中分离的目的. 虚拟结构向量转换方法应用于时域模型，其他两种模型修正方法应用于频域模型. 在两种频域模型修正方法中，几何方法具备更优美的数学表达式，但基于灵敏度的方法由于可以用有限元程序代码集成灵敏度分析代码而更容易实现.

本文研究在虚拟结构向量转换方法基础上进一步提出了一类基于反应力向量灵敏度有模型参数化方法，其优点是可以直接地由常规有限元代码获得结构识别方程，从而使大型结构的识别模型建模工作得到简化.

1　基于反应力向量灵敏度的模型参数化

虚拟结构向量转换方法中，"虚拟结构矩阵与结构响应向量乘积"实际上对应于基于灵敏度的模型修正方法中的"惯性力向量、阻尼力向量或恢复力向量关于单元物理量的灵敏度"，它也对应于基于连接矩阵的优化模型修正方法中的"由连接矩阵的元素形成的矩阵与结构响应向量的乘积". 基于灵敏度的模型修正方法和基于连接矩阵的优化模型修正方法通常用于质量已知、无阻尼系统的间接法刚度参数修正中，它们无法直接应用于质量未知、有阻尼系统的直接刚度参数修正中，而虚拟结构向量转换方法通过将虚拟结构矩阵与结构响应向量相乘的方法直接将单元物理参数从各个反应力向量中提取了出来.

本文综合上述几种方法，在虚拟结构向量转换方法的基础上提出了"基于反应力向量灵敏度的模型参数化方法"，这里的反应力向量包括惯性力向量、阻尼力向量和恢复力向量. 该方法首先明确了虚拟结构向量转换方法的本质为将反应力向量对单元物理参数作一阶展开，对线性参数系统来说，即为反应力向量灵敏度与单元物理参数的乘积；其次，该方法在线性参数的假定下，对一个单元中包含多个单元物理参数的情况提出了一个简便的求反应力向量灵敏度的算法，从而可以利用常规有限元代码直接获得反应力向量灵敏度矩阵，进而，可以方便地获取大型结构的参数识别方程. 下面以刚度矩阵为例对识别模型的参数化进行说明.

1.1　单元刚度矩阵的参数化

设某单元 α 在局部坐标下的刚度矩阵为

$$[\boldsymbol{K}^e(p_{\alpha k,1},\ p_{\alpha k,2},\ \cdots,\ p_{\alpha k,n})]_\alpha \tag{1}$$

这里，n 为该单元的刚度参数个数，$p_{\alpha k,1}$，$p_{\alpha k,2}$，$\cdots$，$p_{\alpha k,n}$ 为该单元包含的刚度物理参数. 将上式在 $(p_{\alpha k,1},\ p_{\alpha k,2},\ \cdots,\ p_{\alpha k,n}) = (0,\ 0,\ \cdots,\ 0)$ 处作一阶泰勒展开：

$$[\boldsymbol{K}^e(p_{\alpha k,1},\ p_{\alpha k,2},\ \cdots,\ p_{\alpha k,n})]_\alpha = \frac{\partial \boldsymbol{K}_\alpha^e}{\partial p_{\alpha k,1}} p_{\alpha k,1} + \frac{\partial \boldsymbol{K}_\alpha^e}{\partial p_{\alpha k,2}} p_{\alpha k,2} + \cdots + \frac{\partial \boldsymbol{K}_\alpha^e}{\partial p_{\alpha k,n}} p_{\alpha k,n} \tag{2}$$

当单元刚度矩阵 $[\boldsymbol{K}^e(p_{\alpha k,1},\ p_{\alpha k,2},\ \cdots,\ p_{\alpha k,n})]_\alpha$ 关于各单元刚度参数 $p_{\alpha k,1}$, $p_{\alpha k,2}$, $\cdots$, $p_{\alpha k,n}$ 为线性时,式(2)是准确成立的;若是非线性关系,式(2)近似成立.

式(2)中的矩阵 $\frac{\partial \boldsymbol{K}_\alpha^e}{\partial p_{\alpha k,1}}$, $\frac{\partial \boldsymbol{K}_\alpha^e}{\partial p_{\alpha k,2}}$, $\cdots$, $\frac{\partial \boldsymbol{K}_\alpha^e}{\partial p_{\alpha k,n}}$ 表示各单元参数 $p_{\alpha k,1}$, $p_{\alpha k,2}$, $\cdots$, $p_{\alpha k,n}$ 的单位变化对单元刚度矩阵的影响,即单元刚度矩阵对各单元参数的一阶灵敏度. 当单元刚度矩阵 $[\boldsymbol{K}^e(p_{\alpha k,1},\ p_{\alpha k,2},\ \cdots,\ p_{\alpha k,n})]_\alpha$ 为关于单元参数 $p_{\alpha k,1}$, $p_{\alpha k,2}$, $\cdots$, $p_{\alpha k,n}$ 的线性函数时,单元刚度矩阵对各单元参数的灵敏度与单元刚度矩阵之间的关系为

$$\begin{aligned}
&\frac{\partial \boldsymbol{K}_\alpha^e}{\partial p_{\alpha k,1}} = [\boldsymbol{K}^e(1,\ 0,\ \cdots,\ 0)]_\alpha \\
&\frac{\partial \boldsymbol{K}_\alpha^e}{\partial p_{\alpha k,2}} = [\boldsymbol{K}^e(0,\ 1,\ \cdots,\ 0)]_\alpha \\
&\cdots \\
&\frac{\partial \boldsymbol{K}_\alpha^e}{\partial p_{\alpha k,i}} = [\boldsymbol{K}^e(0,\ \cdots,\ 1,\ \cdots,\ 0)]_\alpha \\
&\cdots \\
&\frac{\partial \boldsymbol{K}_\alpha^e}{\partial p_{\alpha k,n}} = [\boldsymbol{K}^e(0,\ 0,\ \cdots,\ 1)]_\alpha
\end{aligned} \tag{3}$$

求解式(3)是很方便的,只需在单元刚度矩阵中将待求灵敏度的参数设为 1,其他参数设为 0 即可,该过程可直接利用常规有限元代码完成. 将式(3)代入式(2)中可得

$$\begin{aligned}
&[\boldsymbol{K}^e(p_{\alpha k,1},\ p_{\alpha k,2},\ \cdots,\ p_{\alpha k,n})]_\alpha \\
&= p_{\alpha k,1}[\boldsymbol{K}^e(1,\ 0,\ \cdots,\ 0)]_\alpha + p_{\alpha k,2}[\boldsymbol{K}^e(0,\ 1,\ \cdots,\ 0)]_\alpha + \cdots + p_{\alpha k,n}[\boldsymbol{K}^e(0,\ 0,\ \cdots,\ 1)]_\alpha
\end{aligned} \tag{4}$$

上式简写为

$$[\boldsymbol{K}^e(p_{\alpha k,1},\ p_{\alpha k,2},\ \cdots,\ p_{\alpha k,n})]_\alpha = \sum_{\beta=1}^{n} p_{\alpha k,\beta}[\boldsymbol{K}^e(0,\ \cdots,\ \underset{\beta}{1},\ \cdots,\ 0)]_\alpha \tag{5}$$

例 1 杆单元刚度矩阵的参数化

考虑如图 1 的杆单元,其单元刚度矩阵为

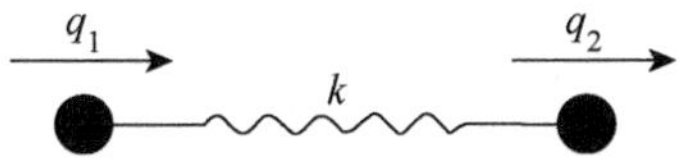

图 1　杆单元模型

$$[\boldsymbol{K}^e] = \begin{bmatrix} k & -k \\ -k & k \end{bmatrix} \tag{6}$$

其中包含一个待识别单元弹簧刚度参数 k，单元刚度矩阵是为 k 的线性函数，所以，按式(3)可得单元刚度矩阵对 k 的灵敏度矩阵为

$$\frac{\partial \boldsymbol{K}^e}{\partial k} = [\boldsymbol{K}^e(1)] = \begin{bmatrix} 1 & -1 \\ -1 & 1 \end{bmatrix} \tag{7}$$

参数化的杆单元的单元刚度矩阵为

$$[\boldsymbol{K}^e] k \frac{\partial \boldsymbol{K}^e}{\partial k} = k \begin{bmatrix} 1 & -1 \\ -1 & 1 \end{bmatrix} \tag{8}$$

例 2　梁单元刚度矩阵的参数化

考虑如图 2 的六自由度平面梁单元. 其中，E 为弹模，A 为截面面积，I 为截面惯距，L 为单元长度，两节点处各有三个自由度：u_1，v_1，θ_1，u_2，v_2 和 θ_2. 其单元刚度矩阵为

$$[\boldsymbol{K}^e] = \begin{bmatrix} \frac{EA}{L} & 0 & 0 & -\frac{EA}{L} & 0 & 0 \\ 0 & \frac{12EI}{L^3} & \frac{6EI}{L^2} & 0 & -\frac{12EI}{L^3} & \frac{6EI}{L^2} \\ 0 & \frac{6EI}{L^2} & \frac{4EI}{L} & 0 & -\frac{6EI}{L^2} & \frac{4EI}{L} \\ -\frac{EA}{L} & 0 & 0 & \frac{EA}{L} & 0 & 0 \\ 0 & -\frac{12EI}{L^3} & -\frac{6EI}{L^2} & 0 & \frac{12EI}{L^3} & -\frac{6EI}{L^2} \\ 0 & \frac{6EI}{L^2} & \frac{4EI}{L} & 0 & -\frac{6EI}{L^2} & \frac{4EI}{L} \end{bmatrix} \tag{9}$$

取 EA 和 EI 为待测单元刚度参数，则单元刚度矩阵为两个参数的函数：

$$[\boldsymbol{K}^e] = [\boldsymbol{K}^e(p_1,\ p_2)] \tag{10}$$

其中，

$$p_1 = EA,\quad p_2 = EI \tag{11}$$

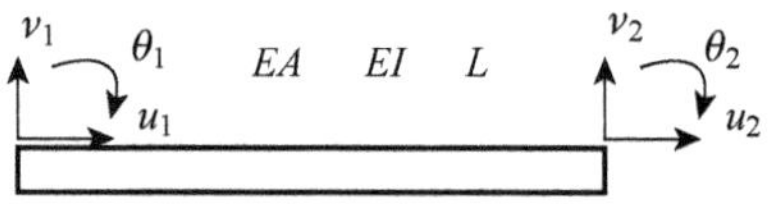

图 2　梁单元模型

由式(3)可得单元刚度矩阵对这两个参数的灵敏度分别为

$$\frac{\partial \boldsymbol{K}^e}{\partial p_1} = [\boldsymbol{K}^e(1,\ 0)] = \begin{bmatrix} \frac{1}{L} & 0 & 0 & -\frac{1}{L} & 0 & 0 \\ 0 & 0 & 0 & 0 & 0 & 0 \\ 0 & 0 & 0 & 0 & 0 & 0 \\ -\frac{1}{L} & 0 & 0 & \frac{1}{L} & 0 & 0 \\ 0 & 0 & 0 & 0 & 0 & 0 \\ 0 & 0 & 0 & 0 & 0 & 0 \end{bmatrix} \tag{12}$$

$$\frac{\partial \boldsymbol{K}^e}{\partial p_2} = [\boldsymbol{K}^e(0,\ 1)] = \begin{bmatrix} 0 & 0 & 0 & 0 & 0 & 0 \\ 0 & \frac{12}{L^3} & \frac{6}{L^2} & 0 & -\frac{12}{L^3} & \frac{6}{L^2} \\ 0 & \frac{6}{L^2} & \frac{4}{L} & 0 & -\frac{6}{L^2} & \frac{4}{L} \\ 0 & 0 & 0 & 0 & 0 & 0 \\ 0 & -\frac{12}{L^3} & -\frac{6}{L^2} & 0 & \frac{12}{L^3} & -\frac{6}{L^2} \\ 0 & \frac{6}{L^2} & \frac{4}{L} & 0 & -\frac{6}{L^2} & \frac{4}{L} \end{bmatrix} \tag{13}$$

参数化的六自由度梁单元刚度矩阵为

$$[\boldsymbol{K}^e] = p_1 \frac{\partial \boldsymbol{K}^e}{\partial p_1} + p_2 \frac{\partial \boldsymbol{K}^e}{\partial p_2} \tag{14}$$

由以上两个例子可看出，参数化过程可直接应用已有的求单元刚度矩阵的程序代码，对一个单元刚度矩阵中有多个参数的情形只需重复求几次 $[\boldsymbol{K}^e(0,\ \cdots,\ 1,\ \cdots,\ 0)]_\alpha$ 即可.

1.2　参数化局部单元刚度矩阵向整体单元刚度矩阵的转换

设某单元 α 在整体坐标下的刚度矩阵为

$$[\boldsymbol{K}^g(p_{\alpha k,1},\ p_{\alpha k,2},\ \cdots,\ p_{\alpha k,n})]_\alpha \tag{15}$$

整体坐标单元刚度矩阵可由局部坐标单元刚度矩阵与坐标转换矩阵和定位矩阵的乘积获得

$$[\boldsymbol{K}^g(p_{\alpha k,1},\ p_{\alpha k,2},\ \cdots,\ p_{\alpha k,n})]_\alpha = [\boldsymbol{T}]_\alpha^{\mathrm{T}}[\boldsymbol{K}^e(p_{\alpha k,1},\ p_{\alpha k,2},\ \cdots,\ p_{\alpha k,n})]_\alpha[\boldsymbol{T}]_\alpha \tag{16}$$

这里，$[\boldsymbol{T}]_\alpha$ 为整体-局部转换矩阵：

$$[\boldsymbol{T}]_\alpha = [\boldsymbol{T}_a]_\alpha[\boldsymbol{T}_c]_\alpha \tag{17}$$

其中，$[\boldsymbol{T}_a]_\alpha$ 为单元 α 的坐标转换矩阵，$[\boldsymbol{T}_c]_\alpha$ 为单元 α 的定位矩阵.

将式(5)代入式(16)可得

$$[\boldsymbol{K}^g(p_{\alpha k,1},\ p_{\alpha k,2},\ \cdots,\ p_{\alpha k,n})]_\alpha = \sum_{\beta=1}^{n} p_{\alpha k,\beta}[\boldsymbol{T}]_\alpha^{\mathrm{T}}[\boldsymbol{K}^e(0,\ \cdots,\ \underset{\beta}{1},\ \cdots,\ 0)]_\alpha[\boldsymbol{T}]_\alpha \tag{18}$$

1.3 参数化整体刚度矩阵的形成

结构的整体刚度矩阵可写为

$$[\boldsymbol{K}] = \sum_{\alpha=1}^{m}\sum_{\beta=1}^{\alpha kn} p_{\alpha k,\beta}[\boldsymbol{T}]_\alpha^{\mathrm{T}}[\boldsymbol{K}^e(0,\ \cdots,\ \underset{\beta}{1},\ \cdots,\ 0)]_\alpha[\boldsymbol{T}]_\alpha \tag{19}$$

这里，m 为结构总的单元数目，αkn 为第 α 个单元刚度矩阵中的待测物理参数数目.

1.4 恢复力向量的参数化

设第 i 时刻结构的恢复力向量为

$$\{f_k\}_i = [\boldsymbol{K}]\{x\}_i \tag{20}$$

将式(19)代入式(20)：

$$\{f_k\}_i = \sum_{\alpha=1}^{m}\sum_{\beta=1}^{\alpha kn} p_{\alpha k,\beta}[\boldsymbol{T}]_\alpha^{\mathrm{T}}[\boldsymbol{K}^e(0,\ \cdots,\ \underset{\beta}{1},\ \cdots,\ 0)][\boldsymbol{T}]_\alpha\{x\}_i \tag{21}$$

定义反应向量 $\{\boldsymbol{R}_{\alpha k,\beta}\}_i$ 为

$$\{\boldsymbol{R}_{\alpha k,\beta}\}_i = [\boldsymbol{T}]_\alpha^{\mathrm{T}}[\boldsymbol{K}^e(0,\ \cdots,\ \underset{\beta}{1},\ \cdots,\ 0)][\boldsymbol{T}]_\alpha\{x\}_i \tag{22}$$

式(21)可改写为

$$\{f_k\}_i = \sum_{\alpha=1}^{m}\sum_{\beta=1}^{\alpha kn}\{\boldsymbol{R}_{\alpha k,\beta}\}_i p_{\alpha k,\beta} \tag{23}$$

上式写为矩阵形式：

$$\{f_k\}_i = [\{\boldsymbol{R}_1\}_i\ \ \cdots\ \ \{\boldsymbol{R}_{\alpha k,\beta}\}_i\ \ \cdots\ \ \{\boldsymbol{R}_{kn}\}_i]\begin{Bmatrix} p_1 \\ \vdots \\ p_{\alpha k,\beta} \\ \vdots \\ p_{kn} \end{Bmatrix} \tag{24}$$

这里，$kn=\sum_{\alpha=1}^{m}\alpha kn$. 令

$$[\boldsymbol{H}_k]_i=[\{R_1\}_i \quad \cdots \quad \{R_{\alpha k,\beta}\}_i \quad \cdots \quad \{R_{kn}\}_i]$$
$$\{p_k\}=[p_1 \quad \cdots \quad p_{\alpha k,\beta} \quad \cdots \quad p_{kn}]^{\mathrm{T}} \tag{25}$$

式(24)改写为

$$\{f_k\}_i=[\boldsymbol{H}_k]_i\{\boldsymbol{p}_k\} \tag{26}$$

考虑所有时刻恢复力向量，上式可写为

$$\{\boldsymbol{f}_k\}=[\boldsymbol{H}_k]\{\boldsymbol{p}_k\} \tag{27}$$

其中

$$\{\boldsymbol{f}_k\}=\begin{Bmatrix}\{f_k\}_1\\ \{f_k\}_2\\ \vdots\\ \{f_k\}_{nt}\end{Bmatrix} \tag{28}$$

$$[\boldsymbol{H}_k]=\begin{Bmatrix}[H_k]_1\\ [H_k]_2\\ \vdots\\ [H_k]_{nt}\end{Bmatrix} \tag{29}$$

这里，nt 为测量时程的采样点数目.

上述过程实际上是先将恢复力向量 $\{\boldsymbol{f}_k\}$ 在 $(p_1, p_2, \cdots, p_{kn})=(0, 0, \cdots, 0)$ 处作一阶展开可得：

$$\{\boldsymbol{f}_k\}=\frac{\partial \boldsymbol{f}_k}{\partial p_1}p_1+\frac{\partial \boldsymbol{f}_k}{\partial p_2}p_2+\cdots+\frac{\partial \boldsymbol{f}_k}{\partial p_n}p_n \tag{30}$$

当恢复力向量为关于各单元刚度参数的线性函数时，上式准确成立，此时：

$$\{\boldsymbol{f}_k\}=\frac{\partial \boldsymbol{f}_k}{\partial p_1} \quad \frac{\partial \boldsymbol{f}_k}{\partial p_2} \quad \cdots \quad \frac{\partial \boldsymbol{f}_k}{\partial p_n}\begin{Bmatrix}p_1\\ p_2\\ \vdots\\ p_n\end{Bmatrix} \tag{31}$$

这里

$$\begin{bmatrix}\dfrac{\partial \boldsymbol{f}_k}{\partial p_1} & \dfrac{\partial \boldsymbol{f}_k}{\partial p_2} & \cdots & \dfrac{\partial \boldsymbol{f}_k}{\partial p_n}\end{bmatrix} \tag{32}$$

是恢复力向量关于待求单元刚度参数向量的灵敏度矩阵. 比较式(31)和式(27)可知，$[\boldsymbol{H}_k]$ 实际就是恢复力向量关于单元刚度参数向量的灵敏度矩阵：

$$[\boldsymbol{H}_k]=\begin{bmatrix}\dfrac{\partial \boldsymbol{f}_k}{\partial p_1} & \dfrac{\partial \boldsymbol{f}_k}{\partial p_2} & \cdots & \dfrac{\partial \boldsymbol{f}_k}{\partial p_n}\end{bmatrix} \tag{33}$$

上式中的各项可由式(3)、式(22)、式(25)和式(29)求得.

1.5 动力平衡方程的参数化

按与刚度矩阵相类似的推导可得出惯性力矩阵和阻尼力矩阵的参数化形式：

$$[\boldsymbol{f}_m]=[\boldsymbol{H}_m]\{\boldsymbol{p}_m\} \tag{34}$$

$$[\boldsymbol{f}_c]=[\boldsymbol{H}_c]\{\boldsymbol{p}_c\} \tag{35}$$

将式(18),(25)和(26)代入式(3)中：

$$[\boldsymbol{H}_m]\{\boldsymbol{p}_m\}+[\boldsymbol{H}_c]\{\boldsymbol{p}_c\}+[\boldsymbol{H}_k]\{\boldsymbol{p}_k\}=\{\boldsymbol{f}\} \tag{36}$$

这里

$$\{\boldsymbol{f}\}=\begin{Bmatrix}\{f\}_1\\ \{f\}_2\\ \vdots\\ \{f\}_{nt}\end{Bmatrix} \tag{37}$$

上式可简写为

$$[\boldsymbol{H}]\{\boldsymbol{p}\}=\{\boldsymbol{f}\} \tag{38}$$

其中

$$[\boldsymbol{H}]=[\boldsymbol{H}_m \quad \boldsymbol{H}_c \quad \boldsymbol{H}_k] \tag{39}$$

称为结构反应矩阵,其中包含了已知结构参数、结构模型的连接性信息和结构反应测量值.它的行数等于反应测量的采样点数目乘以自由度数目,它的列数等于未知的结构参数数目.式(38)中,

$$[\boldsymbol{p}]=[\boldsymbol{p}_m^{\mathrm{T}} \quad \boldsymbol{p}_c^{\mathrm{T}} \quad \boldsymbol{p}_k^{\mathrm{T}}]^{\mathrm{T}} \tag{40}$$

为待测参数向量,包含了结构单元层次上的未知质量、阻尼和刚度参数.

2 模型参数化方法在大型结构识别中的应用

为考察基于反应力向量灵敏度的模型参数化方法在大型结构识别中的应用,本文对一空间网壳结构进行了无噪声识别.识别模型为一 K6-8 型单层球面网壳(图 3),跨度为 40 m,矢高为 4 m,杆件均采用 $\Phi 102\times 3$ 型 16 锰无缝钢管.屋面板的影响折算成附加的屋面均布质量,为 15 kg/m^2.约束为周边三个方向简支.网壳节点总数为 217 个,空间梁单元为 600 个,附加空间质点单元 217 个.待识别单元为除边界单元以外的 552 个空间梁单元,识别参数包括 552 个单元的轴向刚度和

两个方向的抗弯刚度. 结构测量反应采用 NEWMARK 方法由仿真获得，考虑在结构的中部的三节点上作用有竖向集中宽带随机激励，峰值大小分别为 20 kN、15 kN 和 25 kN，采样间距为 0.005 s. 阻尼考虑为比例阻尼，对应的振型阻尼比的大小为 0.02，刚度和质量阻尼比也为待识别参数(准确值见表 1). 待识别参数的总数为 1 658 个.

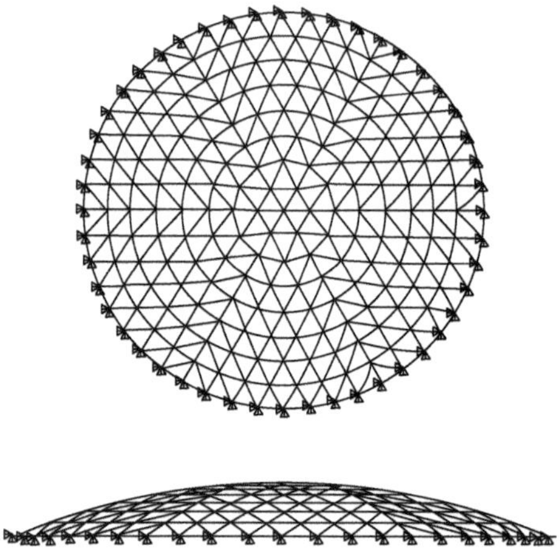

图 3　空间网壳模型

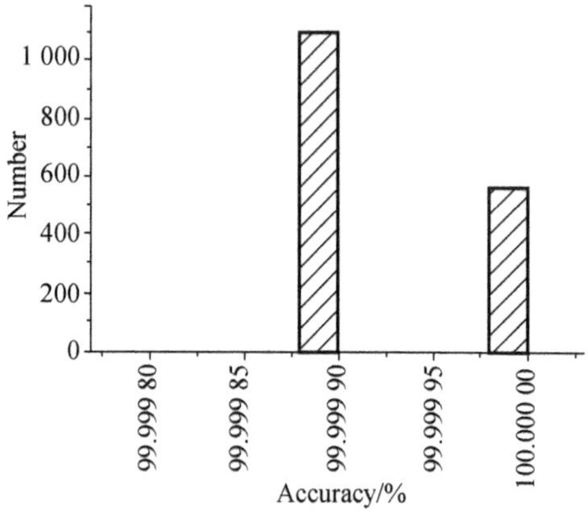

图 4

Φ102×3 型 16 锰无缝钢管形状参数：钢管的截面积为：$A=9.330\ 53\text{E}-4$，钢管的惯性矩：$\boldsymbol{I}_y=\boldsymbol{I}_z=1.144\ 1\text{e}-6$.

表 1　识别采用的质量阻尼系数和刚度阻尼系数

质量阻尼系数 α	刚度阻尼系数 β
0.528 370	0.000 756

识别时采用了 1 000 步采样点的信息，时间间隔为 0.005 s. 识别过程共消耗 CPU 时间 7 414.11 s. 识别精度用识别准确度衡量，设参数准确值为 p，识别值为 $\tilde{p}$，识别准确度公式为：

$$accuracy=\frac{\min(|\boldsymbol{p}|,|\tilde{\boldsymbol{p}}|)}{\max(|\boldsymbol{p}|,|\tilde{\boldsymbol{p}}|)}$$

识别准确度分布如图 4 所示. 从图 4 可见，几乎所有参数的识别准确度均大于 99.999 8%.

3　结　论

结构动力方程可写为反应力与外力相平衡的形式：

$$\{\boldsymbol{f}_m\}+\{\boldsymbol{f}_c\}+\{\boldsymbol{f}_k\}=\{\boldsymbol{f}\}\tag{56}$$

其中

$$
\begin{aligned}
\{\boldsymbol{f}_m^a\} &= [\boldsymbol{M}^a]\{\ddot{\boldsymbol{x}}\} \\
\{\boldsymbol{f}_c^a\} &= [\boldsymbol{C}^a]\{\dot{\boldsymbol{x}}\} \\
\{\boldsymbol{f}_k^a\} &= [\boldsymbol{K}^a]\{\boldsymbol{x}\}
\end{aligned} \tag{57}
$$

分别为惯性力、阻尼力和恢复力向量，统称为反应力. 各反应力可近似表示为单元物理参数和相应的反应力一阶灵敏度的乘积：

$$
\begin{aligned}
\{\boldsymbol{f}_m\} &= \frac{\partial \boldsymbol{f}_m}{\partial p_{m_1}} p_{m_1} + \frac{\partial \boldsymbol{f}_m}{\partial p_{m_2}} p_{m_2} + \cdots + \frac{\partial \boldsymbol{f}_m}{\partial p_{m_{mn}}} p_{m_{mn}} \\
\{\boldsymbol{f}_c\} &= \frac{\partial \boldsymbol{f}_c}{\partial p_{c_1}} p_{c_1} + \frac{\partial \boldsymbol{f}_c}{\partial p_{c_2}} p_{c_2} + \cdots + \frac{\partial \boldsymbol{f}_c}{\partial p_{c_{cn}}} p_{c_{cn}} \\
\{\boldsymbol{f}_k\} &= \frac{\partial \boldsymbol{f}_k}{\partial p_{k_1}} p_{k_1} + \frac{\partial \boldsymbol{f}_k}{\partial p_{k_2}} p_{k_2} + \cdots + \frac{\partial \boldsymbol{f}_k}{\partial p_{k_{kn}}} p_{k_{kn}}
\end{aligned} \tag{58}
$$

当反应力向量为关于各单元参数的线性函数时，上式准确成立，将式(58)代入式(56)中可得：

$$
[\boldsymbol{H}]\{\boldsymbol{p}\} = \{\boldsymbol{f}\} \tag{59}
$$

其中，

$$
[\boldsymbol{H}] = \begin{bmatrix} \dfrac{\partial \boldsymbol{f}_m}{\partial p_{m_1}} & \dfrac{\partial \boldsymbol{f}_m}{\partial p_{m_2}} & \cdots & \dfrac{\partial \boldsymbol{f}_m}{\partial p_{m_{mn}}} & \dfrac{\partial \boldsymbol{f}_c}{\partial p_{c_1}} & \dfrac{\partial \boldsymbol{f}_c}{\partial p_{cc_2}} & \cdots & \dfrac{\partial \boldsymbol{f}_c}{\partial p_{cn}} & \dfrac{\partial \boldsymbol{f}_k}{\partial p_{k_1}} & \dfrac{\partial \boldsymbol{f}_k}{\partial p_{k_2}} & \cdots & \dfrac{\partial \boldsymbol{f}_k}{\partial p_{k_{kn}}} \end{bmatrix} \tag{60}
$$

$$
\{\boldsymbol{p}\} = [p_{m_1} \quad p_{m_2} \quad \cdots \quad p_{m_{mn}} \quad p_{c_1} \quad p_{c_2} \quad \cdots \quad p_{c_{cn}} \quad p_{k_1} \quad p_{k_2} \quad \cdots \quad p_{k_{kn}}] \tag{61}
$$

反应矩阵 $[\boldsymbol{H}]$ 包含了已知结构参数、结构模型的连接性信息和结构反应测量信息. 它的行数等于反应测量的采样点数目乘以自由度数目，它的列数等于未知的结构参数数目.

对于大型结构参数识别问题，利用上述方法，可以方便地给出结构识别方程表达式，进而进行结构单元物理参数的有效识别. 对于刚度参数的情况，可按式(3)、式(22)、式(25)和式(29)的顺序进行. 质量和阻尼参数时可按类似公式进行计算.

参考文献

[1] 李杰. 基于微分算子变换的广义卡尔曼估方法[J]. 计算结构力学及应用，1995，10(4)：394-400.

[2] Farhat C, Hemez F M. Updating Finite Element Dynamic Models Using an Element-by-Element Sensitivity Methodology[J]. AIAA Journal, 1993, 31(9):1702-1711.

[3] Chen J C, Garba J A. On-Orbit Damage Assessment for Large Space Structures[J]. AIAA Journal, 1988, 26(9):1119-1126.

[4] Doebling S W. Minimum-Rank Optimal Update of Element Stiffness Parameters for Structural Damage Identification[J]. AIAA Journal, 1996, 34(12):2615-2621.

Parameterization Method based on Sensitivities of Response Force Vectors

Zhao Xin　Li Jie

Abstract: Parameterization of dynamic equilibrium equation is an important procedure to establish the identification equation. A parameterization method based on sensitivities of response force vectors is presented in the paper. Derived on the basis of virtual structure vector transforming method, the presented method expends the response vectors with respect to elemental parameters using first order Taylor expansion. With regard to linear parameters system the expansion results in the multiplication of sensitivities of response vectors by element parameter. Under the assumption of linear parameters system, the presented method can handle easily the situation when there are several parameters in one element. The method can be implemented conveniently when using available finite element analysis source codes. Some examples are given in the paper to illustrate the method.

（本文原载于《振动与冲击》第21卷第4期，2002年12月）

第四篇　概率密度演化理论

随机结构动力反应分析的概率密度演化方法

李 杰　陈建兵

摘　要　提出了随机结构动力反应分析的概率密度演化方法. 基于有限单元法基本原理,导出了含有随机参数的结构反应状态方程,进而,通过引入扩展状态向量,建立了随机结构反应的概率密度演化方程. 将精细时程积分方法与 Lax-Wendroff 差分格式相结合,探讨了求解概率密度演化方程的数值方法. 对一个 8 层层间剪切型随机结构进行了算例分析,并与 Monte Carlo 方法的结果进行了比较. 研究表明,随机结构反应的概率密度具有演化特征,且概率密度曲线与正态分布差异甚大,甚至可能出现双峰曲线.

引　言

20 世纪 70 年代以来,随机结构分析问题逐渐引起学者们的关注,并已取得了很大的进展[1]. Shinozuka 及其合作者对于随机模拟方法的系统研究,为随机结构分析提供了基本的手段[2],虽然随机模拟方法在收敛性和计算开销等方面至今仍然存在明显弱点,但是其作为校验其他随机结构分析方法正确性的基本地位已经确认. 80 年代对于随机摄动方法的系列研究使得关于结构的静力随机摄动分析方法趋于成熟[3],同时,这些研究也发现摄动方法主要适用于小变异性问题. 而摄动方法固有的久期项问题使得它在本质上不适用于结构动力分析问题[4]. 为此,基于正交多项式展开的算法开始引起注意. 1990 年 Ghanem & Spanos 尝试用混沌多项式求解随机结构静力分析问题[5],1992 年 Jensen & Iwan 则将其推广到结构动力分析之中去[6]. 1995 年,李杰提出了扩阶系统方法[7],并进行了较为系统的研究[8,9]. 1996 年以来,Elishakoff 等人开展了寻求随机结构数值特征的精确分析方法的研究[10-12],但迄今为止还处于非常初步的阶段.

仔细分析上述随机结构分析方法不难发现:它们都是以求解结构反应数值特征为基本目的的. 从全面反映随机结构反应的概率信息的角度考察,这些方法仅是对随机结构反应的一种较为宏观的把握. 更为精细化的反映是对于结构反应概率密度及其演化特征的把握. 由于这一问题的难度,在迄今为止的国内外研究文献中还鲜有见及. 近年以来,从发展随机结构非线性反应分析方法入手,作者逐步建立了一类随机结构反应分析的概率密度演化方法. 本文将结合线性随机结构动力反应分析问题的特点,从概率密度演化的角度,导出随机结构动力反应的概率密度演化方程. 结合精细时程积分和差分方法,对此类概率密度演化方程进行求解. 通过具体算例,验证了本文给出方法的正确性,并讨论了随机结构反应概率密度演化的若干特征.

1 随机结构动力反应的状态方程

不失一般性,根据有限单元法基本原理,工程结构的动力反应方程可写为

$$\boldsymbol{M}\ddot{\boldsymbol{U}}+\boldsymbol{C}\dot{\boldsymbol{U}}+\boldsymbol{K}\boldsymbol{U}=\boldsymbol{f}(t) \tag{1}$$

其中, $\boldsymbol{M}$, $\boldsymbol{C}$, $\boldsymbol{K}$ 分别为 n 阶质量矩阵、阻尼矩阵和刚度矩阵; $\boldsymbol{f}(t)$ 为动力激励,本文仅考虑确定性激励的情形; $\boldsymbol{U}$, $\dot{\boldsymbol{U}}$, $\ddot{\boldsymbol{U}}$ 分别为 n 阶位移、速度和加速度反应向量.

引入状态向量 $\boldsymbol{X}=(\boldsymbol{U}^{\mathrm{T}}, \dot{\boldsymbol{U}}^{\mathrm{T}})^{\mathrm{T}}$,方程(1) 可写成如下状态方程的形式[9]

$$\dot{\boldsymbol{X}}=\widetilde{\boldsymbol{A}}\boldsymbol{X}+\overline{\boldsymbol{F}}(t) \tag{2}$$

其中 $\widetilde{\boldsymbol{A}}$ 和 $\overline{\boldsymbol{F}}(t)$ 分别为

$$\widetilde{\boldsymbol{A}}=\begin{bmatrix} \boldsymbol{0} & \boldsymbol{I} \\ -\boldsymbol{M}^{-1}\boldsymbol{K} & -\boldsymbol{M}^{-1}\boldsymbol{C} \end{bmatrix} \tag{3}$$

$$\widetilde{\boldsymbol{F}}(t)=\begin{Bmatrix} \boldsymbol{0} \\ \boldsymbol{M}^{-1}\boldsymbol{f}(t) \end{Bmatrix} \tag{4}$$

当结构的物理特性含有随机参数时, $\boldsymbol{M}$,$\boldsymbol{C}$,$\boldsymbol{K}$ 成为随机矩阵,从而 $\widetilde{\boldsymbol{A}}$ 亦为随机矩阵,此时方程(2)成为含有随机参数的状态方程

$$\dot{\boldsymbol{X}}=\widetilde{\boldsymbol{A}}(\boldsymbol{\zeta})\boldsymbol{X}+\widetilde{\boldsymbol{F}}(t) \tag{5}$$

式中 $\boldsymbol{\zeta}$ 为随机参数向量,其联合概率密度函数 $p_{\zeta}(\boldsymbol{x})$ 已知.

2 随机结构动力反应的概率密度演化方程

引入扩展状态向量 $\boldsymbol{Y}=(\boldsymbol{X}^{\mathrm{T}}, \boldsymbol{\zeta}^{\mathrm{T}})^{\mathrm{T}}=(Y_1, \cdots, Y_{2n+n_\zeta})^{\mathrm{T}}$, n_ζ 为 $\boldsymbol{\zeta}$ 的维数,则状态方程(5)可写为

$$\dot{\boldsymbol{Y}}=\boldsymbol{G}(\boldsymbol{Y}, t)=\boldsymbol{A}\boldsymbol{Y}+\boldsymbol{F}(t) \tag{6}$$

式中 $\boldsymbol{G}=(G_1, \cdots, G_{2n+n_\zeta})^{\mathrm{T}}$,矩阵

$$\boldsymbol{A}=\begin{bmatrix} \widetilde{\boldsymbol{A}}(\boldsymbol{\zeta}) & \boldsymbol{O} \\ \boldsymbol{O} & \boldsymbol{O} \end{bmatrix},\ \boldsymbol{F}(t)=\begin{Bmatrix} \widetilde{\boldsymbol{F}}(t) \\ \boldsymbol{O} \end{Bmatrix} \tag{7}$$

方程(6)的初始条件$\mathbf{Y}|_{t=0}=(\mathbf{X}_0^{\mathrm{T}},\boldsymbol{\zeta}^{\mathrm{T}})^{\mathrm{T}}$为随机向量,故由方程(6)所确定的过程$\mathbf{Y}(t)$为一随机过程.

设$\mathbf{Y}(t)$的概率密度函数为$p_Y(\mathbf{y},t)$,根据概率守恒原理,可以证明概率密度满足如下演化方程[13,14]

$$\frac{\partial}{\partial t}p_Y(\mathbf{y},t)+\sum_{j=1}^{2n+n_\zeta}\frac{\partial}{\partial y_j}[p_Y(\mathbf{y},t)G_j(\mathbf{y},t)]=0 \tag{8}$$

当结构初始位移与初始速度均为零时,其初始条件为

$$p_Y(\mathbf{y},t)|_{t=0}=\Big[\prod_{j=1}^{2n}\delta(y_j)\Big]p_\zeta(\mathbf{y}_\zeta) \tag{9}$$

式中$\delta(\cdot)$为Dirac函数,$\mathbf{y}_\zeta=(y_{2n+1},\cdots,y_{2n+n_\zeta})$.

将式(6)和式(7)代入式(8),经整理可得

$$\begin{aligned}&\frac{\partial p_Y(\mathbf{y},t)}{\partial t}+\sum_{j=1}^{2n}\Big\{\Big[\sum_{i=1}^{2n}A_{ji}y_i\Big]\frac{\partial p_Y(\mathbf{y},t)}{\partial y_j}\Big\}+\\&\sum_{j=1}^{2n}F_j(t)\frac{\partial p_Y(\mathbf{y},t)}{\partial yj}+p_Y(\mathbf{y},t)\cdot\mathrm{Tr}(\mathbf{A})=0\end{aligned} \tag{10}$$

其中,A_{ij}为矩阵$\mathbf{A}$之元素,$F_j(t)$为向量$\mathbf{F}(t)$之分量,$\mathrm{Tr}(\mathbf{A})$为矩阵$\mathbf{A}$之迹.

当仅对$Y_l(1\leqslant l\leqslant 2n)$的一维概率密度感兴趣时,令

$$p_{Y_l\zeta}(y_l,\mathbf{y}_\zeta,t)=\int p_Y(\mathbf{y},t)\mathrm{d}y_1\cdots\mathrm{d}y_{l-1}\mathrm{d}y_{l+1}\cdots\mathrm{d}y_{2n} \tag{11}$$

式中,注意到边界条件

$$p_Y(\mathbf{y},t)|_{y_j=\pm\infty}=0\ (j=1,2,\cdots,2n) \tag{12}$$

对式(10)两边关于$y_1,\cdots,y_{l-1},y_{l+1},\cdots,y_{2n}$积分,
可得

$$\begin{aligned}&\frac{\partial p_{Y_l\zeta}(y_l,\mathbf{y}_\zeta,t)}{\partial t}+[A_{ll}y_l+F_l(t)]\frac{\partial p_{Y_l\zeta}(y_l,\mathbf{y}_\zeta,t)}{\partial y_l}+\\&\sum_{i=1,i\neq l}^{2n}\int A_{li}y_i\frac{\partial p_{Y_iY_l\zeta}(y_i,y_l,\mathbf{y}_\zeta,t)}{\partial y_l}\mathrm{d}y_i+\\&A_{ll}p_{Y_l\zeta}(y_l,\mathbf{y}_\zeta,t)=0\end{aligned} \tag{13}$$

若对于给定的$\mathbf{y}_\zeta$,根据方程(2)或(6)求解得到的反应为$Y_i(\mathbf{y}_\zeta,t)$,这意味着联合概率密度函数中含有$\delta(y_i-Y_i(\mathbf{y}_\zeta,t))$,即$p_{Y_iY_l\zeta}(y_i,y_l,\mathbf{y}_\zeta,t)=\delta(y_i-Y_i(\mathbf{y}_\zeta,t))p_{Y_l\zeta}(y_l,\mathbf{y}_\zeta,t)$,由此可将上式中的第三项化为

$$
\begin{aligned}
&\sum_{i=1,\ i\neq l}^{2n}\int A_{li}y_i\frac{\partial p_{Y_iY_l\zeta}(y_i,\ y_l,\ \boldsymbol{y}_\zeta,\ t)}{\partial y_l}\mathrm{d}y_i\\
&=\sum_{i=1,\ i\neq l}^{2n}A_{li}\cdot\frac{\partial\left[\int y_i\delta(y_i-Y_i(\boldsymbol{y}_\zeta,\ t))p_{Y_l\zeta}(y_l,\ \boldsymbol{y}_\zeta,\ t)\mathrm{d}y_i\right]}{\partial y_l}\\
&=\sum_{i=1,\ i\neq l}^{2n}A_{li}Y_i(\boldsymbol{y}_\zeta,\ t)\frac{\partial p_{Y_l\zeta}(y_l,\ \boldsymbol{y}_\zeta,\ t)}{\partial y_l}
\end{aligned}
\tag{14}
$$

代入式(13)可得

$$
\begin{aligned}
&\frac{\partial p_{Y_l\zeta}(y_l,\ \boldsymbol{y}_\zeta,\ t)}{\partial t}+\left[A_{ll}y_l+\sum_{i=1,\ i\neq l}^{2n}A_{li}Y_i(\boldsymbol{y}_\zeta,\ t)+F_l(t)\right]\cdot\\
&\frac{\partial p_{Y_l\zeta}(y_l,\ \boldsymbol{y}_\zeta,\ t)}{\partial y_l}+A_{ll}p_{Y_l\zeta}(y_l,\ \boldsymbol{y}_\zeta,\ t)=0
\end{aligned}
\tag{15}
$$

求解方程(15)和初始条件(9)构成的偏微分方程问题即可得到 $p_{Y_l\zeta}(y_l,\ \boldsymbol{y}_\zeta,\ t)$，进而对其积分即可给出反应 $Y_l(t)$ 的概率密度

$$
p_{Y_l}(y_l,\ t)=\int p_{Y_l\zeta}(y_l,\ \boldsymbol{y}_\zeta,\ t)\mathrm{d}\boldsymbol{y}_\zeta \tag{16}
$$

对于无阻尼体系，由式(3)可知，$A_{ll}=0$，此时式(15)化简为

$$
\frac{\partial p_{Y_l\zeta}(y_l,\ \boldsymbol{y}_\zeta,\ t)}{\partial t}+\left[\sum_{i=1,\ i\neq l}^{2n}A_{li}(\boldsymbol{y}_\zeta)Y_i(\boldsymbol{y}_\zeta,\ t)+F_l(t)\right]\cdot\frac{\partial p_{Y_l\zeta}(y_l,\ \boldsymbol{y}_\zeta,\ t)}{\partial y_l}=0 \tag{17}
$$

初始条件(9)经积分变为

$$
p_{Y_l\zeta}(y_l,\ \boldsymbol{y}_\zeta,\ t)\,|_{t=0}=\delta(y_l)p_\zeta(\boldsymbol{y}_\zeta) \tag{18}
$$

3 数值分析方法

式(17)可用差分方法求解. 其基本步骤是：

① 关于 $\boldsymbol{\zeta}$ 的实值区间进行离散，设离散点值向量为 $\boldsymbol{y}_{\zeta;i_{2n+1},\cdots,i_{2n+n_\zeta}}$；

② 对初始条件(18)进行离散，得到离散格式的初始条件

$$
p_{Y_l\zeta}(y_l;\ i_l,\ \boldsymbol{y}_{\zeta;\ i_{2n+1},\cdots,i_{2n+n_\zeta}},\ t_0)=\begin{cases}\dfrac{1}{|\Delta y_l|}p_\zeta(\boldsymbol{y}_{\zeta;i_{2n+1},\cdots,i_{2n+n_\zeta}},\ t), & i_l=0\\ 0, & i_l\neq 0\end{cases} \tag{19}
$$

③ 对于给定的 $\boldsymbol{y}_{\zeta;i_{2n+1},\cdots,i_{2n+n_\zeta}}$，求解方程(2)得到 $Y_i(\boldsymbol{y}_{\zeta;i_{2n+1},\cdots,i_{2n+n_\zeta}},\ t)(i=1,\ 2,\ \cdots,\ 2n)$；

④ 根据差分方法求解方程(17)，即可得到 $p_{Y_l\zeta}(y_{l;\,i_l},\ \boldsymbol{y}_{\zeta;\,i_{2n+1},\cdots,i_{2n+n_\zeta}},\ t_m)$，$t_m = m\Delta t$，为第 m 个时间离散点，Δt 为时间离散间距；

⑤ 对 $\boldsymbol{y}_{\zeta;i_{2n+1},\cdots,i_{2n+n_\zeta}}$ 进行数值积分，得到概率密度

$$p_{Y_l}(y_{l;\,i_l},\ t_m) = \prod_{j=2n+1}^{2n+n_\zeta} |\Delta y_j| \cdot \sum_{i_{2n+1},\cdots,i_{2n+n_\zeta}} p_{Y_l\zeta}(y_{l;\,i_l},\ \boldsymbol{y}_{\zeta;\,i_{2n+1},\cdots,i_{2n+n_\zeta}},\ t_m)$$

显然，这一求解方法同样适用于有阻尼体系的分析.

3.1 结构动力反应分析

上述步骤③实际上是一个确定性动力分析问题，可采用精细时程积分方法[15]. 当参数取为 $\boldsymbol{y}_{\zeta;\,i_{2n+1},\cdots,i_{2n+n_\zeta}}$ 时进行确定性动力反应分析.

令

$$\boldsymbol{T} = \exp(\widetilde{\boldsymbol{A}}\Delta t) \tag{20}$$

由精细积分方法可得到 $\boldsymbol{T}$ 的几乎精确值[15]. 则方程(2)的动力反应的一般表达式为

$$\boldsymbol{X}(t_{m+1}) = \boldsymbol{TX}(t_m) + \int_0^{\Delta t} \exp(\widetilde{\boldsymbol{A}}(\Delta t - \xi)) \cdot \widetilde{\boldsymbol{F}}(t_m + \xi)\mathrm{d}\xi \tag{21}$$

例如当基底输入正弦激励 $\ddot{x}_g(t) = \ddot{X}_g\sin(\omega t + \varphi)$ 时，其中 $\ddot{X}_g$ 为幅值，式(4)变为

$$\widetilde{\boldsymbol{F}}(\mathrm{t}) = \boldsymbol{F}_0\sin(\omega t + \varphi) \tag{22}$$

其中 $\boldsymbol{F}_0 = \ddot{X}_g(\boldsymbol{0}^{\mathrm{T}},\ \boldsymbol{1}^{\mathrm{T}})^{\mathrm{T}}$ 代入式(21)，积分可得

$$\boldsymbol{X}(t_{m+1}) = \boldsymbol{TX}(t_m) + \boldsymbol{B}_m\boldsymbol{F}_0 \tag{23}$$

这里

$$\begin{aligned}\boldsymbol{B}_m = (\boldsymbol{I} + \omega^2\widetilde{\boldsymbol{A}}^{-2})^{-1}[&-\widetilde{\boldsymbol{A}}^{-1}\sin(\omega\Delta t + \omega t_m + \varphi) + \\ &\boldsymbol{T}\widetilde{\boldsymbol{A}}^{-1}\sin(\omega t_m + \varphi) - \omega\widetilde{\boldsymbol{A}}^{-2}\cos(\omega\Delta t + \omega t_m + \varphi) + \\ &\omega\widetilde{\boldsymbol{A}}^{-2}\boldsymbol{T}\cos(\omega t_m + \varphi)]\end{aligned} \tag{24}$$

由此即可得到

$$Y_i(\boldsymbol{y}_{\zeta;\,i_{2n+1},\cdots,i_{2n+n_\zeta}},\ t_m) = X_i(\boldsymbol{y}_{\zeta;\,i_{2n+1},\cdots,i_{2n+n_\zeta}},\ t_m)$$

3.2 Lax-Wendroff 差分方法

对于步骤④中的差分方法，研究表明，Lax-Wendroff 格式具有较好的收敛与稳定性[16]，故本文中将采用这一格式.

设网格比 $r=\dfrac{\Delta t}{\Delta y_l}$，方程(17)的 Lax-Wendroff 格式为

$$\begin{aligned} p_{j,m}=&\frac{1}{2}(r^2g_m^2-rg_m)p_{j+1,m-1}+(1-r^2g_m^2)p_{j,m-1}+\\ &\frac{1}{2}(r^2g_m^2+rg_m)p_{j-1,m-1} \end{aligned} \tag{25}$$

式中 $p_{j,m}$ 表示 $p_{Y_{l\zeta}}(y_{l;j},\ \boldsymbol{y}_{\zeta;i_{2n+1},\cdots,i_{2n+n_\zeta}},\ t_m)$，而

$$g_m=\sum_{i=1,i\neq l}^{2n}A_{li}(\boldsymbol{y}_\zeta)Y_i(\boldsymbol{y}_\zeta,t_m)+F_l(t_m) \tag{26}$$

式(25)的 CFL 条件是

$$|rg_m|\leqslant 1 \tag{27}$$

据此即可确定网格比. 在实际计算中可先估计 $|g_m|_{\max}$，然后取 $r=r_0/|g_m|_{\max}$，$r_0\leqslant 1$ 为调整因子. 在计算中应随时验算条件(27).

4 算例分析

以图 1 中的 8 层层间剪切型结构在基底正弦输入下的随机反应为例，对上述概率密度演化分析方法进行验证.

该结构从顶层至底层各层质量依次为 5.0×10^4 kg，1.1×10^5 kg，1.1×10^5 kg，1.0×10^5 kg，1.1×10^5 kg，1.1×10^5 kg，1.3×10^5 kg，1.2×10^5 kg，层高除第一层 4 m，其余均为 3 m. 柱截面尺寸为 600 mm×600 mm，两跨三柱，弹性模量 E 服从正态分布，均值 $\mu_E=3.0\times10^{10}$ Pa，标准差 $\sigma_E=3.45\times10^9$ Pa. 基底确定性正弦激励加速度时程为 $\ddot{x}_g=-0.05\sin 10t$.

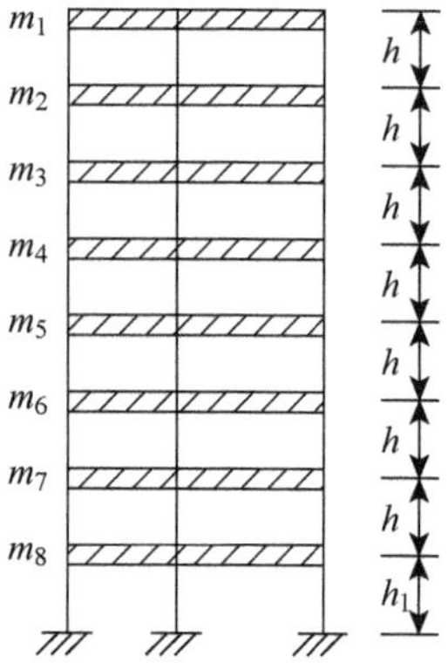

图 1　8 层层间剪切型随机结构模型

自上至下水平位移和速度记为 $\boldsymbol{X}=(X_1,X_2,\cdots,X_8,\cdots,X_{16})^{\mathrm{T}}$，前 8 个分量为位移，后 8 个分量为速度. 采用本文方法计算得到的结构反应 X_1 的概率密度演化曲线示例见图 2，图 3，结构反应均值与标准差与 Monte Carlo 模拟方法结果的比较见图 4，均值参数系统反应及其与反应均值的差异见图 5. 在 Monte Carlo 模拟中，首先对弹性模量进行抽样，然后按精细时程积分方法进行确定性结构动力分析，最后进行均值与标准差的统计计算，直至按照标准差范数误差在 0.5%以内为止. 在内存 256 M，主频 1 GHz 的奔腾Ⅲ机器上分析，Monte Carlo 模拟需时 72 s，而本文建议方法仅需时 12 s.

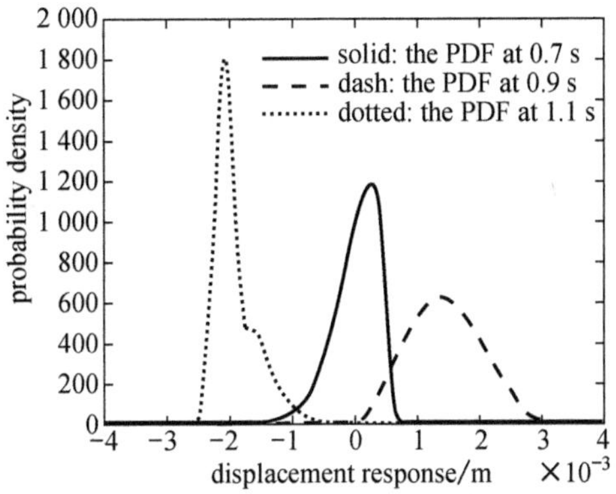

图 2　概率密度演化的典型曲线

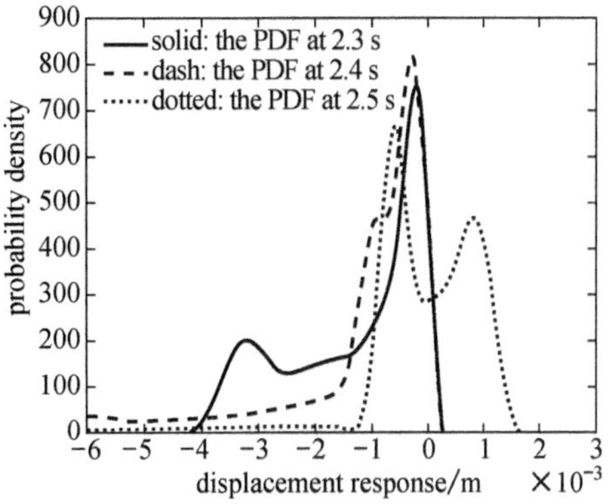

图 3　概率密度演化的典型曲线

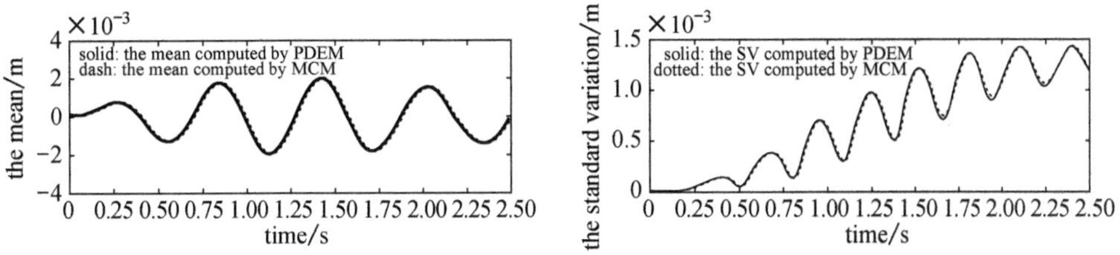

图 4　随机结构反应的均值与标准差

分析可见:随机结构反应呈现典型的概率密度演化性质,且其概率密度曲线的分布与形状均随着时间的发展而变化. 虽然在本算例中假定结构弹性模量具有正态分布,但是结构反应的概率密度曲线与正态分布相去甚远,并且可能出现双峰曲线的情形. 这在结构可靠度分析中是值得注意的.

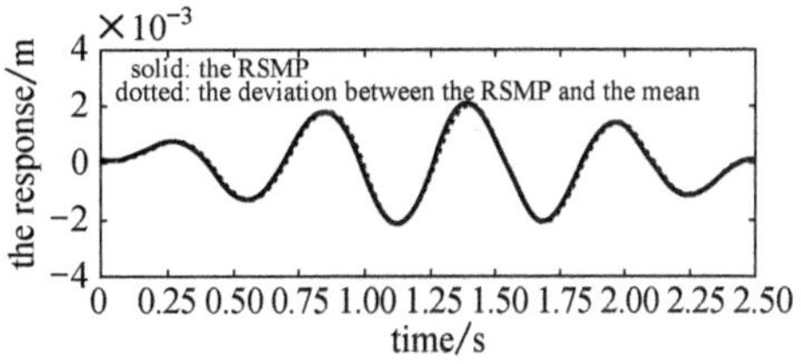

图 5　均值参数系统反应及其与随机结构反应均值的差异

概率密度演化方法得到的结构反应均值与标准差与 Monte Carlo 方法的结果符合良好,并且具有计算量小、计算结果稳定等优点,在 Monte Carlo 方法中,计算的收敛准则与计算精度的评价至今仍未获得完满解决,而且难以得到比二阶矩更为精细的概率信息.

均值参数系统反应与系统反应均值具有明显的差异,且随着时间的发展差异越来越大,差异的幅值几乎可以达到与反应均值幅值相当的水平(图 5). 随机结构反应中的这一基本特征再次得到了验证. 与静力反应相比较,结构动力反应的涨落显著增大,随机参数虽然仅具有 11.5%的变异系数,但是随机反应的标准差最大值却达到了与均值最大值几乎同一量级的水平.

5 结 论

随机结构动力反应具有确定的反应概率密度演化特征.通过概率密度演化方法,可以得到任意时刻随机结构反应的概率密度曲线,从而得到其全部的概率信息.研究表明,概率密度曲线具有典型的演化特征,且与正态分布差异很大,甚至出现双峰曲线的情形,应该引起足够的重视.与随机模拟方法、随机摄动方法和正交展开理论相比较,概率密度演化方法不仅可以获得更为精细的反应概率信息,而且计算量小、不存在久期项问题的困扰和小变异性的限制,具有很高的精度.相信随着研究工作的深入展开,概率密度演化方法将会被证明是一条具有良好的研究和应用前景的随机结构分析途径.

参考文献

[1] 李杰.随机结构系统——分析与建模[M].北京:科学出版社,1996.

[2] Shinozuka M. Probabilistic modeling of conerete structures[J]. Journal of Engineering Mechanics, ASCE, 1972, 98: 1433-1451.

[3] Kleiber M, Hien T D. The Stochastic Finite Element Method[M]. Chishcester: John Wiley & Sons, 1992.

[4] Hisada T, Nakagiri S. Stochastic finite element method developed for structural safety and reliability[R]. Proc. 3rd Int Conf on Structural Safety and Reliability, 1981: 395-408.

[5] Ghanem R, Spanos P D. Polynomial chaos in stochastic finite elements[J]. Journal of Applied Mechanics, 1990, 57:197-202.

[6] Jensen H, Iwan W D. Response of systems with uncertain parameters to stochastic excitation[J]. Journal of Engineering Mechanics, 1992, 118(5): 1012-1025.

[7] 李杰.随机结构分析的扩阶系统方法(Ⅰ)扩阶系统方程[J].地震工程与工程振动, 1995, 15(3):111-118.

[8] 李杰.随机结构分析的正交分解分析方法[J].振动工程学报,1999,12(1):78-84.

[9] 李杰,廖松涛.线性随机结构在随机激励下的动力响应分析[J].力学学报, 2002,34(3): 416-424.

[10] Elishakoff I, Ren Y J, Shinozuka M. Variational principles developed for and applied to analysis of stochastic beams[J]. Journal of Engineering Mechanics, 1996, 122(6): 559-565.

[11] Ren Y J, Elishakoff I, Shinozuka M. Finite element method for stochastic beams based on variational principles[J]. Journal of Applied Mechanics, 1997,64: 664-669.

[12] Elishakoff I, Impollonia N, Ren Y J. New exact solutions for randomly loaded beams with stochastic flexibility[J]. International Journal of Solids and Structures, 1999, 36, 2325-2340.

[13] 陈建兵.随机结构非线性反应概率密度演化分析[D].上海:同济大学,2002.

[14] 张炳根,赵玉芝.科学与工程中的随机微分方程[M].北京:海洋出版社,1981.

[15] 钟万勰.应用力学对偶体系[M].北京:科学出版社，2002.
[16] Thomas J W. Numeral Partial Differential Equations Finite Difference Methods[M]. New York: Springer-Verlag Inc,1995.

Probability Density Evolution Method For Analysis of Stochastic Structural Dynamic Response

Li Jie　Chen Jianbing

Abstract: Probability density evolution method for the analysis of stochastic structural dynamic response is presented. Based on the finite element method, the state equations of structural response containing random parameter are deduced. The probability density evolution equation (PDEE) of the stochastic structural response is then established by introducing augmented state vector. Combing the precise integration method with the Lax-Wendroff difference scheme will lead to numerical method for the PDEE. A case is studied on the response of an 8-storey floor-shear stochastic structure and the results are compared with that evaluated by the Monte Carlo method. The investigation shows that the probability density curves of the stochastic structural response have the characteristics of evolution, and they are far from normal distribution, at some time they even have double peaks.

(本文原载于《力学学报》第 35 卷第 4 期,2003 年 7 月)

随机结构非线性动力响应的概率密度演化分析

李杰　陈建兵

摘　要　提出了随机结构非线性动力响应分析的概率密度演化方法.根据结构动力响应的随机状态方程,利用概率守恒原理,建立了随机结构非线性动力响应的概率密度演化方程.结合 Newmark-Beta 时程积分方法与 Lax-Wendroff 差分格式,提出了概率密度演化方程的数值分析方法.通过与 Monte Carlo 分析方法对比,表明所给出的概率密度演化方法具有良好的计算精度和较小的计算工作量.研究表明:随机结构非线性动力响应概率密度具有典型的演化特征,随着时间增长,概率密度曲线分布趋于复杂.

引　言

近 30 年来,考虑结构参数随机性的随机结构响应分析研究获得了重要的发展,为获取随机结构线性响应的二阶统计量,已形成了随机模拟、随机摄动和正交多项式展开等三类较为成熟的基本分析方法[3-4].然而,对于随机结构的非线性响应分析问题,由于问题本身的复杂性,迄今仍处于探索的阶段.在近年的研究文献中,较多采用的是随机模拟方法、随机等效线性化方法和随机摄动方法.例如:Ding 和 Li(2000)[4]采用二重随机模拟方法研究了混凝土结构非线性响应的特征,其结果表明,随机结构非线性响应具有大幅度的随机涨落.在随机等效线性化方法研究中, Klosner 等(1992)[5]提出了一类求解非线性随机振子平稳随机响应统计量的统计线性化方法,此法原则上可应用于多自由度体系,但用于双自由度体系已经相当复杂. Micaletti 等(1998)[6]则建议首先将随机参数化为时变随机过程,进而采用等价线性化方法处理结构非线性响应分析问题.研究表明,等价线性化方法对于强非线性情形往往效果不佳,在具有本质非线性行为时甚至可能给出不正确的解答(Bernard,1998)[7].1986 年,Liu 等[8]首次将随机摄动技术引入非线性随机结构动力响应分析中.Teigen Frangopol 及其合作者[9, 10]进一步将随机摄动技术与混凝土屈服准则结合起来进行了混凝土框架结构和混凝土板的静力非线性分析.结合静力可靠度分析方法,刘宁(2001)[11]对摄动非线性有限元方法作了进一步的研究. 从研究现状来看,随机摄动技术主要应用于静力非线性问题. 与此相对照,试图将正交展开理论推广到随机结构非线性分析的努力也取得了若干进展. 例如: Huang(1996)[12]对于具有多项式形式非线性强化或软化项的振动系统,直接将响应量按正交多项式展开,分析了单自由度系统的动力非线性响应. Anders 和 Hori (1999,2001)[13, 14]引入虚拟边界体的概念,将增量方程按照正交多项式展开,提出了一类可适用于非线性静力问题的正交展开算法并应用于平面板及地表断层的分析中.

上述研究现状表明,即便是在二阶统计量的求取上,随机结构非线性动力响应分析亦远未成熟,更难以得到更多的响应概率信息(如概率密度等). 近年来,作者[15, 16]在研究工作中,基于随机结构非线性响应概率密度演化的思想,提出了一类随机结构响应分析的概率密度演化方法. 本文拟沿用概率密度演化分析的基本思想,导出随机结构非线性动力响应的概率密度演化方程. 结合 Newmark-β 时程积分法与 Lax-Wendroff 差分格式,文中建立了随机结构非线性动力响应概率密度演化方程的数值求解算法. 作为计算实例,分析了一个具有随机滞回恢复力的 8 层层间剪切结构随机非线性动力响应的概率密度演化过程,结果表明本文建议的方法是行之有效的.

1 随机结构非线性动力响应的概率密度演化方程

不失一般性,采用有限单元法,可将结构动力响应方程写为

$$\boldsymbol{M}(\boldsymbol{\zeta})\ddot{\boldsymbol{U}}+\boldsymbol{C}(\boldsymbol{\zeta})\dot{\boldsymbol{U}}+\boldsymbol{f}(\boldsymbol{\zeta},\boldsymbol{U})=\boldsymbol{F}(t) \tag{1}$$

式中, $\boldsymbol{M}$, $\boldsymbol{C}$ 分别为 $n\times n$ 阶质量矩阵与阻尼矩阵; n 为离散后结构动力自由度数; $\boldsymbol{U}$, $\dot{\boldsymbol{U}}$, $\ddot{\boldsymbol{U}}$ 分别为 n 阶位移、速度和加速度响应向量; $\boldsymbol{f}(\boldsymbol{\zeta},\boldsymbol{U})$ 为恢复力向量; $\boldsymbol{F}(t)$ 为结构所受激励向量,本文仅考虑确定性动力激励; $\boldsymbol{\zeta}$ 为反映结构物理特性的参数向量.

引入状态向量 $\boldsymbol{X}=(\boldsymbol{U}^{\mathrm{T}},\dot{\boldsymbol{U}}^{\mathrm{T}})^{\mathrm{T}}$, 方程(1)可写成如下状态方程的形式

$$\dot{\boldsymbol{X}}=\widetilde{\boldsymbol{A}}(\boldsymbol{X},t) \tag{2}$$

其中 $\widetilde{\boldsymbol{A}}$ 为

$$\widetilde{\boldsymbol{A}}=\begin{Bmatrix}\dot{\boldsymbol{U}}\\ -\boldsymbol{M}^{-1}\boldsymbol{C}\dot{\boldsymbol{U}}-\boldsymbol{M}^{-1}\boldsymbol{f}(\boldsymbol{\zeta},\boldsymbol{U})+\boldsymbol{M}^{-1}\boldsymbol{F}(t)\end{Bmatrix} \tag{3}$$

当 $\boldsymbol{\zeta}$ 为随机参数时,所考察的问题即为随机结构动力非线性响应分析问题. 此时, $\boldsymbol{M}$, $\boldsymbol{C}$ 成为随机矩阵, $\boldsymbol{f}$ 为随机向量,从而 $\widetilde{\boldsymbol{A}}$ 亦为随机向量,方程(2)成为含有随机参数的状态方程

$$\dot{\boldsymbol{X}} = \widetilde{\boldsymbol{A}}(\boldsymbol{\zeta},\ \boldsymbol{X},\ t) \tag{4}$$

式中 $\boldsymbol{\zeta}$ 为随机参数向量,其联合概率密度函数 $p_{\zeta}(\boldsymbol{x})$ 已知.

设求解微分方程(4)得到解答的解析表达式为

$$\boldsymbol{X} = \boldsymbol{X}(\boldsymbol{\zeta},\ t) \tag{5}$$

其导数为

$$\dot{\boldsymbol{X}} = \frac{\partial}{\partial t}\boldsymbol{X}(\boldsymbol{\zeta},\ t) = \boldsymbol{G}(\boldsymbol{\zeta},\ t) \tag{6}$$

式中,$\boldsymbol{G} = (g_1,\ g_2,\ \cdots,\ g_{2n})^{\mathrm{T}}$, $g_l = g_l(\boldsymbol{\zeta},\ t)$ 为 $\dot{\boldsymbol{X}}$ 的第 l 个分量.

引入扩展状态向量

$$\boldsymbol{Y} = (\boldsymbol{X}^{\mathrm{T}},\ \boldsymbol{\zeta}^{\mathrm{T}})^{\mathrm{T}} \tag{7}$$

注意到 $\dot{\boldsymbol{\zeta}} = \boldsymbol{0}$,有如下状态方程

$$\dot{\boldsymbol{Y}} = \begin{Bmatrix} \boldsymbol{G}(\boldsymbol{\zeta},\ t) \\ \boldsymbol{0} \end{Bmatrix} \tag{8}$$

其中 $\boldsymbol{0}$ 为 n_{ζ} 阶零向量.

状态方程(8)的初始条件是

$$\boldsymbol{Y}\,|_{t=0} = (\boldsymbol{X}_0^{\mathrm{T}},\ \boldsymbol{\zeta}^{\mathrm{T}})^{\mathrm{T}}$$

设 $\boldsymbol{Y}(t)$ 的联合概率密度函数为 $p_{Y}(\boldsymbol{y},\ t)$,其中 $\boldsymbol{y} = (y_1,\ \cdots,\ y_{2n},\ \boldsymbol{y}_{\zeta}^{\mathrm{T}})^{\mathrm{T}}$ 为与 $\boldsymbol{Y}$ 对应的实值变量,$\boldsymbol{y}_{\zeta}$ 为与 $\boldsymbol{\zeta}$ 对应的实值变量. 根据概率守恒原理可证明它满足概率密度演化方程[16, 17]

$$\frac{\partial}{\partial t}p_{Y}(\boldsymbol{y},\ t) + \sum_{j=1}^{2n+n_{\zeta}} \frac{\partial}{\partial y_j}[p_{Y}(\boldsymbol{y},\ t)g_j(\boldsymbol{y}_{\zeta},\ t)] = 0$$

注意到式(8),有

$$\frac{\partial}{\partial t}p_{Y}(\boldsymbol{y},\ t) + \sum_{j=1}^{2n} g_j(\boldsymbol{y}_{\zeta},\ t) + \frac{\partial p_{Y}(\boldsymbol{y},\ t)}{\partial y_j} = 0 \tag{9}$$

当仅对 $Y_l(1 \leqslant l \leqslant 2n)$ 感兴趣时,可对式(9)两边关于 $y_1,\ \cdots,\ y_{l-1},\ y_{l+1},\ \cdots,\ y_{2n}$ 积分,并注意到边界条件 $\lim\limits_{y_j \to \infty} p_{Y}(\boldsymbol{y},\ t) = 0(1 \leqslant j \leqslant 2n)$,可得

$$\frac{\partial}{\partial t}p_{Y_l\zeta}(y_l,\ \boldsymbol{y}_{\zeta},\ t) + g_l(\boldsymbol{y}_{\zeta},\ t)\,\frac{\partial p_{Y_l\zeta}(y_l,\ \boldsymbol{y}_{\zeta},\ t)}{\partial y_l} = 0 \tag{10}$$

其中

$$p_{Y_l\zeta}(y_l,\ \boldsymbol{y}_\zeta,\ t)=\int p_Y(\boldsymbol{y},\ t)\mathrm{d}y_1\cdots\mathrm{d}y_{l-1}\mathrm{d}y_{l+1}\cdots d_{y_{2n}}$$

它是 $(y_l,\ \boldsymbol{\zeta}^{\mathrm{T}})^{\mathrm{T}}$ 的联合概率密度. 为了符号的统一起见,由式(7),可将 $p_{Y_l\zeta}(y_l,\ \boldsymbol{y}_\zeta,\ t)$ 改写为 $p_{X_l\zeta}(x_l,\ \boldsymbol{x}_\zeta,\ t)$,其中 x_l 为与 X_l 对应的实值变量,$\boldsymbol{x}_\zeta=\boldsymbol{y}_\zeta$,相应地方程(10)可改写为

$$\frac{\partial p_{X_l\zeta}(x_l,\ \boldsymbol{x}_\zeta,\ t)}{\partial t}+g_l(\boldsymbol{x}_\zeta,\ t)\frac{\partial p_{X_l\zeta}(x_l,\ \boldsymbol{x}_\zeta,\ t)}{\partial x_l}=0 \tag{11}$$

当初始位移和初始速度与结构的物理参数相互独立时,与方程(11)相应的初始条件是

$$p_{X_l\zeta}(x_l,\ \boldsymbol{x}_\zeta,\ t)\mid_{t=0}=\delta(x_l-X_{l,\,0})p_\zeta(\boldsymbol{x}_\zeta) \tag{12}$$

其中 $X_{l,\,0}$ 为 X_l 的确定性初始值,对于初始静止的结构,有 $X_{l,\,0}=0$, $\delta(\cdot)$ 为 Dirac 函数,$p_\zeta(\boldsymbol{x}_\zeta)$ 为随机向量 $\boldsymbol{\zeta}$ 的联合概率密度函数.

求解方程(11)与初始条件(12)构成的偏微分方程初值问题可得到联合概率密度函数 $p_{X_l\zeta}(x_l,\ \boldsymbol{x}_\zeta,\ t)$,进一步关于 $\boldsymbol{x}_\zeta$ 积分即可得 $X_l(t)$ 的概率密度函数

$$p_{X_l}(x_l,\ t)=\int p_{X_l\zeta}(x_l,\ \boldsymbol{x}_\zeta,\ t)\mathrm{d}\boldsymbol{x}_\zeta \tag{13}$$

2 概率密度演化方程的数值分析方法

前述分析表明:为了得到随机结构非线性响应的概率密度,应求解由方程(11),初始条件(12)构成的偏微分方程初值问题,并按式(13)进行积分以得到最终的响应概率密度. 上述求解过程的具体步骤为:

(1) 关于 $\boldsymbol{\zeta}$ 对应的实值区间进行离散,设离散向量为 $\boldsymbol{x}_{\zeta;i_2,\cdots,i_{1+n_\zeta}}$,同时对初始条件(12)取得离散格式

$$p_{X_l\zeta}(x_{l;\,i_1},\ \boldsymbol{x}_{\zeta;\,i_2\cdots,\,i_{1+n_\zeta}},\ t_0)=$$
$$\begin{cases}\dfrac{1}{\mid\Delta x_l\mid}p_\zeta(\boldsymbol{x}_{\zeta;\,i_2,\,\cdots,\,i_{1+n_\zeta}}), & \text{当}\ x_{l;\,i_1}\in\left[X_{l,0}-\dfrac{1}{2}\mid\Delta x_l\mid,\ X_{l,\,0}+\dfrac{1}{2}\mid\Delta x_l\mid\right)\\ 0, & \text{其他}\end{cases} \tag{14}$$

这里 Δx_l 为在 x_l 方向上的离散步长.

(2) 对于给定的 $\boldsymbol{x}_{\zeta;\,i_2,\,\cdots,\,i_{1+n_\zeta}}$,求解方程(2)得到 $\dot{X}_l(\boldsymbol{x}_{\zeta;\,i_2,\,\cdots,\,i_{1+n_\zeta}},\ t_m)$, $t_m=$

$m\Delta t$ 为第 m 个时间离散点，Δt 为时间离散间距；

（3）采用差分方法求解方程(11)，得到 $p_{X_l\zeta}(x_{l;\,i_1},\ \boldsymbol{x}_{\zeta;\,i_2,\,\cdots,\,i_{1+n_\zeta}},\ t_m)$；

（4）关于 $\boldsymbol{x}_{\zeta;\,i_2,\,\cdots,\,i_{1+n_\zeta}}$ 进行数值积分，得到概率密度

$$p_{X_l}(x_{l;\,i_1},\ t_m)=\prod_{j=2}^{1+n_\zeta}|\Delta x_j|\sum_{i_2,\,\cdots,\,i_{1+n_\zeta}}p_{X_l\zeta}(x_{l;\,i_1},\ \boldsymbol{x}_{\zeta;\,i_2,\,\cdots,\,i_{1+n_\zeta}},\ t_m)$$

在步骤③中，原则上可采用任意具有收敛和稳定性的差分格式. 研究表明，Lax-Wendroff 差分格式具有较好的计算性能[18].

设网格比 $r=\dfrac{\Delta t}{\Delta x_l}$，方程(11)的 Lax-Wendroff 差分格式为

$$p_{j,\,m}=\frac{1}{2}(r^2g_m^2-rg_m)p_{j+1,\,m-1}+(1-r^2g_m^2)p_{j,\,m-1}+\frac{1}{2}(r^2g_m^2+rg_m)p_{j-1,\,m-1} \tag{15}$$

式中 $p_{j,\,m}$ 表示 $p_{X_l\zeta}(x_{l;\,i_1},\ \boldsymbol{x}_{\zeta;\,i_2,\,\cdots,\,i_{1+n_\zeta}},\ t_m)$ 而 g_m 可根据式(6)得到

$$g_m=\dot{X}_l(\boldsymbol{x}_\zeta,\ t_m) \tag{16}$$

差分格式(15)的 Courant-Friedrichs-Lewy 条件是

$$|rg_m|\leqslant 1 \tag{17}$$

据此即可确定网格比. 在实际计算中，可先估计 $|g_m|_{\max}$，然后取 $r=r_0/|g_m|_{\max}$，$r_0(0<r_0\leqslant 1)$ 为调整因子. 在计算中应随时验算条件(17).

3 确定性结构非线性动力响应分析

上节步骤②实际上是一个确定性非线性动力响应分析过程，本文建议采用 Newmark-β 时程积分方法并结合增量变刚度原理进行这一分析[19,20].

将 t_{j+1} 时刻与 t_j 时刻的非线性动力响应方程(1)差分，可得结构非线性动力响应的增量方程

$$\boldsymbol{M}\Delta\ddot{\boldsymbol{U}}+\boldsymbol{C}\Delta\dot{\boldsymbol{U}}+\bar{\boldsymbol{K}}(\dot{\boldsymbol{U}},\ \boldsymbol{U})\Delta\boldsymbol{U}=\Delta\boldsymbol{F}(t) \tag{18}$$

为符号简明起见，这里将

$$\boldsymbol{M}(\boldsymbol{x}_{\zeta;\,i_2,\,\cdots,\,i_{1+n_\zeta}}),\quad \boldsymbol{C}(\boldsymbol{x}_{\zeta;\,i_2,\,\cdots,\,i_{1+n_\zeta}})$$

$\bar{\boldsymbol{K}}(\boldsymbol{x}_{\zeta;\,i_2,\,\cdots,\,i_{1+n_\zeta}},\ \dot{\boldsymbol{U}},\ \boldsymbol{U})$中的 $\boldsymbol{x}_{\zeta;\,i_2,\,\cdots,\,i_{1+n_\zeta}}$ 略去.

在求解动力非线性响应增量方程(18)时，首先在上一计算时步的位移响应 $\boldsymbol{U}_j$ 与速度响应 $\dot{\boldsymbol{U}}_j$ 已知的情况下根据恢复力滞回曲线对刚度矩阵 $\bar{\boldsymbol{K}}(\dot{\boldsymbol{U}}, \boldsymbol{U})$ 进行修正. 例如，当构件的恢复力曲线为双线型(图1)时，可根据 $\boldsymbol{U}_j$ 与 $\dot{\boldsymbol{U}}_j$ 判断单元在当前时刻所处的加、卸载状态，进而根据相应的单元刚度完成整体刚度矩阵的组集.

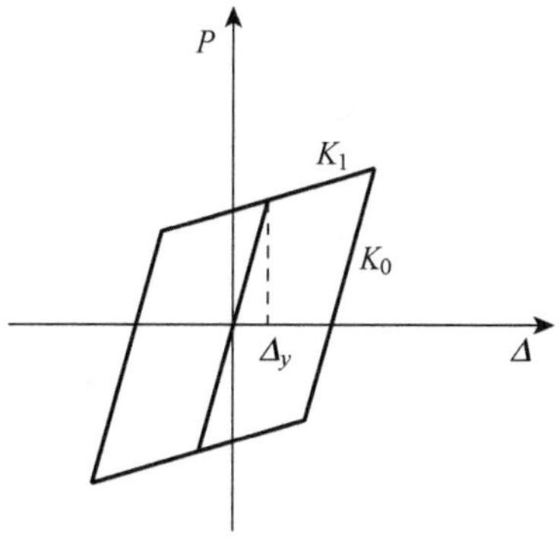

图1 Clough 双线型滞回模型

在刚度修正的基础上，对方程(18)进行差分求解. 当采用 Newmark-β 时程分析法时，假定速度与位移具有如下差分关系

$$\dot{\boldsymbol{U}}_{j+1} = \dot{\boldsymbol{U}}_j + (1-\alpha)\ddot{\boldsymbol{U}}_j \Delta t + \alpha \ddot{\boldsymbol{U}}_{j+1} \Delta t \tag{19}$$

$$\boldsymbol{U}_{j+1} = \boldsymbol{U}_j + \dot{\boldsymbol{U}}_j \Delta t + \left(\frac{1}{2} - \beta\right)\ddot{\boldsymbol{U}}_j (\Delta t)^2 + \beta \ddot{\boldsymbol{U}}_{j+1} (\Delta t)^2 \tag{20}$$

由此即可导出 Newmark-β 法的基本方程

$$\Delta\ddot{\boldsymbol{U}}_j = \frac{1}{\beta}\frac{\Delta \boldsymbol{U}_j}{(\Delta t)^2} - \frac{1}{\beta}\frac{\dot{\boldsymbol{U}}_j}{\Delta t} - \frac{1}{2\beta}\ddot{\boldsymbol{U}}_j \tag{21}$$

$$\Delta\dot{\boldsymbol{U}}_j = \frac{\alpha}{\beta}\frac{\Delta \boldsymbol{U}_j}{\Delta t} - \frac{\alpha}{\beta}\dot{\boldsymbol{U}}_j + \left(1 - \frac{\alpha}{2\beta}\right)\ddot{\boldsymbol{U}}_j \Delta t \tag{22}$$

$$\widetilde{\boldsymbol{K}}_j \Delta \boldsymbol{U}_j = \Delta \widetilde{\boldsymbol{F}}_j \tag{23}$$

其中拟静力刚度矩阵 $\widetilde{\boldsymbol{K}}_j$ 与拟静力荷载增量向量 $\Delta\widetilde{\boldsymbol{F}}_j$ 分别为

$$\widetilde{\boldsymbol{K}}_j = \frac{1}{\beta(\Delta t)^2}\boldsymbol{M} + \frac{\alpha}{\beta \Delta t}\boldsymbol{C} + \bar{\boldsymbol{K}}_j \tag{24}$$

$$\Delta\widetilde{\boldsymbol{F}}_j = \Delta \boldsymbol{F}_j + \boldsymbol{M}\left(\frac{1}{\beta}\frac{\dot{\boldsymbol{U}}_j}{\Delta t} + \frac{1}{2\beta}\ddot{\boldsymbol{U}}_j\right) + \boldsymbol{C}\left(\frac{\alpha}{\beta}\dot{\boldsymbol{U}}_j - \left(1 - \frac{\alpha}{2\beta}\right)\ddot{\boldsymbol{U}}_j \Delta t\right) \tag{25}$$

由式(21)-(25)即可逐步积分得到方程(2)的解答.

4 算例分析

考察一个具有随机刚度参数的8层层间剪切型框架结构的非线性响应. 如图2，设该结构从顶层至底层各层质量依次为 5.0×10^4 kg，1.1×10^5 kg，1.1×10^5 kg，1.0×10^5 kg，1.1×10^5 kg，1.1×10^5 kg，1.3×10^5 kg，1.2×10^5 kg，第1层层高 4 m，其余均为 3 m. 两跨3柱，柱截面尺寸为

600 mm×600 mm. 弹性模量 E 服从截尾正态分布，均值 $\mu_E=3.0\times10^{10}$ Pa，变异系数为 $\delta=10\%$. 基底输入加速度时程为 $\ddot{x}_g=3.0\sin\omega t\ \mathrm{m/s^2}$，其中 $\omega=10.0$. 各构件恢复力曲线为如图 1 所示的 Clough 双线型模型，模型中刚度强化因子 $\alpha=K_1/K_0=0.1$，屈服位移为 Δ_y（本例取 $\Delta_y=0.012$ m). 显然，当 Δ_y 为确定性值而 E 为随机变量时，层间屈服强度为一随机变量，其分布形式与 E 相同，且变异系数在数值上亦相同. 例中，取阻尼矩阵 $\boldsymbol{C}=a\boldsymbol{M}+b\boldsymbol{K}_t$，$\boldsymbol{K}_t$ 为切线刚度矩阵，其中 $a=0.01$，$b=0.005$，由于 $\boldsymbol{K}_t$ 为一随机矩阵，故阻尼矩阵亦为随机矩阵.

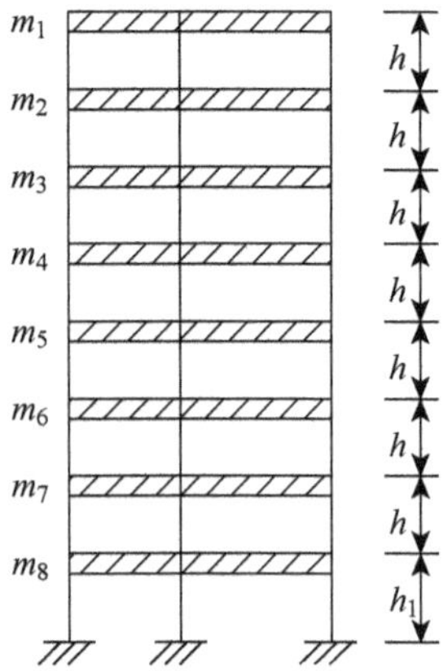

图 2　8 层层间剪切型随机结构模型

结构各层自上至下的水平位移和速度记为 $\boldsymbol{X}=(X_1, X_2, \cdots, X_8, \cdots, X_{16})^{\mathrm{T}}$，其中前 8 个分量为位移，后 8 个分量为速度. 采用本文方法计算得到的结构顶端水平位移响应 X_1 的概率密度演化曲面及典型曲线见图 3.

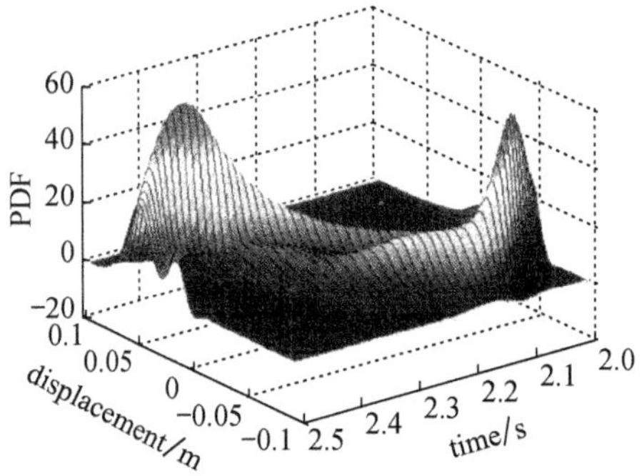

(a) 概率密度演化曲面

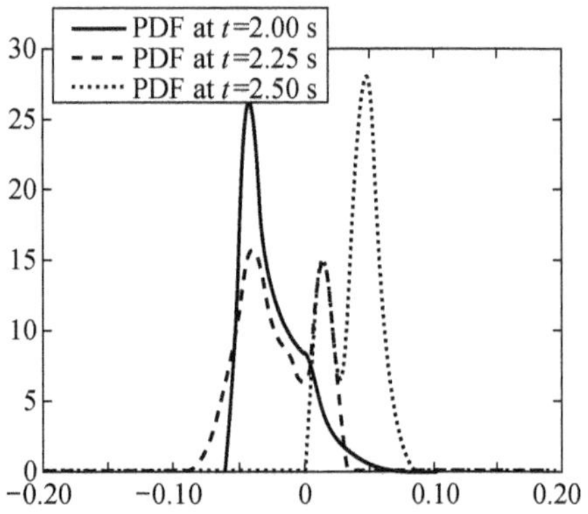

(b) 典型概率密度曲线

图 3　框架结构反应的概率密度

结构非线性响应的数值特征与 Monte Carlo 模拟方法结果的比较见图 4. 在 Monte Carlo 模拟中，首先对弹性模量 E 按给定分布进行随机抽样，然后按 Newmark-β 时程积分方法进行确定性结构动力响应分析，最后进行均值与标准差的统计计算，直至按照标准差范数误差达到 0.1% 为止. 这里，标准差范数定义为各时刻标准差响应绝对值之和. 在内存 128 Mb、主频 366 MHz 的机器上分析上述结构的随机非线性响应，Monte Carlo 模拟计算 6 900 次方收敛，耗时 4 674 s，当随机变量离散数为 50 时，本文建议方法仅需时 166 s. 从图 4 中的比较结果可见：与 Monte Carlo 模拟相比，概率密度演化方法的计算结果具有很好的精度. 同时可见，虽然随机刚度的变异系数仅为 10%，但标准差响应的幅值达到均值响应幅值的 50%～60%. 这一特征充分说明，随机结构动力非线性响应具有大幅度的随机涨落，这恰好与文献[4]中的研究结果相互印证.

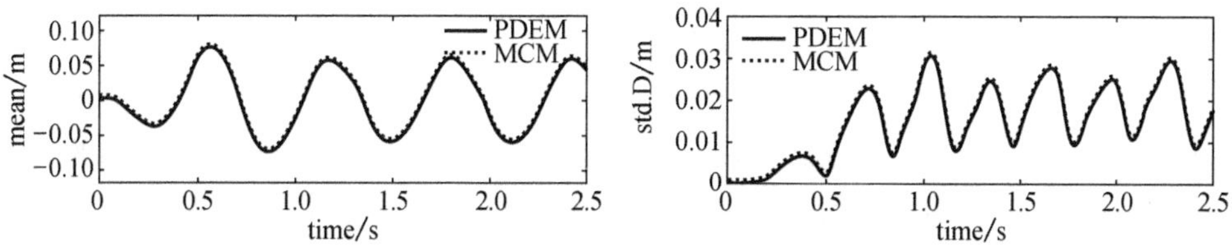

图 4　概率密度演化方法与 Monte Carlo 方法数值特征解答的比较
(PDEM:概率密度演化方法; MCM: Monte Carlo 方法;
Mean:均值反应; Std. D. :标准差反应)

分析概率密度曲线的演化过程(图 3)可知,随着时间的增长,位移响应的概率密度分布发生明显的演化(图 3(a)),形状趋于不规则,且往往出现多个峰值(图 3(b)). 这一特点说明,对于随机结构非线性响应,即使随机源为正态分布,其响应的概率密度函数亦往往与正态分布相去甚远. 因此,传统的基于正态分布假定的结构响应二阶矩可靠度分析方法的结果可能存在较大的误差.

对于给定的位移响应值,在该值上的概率密度演化情况可从演化曲面的一个横剖面得到. 例如,非线性位移响应为－0.02 m 的概率密度演化过程即为图 5(a)中的剖面,而图 5(b)中的剖面则是线性位移响应为－0.02 m 的概率密度演化过程. 显然,这一类曲线也含有丰富的信息,它们反映了结构性态随时间的演化情况. 同时,图 5(a),图 5(b)的比较也说明,考虑非线性效应的结构性态演化过程与线性效应具有很大的差别.

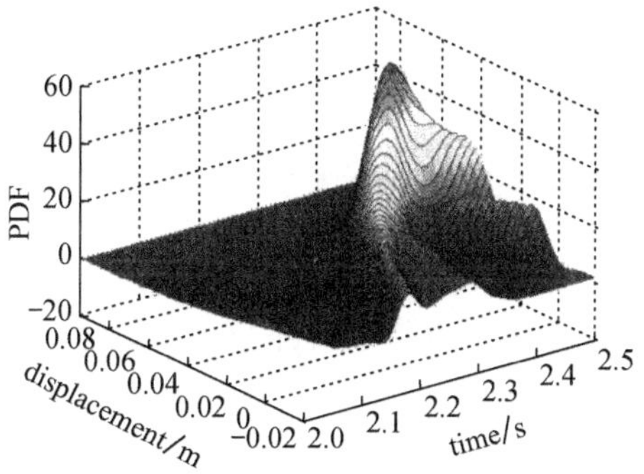

(a) 非线性情况下位移响应＝－0.02 时的概率密度演化

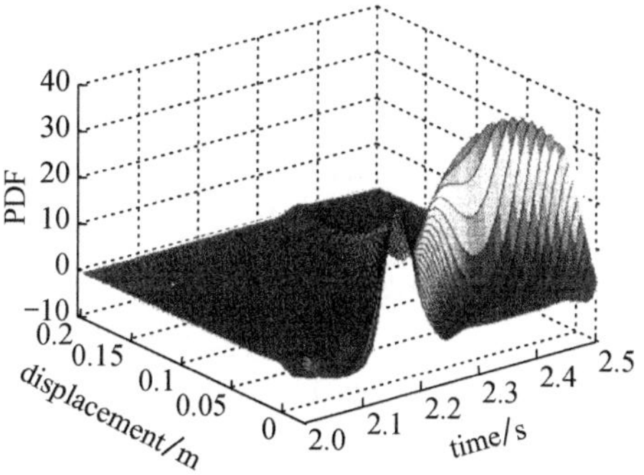

(b) 线性情况下位移响应＝－0.02 时的概率密度演化

图 5　给定位移反应值处的概率密度演化过程

5　结　论

本文从概率密度演化的思想出发,通过引入扩展状态向量,建立了随机结构非线性响应的概率密度演化方程. 结合 Newmark-β 时程积分方法与 Lax-Wendroff 差分格式，提出了非线性响应概率密度演化方程的数值求解方法. 以具有双线型滞回恢复力的 8 层层间剪切结构非线性响应的概率密度演化分析为例，对概率密度演化特征进行了讨论. 研究表明：随机结构非线性响应的概率密度具有典型的演化特征，且随着时间的增长趋于复杂. 与随机参数的变异性相比较，标准差响应幅值与均值响应幅值之比明显增大，表明随机非线性响应具有大幅度的随机涨落特征. 计算实践证明：本文建议的方法具有良好的分析精度和较小的计算工作量，值得在进一步的研究工作中加以发展和完善.

参考文献

[1] Kleiber M, Hien T D. The Stochastic Finite Element Method: Basic Perturbation Technique and Computer Implementation[M]. Chishcester: John Wiley & Sons, 1992.

[2] Ghanem R, Spanos P D. Stochastic Finite Element: A Spectral Approach[M]. Berlin: Springer-Verlag, 1991.

[3] 李杰. 随机结构系统——分析与建模[M]. 北京：科学出版社，1996.

[4] Ding G Y, Li J. The nonlinear response emulation analysis of the stochastic structure subjected to the earthquake excitation[R]. Proceedings of the 12th World Earthquake Engineering Conference, New Zealand, 2000.

[5] Klosner J M, Haber S F, Voltz P. Response of non-linear systems with parameter uncertainties[J]. Int J Non-Linear Mechanics, 1992,27(4):547-563.

[6] Micaletti R C, Sakmak A P, Nielsen S R K, et al. A solution method for linear and geometrically nonlinear MDOF systems with random properties subject to random excitation[J]. Probabilistic Engineering Mechanics, 1998,13(2):85-95.

[7] Bernard P. Stochastic linearization: What is available and what is not[J]. Computers & Structures, 1998,67:9-18.

[8] Liu W K, Belytschko T, Mani A. Probability finite elements for nonlinear structural dynamics[J]. Computer Methods in Applied Mechanics and Engineering, 1986,56:61-81.

[9] Teigen J G, Frangopol D M, Sture S, et al. Probabilistic FEM nonlinear concrete structures. I: Theory[J]. Journal of Structural Engineering, 1991,117(9):2674-2689.

[10] Frangopol D M, Lee Y H, Willam K J. Nonlinear finite element reliability analysis of concrete[J]. Journal of Engineering Mechanics, 1996,122(12):1174-1182.

[11] 刘宁. 可靠度随机有限元法及其工程应用[M]. 北京：中国水利水电出版社，2001.

[12] Huang C T. On the Dynamic Response of Nonlinear Uncertain Systems[D]. California Institute of Technology,1996.

[13] Anders M, Hori M. Stochastic finite element method for elasto-plastic body [J]. International Journal for Numerical Methods in Engineering, 1999,46:1897-1916.

[14] Anders M, Hori M. Three-dimensional stochastic finite element method for elasto-plastic bodies[J]. International Journal for Numerical Methods in Engineering, 2001,51:449-478.

[15] 李杰，陈建兵. 随机结构动力反应的概率密度演化方法[J]. 力学学报，2003,35(4):437-442.

[16] 陈建兵. 随机结构非线性反应概率密度演化分析[D]. 上海：同济大学，2002.
[17] Soong T T. Random Differential Equations in Science and Engineering[M]. New York and London: Academic Press, 1973.
[18] Thomas J W. Numeral Partial Differential Equations Finite Difference Methods[M]. New York: Springer-Verlag Inc., 1995.
[19] Newmark N M. A method of computation for structural dynamics[J]. ASCE Transactions, 1962, 127:1406-1435.
[20] Clough R W, Penzien J. Dynamics of Structures[M]. New York: McGraw-Hill Inc, 1993.

The Probability Density Evolution Method for Analysis of Dynamic Nonlinear Response of Stochastic Structures

Li Jie Chen Jianbing

Abstract: The probability density evolution method (PDEM) for dynamic nonlinear response analysis of stochastic structures is proposed. In the paper, an uncoupled augmented state equation, based on existence and uniqueness of solution of well-posed dynamic systems, is firstly presented. According to the principle of preservation of probability, the probability density evolution equation of the structural nonlinear dynamic response is put forward and then uncoupled into a one-dimensional partial differential equation. The instantaneous probability density function of any response quantity can be obtained by solving the initial value partial differential equation problem. In the computational aspect, the proposed method can be carried out through a hybrid algorithm, where a deterministic nonlinear dynamic response analysis, say, the Newmark-Beta time integration method, is employed firstly to gain the coefficient of the probability density evolution equation and then a finite difference method with Lax-Wendroff scheme is used to solve the partial differential equation. The dynamic responses of an 8-story shear-story structure with bilinear hysteretic restoring force model are studied. The investigations indicate that the probability density functions of nonlinear dynamic responses evolves and tends more complex against time, usually far from well known distribution types such as the normal distribution and Rayleigh distribution, etc. This may have obvious influence on dynamic reliability assessment of the structure and therefore the traditional dynamic reliability theory may need to be revisited. The computations demonstrate that the proposed PDEM is of high accuracy and effciency, without the limitation of the degree of variance of the source random parameters, neither influenced by the so-called secular terms problem. Therefore, it is a promising method worth further investigation.

（本文原载于《力学学报》第 35 卷第 6 期，2003 年 11 月）

随机结构响应密度演化分析的映射降维法

李 杰 陈建兵

摘 要 提出了随机结构响应密度演化分析的映射降维算法. 在一般线性与非线性随机结构分析中,采用近年发展起来的密度演化方法,能够获得动力响应的瞬时概率密度函数及其演化过程,具有较好的精度. 当具有多个随机变量时,采用常规的格栅型选点将导致过大的计算工作量. 基于 Cantor 集合映射的基本思想,将多维空间中的离散网格点逐次两两降维,按照概率测度值进行排序、取点,从而将具有多个随机变量的随机结构分析问题的计算工作量降到与仅含单一随机变量的随机结构分析相当的水平. 与随机模拟结果的比较表明:建议的方法具有较高的精度和效率.

引 言

考虑结构参数随机性的随机结构分析在过去 30 年中吸引了大量的研究兴趣并取得了重要的成果,形成了统计方法(随机模拟方法)与二阶近似方法(如随机摄动方法、正交多项式展开方法等)两大类分析方法. 可以认为:求取线性随机结构响应二阶统计量的近似分析技术已经基本成熟[1, 2]. 近年来,在求取随机结构响应二阶统计量精确解答方面也取得了初步的成果,如 Rollot 等[3]在简支与超静定梁的线性静力分析及 Impollonia 等[4]在响应面方法所做的尝试等. 由本文作者所发展的密度演化方法,从更为全面的意义上对随机结构响应分析问题进行了新的探索. 文献[5, 6]等的研究表明:密度演化分析方法可以方便地给出线性与非线性随机结构响应的概率密度函数,具有较高的精度和广泛的适用性.

在密度演化方法中,为获得结构响应量的概率分布,要对与随机向量相应的实变量进行积分,在多个随机变量的时候,这一积分随着随机变量个数的增大而使得求解的效率迅速降低,甚至难以实施. 针对这一问题,在本文中,我们基于 Cantor 集合映射的基本思想[7],构造给出了含有多个随机变量的随机结构响应密度演化分析的映射降维算法,取得了较好的效果.

1 随机结构响应的密度演化分析方法

1.1 随机结构响应的密度演化分析方法

采用随机结构响应的密度演化方法，可以求得随机结构响应的概率密度函数[5,6]. 为明确起见，这里略述其基本思想及数值方法. 对于一般的多自由度动力系统，其动力平衡方程为[8]

$$\boldsymbol{M}(\boldsymbol{\Theta})\ddot{\boldsymbol{X}}+\boldsymbol{C}(\boldsymbol{\Theta})\dot{\boldsymbol{X}}+\boldsymbol{f}(\boldsymbol{\Theta},\ \boldsymbol{X})=\boldsymbol{F}(\boldsymbol{\Theta},\ t) \tag{1}$$

其中 $\boldsymbol{M}$, $\boldsymbol{C}$ 分别为 $n\times n$ 阶质量矩阵与阻尼矩阵；$\boldsymbol{f}$ 为 n 维恢复力向量，$\ddot{\boldsymbol{X}}$,$\dot{\boldsymbol{X}}$,$\boldsymbol{X}$ 为 n 维加速度、速度与位移向量；$\boldsymbol{F}$ 为 n 维激励向量；$\boldsymbol{\Theta}$ 为反映结构与激励随机性的 n_{Θ} 维随机向量，其概率密度函数 $p_{\Theta}(\boldsymbol{\theta})$ 已知. 根据对于随机性描述的不同，$\boldsymbol{\Theta}$ 可能来自于以随机变量描述的结构构件物理或几何参数的随机性以及动力激励成分的随机性，也可能来自于以随机场描述的连续结构的物理或几何参数的随机性和以随机过程描述的随机性. 前者本身即构成随机向量，对于后者，则可通过随机场离散或分解以及随机过程的分解化为离散随机变量的集合[1,2].

对于适定的结构动力学问题，在确定性初始条件

$$\dot{\boldsymbol{X}}(0)=\dot{\boldsymbol{x}}_0,\quad \boldsymbol{X}(0)=\boldsymbol{x}_0 \tag{2}$$

下，方程(1)的解答存在、惟一且连续依赖于结构的参数 $\boldsymbol{\Theta}$，即存在形式表达

$$\boldsymbol{X}=\boldsymbol{H}(\boldsymbol{\Theta},\ t) \tag{3}$$

其中 $\boldsymbol{H}=(H_1, H_2, \cdots, H_n)^{\mathrm{T}}$. 当考虑 $\boldsymbol{X}$ 的第 l 个分量 X_l 时，有

$$X_l=H_l(\boldsymbol{\Theta},\ t) \tag{4}$$

设 $(X_l,\ \boldsymbol{\Theta})$ 的联合概率密度函数为 $p_{X_l\Theta}(x,\ \boldsymbol{\theta},\ t)$，则根据条件概率公式，有

$$p_{X_l\Theta}(x,\ \boldsymbol{\theta},\ t)=p_{X_l|\Theta}(x,\ t\mid\boldsymbol{\theta})p_{\Theta}(\boldsymbol{\theta})=\delta(x-H_l(\boldsymbol{\theta},\ t))p_{\Theta}(\boldsymbol{\theta}) \tag{5}$$

其中 $p_{X_l|\Theta}(x,\ t\mid\boldsymbol{\theta})=\delta(x-H_l(\boldsymbol{\theta},\ t))$ 为条件概率密度函数，$\delta(\cdot)$ 为 Dirac 函数.

对式(5)两边同时关于时间求导数，并整理可得广义概率密度演化方程[6]

$$\frac{\partial p_{X_l\Theta}(x,\ \boldsymbol{\theta},\ t)}{\partial t}+\dot{X}_l(\boldsymbol{\theta},\ t)\frac{\partial p_{X_l\Theta}(x,\ \boldsymbol{\theta},\ t)}{\partial x}=0 \tag{6}$$

由式(5)易知方程(6)的初始条件为

$$p_{X_l\Theta}(x,\ \boldsymbol{\theta},\ t)\big|_{t=0}=p_{\Theta}(\boldsymbol{\theta})\delta(x-x_{l,0}) \tag{7}$$

其中 $x_{l,0}$ 为 $\boldsymbol{x}_0$ 的第 l 个分量.

结合确定性结构动力响应的时程积分方法与有限差分格式,可对方程(6)进行数值求解,进而得到 $X_l(t)$ 的概率密度函数 $p_{X_l}(x, t)$ 为

$$p_{X_l}(x, t) = \int_{\Omega_\Theta} p_{X_l\Theta}(x, \boldsymbol{\theta}, t)\mathrm{d}\boldsymbol{\theta} \tag{8}$$

这里 Ω_Θ 为 $\boldsymbol{\Theta}$ 的分布区域.

1.2 数值算法

采用数值算法可以方便地进行上述广义密度演化方程(6),(7)的求解,具体实施步骤如下:

① 对与随机向量 $\boldsymbol{\Theta}$ 相应的实值向量 $\boldsymbol{\theta}$ 进行离散,即取多维空间中的离散点,记所取之离散代表点为 $\boldsymbol{\theta}_q$, $q = 1, 2, \cdots, N_{\mathrm{sel}}$.

② 对于给定的 $\boldsymbol{\theta}_q$, 对方程(1)进行确定性时程分析,求解得到速度响应 $\dot{X}_l(\boldsymbol{\theta}_q, t_m)$,这里 $t_m = m \cdot \Delta t$; $m = 1, 2, \cdots$; Δt 为时间离散步长.

③ 对于给定的 $\boldsymbol{\theta}_q$,在初始条件(7)下采用有限差分方法求解一阶守恒型偏微分方程(6),得到联合概率密度函数的离散值 $p_{X_l\Theta}(x_j, \boldsymbol{\theta}_q, t_m)$,其中 $x_j = j \cdot \Delta x$; $j = 0, \pm 1, \pm 2, \cdots$, Δx 为 x 方向的空间离散步长.

④ 对式(8)进行数值积分,给出 $X_l(t)$ 的概率密度函数之数值解答

$$p_{X_l}(x_j, t_m) = \sum_q p_{X_l\Theta}(x_j, \boldsymbol{\theta}_q, t_m)\Delta\boldsymbol{\theta} \tag{9}$$

步骤② 中的确定性动力时程分析可采用成熟的时程分析方法,例如 Newmark-β 方法[9].

步骤③中应首先对初始条件(7)进行离散,得到离散初始条件为

$$p_{X_l\Theta}(x_j, \boldsymbol{\theta}_q, t_m)\mid_{m=0} = p_\Theta(\boldsymbol{\theta}_q)(r\delta_{j,\eta} + (1-r)\delta_{j,\eta+1}) / \mid \Delta x \mid \tag{10}$$

其中 $\eta = [x_{l,0}/\Delta x]$,$[\cdot]$ 表示不超过该数的最大整数, $r = \eta + 1 - x_{l,0}/\Delta x$, $\delta_{\cdot,\cdot}$ 为 Kronecker 记号. 式(6)为一阶线性守恒型偏微分方程,进行有限差分求解时,应采用具有 TVD 性质的差分格式[10].

2 映射降维算法

在 1.2 的步骤 1)中,对 $\boldsymbol{\theta}$ 取得离散代表点 $\boldsymbol{\theta}_q$, 之后在步骤 4)中要求遍历 $\boldsymbol{\theta}_q$. 计算实践表明,当 $\boldsymbol{\Theta}$ 为单一随机变量即 $n_\Theta = 1$ 时,一般可取离散点数 $N = 50 \sim 150$. 当 n_Θ 较大时, $\boldsymbol{\Theta} = (\Theta_1, \Theta_2, \cdots, \Theta_{n_\Theta})$, 若对于 Θ_l; $l = 1, 2, \cdots, n_\Theta$ 的离散点数为 N_l ,则网格点的总数为 $N = \prod_{l=1}^{n_\Theta} N_l$, 例如当取 $N_l = 100$, $n_\Theta = 10$ 时,则 $N = 10^{20}$, 这一数目是惊人的. 显然,直接采用网格划分所得的格栅型离散代表点对于

含有多个随机变量的随机结构系统响应分析是不现实的. 为此,本文提出映射降维算法,从网格点中逐次选点,最终从 n_Θ 维空间中取出数目较少的有限个点进行分析.

从式(5), (8)和式(10)不难看出,上述问题化为 Stieltjes 积分形式对于数值求解更为方便,此时,式(8)成为

$$p_{X_l}(x,\ t)=\int_{\Omega_\Theta}\widetilde{p}_{X_l\Theta}(x,\ \boldsymbol{\theta},\ t)\mathrm{d}F(\boldsymbol{\theta}) \tag{11}$$

其中 $\mathrm{d}F(\boldsymbol{\theta})=p_\Theta(\boldsymbol{\theta})\mathrm{d}\boldsymbol{\theta}$.

$$\widetilde{p}_{X_l\Theta}(x,\ \boldsymbol{\theta},\ t)=p_{X_l\Theta}(x,\ \boldsymbol{\theta},\ t)/p_\Theta(\boldsymbol{\theta}) \tag{12}$$

故在数值求解中,离散初始条件(10)变为

$$\widetilde{p}_{X_l\Theta}(x_j,\ \boldsymbol{\theta}_q,\ t_m)\mid_{m=0}=(r\delta_{j,\ \eta}+(1-r)\delta_{j,\eta+1})/\mid\Delta x\mid \tag{13}$$

而数值积分式(9)则变为

$$p_{X_l}(x_j,\ t_m)=\sum_q\bar{p}_{X_l\Theta}(x_j,\ \boldsymbol{\theta}_q,\ t_m)\cdot\Delta F(\boldsymbol{\theta}_q)=\sum_q\bar{p}_{X_l\Theta}(x_j,\ \boldsymbol{\theta}_q,\ t_m)\cdot P_q \tag{14}$$

这里记 $\Delta F(\boldsymbol{\theta}_q)$ 为 P_q ,为在离散点 $\boldsymbol{\theta}_q$ 处基本随机变量的概率测度值.

不失一般性,假定随机变量 Θ_1, Θ_2, …, Θ_{n_Θ} 是相互独立的. 事实上,当它们不相互独立时,可通过相关结构分解将其转化为独立随机变量集合[1, 2].

2.1 两个随机变量的映射降维方法

首先考虑含有两个随机变量的随机结构分析问题. 其降维的基本步骤为:

1) 在平面 $(\theta_1,\ \theta_2)$ 内划分二维 $N_1\times N_2$ 网格,网格点编号为 $(i_1,\ i_2)$, $i_l=1,\ \cdots,\ N_l$; $l=1,\ 2$,在该点的概率测度值 $P_{i_1i_2}=p_{\Theta_1}(\theta_{1,\ i_1})\cdot p_{\Theta_2}(\theta_{2,\ i_2})\Delta\boldsymbol{\Theta}$, $\Delta\boldsymbol{\Theta}$ 为网格面积.

2) 将所有点 $(i_1,\ i_2)$ 按照 $P_{i_1i_2}$ 的单调非增顺序排列成一行,记各点编号为 k; $k=1,\ 2,\ \cdots,\ N_1\times N_2$, 概率测度值记为 $\widetilde{P}_k=P_{i_1i_2(k)}$,这里下标 $i_1i_2(k)$ 表示平面上的点 $(i_1,\ i_2)$ 与线段上的点 k 的一一映射关系.

3) 将线段上的 $N_1\times N_2$ 个点从左到右分成 $\overline{N}_1$ 个子集,每一子集内含有的点数为 $\widetilde{N}_q$; $q=1,\ 2,\ \cdots,\ \overline{N}_1$. 对任意子集 q ,从 $\widetilde{N}_q$ 点中取出一点,记为 $Q_q(i_1,\ i_2)$, 并将该子集内所有 $\widetilde{N}_q$ 点的概率之和赋予该点,即 $P_q=\sum_{k=l_{1,\ q}}^{l_{2,\ q}}\widetilde{P}_k$, 其中 $l_{1,\ q}=\sum_{j=1}^{q-1}\widetilde{N}_j+1$, $l_{2,\ q}=\sum_{j=1}^{q}\widetilde{N}_j$, 这里 $Q_q(i_1,\ i_2)$ 表示点 Q_q 在二维平面上的坐标为 $(i_1,\ i_2)$.

按照上述步骤取出的点 $Q_q(i_1,\ i_2)$, $q=1,\ 2,\ \cdots,\ \overline{N}_1$, 即可作为 1.2 节之步骤 1)中取用的点 $\boldsymbol{\theta}_q$,相应的概率测度为 P_q ,此时,总的选点数目 $N_{\mathrm{sel}}=\overline{N}_1$. 在程

序实现中,为求解方程(6),取用离散初始条件

$$\tilde{p}_{X_l\Theta}(x_j, \boldsymbol{\theta}_q, t_m)\mid_{m=0} = P_q \cdot (r\delta_{j,\eta} + (1-r)\delta_{j,\eta+1})/\mid \Delta x \mid \tag{15}$$

更为方便,而式(9)和式(14)则相应变为

$$p_{X_l}(x_j, t_m) = \sum_q \tilde{p}_{X_l\Theta}(x_j, \boldsymbol{\theta}_q, t_m) \tag{16}$$

因此,在实际的问题中,二维积分问题化为 $\bar{N}_1$ 点计算值的代数和. 由于在本节步骤 2)中将二维平面上的点映射为一维线段上的点,或者说二维数组映射为一维数组,并从中取点,因此,不妨称为映射降维算法. 这一思想的理论基础是 Cantor 集合论,它指出,平面上的点可以与线段上的点构成一一映射关系[11, 12].

在计算中,可取 $\bar{N}_1 = N_1$,如此,则将两个随机变量情况下的计算工作量降为与单一随机变量情况相当的水平. 步骤 3)中,$\tilde{N}_q$ 可以全部相等,也可以不全相等,例如可令 $\tilde{N}_q$ 随着 q 的增大而不减. 此外,在 $\tilde{N}_q$ 中选取代表点的工作亦可采用不同的方式进行. 本文的做法是:首先将线段均分为 5 段,各段内取点数比例依次为 $2^4:2^3:2^2:2:1$,在每一段内再按该段内应取点数均分,如此,得到 $\tilde{N}_q$,在 $\tilde{N}_q$ 中随机选择一点,同时使得所有选出的点在二维平面上相互间距尽可能大. 按照这一规则,对于二维标准正态随机变量,从[−3.5, 3.5]×[−3.5, 3.5]正方形区域内的 151×151 个网格点中取出 151 点,这些取出的点在平面上的分布如图 1(a),各点赋予的概率测度见图 1(b).

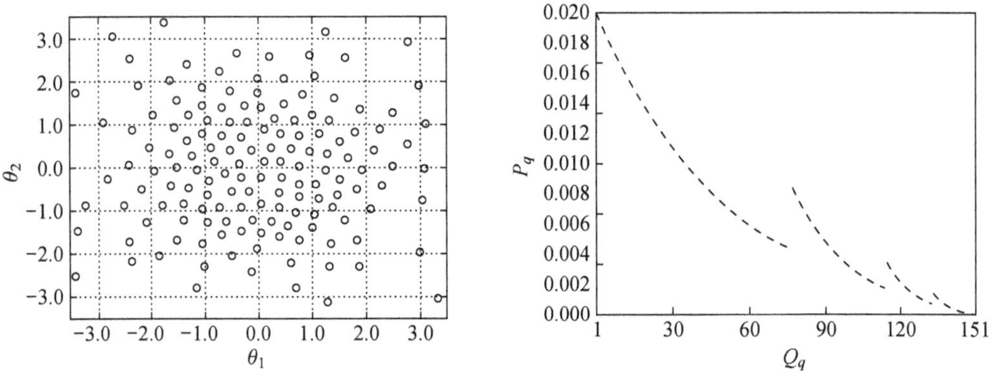

(a) 取出的点在平面上的分布　　(b) 取出点所赋的概率测度 P_q

图 1　二维随机变量映射降维的取点分布

2.2　多个随机变量的映射降维方法

当含有多个随机变量时,可以方便地化为两两随机变量的降维问题.

为符号方便起见,以 Θ_1, $\Theta_2 \rightarrow \Theta_{12}$ 表示将 Θ_1, Θ_2 降维的过程,并以新的"综合"随机变量 Θ_{12} 记之. 对于 Θ_1, Θ_2, …, Θ_{n_Θ},可按照任意的两两降维程序进行,例如,可以采用

$$(\Theta_1, \Theta_2, \cdots, \Theta_{n_\Theta}) \rightarrow (\Theta_{12}, \Theta_{34}, \cdots, \Theta_{n_\Theta}) \rightarrow$$
$$(\Theta_{1234}, \Theta_{5678}, \cdots, \Theta_{n_\Theta}) \rightarrow \cdots \rightarrow \Theta_{12\cdots n_\Theta}$$

亦可按照

$$(\Theta_1, \Theta_2, \cdots, \Theta_{n_\Theta}) \rightarrow (\Theta_{12}, \Theta_3, \cdots, \Theta_{n_\Theta}) \rightarrow$$
$$(\Theta_{123}, \Theta_4, \cdots, \Theta_{n_\Theta}) \rightarrow \cdots \rightarrow \Theta_{12\cdots n_\Theta}$$

的顺序进行.一般而言,这些步骤在计算工作量上是等价的,均需 $n_\theta - 1$ 次两两降维操作.

采用上述映射降维方法,可将多个随机变量情况采用逐次两两降维的步骤化为与单一随机变量情况近工作量相当的水平.

3 分析实例

以具有随机参数的 8 层框架结构(图 2)随机响应分析为例,考察密度演化分析的降阶算法的精度和效率.

图 2 示结构各层质量 $m_1 \sim m_8$ 分别为 0.5, 1.1, 1.1, 1.0, 1.1, 1.1, 1.3, 1.2(单位 10^5kg),层高为 $h_1 = 4$ m, $h = 3$ m,两跨三柱,柱截面尺寸为 500 mm×500 mm,梁为完全刚性.柱的恢复力曲线如图 3,屈服后刚度比 $\alpha = K_1/K_0 = 0.1$,屈服位移 $\Delta_y = 0.006$ m,采用 Rayleigh 阻尼 $\boldsymbol{C} = a\boldsymbol{M} + b\boldsymbol{K}_t$,$\boldsymbol{K}_t$ 为瞬时(切线)刚度矩阵,取 $a = 0.01$, $b = 0.005$. 弹性模量和地震动加速度峰值为随机变量,这里考虑两种情况:

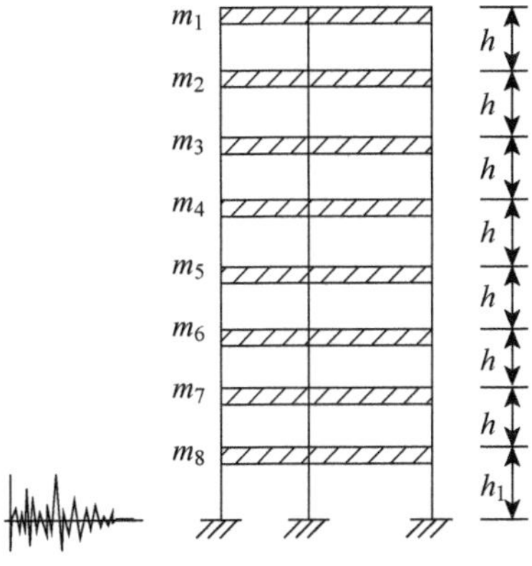

图 2 8 层框架结构

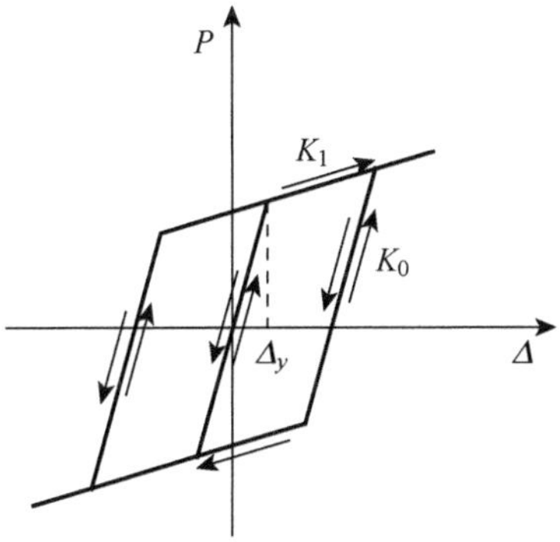

图 3 恢复力曲线

情况 1:各层柱初始弹性模量 E 完全相同,为单一随机变量,均值 3.0×10^{10} Pa,变异系数 0.3,截尾正态分布(截尾长度为 $\pm 3.5\sigma$,下同);基底加速度采用具有随机峰值的 El Centro 东西向地震动加速度时程,地震动峰值均值 $2.0 \mathrm{m/s^2}$,变异系数 0.2,截尾正态分布.在该情况下,共考虑 2 个随机变量.

情况 2:各层柱初始弹性模量 E 为独立随机变量,底二层柱 E 均值 3.5×

10^{10} Pa,顶三层均值 2.0×10^{10} Pa,中间三层均值 2.5×10^{10} Pa,变异系数均为 0.1,截尾正态分布;基底加速度时程为

$$\ddot{x}_g = \zeta_1 \ddot{x}_{\text{El-EW}} + \zeta_2 \ddot{x}_{\text{El-NS}} \tag{15}$$

其中 $\ddot{x}_{\text{El-EW}}$, $\ddot{x}_{\text{El-NS}}$ 分别为 El Centro 地震动加速度的东西与南北分量,其峰值均为 2.0 m/s^2; ζ_1, ζ_2 为独立同分布的随机变量,其均值为 0.5,变异系数为 0.2,截尾正态分布.在该情况下,共考虑 10 个随机变量.

以顶层位移响应为考察对象.对情况 1 采用本文建议方法的计算分析结果见图 4~图 7,分析中取 $N_1 = N_2 = \bar{N}_1 = 151$;情况 2 的分析结果见图 8~图 11,在两两降维过程中均取 $N_1 = N_2 = \bar{N}_1 = 151$,最后一步两两降维取为 $N_1 = N_2 = 151$, $\bar{N}_1 = 201$,即最终取用 $N_{\text{sel}} = 201$ 点.

图 4 和图 8 分别为两种情况下采用密度演化方法(PDEM) 计算的均值和标准差及其与随机模拟方法(MCM) 的比较,图中可见,本文建议的密度演化方法具有较高的精度.情况 2 时在 1.8 GHz CPU 和 256 MB 内存的 PC 机上采用随机模拟方法模拟 15 000 次,标准差范数精度 0.1%,需时 9 201 s,而在同一机器上本文建议方法则仅需时 82 s.同时,值得指出,在具有多个随机变量情况下,随机模拟方法往往很难收敛而中途发散,导致计算结果前功尽弃.而采用其他的随机结构分析方法,也都遇到计算量迅速增大的困境.

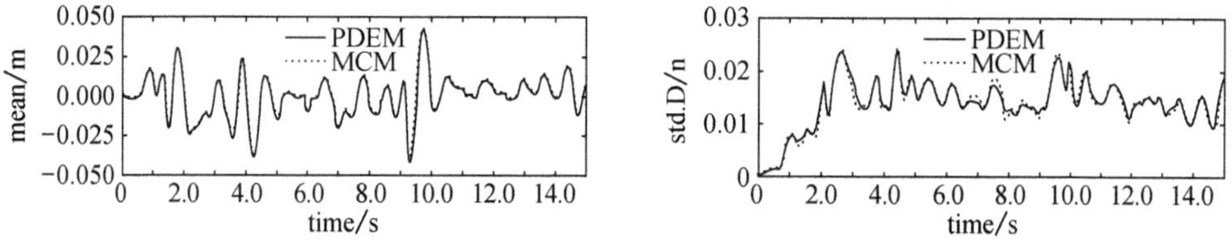

图 4　结构响应的均值与标准差(情况 1:两个随机变量)

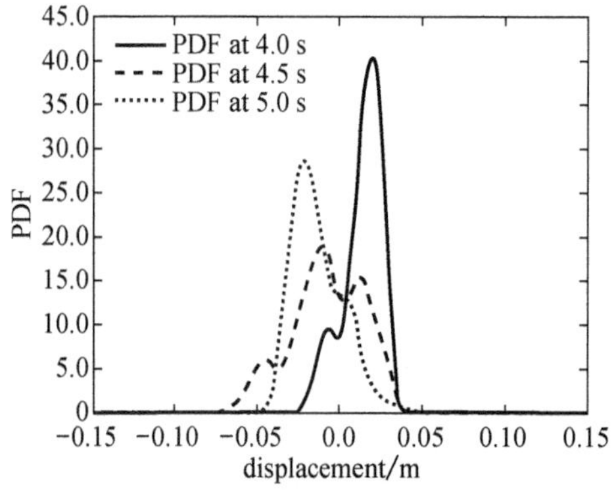

图 5　结构响应的典型概率密度函数曲线(情况 1)

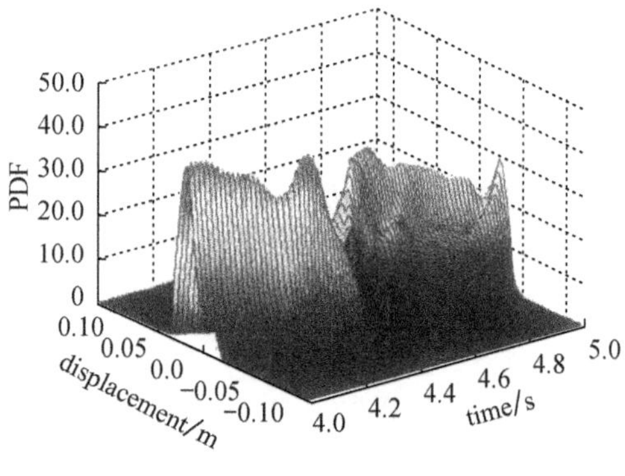

图 6　密度演化曲面(情况 1)

图 5 和图 9 所示为情况 1 与情况 2 时典型时刻的随机结构响应概率密度函数曲线. 从中可见,它们均与常用的规则分布如正态分布、对数正态分布等差异甚大,且往往具有多个峰值. 随着时间的变化,概率密度函数曲线发生明显的演化,如图 6,图 10 中的曲面. 图 7,图 11 则为相应的等概率密度线. 从中可见,概率随着时间的演化与水在河流中的流动类似,并且,其中存在大量的旋涡,因而是非平稳流动,不同的时间其分布的宽窄亦不同. 事实上,密度演化方程与流体力学方程的质量守恒方程是同一类偏微分方程,这有助于我们理解密度演化分析结果的物理意义.

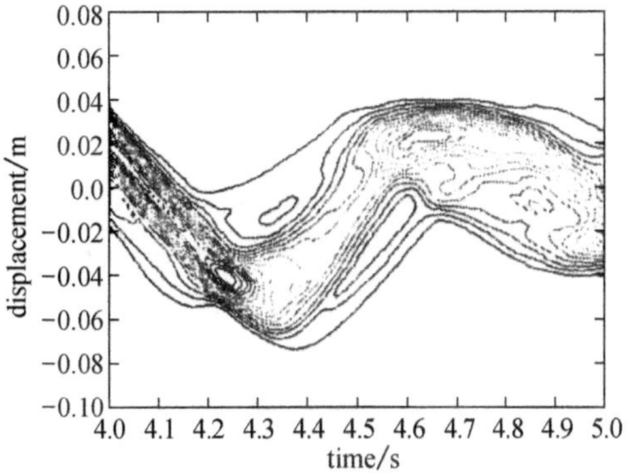

图 7　等概率密度线(情况 1)

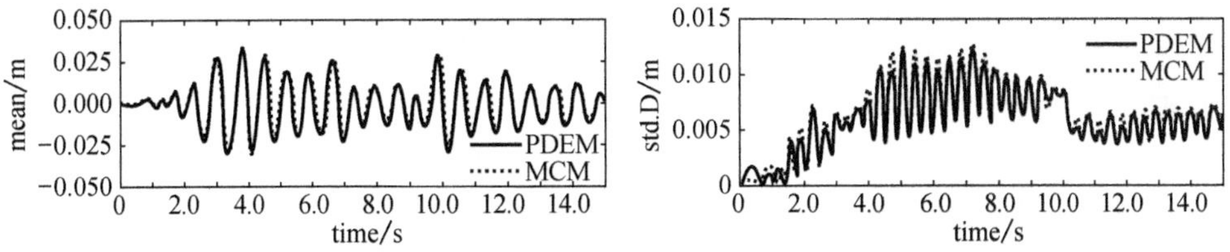

图 8　结构响应的均值与标准差(情况 2:10 个随机变量)

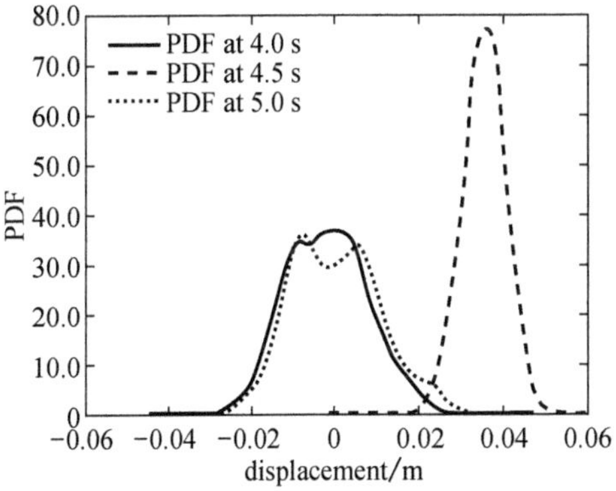

图 9　结构响应的典型概率密度函数曲线(情况 2)

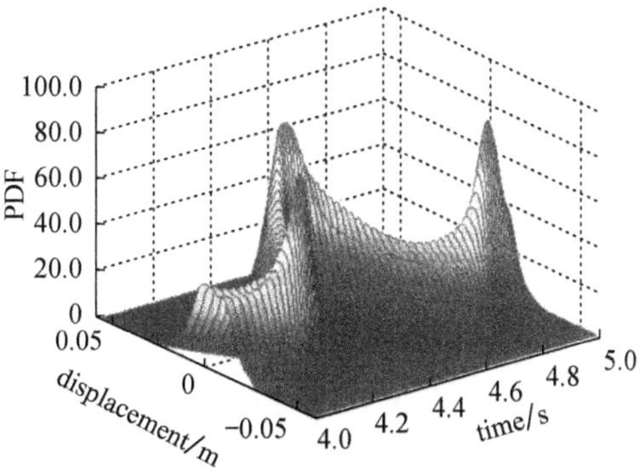

图 10　密度演化曲面(情况 2)

4　结　论

随机结构动力响应分析的密度演化方法是一类具有较好的精度、能把握随机结构响应量的即时概率密度函数的分析方法. 本文提出了具有多个随机变量随机

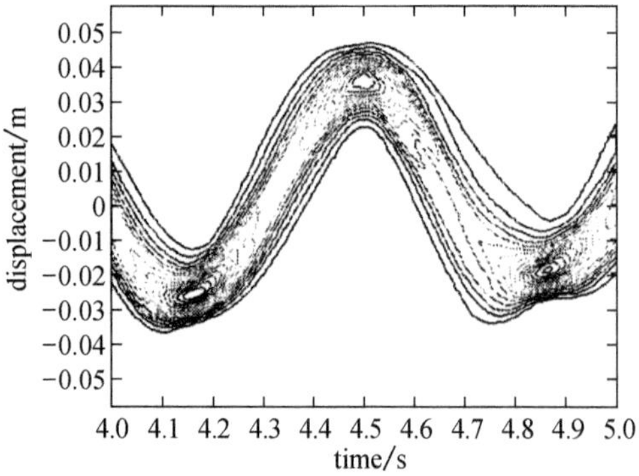

图 11　等概率密度线(情况 2)

结构分析中密度演化方法的映射降维算法. 通过将多维空间中的点映射为一维线段上的点并进而选择其中的代表点，可以将含有多个随机变量的随机结构分析问题降到与含有单一随机变量的随机结构分析具有同等工作量的水平.

参考文献

[1] Schuëller G I. A state-of-the-art report on computational stochastic mechanics [J]. Probabilistic Engineering Mechanics, 1997, 12(4): 198-321.

[2] 李杰. 随机结构系统——分析与建模[M]. 北京：科学出版社，1996.

[3] Rollot O, Elishakoff I. Large variation finite element method for beams with stochastic stiffness[J]. Chaos, Solitons and Fractals, 2003, 17: 749-779.

[4] Impollonia N, Sofi A. A response surface approach for the static analysis of stochastic structures with geometrical nonlinearities[J]. Computer Methods in Applied Mechanics and Engineering, 2003, 192: 4109-4129.

[5] 李杰，陈建兵. 随机结构动力反应分析的密度演化方法[J]. 力学学报, 2003, 35(4): 437-442.

[6] 李杰，陈建兵. 随机结构非线性动力响应的密度演化分析[J]. 力学学报, 2003, 35(6): 716-722.

[7] 伽莫夫. 从一到无穷大(修订版)[M]. 暴永宁，译. 昊伯泽，校. 北京：科学出版社, 2003.

[8] Clough R W, Penzien J. Dynamics of Structures. 2nd ed[M]. New York: McGraw-Hill, 1993.

[9] Newmark N M. A method of computation for structural dynamics [M]. ASCE Transactions, 1962, 127: 1406-1435.

[10] Anderson J D, Jr. Computational Fluid Dynamics[M]. New York: McGraw-Hill, 1995.

[11] 胡适耕. 实变函数[M]. 北京：高等教育出版社，海德堡：施普林格出版社, 1999.

[12] 严加安. 测度论讲义[M]. 北京：科学出版社, 2000.

The Mapping-based Dimension-reduction Algorithm for Probability Density Evolution Analysis of Stochastic Structural Responses

Li Jie　Chen Jianbing

Abstract: A mapping-based dimension-reduction algorithm for probability density evolution analysis of stochastic structural responses is proposed. In recent years, an original probability density evolution method, which is capable of evaluating the instantaneous probability density functions of stochastic responses of general multi-degree-of-freedom nonlinear structures, has been developed. In the case of only one or two random parameters involved, a grid-type representative point set is feasible and of fair efficiency When multiple random parameters are involved, however, the grid-type point sets will make the number of the chosen discretized representative points increase almost exponentially against the number of the random parameters, leading to prohibitively large computational efforts. In the present paper, starting with the idea of Cantor set mapping, a dimension-reduction algorithm is developed. In the proposed approach, the strategy of picking out points from the grid-type point set for the case of two random parameters is firstly discussed in detail. In this case, the grid-type points are sorted according to the associated probability and divided into a certain number of subsets such that the sum of the probability in each subset is almost at the same level but usually not identical. One single point is then picked out, say, deterministically or randomly, in each subset with the associated probability equaling to the sum of the probability in this subset. All the above chosen points form the finally used discretized representative point set. In the case of multiple random parameters, the above procedure is iteratively employed and finally the number of the picked out points is almost at the same level as that needed in the case of only one single random parameter. Consequently, the computational efforts in the problem involving multiple random parameters could be reduced to the level of the problem involving one single random parameter. The comparison with the Monte Carlo simulation demonstrates that the proposed method is of accuracy and efficiency.

(本文原载于《力学学报》第 37 卷第 4 期,2005 年 7 月)

结构随机响应概率密度演化分析的数论选点法

陈建兵　李杰

摘　要　密度演化方法可以直接获取结构的线性和非线性响应概率密度函数解答及其演化过程. 当结构参数与激励中含有多个随机变量时，在多维随机变量空间中的离散代表点选点规则对密度演化分析的精度和效率至关重要. 基于高维数值积分的数论方法，建议了多维随机变量空间的数论选点方法. 利用多维随机变量空间的联合概率密度函数的球对称性或近似辐射衰减性质，对数论方法给出的单位超立方体中的分布点集进行筛选，可大幅度减少选点数目，从而将具有多个随机变量的结构随机响应分析问题计算工作量降低到与单一随机变量结构随机响应分析问题相当的水平.

引　言

由于计算技术和分析理论的迅速发展，确定性结构的线性与非线性分析方法已经取得了重要的进展[1]. 在此同时，考虑激励随机性的随机振动理论对线性结构响应二阶统计量的分析已无原则的困难，并正逐步进入工程实用阶段[2]. 然而，非线性结构随机振动问题仍然是相当困难的课题，尽管在过去 10 余年间获得了重要的成果[3]，但对一般的工程问题则还远未成熟. 不仅如此，确定性结构模型中所需的结构参数往往是难以精确获取的[4]. 事实上，由于参数的变异性可能引起非线性结构响应的大幅度涨落. 为了满足精细化的结构分析与设计要求，同时考虑结构参数与激励随机性的结构随机响应分析问题正获得日益广泛的关注.

自 20 世纪 60 年代中期以来，经过 30 余年的研究，针对线性随机结构分析问题发展了以随机模拟方法[5]、随机摄动技术[6]与正交多项式展开理论[4, 7]为代表的诸多方法. 特别是正交多项式展开理论的发展，已经可以获取线性随机结构静力与动力响应二阶统计量精度较好的结果. 在线性随机结构研究的基础上，人们试图对上述方法进行推广，例如对随机摄动技术[8]、正交多项式展开理论[9, 10]在非线性随机结构分析中的应用进行了尝试. 对静力非线性分析问题，随机摄动技术获得了初步的成功[11, 12]，但难以在动力分析问题中获得有意义的结果[13]. 采用全量方式的正交多项式展开理论目前还仅在具有特殊形式非线性恢复力的单自由度系统动力分析中有所进展[9]；利用在某种意义上的均值空间中处理非线性恢复力问题、采用增量形式的正交多项式展开方法则还仅对静力问题进行了探讨[10]，且结果的精度不高. 20 世纪 90 年代中期开始，一批学者试图寻求结构响应关于基本随机参数的显式表达，并对简单结构的静力分析问题进行了探索[14, 15]. 近年来，基于随机动力系统的概率守恒与密度演化思想，作者发展了一般结构随机响应的密度演化分析方法[16]，它可以直接获取结构随机响应概率密度函数及其演化，而不仅仅是二阶统计量. 研究表明，密度演化分析方法具有广泛的适用性，对结构非线性随机响应分析[17]、结构动力可靠度分析[18]具有良好的精度和效率.

本文着重研究密度演化分析方法实施过程中的基本随机变量选点规则. 采用数论方法，给出了高维空间中的均匀散布点集及其赋得概率. 所发展的方法可将多个随机变量的非线性结构分析计算工作量降低到与单一随机参数问题相当的水平.

1 格栅型选点规则

在结构随机响应分析中，需求解广义密度演化方程[19]

$$\frac{\partial p_{X\boldsymbol{\Theta}}(x, \boldsymbol{\theta}, t)}{\partial t} + \dot{X}(\boldsymbol{\theta}, t)\frac{\partial p_{X\boldsymbol{\Theta}}(x, \boldsymbol{\theta}, t)}{\partial t} = 0 \tag{1}$$

式中，$p_{X\boldsymbol{\Theta}}(x, \boldsymbol{\theta}, t)$ 为$(X(t), \boldsymbol{\Theta})$ 的联合概率密度函数，$X(t)$ 为所考察的状态量，$\boldsymbol{\Theta} = (\Theta_1, \Theta_2, \cdots, \Theta_s)$ 为随机参数向量. 式(1)的初始条件通常为

$$p_{X\boldsymbol{\Theta}}(x, \boldsymbol{\theta}, t_0) = \delta(x - x_0)p_{\boldsymbol{\Theta}}(\boldsymbol{\theta}) \tag{2}$$

这里 $p_{\boldsymbol{\Theta}}(\boldsymbol{\theta})$ 为 $\boldsymbol{\Theta}$ 的联合概率密度函数.

在求解方程(1)，(2)之后，即可获得 $X(t)$ 的时变概率密度函数

$$p_X(x, t) = \int_{\Omega_{\boldsymbol{\Theta}}} p_{X\boldsymbol{\Theta}}(x, \boldsymbol{\theta}, t)\mathrm{d}\boldsymbol{\theta} \tag{3}$$

式中，$\Omega_{\boldsymbol{\Theta}}$ 为 $\boldsymbol{\Theta}$ 的分布空间.

在上述问题的求解中，需要首先在空间 $\Omega_{\boldsymbol{\Theta}}$ 中取得离散代表点. 显然，最为直接的方法是格栅型选点方法. 对于 $\boldsymbol{\theta} = (\theta_1, \cdots, \theta_s)$，设总的选点数目为 N_{sel}，记之为 $\boldsymbol{\theta}_q = (\theta_{1,q}, \cdots, \theta_{s,q})(q = 1, 2, \cdots, N_{\mathrm{sel}})$. 采用格栅型选点方法时，若 $\theta_j \in [-\lambda, \lambda]$，这里 λ 为实际边界或截断边界，设在 θ_j 方向取点总数为 N_j，且等距分布，则可取

$$\left.\begin{aligned} &\tilde{\theta}_{j,l} = -\lambda + \left(l + \frac{1}{2}\right)\Delta_j \\ &j = 1, 2, \cdots, s;\ l = 1, 2, \cdots, N_j \end{aligned}\right\} \tag{4}$$

这里 $\Delta_j = \dfrac{2\lambda}{N_j}$. 将 $\tilde{\theta}_{j,l}(j = 1, 2, \cdots, s;\ l = 1, 2, \cdots, N_j)$ 进行排列，即可得到格

栅型选点 $\boldsymbol{\theta}_q$.

取得离散代表点 $\boldsymbol{\theta}_q(q=1, 2, \cdots, N_{\text{sel}})$ 之后,初始条件(2)可部分离散化(即仅对 $\boldsymbol{\theta}$ 进行离散化)为

$$p_{X\Theta}(x, \boldsymbol{\theta}_q, t_0) = \delta(x-x_0)p_{\Theta}(\boldsymbol{\theta}_q) \tag{5}$$

而式(3)则相应地变为

$$p_X(x, t) = \sum_{q=1}^{N_{\text{sel}}} p_{X\Theta}(x, \boldsymbol{\theta}_q, t)V_q \tag{6}$$

这里 V_q 为点 $\boldsymbol{\theta}_q$ 的代表体积. 若令

$$P_q = p_{\Theta}(\boldsymbol{\theta}_q)V_q \tag{7}$$

而将式(5)改写为

$$p_{X\Theta}(x, \boldsymbol{\theta}_q, t_0) = \delta(x-x_0)P_q \tag{8}$$

相应地,式(6)采用

$$p_X(x, t) = \sum_{q=1}^{N_{\text{sel}}} p_{X\Theta}(x, \boldsymbol{\theta}_q, t) \tag{9}$$

则显然最终得到的概率密度函数 $p_X(x, t)$ 是一致的.

式(7)事实上是离散代表点 $\boldsymbol{\theta}_q$ 的概率,可称之为点 $\boldsymbol{\theta}_q$ 的赋得概率. 为方便起见,以下将采用式(8),(9)而不采用式(6),(7).

显然,在格栅型选点方案中,总的选点数目为

$$N_{\text{sel}} = \prod_{j=1}^{s} N_j \tag{10}$$

当 $N_j = N$ 时,有 $N_{\text{sel}} = N^s$. 这一数目是指数增长的. 因此,仅在 s 很小的场合,采用格栅型选点规则是可行的. 根据计算经验,当 $s = 1$ 时, $N_{\text{sel}}=60\sim150$ 即可. 当 s 较大时,采用格栅选点法将是非常不经济的,甚至是难以实现的.

不仅如此,研究表明,仅在 $s=1$ 时,格栅型选点才是均匀的,而在多维空间中的格栅型网点其散布的均匀性并不理想[20]. 这使得采用格栅型选点难以获得满意的精度.

2 随机变量空间选点的数论方法

2.1 高维数值积分的数论方法

与上述困难相类似的问题是高维数值积分问题. 这类问题由于其计算量随维数的增加迅速增长而变得非常困难. Monte Carlo 方法即是为了高维数值积分而发展起来的算法,但是它的计算量仍然太大. 并且, Monte Carlo 方法在本质上是

随机收敛的.

采用数论方法可以构造积分域中单位超立方体内的均匀散布点集,从而给出高维数值积分的近似值并给出确定性的误差估计.在此类研究中,华罗庚和王元基于分圆域思想构造的一致分布点集具有较为理想的效果[20, 21].

设 $f(\boldsymbol{x})=f(x_1, x_2, \cdots, x_s)$ 为一个周期函数,对每一个变量的周期均为 1 且有 Fourier 展开式

$$\begin{aligned} f(\boldsymbol{x}) &= \sum_{-\infty}^{\infty} C(\boldsymbol{m})\mathrm{e}^{2\pi\mathrm{i}(\boldsymbol{m},\, \boldsymbol{x})} \\ &= \sum_{m_1=-\infty}^{\infty}\cdots\sum_{m_1=-\infty}^{\infty} C(m_1, \cdots, m_s)\cdot \mathrm{e}^{2\pi\mathrm{i}\left(\sum_{j=1}^{s} m_j x_j\right)} \end{aligned} \tag{11}$$

这里 $|C(\boldsymbol{m})|\leqslant C\|\boldsymbol{m}\|^{-\alpha}$,其中 $\alpha>1$, $\|\boldsymbol{m}\|=\prod_{j=1}^{s}\overline{m}_j$, $\overline{m}_j=\max(1, |m_j|)$. 满足上述条件的函数构成的函数类记为 $E_s^{\alpha}(C)$. 值得指出,这里关于 $E_s^{\alpha}(C)$ 的假定是非常一般的.

对于二维问题,均匀散布点集可通过 Fibonacci 数列构造. Fibonacci 数列 $\{F_l\}$ 具有递推关系

$$F_l=F_{l-1}+F_{l-2},\ F_0=F_1=1;\ l=2, 3, 4, \cdots \tag{12}$$

华罗庚和王元证明[22]:当 l 为整数且 $l\geqslant 3$ 时,有

$$\sup_{f\in E_2^{\alpha}(C)}\left|\int_0^1\int_0^1 f(x_1, x_2)\mathrm{d}x_1\mathrm{d}x_2-\frac{1}{F_l}\sum_{k=1}^{F_l} f(x_{1,k}, x_{2,k})\right|\leqslant C\cdot c(\alpha)F_l^{-\alpha}\log F_l \tag{13}$$

这里 $c(\alpha)$ 为仅依赖于 α 的正常数,

$$\left.\begin{aligned} & x_{1,k}=\frac{k}{F_l},\ x_{2,k}=\frac{F_{l-1}k}{F_l}-\mathrm{int}\left(\frac{F_{l-1}k}{F_l}\right) \\ & k=1, 2, \cdots, F_l \end{aligned}\right\} \tag{14}$$

其中 int(·)表示取得不大于括号中数的最大整数.

在高维情况下,可对上述结论进行推广.令

$$\omega_j=2\cos\frac{2\pi j}{m},\ 0\leqslant j\leqslant s-1 \tag{15}$$

其中 m 为一个整数,且 $m\geqslant 5$, $s=\varphi(m)/2$,则集合 $\{\omega_j, 0\leqslant j\leqslant (s-1)\}$ 是 s 次分圆域 $R_s=Q\left(2\cos\frac{2\pi}{m}\right)$ 的基底[21]. 从 R_s 的一组独立单位出发,可得一个单位列 $\eta_1, \eta_2, \cdots, \eta_l, \cdots$ 满足

$$|\eta_l^{(i)}|\ll \eta_l^{1/(s-1)};\ 2\leqslant i\leqslant s,\ \eta_l>l \tag{16}$$

其中 $\eta_l^{(i)}(2 \leqslant i \leqslant s)$ 表示 $\eta_l^{(1)} = \eta_l$ 的共轭，再根据

$$n = [\eta_l],\ h_1 = 1,\ h_j = [\eta_l w_{j-1}];\ 2 \leqslant j \leqslant s \tag{17}$$

式中[·]表示经四舍五入得到的整数，于是可得整数矢量 $(n, h_1, h_2, \cdots, h_s)$，由此可给出如下点列

$$\left.\begin{aligned} x_{j,k} &= \frac{h_j k}{n} - \operatorname{int}\left(\frac{h_j k}{n}\right) \\ k &= 1, 2, \cdots, n;\ j = 1, 2, \cdots, s \end{aligned}\right\} \tag{18}$$

并可证明

$$\sup_{f \in E_s^\alpha(C)} \left| \int_0^1 \cdots \int_0^1 f(\boldsymbol{x}) \mathrm{d}\boldsymbol{x} - \frac{1}{n} \sum_{k=1}^{n} f(x_{1,k},\ x_{2,k} \cdots,\ x_{s,k}) \right| = O(C \cdot n^{-\frac{\alpha}{2} - \frac{\alpha}{2(s-1)} + \varepsilon}) \tag{19}$$

这里 $\varepsilon > 0$，与 O 有关的常数仅依赖于 ε 及 $Q\left(2\cos\dfrac{2\pi}{m}\right)$.

整数矢量 $(n, h_1, h_2, \cdots, h_s)$ 亦称为生成矢量. 对 $s \leqslant 18$ 的情况，已经编制成为格点点集表供选用[20, 21].

2.2 多维随机变量空间的数论选点法

不难看出，采用数论方法构造的点列(18)都是单位超立方体$[0, 1]^s$内的散布点列，即

$$x_{j,k} \in [0, 1];\ k = 1, 2, \cdots, n;\ j = 1, 2, \cdots, s \tag{20}$$

在前述概率密度演化方法的基本随机变量分布空间中，设标准化基本随机变量的界限为 λ，即 $\theta_j \in [-\lambda, \lambda](j = 1, 2, \cdots, s)$，将点集(20)进行平移和尺度变换可得超立方体 $[-\lambda, \lambda]^s$ 内的均匀散布点列

$$\tilde{\theta}_{j,k} = 2(x_{j,k} - 0.5)\lambda;\ k = 1, 2, \cdots, n;\ j = 1, 2, \cdots, s \tag{21}$$

利用式(21)，根据式(19)可得到式(3)的数值积分

$$\begin{aligned} p_X(x, t) &= (2\lambda)^s \int_{[0,1]^s} p_{X\Theta}(x,\ 2(\boldsymbol{x}_{\Theta} - 0.5)\lambda,\ t) \mathrm{d}\boldsymbol{x}_{\Theta} \\ &= \frac{(2\lambda)^s}{n} \sum_{k=1}^{n} p_{X\Theta}(x,\ 2(x_{1,k} - 0.5)\lambda,\ \cdots,\ 2(x_{s,k} - 0.5)\lambda,\ t) \end{aligned} \tag{22}$$

式中 $\boldsymbol{x}_{\Theta}$ 表示将式(3)从 $\boldsymbol{\theta}$ 在 $[-\lambda, \lambda]^s$ 上的积分换为$[0, 1]^s$上的积分后的积分变量.

比较式(22)与式(6)可见，由式(21)确定的点 $\tilde{\theta}_{j,k}$ 的代表体积 $V_k = (2\lambda)^s / n$，故其赋得概率为

$$\tilde{P}_k = p_{\Theta}(\tilde{\theta}_{1,k},\ \cdots,\ \tilde{\theta}_{s,k}) \cdot V_k \tag{23}$$

类似地，初始条件可以采用式(8)，而相应地以

$$p_X(x, t) = \sum_{k=1}^{n} p_{X\Theta}(x, 2(x_{1,k} - 0.5)\lambda, \cdots, 2(x_{s,k} - 0.5)\lambda, t) \tag{24}$$

代替式(22).

基本随机变量空间中的联合概率密度函数通常是球对称或近似球对称的，例如当所有基本随机变量均为正态分布时即是如此，在其他分布场合，联合概率密度函数往往也呈辐射状衰减，尽管可能并非是完全球对称的. 因此，可以仅考虑超球体内的代表点，而并不需要全部超立方体内的分布点，这时，可首先对单位超立方体内的点进行筛选，即满足

$$\sum_{j=1}^{s} [2(x_{j,k} - 0.5)]^2 \leqslant r_0^2;\ k = 1, 2, \cdots, N_{\text{sel}} \tag{25}$$

的点记为 $(\hat{x}_{1,q}, \hat{x}_{2,q}, \cdots, \hat{x}_{s,q});\ q = 1, 2, \cdots, N_{\text{sel}}$.

在此情况下，由式(23)可知超球体(25)之外的代表点的赋得概率甚小，可以略去，仍将使得式(24)具有足够的精度. 此时，选出的代表点为

$$\theta_{j,q} = 2(\hat{x}_{j,q} - 0.5)\lambda;\ q = 1, 2, \cdots, N_{\text{sel}};\ j = 1, 2, \cdots, s \tag{26}$$

其赋得概率可取为

$$P_q = p_\Theta(\theta_{1,q}, \theta_{2,q}, \cdots, \theta_{s,q}) \cdot V_q;\ q = 1, 2, \cdots, N_{\text{sel}} \tag{27}$$

这里 $V_q = (2\lambda)^s/n$.

显然，当 $r_0 = \sqrt{s}$ 时，式(25)的筛选作用完全消失，此时 $N_{\text{sel}} = n$. 当 $r_0 = 1$ 时，式(25)中的超球体与超立方体相切. 令筛选比例

$$\gamma_s = N_{\text{sel}}/n \tag{28}$$

易于理解，当 $n \to \infty$ 时，若 $r_0 = 1$，则 γ_s 即为超球体的体积与超立方体体积之比，故在二维和三维时

$$\lim_{n\to\infty}\gamma_2 = \pi/4 \approx 0.785\ 4,\ \lim_{n\to\infty}\gamma_3 = \pi/6 \approx 0.523\ 6 \tag{29}$$

这是一个衰减序列，计算表明，当 $s = 10$ 时

$$\lim_{n\to\infty}\gamma_{10} \approx \frac{1}{400} \tag{30}$$

这使得在多随机变量空间的选点中实际需要的分布点数目大大减少，从而可望将多个随机变量时的结构分析计算工作量降到与单一随机变量分析问题相当的水平.

3 分析实例

以 10 层框架结构在随机地震作用下的分析为例，考察了本文建议选点方法的

精度和效率.

如图 1 所示为框架分析模型. 各层集中质量从顶层向下依次为 0.5, 1.1, 1.1, 1.0, 1.1, 1.1, 1.3, 1.2, 1.2, 1.2($\times 10^5$ kg). 柱截面尺寸为 500 mm×500 mm,各层初始弹性模量为 $E_1 \sim E_{10}$,其概率分布信息如表 1. 恢复力模型如图 1(b),刚度比 $\alpha = K_1/K_0 = 0.1$ 采用 Rayleigh 阻尼 $\boldsymbol{C} = a\boldsymbol{M} + b\boldsymbol{K}_t$, 其中 $a = 0.01$, $b = 0.005$, $\boldsymbol{K}_t$ 为瞬时刚度矩阵. 结构在基底受到地震动加速度

$$\ddot{x}_g = \zeta_1 \ddot{x}_{g1} + \zeta_2 \ddot{x}_{g2} \tag{31}$$

激励,其中 $\ddot{x}_{g1}$, $\ddot{x}_{g2}$ 分别为归一化的 El Centro 加速度记录的东西和南北分量; ζ_1, ζ_2 为随机参数,其概率信息见表 1. 这是一个含有 10 个随机变量的结构随机响应分析问题.

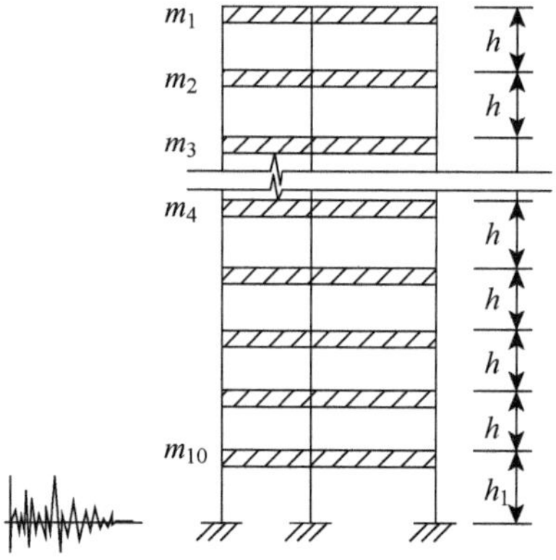

(a) 框架结构模型

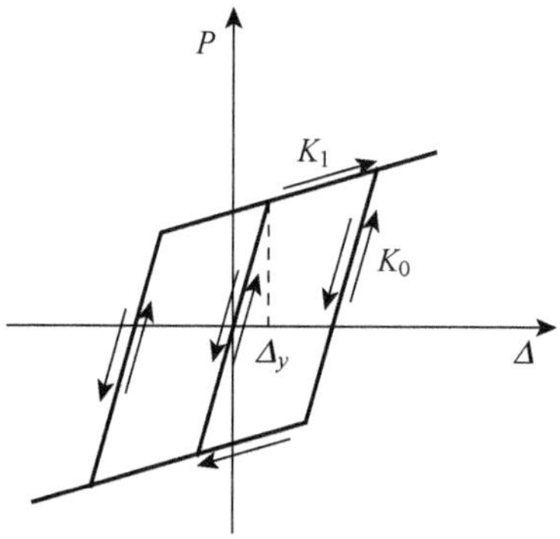

(b) 恢复力模型

图 1　框架结构分析模型

表 1　随机参数的概率信息

参数	E_1	E_2	E_3	E_4	E_5	E_6	E_7	$E_8 = E_9 = E_{10}$	ζ_1	ζ_2
	$\times 10^{10}$ Pa								m/sec^2	
均值	2.5	2.5	2.8	2.8	2.8	2.8	3.0	3.0	2.0	2.0
变异系数	0.2	0.2	0.2	0.2	0.2	0.2	0.2	0.2	0.3	0.3

注:除 $E_8 = E_9 = E_{10}$ 外,各随机变量独立,共 10 个独立随机变量.

采用本文建议的数论选点方法,进行了选点参数与计算结果精度的比较. 计算表明,虽然超立方体空间选点数目 n 较大,但超球体中的点数 N_{sel} 一般在 100~200 左右,这一数目与单一随机变量结构随机响应分析问题的计算工作量相当,与 Monte Carlo 模拟方法相比,效率提高可达 100 倍以上. 显然,参数 r_0, λ 的不同值将影响分析结果的效率和精度. 适当选取 r_0, λ ,例如当选点总数 192 点时,已可使标准差总体相对误差降到 5%以下,而选点总数 346 点时,即可进一步降到 3%

左右.

图 2 是采用数论选点方法在两个随机变量 ($s=2$) 时的典型选点分布,不难从中看到均匀分布点集与格栅型分布点集的差异. 图 3 是顶点位移响应均值与标准差的一个典型结果及其与 Monte Carlo 模拟结果的对比,可见本文建议方法是令人满意的. 图 4 是典型时刻的概率密度函数,图 5 则是概率密度函数随着时间的演化和等概率密度线,显然,瞬时概率密度函数的变化是不规则的,远不能用正态分布或其他规则的常用分布加以描述. 事实上,从概率密度函数亦可看出(图 4),在很多时刻,它并非单峰曲线. 在图 5 中,表现为对于给定的时刻 t,存在概率流"河流"中的两个或以上的旋涡,它反映了概率流由于状态演化而在状态空间中输运的过程.

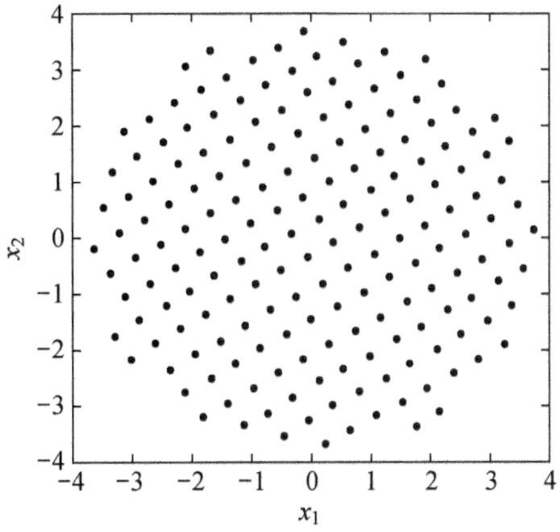

图 2　$s=2$ 时的典型选点分布 ($N_{sel}=180$)

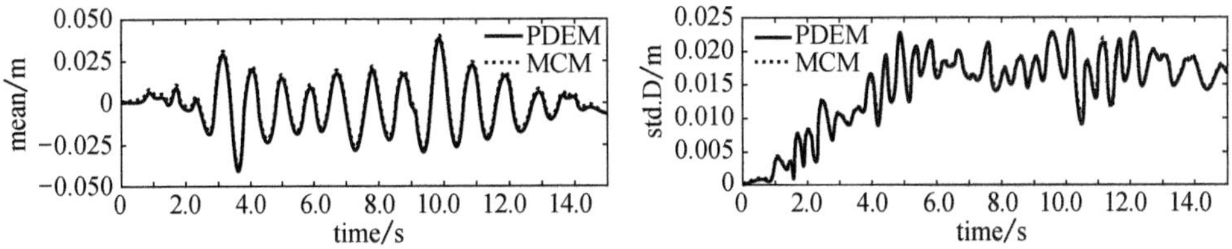

图 3　均值与标准差($s=10$, $N_{sel}=346$)

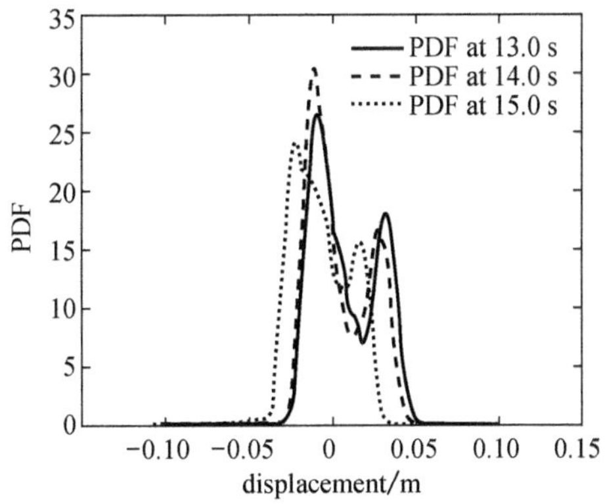

图 4　典型时刻的概率密度函数($s=10$)

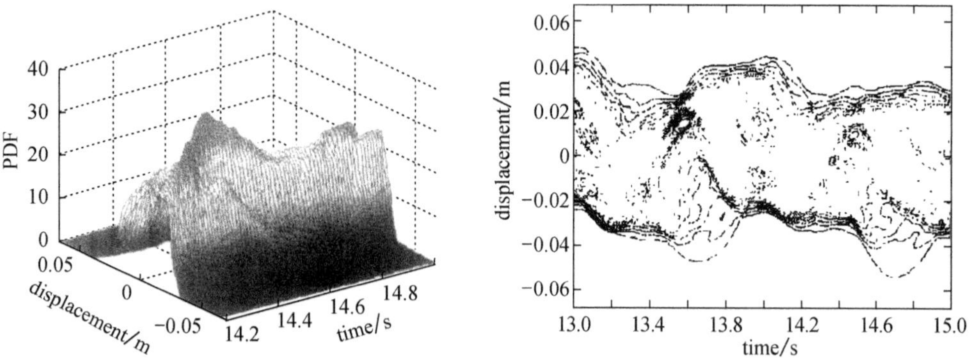

(a) 概率密度演化曲面　　(b) 等概率密度线

图 5　概率密度演化曲面($s=10$)

4 结　论

在结构随机响应的密度演化分析方法中,多维随机变量空间中离散代表点的选取对分析过程的精度和效率是非常重要的. 借鉴高维数值积分的数论方法,本文建议了多维随机变量空间选点的数论选点规则. 在此方法中,首先采用数论方法获得单位超立方体中的均匀散布点集,然后,利用多维联合概率密度函数的球对称或辐射状衰减性质,筛选出超球体中的分布点集,进而进行尺度变换,同时给出所选代表点的赋得概率,即可方便地进行结构随机响应的密度演化分析. 计算结果表明:在多个随机变量时,数论选点方法具有较好的精度和效率.

参考文献

[1] Belytschko T, Liu W K, Moran M. Nonlinear Finite Elements for Continua and Structures [M]. John Wiley & Sons Ltd, 2000.

[2] 林家浩,张亚辉. 随机振动的虚拟激励法[M]. 北京:科学出版社, 2004.

[3] 朱位秋. 非线性随机动力学与控制[M]. 北京:科学出版社, 2003.

[4] 李杰. 随机结构系统——分析与建模[M]. 北京:科学出版社, 1996.

[5] Shinozuka M. Monte-Carlo solution of structural dynamics[J]. Computers & Structures, 1972, 2: 855-874.

[6] Kleiber M, Hien T D. The Stochastic Finite Element Method: Basic Perturbation Technique and Computer Implementation[M]. Chishcester: John Wiley & Sons, 1992.

[7] Ghanem R, Spanos P D. Stochastic Finite Element: A Spectral Approach[M]. Berlin: Springer-Verlag, 1991.

[8] Liu W K, Belytschko T, Mani A. Probability finite elements for nonlinear structural dynamics[J]. Computer Methods in Applied Mechanics and Engineering, 1986, 56: 61-81.

[9] Iwan W D, Huang C T. On the dynamic response of nonlinear systems with parameter

uncertainty[J]. International Journal of Non-Linear Mechanics, 1996, 31(5): 631-645.
[10] Anders M, Hori M. Stochastic finite element method for elasto-plastic body[J]. International Journal for Numerical Methods in Engineering, 1999, 46: 1897-1916.
[11] Frangopol D M, Lee Y H, Willam K J. Nonlinear finite element reliability analysis of concrete[J]. Journal of Engineering Mechanics, 1996, 122(12): 1174-1182.
[12] 刘宁. 可靠度随机有限元法及其工程应用[M]. 北京:中国水利水电出版社, 2001.
[13] Chen J J, Duan B Y, Zeng Y G. Study on dynamic reliability analysis of the structures with multi-degree-of -freedom[J]. Computers & Structures, 1997, 62(5): 877-881.
[14] Elishakoff I, Ren Y J, Shinozuka M. Variational principles developed for and applied to analysis of stochastic beams[J]. Journal of Engineering Mechanics, 1996, 122 (6): 559-565.
[15] Impollonia N, Sofi A. A response surface approach for the static analysis of stochastic structures with geometrical nonlinearities[J]. Computer Methods in Applied Mechanics and Engineering, 2003, 192: 4109-4129.
[16] 李杰,陈建兵. 随机结构动力反应分析的概率密度演化方法[J]. 力学学报, 2003, 35(4): 437-442.
[17] 李杰,陈建兵. 随机结构非线性动力响应的概率密度演化方法[J]. 力学学报, 2003, 35(6): 716-722.
[18] Chen J B, Li J. Dynamic response and reliability analysis of nonlinear stochastic structures[J]. Probabilistic Engineering Mechanics, 2005, 20(1): 33-44.
[19] 李杰,陈建兵. 随机结构响应密度演化分析的映射降维法[J]. 力学学报, 2005, 37(4): 460-466.
[20] 方开泰,王元. 数论方法在统计中的应用[M]. 北京:科学出版社, 1996.
[21] 华罗庚,王元. 数论在近似分析中的应用[M]. 北京:科学出版社, 1978.
[22] Hua L K, Wang Y. Remarks concerning numerical integration[J]. Sci. Rec. New Ser., 1960, 4(1): 8-11.

Strategy of Selecting Points Via Number Theoretical Method in Probability Density Evolution Analysis of Stochastic Response of Structures

Chen Jianbing　Li Jie

Abstract: The newly developed probability density evolution method (PDEM) is capable of capturing instantaneous probability density function and its evolution of linear and/or nonlinear stochastic response of structures. In the occasions that multiple random parameters are involved in the structural properties and external excitations, the strategy of selecting representative points required in the PDEM is of paramount importance to the accuracy and efficiency. Enlightened by the Number Theoretical Method successfully employed in high-dimensional numerical integration, the strategy of selecting points via Number Theoretical Method is proposed in the present paper. Further, making use of the spherically symmetric properties or the radial attenuation properties of the joint probability density function, the points scattered over the multi-dimensional hypercube selected by the Number Theoretic Method are sieved once again such that only the points inside the multi-dimensional hyper-ball are retained. With the proposed strategy of selecting points, the stochastic response analysis involving multiple random parameters is almost as efficient as the problem involving only one single random parameter.

（本文原载于《力学学报》第 38 卷第 1 期，2006 年 1 月）

随机动力系统中的广义密度演化方程

李杰　陈建兵

摘　要　针对一般随机动力系统,考察了概率守恒原理.在考虑随机场与随机过程分解的意义上,探讨了同时含有初始条件随机性、外部激励随机性和系统参数随机性的随机动力系统中的概率守恒原理.通过与连续介质力学中的 Euler 系统描述与 Lagrange 系统描述的比拟,深入讨论了概率守恒原理的状态空间描述与随机事件描述.特别是在随机事件描述的基础上,导出了适用于随机动力系统的广义密度演化方程.在此基础上,发展了密度演化理论的分析方法,使得范围广泛的多维随机动力系统的求解问题迎刃而解.以非线性随机结构的动力响应分析为对象,示例了密度演化理论的实际应用.

随机动力系统分析在物理学、气象学、金融学、结构与机械系统分析等领域中都是重要而困难的理论课题[1-3].在这些领域中,系统中的随机性可能来自初始条件的不确定性,也可能包括外部激励和系统参数的变异性.由于系统中出现的各种随机性,系统的响应和性态将是随机变量、随机过程或随机场,因而,要从样本轨道的角度对系统进行精确的把握,往往是困难甚至是不可能的.而从统计系综的角度,即从系统响应或指标的概率特性特别是概率分布角度进行考察,所获得的信息则常常清晰而准确,在大部分情况下,也是足够的.这一思路最早在统计力学中获得发展[1],而由 Kolmogorov 建立了严密的数学基础[4].事实上,伴随着 20 世纪 60 年代以来关于非线性系统的深入探索,密度演化的思想获得了充分的重视,即使在确定性非线性系统的研究中,采用密度演化的描述亦可得到意义深刻的结果[3].

在仅有初始条件具有随机性的场合,随机动力系统状态的概率密度函数的演化服从 Liouville 方程[1, 3, 5-7].当同时受到白噪声过程的激励时,条件转移概率密度函数满足经典的 FPK 方程[1, 8].可惜的是,虽然经过人们不懈的努力[9],迄今为止,多维随机动力系统 FPK 方程的求解还是相当困难的研究课题. 1957 年,Dostupov 和 Pugachev[10]将随机过程的分解引入状态方程,对具有随机激励的动力系统导出了含有随机参数的概率密度方程,在形式上,这一方程是含有参变数的 Liouville 方程.循此路线,原则上可以给出随机动力系统的状态概率密度函数及其演化过程.与 FPK 方程相比, Dostupov-Pugachev 方程是一阶偏微分方程.然而,它仍然是高维偏微分方程,无论是解析还是数值求解都会遇到极大的困难.在这样的背景下，为了实际应用的需要，人们往往不得不退而求其次，通过各种途径寻求随机动力系统二阶统计量的近似解答. 例如，在工程随机力学中，虽然对寻求非线性随机动力系统的概率密度函数解答进行了可贵的探索[9]，但就一般情况而言，无论是考虑激励随机性的经典随机振动理论[8, 9]，还是在同时考虑系统参数与激励随机性的随机结构分析[11-13]，均以获取系统响应量的二阶统计量为主要目标. 并且，即使限于二阶统计量，对非线性系统也还没有行之有效的求解方法[14, 15].

仔细考察研究者们在寻求随机动力系统的概率密度函数解答中的努力可以发现[1, 3-10]，在这些研究中，事实上都蕴涵了概率守恒的基本思想，即：为了建立系统状态的概率密度函数与“随机源”的概率密度函数之间的关系，利用了系统演化过程中状态空间的概率总量不变这一基本观念. 然而，由于对这一原理没有进行深入的探讨，特别是没有从随机事件的角度考察，因而没有发现从一般多维随机动力系统导出一维密度演化方程的可能性. 近年来，从密度演化的基本思想出发，本文作者初步发展了一类密度演化分析方法，在随机结构的动力反应与可靠度分析中取得了较为成功的研究进展[15-17]. 在此基础上，本文试图对概率守恒原理进行较为深入的探讨分析，从状态空间和随机事件的角度考察概率守恒的本质，针对一般多维随机动力系统，导出一维的广义密度演化方程，从而建立密度演化分析的一般求解思路. 作为典型应用，讨论了非线性随机结构响应分析问题.

1 经典 Liouville 方程与概率守恒原理的状态空间描述

为简明起见，首先考察具有随机初始条件、确定性算子的随机动力系统. 不失一般性，设动力系统的状态方程为

$$\dot{\boldsymbol{X}} = \boldsymbol{A}(\boldsymbol{X}, t), \quad \boldsymbol{X}(t)\big|_{t=t_0} = \boldsymbol{X}_0 \tag{1}$$

其中 $\boldsymbol{X}$ 为n 维状态向量，$\boldsymbol{A} = (A_1, A_2, \cdots, A_n)^{\mathrm{T}}$ 为确定性算子，$\boldsymbol{X}_0$ 为初始值向量. 若 $\boldsymbol{X}_0$ 为具有概率密度函数 $p_{\boldsymbol{X}_0}(\boldsymbol{x}_0)$ 的随机向量，则由状态方程(1)决定的 $\boldsymbol{X}(t)$ 为随机过程.

记 $\boldsymbol{X}(t)$ 的一维概率密度函数为 $p_{\boldsymbol{X}}(\boldsymbol{x}, t)$，$\boldsymbol{x} = (x, x_2, \cdots, x_n)^{\mathrm{T}}$. 考察状态空间中的任意区域 D，其边界为 S. 在 Δt 时间内，区域 D 内的总概率增量为

$$\begin{aligned}\Delta P_D &= \int_D p(\boldsymbol{x}, t+\Delta t)\mathrm{d}\boldsymbol{x} - \int_D p(\boldsymbol{x}, t)\mathrm{d}\boldsymbol{x} \\ &= \int_D \frac{\partial p(\boldsymbol{x}, t)}{\partial t}\mathrm{d}\boldsymbol{x}\Delta t + o(\Delta t)\end{aligned} \tag{2}$$

这里 $o(\cdot)$ 表示高阶无穷小.

与此同时，在 Δt 时间内通过边界 S 流入该区域的概率总量为

$$\Delta P_S = -\int_S p_{\boldsymbol{X}}(\boldsymbol{x}, t)\Delta\boldsymbol{x}\cdot\boldsymbol{n}\mathrm{d}s \tag{3}$$

其中 $\boldsymbol{n}$ 为边界外法线向量.

由式(1)可知 $\Delta\boldsymbol{x}=\boldsymbol{A}(\boldsymbol{x}, t)\Delta t+o(\Delta t)$，代入式(3)并利用无源向量场的散度定理，可得

$$\begin{aligned}\Delta P_S &= -\left[\int_S p_{\boldsymbol{X}}(\boldsymbol{x}, t)\boldsymbol{A}(\boldsymbol{x}, t)\cdot\boldsymbol{n}\mathrm{d}s\right]\Delta t+o(\Delta t)\\ &= -\left\{\int_D\left(\sum_{j=1}^{n}\frac{\partial[p_{\boldsymbol{X}}(\boldsymbol{x}, t)A_j(\boldsymbol{x}, t)]}{\partial\boldsymbol{x}_j}\right)\mathrm{d}\boldsymbol{x}\right\}\Delta t+o(\Delta t)\end{aligned}\tag{4}$$

由于在考察的时间内动力系统(1)中仅有初始条件具有随机性，此外没有新的随机因素引入，也没有随机因素消失，故必然有 $\Delta P_D=\Delta P_S$，将式(2)，(4)代入，并注意到 D 为任意区域，可得

$$\frac{\partial p_{\boldsymbol{X}}(\boldsymbol{x}, t)}{\partial t}+\sum_{j=1}^{n}\frac{\partial[p_{\boldsymbol{X}}(\boldsymbol{x}, t)A_j(\boldsymbol{x}, t)]}{\partial x_j}=0\tag{5}$$

式(5)即为经典 Liouville 方程，它描述了在给定的状态方程和随机初始条件下密度函数的演化过程，是一个密度演化方程[3]. 这一方程最早在统计力学的研究中提出[1]. 对于仅有初始条件具有随机性的随机动力系统，存在诸多导出经典 Liouville 方程的方法. 例如，文献[10]中采用瞬时向量变换、文献[3]中采用 Frobenius-Perron 算子、文献[6]中根据积分常数理论、文献[5]利用特征函数方法，均导出了同一方程. 在统计物理学与随机振动理论中，则往往将 Liouville 方程作为 FPK 方程在没有随机激励情况下的特例[1, 8].

在上述推导过程中，利用了 $\Delta P_D=\Delta P_S$ 这一事实，即对于状态空间中的任意给定区域，通过边界流入与流出该区域的概率之和等于该区域内概率的增量. 它是随机动力系统中概率守恒原理的表现形式之一. 在一般意义上，概率守恒原理可以表述为：在保守的随机系统中，系统的概率守恒. 这里所说的“保守”意义为：在所考察的时间范围内系统中不增加新的随机因素，也没有随机因素消失.

由于在上述讨论中对概率守恒原理的理解在状态空间中进行，不妨称之为概率守恒原理的状态空间描述(图 1(a)). 不难看出，它与连续介质力学中 Euler 坐标系统描述相对应[18].

2　概率守恒原理的随机事件描述与广义密度演化方程

2.1　概率守恒原理的随机事件描述

应该指出，迄今为止对于概率守恒原理的讨论限于初始条件具有随机性的动力系统，并且，由于是基于状态空间描述，因而没有实现状态方程与密度演化方程的解耦. 由此导出的密度演化方程是一阶高维偏微分方程，很难求解，这极大地限制了密度演化思想的应用. 事实上，概率守恒原理具有更为丰富的内涵，它不仅适

用于仅有初始条件具有随机性的场合，还适用于初始条件、外部激励和系统参数均具有随机性的随机动力系统.

从随机事件的角度考察(如图 1(b))，在保守的随机系统中，随机事件在系统演化过程中既不会消失，也不会增加. 事实上，若在系统演化过程中存在新加入的随机因素，总可以将其引入、并与已有随机因素一起、构成一个增广的保守随机系统加以统一考虑. 例如，对于存在随机激励的随机系统，初看起来似乎系统的随机性是时变的，但是，若引用随机过程的分解，如 Karhunen-Loeve 分解，可以将随机过程转化为含有独立随机向量的级数表达[10, 19]，这些分解出来的独立随机向量是时不变的. 类似地，随机场中的随机性亦可以通过独立随机向量加以反映[20]. 因此，在一般的随机动力系统中，其随机性总是可以通过时不变的随机变量集合加以描述，这事实上是由随机过程或随机场的有限维概率分布函数描述和测度论描述的等价性所决定的. 在下文中，若不特别指出，随机参数均按上述方式理解. 这一事实，确保了通常的随机动力系统总可以转化为保守的随机系统进行考察.

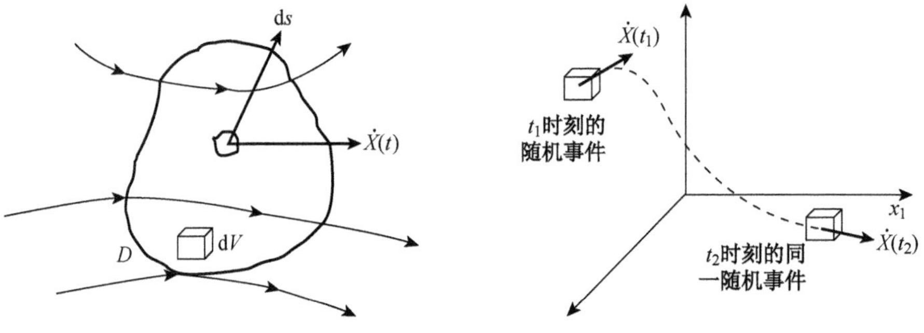

(a) 状态空间中的一个区域　　(b) 一个特定的随机事件

图 1　概率守恒原理的状态空间描述与随机事件描述

根据概率论中的测度论原理[21]，随机事件的时不变性意味着相应概率测度的不变性. 显然，这一事实与连续介质力学中质量守恒定律的 Lagrange 坐标系统描述是类似的[18]. 因此，可定义“物质导数”$\frac{\mathrm{D}}{\mathrm{D}t}(\cdot)$. 若时刻 t 物理系统的状态为 $(\boldsymbol{X},\boldsymbol{\Theta})^{\mathrm{T}}$，记状态的联合概率密度函数为 $p_{X\Theta}(\boldsymbol{x}, \boldsymbol{\theta}, t)$，则概率守恒原理的随机事件描述表明

$$\frac{\mathrm{D}}{\mathrm{D}t}\int_{\Omega_t} p_{\boldsymbol{X\Theta}}(\boldsymbol{x}, \boldsymbol{\theta}, t)\mathrm{d}\Omega = 0 \tag{6}$$

其中 $\boldsymbol{X}$ 为系统状态变量，$\boldsymbol{\Theta}=(\Theta_1, \Theta_2, \cdots, \Theta_{n_\Theta})$ 为系统中的所有随机因素，$n_{\boldsymbol{\Theta}}$ 为随机参数个数，Ω_t 为初始时刻为 Ω_0 的区域经 Jacobi 变换在 t 时刻所确定的相应区域，Ω_0 是初始空间中的任意区域.

由 Reynolds 转换定理可知[18]，式(6)等价于

$$\frac{\partial p_{X\Theta}(\boldsymbol{x}, \boldsymbol{\theta}, t)}{\partial t} + \sum_{j=1}^{n} \frac{\partial}{\partial x_j}[p_{X\Theta}(\boldsymbol{x}, \boldsymbol{\theta}, t)A_j(\boldsymbol{x}, \boldsymbol{\theta}, t)] + \sum_{j=1}^{n_{\Theta}} \frac{\partial}{\partial \theta_j}[p_{X\Theta}(\boldsymbol{x}, \boldsymbol{\theta}, t)A_{\Theta, j}(\boldsymbol{x}, \boldsymbol{\theta}, t)] = 0 \tag{7}$$

根据上述讨论,随机参数 $\boldsymbol{\Theta}$ 是时不变的,即 $A_{\Theta, j} = \dot{\boldsymbol{\Theta}}_j = 0 (j = 1, 2, \cdots, n_{\Theta})$,故式(7)简化为

$$\frac{\partial p_{X\Theta}(\boldsymbol{x}, \boldsymbol{\theta}, t)}{\partial t} + \sum_{j=1}^{n} \frac{\partial}{\partial x_j}[p_{X\Theta}(\boldsymbol{x}, \boldsymbol{\theta}, t)A_j(\boldsymbol{x}, \boldsymbol{\theta}, t)] = 0 \tag{8}$$

与经典 Liouville 方程(5)相比,(8)式已经推广适用于更广泛的随机动力系统.前已论及,在该系统中的随机因素 $\boldsymbol{\Theta}$,可以包括来自初始条件、动力系统参数和随机输入的随机性.

顺便指出,文献[10]中亦导出了方程(8),并给出了其解析解的形式表达.尽管作者期望它"成为将来发展的新方法可能的出发点",然而,自这一论文发表近 50 年来,与之相关的研究进展甚微.究其原因,在于方程(8)仍然没有将状态方程与密度演化方程进行完全的解耦,因而不得不面临高维偏微分方程的求解,而这是相当困难、有时甚至是不可能的.

2.2 广义密度演化方程

从上述两个不同角度对概率守恒原理的描述显然将给出等价的结果.然而,由于不同的理解角度,带来了解决实际问题的方便性.特别是,概率守恒原理的随机事件解释为解决前述困难问题提供了契机.为此,考虑随机动力系统

$$\dot{\boldsymbol{X}} = \boldsymbol{G}(\boldsymbol{X}, \boldsymbol{\Theta}, t) \tag{9}$$

其中 $\boldsymbol{\Theta}$ 为具有已知联合概率密度函数 $p_{\Theta}(\boldsymbol{\theta})$ 的随机向量.

对于适定的确定性动力学系统,状态方程(9)的解答存在、惟一,且它必然是 $\boldsymbol{\Theta}$ 的函数,亦即存在形式解答

$$\boldsymbol{X} = \boldsymbol{H}(\boldsymbol{\Theta}, t) \tag{10}$$

其分量式可表达为

$$X_l = H_l(\boldsymbol{\Theta}, t)\ (l = 1, 2, \cdots, n) \tag{11}$$

为书写简便起见,以下略去分量下标 l,即将 X_l, $H_l (l = 1, 2, \cdots, n)$ 直接写为 X, H.

在所考察的时间区段内,事件 $\{\boldsymbol{\Theta} = \boldsymbol{\theta}\}$ 乃是一个不变的随机事件,在 $\{\boldsymbol{\Theta} = \boldsymbol{\theta}\}$ 的条件下,$X(t)$ 必然等于 $H(\boldsymbol{\theta}, t)$,而取任何其他值的概率均为零,即 $\{X(t) = H(\boldsymbol{\theta}, t) \mid \boldsymbol{\Theta} = \boldsymbol{\theta}\}$ 的概率为 1.因此,$X(t)$ 关于 $\{\boldsymbol{\Theta} = \boldsymbol{\theta}\}$ 的条件概率密度函数可表

达为

$$p_{X|\boldsymbol{\Theta}}(x, t \mid \boldsymbol{\theta}) = \delta(x - H(\boldsymbol{\theta}, t)) \tag{12}$$

其中 $\delta(\cdot)$ 为 Dirac 函数.

式(12)对于任何 t 均成立,且其概率测度不变. 换言之,式(12)本质上是概率守恒原理在随机事件角度的体现.

将式(12)两侧关于 t 求导,有

$$\begin{aligned}\frac{\partial p_{X|\boldsymbol{\Theta}}(x, t \mid \boldsymbol{\theta})}{\partial t} &= \frac{\partial \delta(x - H(\boldsymbol{\theta}, t))}{\partial t} \\ &= \frac{\partial \delta(x - H(\boldsymbol{\theta}, t))}{\partial x} \cdot \left(\frac{\partial(x - H(\boldsymbol{\theta}, t))}{\partial t}\right) \\ &= -\dot{H}(\boldsymbol{\theta}, t) \frac{\partial p_{X|\boldsymbol{\Theta}}(x, t \mid \boldsymbol{\theta})}{\partial x}\end{aligned} \tag{13}$$

根据条件概率公式,$(X, \boldsymbol{\Theta})$ 的联合概率密度函数为

$$p_{X\boldsymbol{\Theta}}(x, \boldsymbol{\theta}, t) = p_{X|\boldsymbol{\Theta}}(x, t \mid \boldsymbol{\theta}) p_{\boldsymbol{\Theta}}(\boldsymbol{\theta}) = \delta(x - H(\boldsymbol{\theta}, t)) p_{\boldsymbol{\Theta}}(\boldsymbol{\theta}) \tag{14}$$

由式(13),(14)可得

$$\frac{\partial p_{X\boldsymbol{\Theta}}(x, \boldsymbol{\theta}, t)}{\partial t} + \dot{H}(\boldsymbol{\theta}, t) \frac{\partial p_{X\boldsymbol{\Theta}}(x, \boldsymbol{\theta}, t)}{\partial x} = 0 \tag{15}$$

或更明确地

$$\frac{\partial p_{X\boldsymbol{\Theta}}(x, \boldsymbol{\theta}, t)}{\partial t} + \dot{X}(\boldsymbol{\theta}, t) \frac{\partial p_{X\boldsymbol{\Theta}}(x, \boldsymbol{\theta}, t)}{\partial x} = 0 \tag{16}$$

其中 $\dot{X}(\boldsymbol{\theta}, t)$ 为 $\{\boldsymbol{\Theta} = \boldsymbol{\theta}\}$ 条件下 $X(t)$ 的速度.

根据式(14),不难得到方程(16)的初始条件

$$p_{X\boldsymbol{\Theta}}(x, \boldsymbol{\theta}, t) \mid_{t=0} = p_{\boldsymbol{\Theta}}(\boldsymbol{\theta}) \delta(x - x_0) \tag{17}$$

其中 x_0 为 $X(t)$ 的初始值.

求得偏微分方程初值问题(16),(17)的解答之后,即可积分给出 $X(t)$ 的瞬时概率密度函数

$$p_X(x, t) = \int_{\Omega_{\boldsymbol{\Theta}}} P_{X\boldsymbol{\Theta}}(x, \boldsymbol{\theta}, t) \mathrm{d}\boldsymbol{\theta} \tag{18}$$

其中 $\Omega_{\boldsymbol{\Theta}}$ 为 $\boldsymbol{\Theta}$ 的分布区域.

关于上述推导及其结论,应该强调:

(1) 与经典的和含有参变数的多维 Liouville 方程(5)和(8)不同,式(15)和(16)是关于空间变量 x 的一维偏微分方程. 虽然在这里 $\dot{H}(\boldsymbol{\theta}, t)$ 或 $\dot{X}(\boldsymbol{\theta}, t)$的显式

表达一般仍是未知的，但从下节的数值算法可见，其显式表达事实上并非必要. 这将使得一般的多维非线性随机动力系统的求解成为现实；

(2) 方程(16)适用于任意线性或非线性随机动力系统的任意物理量. 它表明，随机动力系统状态概率密度的演化是由于相应状态自身的速度引起所“携带”的概率迁移的结果，而与其他分量无关. 因此，为了获取任意物理量的密度演化特征，只需获得相应的速度信息即可.

(3) 实现由多维 Liouville 方程(5)和(8)向一维偏微分方程(15)和(16)转化的关键，是对于物理解答的考察，而不是仍然从状态方程角度出发. 正是在物理解答(10)的意义上，实现了各个状态分量之间的解耦. 显然，该转化过程是精确的、具有广泛适用性的，而不是在特殊情况下的假定和近似. 这一事实，从常规的概率守恒原理的状态空间描述角度似乎难以理解，但从随机事件描述的角度则是明确而自然的：因为仅从状态分量的实际演化过程而非状态方程的角度来看，单个分量本身与随机参数一起构成一个保守的随机动力系统，将所有的状态分量耦合考虑并非构成概率保守系统的必要条件.

正是在上述意义上，可称式(16)为广义密度演化方程.

值得指出的是，利用同一随机事件状态方程解答与物理解答的等价性，亦可以从式(8)出发通过对高维偏微分方程进行积分导出式(15)或(16)，详见文献[16, 17].

3 概率密度演化方程的数值求解

如前所述，对于一般的动力系统，难以得到 $\dot{X}(\boldsymbol{\theta}, t)$ 的显式表达，因而广义密度演化方程(16)的显式解答是很难得到的. 虽然如此，可以对方程(16)方便地进行数值求解. 注意到在方程(16)中不含有关于 $\boldsymbol{\theta}$ 的偏微分项，即在(16)式中 $\boldsymbol{\theta}$ 事实上是作为一个参数而非变量存在，因此，求解式(16)时应首先取定参数 $\boldsymbol{\theta}$ 的值，进而获取系数 $\dot{X}(\boldsymbol{\theta}, t)$，而这可以在给定 $\boldsymbol{\Theta}=\boldsymbol{\theta}$ 的情况下对状态方程(9)进行确定性分析得到. 根据上述求解过程中信息传递的关系，采用密度演化理论求解随机动力系统的基本步骤为：

(1) 在空间 $\Omega_{\boldsymbol{\Theta}}$ 中选取离散代表点 $\boldsymbol{\theta}_q(q=1, 2, \cdots, N_{\text{sel}})$，$N_{\text{sel}}$ 为选取的离散点总数；相应地，进行初始条件的离散；

(2) 令 $\boldsymbol{\Theta}=\boldsymbol{\theta}_q$，代入状态方程(9)，进行确定性时程积分，给出 $\dot{X}(\boldsymbol{\theta}, t)$ 的数值解答 $\dot{X}(\boldsymbol{\theta}_q, t_m)$，其中 $t_m=m\cdot\Delta t(m=1, 2, \cdots)$，$\Delta t$ 为时间离散步长；

(3)将 $\dot{X}(\boldsymbol{\theta}_q, t_m)$ 代入广义密度演化方程(16)，采用有限差分方法求解给出 $p_{X\boldsymbol{\Theta}}(x, \boldsymbol{\theta}, t)$ 的数值解答 $p_{X\boldsymbol{\Theta}}(x_j, \boldsymbol{\theta}_q, t_k)$，这里 $x_j=x_0+j\cdot\Delta x(j=0, \pm 1, \pm 2, \cdots)$，$\Delta x$ 为空间离散步长，$t_k=k\cdot\Delta\hat{t}$，$\Delta\hat{t}$ 为差分时间步长；

(4) 对式(18)进行数值积分，给出 $p_X(x, t)$ 的数值解答 $p_X(x_j, t_k)$.

在步骤(1)中,选点规则是关系到计算工作量大小的关键. 在 $n_{\Theta}=1, 2$ 的场合,可以直接按照均匀网格划分的格栅型选点规则,当 $n_{\Theta}\geqslant 3$ 时,格栅型选点规则将导致过大的计算工作量,此时,需要对选点规则进行专门的研究. 采用新近发展的映射降维算法[22]和数论选点方法[23],可以将 n_{Θ} 个随机变量时的随机动力系统的分析工作量降到与 $n_{\Theta}=1$ 时大体相当的水平. 限于篇幅,兹不赘述.

步骤(2)是常规的确定性动力系统时程分析过程,在计算数学和计算力学中已经发展多种有效的时程积分方法可资选用[18, 24].

广义密度演化方程(16)是一个守恒型偏微分方程,在计算流体力学中对该类方程的数值求解算法进行了卓有成效的研究[25, 26]. 有限差分方法是其中实施较为方便且具有良好精度的一种算法. 在差分格式中, Lax-Wendroff 格式是具有二阶精度的格式,但它具有较明显的色散效应,从而使得直接采用 Lax-Wendroff(L-W)格式计算的结果往往不能确保密度函数的非负性. 在此情况下,在 Lax-Wendroff 格式中施加通量限制器,可构成具有 TVD 性质的差分格式,它具有较为理想的计算性能,具体实施参见文献[15—17],兹不赘述.

从上述步骤可见:密度演化分析的基本过程是常规的确定性分析与有限差分方法的结合. 因此,很容易在现有确定性系统分析程序的基础上实现密度演化分析功能的扩充.

上述数值算法构成了密度演化理论求解随机动力系统的一般过程.

4 概率密度演化理论的应用

密度演化理论具有广阔的应用前景. 为简明起见,这里仅以随机结构动力非线性反应分析为例加以说明.

在工程结构分析中,同时考虑工程结构参数的随机性与激励的随机性,对于准确地把握结构的性能、进行结构的可靠性评估是非常重要的[13]. 尽管自 20 世纪 60 年代末以来进行了大量的研究,提出了随机模拟、随机摄动、正交展开等诸多方法[11-13],但迄今为止仅正交展开方法对求取线性结构动力响应的二阶统计量较为成功. 而对非线性结构响应特征的获取,则尚无有效的途径[14]. 与此形成鲜明的对照,采用密度演化分析可以方便地获取结构动力响应的概率密度函数及其演化过程[15-17].

不失一般性,非线性工程结构系统可离散为多自由度体系

$$\boldsymbol{M}(\boldsymbol{\Theta})\ddot{\boldsymbol{X}}+\boldsymbol{C}(\boldsymbol{\Theta})\dot{\boldsymbol{X}}+\boldsymbol{f}(\boldsymbol{\Theta}, \boldsymbol{X})=\boldsymbol{F}(\boldsymbol{\Theta}, t) \tag{19}$$

其中, $\boldsymbol{M}$, $\boldsymbol{C}$ 分别为质量和阻尼矩阵 , $\ddot{\boldsymbol{X}}$, $\dot{\boldsymbol{X}}$, $\boldsymbol{X}$ 分别为加速度,速度和位移向量, $\boldsymbol{f}$ 为非线性恢复力向量, $\boldsymbol{F}$ 为动力激励向量, $\boldsymbol{\Theta}$ 为结构参数与激励中的随机参数,其联合概率密度函数 $p_{\Theta}(\boldsymbol{\theta})$ 已知.

针对这一随机动力系统,只需上节数值算法中步骤(2)求解状态方程(9)转换

为求解动力方程(19)，即可采用相同的步骤进行密度演化分析.

为此，考察一个典型的10层框架结构[16]. 其柱截面尺寸为450 mm×450 mm，柱高 $h_1 = 4$ m，$h = 3$ m. 从顶层向下各层的集中质量均值分别为1.5，2.0，2.0，2.0，2.0，2.0，2.0，2.0，2.0，2.2×10^5 kg，各层柱的弹性模量均值分别为2.8，2.8，3.0，3.0，3.0，3.0，3.25，3.25，3.25，3.25×10^{10} Pa. 集中质量和弹性模量均为正态分布的随机变量，从顶层向下每两层的质量完全相关，即每两层质量的随机性可以用同一个标准化随机变量表示. 弹性模量的分布类似. 质量和弹性模量的随机性共由10个标准化独立随机变量刻划，其变异系数均为0.2.

结构的层间恢复力采用连续可微、能够反映构件的强度退化、刚度退化和捏拢效应等典型非线性特性的Bouc-Wen-Baber-Noori模型[27, 28]. 在此模型中，共有13个基本参数，其中 α 为屈服后与屈服前的刚度比 、A，β，γ，n 为曲线基本形状参数、d_v 为反映强度退化性质的参数 、d_η 为反映刚度退化性质的参数 、p，q，ψ，d_ψ，λ，ζ_s 为反映捏拢效应的参数. 根据参数灵敏度分析，本文中以 β，γ，d_v，d_η，ζ_s，为正态分布的独立随机变量，其均值分别为 $\mu_\beta = 140$，$\mu_\gamma = 20$，$\mu_{d_v} = 200$，$\mu_{d_\eta} = 200$，$\mu_{\zeta_s} = 0.95$，变异系数均为0.3. 其余参数取确定性的值 $A = 1$，$n = 1$，$q = 0$，$p = 2\,500$，$d_\psi = 0.01$，$\psi = 0.003$，$\lambda = 0.003$. 阻尼力采用Rayleigh模型，$\boldsymbol{C} = a\boldsymbol{M} + b\boldsymbol{K}_t$，$\boldsymbol{K}_t$ 为瞬时刚度矩阵，取 $a = 0.01$，$b = 0.005$.

随机地震动输入采用基于物理的地震动模型[29]. 该模型考虑了基岩地震动的不确定性和场地土条件的不确定性，引入基岩地震动随机Fourier谱幅值参数 F_0 、场地频率 ω_0 与阻尼比 ζ_0 作为独立随机参数，通过对实际地震记录的分析识别，采用对数正态分布，其均值和变异系数分别取为 $\mu_{F_0} = 0.9$，$\mu_{\omega_0} = 25$，$\mu_{\zeta_0} = 0.7$，$\delta_{F_0} = 0.5$，$\delta_{\omega_0} = 0.4$，$\delta_{\zeta_0} = 0.3$.

由上可知，在本文的结构分析中共含有18个随机参数，其中质量与刚度参数10个、恢复力模型中5个、随机地震动模型中3个.

图2(a)为按照密度演化分析计算的均值和标准差，图中示出了采用L-W格式与采用TVD格式计算的结果. 两种不同的差分格式给出一致的均值与标准差解答，但TVD格式能够避免所计算得到的概率密度函数出现负值. 本例的密度演化分析中，采用数论方法并进行超球体筛选给出208个离散代表点，仅需时不到200 s，而采用常规的Monte Carlo模拟往往需要进行上万次甚至数十万次确定性分析，其计算工作量是密度演化分析的百倍以上. 与此同时，密度演化理论具有较高的精度[30, 31]. 不仅如此，密度演化分析还可以给出概率密度函数的解答及其演化进程. 图2(b)为典型时刻的概率密度函数，图2(c)为概率密度函数随时间的演化曲面，图2(d)为演化曲面的等概率密度线. 由此可见，概率密度演化的过程实际上是非平稳的概率流动过程，而瞬时概率密度函数往往与正态分布等规则分布相去甚远.

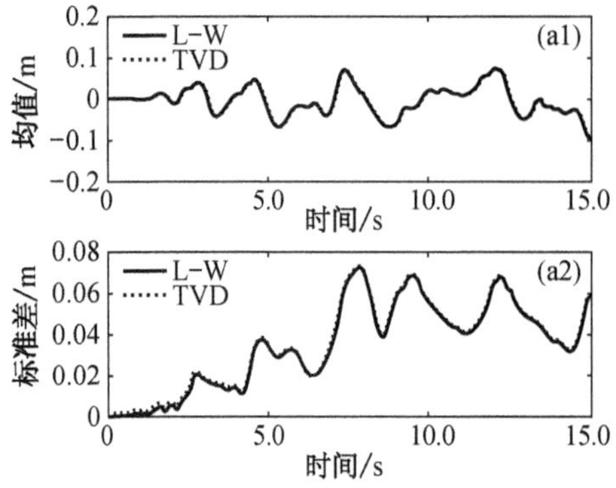

(a) 均值与标准差(L-W 与 TVD 格式)

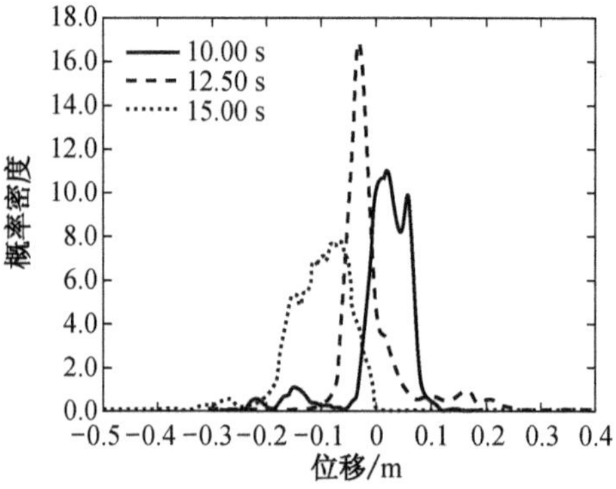

(b) 典型时刻的概率密度函数

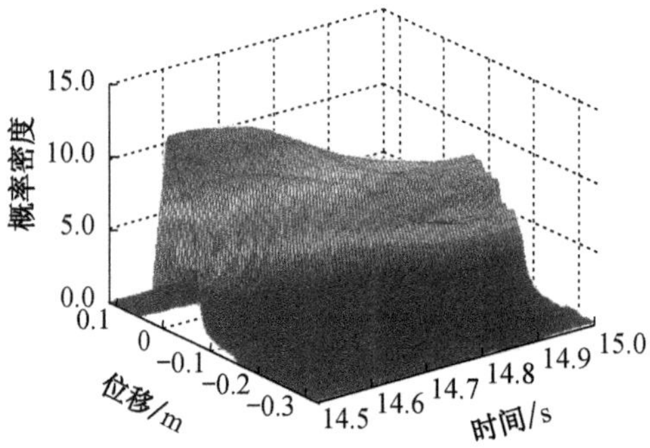

(c) 概率密度演化曲面

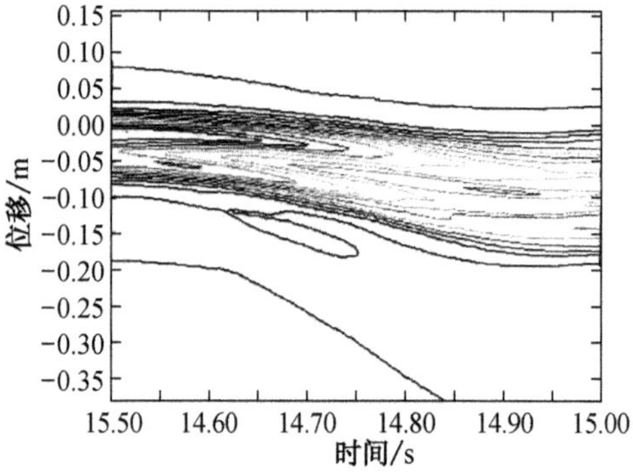

(d) 等概率密度线

图 2　结构响应的概率信息

5　结　语

在具有随机初始条件和随机激励的动力系统中概率守恒,这一事实作为一个经典结论已为人所知.本文对这一原理进行了进一步探讨,考察了同时在初始条件、外部激励和系统特性中含有随机性的随机动力系统中的概率守恒问题.讨论了概率守恒原理的状态空间描述和随机事件描述.在随机事件描述的基础上,导出了适用于很广范围内的随机系统的一维广义密度演化方程,从而为近年发展起来的密度演化分析方法建立了理论基础.通过非线性随机结构动力响应分析,给出了密度演化理论的应用实例.

参考文献

[1] Gardiner C W. Handbooks of Stochastic Methods for Physics, Chemistry and the Natural Sciences (2nd edition)[M]. Berlin Heidelberg: Springer-Verlag, 1985.

[2] Wang B, Barcilon A, Fang Z. Stochastic dynamics of EI NinoSouthern oscillation[J].

Journal of the Atmospheric Sciences, 1999, 56(1): 5-23.

[3] Lasota A, Mackey M C. Chaos, Fractals, and Noise: Stochastic Aspects of Dynamics (2nd edition)[M]. New York: Springer-Verlag, 1994.

[4] 柯尔莫哥洛夫 A N. 概率论的解析方法[C]//随机过程. 伊藤清,刘璋温,译. 上海:上海科学技术出版社, 1961.

[5] Kozin F. On the probability densities of the output of some random systems[J]. Journal of Applied Mechanics, 1961, 28(2):161-164.

[6] Syski R. Stochastic differential equations[C]// Saaty T L. Modern Nonlinear Equations. New York: McGrawHill, 1967.

[7] Soong T T. Random Differential Equations in Science and Engineering[M]. New York and London: Academic Press, 1973.

[8] Lin Y K, Cai G Q. Probability structural Dynamics: Advanced Theory and Application [M]. McGraw Hill College Div, 1995.

[9] 朱位秋. 非线性随机动力学与控制[M]. 北京:科学出版社, 2003.

[10] Dostupov B G, Pugachev V S. The equation for the integral of a system of ordinary differential equations containing random parameters[J]. Automatikai Telemekhanika, 1957, 18: 620-630.

[11] Ghanem R, Spanos P D. Stochastic Finite Element: A Spectral Approach[M]. Berlin: Springer-Verlag, 1991.

[12] Kleiber M, Hien T D. The Stochastic Finite Element Method[M]. Chishcester: John Wiley & Sons,1992.

[13] 李杰. 随机结构系统——分析与建模[M]. 北京:科学出版社,1996.

[14] Anders M, Hori M. Three-dimensional stochastic finite element method for elasto-plastic bodies[J]. International Journal for Numerical Methods in Engineering,2001,51:449-478.

[15] 李杰,陈建兵. 随机结构动力反应分析的概率密度演化方法[J]. 力学学报,2003,35(4):437-442.

[16] 李杰,陈建兵. 随机结构非线性动力响应的概率密度演化方法[J]. 力学学报,2003,35(6):716-722.

[17] 陈建兵,李杰. 非线性随机结构动力可靠度的密度演化方法[J]. 力学学报,2004,36(2):196-201.

[18] Belytschko T, Liu W K, Moran M. Nonlinear Finite Elements for Continua and Structures [M]. John Wiley & Sons Ltd. ,2000.

[19] Loeve M. Probability Theory[M]. Berlin: Springer-Verlag,1977.

[20] Vanmarcke E. Random Field[M]. MIT Press,1983.

[21] Kolmogorov A N. Grundbegriffe der Wahrscheinlichkeitsrechnung[M]. Berlin:Springer, 1933. (Reprint, 1973); Foundations of the Theory of Probability, Chelsea, New York,1956.

[22] 李杰,陈建兵. 随机结构反应密度演化分析的映射降维法[J]. 力学学报,2005,37(4):460-466.

[23] 陈建兵,李杰. 结构随机反应概率密度演化分析的数论选点法[J]. 力学学报,2006,38(1):134-140.

[24] Chapra S C, Canale R P. Numerical Methods for Engineers(3rd edition)[M]. McGraw-Hill, 1998.

[25] Anderson J D Jr. Computational Fluid Dynamics[M]. McGraw-Hill, 1995.

[26] Shen M Y, Zhang Z B, Niu X L. Some advances in study of high order accuracy and high resolution finite difference schemes[C]//Dubois F, Wu H M. New Advances in Computational Fluid Dynamics. Beijing: Higher Education Press, 2001.

[27] Baber T T, Noori M N. Random vibration of degrading, pinching systems[J]. Journal of Engineering Mechanics, 1985, 111(8): 1010-1027.

[28] Ma F, Zhang H, Bockstedte A, et al. Parameter analysis of the differential model of hystercsis[J]. Journal of Applied Mechanics, 2004, 71: 342-349.

[29] 艾晓秋. 基于随机地震动模型的地下管线地震反应及抗震可靠度研究[D]. 上海:同济大学,2005.

[30] Li J, Chen J B. Probability density evolution method for dynamic response analysis of structures with uncertain parameters[J]. computational Mechanics, 2004, 34: 400-409.

[31] Chen J B, Li J. Dynamic response and reliability analysis of nonlinear stochastic structures [J]. Probabilistic Engineering Mechanics, 2005, 20(1): 33-44.

(本文原载于《自然科学进展》第 16 卷第 6 期,2006 年 6 月)

结构动力非线性随机反应的联合概率分布

李 杰　陈建兵

摘　要　在密度演化理论基本思想的框架下，对广义概率密度演化方程进行推广，导出了结构不同反应量的联合概率密度函数演化方程. 结合确定性结构非线性动力反应分析与二维偏微分方程求解的有限差分方法，可以获取结构不同反应量的联合概率密度函数的数值解答. 分析实例表明：结构反应的联合概率密度函数呈丘陵状不规则分布，而不同反应量之间的相关系数是时变的.

引　言

在地震工程、风工程和海洋工程等领域中，结构动力非线性随机反应分析对把握结构的非线性性态、进行结构可靠度分析是至关重要的. 在经典随机振动理论中，尽管进行了矩函数微分方程、FPK 方程和 Hamilton 理论框架等诸多探索，取得了丰富的研究成果[1, 2]，但是，对一般非线性结构的随机振动尚难以获得相应的概率密度解答. 另一方面，考虑参数随机性的随机结构分析方法自 20 世纪 60 年代以来已进行了大量的研究[3]. 至 20 世纪 90 年代末，针对线性随机结构反应问题，发展了随机模拟方法[4]、随机摄动技术[5]与正交多项式展开理论[3, 6]等 3 类主导方法，并在试图获取结构反应量关于基本随机参数的显式表达方面出现了一些新的思路，例如以单元柔度概念[7]和矩阵特征变换求逆[8]为特征的探索. 然而，关于随机结构非线性反应分析，例如文献[9 - 11]的工作，在总体上尚缺乏能够获取结构反应二阶统计量的有效方法. 在这样的背景下，密度演化理论的发展为一般结构的非线性随机反应分析提供了新的途径. 在此方法中，通过广义密度演化方程的求解，可以获取结构任意反应量的概率密度函数，进而可以推广进行一般结构的动力可靠度分析[12, 13].

结构不同状态量的联合概率分布信息，在详细了解与考察结构非线性反应的相关性方面具有重要价值与意义. 由此入手，可以更为深刻地认识结构响应概率相关的物理本质. 鉴于此，基于密度演化理论的基本思想，从概率守恒原理出发，推广广义概率密度演化方程，获得了关于结构不同反应量联合概率密度函数的二维偏微分方程. 结合确定性结构动力反应分析与二维偏微分方程数值求解的差分方法，给出了联合概率密度函数的数值解答.通过分析实例,考察了结构非线性随机反应的联合概率密度函数的基本特征.

1 结构动力随机反应的联合概率分布

1.1 结构动力随机反应分析的密度演化理论

在文献[12, 13]中,发展了结构动力随机反应分析的密度演化理论.这里将从概率守恒原理的 Lagragn 系统描述的角度简要阐述其基本思想.

考察一般的随机动力系统

$$\dot{\boldsymbol{X}} = \boldsymbol{A}(\boldsymbol{X}, \boldsymbol{\Theta}, t) \tag{1}$$

其中,$\boldsymbol{X}$ 为 n_{d} 维系统状态向量,$\boldsymbol{A}$ 为动力系统算子,$\boldsymbol{\Theta} = (\Theta_1, \Theta_2, \ldots, \Theta_s)$ 为反映系统参数、激励与初始条件中的随机性的随机向量,$\boldsymbol{x}_0 = (x_{0,1}, x_{0,2}, \ldots, x_{0,n_{\mathrm{d}}})^{\mathrm{T}}$ 为初始值向量.值得指出,一般结构动力反应的二阶微分方程可方便地转化为式(1)的状态方程的形式.

设随机动力系统(1)的解可用形式解答表示为

$$\boldsymbol{X} = \boldsymbol{H}(\boldsymbol{\Theta}, t),\ X_l = H_l(\boldsymbol{\Theta}, t) \quad (l = 1, 2, \cdots, n_{\mathrm{d}}) \tag{2}$$

其中 X_l, H_l 分别为 $\boldsymbol{X}$, $\boldsymbol{H}$ 的第 l 个分量.相应地,其速度的形式解答不妨表示为

$$\dot{\boldsymbol{X}} = \boldsymbol{G}(\boldsymbol{\Theta}, t),\ \dot{X}_l = G_l(\boldsymbol{\Theta}, t) \quad (l = 1, 2, \cdots, n_{\mathrm{d}}) \tag{3}$$

考察随机过程 $X_l(t)$,由于 $X_l(t)$ 中的随机性完全来自于 $\boldsymbol{\Theta}$,故 $(X_l(t), \boldsymbol{\Theta})$ 是一个概率保守系统,即在随机动力系统 $(X_l(t), \boldsymbol{\Theta})$ 中概率守恒.记 $X_l(t)$ 的概率密度函数为 $p_{x_l}(x_l, t)$,$(X_l(t), \boldsymbol{\Theta})$ 的联合概率密度函数为 $p_{X_l\boldsymbol{\Theta}}(x_l, \boldsymbol{\Theta}, t)$.跟踪初始时刻状态空间中的任意区域 Ω_0,由于系统(1)的演化,Ω_0 内的状态点在时刻 t 演化到区域 Ω_t,根据概率守恒原理,有

$$\frac{\mathrm{D}}{\mathrm{D}t}\int_{\Omega_t} p_{X_l\boldsymbol{\Theta}}(x_l, \boldsymbol{\theta}, t)\mathrm{d}x_l = 0 \tag{4}$$

这里 $\mathrm{D}(\cdot)/\mathrm{D}t$ 为物质导数,其确切意义为

$$\begin{aligned}&\frac{\mathrm{D}}{\mathrm{D}t}\int_{\Omega_t} p_{X_l\boldsymbol{\Theta}}(x_l, \boldsymbol{\theta}, t)\mathrm{d}x_l = \\ &\lim_{\Delta t\to 0}\frac{1}{\Delta t}\left(\int_{\Omega_t+\Delta t} p_{X_l\boldsymbol{\Theta}}(x_l, \boldsymbol{\theta}, t+\Delta t)\mathrm{d}x_l - \int_{\Omega_t} p_{X_l\boldsymbol{\theta}}(x_l, \boldsymbol{\theta}, t)\mathrm{d}x_l\right)\end{aligned} \tag{5}$$

注意到 Ω_0 的任意性,利用 Reyonld 转换定理[14],并考虑式(3),可得广义概率密度演化方程[15]

$$\frac{\partial p_{X_l\boldsymbol{\Theta}}(x_l, \boldsymbol{\theta}, t)}{\partial t} + G_l(\boldsymbol{\theta}, t)\frac{\partial p_{X_l\boldsymbol{\Theta}}(x_l, \boldsymbol{\theta}, t)}{\partial x_l} = 0 \tag{6}$$

或更明确地(将式(3)代入式(6))

$$\frac{\partial p_{X_l\boldsymbol{\Theta}}(x_l, \boldsymbol{\theta}, t)}{\partial t} + \dot{X}_l(\boldsymbol{\theta}, t)\frac{\partial p_{X_l\boldsymbol{\Theta}}(x_l, \boldsymbol{\theta}, t)}{\partial x_l} = 0 \tag{7}$$

当初始值 $\boldsymbol{x}_0$ 为确定性向量时(例如在地震反应分析的情况下,可合理地采用 $\boldsymbol{x}_0 = 0$),方程(7)的初始条件为

$$p_{X_l\boldsymbol{\Theta}}(x_l, \boldsymbol{\theta}, t_0) = \delta(x - x_{0,l})p_{\boldsymbol{\Theta}}(\boldsymbol{\theta}) \tag{8}$$

在此条件下可求得方程 (6)(或(7))的数值解答,这里 $\delta(\cdot)$为 Dirac 函数,$x_{0,l}$,为 $X_l(t)$的初始值. 求解方程(6)(或(7)),式(8)构成的初始值问题即可获得联合概率密度函数的数值解答,进而可以积分得到 $X_l(t)$的概率密度函数

$$p_{X_l}(x_l, t) = \int_{\Omega_{\boldsymbol{\Theta}}} p_{X_l\boldsymbol{\Theta}}(x_l, \boldsymbol{\theta}, t)\mathrm{d}\boldsymbol{\theta} \tag{9}$$

其中 $\Omega_{\boldsymbol{\Theta}}$ 为 $\boldsymbol{\Theta}$ 的分布区域.

广义概率密度演化方程(6)(或(7))也可直接利用形式解答并通过含有参数的多维 Liovuille 方程积分[12]或利用联合概率密度函数的 Dirac 函数形式表达进行微分得到[13]. 结合确定性结构动力反应分析与有限差分方法,可以方便地获得结构动力反应概率密度函数的数值解答.

1.2 结构动力随机反应的联合概率分布

在结构动力反应特别是可靠度分析中,往往不仅对于单个物理量的概率信息感兴趣,还常常需要获得两个物理量或过程的联合概率信息. 例如,在基于跨越过程理论的结构动力可靠度分析中,利用 Rice 公式计算期望穿阈率时,即需要结构反应及其速度的联合概率密度函数[2]. 在此情况下,基于密度演化理论的基本思想,可对广义密度演化方程加以推广,以获取任意两个反应过程的联合概率密度函数.

为方便计,设 $X(t)$, $Y(t)$为随机动力系统(1)中的任意两个物理量(如位移、应力或应变等),显然,随机过程 $X(t)$, $Y(t)$的随机性完全来自 $\boldsymbol{\Theta}$,即 $X(t)$, $Y(t)$的形式解答可表为

$$X(t) = H_X(\boldsymbol{\Theta}, t), \quad Y(t) = H_Y(\boldsymbol{\Theta}, t) \tag{10}$$

相应地,其速度的形式解答可表为

$$\dot{X}(t) = G_X(\boldsymbol{\Theta}, t), \quad \dot{Y}(t) = G_Y(\boldsymbol{\Theta}, t) \tag{11}$$

因而,增广向量过程 $(X(t), Y(t), \boldsymbol{\Theta})$是一个概率保守系统. 记$(X(t), Y(t), \boldsymbol{\Theta})$的联合概率密度函数为 $p_{XY\boldsymbol{\Theta}}(x, y, \boldsymbol{\theta}, t)$,则根据概率守恒原理有

$$\frac{\mathrm{D}}{\mathrm{D}t}\int_{\Omega_t} p_{XY\boldsymbol{\Theta}}(x,\ y,\ \boldsymbol{\theta},\ t)\mathrm{d}x\mathrm{d}y = 0 \tag{12}$$

由 Reynold 转换定理并注意积分区域的任意性[14]，考虑到式(11)，与式(7)类似地可得

$$\frac{\partial p_{XY\boldsymbol{\Theta}}(x,\ y,\ \boldsymbol{\theta},\ t)}{\partial t} + G_X(\boldsymbol{\theta},\ t)\frac{\partial p_{XY\boldsymbol{\Theta}}(x,\ y,\ \boldsymbol{\theta},\ t)}{\partial x} + G_Y(\boldsymbol{\theta},\ t)\frac{\partial p_{XY\boldsymbol{\Theta}}(x,\ y,\ \boldsymbol{\theta},\ t)}{\partial y} = 0 \tag{13}$$

将式(11)代入式(13)即有

$$\frac{\partial p_{XY\boldsymbol{\Theta}}(x,\ y,\ \boldsymbol{\theta},\ t)}{\partial t} + \dot{X}(\boldsymbol{\theta},\ t)\frac{\partial p_{XY\boldsymbol{\Theta}}(x,\ y,\ \boldsymbol{\theta},\ t)}{\partial x} + \dot{Y}(\boldsymbol{\theta},\ t)\frac{\partial p_{XY\boldsymbol{\Theta}}(x,\ y,\ \boldsymbol{\theta},\ t)}{\partial y} = 0 \tag{14}$$

在初始条件

$$p_{XY\boldsymbol{\Theta}}(x,\ y,\ \boldsymbol{\theta},\ t_0) = \delta(x - x_0)\delta(y - y_0)p_{\boldsymbol{\Theta}}(\boldsymbol{\theta}) \tag{15}$$

下求解式(14)，即可获得 $p_{XY\boldsymbol{\Theta}}(x,\ y,\ \boldsymbol{\theta},\ t)$的解答并进而通过积分给出 $X(t)$，$Y(t)$的联合概率密度函数

$$p_{XY}(x,\ y,\ t) = \int_{\Omega_{\boldsymbol{\Theta}}} p_{XY\boldsymbol{\Theta}}(x,\ y,\ \boldsymbol{\theta},\ t)\mathrm{d}\boldsymbol{\theta} \tag{16}$$

式(15)中，x_0，y_0 分别为 $X(t)$，$Y(t)$的确定性初始值.

注意到 $X(t)$，$Y(t)$为随机动力系统(1)的任意物理量，并且也可以是性质不同的反应量，因此，方程(14)可用来求解任意两个物理量的联合概率密度函数. 例如，若需要求解结构任意两层位移的联合概率密度函数，则 $X(t)$，$Y(t)$分别取任意两层的位移，而若需要考察某层位移与相应速度的联合概率密度函数，仅需将 $X(t)$，$Y(t)$分别取为该位移及相应速度即可.

2 数值算法

求解式(14)以获取结构动力反应的联合概率分布的数值算法基本步骤与求解式(7)以获取结构动力反应的密度演化方法基本步骤完全相同[13]，即：首先在多维随机变量空间 $\Omega_{\boldsymbol{\Theta}}$ 中取得离散代表点 $\boldsymbol{\Theta}_q(q = 1,\ 2,\ \cdots,\ N_{\mathrm{sel}})$，之后在 $\boldsymbol{\Theta} = \boldsymbol{\theta}_q$ 的条件下分别对动力系统(1)进行确定性动力分析，获得需要的速度信息 $\dot{X}(\boldsymbol{\theta}_q,\ t)$，$\dot{Y}(\boldsymbol{\theta}_q,\ t)$，进而将 $\dot{X}(\boldsymbol{\theta}_q,\ t)$，$\dot{Y}(\boldsymbol{\theta}_q,\ t)$，代入式(14)，采用有限差分方法进行求解，并对式(16)进行数值积分，从而最终给出 $p_{XY}(x,\ y,\ t)$的数值解答. 基本流程见图 1.

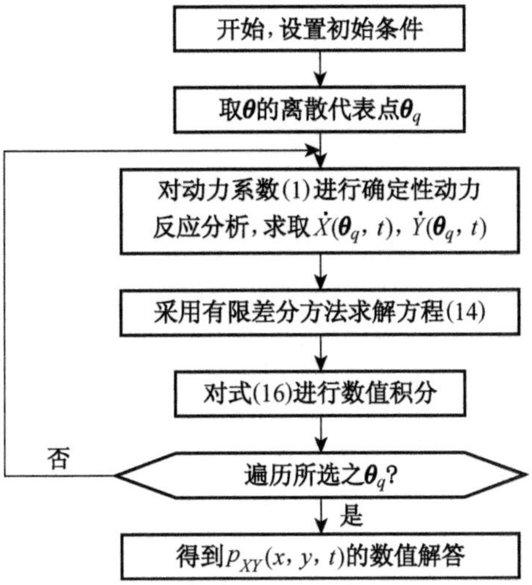

图 1　联合概率密度函数求解流程图

2.1　差分格式

针对形如式(14)的守恒型偏微分方程求解，已经发展了多种行之有效的数值算法. 根据在结构动力反应的密度演化分析中已有的计算经验，采用 Lax-Wendroff 格式的有限差分方法具有较好的计算性能，当施加适当形式的通量限制器时，还可以构造能够有效地消除色散效应的 TVD 格式[13].

为符号简明起见，记 $p_{XY\boldsymbol{\Theta}}(x_i, y_j, \boldsymbol{\theta}_q, t_k)$ 为 $p_{i,j}^{(k)}$，这里省去 $\boldsymbol{\theta}_q$ 将不致引起混淆，其中 $x_i = i \cdot \Delta x(i = 0, \pm 1, \pm 2, \cdots)$，$y_j = j \cdot \Delta y(j = 0, \pm 1, \pm 2, \cdots)$，$t_k = k \cdot \Delta t(k = 0, 1, 2, \cdots)$，$\Delta x$，$\Delta y$ 分别为在 x，y 方向的空间离散步长，Δt 为时间离散步长，其余符号类似. 将一维偏微分方程的 TVD 格式进行推广，可以得到式(14)的离散格式

$$\begin{aligned}
p_{i,j}^{(k+1)} = p_{i,j}^{(k)} - r_X\Big[&\frac{1}{2}(g_X^{(k)} + |g_X^{(k)}|)(p_{i,j}^{(k)} - p_{i-1,j}^{(k)}) + \\
&\frac{1}{2}(g_X^{(k)} - |g_X^{(k)}|)(p_{i+1,j}^{(k)} - p_{i,j}^{(k)})\Big] - \\
&\frac{1}{2}(1 - |r_X g_X^{(k)}|)\,|r_X g_X^{(k)}|\,\Big[\Psi(r_{i+\frac{1}{2}}^{+}, r_{i+\frac{1}{2}}^{-}) \cdot \\
&(p_{i+1,j}^{(k)} - p_{i,j}^{(k)}) - \Psi(r_{i-\frac{1}{2}}^{+}, r_{i-\frac{1}{2}}^{-})(p_{i,j}^{(k)} - p_{i-1,j}^{(k)})\Big] - \\
&r_Y\Big[\frac{1}{2}(g_Y^{(k)} + |g_Y^{(k)}|)(p_{i,j}^{(k)} - p_{i,j-1}^{(k)})\Big] + \\
&\frac{1}{2}(g_Y^{(k)} - |g_Y^{(k)}|)(p_{i,j+1}^{(k)} - p_{i,j}^{(k)}) - \\
&\frac{1}{2}(1 - |r_Y g_Y^{(k)}|)\,|r_Y g_Y^{(k)}|\,\Big[\Psi(r_{j+\frac{1}{2}}^{+}, r_{j+\frac{1}{2}}^{-}) . \\
&(p_{i,j+1}^{(k)} - p_{i,j}^{(k)}) - \Psi(r_{j-\frac{1}{2}}^{+}, r_{j-\frac{1}{2}}^{-})(p_{i,j}^{(k)} - p_{i,j-1}^{(k)})\Big]
\end{aligned} \tag{17}$$

其中，网格比 $r_X = \Delta t/\Delta x$，$r_Y = \Delta t/\Delta y$

$$r_{i+1/2}^{+} = (p_{i+2,\,j}^{(k)} - p_{i+1,\,j}^{(k)})/(p_{i+1,\,j}^{(k)} - p_{i,\,j}^{(k)})$$
$$r_{i+1/2}^{-} = (p_{i,\,j}^{(k)} - p_{i-1,\,j}^{(k)})/(p_{i+1,\,j}^{(k)} - p_{i,\,j}^{(k)})$$
$$r_{i-1/2}^{+} = (p_{i+1,\,j}^{(k)} - p_{i,\,j}^{(k)})/(p_{i,\,j}^{(k)} - p_{i-1,\,j}^{(k)})$$
$$r_{i-1/2}^{-} = (p_{i-1,\,j}^{(k)} - p_{i-2,\,j}^{(k)})/(p_{i,\,j}^{(k)} - p_{i-1,\,j}^{(k)})$$
$$r_{j+1/2}^{+} = (p_{i,\,j+2}^{(k)} - p_{i,\,j+1}^{(k)})/(p_{i,\,j+1}^{(k)} - p_{i,\,j}^{(k)})$$
$$r_{j+1/2}^{-} = (p_{i,\,j}^{(k)} - p_{i,\,j-1}^{(k)})/(p_{i,\,j+1}^{(k)} - p_{i,\,j}^{(k)})$$
$$r_{j-1/2}^{+} = (p_{i,\,j+1}^{(k)} - p_{i,\,j}^{(k)})/(p_{i,\,j}^{(k)} - p_{i,\,j-1}^{(k)})$$
$$r_{j-1/2}^{-} = (p_{i,\,j-1}^{(k)} - p_{i,\,j-2}^{(k)})/(p_{i,\,j}^{(k)} - p_{i,\,j-1}^{(k)})$$

$\psi(r^+, r^-)$为通量限制器，本文中采用以具有较小耗散的 Roe-Sweby 通量限制器

$$\psi_{sb}(r^-) = \max\,(0,\ \min(2r^-,\ 1),\ \min(r^-,\ 2))$$

作为构造通量限制器的基础. 考虑到速度 $\dot{X}(\boldsymbol{\theta}_q, t)$，$\dot{Y}(\boldsymbol{\theta}_q, t)$的符号是随着时间变化的，在施加通量限制器时，应具有差分方向的自适应选择功能. 为此，构造如下的自适应通量限制器

$$\psi(r^+, r^-) = \mu(-g^{(k)})\psi_{sb}(r^+) + \mu(g^{(k)})\psi_{sb}(r^-)$$

其中 $\mu(\cdot)$为单位阶跃函数

$$u(x) = \begin{cases} 1, & x \geqslant 0 \\ 0, & x < 0 \end{cases}$$

式(17)中 $g_X^{(k)}$，$g_Y^{(k)}$ 可分别取为

$$g_X^{(k)} = \frac{1}{2}[\dot{X}(\boldsymbol{\theta}_q,\ t_{k-1}) + \dot{X}(\dot{\boldsymbol{\theta}}_q,\ t_k)]$$

$$g_Y^{(k)} = \frac{1}{2}[\dot{Y}(\boldsymbol{\theta}_q,\ t_{k-1}) + \dot{Y}(\boldsymbol{\theta}_q,\ t_k)]$$

式(17) 的 Courant-Friedrichs-Lewy 条件为

$$|r_X g_X^{(k)}| \leqslant 1/(2\sqrt{2}),\quad |r_Y g_Y^{(k)}| \leqslant 1/(2\sqrt{2})$$

当 $\psi(r^+, r^-) \equiv 1$ 时，式(17) 退化为 Lax-Wendroff 格式.

2.2 选点方法

如前所述，在进行结构反应的密度演化分析中，需要首先在多维随机参数空间 Ω_{Θ} 中取得离散代表点，这些离散代表点应尽可能均匀地散布在 Ω_{Θ} 中. 当随机变量的数目 s 较大时，采用数论方法可以取出多维超立方体 $I^s = \{\bar{\boldsymbol{x}} \mid \bar{x}_j \in [0,\ 1],\ j=1,\ 2,\ \cdots,\ s\}$中的均匀散布点集[15]. 在此基础上，采用超球体筛选并进行尺度变换，即

可获得多维随机参数空间 Ω_{Θ} 中均匀散布的离散代表点集[16].

根据数论方法,可以构造非唯一的整数生成向量$(n, z_1, z_2, \cdots, z_s)$,为方便计,通常取 $z_1=1$,这里 n 为在单位超立方体 I^s 中所选离散代表点的总数目. 由整数向量$(n, z_1, z_2, \cdots, z_s)$可生成点集 $\bar{x}_k=(\bar{x}_{1,k}, \bar{x}_{2,k}, \cdots, \bar{x}_{s,k})(k=1, 2, \cdots, n)$, 即

$$\bar{x}_{j,k}=kz_j/n-[kz_j/n](j=1, 2, \cdots, s; k=1, 2, \cdots, n) \tag{18}$$

其中[·]为取整函数. 能够证明,采用数论方法构造的合适整数向量 $(n, z_1, z_2, \cdots, z_s)$,式(18)的离散代表点集是一定意义下在 I^s 中均匀散布的点集[15].

设标准化多维随机变量的分布区间或截断区间为 $\theta_j\in[-\lambda_j, \lambda_j](j=1, 2, \cdots, s)$,例如对标准正态分布,通常可取 $\lambda_j=3.0\sim4.0$,则对式(18)进行尺度变换可以得到标准化多维随机变量空间 Ω_{Θ} 中的离散代表点

$$\tilde{\theta}_{j,k}=2\lambda_j(\bar{x}_{j,k}-0.5)\quad(j=1, 2, \cdots, s; k=1, 2, \cdots, n) \tag{19}$$

相应代表点的赋得概率为

$$\tilde{P}_k=\frac{1}{n}\prod_{j=1}^{s}(2\lambda_j)\cdot p_{\Theta}(\tilde{\theta}_{1,k}, \tilde{\theta}_{2,k}, \cdots, \tilde{\theta}_{s,k})$$

一般情况下,多维联合概率密度函数 $p_{\Theta}(\boldsymbol{\theta})$关于变量 $\boldsymbol{\theta}$ 具有辐射衰减性质,因此,超立方体中“边角”部分的点的赋得概率很小,可以略去,即,仅从式(19)的点集中选择在超椭球体

$$\left(\frac{\tilde{\theta}_{1,k}}{\lambda_1}\right)^2+\left(\frac{\tilde{\theta}_{2,k}}{\lambda_2}\right)^2+\cdots+\left(\frac{\tilde{\theta}_{s,k}}{\lambda_s}\right)^2\leqslant r_0^2\quad(k=1, 2, \cdots) \tag{20}$$

内的点,这里 r_0 为筛选半径. 显然,当 $r_0=\sqrt{s}$ 时,式(20)的筛选效果消失.

若满足式(20)的离散代表点数目为 N_{sel},则该 N_{sel}个筛选出来的离散代表点可作为最终选点 $\boldsymbol{\theta}_q=(\theta_{1,q}, \theta_{2,q}, \cdots, \theta_{s,q})(q=1, 2, \cdots, N_{\mathrm{sel}})$,其相应的赋得概率为

$$P_q=\tilde{P}_q/\sum_{k=1}^{N_{\mathrm{sel}}}\tilde{P}_k$$

研究表明[16]:结合上述数论方法与超球体筛选策略,在精度满意的情况下一般可以将离散代表点数目降到 200 左右.

3 分析实例

3.1 分析模型

考察剪切型多自由度结构(图 2),动力反应方程为

$$\boldsymbol{M}(\boldsymbol{\Theta})\ddot{\boldsymbol{X}}+\boldsymbol{C}(\boldsymbol{\Theta})\ddot{\boldsymbol{X}}+\boldsymbol{R}(\boldsymbol{\Theta},\ \boldsymbol{X})=\boldsymbol{F}(\boldsymbol{\Theta},\ t)$$

其中,$\boldsymbol{M}$ 为集中质量矩阵,$\boldsymbol{C}$ 为阻尼矩阵,$\boldsymbol{R}$ 为非线性恢复力,$\boldsymbol{F}$ 为动力激励,$\boldsymbol{\Theta}$ 为反映结构特性与动力激励中的随机性的标准化随机参数向量.

图 2 结构柱截面尺寸为 500 mm×450 mm,柱高 $h_l=4$ m, $h=3$ m. 从顶层向下,每两层集中质量的随机性用同一个标准化随机变量反映其随机性,共有 5 个质量参数随机变量 $\boldsymbol{\Theta}_{m,1}$, $\boldsymbol{\Theta}_{m,2}$, …, $\boldsymbol{\Theta}_{m,5}$,类似地,每两层刚度参数(弹性模量)的随机性以同一个标准化随机变量反映,共有 5 个刚度参数随机变量 $\boldsymbol{\Theta}_{E,1}$, $\boldsymbol{\Theta}_{E,2}$, …, $\boldsymbol{\Theta}_{E,5}$. 质量参数与刚度参数均服从正态分布,其概率信息列于表 1,表 2.

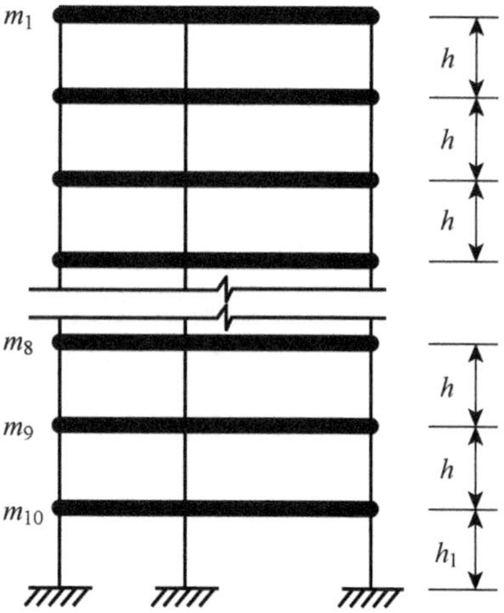

图 2　框架分析模型

表 1　质量随机参数的概率信息

参数	m_1	m_2	m_3	m_4	m_5	m_6	m_7	m_8	m_9	m_{10}
均值/$\times 10^5$ kg	1.0	2.1	2.1	2.0	2.1	2.1	2.3	2.2	2.2	2.2
变异系数	0.2		0.2		0.2		0.2		0.2	

表 2　刚度随机参数的概率信息

参数	E_1	E_2	E_3	E_4	E_5	E_6	E_7	E_8	E_9	E_{10}
均值/$\times 10^{10}$ Pa	2.8	2.8	3.0	3.0	3.0	3.0	3.25	3.25	3.25	3.25
变异系数	0.2		0.2		0.2		0.2		0.2	

在构件层次,Bouc-Wen 模型可以很好地反映结构的刚度退化与强度退化特性[17],经过推广后同时还可以反映随着构件耗能增长而发生的捏拢效应[18]. 在 Bouc-Wen 模型中,构件的恢复力划分为弹性分量与滞回分量

$$R=\alpha Ku+(1-\alpha)Kz$$

这里 α 为屈服后与屈服前的刚度比,K 为初始刚度,u 为相对位移,z 为滞回位移分量. 滞回位移分量 z 满足微分方程

$$\dot{z}=h(z)\,\frac{A\dot{u}-v(\beta\mid\dot{u}\mid\mid z\mid^{n-1}z+\gamma\dot{u}\mid z\mid^{n})}{\eta} \tag{21}$$

其中 $h(z)$为捏拢效应函数

$$h(z)=1.0-\zeta_1\mathrm{e}^{-[z\mathrm{sgn}(\dot{u})-qz_u]^2)/\zeta_2^2}$$

式中 sgn(·)是符号函数

$$\zeta_1(\varepsilon)=\zeta_s(1-e^{-p\varepsilon}),\ \zeta_2(\varepsilon)=(\psi+d_{\psi}\varepsilon)(\lambda+\zeta_1(\varepsilon))$$

其中 p, q, ψ, d_{ψ}, λ, ζ_s 为反映捏拢效应的参数，ε 为滞回耗能，即

$$\varepsilon=\int_0^t \dot{u}z\mathrm{d}t$$

式(21)中的 v, η 分别为反映强度退化与刚度退化的参数，作为简化，可以认为随着滞回耗能的增长而线性变化，通常取用

$$v=1+d_v\varepsilon,\ \eta=1+d_{\eta}\varepsilon$$

在上述结构恢复力模型中，共含有 13 个基本参数. 根据已有研究[19]，其中的 β, γ, d_v, d_{η}, ζ_s 往往具有较大的灵敏度，因此，在本文中将这些基本参数取为正态分布的独立随机变量，其统计参数见表 3. 其余基本参数的取值为 $A=1$, $n=1$, $q=0$, $p=2\,500$, $d_{\psi}=0.01$, $\psi=0.003$, $\lambda=0.003$. 图 3 为上述模型给出的典型恢复力曲线.

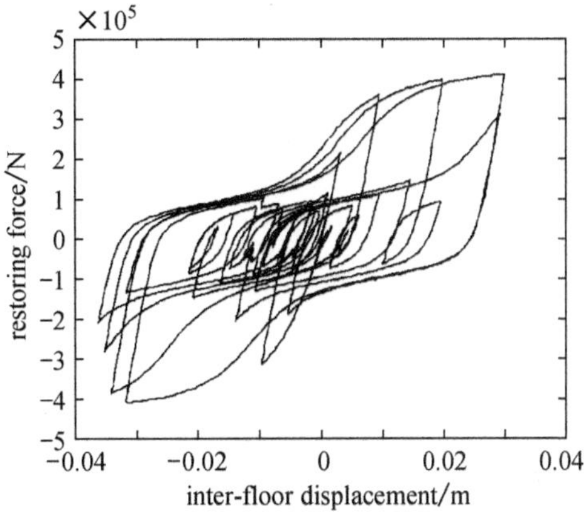

图 3 典型恢复力曲线

表 3 恢复力模型与地震动模型参数的概率信息

参数	β	γ	d_v	d_{η}	ζ_s	F_0	ω_0	ζ_0
均值	140	20	200	200	0.95	0.9	25	0.7
变异系数	0.3	0.3	0.3	0.3	0.3	0.5	0.4	0.3

考虑随机地震动输入. 根据地震发震机理、地震动传播过程和场地条件，可以构造基于物理随机系统思想的随机地震动模型[20]，在此模型中，以基岩地震动谱值 F_0，场地频率 ω_0 和场地阻尼比 ζ_0 作为服从对数正态分布的基本随机参数，其概率信息如表 3. 根据在随机变量空间中选出的离散代表点，即可由随机 Fourier 谱生成地震波.

3.2 结构反应的联合概率密度函数及其相关系数

图 4 给出了典型时刻的结构顶层位移反应与顶层速度、底层位移与第 1、2 层层间位移的联合概率密度函数及其等值线. 从图 4 中可见，结构顶层位移反应与顶层速度的联合概率密度函数呈不规则的丘陵状，而其等概率密度曲线则为不规则的、非凸的、非单连通的闭合曲线(图 4(a)，4(b)). 结构底层位移与第 1、2 层层间位移的联合概率密度函数亦呈不规则丘陵状，其等概率密度线在此时刻为单连通的，但也是不规则的、非凸的(图 4(c)，4(d)). 众所周知，常用的二维联合正态分布或其它联合单峰分布的等概率密度曲线是外凸的单连通闭合曲线. 由此可知，实际

的结构反应及其速度的联合分布与这些常用的规则分布相去甚远.

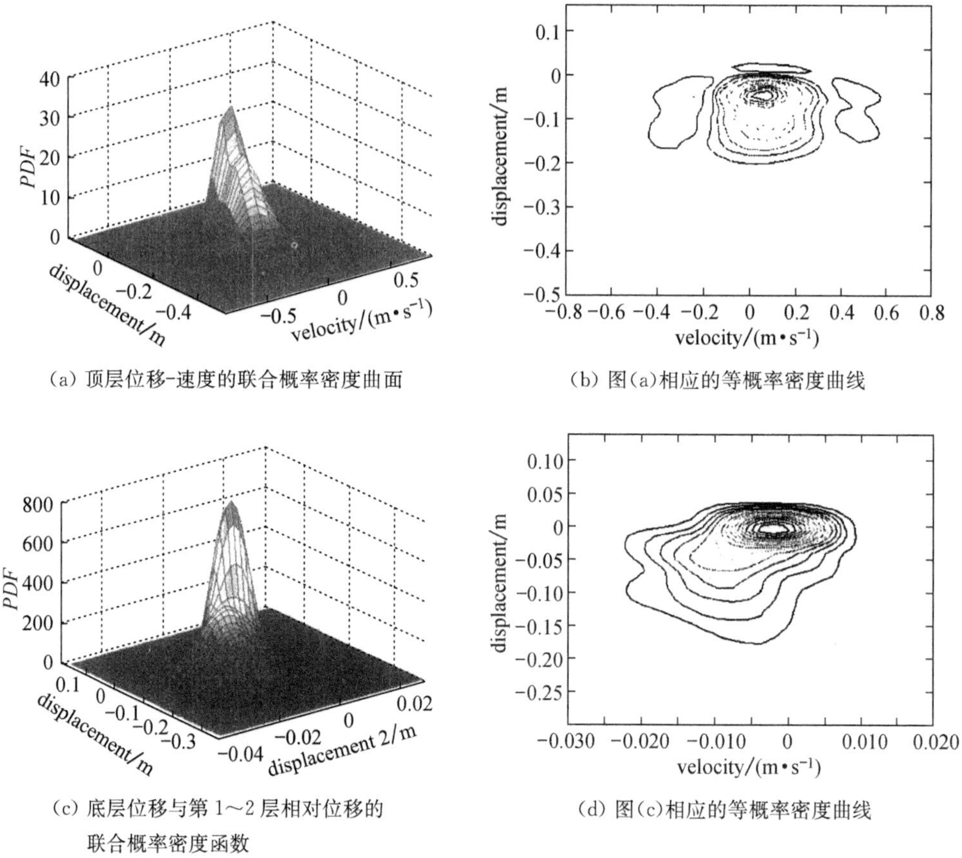

(a) 顶层位移-速度的联合概率密度曲面

(b) 图(a)相应的等概率密度曲线

(c) 底层位移与第 1～2 层相对位移的联合概率密度函数

(d) 图(c)相应的等概率密度曲线

图 4　$t=15$ s 时的联合概率密度曲面及其等值线

图 5 是结构顶层位移与其速度、结构底层位移与第 1～2 层层间位移的相关系数曲线,即

$$\rho_{X\dot{X}}(t)=\frac{E[(X(t)-\mu_X(t))(\dot{X}(t)-\mu_{\dot{X}}(t))]}{\sigma_X(t)\sigma_{\dot{X}}(t)}$$

其中 $E(\cdot)$为期望算子

$$\mu_X(t)=\int_{-\infty}^{\infty}\int_{-\infty}^{\infty}xp_{X\dot{X}}(x,\ \dot{x},\ t)\mathrm{d}x\mathrm{d}\dot{x}$$

$$\mu_{\dot{X}}(t)=\int_{-\infty}^{\infty}\int_{-\infty}^{\infty}\dot{x}p_{X\dot{X}}(x,\ \dot{x},\ t)\mathrm{d}x\mathrm{d}\dot{x}$$

$$\sigma_X(t)=\sqrt{E[(X(t)-\mu_X(t))^2]}$$

$$\sigma_{\dot{X}}(t)=\sqrt{E[(\dot{X}(t)-\mu_{\dot{X}}(t))^2]}$$

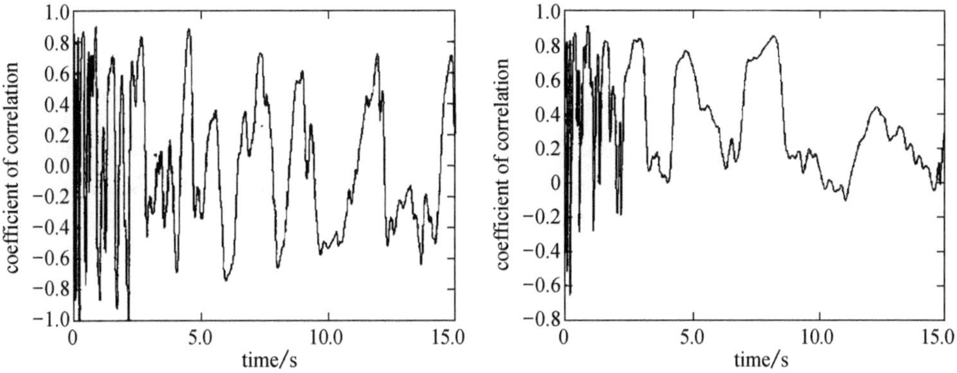

(a) 顶层位移与速度的相关系数　　(b) 底层位移与第 1～2 层相对位移的相关系数

图 5　不同反应量的相关系数

从图 5(a)可见,结构顶层位移与其速度的相关系数随着时间变化,它并非在所有的时刻都接近 0,也并非在所有的时刻都接近 1,因此,结构顶层位移与它的速度既不是独立的,也不是强相关的. 从数学背景上看,由于顶层位移不是平稳过程,因此,其速度过程一般与位移过程不正交,因而,相关系数一般非零. 类似地,图 5(b)中的相关曲线也是时变的,但只有在较少的时刻为负,而大多数时刻为正. 这说明,底层位移与第 1～2 层层间位移在大部分时刻是正相关的. 这对于以低振型为主的框架结构显然是合理的.

上述关于联合概率密度函数与相关系数的讨论充分说明:结构不同反应量之间的相关性是由其随机性的同源性决定的,即不同反应量的随机性均来自于同一组基本变量,而这些基本变量的随机性经过物理关系(结构动力方程)的传递,在现象上表现出不同反应量之间的相关关系.

4　结　论

在结构非线性动力随机反应分析中,不同反应量的联合概率密度函数含有不同反应量及其相关关系的全部信息. 本文基于密度演化理论的基本思想,对广义概率密度演化方程进行推广,导出了关于结构不同反应量的联合概率密度函数的二维偏微分方程. 结合确定性动力反应分析与有限差分方法,即可方便地获取结构不同反应量联合概率密度函数的数值解答. 研究了具有滞回特性的非线性结构动力反应联合概率密度函数. 在一般情况下,结构动力非线性反应联合概率密度函数呈不规则丘陵状分布. 不同反应量的相关系数是时变的,既不是在所有时刻都接近相关,也并非在所有时刻都接近独立.

参考文献

[1] 林家浩,张亚辉. 随机振动的虚拟激励法[M]. 北京:科学出版社,2004.

[2] 朱位秋. 非线性随机动力学与控制[M]. 北京:科学出版社,2003.
[3] 李杰. 随机结构系统——分析与建模[M]. 北京:科学出版社,1996.
[4] Shinozuka M. Monte-Carlo solution of structural dynamics[J]. Computers & Structures, 1972, 2:855-874.
[5] Kleiber M, Hien T D. The Stochastic Finite Element Method: Basic Perturbation Technique and Computer Implementation[M]. Chishcester: John Wiley & Sons, 1992.
[6] Ghanem R, Spanos P D. Stochastic Finite Element: A Spectral Approach[M]. Berlin: Springer-Verlag, 1991.
[7] Elishakoff I, Ren Y J, Shinozuka M. Variational principles developed for and applied to analysis of stochastic beams[J]. Journal of Engineering Mechanics, 1996, 122(6): 559-565.
[8] Falsone G, Impollonia N. A new approach for the stochastic analysis of finite element modeled structures with uncertain parameters[J]. Computer Methods in Applied Mechanics and Engineering, 2002, 191:5067-5085.
[9] Liu W K, Belytschko T, Mani A. Probability finite elements for nonlinear structural dynamics[J]. Computer Methods in Applied Mechanics and Engineering, 1986, 56:61-81.
[10] Iwan W D, Huang C T. On the dynamic response of nonlinear systems with parameter uncertainty[J]. International Journal of Non-Linear Mechanics, 1996, 31(5):631-645.
[11] Anders M, Hori M. Stochastic finite element method for elasto-plastic body[J]. International Journal for Numerical Methods in Engineering, 1999, 46:1897-1916.
[12] 李杰,陈建兵. 随机结构非线性动力响应的概率密度演化方法[J]. 力学学报,2003,35(6): 716-722.
[13] Chen J B, Li J. Dynamic response and reliability analysis of nonlinear stochastic structures [J]. Probabilistic Engineering Mechanics, 2005, 20:33-44.
[14] Belytschko T, Liu W K, Moran B. Nonlinear Finite Elements for Continua and Structures [M]. John Wiley & Sons Ltd, 2000.
[15] 华罗庚,王元. 数论在近似分析中的应用[M]. 北京:科学出版社,1978.
[16] 陈建兵,李杰. 结构随机反应概率密度演化分析的数论选点法[J]. 力学学报,2006,38(1): 134-140.
[17] Wen Y K. Method for random vibration of hysteretic systems[J]. Journal of the Engineering Mechanics Division, 1976, 102(2):249-263.
[18] Baber T T, Noori M N. Random vibration of degrading, pinching systems[J]. Jouunal of Engineering Mechanics, 1985, 111(8):1010-1027.
[19] Ma F, Zhang H, Bockstedte A, et al. Parameter analysis of the differential model of hysteresis[J]. Journal of Applied Mechanics, 2004, 71:342-349.
[20] 艾晓秋. 基于随机地震动模型的地下管线地震反应及抗震可靠度研究[D]. 上海:同济大学,2005.

The Joint Probability Density Function For Nonlinear Dynamic Stochastic Response of Structures

Li Jie Chen Jianbing

Abstract: In nonlinear dynamic response analysis and reliability evaluation of structures, it is of paramount importance to capture the joint probability density function for various response quantities. In the present paper, following the basic line of density evolution, the generalized density evolution equation is extended to a two-dimensional partial differential equation governing the joint probability density function. The numerical algorithm combines the deterministic dynamic response analysis and the finite difference method. Numerical example is given for a ten-story frame structure with stochastic parameters subjected to random ground motions. The investigations show that the joint probability density function is irregular like a hilly country, while the coefficient of covariance varies with time.

(本文原载于《力学学报》第 38 卷第 5 期,2006 年 9 月)

结构随机动力非线性反应的整体灵敏度分析

陈建兵　李 杰

摘　要　以随机参数或参数子集对目标函数总方差的相对贡献作为该参数或参数子集的整体随机灵敏度度量，定义了一类整体随机灵敏度指标. 结合结构非线性随机反应分析的密度演化方法，给出了计算整体随机灵敏度指标的基本算法. 该灵敏度指标物理意义明确、计算实施方便. 以滞回结构非线性反应分析为例，考察了以位移反应和滞回耗能为目标函数的不同随机参数(子集)的灵敏度指标. 分析表明，不同随机参数(子集)对不同目标函数的灵敏度差异甚大，并且随机参数可能对结构反应的总方差产生负贡献.

引　言

结构参数的灵敏度分析对把握结构的综合性态、进行结构可靠度分析和结构优化设计等均具有重要的意义. 自 20 世纪 60 年代以来，国内外对以结构反应、特性或指标关于基本变量的偏导数作为参数灵敏度度量的分析方法均进行了大量的研究，例如 Fox 和 Kapoor 关于对称矩阵特征值和特征向量导数的工作[1]、林家浩关于结构动力优化中的灵敏度问题的研究[2]和陈塑寰关于矩阵摄动理论的系列研究等[3]. 这一类方法以各基本变量取名义值时的导数作为该变量的灵敏度，在考虑某个变量的灵敏度时，不能考虑其他变量的变异性产生的影响，因而实质上是局部灵敏度. 1993 年，Sobol' 通过构造目标函数的正交分解，提出了一套本质上以基本变量对目标函数总方差贡献大小度量灵敏度的整体灵敏度指标体系[4]. Sobol' 指标体系不仅可以度量单个变量的影响，而且可以度量多个变量耦合作用的灵敏度，但这也使得指标体系的数目过于庞大，对于具有 s 个基本变量的系统，Sobol' 指标体系有 2^s-1 个灵敏度指标. 在上述目标函数正交分解的框架下，Hamma 和 Saltelli 将所有含有某一个变量的效应的分解项进行合并，提出了仅有 s 个灵敏度指标的体系[5]，其应用较之 Sobol' 体系大为方便[6]. 尽管如此，Sobol' 指标体系和 Hamma-Saltelli 指标体系均涉及高维积分问题，采用常规的方法难以奏效，Sobol' 本人在高维数值积分的数论方法方面进行的工作是一个可供选择的方案[7]，但在实际应用中，往往只能采用 Monte Carlo 方法进行计算[6, 8]. 此外，由于采用目标函数正交分解之后的各项方差贡献均为正，容易让人产生随着随机变量数目的增多总方差必然增长的误解.

值得指出：基于对方差贡献的整体灵敏度指标体系，原则上可视为考虑参数随机性的随机结构分析的自然结果. 例如，在随机摄动技术中，反应方差的合成本质上即是局部灵敏度与随机参数方差的组合[9]，而在正交多项式展开理论中，反应相关函数的合成亦为各个正交分量相关函数的组合[10, 11]，这与 Sobol' 指标体系的基本思想本质上是一致的. 然而，可惜的是，如前分析，随机摄动技术主要是与局部灵敏度相关，而正交展开理论则往往导致过多的指标量. 并且，这些方法目前对于一般的非线性系统均无法使用. 近年来，发展了适用于一般非线性系统反应分析的概率密度演化理论[12, 13]，为结构非线性反应的整体灵敏度分析提供了可能. 本文将以密度演化理论为基本工具，基于方差贡献的基本思想，发展考虑基本参数（子集）的变异性时结构动力非线性反应的整体随机灵敏度分析方法.

1 基于对方差相对贡献的整体随机灵敏度分析

1.1 Sobol' 指标体系与 Hamma-Saltelli 指标体系

Sobol' 灵敏度指标体系是一类基于目标函数的正交分解与方差分解的度量体系[4]. 设 $f(\mathbf{y})$，$\mathbf{y}=(y_1, y_2, \cdots, y_s)$ 为一个定义于单位超立方体 $I^s=\{\mathbf{y} \mid 0\leqslant y_j \leqslant 1(j=1, 2, \cdots, s)\}$ 上的目标函数，则 $f(\mathbf{y})$ 可分解为

$$f(\mathbf{y})=f_0+\sum_{j=1}^{s} f_j(y_j)+\sum_{1\leqslant i<j\leqslant s} f_{ij}(y_i, y_j)+\cdots+f_{12\cdots s}(\mathbf{y}) \tag{1}$$

式中

$$f_0=\int_0^1\cdots\int_0^1 f(\mathbf{y})\mathrm{d}\mathbf{y}$$

$$f_j(y_j)=\int_{I^{s-1}} f(\mathbf{y})\mathrm{d}\mathbf{y}_{\bar{j}}-f_0$$

$$f_{ij}(y_i, y_j)=\int_{I^{s-2}} f(\mathbf{y})\mathrm{d}\mathbf{y}_{\overline{ij}}-f_0-f_i(y_i)-f_j(y_j)$$

其余诸项类似，式中 $\mathbf{y}_{\bar{j}}$ 为 $\mathbf{y}$ 中除去 y_j 外所余诸变量构成的集合，其余符号类推. 不难验证，式(1)诸项满足正交性：

$$\int_0^1 f_{i_1\cdots i_k}(y_{i_1}, \cdots, y_{i_k}) f_{j_1\cdots j_k}(y_{j_1}, \cdots, y_{j_k})\mathrm{d}y_{i_1}\cdots\mathrm{d}y_{i_k}\mathrm{d}y_{j_1}\cdots\mathrm{d}y_{j_k}=0 \tag{2}$$

记上述诸项的方差

$$D=\int_0^1\cdots\int_0^1 f^2(\mathbf{y})\mathrm{d}\mathbf{y}-f_0^2,\ D_{i_1\cdots i_k}=\int_{I^k} f^2_{i_1\cdots i_k}(y_{i_1}, \cdots, y_{i_k})\mathrm{d}y_{i_1}\cdots\mathrm{d}y_{i_k},$$

则由式(1)和式(2)可证明

$$D = \sum_{j=1}^{s} D_j + \sum_{1 \leqslant i < j \leqslant s} D_{ij} + \cdots + D_{12\cdots s} \tag{3}$$

显然,式(1)和式(3)提供了目标函数的正交分解及其方差合成关系,因而自然地可以作为诸变量及其子集的灵敏度度量,即可定义

$$S_{i_1 \cdots i_k} = D_{i_1 \cdots i_k} / D \tag{4}$$

为 $\boldsymbol{y}$ 的子集$(y_{i_1}, \cdots, y_{i_k})$耦合作用效应的灵敏度. 显然,由式(3)可知:

$$\sum_{j=1}^{s} S_j + \sum_{1 \leqslant i < j \leqslant s} S_{ij} + \cdots + S_{12\cdots s} = 1 \tag{5}$$

式(4)定义的 Sobol' 指标体系总共有 $2^s - 1$ 个. 通常称其中的 S_j 为一阶灵敏度指标,当 $\sum_{j=1}^{s} S_j \approx 1$ 时,此时各个变量耦合效应的影响甚微,作为近似,可以仅需计算 s 个灵敏度指标即可.

在上述基础上,Homma 和 Saltelli[5] 将式(4)定义的灵敏度与 y_i $(j = 1, \cdots, s)$有关的灵敏度项全部合并,因而给出 y_i 对方差的总贡献. 为了考察 y_j 的灵敏度,将集合 $\boldsymbol{y}$ 划分为 y_j 及其补集 $\boldsymbol{y}_{\bar{j}}$,即 $\boldsymbol{y} = (y_j, \boldsymbol{y}_{\bar{j}})$. 与式(1)类似,可以构造正交分解

$$f(\boldsymbol{y}) = f_0 + f_j(y_j) + f_{\bar{j}}(\boldsymbol{y}_{\bar{j}}) + f_{j,\bar{j}}(y_j, \boldsymbol{y}_{\bar{j}}) \tag{6}$$

因而,式(3)和式(5)分别变为

$$D = D_j + D_{\bar{j}} + D_{j,\bar{j}} \tag{7}$$

$$S_j + S_{\bar{j}} + S_{j,\bar{j}} = 1 \tag{8}$$

由此可得以 y_j 对方差的总贡献定义的灵敏度:

$$S_j^{\text{tot}} = S_j + S_{j,\bar{j}} = 1 - S_{\bar{j}} \tag{9}$$

显然,从对方差相对贡献来定义参数的灵敏度具有合理的因素. 然而,这两套指标体系存在的较大问题是:其一,Sobol' 指标体系与其改进型即 Homma-Saltelli 指标体系在计算上均颇为困难,特别是对于非线性系统,目前基本上采用 Monte Carlo 方法才能实现. 其二,从式(3)和式(7)看到,由于采用了目标函数的某种正交分解,各个分项对于方差的贡献都是正的,这给人以总方差必然随着随机变量数目的增加而增长的假象,后文将会看到,这是不一定的.

1.2 基于方差贡献的整体随机灵敏度分析

考察一个含有基本随机变量集合 $\boldsymbol{\Theta} = (\Theta_1, \cdots, \Theta_s)$ 的随机系统,设目标函数为 $f(\boldsymbol{\Theta})$. 将 $f(\boldsymbol{\Theta})$ 关于 $\boldsymbol{\Theta}$ 在其均值 $\bar{\boldsymbol{\theta}} = (\bar{\theta}_1, \cdots, \bar{\theta}_s)$ 处进行展开,有[9, 11]:

$$f(\boldsymbol{\Theta}) = f(\bar{\boldsymbol{\theta}}) + \sum_{j=1}^{s} \frac{\partial f(\boldsymbol{\Theta})}{\partial \Theta_j}\bigg|_{\Theta=\bar{\theta}} (\Theta_j - \bar{\theta}_j) + \sum_{k=1}^{s}\sum_{j=1}^{s} \frac{\partial^2 f(\boldsymbol{\Theta})}{\partial \Theta_j \partial \Theta_k}\bigg|_{\Theta=\bar{\theta}} (\Theta_j - \bar{\theta}_j)(\Theta_k - \bar{\theta}_k) + \cdots \tag{10}$$

当仅取线性展开项时,可获得其方差

$$D[f(\boldsymbol{\Theta})] \approx \sum_{j=1}^{s} [(\partial f(\boldsymbol{\Theta})/\partial \Theta_j\ |_{\Theta=\bar{\theta}})]^2 \sigma_{\Theta_j}^2 \tag{11}$$

式中 σ_{Θ_j} 为随机变量 Θ_j 的标准差.

式(11)中,$\partial f(\boldsymbol{\Theta})/\partial \Theta_j|_{\Theta=\bar{\theta}}$就是通常采用的目标函数 $f(\boldsymbol{\Theta})$关于变量 Θ_j 的局部灵敏度.由于只能计算在名义值 $\bar{\boldsymbol{\theta}}$ 处的灵敏度向量,它显然不能反映各个基本变量变异性对该变量灵敏度产生的影响.其次,从式(11)可见,考察 Θ_j 对总方差的贡献理应考虑 $\partial f(\boldsymbol{\Theta})/\partial \Theta_j|_{\Theta=\bar{\theta}}$ 与 σ_{Θ_j} 的组合影响,而不仅仅是考虑偏导数 $\partial f(\boldsymbol{\Theta})/\partial \Theta_j|_{\Theta=}\ \bar{\boldsymbol{\theta}}$.对于这两个问题的不同处理,构成了局部灵敏度与整体随机灵敏度指标的基本区别.

若记

$$\widetilde{D}_j = (\partial f(\boldsymbol{\Theta})/\partial \Theta_j\ |_{\Theta=\bar{\theta}})^2 \sigma_{\Theta_j}^2 \tag{12}$$

则

$$\widetilde{S}_j = \widetilde{D}_j / D[f(\boldsymbol{\Theta})] \tag{13}$$

是 Θ_j 对目标函数 $f(\boldsymbol{\Theta})$的灵敏度较为合理的度量.

由式(11)易见,$\sum_{j=1}^{s} \widetilde{S}_j \approx 1$.

然而,通过式(11)~式(13)计算参数的整体随机灵敏度对于一般的非线性系统尚有很大的困难.事实上,式(10)即是随机摄动方法的出发点[9],而随机摄动方法对于动力问题本质上不适用[11],对于非线性动力系统则几乎没有实用的价值.

基于基本变量对目标函数方差的相对贡献这一基本思想,可以直接定义一类整体随机灵敏度指标.显然,$f(\boldsymbol{\Theta})$的总方差 D_Θ 为

$$D_\Theta = \int_{\Omega_\Theta} [f(\boldsymbol{\theta}) - f_0]^2\, p_\Theta(\boldsymbol{\theta})\mathrm{d}\boldsymbol{\theta} \tag{14}$$

式中,$p_\Theta(\boldsymbol{\theta})$为 $\boldsymbol{\Theta} = (\Theta_1, \cdots, \Theta_s)$的联合概率密度函数,$\Omega_\Theta$ 为 $\boldsymbol{\Theta}$ 的分布区域,f_0 为 $f(\boldsymbol{\Theta})$ 的均值:

$$f_0 = \int_{\Omega_\Theta} f(\boldsymbol{\theta}) p_\Theta(\boldsymbol{\theta})\mathrm{d}\boldsymbol{\theta} \tag{15}$$

记 $\boldsymbol{\Theta}_{\bar{j}}$为 $\boldsymbol{\Theta}$ 中去除 Θ_j 之后所余的基本随机变量构成的集合,即 $\boldsymbol{\Theta} = (\Theta_j, \boldsymbol{\Theta}_{\bar{j}})$,有

$$D_{\Theta_{\bar{j}}} = \int_{\Omega_{\Theta_{\bar{j}}}} [f(\bar{\theta}_j, \boldsymbol{\theta}_{\bar{j}}) - f_{0,\bar{j}}]^2 p_{\Theta_{\bar{j}}}(\boldsymbol{\theta}_{\bar{j}}) \mathrm{d}\boldsymbol{\theta}_{\bar{j}} \tag{16}$$

式中，$\bar{\theta}_j$为Θ_j的均值，$f_{0,\bar{j}}$为基本随机变量集合为$\boldsymbol{\Theta}_{\bar{j}}$时系统的均值，即

$$f_{0,\bar{j}} = \int_{\Omega_{\theta_{\bar{j}}}} f(\bar{\theta}_j, \boldsymbol{\theta}_{\bar{j}}) p_{\Theta_{\bar{j}}}(\boldsymbol{\theta}_{\bar{j}}) \mathrm{d}\boldsymbol{\theta}_{\bar{j}} \tag{17}$$

经验表明，通常比D_Θ和$D_{\Theta_{\bar{j}}}$之间的差异，f_0与$f_{0,\bar{j}}$之间的差异相对较小.

显然，方差D_Θ和$D_{\Theta_{\bar{j}}}$之间的差异是由于Θ_j的变异性(随机性)造成的，因此，随机变量Θ_j对目标函数方差的相对贡献，即

$$\overline{S}_j = (D_\Theta - D_{\Theta_{\bar{j}}}) / D_\Theta \tag{18}$$

可以作为随机变量Θ_j的灵敏度的合理度量. 类似地，可以定义随机变量子集$(\Theta_{i_1}, \cdots, \Theta_{i_k})$的灵敏度指标$\overline{S}_{i_1 \cdots i_k}$，兹不赘述.

式(18)给出的指标定义简单、意义明确，并且能够反映随机变量Θ_j对总方差是正贡献还是负贡献，这是式(4)和式(9)定义的指标不能做到的.

在随机动力系统中，目标函数f往往为时变函数，即$f = f(\boldsymbol{\Theta}, t)$，此时，$D_\Theta$和$D_{\Theta_{\bar{j}}}$都将成为时变量. 在此情况下，一个合适的灵敏度度量是对式(18)进行修正，取

$$\overline{S}_{j,\|\cdot\|} = \| D_\Theta(t) - D_{\Theta_{\bar{j}}}(t) \| / \| D_\Theta(t) \| \tag{19}$$

式中$\| \cdot \|$为时间历程的范数，根据实际分析中对目标函数变异性认识的不同需要，可以采用∞-范数和 2 -范数. 通常，采用 2 -范数定义的灵敏度是较为敏感的量.

1.3 目标函数的部分正交分解与灵敏度指标体系

式(18)定义的灵敏度指标体系事实上是目标函数部分正交分解的结果. 从各个变量影响效应的角度，目标函数$f(\boldsymbol{\Theta})$可以分解为均值、Θ_j的影响分量$f_j(\Theta_j)$，$\boldsymbol{\Theta}_{\bar{j}}$的影响分量$f_{\bar{j}}(\boldsymbol{\Theta}_{\bar{j}})$及$\Theta_j$与$\boldsymbol{\Theta}_{\bar{j}}$的耦合影响分量$f_{j,\bar{j}}(\boldsymbol{\Theta})$之和：

$$f(\boldsymbol{\Theta}) = f_0 + f_j(\Theta_j) + f_{\bar{j}}(\boldsymbol{\Theta}_{\bar{j}}) + f_{j,\bar{j}}(\boldsymbol{\Theta}) \tag{20}$$

式中f_0为式(15)定义的均值，

$$f_j(\Theta_j) = f(\Theta_j, \bar{\boldsymbol{\theta}}_{\bar{j}}) - \int_{-\infty}^{\infty} f(\theta_j, \bar{\boldsymbol{\theta}}_{\bar{j}}) p_{\Theta_j}(\theta_j) \mathrm{d}\theta_j \tag{21}$$

$$f_{\bar{j}}(\boldsymbol{\Theta}_{\bar{j}}) = f(\bar{\theta}_j, \boldsymbol{\Theta}_{\bar{j}}) - \int_{-\infty}^{\infty} f(\bar{\theta}_j, \boldsymbol{\theta}_{\bar{j}}) p_{\Theta_{\bar{j}}}(\boldsymbol{\theta}_{\bar{j}}) \mathrm{d}\boldsymbol{\theta}_{\bar{j}} \tag{22}$$

$$f_{j,\bar{j}}(\boldsymbol{\Theta}) = f(\boldsymbol{\Theta}) - [f_0 + f_j(\Theta_j) + f_{\bar{j}}(\boldsymbol{\Theta}_{\bar{j}})] \tag{23}$$

不难证明，式(20)中的前三项f_0，$f_j(\Theta_j)$，$f_{\bar{j}}(\boldsymbol{\Theta}_{\bar{j}})$均值为零且相互正交，即

$$E[f_0 f_j(\Theta_j)] = 0, \quad E[f_0 f_{\bar{j}}(\boldsymbol{\Theta}_{\bar{j}})] = 0, E[f_j(\Theta_j) f_{\bar{j}}(\boldsymbol{\Theta}_{\bar{j}})] = 0 \tag{24}$$

而式(20)的第四项 $f_{j,\bar{j}}(\boldsymbol{\Theta})$均值为零但与前述三项不能保证正交,因此,称式(20)为目标函数 $f(\boldsymbol{\Theta})$的部分正交分解.

由式(20)可得:

$$D_{\Theta} = D_{\Theta_j} + D_{\Theta_{\bar{j}}} + D_{\Theta_j, \Theta_{\bar{j}}} + E[f_j f_{j,\bar{j}}] + E[f_{\bar{j}} f_{j,\bar{j}}] \tag{25}$$

故按式(18)定义的灵敏度指标为

$$\overline{S}_j = (D_{\Theta_j} + D_{\Theta_j,\Theta_{\bar{j}}} + E[f_j f_{j,\bar{j}}] + E[f_{\bar{j}} f_{j,\bar{j}}])/D_{\Theta} \tag{26}$$

比较式(26)与式(7),可以看到灵敏度指标(18)与 Hamma-Saltelli 指标(9)之间的区别与联系. 由于通常式(21)中后两项的协方差项可能非零,并且可能为负,由式(26)和式(18)计算得到的灵敏度指标与 Hamma-Saltelli 指标是不同的. 但在某些特殊情况下,式(26)得到的灵敏度指标体系亦可能与 Hamma－Saltelli 指标体系的结果相同. 例如,当目标函数 $f(\Theta_1, \Theta_2)=\Theta_1\Theta_2$,且 Θ_1 和 Θ_2 相互独立时,不难验证,两种指标体系的灵敏度是相同的.

2 数值算法

由于密度演化理论的发展,对于一般的结构非线性动力反应求解上节中给出的灵敏度指标体系变得非常方便. 不失一般性,设非线性多自由度体系的动力方程为

$$\boldsymbol{M}(\boldsymbol{\Theta})\ddot{\boldsymbol{X}} + \boldsymbol{C}(\boldsymbol{\Theta})\dot{\boldsymbol{X}} + \boldsymbol{R}(\boldsymbol{\Theta}, \boldsymbol{X}) = \boldsymbol{F}(\boldsymbol{\Theta}, t) \tag{27}$$

式中,$\boldsymbol{M}$ 和 $\boldsymbol{C}$ 为质量矩阵与阻尼矩阵,$\ddot{\boldsymbol{X}}$, $\dot{\boldsymbol{X}}$, $\boldsymbol{X}$ 分别为加速度反应、速度反应和位移反应,$\boldsymbol{R}$ 为恢复力向量,$\boldsymbol{F}$ 为随机激励向量,$\boldsymbol{\Theta}$ 为场域和时域基本随机变量集合.

方程(27)是一般非线性随机结构反应分析问题. 近年发展起来的密度演化理论在此方面取得了成功的进展. 根据密度演化理论,任意反应量或指标 $X(t)$与 $\boldsymbol{\Theta}$ 的联合概率密度函数满足广义密度演化方程[12]:

$$\frac{\partial p_{X\Theta}(x, \boldsymbol{\theta}, t)}{\partial t} + \dot{X}(\boldsymbol{\theta}, t)\frac{\partial p_{X\Theta}(x, \boldsymbol{\theta}, t)}{\partial x} = 0 \tag{28}$$

式中,$\dot{X}(\boldsymbol{\theta}, t)$为$\{\boldsymbol{\Theta}=\boldsymbol{\theta}\}$时非线性多自由度体系式(27)中反应量或指标 $X(t)$的速度反应. 在初、边界条件下求解方程(28)即可给出联合概率密度函数 $p_{X\Theta}(x, \boldsymbol{\theta}, t)$,进而可得 $X(t)$的概率密度函数:

$$p_X(x, t) = \int_{\Omega_\theta} p_{X\Theta}(x, \boldsymbol{\theta}, t)\mathrm{d}\boldsymbol{\theta} \tag{29}$$

显然,获得了概率密度函数 $p_X(x, t)$之后,即可直接给出 $X(t)$的方差函数:

$$D_{\Theta, X}(t) = \int_{-\infty}^{\infty} [x - \mu_X(t)]^2 p_X(x, t)\mathrm{d}x \tag{30}$$

式中，$\mu_X(t)$为 $X(t)$的均值，

$$\mu_X(t) = \int_{-\infty}^{\infty} x p_X(x, t)\mathrm{d}x \tag{31}$$

类似地，为了计算方差 $D_{\Theta_{\bar{j}},X}$，仅需将式(28)，式(29)和式(30)中的 $\boldsymbol{\Theta}$ 替换为 $\boldsymbol{\Theta}_{\bar{j}}$ 即可，在实际分析中，只需要将 Θ_j 设定为均值 $\bar{\theta}_j$.

由此，即可直接按式(18)或式(19)计算灵敏度指标.

密度演化分析方法的数值求解颇为方便，细节可参考文献[13]，兹不赘述. 当随机变量数目较多时，本文采用基于超球体筛选的数论选点方法，可以将多个随机变量情况下问题的分析工作量降到与单一随机变量相当的水平[14, 15].

3 分析实例

3.1 分析模型

分析层间剪切型多自由度体系如图 1 所示. 在随机地震动作用下的反应. 结构为 10 层，各层质量记为 m_1，…，m_{10}，弹性模量记为 E_1，…，E_{10}，每两层的随机性可用同一标准化随机变量刻画，质量和刚度参数共十个独立随机变量 Θ_{m1}，…，Θ_{m5}，Θ_{E1}，…，Θ_{E5}，其概率信息见表 1 和表 2. 柱截面尺寸为 450 mm×450 mm.

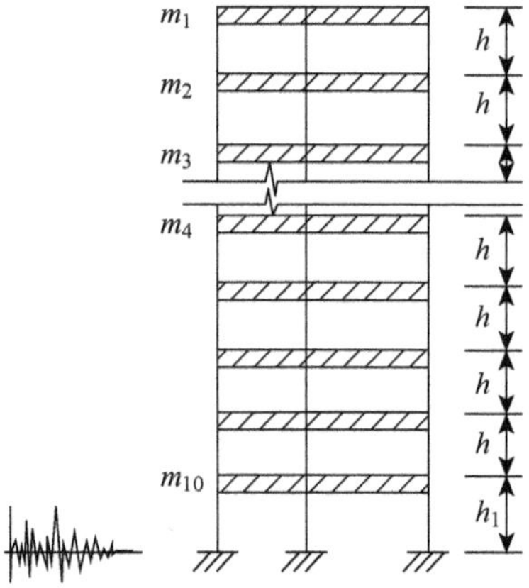

图 1　结构分析模型

结构基本动力方程为式(27)，其中的恢复力采用推广的 Bouc-Wen 模型，它能够较好地反映结构构件在低周反复荷载试验中表现出来的强度退化、刚度退化和捏拢效应等基本非线性特性[16, 17]. 在此模型中，恢复力划分为弹性分量与滞回分量之和，即

$$R(u, z) = \alpha k u + (1 - \alpha) k z \tag{32}$$

表 1　质量随机参数的概率信息

随机参数	Θ_{m1}		Θ_{m2}		Θ_{m3}		Θ_{m4}		Θ_{m5}	
	m_1	m_2	m_3	m_4	m_5	m_6	m_7	m_8	m_9	m_{10}
均值(kg)	1.0e5	2.1e5	2.1e5	2.0e5	2.1e5	2.1e5	2.3e5	2.2e5	2.2e5	2.2e5
变异系数	0.2		0.2		0.2		0.2		0.2	

表 2　刚度随机参数的概率信息

随机参数	Θ_{E1}		Θ_{E2}		Θ_{E3}		Θ_{E4}		Θ_{E5}	
	E_1	E_2	E_3	E_4	E_5	E_6	E_7	E_8	E_9	E_{10}
均值(Pa)	2.8e10	2.8e10	3.0e10	3.0e10	3.0e10	3.0e10	3.0e10	3.25e10	3.25e10	3.25e10
变异系数	0.2		0.2		0.2		0.2		0.2	

式中，u 为层间位移，α 为屈服后刚度比，z 为滞回分量，其演化过程可用常微分方程表达为

$$\dot{z} = h(z)(A\dot{u} - \gamma(\beta \mid \dot{u} \mid \mid z \mid^{n-1} z + \gamma\dot{u} \mid z \mid^{n}))/\eta \tag{33}$$

式中 $h(z)$为捏拢效应函数，

$$h(z) = 1.0 - \zeta_1 \mathrm{e}^{-[z\,\mathrm{sgn}(\dot{x}) - qz_u]^2/\zeta_2^2} \tag{34}$$

式中，sgn(·)是符号函数，

$$\zeta_1(\varepsilon) = \zeta_s(1 - \mathrm{e}^{-p\varepsilon}),\ \zeta_2(\varepsilon) = (\psi + d_\psi \varepsilon)(\lambda + \zeta_1(\varepsilon)) \tag{35}$$

式中，p，q，ψ，d_ψ，λ，ζ_s 为反映捏拢效应的参数，ε 为滞回耗能的度量，可取为

$$\varepsilon(t) = \int_0^t \dot{u} z \mathrm{d}t \tag{36}$$

式(33)中的 ν 和 η 分别为反映强度退化与刚度退化的参数，一般可以与滞回耗能建立联系：

$$\nu = 1 + d_\nu \varepsilon,\quad \eta = 1 + d_\eta \varepsilon \tag{37}$$

在上述结构恢复力模型中，将 β，γ，d_ν，d_η，ζ_s 取为独立随机变量. 图 2 为推广的 Bouc-Wen 模型的典型恢复力曲线.

结构受到随机地震动的作用，采用基于物理的随机地震动模型[18]，将其中的基本参数即基岩地震动强度度量 F_0，场地卓越频率 ω_0 和场地阻尼比 ζ_0 取为随机变量，即可获得随机地震动.

在结构和地震动模型中，总共含有 18 个随机变量，其概率信息分别列入表 1～表 3. Bouc-Wen 模型中的确定性参数取值为 $A = 1$，$n = 1$，$q = 0$，$p = 2\ 500$，$d_\psi = 0.01$，$\psi = 0.003$，$\lambda = 0.003$.

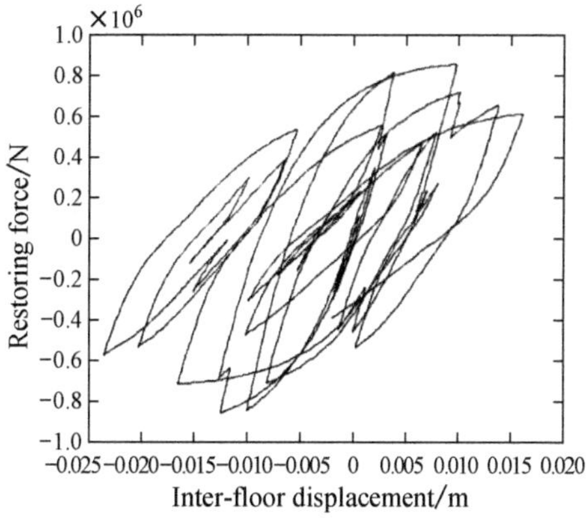

图 2　典型恢复力曲线

表 3　恢复力模型与地震动模型参数的概率信息

随机参数	β	γ	d_ν	d_η	ζ_s	F_0	ω_0	ζ_0
均值	140	20	2 000	2 000	0.95	0.9	25	0.7
变异系数	0.3	0.3	0.3	0.3	0.3	0.5	0.4	0.3

3.2　参数灵敏度指标

采用数论选点方法，在 18 维标准化随机变量空间中选出 208 个离散代表点，即可采用 3.1 中的算法计算各参数的灵敏度指标.

表 4 为在随机地震动作用下分别以顶层位移反应和底层结构耗能为目标函数的、不同随机参数子集的整体灵敏度指标及其排序. 从表中看到，在此情况下，对于顶层位移反应和底层结构耗能，均以 Bouc-Wen 参数子集的灵敏度为最大，刚度参数子集次之，而质量参数子集最小. 值得注意的是，Bouc-Wen 参数子集的灵敏度 $\overline{S}$ 为负，即其随机性使得底层结构耗能的方差反而减小. 对于顶层位移，从图 3(a)—(c)可见，Bouc-Wen 参数子集几乎在所有时刻均使得顶层位移反应的标准差增大，而质量参数子集和刚度参数子集则在有些时刻使得总标准差增大、有些时刻反之. 这说明，同一参数子集对不同目标函数的影响可能差异甚大. 此外，从表 4 亦不难看出，各不同参数子集对顶层位移的灵敏度均明显大于对底层结构耗能的灵敏度，由此可见，在此情况下，底层结构耗能是相对不敏感的目标函数.

表 4　随机地震动作用下随机参数子集的灵敏度

灵敏度 \ 随机参数子集		$\Theta_{m1}\sim\Theta_{m5}$	$\Theta_{E1}\sim\Theta_{E5}$	$\beta,\gamma,d_\nu,d_\eta,\zeta_s$
顶层位移反应	$\overline{S}\lVert\cdot\rVert$	0.114 5	0.257 9	0.488 1
	排序	3	2	1
底层结构耗能	$\overline{S}\lVert\cdot\rVert$	0.022 4	0.082 2	0.292 8
	排序	3	2	1
	$\overline{S}$	−0.017 1	0.048 4	−0.248 4
	排序	3	2	1

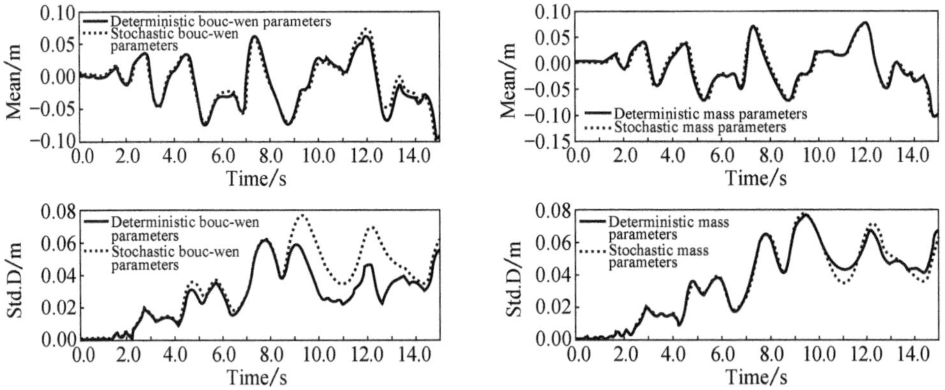

(a) Bouc-Wen 参数子集对顶层位移的影响　　(b) 质量参数子集对顶层位移的影响

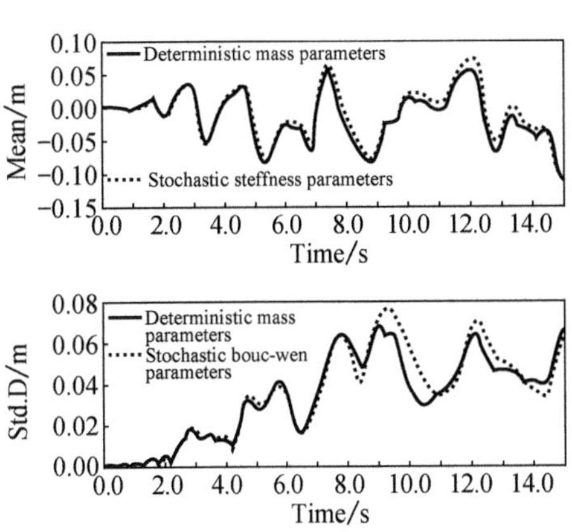

(c) 刚度参数子集对顶层位移的影响

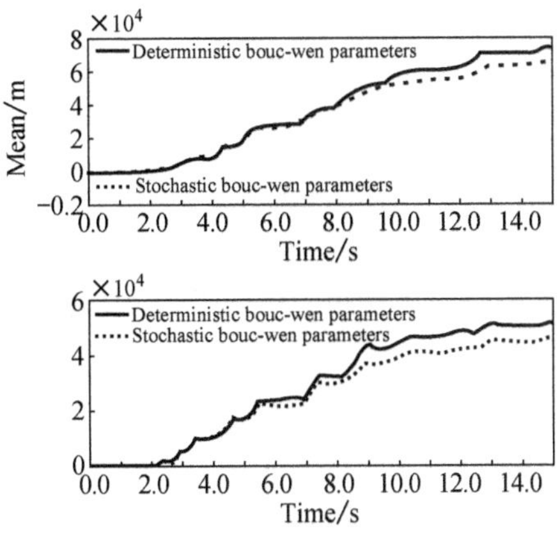

(d) Bouc-Wen 参数对底层耗能的影响

图 3　随机地震动作用下不同参数子集的影响

表 5—表 7 给出在一条确定性地震波作用下各个随机参数子集和单个随机参数的灵敏度及其排序. 表 5 中可见，在该确定性地震波作用下，Bouc-Wen 参数子集对顶层位移反应的灵敏度最大而刚度参数子集对底层结构耗能的灵敏度最大. 同样，Bouc-Wen 参数子集将对底层结构耗能的总方差产生负贡献. 表 6 中给出 Bouc-Wen参数的灵敏度指标，从中可见 ζ_s 的灵敏度最大，且远大于其余几个参数的灵敏度. 对比文献[6]中给出的相同参数的灵敏度分析指标结果可见，虽然结构的输入条件不同，但均以 ζ_s 的灵敏度最大. 至于其余诸参数，其灵敏度本身相对较小，且差异不大，因此，其大小顺序可能有所不同.

表 5　确定性地震动作用下随机参数子集的灵敏度

灵敏度 \ 随机参数子集		$\Theta_{m1}\sim\Theta_{m5}$	$\Theta_{E1}\sim\Theta_{E5}$	$\beta,\gamma,d_\nu,d_\eta,\zeta_s$
顶层位移反应	$\overline{S}_{\|\cdot\|}$	0.079 4	0.481 8	0.739 4
	排序	3	2	1
底层结构耗能	$\overline{S}_{\|\cdot\|}$	0.024 4	0.728 3	0.171 9
	排序	3	1	2
	$\overline{S}$	0.029 4	0.540 8	−0.077 5
	排序	3	1	2

表 6　确定性地震动作用下随机参数的灵敏度

灵敏度 \ 随机参数	β	γ	d_ν	d_η	ζ_s
顶层位移反应 $\overline{S}_{\|\cdot\|}$	0.126 923	0.035 234	0.050 245	0.018 119	0.704 887
$\overline{S}_{\|\cdot\|}$ 之排序	2	4	3	5	1
文献[6]之 Sobol' 指标排序	2	3	5	4	1
文献[6]之 Hamma-Saltelli 指标排序	3	4	5	2	1

表 7 确定性地震动作用下随机参数的灵敏度

随机参数 / 灵敏度	Θ_{E1}	Θ_{E2}	Θ_{E3}	Θ_{E4}	Θ_{E5}
顶层位移反应 $\overline{S}_{\|\cdot\|}$	0.019 982	0.036 656	0.079 088	0.127 467	0.401 974
排序	5	4	3	2	1

表 7 是各个刚度参数关于顶层位移反应的灵敏度．不难看到，底层刚度参数的灵敏度远大于其余各层刚度参数的灵敏度，并且，其灵敏度是随着楼层的上升而迅速递减．这与刚度和强度基本均匀的结构在地震作用下由下往上各层的层间位移一般是减小的这一力学背景在定性上是符合的．

4 结 论

给出了结构动力非线性反应的参数整体随机灵敏度分析指标及其计算方法．以基本参数对总方差相对贡献的大小作为参数整体随机灵敏度的度量，定义了一类整体随机灵敏度指标．结合结构非线性随机反应分析的密度演化方法，可以方便地进行整体随机灵敏度指标的计算．以滞回结构的非线性反应为例进行了分析，结果表明：不同的参数子集关于不同的目标函数其整体灵敏度有较大的差异．在结构的反应中，不同的目标函数其敏感性亦差异甚大．在有些情况下，某些参数子集对于目标函数的总方差甚至可能产生负贡献．

参考文献

[1] Fox R L, Kapoor M P. Rates of change of eigenvalue and eigenvectors[J]. Journal of AIAA, 1968, 6(12):2426-2429.

[2] 林家浩．结构动力优化中的灵敏度分析[J]．振动与冲击，1985，4(1)：1-6.

[3] 陈塑寰．结构动态设计的矩阵摄动理论[M]．北京：科学出版社，1999.

[4] Sobol' I M. Sensitivity estimates for nonlinear mathematical model[J]. Mathematical Modeling and Computational Experiment, 1993, 1:407-414.

[5] Homma T, Saltelli A. Importance measures in global sensitivity analysis of nonlinear models[J]. Reliability Engineering and System Safety, 1996, 52:1-17.

[6] M A F, Zhang H, Bockst E, et al. Parameter analysis of the differential model of hysteresis[J]. Journal of Applied Mechanics, 2004, 71:342-349.

[7] Sobol' I M. On quasi-Monte Carlo integrations[J]. Mathematics and Computers in Simulation, 1998, 47:103-112.

[8] Sobol' I M, Levitan Y L. On the use of variancer educing multipliers in Monte Carlo computations of aglobal sensitivity index[J]. Computer Physics Communications, 1999, 117:52-61.

[9] Kleiber M, Hien T D. The Stochastic Finite Element Method[M]. Chishcester:John Wiley & Sons, 1992.

[10] Ghanem R, Spanos P D. Stochastic Finite Elements[M]. Berlin:Springer-Verlag, 1991.

[11] 李杰. 随机结构系统——分析与建模[M]. 北京:科学出版社, 1996.

[12] 李杰, 陈建兵. 随机结构非线性动力响应的概率密度演化方法[J]. 力学学报, 2003, 35(6):716-722.

[13] Chen J B, Li J. Dynamic response and reliability analysis of nonlinear stochastic structures [J]. Probabilistic Engineering Mechanics, 2005, 20(1):33-44.

[14] Li J, Chen J B. The number theoretical method inresponse analysis of nonlinear stochastic structures[J]. Computational Mechanics, 2007, 39(6):693-708.

[15] 华罗庚, 王元. 数论在近似分析中的应用[M]. 北京:科学出版社, 1978.

[16] Wen Y K. Method for random vibration of hysteretic systems[J]. Journal of the Engineering Mechanics Division, 1976, 102(2):249-263.

[17] Baber T T, Noori M N. Random vibration of degrading, pinching systems[J]. Journal of Engineering Mechanics, 1985, 111(8):1010-1027.

[18] 艾晓秋. 基于随机地震动模型的地下管线地震反应及抗震可靠度研究[D]. 同济大学, 2005.

Global Sensitivity in Nonlinear Stochastic Dynamic Response Analysis of Structures

Chen Jian-bing　Li Jie

Abstract: Measured by the relative contribution to the total variance of the target functions, a family of global stochastic sensitivity indices of random parameters or subset of the random parameters is defined. The Sobol' sensitive indices and their improvements, based on orthogonal decomposition of target function and according to partition of the total variance, are firstly revisited. As a family of global sensitivity indices, the idea of partition of the total variance is employed but implemented in a different way, yielding a new family of global sensitive indices. It is proved that this family of indices is essentially based on partially orthogonal decomposition of the target function. Combining with the probability density evolution method for nonlinear stochastic response analysis of structures, computational algorithm of the global stochastic sensitivity indices is outlined. The proposed indices are of clear physical sense and conveniently computable. A hysteretic structure is taken as an example. The investigations indicate that the global stochastic sensitivity indices of different parameters are quite distinct to different target functions. Moreover, in some cases, in contrast to possible intuition the randomness of parameters(or subset of parameters) may contribute negatively to the total variance of the target functions.

(本文原载于《计算力学学报》第 25 卷第 2 期,2008 年 4 月)

随机动力系统中的概率密度演化方程及其研究进展

李 杰 陈建兵

摘 要 从概率密度演化的基本思想出发，阐述了概率密度演化方程的历史、进展与应用. 文中首先剖析和澄清了概率守恒原理的物理意义，论述了概率守恒原理的随机事件描述和状态空间描述，并由此阐明了概率密度演化与系统物理演化的内在联系，即：系统的物理状态演化构成了概率密度演化的内在机制. 在此基础上，结合概率守恒原理的两类描述以及系统状态的物理演化方程，以与历史上不同的方式，重新推导了经典概率密度演化方程，包括 Liouville 方程、FPK 方程和 Dostupov-Pugachev 方程，进一步阐明了这些方程的物理意义，以及它们不能降阶的原因. 结合概率守恒原理的随机事件描述和解耦的系统物理方程，导出了广义概率密度演化方程. 分析了广义概率密度演化方程的物理意义. 以非线性结构随机反应的概率密度演化分析为例，展示了概率密度演化理论的应用前景. 最后，指出了需要进一步研究的问题.

引 言

随机动力系统分析是科学与工程领域中广泛存在的基础科学问题. 自 20 世纪 50 年代中期以来，以考虑随机动力激励为特征的随机振动理论在航空航天、机械、土木和海洋工程等领域获得了巨大的发展[1, 2]. 迄至 20 世纪 80 年代，国内外学者在功率谱分析、矩演化方程和 FPK 方程等方面进行了大量的、卓有成效的研究，使得对于线性系统反应的分析理论基本趋于完备，并已经开始进入工程实用阶段[3-6]. 然而，对于非线性系统，尤其是在多自由度体系分析方面，人们仍然面临巨大的困难[7, 8]. 20 世纪 90 年代以来，以朱位秋等基于 Hamilton 理论体系获取 FPK 方程平稳解的努力为代表，非线性随机振动理论取得了令人瞩目的重要进展[9, 10]. 然而，对于一般非线性动力系统的非平稳反应分析问题，则仍然存在尚未克服的困难.

另一方面，对于主要考虑结构系统参数随机性的随机结构分析，自 20 世纪 60 年代中期以来亦获得了长足的发展[11, 12]. 到 20 世纪 90 年代中期，已经形成随机模拟方法、随机摄动方法和正交多项式展开理论三足鼎立的局面. 其中,随机模拟方法被认为具有较为广泛的适用性[13],但是,其样本独立性问题与随机收敛性问题一直没有得到解决. 同时,随机模拟方法巨大的计算工作量,使得它难以应用于大多数实际工程问题. 在提高随机模拟方法的效率方面,不少学者虽然进行了颇有成效的努力,然而,这些进展往往以牺牲随机模拟方法的广泛适用性为代价[14, 15]. 与此相对照,随机摄动理论虽然计算工作量大为减小,但精度和适用性也明显降低,仅对基本随机变量变异性较小的静力问题,才可以获得合理的结果[11, 16-18]. 并且,由于久期项问题的存在,随机摄动理论并不适用于动力问题[19]. 20 世纪 80 年代末、90 年代初发展起来的正交多项式展开理论,尤其是基于聚缩技术的正交展开理论,可以较好地解决上述问题,是线性随机结构系统分析较为满意的途径[12, 20, 21]. 20 世纪末,对于非线性随机结构分析问题,已展开诸多探索,但仍然存在难以逾越的困难[22-24]. 事实上,由于非线性分析的特殊性,矩演化分析的途径在本质上不具有可行性.

过去 10 年来,本文作者从概率密度演化的基本思想出发,发展了一类概率密度演化理论,建立了广义概率密度演化方程,在线性与非线性多自由度结构系统随机反应分析、动力可靠度、体系可靠度计算以及基于可靠度的控制方面,取得了较为系统的研究进展[25-31]. 研究表明:沿着物理随机系统的基本思想[32],概率密度演化理论可望解决非线性随机动力系统分析与控制中的一系列问题. 本文试图从概率守恒原理出发,较为全面地阐述概率密度演化理论的历史、进展与应用状况.

1　随机动力系统分析的现象学传统和物理学传统

近百年来,随机动力系统分析得到了物理学、化学、数学和工程领域众多研究者的重视,已经发展为蔚为大观的洪流. 但总其大要,仍然清晰可见分别发端于 Einstein 和 Langevin 的两条基本脉络.

一般认为,随机动力系统分析可以追溯到 1905 年 Einstein 对 Brown 运动的研究[33]. 1827 年,英国植物学家 Brown 在用显微镜观察花粉在水中的现象时,发现花粉粒子总是在作不规则的运动. 此后,通过大量学者的观察、分析和研究,排除了这一运动是生命现象的可能. 然而,直到 19 世纪末,研究者们虽然逐步意识到 Brown 运动可能是分子运动引起的,但对其物理机制仍然不甚清楚,更没有定量化的理论可以进行解释[34]. 1905 年,Einstein 对这一问题进行了深入研究,他认为 Brown 运动是由于 Brown 粒子受到周围液体分子的不规则碰撞产生的. 这些不规则碰撞是瞬时的、大量的和随机产生的,因而,Brown 粒子会产生随机游动. 在这一理解的基础上,他推导了粒子密度的演化方程,发现这一方程属于扩散方程. 这一思想进而由 Fokker 于 1914 年、Planck 于 1917 年加以发展,从而导出了后来物理学家称之为 Fokker-Planck 方程的概率密度演化方程[35, 36]. 1931 年,苏联数学家 Kolmogorov 独立地导出了同一方程,并同时得到了后向 Kolmogorov 方程,从而为这一方程建立了严格的数学基础[37]. 因此,这一著名方程也被称为 Fokker-Planck-Kolmogorov (FPK)方程. 值得注意的是,虽然 Einstein 最早是从考虑分子的不规则随机碰撞这一物理机制出发的,但他处理问题的要点,则是采用了粒子群的演化和扩散这一现象学方法,由于 Kolmogorov 的卓越工作,人们开始将随机动力系统分析问题转化为对确定性偏微分方程的研究,此后,对数学方面的关注远远超过了对于其物理方面的考量. 发端于 Einstein,沿着 Einstein-Fokker-Planck-Kolmogorov 这一脉络的研究,不妨称之为随机动力系统研究的现象学传统.

几乎与 Einstein 同时,Langevin 对 Brown 运动中单个 Brown 粒子运用牛顿运动定律进行了研究[38]. 在 Langevin 的研究中,Brown 运动单个粒子周围的液体分子对该粒子作随机碰撞的合力表现为一个作用在粒子上的非规则力(随机力). 有意思的是,虽然从完全不同的途径出发,在引入关于粒子受到随机力的若干基本特性的假定前提下,Langevin 采用非常简单的运算,即得到了与 Einstein 完全相同的耗散-扩散关系. 这一结果给人们如此深刻的印象,使得人们相信虽然 Langevin 关于随机力的非规则性假设有些奇怪,但这必定是一条非常有效的、独立的新道路. 然而,人们发现,对于随机力与动力系统运算规则的 Langevin 式处理,有时会得到错误的结果[39, 40], 20 世纪 20 年代初,Wiener 对 Brown 运动过程的样本轨迹特性进行了深入的研究,为正确理解 Langevin 假定的意义奠定了基础[41]. 20 世纪 40 年代初、中期,Itô 对随机过程与随机积分进行了系统的研究,并提出了 Itô 微积分的严格定义[42, 43],从而澄清了与 Langevin 方程随机力相关的积分运算的意义,表明 Langevin 随机力可以利用数学白噪声进行模型化. 20 世纪 60 年代初期,Stratonovich 进一步提出了物理白噪声解释[44]. 不久,Wong 和 Zakai[45]建立了 Itô 和 Stratonovich 微积分的关系. 始于 Langevin,沿着 Langevin-Itô-Stratonovich 这一脉络的研究,是以物理系统运动定律为基础的随机微分方程作为基本的研究主体,因之,不妨称之为随机动力系统研究的物理学传统.

虽然大体上可以理清随机动力系统研究的两条基本思路,然而,这两条思路并不是毫不相干的. 事实上,白噪声假定的引入、Itô 随机微分方程与 FPK 方程转化关系的建立,可以认为是两条思路的重要关联点. 非常有趣的是:发端于 Einstein 的现象学传统源于对 Brown 运动的物理机制理解,而发端于 Langevin 的物理学传统则由于对随机力的白噪声化处理而引入了现象学的痕迹. 因此,人们通常认为 Langevin 方程或 Itô 随机微分方程是轨迹描述的观点是不全面的.

我们认为:对多维非线性随机动力系统的研究,需要对以上两条思路深入剖析,在物理随机系统的思想框架里形成新的研究道路. 在研究过程中,我们发现:物理和力学规律导致的系统物理状态演化是概率密度演化的基础. 这一事实,在历史的研究中完全没有获得应有的注意与重视. 甚至,对于随机物理系统基本特性之一的概率守恒原理,虽然在不少文献中模糊地附带提及[46-49],也完全没有对其物理意义进行过深入的剖析. 而正是基于对概率守恒原理的深刻剖析,我们捕捉到了概率密度演化与物理系统状态演化的内在联系,深化了对于概率密度演化方程的理解,导出了一类新的广义概率密度演化方程，拓宽了非线性随机动力系统概率密度演化理论研究的道路[27, 30].

2 概率守恒原理

2.1 概率守恒原理的随机事件描述

概率守恒原理可以一般地表述为：在保守的随机系统的状态演化过程中概率守恒[27, 30]. 这里，保守的随机系统意为在该随机系统的演化过程中既没有已有的随机因素消失，也没有新的随机因素加入. 为清晰地理解这一原理，考察一个 n 维随机动力系统

$$\dot{\boldsymbol{Y}} = \boldsymbol{A}(\boldsymbol{Y},\ t),\quad \boldsymbol{Y}(t_0) = \boldsymbol{Y}_0 \tag{1}$$

这里 $\boldsymbol{Y}=(Y_1,\ Y_2,\ \cdots,\ Y_n)^{\mathrm{T}}$ 为 n 维状态向量，$\boldsymbol{Y}_0=(Y_{0,1},\ Y_{0,2},\ \cdots,\ Y_{0,n})^{\mathrm{T}}$ 为相应的初始向量，$\boldsymbol{A}(\cdot)$为确定性算子. 显然，当 $\boldsymbol{Y}_0$ 为随机向量时，$\boldsymbol{Y}(t)$将为一个随机过程向量.

状态方程(1)事实上建立了一个从 $\boldsymbol{Y}_0$ 到 $\boldsymbol{Y}(t)$的映射，不妨记之为

$$\boldsymbol{Y}(t) = g(\boldsymbol{Y}_0,\ t) = G_t(\boldsymbol{Y}_0) \tag{2}$$

注意到 $\boldsymbol{Y}_0$ 是一个随机向量，因而$\{\boldsymbol{Y}_0 \in \Omega_0\}$是一个随机事件，这里 Ω_0 是 $\boldsymbol{Y}_0$ 分布空间中的任意区域. 根据随机状态方程(1)，$\boldsymbol{Y}_0$ 在时刻 t 演化为 $\boldsymbol{Y}(t)$，相应地，$\boldsymbol{Y}_0$ 在时刻 t_0 所属的区域 Ω_0 在时刻 t 演化为 $\boldsymbol{Y}(t)$所属的区域 Ω_t(图 1，图中的 $\tilde{\omega}$ 表示概率空间中的点)，即

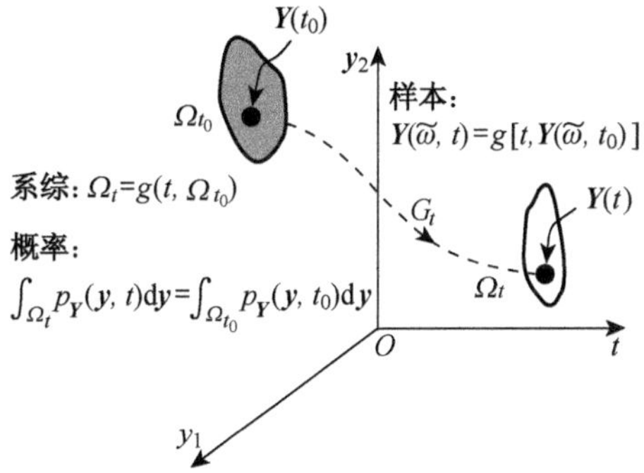

图 1　动力系统、映射和概率演化

$$\Omega_t = g(\Omega_0,\ t) = G_t(\Omega_0) \tag{3}$$

因此，随机事件$\{\boldsymbol{Y}_0 \in \Omega_0\}$在时刻 t 表现为$\{\boldsymbol{Y}(t) \in \Omega_t\}$. 由于在系统演化过程中没有新的随机源或吸收域，换言之，$\{\boldsymbol{Y}_0 \in \Omega_0\}$和$\{\boldsymbol{Y}(t) \in \Omega_t\}$是同一个随机事件，因而其概率必然相等，即

$$\Pr\{\boldsymbol{Y}_0 \in \Omega_0\} = \Pr\{\boldsymbol{Y}(t) \in \Omega_t\} \tag{4}$$

这里 Pr{ · }表示随机事件的概率. 记 $\boldsymbol{Y}_0$ 的概率密度函数为 $p_{\boldsymbol{Y}_0}(\boldsymbol{y}_0)$，$\boldsymbol{Y}(t)$的概率密度函数为 $p_{\boldsymbol{Y}}(\boldsymbol{y}, t)$,其中,$\boldsymbol{y}_0=(y_{0,1}, y_{0,2}, \cdots, y_{0,n})^{\mathrm{T}}$，$\boldsymbol{y}=(y_1, y_2, \cdots, y_n)^{\mathrm{T}}$，则式(4)意味着

$$\int_{\Omega_0} p_{\boldsymbol{Y}_0}(\boldsymbol{y}_0)\mathrm{d}\boldsymbol{y}_0 = \int_{\Omega_t} p_{\boldsymbol{Y}}(\boldsymbol{y}, t)\mathrm{d}\boldsymbol{y} \tag{5}$$

为更清晰起见,可将 Ω_0 记为 Ω_{t_0},并注意到 $p_{\boldsymbol{Y}}(\boldsymbol{y}, t_0)=p_{\boldsymbol{Y}_0}(\boldsymbol{y})$,式(5)成为

$$\int_{\Omega_{t_0}} p_{\boldsymbol{Y}_0}(\boldsymbol{y}, t_0)\mathrm{d}\boldsymbol{y} = \int_{\Omega_t} p_{\boldsymbol{Y}}(\boldsymbol{y}, t)\mathrm{d}\boldsymbol{y} \tag{6}$$

显然,式(6)对 $t+\Delta t$ 时刻依然成立,从而可得

$$\frac{\mathrm{D}}{\mathrm{D}t}\int_{\Omega_t} p_{\boldsymbol{Y}}(\boldsymbol{y}, t)\mathrm{d}\boldsymbol{y} = 0 \tag{7}$$

这里 D(·)/Dt 表示全导数或物质导数. 在此要特别注意,式(7)中不仅被积函数 $p_{\boldsymbol{Y}}(\boldsymbol{y}, t)$是时变的,而且积分区域 Ω_t 也是时变的. 这一点,从式(4)可以清楚地看到. 而其内在原因,则在于$\boldsymbol{Y}(t)$的演化过程是由状态方程(1)所控制的. 换言之,是随机系统物理状态的演化导致了概率的迁移,引起了概率密度的演化. 因此,全导数 D(·)/Dt 的确切意义是

$$\frac{\mathrm{D}}{\mathrm{D}t}\int_{\Omega_t} p_{\boldsymbol{Y}}(\boldsymbol{y}, t)\mathrm{d}\boldsymbol{y} = \lim_{\Delta t\to 0}\frac{1}{\Delta t}\left(\int_{\Omega_{t+\Delta t}} p_{\boldsymbol{Y}}(\boldsymbol{y}, t+\Delta t)\mathrm{d}\boldsymbol{y} - \int_{\Omega_t} p_{\boldsymbol{Y}}(\boldsymbol{y}, t)\mathrm{d}\boldsymbol{y}\right) \tag{8a}$$

或采用不同的记号等价表述为

$$\frac{\mathrm{D}}{\mathrm{D}t}\int_{\Omega_t} p_{\boldsymbol{Y}}(\boldsymbol{y}, t)\mathrm{d}\boldsymbol{y} = \lim_{t'\to t}\frac{1}{t'-t}\left(\int_{\Omega'_t} p_{\boldsymbol{Y}}(\boldsymbol{y}', t')\mathrm{d}\boldsymbol{y}' - \int_{\Omega_t} p_{\boldsymbol{Y}}(\boldsymbol{y}, t)\mathrm{d}\boldsymbol{y}\right) \tag{8b}$$

式(7)显然是概率守恒原理在随机动力系统中的体现. 由于它是从同一随机事件所携带的概率不变这一角度获得的结果,故可称之为概率守恒原理的随机事件描述.

随机事件可以是基本随机事件复合的结果,即概率空间中的随机事件满足 σ-代数,因而存在随机事件分解的可能,正是这一可能,孕育了对物理问题采用解耦方式进行考察的可能性.

值得指出,在一般概率论教材中都要介绍的随机变量函数的概率密度函数求取方法[50],本质上也是概率守恒原理的随机事件描述的体现. 例如,设 X 是一个随机变量,其概率密度函数为 $p_X(x)$,若

$$Y = f(X) \tag{9}$$

则 Y 也是一个随机变量.

为了获取 Y 的概率密度函数 $p_Y(y)$,考虑随机事件$\{Y<y\}$. 显然,注意到式

(9),则该随机事件等价于$\{f(X)<y\}$. 若 $f(\cdot)$为单调增函数,则有$\{f(X)<y\}=\{X<f^{-1}(y)\}$,从而

$$\Pr\{f(X)<y\}=\Pr\{X<f^{-1}(y)\} \tag{10}$$

即

$$\int_{-\infty}^{y} p_Y(y)\mathrm{d}y=\int_{-\infty}^{f^{-1}(y)} p_X(x)\mathrm{d}x \tag{11}$$

两边关于 y 求导,有

$$p_Y(y)=\frac{\partial f^{-1}(y)}{\partial y}p_X[f^{-1}(y)] \tag{12}$$

若 $f(\cdot)$为单调减函数,则有

$$p_Y(y)=(-\partial f^{-1}(y)/\partial y)p_X[f^{-1}(y)]$$

因而,只要 $f(\cdot)$为单调函数,就有

$$p_Y(y)=|J|p_X[f^{-1}(y)] \tag{13}$$

这里 $J=\partial f^{-1}(y)/\partial y$ 为 Jacobi 量. 若 $f(\cdot)$为非单调函数,记第 j 个反函数为 f_j^{-1},则有

$$p_Y(y)=\sum_{j=1}^{m}|J_j|p_X[f_j^{-1}(y)] \tag{14}$$

由此可见,正是由于存在 X 和 Y 之间的变换关系(式(9)),从而可利用同一随机事件的概率不变(式((10))即概率守恒原理的随机事件描述而获得随机变量 X 和 Y 之间的概率密度函数的联系(式(13)或式(14)).

2.2 概率守恒原理的状态空间描述

仍然考察状态方程(1). 此时,状态方程$\dot{\boldsymbol{Y}}=\boldsymbol{A}(\boldsymbol{Y}, t)$ 给出了一个 $\boldsymbol{Y}$ 分布空间内在任意时刻 t 的瞬时速度场$\boldsymbol{v}(\boldsymbol{y}, t)=[v_1(\boldsymbol{y}, t), v_2(\boldsymbol{y}, t), \cdots, v_n(\boldsymbol{y}, t)]^{\mathrm{T}}$,亦即,在状态空间 $\boldsymbol{Y}$ 中的任意点 $\boldsymbol{y}=(y_1, y_2, \cdots, y_n)^{\mathrm{T}}$ 的速度为 $\boldsymbol{v}=\boldsymbol{A}(\boldsymbol{y}, t)$ (图 2). 此时,考察该速度场中的任意给定区域 D_{fixed},其边界记为 $\partial D_{\mathrm{fixed}}$,若在区域内没有新的随机源与吸收域,则在给定的任意时间区间$[t_1, t_2]$内,区域内概率的增量必等于穿越边界进入该区域的概率.

记在时间区间$[t_1, t_2]$内,D_{fixed}区域的概率增量为 $\Delta_{[t_1, t_2]}P_{\mathrm{D}_{\mathrm{fixed}}}$,即

$$\Delta_{[t_1, t_2]}P_{D_{\mathrm{fixed}}}=\int_{D_{\mathrm{fixed}}} p_{\boldsymbol{Y}}(\boldsymbol{y}, t_2)\mathrm{d}\boldsymbol{y}-\int_{D_{\mathrm{fixed}}} p_{\boldsymbol{Y}}(\boldsymbol{y}, t_1)\mathrm{d}\boldsymbol{y} \tag{15}$$

在此同一时间区间内,穿越边界进入该区域的概率记为 $\Delta_{[t_1, t_2]}P_{\partial D_{\mathrm{fixed}}}$,由于区域内没有随机源与吸收域,故有

$$\Delta_{[t_1,\, t_2]} P_{D_{\text{fixed}}} = \Delta_{[t_1,\, t_2]} P_{\partial D_{\text{fixed}}} \tag{16}$$

显然，$\Delta_{[t_1,\, t_2]} P_{\partial D_{\text{fixed}}}$ 是直接由边界上的速度场与边界面积决定的. 从图 2 可见，在时间 $\mathrm{d}t$ 内，在速度场 $\boldsymbol{v}(\boldsymbol{y},\, t)$ 中穿越边界微元 $\mathrm{d}S$ 的面积为 $(\boldsymbol{v}\mathrm{d}t)\cdot\boldsymbol{n}\mathrm{d}S$，因此，穿越边界微元 $\mathrm{d}S$ 的概率为 $p_{\boldsymbol{Y}}(\boldsymbol{y},\, t)(\boldsymbol{v}\mathrm{d}t)\cdot\boldsymbol{n}\mathrm{d}S$，从而可知

$$\Delta_{[t_1,\, t_2]} P_{\partial D_{\text{fixed}}} = -\int_{t_1}^{t_2}\int_{\partial D_{\text{fixed}}} p_{\boldsymbol{Y}}(\boldsymbol{y},\, t)(\boldsymbol{v}\mathrm{d}t)\cdot\boldsymbol{n}\mathrm{d}S \tag{17}$$

同时，式(15)可以改写为

$$\Delta_{[t_1,\, t_2]} P_{D_{\text{fixed}}} = \int_{t_1}^{t_2}\int_{D_{\text{fixed}}} \frac{\partial p_{\boldsymbol{Y}}(\boldsymbol{y},\, t)}{\partial t}\mathrm{d}\boldsymbol{y}\mathrm{d}t \tag{18}$$

进而，式(16)可表述为

$$\int_{t_1}^{t_2}\int_{D_{\text{fixed}}} \frac{\partial p_{\boldsymbol{Y}}(\boldsymbol{y},\, t)}{\partial t}\mathrm{d}\boldsymbol{y}\mathrm{d}t = -\int_{t_1}^{t_2}\int_{\partial D_{\text{fixed}}} p_{\boldsymbol{Y}}(\boldsymbol{y},\, t)\boldsymbol{v}\cdot\boldsymbol{n}\mathrm{d}S\mathrm{d}t \tag{19}$$

此即概率守恒原理的状态空间描述的数学表达.

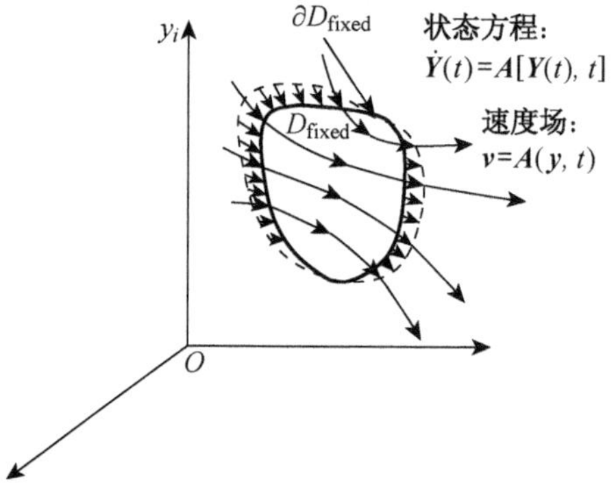

图 2　动力系统和概率守恒的状态空间描述

2.3　两类描述的等价性与区别点

上述分析表明，概率守恒原理可以从随机事件描述和状态空间描述两个不同的角度加以理解. 值得指出，虽然关于概率守恒的零星讨论在不少研究者的论述中早已见及[4, 46-48, 51]，但明确地从上述不同角度对概率守恒原理进行深入剖析，则是本文作者近年来进行的[30, 31].

虽然初看起来，随机事件描述和状态空间描述是从两个完全不同的角度观察问题，但作为总体描述时，它们在本质上是等价的. 为了更深入地理解这一点，不妨考察随机事件 $\{\boldsymbol{Y}(t)\in\Omega_t\}$ 在微小时间区段 $[t,\ t+\mathrm{d}t]$ 内的演化(图 3(a)). 在时刻 $t+\mathrm{d}t$，该随机事件成为 $\{Y(t+\mathrm{d}t)\in\Omega_{t+\mathrm{d}t}\}$. 显然，这是从随机事件描述的角度考察问题，且必然存在

$$\Pr\{\boldsymbol{Y}(t) \in \Omega_t\} = \Pr\{\boldsymbol{Y}(t+\mathrm{d}t) \in \Omega_{t+\mathrm{d}t}\} \tag{20a}$$

或

$$\int_{\Omega_t} p_{\boldsymbol{Y}}(\boldsymbol{y}, t)\mathrm{d}\boldsymbol{y} = \int_{\Omega_{t+\mathrm{d}t}} p_{\boldsymbol{Y}}(\boldsymbol{y}, t+\mathrm{d}t)\mathrm{d}\boldsymbol{y} \tag{20b}$$

由于时间区段 $\mathrm{d}t$ 甚小，因此 Ω_t 和 $\Omega_{t+\mathrm{d}t}$ 的大部分区域是重叠的，只有边界附近的区域不一致(图 3(a))，而这是由于速度场 $\boldsymbol{v}$ 的存在而产生的. 因此，可将 $\Omega_{t+\mathrm{d}t}$ 表述为

$$\Omega_{t+\mathrm{d}t} = \Omega_t + \int_{\partial\Omega_t} (\boldsymbol{v}\mathrm{d}t) \cdot \boldsymbol{n}\mathrm{d}S \tag{21}$$

这里的第 2 项即为速度场导致的边界运动的影响. 将其代入式(20b)，并注意到 $p_{\boldsymbol{Y}}(\boldsymbol{y}, t+\mathrm{d}t) = p_{\boldsymbol{Y}}(\boldsymbol{y}, t) + (\partial p_{\boldsymbol{Y}}/\partial t)\mathrm{d}t$，有

$$\int_{\Omega_t} p_{\boldsymbol{Y}}(\boldsymbol{y}, t)\mathrm{d}\boldsymbol{y} = \int_{\Omega_t + \int_{\partial\Omega_t}(\boldsymbol{v}\mathrm{d}t)\cdot\boldsymbol{n}\mathrm{d}S} \left(p_{\boldsymbol{Y}}(\boldsymbol{y}, t) + \frac{\partial p_{\boldsymbol{Y}}}{\partial t}\mathrm{d}t\right)\mathrm{d}\boldsymbol{y} \tag{22}$$

考察等式右端的积分，有

$$\begin{aligned}
&\int_{\Omega_t + \int_{\partial\Omega_t}(\boldsymbol{v}\mathrm{d}t)\cdot\boldsymbol{n}\mathrm{d}S} \left(p_{\boldsymbol{Y}}(\boldsymbol{y}, t) + \frac{\partial p_{\boldsymbol{Y}}}{\partial t}\mathrm{d}t\right)\mathrm{d}\boldsymbol{y} \\
&= \int_{\Omega_t} \left(p_{\boldsymbol{Y}}(\boldsymbol{y}, t) + \frac{\partial p_{\boldsymbol{Y}}}{\partial t}\mathrm{d}t\right)\mathrm{d}\boldsymbol{y} + \int_{\partial\Omega_t} \left(p_{\boldsymbol{Y}}(\boldsymbol{y}, t) + \frac{\partial p_{\boldsymbol{Y}}}{\partial t}\mathrm{d}t\right)(\boldsymbol{v}\mathrm{d}t) \cdot \boldsymbol{n}\mathrm{d}S \\
&= \int_{\Omega_t} \left(p_{\boldsymbol{Y}}(\boldsymbol{y}, t) + \frac{\partial p_{\boldsymbol{Y}}}{\partial t}\mathrm{d}t\right)\mathrm{d}\boldsymbol{y} + \int_{\partial\Omega_t} p_{\boldsymbol{Y}}(\boldsymbol{y}, t)(\boldsymbol{v}\mathrm{d}t) \cdot \boldsymbol{n}\mathrm{d}S
\end{aligned} \tag{23}$$

这里略去了 $\mathrm{d}t$ 高阶量的影响. 将式(23)代入式(22)，可知

$$\int_{\Omega_t} \left(\frac{\partial p_{\boldsymbol{Y}}(\boldsymbol{y}, t)}{\partial t}\mathrm{d}t\right)\mathrm{d}\boldsymbol{y} = -\int_{\partial\Omega_t} p_{\boldsymbol{Y}}(\boldsymbol{y}, t)(\boldsymbol{v}\mathrm{d}t) \cdot \boldsymbol{n}\mathrm{d}S \tag{24}$$

显然，两边同时关于 t 在区间$[t_1, t_2]$内积分，式(24)即成为式(19)，只需将 Ω_t 替换为 D_{fixed} 即可. 换句话说，式(24)正是概率守恒原理的状态空间描述的数学形式.

更为直观地，可以考察一个矩形区域的演化(图 3(b))，图中可见，式(23)中略去的 $\mathrm{d}t$ 高阶项，实际上是矩形角部 4 个小矩形的影响.

由此可见，从总体描述角度，概率守恒原理的随机事件描述和状态空间描述是完全等价的.

从上述分析过程中可以清晰地看出，在保守的随机系统中概率守恒. 也不难发现，概率密度演化的内在机制来源于系统状态的物理演化①.

---

① 从上述分析中，也不难看到，概率守恒原理的随机事件描述与状态空间描述与连续介质物理中的质量守恒律的 Lagrange 描述与 Euler 描述在某些方面存在相似性[52-54].

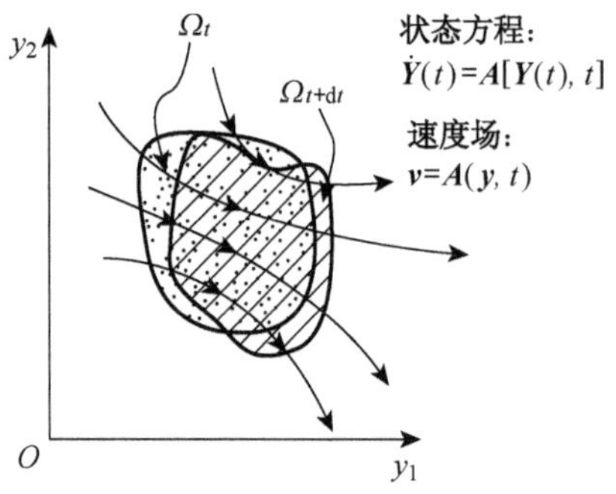

(a)

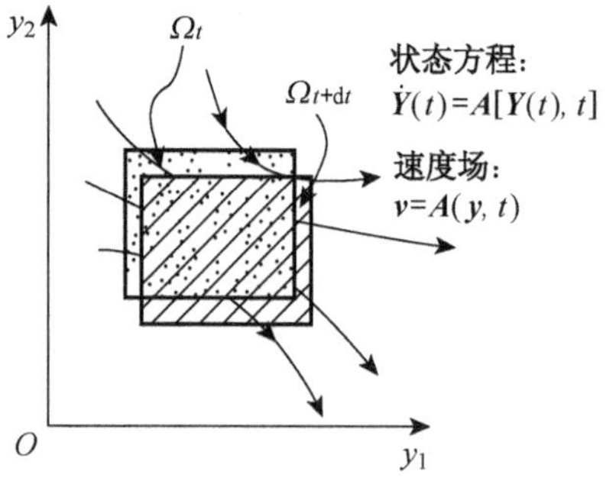

(b)

图 3　两种描述的等价性

前已述及,随机事件可以是子事件的复合,因而存在对随机事件进行分解的可能.正是这一可能,构成了随机事件描述与状态空间描述的区别.从前面的分析可见,当对随机事件做总体考察时,演化过程中的随机事件与其引起的状态空间中的概率迁移的关系,清楚地说明了两种描述的等价性.事实上,由于随机事件及其生成的 σ-域构成了概率空间(Ω, F, P)的分布空间,即基本随机事件及其满足 σ-代数的复合事件的全体构成了总体,当这一概率空间定义于状态空间时,即实现了随机事件向状态空间的转化.而当对随机事件采取个别考察方式时,在一定条件下,各子随机事件仍然具有所携带的概率不变的性质,正是这一性质,构成了随机事件描述的灵活性,形成了与状态空间描述的分水岭.本文后续分析,将更清楚地展现这一点.

3　经典概率密度演化方程

根据概率守恒原理的状态空间描述,结合不同的物理方程,可以导出经典的概率密度演化方程,包括 Liouville 方程、FPK 方程和 Dostupov-Pugachev 方程.

3.1　Liouville 方程

考察具有初始条件的随机动力系统(1).为方便计,将该系统在此重记为

$$\dot{\boldsymbol{Y}}(t)=\boldsymbol{A}[\boldsymbol{Y}(t), t], \boldsymbol{Y}(t_o)=\boldsymbol{Y}_0 \tag{25}$$

式中各符号意义同式(1),初始向量 $\boldsymbol{Y}_0$ 为随机向量.

该系统的随机性完全来自于初始条件,由于随机动力系统在任意时刻的状态完全决定于初始条件,而在演化过程中则不再有新的随机因素加入,因此,这是一个保守的随机动力系统,在其演化过程中概率守恒.

当初始条件可为状态空间中的任意点时,随机动力系统

$$\dot{\boldsymbol{Y}}(t)=\boldsymbol{A}[\boldsymbol{Y}(t),\, t] \tag{26}$$

决定了任意给定时刻 t 状态空间中的一个速度场 $\boldsymbol{v}(\boldsymbol{y},\, t)$

$$\boldsymbol{v}=\boldsymbol{A}(\boldsymbol{y},\, t) \tag{27}$$

这里，对随机动力系统(25)，由于状态向量是时变且随机的，因此采用大写字母 $\boldsymbol{Y}(t)$，而对空间中的速度场分布来说，$\boldsymbol{y}=(y_1,\, y_2,\, \cdots,\, y_n)^{\mathrm{T}}$ 表示状态空间中的一个点，故采用了小写字符. 在此应特别注意区分二者的不同含义.

根据节 3.2 中的分析，当考察 n 维状态空间中的任意给定区域 D_{fixed} 时，由于在演化过程中没有新的随机因素加入，意味着在状态空间中没有概率产生源，因而速度场(27)是一个无源向量场，从概率守恒原理的状态空间表达，存在式(19)，即

$$\int_{t_1}^{t_2}\int_{D_{\text{fixed}}}\frac{\partial p_{\boldsymbol{Y}}(\boldsymbol{y},\, t)}{\partial t}\mathrm{d}\boldsymbol{y}\mathrm{d}t=-\int_{t_1}^{t_2}\int_{\partial D_{\text{fixed}}}p_{\boldsymbol{Y}}(\boldsymbol{y},\, t)\boldsymbol{v}\cdot\boldsymbol{n}\mathrm{d}S\mathrm{d}t \tag{28}$$

等式右端的速度场由式(27)确定，将其代入可得

$$\int_{t_1}^{t_2}\int_{D_{\text{fixed}}}\frac{\partial p_{\boldsymbol{Y}}(\boldsymbol{y},\, t)}{\partial t}\mathrm{d}\boldsymbol{y}\mathrm{d}t=-\int_{t_1}^{t_2}\int_{\partial D_{\text{fixed}}}p_{\boldsymbol{Y}}(\boldsymbol{y},\, t)\,\boldsymbol{A}(\boldsymbol{y},\, t)\cdot\boldsymbol{n}\mathrm{d}S\mathrm{d}t \tag{29}$$

对等式右端应用无源场的散度定理，可将边界积分化为体积分，从而有

$$\begin{aligned}\int_{t_1}^{t_2}\int_{D_{\text{fixed}}}\frac{\partial p_{\boldsymbol{Y}}(\boldsymbol{y},\, t)}{\partial t}\mathrm{d}\boldsymbol{y}\mathrm{d}t&=-\int_{t_1}^{t_2}\int_{\partial D_{\text{fixed}}}p_{\boldsymbol{Y}}(\boldsymbol{y},\, t)\,\boldsymbol{A}(\boldsymbol{y},\, t)\cdot\boldsymbol{n}\mathrm{d}S\mathrm{d}t=\\&-\int_{t_1}^{t_2}\int_{D_{\text{fixed}}}\sum_{j=1}^{n}\frac{\partial}{\partial y_j}[p_{\boldsymbol{Y}}(\boldsymbol{y},\, t)A_j(\boldsymbol{y},\, t)]\mathrm{d}\boldsymbol{y}\mathrm{d}t\end{aligned} \tag{30}$$

注意到时间区间$[t_1,\, t_2]$和给定区域 D_{fixed} 的任意性，两边的被积函数必相等，因此

$$\frac{\partial p_{\boldsymbol{Y}}(\boldsymbol{y},\, t)}{\partial t}+\sum_{i=1}^{n}\frac{\partial[p_{\boldsymbol{Y}}(\boldsymbol{y},\, t)A_i(\boldsymbol{y},\, t)]}{\partial y_i}=0 \tag{31}$$

此即为经典的 Liouville 方程.

历史上，曾经有不少学者从积分不变量和特征函数演化等多个不同的角度导出了这一方程[47, 51]，但在这些研究对该方程意义的讨论中，对概率守恒原理的论述是不透彻的.

事实上，只有考虑 n 维状态空间的整体、并观察其中任意区域的概率流动时，概率才是守恒的. 如果仅考虑某一个较低维数的子空间，例如仅考虑前 $q(q<n)$ 个状态 $\tilde{\boldsymbol{y}}=(y_1,\, y_2,\, \cdots,\, y_q)$ 构成的子空间时，则由于状态变量之间的耦合作用，在 $Y_1,\, \cdots,\, Y_q$ 所构成的子空间中，将存在尚未考虑的概率产生源，因而，由 $\tilde{\boldsymbol{Y}}(t)=(Y_1,\, Y_2,\, \cdots,\, Y_q)$ 构成的系统本身不是概率守恒的. 这是 Liouville 方程的维数必须和本原随机动力系统(25)的维数相同的根本原因.

3.2 FPK 方程

随机动力系统(25)中仅考虑了初始条件的随机性，而没有考虑动力激励的随机性. 在大量的实际工程问题中，激励随机性常常是导致系统反应随机性的主导性因素[4,5]，因此，应该给予合理的考虑.

对于多维非线性系统，状态方程可表述为

$$\dot{\boldsymbol{Y}} = \boldsymbol{A}(\boldsymbol{Y},\ t) + \boldsymbol{B}(\boldsymbol{Y},\ t)\boldsymbol{\xi}(t) \tag{32}$$

其中，$\boldsymbol{Y}$ 为 n 维状态向量，$\boldsymbol{A}$ 为 n 维算子向量，$\boldsymbol{B} = [B_{ij}]_{n\times r}$ 为 $n\times r$ 维载荷影响矩阵.

当激励向量 $\boldsymbol{\xi}(t)$ 为随机向量时，方程(32)是一个随机微分方程. 对于随机激励，最理想化的情况是假定激励为白噪声过程，即

$$E[\boldsymbol{\xi}(t)] = 0,\quad E[\boldsymbol{\xi}(t)\boldsymbol{\xi}^{\mathrm{T}}(t')] = \boldsymbol{D}\delta(t-t') \tag{33}$$

这里 $\boldsymbol{D} = [D_{ij}]$ 为 $r\times r$ 维方差矩阵，$\delta(\cdot)$ 为 Dirac 函数. 当采用增量形式时，有

$$E[\mathrm{d}\boldsymbol{W}(t)] = 0,\quad E[\mathrm{d}\boldsymbol{W}(t)\mathrm{d}\boldsymbol{W}^{\mathrm{T}}(t)] = \boldsymbol{D}\mathrm{d}t \tag{34}$$

其中，$\boldsymbol{W}(t)$ 是一个 r 维 Brown 运动过程（Wiener 过程）. 在形式上，$\mathrm{d}\boldsymbol{W}(t) = \boldsymbol{\xi}(t)\mathrm{d}t$. 值得指出，由于 $\mathrm{d}\boldsymbol{W}(t)$ 的方差与 $\mathrm{d}t$ 同阶，因此 $\mathrm{d}\boldsymbol{W}(t)$ 的样本与 $\sqrt{\mathrm{d}t}$ 同阶，故 $\boldsymbol{W}(t)$ 的样本处处连续而处处不可微[39]. 这一奇异性质，使得白噪声的数学处理颇为方便，但也使得它远离了客观物理的真实情况.

对于与白噪声过程相关的微积分，主要有 Itô 微积分与 Stratonovich 微积分[39,55]. 由于对一个特定的随机微分方程这两种积分可以转化，因此，这里仅讨论 Itô 微积分. 此时，随机微分方程(32)称为 Itô 随机微分方程，并可以写为微分形式

$$\mathrm{d}\boldsymbol{Y}(t) = \boldsymbol{A}(\boldsymbol{Y},\ t)\mathrm{d}t + \boldsymbol{B}(\boldsymbol{Y},\ t)\mathrm{d}\boldsymbol{W}(t) \tag{35a}$$

为直观起见，不妨进一步写为增量形式

$$\Delta\boldsymbol{Y}(t) = \boldsymbol{A}(\boldsymbol{Y},\ t)\Delta t + \boldsymbol{B}(\boldsymbol{Y},\ t)\Delta\boldsymbol{W}(t) + o(\Delta t) \tag{35b}$$

其中 $o(\Delta t)$ 表示 Δt 的高阶小量.

从式(35b)可见，在时间 Δt 内，状态的变化量 $\Delta\boldsymbol{Y}(t)$ 是两项效应——漂移效应和扩散作用叠加的结果，为方便计，记

$$\boldsymbol{\eta} = \boldsymbol{A}(\boldsymbol{Y},\ t)\Delta t \tag{36a}$$

$$\boldsymbol{\lambda} = \boldsymbol{B}(\boldsymbol{Y},\ t)\Delta\boldsymbol{W}(t) \tag{36b}$$

在时刻 t 处于 $\boldsymbol{y}$ 的点，在时段 Δt 内将发生上述两项位移，其一阶和二阶统计量分别为

$$E[\boldsymbol{\eta} \mid \{\boldsymbol{Y} = \boldsymbol{y}\}] = \boldsymbol{A}(\boldsymbol{y},\ t)\Delta t \tag{37a}$$

$$E[\boldsymbol{\eta}\boldsymbol{\eta}^{\mathrm{T}} \mid \{\boldsymbol{Y}=\boldsymbol{y}\}]=[\boldsymbol{A}(\boldsymbol{y}, t)\Delta t][\boldsymbol{A}^{\mathrm{T}}(\boldsymbol{y}, t)\Delta t]=o(\Delta t) \tag{37b}$$

$$E[\boldsymbol{\lambda} \mid \{\boldsymbol{Y}=\boldsymbol{y}\}]=E[\boldsymbol{B}(\boldsymbol{y}, t)\Delta \boldsymbol{W}(t)]=\mathbf{0} \tag{38a}$$

$$\begin{aligned} E[\boldsymbol{\lambda}\boldsymbol{\lambda}^{\mathrm{T}} \mid \{\boldsymbol{Y}=\boldsymbol{y}\}] &= E[\boldsymbol{B}(\boldsymbol{y}, t)\Delta \boldsymbol{W}(t)\Delta \boldsymbol{W}^{\mathrm{T}}(t)\boldsymbol{B}(\boldsymbol{y}, t)] \\ &= \boldsymbol{BDB}^{\mathrm{T}}\Delta t+o(\Delta t)=\boldsymbol{\sigma}(\boldsymbol{y}, t)\Delta t+o(\Delta t) \end{aligned} \tag{38b}$$

这里 $\boldsymbol{\sigma}(\boldsymbol{y}, t)=[\sigma_{ij}(\boldsymbol{y}, t)]=\boldsymbol{B}(\boldsymbol{y}, t)\boldsymbol{DB}^{\mathrm{T}}(\boldsymbol{y}, t)$.

从上述各式立即可见,$\boldsymbol{\eta} \mid \{\boldsymbol{Y}=\boldsymbol{y}\}$ 表示一个确定性漂移,而 $\boldsymbol{\lambda} \mid \{\boldsymbol{Y}=\boldsymbol{y}\}$ 则是一个均值为零的扩散. 这表明,在 n 维状态空间中,不仅存在一个速度场 $\boldsymbol{v}(\boldsymbol{y}, t)$,它由

$$\boldsymbol{v}=\boldsymbol{A}(\boldsymbol{y}, t) \tag{39a}$$

确定,而且还存在一个扩散场,其扩散强度由

$$\boldsymbol{\sigma}(\boldsymbol{y}, t)=\boldsymbol{B}(\boldsymbol{y}, t)\boldsymbol{DB}^{\mathrm{T}}(\boldsymbol{y}, t) \tag{39b}$$

决定(图 4).

由此可见,在 n 维状态空间中,概率流动存在两个来源,漂移引起的速度场 $\boldsymbol{v}(\boldsymbol{y}, t)$ 和扩散引起的扩散场 $\boldsymbol{\sigma}(\boldsymbol{y}, t)$. 单独地考虑速度场或单独地考虑扩散场,状态空间的概率将是不守恒的.

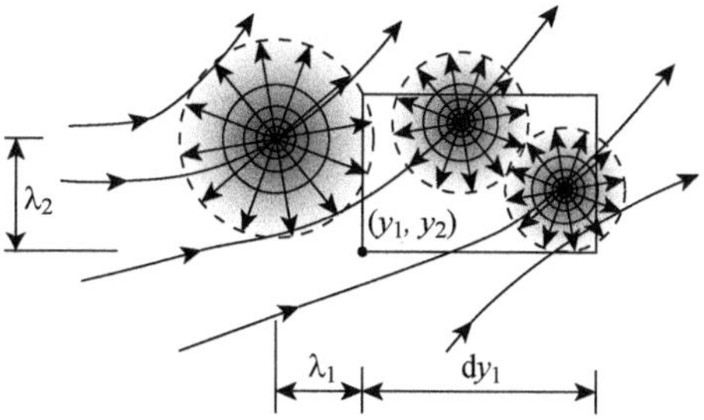

图 4　Itô 随机动力系统的概率输运

分别考察图 4 所示的微区域中的漂移与扩散引起的概率输运,即可获得 FPK 方程[31]. 为简化表述,这里将统一考虑漂移与扩散的影响.

为此,记增量位移为

$$\boldsymbol{\kappa}=\Delta \boldsymbol{Y} \tag{40}$$

由式(35)和(36)可知

$$\boldsymbol{\kappa}=\boldsymbol{\eta}+\boldsymbol{\lambda}+o(\Delta t) \tag{41}$$

考虑式(37)和(38),可见在时刻 t 处于 $\boldsymbol{y}$ 的点,其一阶与二阶统计量分别为

$$E[\boldsymbol{\kappa} \mid \{\boldsymbol{Y}=\boldsymbol{y}\}]=\boldsymbol{A}(\boldsymbol{y}, t)\Delta t+o(\Delta t) \tag{42a}$$

$$E[\boldsymbol{\kappa}\boldsymbol{\kappa}^{\mathrm{T}} \mid \{\boldsymbol{Y}=\boldsymbol{y}\}]=\boldsymbol{\sigma}(\boldsymbol{y}, t)\Delta t+o(\Delta t) \tag{42b}$$

考察状态空间中的任意区域 D,则在 Δt 时间内的概率增量是

$$\begin{aligned} \Delta P_{\mathrm{I}} &= \int_D [p(\boldsymbol{y}, t+\Delta t \mid \boldsymbol{y}_0, t)-p(\boldsymbol{y}, t \mid \boldsymbol{y}_0, t)]\mathrm{d}\boldsymbol{y} \\ &= \int_D \frac{\partial p(\boldsymbol{y}, t \mid \boldsymbol{y}_0, t)}{\partial t}\Delta t \mathrm{d}\boldsymbol{y}+o(\Delta t) \end{aligned} \tag{43}$$

与此同时，在$[t, t+\Delta t]$内通过边界∂D从区域内溢出与从区域外迁入的概率的代数和为(图 4)

$$
\begin{aligned}
&\int_D p(\boldsymbol{y}, t+\Delta t \mid \boldsymbol{y}_0, t)\mathrm{d}\boldsymbol{y} = \\
&\int_D \left[\int_{-\infty}^{\infty} \phi_{\boldsymbol{\kappa}|\boldsymbol{Y}=\boldsymbol{y}-\boldsymbol{\kappa}}(\boldsymbol{\kappa};\ \boldsymbol{y}-\boldsymbol{\kappa}, t, \Delta t) \cdot [p(\boldsymbol{y}-\boldsymbol{\kappa}, t \mid \boldsymbol{y}_0, t)]\mathrm{d}\boldsymbol{\kappa}\right]\mathrm{d}\boldsymbol{y}
\end{aligned}
\tag{44}
$$

这里$\phi_{\boldsymbol{\kappa}|\boldsymbol{Y}=\boldsymbol{y}-\boldsymbol{\kappa}}(\boldsymbol{\kappa};\ \boldsymbol{y}-\boldsymbol{\kappa}, t, \Delta t)$表示$\boldsymbol{Y}$在时刻$t$位于$\boldsymbol{y}-\boldsymbol{\kappa}$的条件下而在时刻$t+\Delta t$转移到$\boldsymbol{y}$(即转移增量为$\boldsymbol{\kappa}$)的概率密度.

将式(44)的被积函数在$\boldsymbol{y}$展开，可得

$$
\begin{aligned}
&\int_{-\infty}^{\infty} \phi_{\boldsymbol{\kappa}|\boldsymbol{Y}=\boldsymbol{y}-\boldsymbol{\kappa}}(\boldsymbol{\kappa};\ \boldsymbol{y}-\boldsymbol{\kappa}, t, \Delta t) \cdot [p(\boldsymbol{y}-\boldsymbol{\kappa}, t \mid \boldsymbol{y}_0, t)]\mathrm{d}\boldsymbol{\kappa} = \\
&\int_{-\infty}^{\infty} \Big(\phi_{\boldsymbol{\kappa}|\boldsymbol{Y}=\boldsymbol{y}}(\boldsymbol{\kappa};\ \boldsymbol{y}, t, \Delta t) \cdot p(\boldsymbol{y}, t \mid \boldsymbol{y}_0, t) - \\
&\sum_{i=1}^{n} \frac{\partial[\phi_{\boldsymbol{\kappa}|\boldsymbol{Y}=\boldsymbol{y}}p]}{\partial y_i}\kappa_i + \sum_{i=1}^{n}\sum_{j=1}^{n} \frac{\partial^2[\phi_{\boldsymbol{\kappa}|\boldsymbol{Y}=\boldsymbol{y}}p]}{\partial y_i \partial y_j}\kappa_i\kappa_j\Big)\mathrm{d}\boldsymbol{\kappa} = \\
&\Big(\int_{-\infty}^{\infty} \phi_{\boldsymbol{\kappa}|\boldsymbol{Y}=\boldsymbol{y}}(\boldsymbol{\kappa};\ \boldsymbol{y}, t, \Delta t)\mathrm{d}\boldsymbol{\kappa}\Big) \cdot p(\boldsymbol{y}, t \mid \boldsymbol{y}_0, t) - \\
&\sum_{i=1}^{n} \frac{\partial\{(E[\kappa_i \mid \{\boldsymbol{Y}=\boldsymbol{y}\}])p\}}{\partial y_i} + \\
&\sum_{i=1}^{n}\sum_{j=1}^{n} \frac{\partial^2\{(E[\kappa_i\kappa_j \mid \{\boldsymbol{Y}=\boldsymbol{y}\}])p\}}{\partial y_i \partial y_j} + o(\Delta t) = \\
&p(\boldsymbol{y}, t \mid \boldsymbol{y}_0, t) - \sum_{i=1}^{n} \frac{\partial[A_i(\boldsymbol{y}, t)p]}{\partial y_i}\Delta t + \\
&\sum_{i=1}^{n}\sum_{j=1}^{n} \frac{\partial^2[\sigma_{ij}(\boldsymbol{y}, t)p]}{\partial y_i \partial y_j}\Delta t + o(\Delta t)
\end{aligned}
\tag{45}
$$

注意，这里利用了式(42a)和(42b)中的结果.

将式(45)代入式(44)，进而代入式(43)，可得

$$
\begin{aligned}
&\int_D \frac{\partial p(\boldsymbol{y}, t \mid \boldsymbol{y}_0, t)}{\partial t}\Delta t\mathrm{d}\boldsymbol{y} + o(\Delta t) = \\
&\int_D \Big(-\sum_{i=1}^{n} \frac{\partial[A_i(\boldsymbol{y}, t)p]}{\partial y_i}\Delta t + \sum_{i=1}^{n}\sum_{j=1}^{n} \frac{\partial^2[\sigma_{ij}(\boldsymbol{y}, t)p]}{\partial y_i \partial y_j}\Delta t + o(\Delta t)\Big)\mathrm{d}\boldsymbol{y}
\end{aligned}
\tag{46}
$$

注意到D的任意性，两边同时除以Δt，并令$\Delta t \to 0$，即可得

$$
\frac{\partial p(\boldsymbol{y}, t \mid \boldsymbol{y}_0, t)}{\partial t} = -\sum_{i=1}^{n} \frac{\partial[A_i(\boldsymbol{y}, t)p]}{\partial y_i} + \sum_{i=1}^{n}\sum_{j=1}^{n} \frac{\partial^2[\sigma_{ij}(\boldsymbol{y}, t)p]}{\partial y_i \partial y_j} \tag{47}
$$

此即与随机动力系统(35)相联系的概率密度演化方程——FPK 方程. 式中，p可理解为概率密度函数$p_{\boldsymbol{Y}}(\boldsymbol{y}, t)$，亦可理解为转移概率密度函数$p_{\boldsymbol{Y}}(\boldsymbol{y}, t \mid \boldsymbol{y}_0, t_0)$.

从上述推导过程可知，FPK方程事实上是概率守恒原理的状态空间描述与随机动力系统物理方程相结合的结果. 概率密度的演化是与动力系统演化的物理机制相联系的. 同样值得指出，仅仅考虑$\boldsymbol{Y}(t)$的某个子集的演化区域所在的子空间时，概率是不守恒的，因之，FPK方程的维数必定和本原随机动力系统的维数相同.

正如经典研究所指出的那样，也可以从Chapman-Kolmogorov方程的角度获得FPK方程[39]，兹不赘述.

3.3 Dostupov-Pugachev方程

Liouville方程和FPK方程分别是仅初始条件具有随机性和仅动力激励具有随机性的随机动力系统的概率密度演化方程. 1957年，Dostupov和Pugachev从随机激励系统出发，通过对随机激励实施正交分解，将随机激励的动力系统转化为具有随机参数的动力系统，导出了一类概率密度演化方程[46]. 更广义地说，这一类方程可以认为是考虑动力系统参数随机性情况下的概率密度演化方程. 这里，我们从概率守恒原理出发导出这一方程.

考察如下一类随机动力系统

$$\dot{\boldsymbol{Y}} = \boldsymbol{A}(\boldsymbol{Y}, \boldsymbol{\Theta}, t), \quad \boldsymbol{Y}(t_0) = \boldsymbol{Y}_0 \tag{48}$$

其中$\boldsymbol{\Theta} = (\Theta_1, \Theta_2, \cdots, \Theta_s)$为系统参数中的$s$个随机变量，其概率密度函数$p_{\boldsymbol{\Theta}}(\boldsymbol{\theta})$已知，$\boldsymbol{\theta}=(\theta_1, \theta_2, \cdots, \theta_s)$.

与系统(25)不同，系统(48)中不仅可能含有来自初始条件$\boldsymbol{Y}_0$的随机性，还含有来自参数$\boldsymbol{\Theta}$的随机性. 因此，与系统(25)确定了$\boldsymbol{Y}(t)$所在的n维状态空间中的一个速度场(27)不同，在系统(48)中，仅由$\boldsymbol{Y}(t)$确定的速度场

$$\widetilde{\boldsymbol{v}} = \boldsymbol{A}(\boldsymbol{y}, \boldsymbol{\Theta}, t) \tag{49}$$

仍然是随机的，因为其中含有随机参数$\boldsymbol{\Theta}$. 换句话说，在系统演化过程中存在尚未考虑到的概率产生源，因之，仅由$\boldsymbol{Y}(t)$所构成的概率空间不是一个概率保守系统.

为了使得在某个空间中所考察的系统是概率守恒的，必须将所有的概率产生源均纳入该系统. 因此，对系统(48)，应同时考虑将$\boldsymbol{\Theta}$所导致的概率产生源，即考虑$(\boldsymbol{Y}(t), \boldsymbol{\Theta})$所构成的概率空间. 此时，在系统$(\boldsymbol{Y}(t), \boldsymbol{\Theta})$所对应的扩展状态空间中的任意一点可表示为$(\boldsymbol{y}, \boldsymbol{\theta})$，即，系统$(\boldsymbol{Y}(t), \boldsymbol{\Theta})$的演化确定了速度场

$$\boldsymbol{v} = \boldsymbol{\Psi}(\boldsymbol{y}, \boldsymbol{\theta}, t) \tag{50}$$

这里$\boldsymbol{v} = (\boldsymbol{v}_y^{\mathrm{T}}, \boldsymbol{v}_\theta^{\mathrm{T}})^{\mathrm{T}}$，其中$\boldsymbol{v}_y = \boldsymbol{A}(\boldsymbol{y}, \boldsymbol{\theta}, t)$，$\boldsymbol{v}_\theta = \boldsymbol{0}$，$\boldsymbol{\Psi}(\boldsymbol{y}, \boldsymbol{\theta}, t) = [\boldsymbol{A}^{\mathrm{T}}(\boldsymbol{y}, \boldsymbol{\theta}, t), \boldsymbol{0}^{\mathrm{T}}]^{\mathrm{T}} = (\Psi_1, \Psi_2, \cdots, \Psi_{(n+s)})^{\mathrm{T}}$.

$(\boldsymbol{Y}(t), \boldsymbol{\Theta})$是一个概率守恒系统. 记$(\boldsymbol{Y}(t), \boldsymbol{\Theta})$的联合概率密度函数为$p_{\boldsymbol{Y\Theta}}(\boldsymbol{y}, \boldsymbol{\theta}, t)$. 考察扩展状态空间$\Omega_{\boldsymbol{Y}} \times \Omega_{\boldsymbol{\Theta}}$中的任意区域$D_{\text{fixed}} = \Omega_t \times \Omega_{\boldsymbol{\theta}}$，这里$\Omega_{\boldsymbol{\theta}}$是$\boldsymbol{\Theta}$分布

空间中的任意区域，Ω_t 是 $\boldsymbol{Y}(t)$ 分布空间中的相关区域，根据概率守恒原理的状态空间描述，由式(19)，有

$$\int_{t_1}^{t_2}\int_{D_{\text{fixed}}}\frac{\partial p_{\boldsymbol{Y\Theta}}(\boldsymbol{y},\boldsymbol{\theta},t)}{\partial t}\mathrm{d}\boldsymbol{y}\mathrm{d}\boldsymbol{\theta}\mathrm{d}t=-\int_{t_1}^{t_2}\int_{\partial D_{\text{fixed}}}p_{\boldsymbol{Y\Theta}}(\boldsymbol{y},\boldsymbol{\theta},t)\boldsymbol{v}\cdot\boldsymbol{n}\mathrm{d}S\mathrm{d}t \tag{51}$$

将速度场(50)代入式(51)右端，可得

$$\int_{t_1}^{t_2}\int_{D_{\text{fixed}}}\frac{\partial p_{\boldsymbol{Y\Theta}}(\boldsymbol{y},\boldsymbol{\theta},t)}{\partial t}\mathrm{d}\boldsymbol{y}\mathrm{d}\boldsymbol{\theta}\mathrm{d}t=-\int_{t_1}^{t_2}\int_{\partial D_{\text{fixed}}}p_{\boldsymbol{Y\Theta}}(\boldsymbol{y},\boldsymbol{\theta},t)\boldsymbol{\Psi}\cdot\boldsymbol{n}\mathrm{d}S\mathrm{d}t \tag{52}$$

对等式右端应用无源场的散度定理，并注意到速度场的表达，有

$$\begin{aligned}\int_{t_1}^{t_2}\int_{D_{\text{fixed}}}\frac{\partial p_{\boldsymbol{Y\Theta}}(\boldsymbol{y},\boldsymbol{\theta},t)}{\partial t}\mathrm{d}\boldsymbol{y}\mathrm{d}\boldsymbol{\theta}\mathrm{d}t&=-\int_{t_1}^{t_2}\int_{\partial D_{\text{fixed}}}p_{\boldsymbol{Y\Theta}}(\boldsymbol{y},\boldsymbol{\theta},t)\boldsymbol{\Psi}\cdot\boldsymbol{n}\mathrm{d}S\mathrm{d}t\\
&=-\int_{t_1}^{t_2}\int_{D_{\text{fixed}}}\Bigg(\sum_{i=1}^{n}\frac{\partial[p_{\boldsymbol{Y\Theta}}(\boldsymbol{y},\boldsymbol{\theta},t)\Psi_i(\boldsymbol{y},\boldsymbol{\theta},t)]}{\partial y_i}+\\
&\quad\sum_{i=1}^{s}\frac{\partial[p_{\boldsymbol{Y\Theta}}(\boldsymbol{y},\boldsymbol{\theta},t)\Psi_{n+i}(\boldsymbol{y},\boldsymbol{\theta},t)]}{\partial\theta_i}\Bigg)\mathrm{d}\boldsymbol{y}\mathrm{d}\boldsymbol{\theta}\mathrm{d}t\\
&=-\int_{t_1}^{t_2}\int_{D_{\text{fixed}}}\Bigg(\sum_{i=1}^{n}\frac{\partial[p_{\boldsymbol{Y\Theta}}(\boldsymbol{y},\boldsymbol{\theta},t)A_i(\boldsymbol{y},\boldsymbol{\theta},t)]}{\partial y_i}\Bigg)\cdot\mathrm{d}\boldsymbol{y}\mathrm{d}\boldsymbol{\theta}\mathrm{d}t\end{aligned} \tag{53}$$

进一步，注意到 D_{fixed} 和 $[t_1, t_2]$ 的任意性，立得

$$\frac{\partial p_{\boldsymbol{Y\Theta}}(\boldsymbol{y},\boldsymbol{\theta},t)}{\partial t}+\sum_{i=1}^{n}\frac{\partial[p_{\boldsymbol{Y\Theta}}(\boldsymbol{y},\boldsymbol{\theta},t)A_i(\boldsymbol{y},\boldsymbol{\theta},t)]}{\partial y_i}=0 \tag{54}$$

此即 Dostupov-Pugachev 方程，不妨简称为 D-P 方程.

值得指出，在 Dostupov 和 Pugachev 的工作中，是从直接引入伴随参数的角度出发推导这一方程的，因此，也可以称之为参数 Liouville 方程，但是这一提法不能准确地反映该方程作为概率守恒原理的体现的实质. Soong[48] 则将随机参数引入初始条件中，从而从增广 Liouville 方程的角度获得了同一方程，在此方法中，更多地是利用了数学形式上的处理，而不是物理意义的准确阐明.

4 广义概率密度演化方程

4.1 从运动方程到解耦状态方程

考察一般多自由度结构体系的运动方程

$$\boldsymbol{M}(\boldsymbol{\eta})\ddot{\boldsymbol{X}}+\boldsymbol{C}(\boldsymbol{\eta})\dot{\boldsymbol{X}}+\boldsymbol{f}(\boldsymbol{\eta},\boldsymbol{X})=\boldsymbol{\Gamma}\xi(t) \tag{55}$$

式中 $\boldsymbol{\eta}=(\eta_1, \eta_2, \cdots, \eta_{s1})$ 为反映结构物理参数随机性的随机参数. 显然，当 $\boldsymbol{f}(\boldsymbol{X})=\boldsymbol{KX}$ 时，式(55)是一个线性系统，否则为非线性系统，这里 $\boldsymbol{K}$ 为 $n_d\times n_d$ 刚度矩阵.

为简便计，在此进一步考虑仅有一个随机激励的情形，对具有多个随机激励的场合，可以自然地进行推广. 此时

$$\boldsymbol{M}(\boldsymbol{\eta})\ddot{\boldsymbol{X}}+\boldsymbol{C}(\boldsymbol{\eta})\dot{\boldsymbol{X}}+\boldsymbol{f}(\boldsymbol{\eta},\ \boldsymbol{X})=\boldsymbol{\Gamma}\xi(t) \tag{56}$$

若激励为随机地震动加速度 $\xi(t)=\ddot{X}_g(t)$，则 $\boldsymbol{\Gamma}=-\boldsymbol{MI}$，$\boldsymbol{I}=(1,\ 1,\ \cdots,\ 1)^{\mathrm{T}}$，$\ddot{\boldsymbol{X}}$，$\dot{\boldsymbol{X}}$，$\boldsymbol{X}$ 分别为结构相对于地面运动的相对加速度、相对速度和相对位移.

对工程中常遇到的随机动力激励，如地震、风和海浪等，可以采用物理随机过程的基本思想建模[56, 57]. 而对于一般的随机场和随机过程，则可采用 Karhunen-Loeve 分解方法，将其表述为基本随机变量的函数[58]. 研究表明，采用基于 Hartley 正交基函数的正交展开并结合相关结构正交分解，可以采用较少项数对随机过程进行合理地表达[59-62]. 一般地，有

$$\xi(t)=\sum_{j=1}^{s_2}\zeta_j\sqrt{\lambda_j}f_j(t) \tag{57}$$

其中 $\boldsymbol{\zeta}=(\zeta_1,\ \zeta_2,\ \cdots,\ \zeta_{s_2})$ 为不相关随机变量，$E[\zeta_i\zeta_j]=\delta_{ij}$，$\delta_{ij}$ 为 Kronecker 记号，

$$f_j(t)=\sum_{k=0}^{N-1}\alpha_{k+1}\phi_{j,\ k+1}\varphi_k(t) \tag{58}$$

这里 α_{k+1} 为根据能量等效原则确立的调制系数；$\phi_{j,\ k+1}$ 为基本随机向量相关矩阵的特征向量分量；$\varphi_k(t)$ 是 Hartley 正交基函数

$$\varphi_k(t)=\frac{1}{\sqrt{T}}\cos\left(\frac{2\pi kt}{T}\right),\ k=0,\ 1,\ 2,\ \cdots \tag{59}$$

为符号统一起见，记系统中的基本随机变量为

$$\boldsymbol{\Theta}=(\boldsymbol{\eta},\ \boldsymbol{\zeta})=(\eta_1,\ \eta_2,\ \cdots,\ \eta_{s_1},\ \zeta_1,\ \zeta_2,\ \cdots,\ \zeta_{s_2})=(\Theta_1,\ \Theta_2,\ \cdots,\ \Theta_s) \tag{60}$$

其中 $s=s_1+s_2$ 为系统中随机变量的总个数，则式(56)在形式上可以改写为

$$\boldsymbol{M}(\boldsymbol{\Theta})\ddot{\boldsymbol{X}}+\boldsymbol{C}(\boldsymbol{\Theta})\dot{X}+\boldsymbol{f}(\boldsymbol{\Theta},\ \boldsymbol{X})=\boldsymbol{F}(\boldsymbol{\Theta},\ t) \tag{61}$$

这里 $F(\boldsymbol{\Theta},\ t)=\boldsymbol{\Gamma}\xi(t)$，$\xi(t)$ 由式(57) 表达.

事实上，虽然在此没有考虑初始条件的随机性，但当初始条件具有随机性时，亦可将其并入基本随机参数 $\boldsymbol{\Theta}$ 中，因此可以认为：系统(61)中已经完全包括了来自初始条件、结构系统参数和外部激励的随机性. 换言之，对物理系统(61)，可以采用统一的方式表示其中的随机性，而不必像在 Liouville 系统或 Itô 系统中那样根据其现象学上的不同来源采用不同的处理.

应该指出，当将运动方程(61)转化为随机状态方程(48)的形式，并从状态空间的角度考察概率迁移时，将导致 D-P 方程. 回到这一难以求解的高维随机微分方

程,并不是我们所愿意看到的结果.然而,在第3节中我们已经充分认识到,对于概率守恒原理,不仅可以从状态空间描述来理解,也可以从随机事件的角度加以考察,而恰恰是从随机事件描述的角度,存在着将随机事件加以分离的可能,即考察解耦状态量的组合事件的演化,而不是在不可分离的状态空间中耦合地观察状态向量的整体演化.

通常,工程实际中的大部分系统是适定的动力学系统,对于此类系统,其解答存在、唯一且连续依赖于系统参数和初始条件.当初始条件为确定性条件时,为简单计,解答对初始值的依赖性可不必显式表示于函数中;当初始条件为随机时,根据前述分析,则已经包含于随机参数 $\boldsymbol{\Theta}$ 中.在此情况下,对系统(61),其解答 $\boldsymbol{X}(t)$ 必依赖于 $\boldsymbol{\Theta}$,不妨记为

$$\boldsymbol{X}(t) = \boldsymbol{G}(\boldsymbol{\Theta},\ t) \tag{62a}$$

其分量形式可表示为

$$X_l(t) = G_l(\boldsymbol{\Theta},\ t), \quad l = 1,\ 2,\ \cdots,\ n_d \tag{62b}$$

类似地,其速度亦为 $\boldsymbol{\Theta}$ 的函数,可记为

$$\dot{\boldsymbol{X}}(t) = \boldsymbol{H}(\boldsymbol{\Theta},\ t) \tag{63}$$

显然,应存在 $\boldsymbol{H}(\boldsymbol{\Theta},\ t) = \partial \boldsymbol{G}(\boldsymbol{\Theta},\ t)/\partial t$.

在工程实践中,往往不仅关心结构的位移、速度和加速度反应,还可能对诸如关键点的应力和应变、控制截面的内力和变形等其他物理量感兴趣.一般说来,这些物理量均可由结构的状态(速度和位移)确定[53].例如,结构某点的应变可以通过位移的偏导数得到.为此,记 $\boldsymbol{Z} = (Z_1,\ Z_2,\ \cdots,\ Z_m)^{\mathrm{T}}$ 为所需要考察的物理量,则有

$$\dot{\boldsymbol{Z}}(t) = \psi[\dot{\boldsymbol{X}}(t),\ \dot{\boldsymbol{X}}(t)] \tag{64}$$

这里 $\psi(\cdot)$是从状态向量向所考察物理量的转化算子,对于线性结构体系,它为线性算子,对于非线性结构,它可能为线性算子,也可能为非线性算子.例如,若 $\boldsymbol{Z}$ 为某点的应变,则当仅考虑小变形时,$\psi(\cdot)$为线性算子,而当考虑几何非线性时,即便不考虑材料非线性,$\psi(\cdot)$亦为非线性算子.特别地,若 $\boldsymbol{Z}$ 为某些自由度的位移,则 $\psi(\cdot)$为筛选算子,此时,它是一个仅有少数元素为1、其余元素均为零的矩阵.

将式(62)和(63)代入式(64),有

$$\dot{\boldsymbol{Z}}(t) = \psi[\boldsymbol{G}(\boldsymbol{\Theta},\ t),\ \boldsymbol{H}(\boldsymbol{\Theta},\ t)] = \boldsymbol{h}(\boldsymbol{\Theta},\ t) \tag{65a}$$

由于 $\boldsymbol{\Theta}$ 的随机性,这是一个随机状态方程,其分量形式可表示为

$$\dot{Z}_l(t) = h_l(\boldsymbol{\Theta},\ t);\ l = 1,\ 2,\ \cdots,\ m \tag{65b}$$

注意,与式(25)不同,状态方程(65)是解耦的表达形式.亦即:对所关注的物理

量单独观察，而不是采取对系统状态量的耦合式考察. 后文将看到，对状态方程(65)，重要的是可以获得其演化的过程，至于是否可获得 $\boldsymbol{h}(\cdot)$ 的显式表达式，则是无关宏旨的.

4.2 广义概率密度演化方程

如上分析，对随机动力系统(55)，实际所关心的物理量是 $\boldsymbol{Z}(t)$，而 $\boldsymbol{Z}(t)$ 本身则满足式(65)的随机状态方程，因此，为了获取 $\boldsymbol{Z}(t)$ 的概率信息，可直接从式(65)出发.

在随机动力系统(65)中，增广系统 $(\boldsymbol{Z}(t),\ \boldsymbol{\Theta})$ 构成一个保守的随机系统，即所有的随机因素均已包含于其中. 记 $(\boldsymbol{Z}(t),\ \boldsymbol{\Theta})$ 的联合概率函数为 $p_{\boldsymbol{Z\Theta}}(\boldsymbol{z},\ \boldsymbol{\theta},\ t)$. 考察一个随机事件 $\{(\boldsymbol{Z}(t),\ \boldsymbol{\Theta})\in\Omega_t\times\Omega_{\boldsymbol{\theta}}\}$，其中 $\Omega_{\boldsymbol{\theta}}$ 为 $\boldsymbol{\Theta}$ 分布空间中的任意区域，Ω_t 为 t 时刻 $\boldsymbol{Z}$ 的分布空间中的相关区域，在微小时间增量 $\mathrm{d}t$ 之后的 $t+\mathrm{d}t$ 时刻，该随机事件演化成为 $\{(\boldsymbol{Z}(t+\mathrm{d}t),\ \boldsymbol{\Theta})\in\Omega_{t+\mathrm{d}t}\times\Omega_{\boldsymbol{\theta}}\}$. 显然

$$\Pr\{(\boldsymbol{Z}(t),\ \boldsymbol{\Theta})\in\Omega_t\times\Omega_{\boldsymbol{\theta}}\}=\Pr\{(\boldsymbol{Z}(t+\mathrm{d}t),\ \boldsymbol{\Theta})\in\Omega_{t+\mathrm{d}t}\times\Omega_{\boldsymbol{\theta}}\}\tag{66}$$

亦即

$$\int_{\Omega_t\times\Omega_{\boldsymbol{\theta}}}p_{\boldsymbol{Z\Theta}}(\boldsymbol{z},\boldsymbol{\theta},\ t)\mathrm{d}\boldsymbol{z}\mathrm{d}\boldsymbol{\theta}=\int_{\Omega_{t+\mathrm{d}t}\times\Omega_{\boldsymbol{\theta}}}p_{\boldsymbol{Z\Theta}}(\boldsymbol{z},\ \boldsymbol{\theta},\ t+\mathrm{d}t)\mathrm{d}\boldsymbol{z}\mathrm{d}\boldsymbol{\theta}\tag{67}$$

在微小时间增量 $\mathrm{d}t$ 之后的 $t+\mathrm{d}t$ 时刻，$\Omega_{t+\mathrm{d}t}$ 是 Ω_t 及其边界运动叠加的结果，即

$$\Omega_{t+\mathrm{d}t}=\Omega_t+\int_{\partial\Omega_t}(\boldsymbol{v}_z\mathrm{d}t)\cdot\boldsymbol{n}\mathrm{d}S=\Omega_t+\int_{\partial\Omega_t}(\boldsymbol{h}(\boldsymbol{\theta},\ t)\mathrm{d}t)\cdot\boldsymbol{n}\mathrm{d}S\tag{68}$$

注意这里引用了状态物理演化方程(65a)所确定的速度 $\boldsymbol{v}_z=\boldsymbol{h}(\boldsymbol{\theta},\ t)$，从而说明：边界运动及其引起的概率密度演化是系统物理状态演化的结果.

由此可见，无论 Ω_t 是否依赖于 $\Omega_{\boldsymbol{\theta}}$，$\Omega_{t+\mathrm{d}t}$ 均依赖于 $\Omega_{\boldsymbol{\theta}}$，因而，对于一般的时刻 $t\neq t_0$，Ω_t 均依赖于 $\Omega_{\boldsymbol{\theta}}$. 因此，严格说来，应将 Ω_t 写为 $\Omega_t(\Omega_{\boldsymbol{\theta}})$. 这也正是必须考虑增广系统 $(\boldsymbol{Z}(t),\ \boldsymbol{\Theta})$ 而不是原系统 $\boldsymbol{Z}(t)$ 的演化才能保证概率守恒的原因.

将式(68)代入(67)，先考察等式的右侧，有

$$\begin{aligned}&\int_{\Omega_{t+\mathrm{d}t}\times\Omega_{\boldsymbol{\theta}}}p_{\boldsymbol{Z\Theta}}(\boldsymbol{z},\ \boldsymbol{\theta},\ t+\mathrm{d}t)\mathrm{d}\boldsymbol{z}\mathrm{d}\boldsymbol{\theta}=\\&\int_{\Omega_t\times\Omega_{\boldsymbol{\theta}}}\left(p_{\boldsymbol{Z\Theta}}(\boldsymbol{z},\ \boldsymbol{\theta},\ t)+\frac{\partial p_{\boldsymbol{Z\Theta}}(\boldsymbol{z},\ \boldsymbol{\theta},\ t)}{\partial t}\mathrm{d}t\right)\mathrm{d}\boldsymbol{z}\mathrm{d}\boldsymbol{\theta}+\\&\int_{\partial\Omega_t\times\Omega_{\boldsymbol{\theta}}}\left(p_{\boldsymbol{Z\Theta}}(\boldsymbol{z},\ \boldsymbol{\theta},\ t)+\frac{\partial p_{\boldsymbol{Z\Theta}}(\boldsymbol{z},\ \boldsymbol{\theta},\ t)}{\partial t}\mathrm{d}t\right)(\boldsymbol{h}(\boldsymbol{\theta},\ t)\mathrm{d}t)\cdot\boldsymbol{n}\mathrm{d}S\mathrm{d}\boldsymbol{\theta}\end{aligned}\tag{69}$$

这里，利用了

$$p_{Z\Theta}(\boldsymbol{z}, \boldsymbol{\theta}, t+\mathrm{d}t) = p_{Z\Theta}(\boldsymbol{z}, \boldsymbol{\theta}, t) + (\partial p_{Z\Theta}(\boldsymbol{z}, \boldsymbol{\theta}, t)/\partial t)\mathrm{d}t$$

将式(69)代入式(67)的右侧,消去相同项,可得

$$\begin{aligned}&\int_{\Omega_t\times\Omega_{\boldsymbol{\theta}}}\left(\frac{\partial p_{Z\Theta}(\boldsymbol{z}, \boldsymbol{\theta}, t)}{\partial t}\mathrm{d}t\right)\mathrm{d}\boldsymbol{z}\mathrm{d}\boldsymbol{\theta} = \\ &-\int_{\partial\Omega_t\times\Omega_{\boldsymbol{\theta}}}\left(p_{Z\Theta}(\boldsymbol{z}, \boldsymbol{\theta}, t) + \frac{\partial p_{Z\Theta}(\boldsymbol{z}, \boldsymbol{\theta}, t)}{\partial t}\mathrm{d}t\right)[\boldsymbol{h}(\boldsymbol{\theta}, t)\mathrm{d}t]\cdot\boldsymbol{n}\mathrm{d}S\mathrm{d}\boldsymbol{\theta}\end{aligned} \tag{70}$$

显然,该式第 1 行是 $\mathrm{d}t$ 时间内指定区域的概率增量,而第 2 行是通过边界流入的概率增量.这正是概率守恒这一事实在$[t, t+\mathrm{d}t]$时间内从状态空间角度观察的结果.

对式(70)第 2 行的边界积分应用散度定理,且略去 $\mathrm{d}t$ 的高阶项,有

$$\int_{\Omega_t\times\Omega_{\boldsymbol{\theta}}}\left(\frac{\partial p_{Z\Theta}(\boldsymbol{z}, \boldsymbol{\theta}, t)}{\partial t}\mathrm{d}t\right)\mathrm{d}\boldsymbol{z}\mathrm{d}\boldsymbol{\theta} = -\int_{\Omega_t\times\Omega_{\boldsymbol{\theta}}}\sum_{j=1}^{m}\frac{\partial[p_{Z\Theta}(\boldsymbol{z}, \boldsymbol{\theta}, t)h_j(\boldsymbol{\theta}, t)\mathrm{d}t]}{\partial z_j}\mathrm{d}\boldsymbol{z}\mathrm{d}\boldsymbol{\theta} \tag{71}$$

注意到 $\Omega_t\times\Omega_{\boldsymbol{\theta}}$ 的任意性,并从等式两边同时消去 $\mathrm{d}t$,即得

$$\frac{\partial p_{Z\Theta}(\boldsymbol{z}, \boldsymbol{\theta}, t)}{\partial t} + \sum_{j=1}^{m}h_j(\boldsymbol{\theta}, t)\frac{\partial p_{Z\Theta}(\boldsymbol{z}, \boldsymbol{\theta}, t)}{\partial z_j} = 0 \tag{72a}$$

考虑式(65b),该方程亦可等价地写为

$$\frac{\partial p_{Z\Theta}(\boldsymbol{z}, \boldsymbol{\theta}, t)}{\partial t} + \sum_{j=1}^{m}\dot{Z}_j(\boldsymbol{\theta}, t)\frac{\partial p_{Z\Theta}(\boldsymbol{z}, \boldsymbol{\theta}, t)}{\partial z_j} = 0 \tag{72b}$$

此即为广义概率密度演化方程.特别地,当 $m=1$ 时,广义概率密度演化方程成为

$$\frac{\partial p_{Z\Theta}(z, \boldsymbol{\theta}, t)}{\partial t} + \dot{Z}(\boldsymbol{\theta}, t)\frac{\partial p_{Z\Theta}(z, \boldsymbol{\theta}, t)}{\partial z} = 0 \tag{73}$$

这是一个一维偏微分方程.

当所考察物理量为动力系统的位移时,可将式(73)改写为

$$\frac{\partial p_{X\Theta}(x, \boldsymbol{\theta}, t)}{\partial t} = -\dot{X}(\boldsymbol{\theta}, t)\frac{\partial p_{X\Theta}(x, \boldsymbol{\theta}, t)}{\partial x} \tag{74}$$

由此,可以清晰地看到广义概率密度演化方程所揭示的物理规律:在一般的动力系统的演化过程中,其位移与源随机参数的联合概率密度函数分布关于时间的变化率与关于位移的变化率成比例,比例系数则由瞬时速度决定.这充分说明,概率密度演化过程完全不是无规的运动,它服从严格的物理规律.显然,这适用于具有内禀随机性的一般物理系统.

在一般情况下,方程(72)的边界条件可采用

$$p_{Z\Theta}(z, \theta, t)\mid_{Z_j \to \pm\infty} = 0, \ j = 1, 2, \cdots, m \tag{75}$$

而初始条件则为

$$p_{Z\Theta}(z, \theta, t)\mid_{t=t_0} = \delta(z - z_0) p_{\Theta}(\theta) \tag{76}$$

其中 z_0 为确定性初始值.

通过求解广义概率密度演化方程,可最终得到 $Z(t)$ 的概率密度函数

$$p_Z(z, t) = \int p_{Z\Theta}(z, \theta, t) \mathrm{d}\theta \tag{77}$$

广义概率密度演化方程最早是从对参数 Liouville 方程进行积分解耦获得的[25, 26, 28, 63],之后对联合概率密度函数的形式表达导出了一般动力系统的广义概率密度演化方程[29, 64, 65]. 而这里的论述表明:概率守恒原理建立了这一方程的坚实基础. 正是概率守恒原理的随机事件描述所提供的对随机事件分解观察的可能性,导致了与物理系统解耦方程的自然结合,产生了广义概率密度演化方程.

4.3 概率密度演化方程的物理意义

至此,从概率守恒原理的状态空间描述,结合不同形式的状态方程,分别导出了 Liouville 方程、FPK 方程和 D-P 方程. 更为重要的是,结合概率守恒原理的随机事件描述与解耦的物理方程,可以导出广义概率密度演化方程. 上述剖析表明:

(1) 概率守恒原理是各概率密度演化方程的统一基础. 这一基础表明,概率密度演化的内在物理机制是系统物理状态的演化. 从这一层次上对概率守恒原理的澄清,不仅可以对经典概率密度演化方程提供新的理解,还可导出一类新的概率密度演化方程,即广义概率密度演化方程.

(2) 与经典的概率密度演化方程如 Liouville 方程、FPK 方程和 D-P 方程不同,广义概率密度演化方程的维数只取决于所需物理量的维数,而与本原随机动力系统的维数无关. 产生这一结果的原因在于:从状态空间描述的角度,只有对整个状态空间作整体考察,且当其中没有新的概率产生源时,概率才是守恒的,而仅仅观察较低维数的子空间中的某一区域时,由于存在子空间与母空间之间的概率流动,在子空间中概率是不守恒的. 正因为如此,经典的概率密度演化方程的维数均不低于本原随机动力系统的维数. 而从随机事件的角度考察,这一约束不再存在. 因此,可以采用解耦物理方程的形式,单独对所关心物理量加以跟踪观察而不旁及其他,即可获得所考察的任意维数物理量的概率信息. 在以往的研究中,对这一可能途径,则完全没有注意.

在大多数情况下,为求解具体的问题,单个、或逐次单个、或两个物理量的信息已经足够,因此,一维或二维广义概率密度演化方程已经足够,这使得问题的求解工作量得到了极大的降低.

(3) 广义概率密度演化方程建立了确定性系统与随机系统的内在联系. 这正

是物理随机系统基本思想的体现.在这一意义下,广义概率密度演化方程对系统中的随机性进行统一的处理,而不是像经典概率密度演化方程那样,需要根据现象学上的来源不同,将来自于初始条件、系统参数和随机激励的随机性采用不同的方式分开处理,从而形成不同类型的概率密度演化方程.从技术上看,耦合和非耦合物理方程的差别是广义概率密度演化方程与经典概率密度演化方程的分野,而从本质上看,则是对随机性的现象学分离式处理与物理学统一处理的差别.

(4) 和经典概率密度演化方程一样,广义概率密度演化方程不仅对线性系统适用,也对非线性系统成立,并且,适用于求解任意物理量的概率密度演化过程.事实上,引入广义演化参数的概念,可将广义概率密度演化方程推广于一般的物理系统.

4.4 广义概率密度演化方程的推广

从前述推导可见,广义概率密度演化方程中的时间 t 完全可以理解为广义时间参数或"演化方向参数",而不必拘泥于真实的时间.在这一意义下,广义概率密度演化方程可以获得进一步的推广.

通常,描述一个物理过程的数学方式主要有代数方程、微分方程和积分方程.不失一般性,考虑系统

$$\boldsymbol{f}(\boldsymbol{Y},\ \partial_t^{(i)}\boldsymbol{Y},\ \partial_{\boldsymbol{z}}^{(j)}\boldsymbol{Y},\ \boldsymbol{z},\ \boldsymbol{X},\ t,\ \lambda) = 0 \tag{78}$$

这里 $\boldsymbol{X}$ 为随机向量,$\boldsymbol{f}(\cdot)$为非线性代数、微分或积分算子,t 为时间变量,$\boldsymbol{z}=(z_1,\ z_2,\ \cdots,\ z_r)^{\mathrm{T}}$ 为空间变量,$\partial_t^{(i)}$ 表示关于时间的 i 阶偏导数,$\partial_{\boldsymbol{z}}^{(i)}=\partial_{z_1}^{(j_1)}\cdots\partial_{z_r}^{(j_r)}(j=j_1+j_2+\cdots+j_r)$为关于空间变量的 j 阶偏导数,λ 为系统的某个参数.

显然,系统(78)描述了一般的物理系统.例如,前已讨论的(1),(9),(25)和(32)均为其特例.在一般场合,若系统存在适定解,$\boldsymbol{Y}$ 必为一依赖于 $\boldsymbol{X}$ 与 λ 的函数,不妨记之为

$$\boldsymbol{Y} = \boldsymbol{G}(\boldsymbol{X},\ \lambda) \tag{79}$$

同时,可将 $\boldsymbol{Y}$ 关于 λ 的导数记为

$$\boldsymbol{Y}' = \partial\boldsymbol{G}(\boldsymbol{X},\ \lambda)/\partial\lambda = \boldsymbol{h}(\boldsymbol{X},\ \lambda) \tag{80}$$

其分量形式可记为

$$Y_l' = h_l(\boldsymbol{X},\ \lambda),\ l = 1,\ 2,\ \cdots,\ n \tag{81}$$

与节 5.2 中类似分析可见,当将 λ 视为广义时间参数即演化进程控制参数时,$(Y_l(\lambda),\ \boldsymbol{X})$是一个概率保守系统,因此,$(Y_l(\lambda),\ \boldsymbol{X})$的联合概率密度函数 $p_{Y_l\boldsymbol{X}}(y_l,\ \boldsymbol{x},\ \lambda)$满足广义概率密度演化方程

$$\frac{\partial p_{Y_l\boldsymbol{X}}(y_l,\ \boldsymbol{x},\ \lambda)}{\partial\lambda} + Y_l'(\boldsymbol{x},\ \lambda)\frac{\partial p_{Y_l\boldsymbol{X}}(y_l,\ \boldsymbol{x},\ \lambda)}{\partial y_l} = 0 \tag{82}$$

其余分析均与前类似,兹不赘述.

5 广义概率密度演化方程的求解

在概率密度演化理论中,物理方程为(61)和(65),广义概率密度演化方程为(72),初边值条件分别为(75)和(76). 因此,广义概率密度演化方程的求解,是结合物理方程与密度演化方程的求解. 对若干较为简单的问题,可以通过例如特征线法获得广义概率密度演化方程的解析解[66]. 但对大部分工程实际问题,数值求解方法是必要的. 从方程(72)可知,这是一个线性偏微分方程. 要获得这一偏微分方程的数值解,首先需要获取该偏微分方程的系数,而这些系数是当$\{\boldsymbol{\Theta}=\boldsymbol{\theta}\}$时所考察的物理量的时间导数(速度),可从对式(61)和(65)的求解得到. 因之,概率密度演化理论的数值实施可采用如下步骤,如图 5 所示.

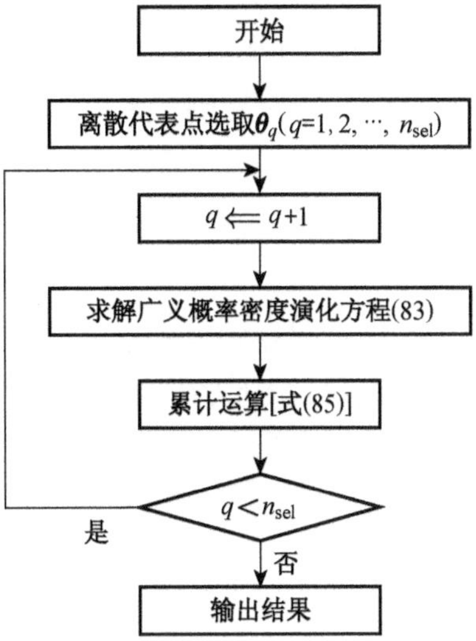

图 5 概率密度演化理论求解流程图

(1) 概率空间选点与赋得概率确定

在基本随机向量 $\boldsymbol{\Theta}$ 的分布空间 Ω_{Θ} 中取得一系列代表性离散点,记之为

$$\boldsymbol{\theta}_q = (\theta_{q,1}, \theta_{q,2}, \cdots, \theta_{q,s}), \quad q = 1, 2, \cdots, n_{sel}$$

n_{sel}为所取离散代表点的数目,同时确定每个代表点的赋得概率

$$P_q = \int_{V_q} p_{\boldsymbol{\Theta}}(\boldsymbol{\theta})\mathrm{d}\boldsymbol{\theta}, \quad q = 1, 2, \cdots, n_{sel}$$

这里 V_q 为代表性体积. 离散代表点的选取方法详见文献[67].

(2) 确定性动力系统的求解

对于给定的 $\boldsymbol{\Theta} = \boldsymbol{\theta}_q$; $q = 1, 2, \cdots, n_{sel}$,求解物理方程(61) 和(65),获得所需物理量的时间导数(速度)$\dot{Z}_j(\boldsymbol{\theta}_q, t)$; $j = 1, 2, \cdots, m$.

(3) 求解广义概率密度演化方程

经过第一步的离散代表点选取和赋得概率的确定,广义概率密度演化方程(72b)变为

$$\frac{\partial p_{Z\Theta}(z, \boldsymbol{\theta}_q, t)}{\partial t} + \sum_{j=1}^{m} \dot{Z}_j(\boldsymbol{\theta}_q, t)\frac{\partial p_{Z\Theta}(z, \boldsymbol{\theta}_q, t)}{\partial z_j} = 0 \tag{83}$$

$q = 1, 2, \cdots, n_{sel}$

相应的初始条件(76)可表述为

$$p_{Z\Theta}(z,\ \theta_q,\ t)\mid_{t=t_0}=\delta(z-z_0)P_q \tag{84}$$

将第二步中得到的 $\dot{Z}_j(\theta_q,\ t)(j=1,\ 2,\ \cdots,\ m)$代入式(83)中,采用有限差分方法求解该偏微分方程,可以获得其数值解. 有限差分方法的细节详见文献[67].

(4) 累计求和

将所有上述 $p_{Z\Theta}(z,\ \theta_q,\ t)(q=1,\ 2,\ \cdots,\ n_{\text{sel}})$累计,即可获得 $p_Z(z,\ t)$的数值解

$$p_Z(z,\ t)=\sum_{q=1}^{n_{\text{sel}}}p_{Z\Theta}(z,\ \theta_q,\ t) \tag{85}$$

由此可见,概率密度演化过程的数值求解,就是结合一系列确定性动力系统的求解和概率密度演化方程的求解,而这也正是概率密度函数演化取决于物理系统状态的演化机制这一基本思想的体现.

在大多数情况下,仅需要考虑一维广义概率密度演化方程的求解.

6 相关问题

6.1 数值求解方法

数值求解的关键技术主要包括对作为偏微分方程的广义概率密度演化方程的差分求解技术和在多维随机空间中的代表点选取技术. 研究表明,采用具有 TVD 性质的差分求解格式及组合求解格式往往可得到较好的效果[65, 68, 69]. 在多维随机空间选点方面,分别研究和发展了映射降维法[66]、切球选点法[70]、数论选点法[71, 72]和基于概率空间剖分的两步选点法[73]等.

6.2 结构动力可靠度与整体可靠度分析问题

基于密度演化的基本思想,可以自然地获得两类结构动力可靠度分析的新方法[65, 74, 75],并发展一类结构体系可靠度分析的新方法[76]. 这一方法已经在高烈度地震区的实际隔震结构地震可靠度分析中获得成功的应用[77]. 值得指出,在经典的基于跨越过程的结构动力可靠度分析中,需要过程及其导数的联合概率密度函数以及关于跨越事件性质的假定,构成了分析中的基本难点,而在基于概率密度演化理论的结构动力可靠度分析中,并不出现这样的困难,也避免了基于后向 Kolmogorov 方程求解动力可靠度时,对多维系统无法求解的困境. 在结构体系可靠度计算中,由于基于非线性发展过程求解,避免了经典结构体系可靠度分析中的相关性处理困境. 可以预见,概率密度演化理论提供了向结构整体可靠度迈进的工具.

6.3 随机动力系统的最优控制

由于地震、强风和巨浪等灾害性作用的强烈随机性,进行结构控制是有效提高结构安全性与适用性的措施[78]. 过去 30 多年来,在结构控制方面取得了长足的进展[79]. 然而,对结构进行基于可靠度的随机最优控制,目前仍然是难以企及的目标[10]. 采用概率密度演化理论可对受控结构的性态进行更为精细的把握[80].

7 应用实例

概率密度演化理论在随机动力系统分析与控制中具有广阔的应用前景,并已在结构非线性随机反应分析、结构动力可靠度与体系可靠度计算和随机系统最优控制中获得了初步成功的应用. 这里以一个实例进行简要示例.

考察一个 9 层层间剪切型结构(图 6)在随机地震动激励下的非线性随机反应分析问题. 各层质量均值分别为(3.442, 3.278, 3.056, 2.756, 2.739, 2.739, 2.739, 2.739, 2.692)$\times 10^5$ kg,各层层间侧移刚度分别为(3.9, 3.8, 3.8, 3.8, 3.5, 3.5, 3.5, 3.5, 3.5)$\times 10^5$ kN/m. 第 1, 2 层质量完全相关,刚度亦完全相关,类似地,第 3~9 层质量完全相关,刚度亦完全相关,因此,质量和刚度参数中含有 4 个随机变量. 各随机变量均采用正态分布,变异系数为 0.2. 结构的非线性层间恢复力采用 Bouc-Wen 模型[81, 82],这一模型中含有 13 个参数,其中的 10 个基本参数可取为确定性变量,这里取值为 $A=1$, $n=1$, $q=0.25$, $p=1\,000$, $\psi=0.05$, $\delta_\psi=5.0$, $\lambda=0.5$, $\delta_v=2\,000$, $\delta_\eta=2\,000$, $\zeta_s=0.99$,另外 3 个基本参数 α, β, γ 灵敏度较大,这里取为正态分布随机变量,其变异系数均为 0.2,均值分别为 $\mu_\alpha=0.04$, $\mu_\beta=30$, $\mu_\gamma=10$. 阻尼模型采用 Rayleigh 阻尼,阻尼矩阵由质量和刚度矩阵决定,即 $\boldsymbol{C}=a\boldsymbol{M}+b\boldsymbol{K}$,文中取 $a=0.449\,7$, $b=0.004\,3$,随机地震动采用基于物理的随机地震动模型[56],其中含有 3 个随机变量,分别考虑基岩地震动幅值、场地卓越周期和场地阻尼比的随机性.

采用基于概率空间剖分的选点方法获取 570 个离散代表点[73]并进行分析. 图 7 是典型的结构滞回恢复力过程,可见该结构已经进入了强非线性受力状态. 值得指出:在同时考虑参数与激励随机性并出现强非线性的一般多自由度系统随机动力响应分析方面,目前尚无其他方法能够胜任.

概率密度演化理论能够直接给出任意所需结构反应量的瞬时概率密度函数及其演化过程,这里仅以上述结构的顶层位移反应为例进行简单示意. 图 8(a)是结构顶层位移反应典型时刻的概率密度函数,图 8(b)是概率密度函数随时间的变化. 图 9 是等概率密度线,图中可见,与通常假定的正态分布等规则分布不同,结构反应的概率分布是非规则曲线,其演化则像绵延不断的山脉,而其等概率密度线则像水流在河流中的流动. 事实上,这也正是概率在状态空间中流动的结果.

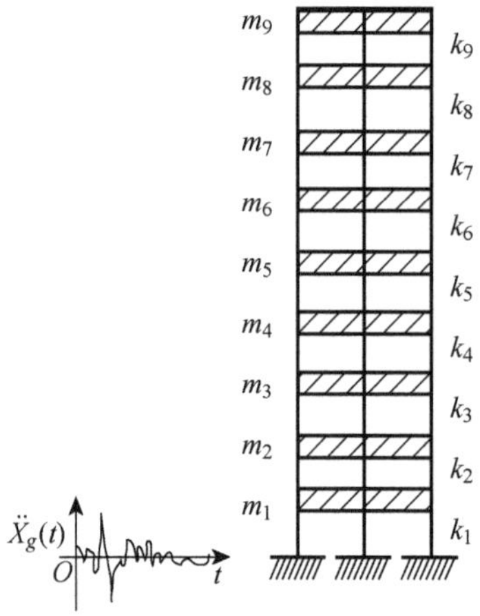

图 6　层间剪切结构

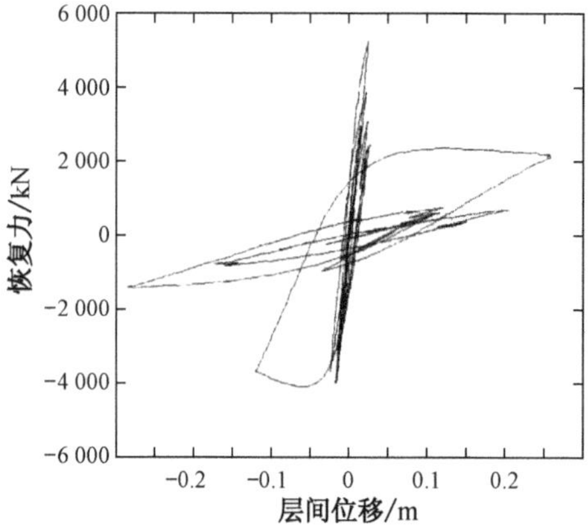

图 7　典型恢复力过程

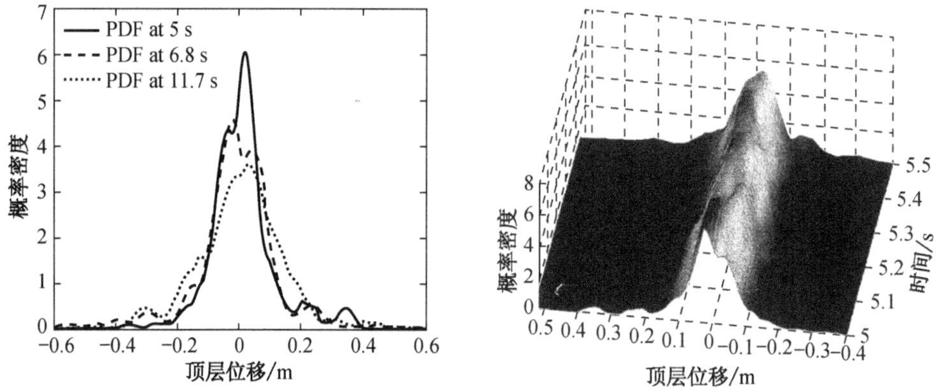

(a) 典型时刻的概率密度函数　　(b) 概率密度演化曲面

图 8　概率密度函数

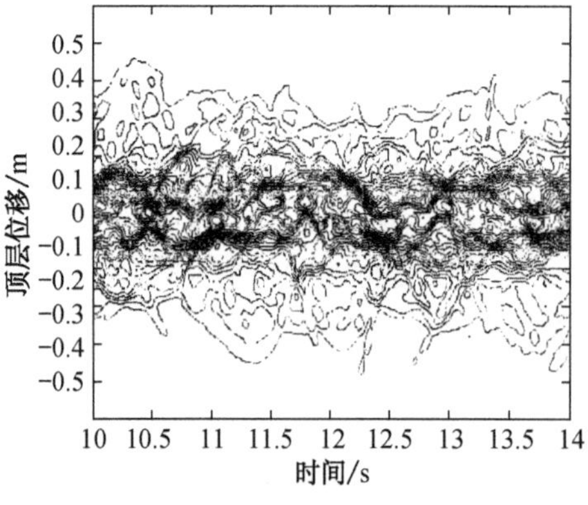

图 9　等概率密度线

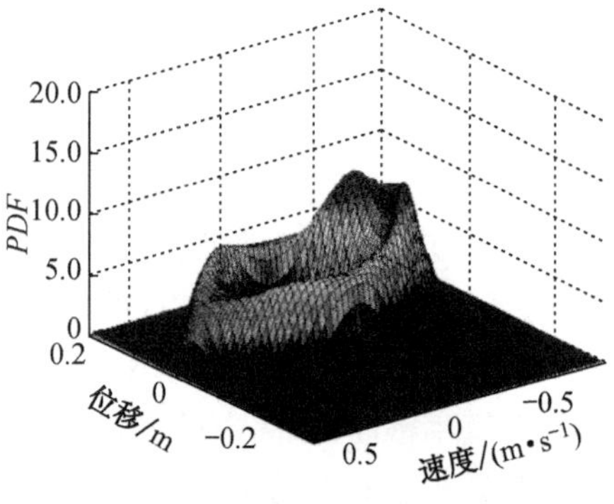

图 10　给定时刻的位移和速度联合概率密度曲面

概率密度演化方法还可以给出多个物理量的联合概率密度函数，例如图 10 是具有随机频率的单自由度体系在一个典型时刻的位移和速度的联合概率密度函数曲面[83]. 与常见的钟形曲面不同的是，它是内凹的，说明状态点最可能在环带上，而不是在中心附近，这是由该随机结构的特点及基本参数的分布所决定的.

8 结　语

本文阐述了概率密度演化方程的历史与新近进展. 首先从随机事件描述和状态空间描述的角度澄清了概率守恒原理的物理意义，指出了概率密度演化与系统物理状态演化的内在联系. 在此基础上，结合概率守恒原理的两类描述以及不同的物理方程，分别推导了经典概率密度演化方程：Liouville 方程、FPK 方程和 Dostupov-Pugachev 方程. 进而，通过对系统中不同来源的随机性进行统一处理，结合解耦的物理方程和概率守恒原理，导出了广义概率密度演化方程，阐述了广义概率密度演化方程的物理意义及其与经典概率密度演化方程的异同. 以结构非线性随机反应分析为例，给出了典型应用实例.

上述研究表明，概率密度演化理论是具有生命力的. 在概率密度演化理论及其相关研究中，下述问题是饶有兴味、尚需进一步深入研究的：

(1) 基于物理的随机动力激励建模；

(2) 随机动力系统的涨落及其基本规律；

(3) 一般物理随机系统中的概率密度演化方程；

(4) 广义概率密度演化方程与多尺度随机物理.

参考文献

[1] Crandall S H. Random Vibration[M]. Cambridge: MIT Press, 1958.

[2] Lin Y K. Probabilistic Theory of Structural Dynamics[M]. New York: McGraw-Hill Book Company, 1967.

[3] Fang T, Wang Z N. Complex modal analysis of random vibrations[J]. AIAA Journal, 1986, 24(2): 342-344.

[4] 朱位秋. 随机振动[M]. 北京：科学出版社，1992.

[5] Lutes L D, Sarkani S. Random Vibrations: Analysis of Structural and Mechanical Systems [M]. Amsterdam: Elsevier, 2004.

[6] 林家浩，张亚辉. 随机振动的虚拟激励法[M]. 北京：科学出版社，2004.

[7] Lin Y K, Cai G Q. Probability Structural Dynamics: Advanced Theory and Application [M]. New York: McGraw Hill College Div, 1995.

[8] Naess A, Moe V. Efficient path integral methods for nonlinear dynamics systems[M]. Probabilistic Engineering Mechanics, 2000, 15(2): 221-231.

[9] 朱位秋. 非线性随机动力学与控制[M]. 北京：科学出版社，2003.

[10] Zhu W Q. Nonlinear stochastic dynamics and control in Hamiltonian formulation[J].

Applied Mechanics Reviews, 2006, 59: 230-248.

[11] Kleiber M, Hien T D. The Stochastic Finite Element Method[M]. Chishcester: John Wiley & Sons, 1992.

[12] 李杰.随机结构系统——分析与建模[M].北京:科学出版社,1996.

[13] Shinozuka M, Jan C M. Digital simulation of random processes and its applications[J]. Journal of Sound and Vibration, 1972, 25: 111-128.

[14] Robinstein R Y. Simulation and the Monte Carlo Method[M]. New York: John Wiley & Sons, 1981.

[15] Au S K, Beck J L. First excursion probabilities for linear systems by very efficient importance sampling[J]. Probabilistic Engineering Mechanics, 2001, 16: 193-207.

[16] 张汝清,高行山.随机变量的变分原理及有限元法[J].应用数学和力学,1992, 13(5): 283-388.

[17] 刘宁.可靠度随机有限元法及其工程应用[M].北京:中国水利水电出版社,2001.

[18] 武清玺.结构可靠性分析及随机有限元法:理论、方法、工程应用及程序设计[M].北京:机械工业出版社,2005.

[19] Liu W K, Bestefield G, Belytschko T. Transient probabilistic systems[J]. Comput Methods Appl Mech Eng, 1988, 67: 27-54.

[20] Ghanem R, Spanos P D. Stochastic Finite Elements: A Spectral Approach[M]. Berlin: Springer-Verlag, 1991.

[21] Li J, Liao S T. Response analysis of stochastic parameter structures under non-stationary random excitation[J]. Computational Mechanics, 2001, 27 (1): 61-68.

[22] Schuëller G I. A state -of -the -art report on computational stochastic mechanics[J]. Probabilistic Engineering Mechanics, 1997, 12(4): 197-321.

[23] 赵雷,陈虬.随机有限元动力分析方法的研究进展[J].力学进展,1999, 29(1): 9-18.

[24] Wen Y K. Probabilistic aspects of earthquake engineerin[C]//Bozorgnia Y, Bertero VV, eds. Earthquake Engineering: from Earthquake Seismology to Performance-based Engineering, Paper No. 7. Boca Raton: CRC Press, 2004.

[25] 李杰,陈建兵.随机结构动力反应分析的概率密度演化方法[J].力学学报,2003,35(4): 437-442.

[26] 李杰,陈建兵.随机结构非线性动力响应的概率密度演化方法[J].力学学报,2003,35(6): 716-722.

[27] 李杰,陈建兵.随机系统分析中的广义密度演化方程[J].自然科学进展,2006,16(6): 712-719.

[28] Li J, Chen J B. Probability density evolution method for dynamic response analysis of structures with uncertain parameters[J]. Computational Mechanics, 2004, 34: 400-409.

[29] Li J, Chen J B. The probability density evolution method for dynamic response analysis of non-linear stochastic structures[J]. International Journal for Numerical Methods in Engineering, 2006, 65:882-903.

[30] Li J, Chen J B. The principle of preservation of probability and the generalized density evolution equation[J]. Structural Safety, 2008, 30: 65-77.

[31] Chen J B, Li J. A note on the principle of preservation of probability and probability density evolution equation[J]. Probabilistic Engineering Mechanics, 2009, 24(1): 51-59.

[32] 李杰. 随机动力系统的物理逼近. 中国科技论文在线[J], 2006, 1(9): 95-104.

[33] 约翰·斯塔赫尔. 爱因斯坦奇迹年——改变物理学面貌的五篇论文[M]. 范岱年,许良英,译. 上海:上海科技教育出版社,2001.

[34] Pais A. The Science and the Life of Albert Einstein[M]. New York: Oxford University Press, 1982.

[35] Fokker A D. Die mittlere energie rotierender elektrischer dipole im strahlungsfeld[M]. Annalen der Physik (Leipzig), 1914, 43: 810-820.

[36] Planck M. Uber einen satz der statistichen dynamik und eine erweiterung in der quantumtheorie[J]. Sitzungberichte der Preussischen Akadademie der Wissenschaften, 1917, 24: 324-341.

[37] Kolmogorov A. Über die analytischen methoden in der wahrscheinlichkeitsrechnung[J]. Mathematische Annalen, 1931, 104: 415-458.

[38] Langevin P. Sur la theorie du mouvement brownien[J]. C R Acad Sci Paris, 1908, 146: 530-532.

[39] Gardiner C W. Handbooks of Stochastic Methods for Physics, Chemistry and the Natural Sciences (2nd edition)[M]. Berlin Heidelberg: Springer-Verlag, 1985.

[40] 胡岗. 随机力与非线性系统[M]. 上海:上海科技教育出版社,1994.

[41] Wiener N. Differential space[J]. J Math Phys, 1923, 58:131-174.

[42] Itô K. Differential equations determining a Markoff process[J]. Journ Pan-Japan Math Coll No, 1942(in Japanese).

[43] Itô K. Stochastic integral[J]. Proc Imp Acad Tokyo, 1944, 20: 519-524.

[44] Stratonovich R L. Introduction to the Theory of Random Noise[M]. New York: Gordon and Breack,1963.

[45] Wong E, Zakai M. On the relation between ordinary and stochastic differential equations [J]. International Journal of Engineering Science, 1965, 3(2): 213-229.

[46] Dostupov B G, Pugachev V S. The equation for the integral of a system of ordinary differential equations containing random parameters[J]. Automatika i Telemekhanika, 1957, 18: 620-630.

[47] Syski R. Stochastic differential equations[C]//Saaty T L ed. Modern Nonlinear Equations, Chapter 8. New York: McGraw-Hill, 1967.

[48] Soong T T. Random Differential Equations in Science and Engineering[M]. New York and London: Academic Press, 1973.

[49] Lasota A, Mackey M C. Chaos, Fractals, and Noise: Stochastic Aspects of Dynamics (2nd ed.)[M]. New York: Springer-Verlag, 1994.

[50] 王梓坤. 概率论基础及其应用[M]. 北京:北京师范大学出版社,1996.

[51] Kozin F. On the probability densities of the output of some random systems[J]. Journal of Applied Mechanics, 1961, 28(2): 161-164.

[52] Bontempi F, Faravelli L. Lagrangian/Eulerian description of dynamic system[J]. Journal of Engineering Mechanics, 1998, 124(8): 901-911.

[53] Fung Y C. A First Course in Continuum Mechanics[M]. Prentice-Hall Inc, 1994.
[54] Dafermos C M. Hyperbolic Conservation Laws in Continuum Physics[M]. Berlin: Springer-Verlag, 2000.
[55] Øksendal B: Stochastic Differential Equations: An Introduction with Applications (6th ed.) [M]. Berlin: Springer-Verlag, 2005.
[56] 李杰,艾晓秋.基于物理的随机地震动模型研究[J].地震工程与工程振动,2006,26(5):21-26.
[57] 李杰,张琳琳.实测风场的随机 Fourier 谱研究[J].振动工程学报,2007,20(1):66-72.
[58] Loève M. Probability Theory[M]. Berlin: Springer-Verlag, 1977.
[59] 李杰,刘章军.基于标准正交基的随机过程展开法[J].同济大学学报(自然科学版),2006,34(10):1279-1283.
[60] 李杰,刘章军.随机脉动风场的正交展开[J].土木工程学报,2008,41(2):49-53.
[61] 刘章军,李杰.地震动随机过程的正交展开[J].同济大学学报(自然科学版),2008,36(9):1153-1159.
[62] 刘章军,李杰.脉动风速随机过程的正交展开[J].振动工程学报,2008,21(1):96-101.
[63] Li J, Chen J B. Probability density evolution method for dynamic response analysis of stochastic structures[C]//Zhu WQ, Cai GQ, Zhang RC eds. Advances in Stochastic Structural Dynamics. Proceedings of the Fifth International Conference on Stochastic Structural Dynamics SSD03, May 26-28th, Hangzhou, China. Boca Raton: CRC Press, 2003. 309-316.
[64] 李杰,陈建兵.随机结构动力可靠度分析的概率密度演化方法[J].振动工程学报,2004,17(2):121-125.
[65] Chen J B, Li J. Dynamic response and reliability analysis of nonlinear stochastic structures [J]. Probabilistic Engineering Mechanics, 2005, 20(1): 33-44.
[66] Li J, Chen J B. The dimension-reduction strategy via mapping for the probability density evolution analysis of nonlinear stochastic systems[J]. Probabilistic Engineering Mechanics, 2006, 21(4): 442-453.
[67] Li J, Chen J B. Stochastic Dynamics of Structures[M]. Singapore: John Wiley & Sons, 2009.
[68] Wesseling P. Principles of Computational Fluid Dynamics[M]. Berlin: Springer-Verlag, 2001.
[69] 陈建兵,李杰.随机结构静力反应概率密度演化方程的差分方法[J].力学季刊,2004,25(1):21-28.
[70] Chen J B, Li J. Strategy for selecting representative points via tangent spheres in the probability density evolution method[J]. International Journal for Numerical Methods in Engineering, 2008, 74(13): 1988-2014.
[71] 华罗庚,王元.数论在近似分析中的应用[M].北京:科学出版社,1978.
[72] Li J, Chen J B. The number theoretical method in response analysis of nonlinear stochastic structures[J]. Computational Mechanics, 2007, 39(6): 693-708.
[73] Chen J B, Ghanem R, Li J. Partition of the probabilitya-ssigned space in probability density

evolution analysis of nonlinear stochastic structures[J]. Probabilistic Engineering Mechanics, 2009, 24(1): 27-42.
[74] Chen J B, Li J. The extreme value distribution and dynamic reliability analysis of nonlinear structures with uncertain parameters[J]. Structural Safety, 2007, 29: 77-93.
[75] Chen J B, Li J. Development-process-of-nonlinearity-based reliability evaluation of structures[J]. Probabilistic Engineering Mechanics, 2007, 22(3): 267-275.
[76] Li J, Chen J B, Fan W L. The equivalent extreme-value event and evaluation of the structural system reliability[J]. Structural Safety, 2007, 29: 112-131.
[77] Chen J B, Liu W Q, Peng Y B, Li J. Stochastic seismic response and reliability analysis of base-isolated structures[J]. Journal of Earthquake Engineering, 2007, 11(6): 903-924.
[78] Yao J T P. Concept of structural control[J]. Journal of the Structural Division, ASCE, 1972, 98(ST7): 1567-1574.
[79] Chu S Y, Soong T T, Reinhorn A M. Active, Hybrid and Semi-active Structural Control [M]. New York: John Wiley & Sons, Ltd., 2005.
[80] Li J, Peng Y B, Chen J B. A physical approach to structural stochastic optimal controls[J]. Probabilistic Engineering Mechanics, 2010, 25: 127-141.
[81] Wen Y K. Method for random vibration of hysterestic systems [J]. Journal of the Engineering Mechanics Division, 1976, 102(2): 249-263.
[82] Ma F, Zhang H, Bockstedte A, et al. Parameter analysis of the differential model of hysteresis[J]. Journal of Applied Mechanics, 2004, 71: 342-349.
[83] Chen J B, Li J. Joint probability density function of the stochastic response of nonlinear structures[J]. Earthquake Engineering and Engineering Vibration, 2007, 6(1): 35-47.

Advances in the Research on Probability Density Evolution Equations of Stochastic Dynamical Systems

Li Jie　Chen Jian-bing

Abstract: Based on the ideas of probability density evolution, the history, development and applications of the probability density evolution equations are elaborated in this paper. First, the physical meaning of the principle of preservation of probability is clarified, and the principle is then presented in terms of random event description and state space description, respectively. Meanwhile, the intrinsic relationship between the probability density evolution and the physical evolution of the system is elucidated, i.e. the physical state evolution of the system is the inherent mechanism underlying the probability density evolution.

By incorporating the two descriptions of the principle of preservation of probability into the physical evolution equations of the stochastic system, the classical probability density evolution equations including the Liouville equation, FPK equation and the Dostupov-Pugachev equation are revisited via methodologies different from the existing ones. The physical meaning of these equations is clarified together with the reason why their dimension cannot be reduced. Moreover, combining the random event description of the principle of preservation of probability with the uncoupled physical equation leads to the generalized density evolution equation with its physical sense exposed. The application of the probability density evolution theory is exemplified by the probability density evolution analysis of the response of nonlinear structures, and the problems in need of further studies are pointed out at the end of paper.

（本文原载于《力学进展》第 40 卷第 2 期，2010 年 3 月）

第五篇　结构可靠性分析与结构控制

随机结构动力可靠度分析的概率密度演化方法

李杰　陈建兵

摘　要　基于随机结构动力反应分析的概率密度演化方法,提出了一类新的随机结构动力可靠度分析方法.在随机结构动力反应概率密度演化方程的基础上,对于首次超越问题,根据所给的首次超越破坏准则施加相应的吸收壁边界条件,求解具有吸收壁边界条件的概率密度演化方程并在安全域内积分,给出结构的动力可靠度.结合精细时程积分方法和具有TVD性质的差分格式,讨论了计算结构动力可靠度的数值方法.以八层框架结构为例进行了动力可靠度分析并与随机模拟分析结果进行了比较.

引　言

基于首次超越破坏准则的结构动力可靠性分析已经取得了重要的进展,形成了过程跨越分析方法和扩散过程理论方法[1-3].其中跨越分析方法目前得到了较为广泛的应用(如文[4-5]等),然而,在基于过程跨越分析的动力可靠度计算中,一般需对反应(效应)及其速度的联合概率分布作出假设,进而对跨越过程的性质作出假定(如泊松假定或马尔可夫假定及其各种修正等)[3-4].由于通常的结构随机反应分析以结构反应的数字特征为主要目标,缺乏对于结构反应概率信息的全面把握,因此很难对这两个重要的环节作出根本的改进.基于FPK方程的扩散过程理论方法虽然原则上可给出更为精确的解答,但目前仅能求解单自由度体系中的某些特殊情况.文[6-7]分别将上述两种方法推广到考虑结构参数随机性的动力可靠度分析之中,研究表明,结构参数的随机性将可能对结构的失效概率产生很大的影响[6].文[7]考察了单自由度体系条件可靠度的后向Kolmogorov方程及其数值方法.同样,难以看到这一方法应用于一般多自由度结构体系的希望.迄今只有随机模拟方法被认为是可以适用于一般结构的基本方法[8].

在作者近年来的工作中,发展了随机结构反应分析的概率密度演化方法,可应用于一般多自由度结构体系的动力反应分析并得到结构反应的概率密度函数[9-11],从而为随机结构动力可靠性的精细化分析提供了可能.本文根据首次超越破坏准则研究结构动力可靠性分析问题，通过对随机结构反应的概率密度演化方程施加相应的吸收边界条件，利用数值方法进行求解和积分，由此给出结构的动力可靠度.

1 随机结构动力反应分析的概率密度演化方法

文[9－11]中提出了随机结构反应的概率密度演化方法，本文将从另一角度推导随机结构反应的概率密度演化方程. 不失一般性，多自由度体系结构动力反应方程为

$$\boldsymbol{M}(\boldsymbol{\zeta})\ddot{\boldsymbol{X}}+\boldsymbol{C}(\boldsymbol{\zeta})\dot{\boldsymbol{X}}+\boldsymbol{K}(\boldsymbol{\zeta})\boldsymbol{X}=\boldsymbol{f}(t) \tag{1}$$

式中，$\boldsymbol{M}$, $\boldsymbol{C}$, $\boldsymbol{K}$ 分别为 n 阶质量矩阵、阻尼矩阵和刚度矩阵；$\ddot{\boldsymbol{X}}$, $\dot{\boldsymbol{X}}$, $\boldsymbol{X}$ 为 n 阶加速度、速度和位移反应向量；$\boldsymbol{\zeta}$ 为反映结构物理参数的 n_ζ 阶向量，当考虑物理参数的随机性时，$\boldsymbol{\zeta}$ 成为随机向量，其联合概率密度函数为 $p_\zeta(\boldsymbol{x})$；$\boldsymbol{f}(t)$ 为激励向量，本文仅考虑确定性激励的情形. 方程(1)的初始条件可表示为

$$\boldsymbol{X}(0)=\boldsymbol{X}_0,\ \dot{\boldsymbol{X}}(0)=\dot{\boldsymbol{X}}_0 \tag{2}$$

由方程(1)～(2)构成的结构动力学正分析问题一般是适定的问题，其解答存在、唯一且与 $\boldsymbol{\zeta}$ 有关. 因此，由方程 (1)及初始条件 (2)可得到位移反应 $\boldsymbol{X}(t)$ 的表达形式为

$$\boldsymbol{X}(t)=\varphi(\boldsymbol{\zeta},t) \tag{3}$$

其分量形式为

$$X_l(t)=\varphi_l(\boldsymbol{\zeta},t) \tag{4}$$

式中，$X_l(t)$ 为 $\boldsymbol{X}(t)$ 的第 l 个分量.

根据式 (4)的物理意义可知，$X_l(t)$的概率密度函数 $p_{X_l}(x,t)$为

$$p_{X_l}(x,t)=\int_{\Omega_\zeta}\delta(x-\varphi_l(\boldsymbol{x}_\zeta,t))p_\zeta(\boldsymbol{x}_\zeta)\mathrm{d}\boldsymbol{x}_\zeta \tag{5}$$

式中，$\delta(\cdot)$ 为 Dirac 函数，Ω_ζ为与 $\boldsymbol{\zeta}$ 有关的积分区域.

式(5)给出了一维概率密度函数的形式表达，由于式(4)本身作为一个形式表达往往难以得到解析表达式，因而直接应用式(5)的表达式是很困难的. 为此，考虑 $X_l(t)$与 ζ 的联合概率密度函数 $p_{X_{l\zeta}}(x,\boldsymbol{x}_\zeta,t)$，显然

$$p_{X_{l\zeta}}(x,\boldsymbol{x}_\zeta,t)=\delta(x-\varphi_l(\boldsymbol{x}_\zeta,t))\,p_\zeta(\boldsymbol{x}_\zeta) \tag{6}$$

对上式两边关于 t 求导，可得

$$\frac{\partial p_{X_{l\zeta}}(x, \boldsymbol{x}_\zeta, t)}{\partial t} = \frac{\partial}{\partial t}[\delta(x-\varphi_l(\boldsymbol{x}_\zeta, t))p_\zeta(\boldsymbol{x}_\zeta)]$$
$$= -\frac{\partial \varphi_l(\boldsymbol{x}_\zeta, t)}{\partial t}\frac{\partial}{\partial x}[\delta(x-\varphi_l(\boldsymbol{x}_\zeta, t))p_\zeta(\boldsymbol{x}_\zeta)]$$
$$= -\dot{X}_l(\boldsymbol{x}_\zeta, t)\frac{\partial p_{X_{l\zeta}}(x, \boldsymbol{x}_\zeta, t)}{\partial x}$$

亦即

$$\frac{\partial p_{X_{l\zeta}}(x, \boldsymbol{x}_\zeta, t)}{\partial t} + \dot{X}_l(\boldsymbol{x}_\zeta, t)\frac{\partial p_{X_{l\zeta}}(x, \boldsymbol{x}_\zeta, t)}{\partial x} = 0 \tag{7}$$

式中

$$\dot{X}_l(\boldsymbol{x}_\zeta, t) = \frac{\partial \varphi_l(\boldsymbol{x}_\zeta, t)}{\partial t} \tag{8}$$

为给定 $\boldsymbol{x}_\zeta$ 时结构的速度反应.

故若方程 (7)可求解,根据

$$p_{X_l}(x, t) = \int_{\Omega_\zeta} p_{X_{l\zeta}}(x, \boldsymbol{x}_\zeta, t)d\boldsymbol{x}_\zeta \tag{9}$$

即可给出任意时刻的概率密度函数. 由式(6)易知方程(7)的初始条件为

$$p_{X_{l\zeta}}(x, \boldsymbol{x}_\zeta, t) = \delta(x-x_{l,0})p_\zeta(\boldsymbol{x}_\zeta) \tag{10}$$

式中, $x_{l,0}$ 为 $\boldsymbol{X}_0$ 的第 l 个分量.

方程(7)就是随机结构反应的概率密度演化方程,它是守恒型的一阶拟线性偏微分方程. 这一方程说明: 概率输运过程是与结构反应的速度密切相关的,概率密度根据反应速度的变化在时、空中传播,在此过程中,总概率守恒.

2 随机结构的动力可靠度

从边界条件区分,首次超越破坏问题一般包括单壁问题、双壁问题和圆壁问题[2]. 以对称双壁问题为例,若仅限制反应 $|X_l(t)|$ 的上界,则结构的动力可靠度为

$$R(t) = P\{|X_l(\tau)| < x_B, \tau \in [0, t]\} \tag{11}$$

式中, $P\{\cdot\}$ 为随机事件的概率, x_B 为给定的上边界.

式(11)的意义是,首次超越破坏准则下一旦结构反应超过给定的边界,结构即失效;换句话说,结构一旦进入失效域,即不再返回安全域内. 从概率意义上分析,这意味着一旦结构失效,该事件“所携带”的概率即不再传回安全域内,而仍然留在安全域内的概率则为结构的可靠度. 在此意义下,对方程(7)施加如下具有吸收性质的边界条件

$$p_{X_{l\zeta}}(x,\ \boldsymbol{x}_\zeta,\ t)=0 \quad 当\ |x|\geqslant x_B \tag{12}$$

则可以保证失效域内的概率不再传回安全域内，这是因为，若失效域内的概率密度函数为 0，从式 (7)可知，第二项与演化速度相关的项为 0，此时传回安全域内的概率必为 0. 因此对给定的初始条件(10)、边界条件(12)求解概率密度演化方程(7)，并根据方程(9)即可得到此时“所剩余”的概率密度，为区别起见，记为 $\breve{p}_{X_l(x,\ t)}$，而以 $p_{X_l}(x,\ t)$ 表示不施加吸收边界条件(12)时的概率密度函数解答.

显然

$$R(t)=\int_{-x_B}^{x_B}\breve{p}_{X_l(x,\ t)}\mathrm{d}x \tag{13}$$

值得指出，这一结果与

$$\widetilde{R}(t)=P\{|X_l(t)|<x_B\}=\int_{-x_B}^{x_B}p_{X_l}(x,\ t)\mathrm{d}x \tag{14}$$

是不同的. 事实上，式(13)为安全域内“剩余概率密度”之积亦即“剩余总概率”，即动力可靠度，而式(14)可认为是在 t 时刻之前安全域为无限大 (因而不失效也无概率被吸收)的情况下，t 时刻突加有限安全域时在此时刻的可靠度，它与在$[0,\ t]$区间内安全域恒为有限域的情况显然是不同的.

根据上述分析，可通过对概率密度演化方程施加与首次超越破坏准则相应的吸收边界条件而给出结构的动力可靠度，这一方法称为结构动力可靠度分析的概率密度演化方法. 单壁问题和圆壁问题的处理是完全类似的.

3 随机结构动力可靠度分析的数值方法

施加吸收壁边界条件的概率密度演化方程及结构动力可靠度的求解步骤如下：

① 对 $\boldsymbol{x}_\zeta$ 和初始条件(10)进行离散. 记 $\boldsymbol{x}_\zeta$ 的离散值为 $\boldsymbol{x}_{\zeta:\,i_2,\ \cdots,\ i_{n_\zeta+1}}$，初始条件(10)可离散为

$$p_{X_{l\zeta}}(x_{i_1},\ x_{\zeta:\,i_2,\ \cdots,\ i_{n_\zeta+1}},\ t)\big|_{t=0}=$$

$$\begin{cases}\dfrac{1}{\Delta x}p_\zeta(\boldsymbol{x}_{\zeta:i_2,\ \cdots,\ i_{n_\zeta+1}}), & 当\ x_{i_1}\in\left(x_{l,0}-\dfrac{1}{2}\Delta x,\ x_{l,0}+\dfrac{1}{2}\Delta x\right)\\ 0 & 其他\end{cases} \tag{15}$$

式中，Δx 为 x 方向的空间离散步长.

② 对于给定的 $\boldsymbol{x}_{\zeta:i_2,\ \cdots,\ i_{n_\zeta+1}}$，求解动力反应方程(1)得到 $\dot{X}_l(\boldsymbol{x}_{\zeta:i_2,\ \cdots,\ i_{n_\zeta+1}},\ t_m)$，

$t_m = m\Delta t$，Δt 为时间离散步长.

③ 在离散初始条件(15)及吸收边界条件 (12)下采用有限差分方法求解方程(7)，得到 $p_{X_{l\zeta}}(x_{i_1}, x_{\zeta: i_2, \cdots, i_{n_\zeta+1}}, t_m)$.

④ 对 $p_{X_{l\zeta}}(x_{i_1}, x_{\zeta: i_2, \cdots, i_{n_\zeta+1}}, t_m)$. 进行积分给出结构动力可靠度

$$R(t_m) = \sum_{|x_{i1}|<x_B} \sum_{i_2,\cdots,i_{n_\zeta+1}} |\Delta x| \left(\prod_{j=2}^{n_\zeta+1} |\Delta xj|\right) \cdot \check{p}_{X_{l\zeta}}(x_{i_1}, \boldsymbol{x}_{\zeta: i_2, \cdots, i_{n_\zeta+1}}, t_m) \tag{16}$$

上述步骤②实际上是一个确定性动力反应分析过程，可采用精细时程积分方法求解[12].

步骤③是采用差分方法求解一个守恒型偏微分方程. 研究表明，采用一阶迎风格式精度较差，而 Lax-Wendroff 格式虽然具有二阶精度，但是在反应概率密度函数的不连续点处具有振荡现象，并且概率密度函数的计算值出现负值[13]，这使得直接采用这一格式计算得到的结构动力可靠度在某些情况下误差较大. 近年来，在计算流体力学中发展了无振荡的高阶精度算法，例如 **TVD** 格式、**NND** 格式、**ENO** 格式等[14]. 考虑到在结构动力学计算中，式 (7)中的 $\dot{X}_l(\boldsymbol{x}_\zeta, t)$的符号是随着时间变化的，因此在构造差分格式时，应具有差分方向的自适应选择功能. 在本文中，对 **TVD** 格式中的通量限制器加以方向辨别的功能以构造式 (7)的求解格式.

在 Lax-Wendroff 格式的基础上加上通量限制器，对式(7)可构造如下的 **TVD** 格式[15]

$$\begin{aligned} p_j^{n+1} = {} & p_j^n - r_L\Big[12(g_n + |g_n|)(p_j^n - p_{j-1}^n) + \\ & \frac{1}{2}(g_n - |g_n|)(p_{j+1}^n - p_j^n)\Big] - \frac{1}{2}(1 - |r_L g_n|) \cdot \\ & |r_L g_n| \Big[\Psi(r^+_{j+\frac{1}{2}}, r^-_{j+\frac{1}{2}})(p_{j+1}^n - p_j^n) \\ & - \Psi(r^+_{j-\frac{1}{2}}, r^-_{j-\frac{1}{2}})(p_j^n - p_{j-1}^n)\Big] \end{aligned} \tag{17}$$

式中，$r_L = \dfrac{\Delta t}{\Delta x}$为差分网格比，$r^+_{j+\frac{1}{2}} = \dfrac{p_{j+2}^n - p_{j+1}^n}{p_{j+1}^n - p_j^n}$，$r^-_{j+\frac{1}{2}} = \dfrac{p_j^n - p_{j-1}^n}{p_{j+1}^n - p_j^n}$，$r^+_{j-\frac{1}{2}} = \dfrac{p_{j+1}^n - p_j^n}{p_j^n - p_{j-1}^n}$，$r^-_{j-\frac{1}{2}} = \dfrac{p_{j-1}^n - p_{j-2}^n}{p_j^n - p_{j-1}^n}$，$\Psi(r^+, r^-)$为通量限制器

$$g_n = \frac{1}{2}\left[\dot{X}_l(\boldsymbol{x}_{\zeta: i_2, \cdots, i_{n_\zeta+1}}, t_{n-1})\right] + \dot{X}_l(\boldsymbol{X}_{\zeta: i_2, \cdots, i_{n_\zeta+1}}, t_n)\Big] \tag{18}$$

式(17)的 CFL 条件为

$$|r_L g_n| \leqslant 1 \tag{19}$$

采用 Roe-Sweby 通量限制器

$$\Psi_{sb}(r^-) = \max(0, \min(2r^-, 1), \min(r^-, 2)) \tag{20}$$

时,可得到本文中使用的自适应通量限制器为

$$\Psi(r^+, r^-) = u(-g_n)\Psi_{sb}(r^+) + u(g_n)\Psi_{sb}(r^-) \tag{21}$$

这里 $u(\cdot)$为单位阶跃函数

$$u(x) = \begin{cases} 1, 当\ x \geqslant 0 \\ 0, 其他 \end{cases} \tag{22}$$

除在极值点外,差分格式(17)是二阶精度的. 在计算中,一般先根据条件(19)确定网格比,并在每一步中对此条件进行验算.

4 算例分析

考察一个具有随机刚度参数的八层层间剪切型框架结构的反应及其顶点位移不超过给定限值的动力可靠度. 如图 1 所示,设该结构从顶层至底层各层质量依次为 5.0×10^4 kg, 1.1×10^5 kg, 1.1×10^5 kg, 1.0×10^5 kg, 1.1×10^5 kg, 1.1×10^5 kg, 1.3×10^5 kg, 1.2×10^5 kg,第一层层高 4 m,其余均为 3 m. 两跨三柱,柱截面尺寸为 600 mm×600 mm. 弹性模量 E 服从截尾正态分布,均值 $\mu_E=3.0\times10^{10}$ Pa,变异系数为 W=10%. 基底输入 El Centro 加速度时程,峰值为 2 m/s². 算例中,取阻尼矩阵 $\boldsymbol{C}=a\boldsymbol{M}+b\boldsymbol{K}$,其中 $a=0.01$, $b=0.005$,由于 $\boldsymbol{K}$ 为一随机矩阵,故阻尼矩阵亦为随机矩阵.

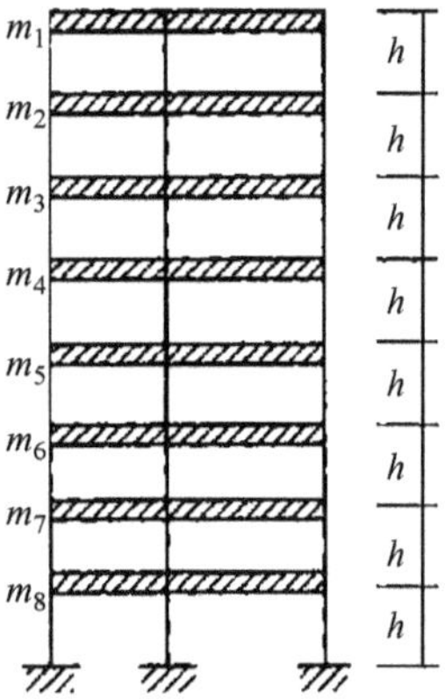

图 1　框架结构

设结构顶端位移反应为 X_1. 采用本文方法计算得到 X_l的均值和标准差曲线及其与 Monte Carlo 模拟的结果比较见图 2,概率密度演化曲面及典型概率密度函数曲线见图 3. 由图 3 可见,瞬时概率密度函数形状很不规则,虽然随机参数是正态分布的,但结构反应的概率密度函数与通常假定的正态分布、对数正态分布或其他熟知的规则分布均相去甚远. 图 2 的比较表明,本文建议方法具有很高的精度.

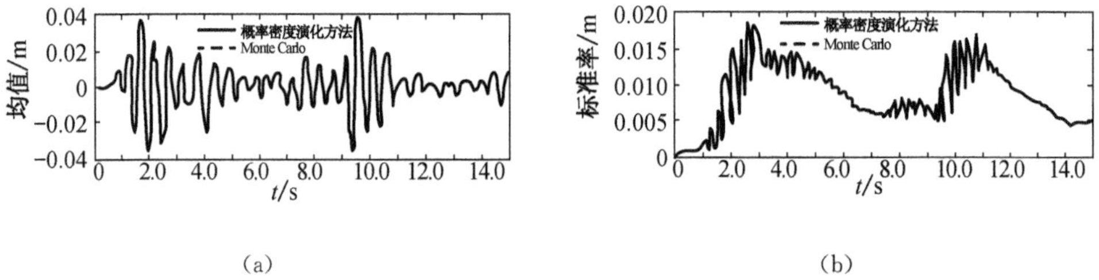

图 2　位移反应均值和标准差

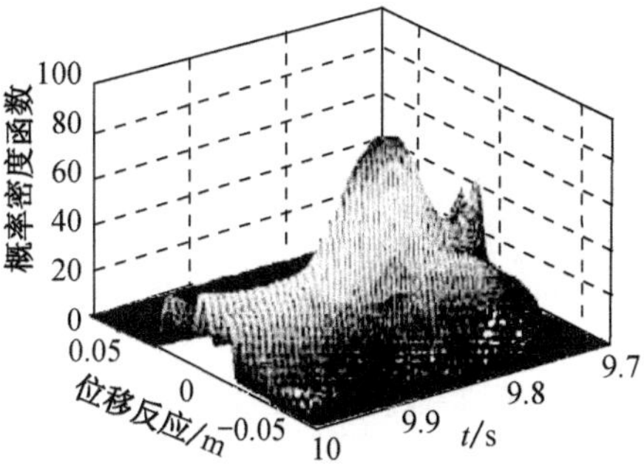

(a) 概率密度演化曲面

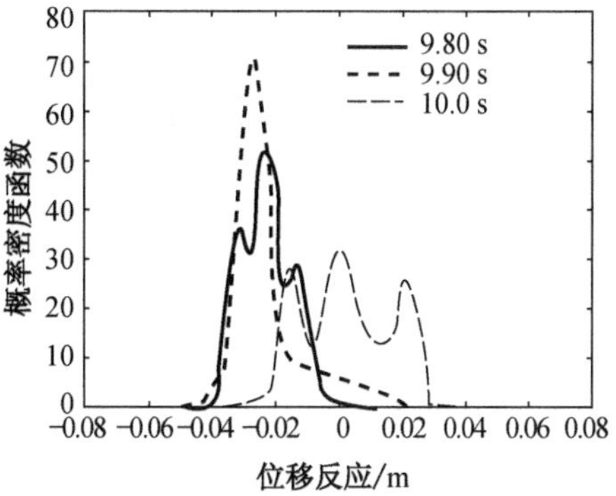

(b) 典型概率密度演化曲线

图 3 位移反应的概率密度函数

表 1 给出不同的位移限值时，结构顶点位移反应绝对值不超过给定限值的可靠度，并与随机模拟结果进行对比. 在随机模拟方法中，先根据随机参数分布进行随机参数抽样，之后以样本值进行结构动力分析并判断结构是否失效，如果未失效，则进行计数，该计数结果与总模拟次数的比值即是结构的动力可靠度，采用标准差收敛准则. 表 1 结果说明，采用概率密度演化方法计算结果具有较好的精度. 并且，本文建议方法具有很高的效率. 采用本文建议方法，在 CPU 主频 2.7 GHz，内存 512 Mb 的机器上需时 47 s，而在同一机器上采用随机模拟方法当标准差收敛精度为 0.1%时需时 1 429 s.

表 1 两种方法计算的随机结构可靠度比较([0, 15 s])

x_B/m	本文建议方法	随机模拟方法
0.040	0.016 9	0.015 0
0.045	0.706 2	0.709 2
0.047	0.857 6	0.857 0
0.050	0.986 1	0.986 7
0.060	0.999 0	0.999 7
0.070	1.000 0	1.000 0

5 结 论

结构动力可靠性分析虽然取得了重要的进展，但是目前的方法在精度和效率上很难达到两全其美. 本文基于随机结构反应的概率密度演化方法，对概率密度演化方程施加与首次超越破坏准则相应的吸收边界条件，通过数值差分与数值积分给出随机结构的动力可靠度. 结合精细时程积分方法与具有 TVD 性质的差分格式,探讨了数值求解技术. 以一个八层层间剪切型框架结构为例,将概率密度演化方法与随机模拟结果进行了比较,说明本文建议的方法具有较高的精度和效率.

参考文献

[1] Cra ndall S H. First-crossing probabilities of the linear oscillator[J]. Journal of Sound and Vibration, 1970; 12:285-299.

[2] 李桂青,曹宏等. 结构动力可靠性理论及其应用[M]. 北京:地震出版社,1993;1-55.

[3] 朱位秋. 随机振动[M]. 北京:科学出版社,1998:474-510.

[4] Chen J J, Duan B Y, Zeng Y G. Study on dynamic reliability analysis of the structures with multidegree-of-freedom[J]. Computers and Structures,1997;62 (5):877-881.

[5] Kawano K, V enkatar amana K. Dynamic response and reliability analysis of large offshore structures[J]. Computer Methods in Applied Mechanics and Engineering, 1999; 168: 255-272.

[6] Brenner C E, Bucher C. A contribution to the SFE-based reliability assessment of nonlinear structures under dynamic loading [J]. Probabilistic Engineering Mechanics, 1995; 10: 265-273.

[7] Spencer B F Jr, Elishakoff I. Relia bility of uncertain linear and nonlinear systems[J]. Journal of Engineering Mechanics,1988;114(1):135-149.

[8] Au S K, Beck J L. First excursion probabilities forlinear systems by very efficient importance sampling[J]. Probabilistic Engineering Mechanics,2001;16:193-207.

[9] Li Jie, Chen Jianbing. Probability density evolution method for dynamic response analysis of stochastic structures[C]//Advances in Stochastic Structural Dynamics. Proceedings of the Fifth Inter national Conference on Stochastic Structural Dynamics-SSD03. CRC Press, Boca Raton,2003;309-316.

[10] 李杰,陈建兵. 随机结构动力反应的概率密度演化方法[J]. 力学学报,2003; 35(4): 437-442.

[11] 李杰,陈建兵. 随机结构非线性动力响应概率密度演化分析[J]. 力学学报,2003; 35 (6):716-722.

[12] 钟万勰. 结构动力方程的精细时程积分法[J]. 大连理工大学学报,1994;34(2):131-136.

[13] 陈建兵,李杰. 随机结构静力反应概率密度演化方程的差分方法[J]. 力学季刊, 2004;25 (1):21-28.

[14] Shen M Y, Zhang Z B, N iu X L. Some advances in study of high order accuracy and high resolution finite difference schemes[C]//Dubois F, 邬华谟. 计算流体力学的新进展. 北京: 高等教育出版社,2001: 114-146.

[15] 朱自强,吴子牛. 应用计算流体力学[M]. 北京:北京航空航天大学出版社,1998:66-88.

Probability Density Evolution Method for Dynamic Reliability Analysis of Stochastic Structures

Li Jie　Chen Jian-bing

Abstract: Based on the probability density evolution method for dynamic response analysis of stochastic structures, a class of new dynamic reliability analysis approaches for stochastic structures is proposed. For the first passage problem, the dynamic reliability can be assessed directly by solving the probability density evolution equation, which is imposed on by an absorbing boundary condition corresponding to the failure criterion, and integrating over the safe domain. Numerical algorithm for the proposed method is studied by combining the precise integration in time domain and the finite difference method with TVD difference schemes. An 8-story frame structure is investigated and the results are compared with those obtained by the Monte Carlo method.

（本文原载于《振动工程学报》第 17 卷第 2 期，2004 年 6 月）

结构反应的内蕴相关性与可靠度分析

陈建兵　李 杰

摘　要　结构体系可靠度分析迄今是一个困难的问题. 本文首先阐明了等价极值事件的概念，指出在对等价极值事件的概率积分过程中内蕴了不同事件之间的相关性信息. 进而对这一概念进行推广，针对一般的复杂失效准则下的结构可靠度分析问题，构造相应的等价极值事件，从而将结构可靠度分析问题转化为极值分布的计算与积分问题. 通过对结构静力可靠度与动力可靠度的实例分析表明，基于等价极值事件进行结构可靠度分析是可行的.

引　言

结构可靠度分析一般划分为结构构件可靠度与结构体系可靠度两个层次的工作[1]. 在构件可靠度分析层次，发展了以一次二阶矩理论为代表的近似分析方法[1,2]；而在结构体系可靠度层次，研究工作则主要是在构件可靠度分析基础之上寻求体系可靠度的近似解或界限[3]，Ditlevsen 提出的二阶可靠度界限是这一方面最重要的进展[4]. 然而，尽管开展了大量的研究工作，由于在经典理论框架内必然导致基本事件组合爆炸特别是各个极限状态函数的相关性问题[5]，结构体系可靠度在目前仍然是尚未解决的困难问题[1,6,7]. 事实上，由于采用了复合随机事件的展开与运算，必然需要知道其中各个随机事件之间的相关性信息[4]，而这一信息对于一般结构是很难得到的. 因而，在实用上，往往只能利用研究经验，对相关性引入某种相关或独立假定[8]，这无疑将导致难以控制的误差.

本文将首先阐明：对于复杂失效准则，可以构造等价极值事件，在这一极值事件中，内蕴了复杂失效准则中各个极限状态函数的相关性全部信息. 由此，对于一般的复杂失效准则，可以发展一类在原理上不引入任何假定的、基于等价极值事件的可靠度分析方法. 通过结构静力和动力可靠度分析的实例表明，等价极值事件的可靠度分析方法具有可行性和很好的计算精度.

1　等价极值事件的内蕴相关性

1.1　等价极值事件的基本思想

不失一般性，设极限状态函数为

$$g(\boldsymbol{\Theta}) = 0 \tag{1}$$

式中，$\boldsymbol{\Theta}$ 为具有联合概率密度函数 $p_{\boldsymbol{\Theta}}(\boldsymbol{\theta})$ 的标准化基本随机向量. 通常，结构可靠度和失效概率为

$$P_r = P\{g(\boldsymbol{\Theta}) = 0\} \tag{2}$$

$$P_f = 1 - P_r = P\{g(\boldsymbol{\Theta}) < 0\} \tag{3}$$

式中，$P\{\cdot\}$表示随机事件的概率.

不妨称由单一极限状态函数所规定的失效准则为简单失效准则，而由多个极限状态函数所规定的结构失效准则为复杂失效准则. 为简便起见，先考察由两个基本事件组合而成的失效事件与极值失效事件在求解可靠度时的等价性.

命题 1 若 X, Y 为具有联合概率密度函数 $p_{XY}(x, y)$ 的随机变量，令 $Z_{\max}=\max(X, Y)$，则有

$$P\{(X < a) \cap (Y < a) = P\{Z_{\max} < a\} \tag{4}$$

证明：式(4)等号左侧的概率可直接采用积分计算

$$\begin{aligned} P\{(X < a) \cap (Y < a)\} &= \int_{(X<a)\cap(Y<a)} p_{XY}(x, y)\mathrm{d}x\mathrm{d}y \\ &= \int_{-\infty}^{a}\int_{-\infty}^{a} p_{XY}(x, y)\mathrm{d}x\mathrm{d}y \end{aligned} \tag{5}$$

记 $Z_{\max}=\max(X, Y)$的概率密度函数为 $p_{Z_{\max}}(z)$，注意到

$$Z_{\max} = \max(X, Y) = \begin{cases} X, & X > Y \\ Y, & X \leqslant Y \end{cases} \tag{6}$$

则式(4)等号右侧的概率为

$$\begin{aligned} P\{Z_{\max} < a\} &= \int_{-\infty}^{a} p_{Z_{\max}}(z)\mathrm{d}z \\ &= P\{\max(X, Y) < a\} \\ &= \int_{x<a,\, x>y} p_{XY}(x, y)\mathrm{d}x\mathrm{d}y + \int_{y<a,\, x\leqslant y} p_{XY}(x, y)\mathrm{d}x\mathrm{d}y \\ &= \int_{-\infty}^{a}\left(\int_{y}^{a} p_{XY}(x, y)\mathrm{d}x\right)\mathrm{d}y + \int_{-\infty}^{a}\left(\int_{x}^{a} p_{XY}(x, y)\mathrm{d}y\right)\mathrm{d}x \\ &= \int_{-\infty}^{a}\left(\int_{y}^{a} p_{XY}(x, y)\mathrm{d}x\right)\mathrm{d}y + \int_{-\infty}^{a}\left(\int_{-\infty}^{y} p_{XY}(x, y)\mathrm{d}x\right)\mathrm{d}y \\ &= \int_{-\infty}^{a}\left(\int_{-\infty}^{a} p_{XY}(x, y)\mathrm{d}x\right)\mathrm{d}y \end{aligned} \tag{7}$$

由此可见，式(4)的左侧与右侧相等，命题 1 得证，证毕.

命题 2 若 X, Y 为具有联合概率密度函数 $p_{XY}(x, y)$ 的随机变量，令 $Z_{\min}=\min(X, Y)$，则有

$$P\{(X<a)\cup(Y<a)=P\{Z_{\min}<a\} \tag{8}$$

证明:式(8)等号左侧的概率可直接采用积分计算

$$\begin{aligned}P\{(X<a)\cup(Y<a)\}&=\int_{(X<a)\cup(Y<a)}p_{XY}(x,y)\mathrm{d}x\mathrm{d}y\\&=\int_{-\infty}^{a}\left(\int_{-\infty}^{\infty}p_{XY}(x,y)\mathrm{d}x\right)\mathrm{d}y+\int_{a}^{\infty}\left(\int_{-\infty}^{a}p_{XY}(x,y)\mathrm{d}x\right)\mathrm{d}y\end{aligned} \tag{9}$$

记 $Z_{\min}=\min(X,Y)$ 的概率密度函数为 $p_{Z_{\min}}(z)$,注意到

$$Z_{\min}=\min(X,Y)=\begin{cases}X, & X<Y\\Y, & X\geqslant Y\end{cases} \tag{10}$$

则式(8)等号右侧的概率为

$$\begin{aligned}P\{Z_{\min}<a\}&=\int_{-\infty}^{a}p_{Z_{\min}}(z)\mathrm{d}z=P\{\min(X,Y)<a\}\\&=\int_{x<a,\,x<y}p_{XY}(x,y)\mathrm{d}x\mathrm{d}y+\int_{y<a,\,y<x}p_{XY}(x,y)\mathrm{d}x\mathrm{d}y\\&=\int_{-\infty}^{a}\left(\int_{y}^{\infty}p_{XY}(x,y)\mathrm{d}x\right)\mathrm{d}y+\int_{-\infty}^{a}\left(\int_{x}^{\infty}p_{XY}(x,y)\mathrm{d}y\right)\mathrm{d}x\\&=\int_{-\infty}^{a}\left(\int_{y}^{\infty}p_{XY}(x,y)\mathrm{d}x\right)\mathrm{d}y+\int_{-\infty}^{a}\left(\int_{-\infty}^{y}p_{XY}(x,y)\mathrm{d}x\right)\mathrm{d}y\\&\quad+\int_{a}^{\infty}\left(\int_{-\infty}^{a}p_{XY}(x,y)\mathrm{d}x\right)\mathrm{d}y\\&=\int_{-\infty}^{a}\left(\int_{-\infty}^{\infty}p_{XY}(x,y)\mathrm{d}x\right)\mathrm{d}y+\int_{a}^{\infty}\left(\int_{-\infty}^{a}p_{XY}(x,y)\mathrm{d}x\right)\mathrm{d}y\end{aligned} \tag{11}$$

由此可见,式(8)的左侧与右侧相等.命题 2 得证.证毕.

称 $\{Z_{\max}<a\}$ 为失效事件 $\{(X<a)\cap(Y<a)\}$ 的等价极值事件,$\{Z_{\min}<a\}$ 为失效事件 $\{(X<a)\cup(Y<a)\}$ 的等价极值事件.

命题 1 和命题 2 可毫不困难地推广到更一般的形式.例如,若令 $Z_{\max}=\max(X-a,Y-b)$,则由命题 1 经过简单的变换可得 $P(X<a)\cap(Y<b)=P\{Z_{\max}<0\}$.同时,由于 X,Y 本身可以是基本随机变量,亦可作为综合变量看待,因此,如令 $X=g_1(\boldsymbol{\Theta})$,$Y=g_2(\boldsymbol{\Theta})$,则可知式(4)亦可适用于复杂失效准则下的可靠度问题.此时,由于 X,Y 的随机性均来自于 $\boldsymbol{\Theta}$,通常情况下 X,Y 是相关的.

在更一般的意义上,若 X,Y 非独立,则式(4)的左侧意味着在式(5)的概率积分中考虑了事件 $\{X<a\}$ 与 $\{Y<a\}$ 的相关性.若可以得到 $Z_{\max}(X,Y)$ 的概率密度函数 $p_{Z_{\max}(z)}$,则可以直接采用式(7)的第一个等号进行概率计算,因而只需要计算一个简单的一维积分即可.从对命题 1 的证明过程可知,采用等价极值事件的概

念,关于概率密度函数的积分没有损失任何相关性信息.类似的分析对命题 2 也成立.因此,命题 1 和命题 2 表明:等价极值事件可以将复杂失效事件的概率积分转化为简单的一维积分,在此过程中内蕴了复杂失效事件即各个分段或分片极限状态函数的相关性信息.等价极值事件的内蕴相关性是系统中的随机性均来自于相同基本变量这一事实的必然结果.

由于多个基本事件的组合构成的复杂失效事件可以转化为两两基本事件组成的复杂失效事件的逐级组合,因而,不难将命题 1 和命题 2 推广到复杂失效事件由多个基本事件组成的情形,详见后述.

1.2 等价极值事件与最弱链假设的区别

在结构可靠度分析中,常常采用最弱链假设.若失效概率为

$$P_f = P(X > a) \cup (Y > a) \tag{12}$$

记 $P_{f,1} = P\{(X > a)\}$, $P_{f,2} = P\{(Y > a)\}$. 采用最弱链假设时,认为

$$P_f = \max(P_{f,1},\ P_{f,2}) \tag{13}$$

而根据前述分析,应有

$$P_f = P\{Z_{\max} > a\} \tag{14}$$

不难发现,采用最弱链假设是以最大失效概率代替了真实的失效概率,即人为假定

$$P_f = \max\{P\{X > a\},\ P\{Y > a\}\} = P\{\max(X,\ Y) > a\} \tag{15}$$

由于算子 $P\{\cdot\}$ 与 $\max(\cdot)$ 不具有可交换性,式(15)对一般情形是不成立的.

这一判断可进一步加以分析.由式(12)可知

$$\begin{aligned} P_f &= \int_{(X>a)\cup(Y>a)} p_{XY}(x,\ y)\mathrm{d}x\mathrm{d}y \\ &= \int_a^{\infty}\left(\int_{-\infty}^{\infty} p_{XY}(x,\ y)\mathrm{d}y\right)\mathrm{d}x + \int_{-\infty}^{a}\left(\int_a^{\infty} p_{XY}(x,\ y)\mathrm{d}y\right)\mathrm{d}x \\ &= P_{f,1} + \Delta P_1 \end{aligned} \tag{16}$$

类似地,有

$$P_f = P_{f,2} + \Delta P_2 \tag{17}$$

因密度函数 $p_{XY}(x, y) \geqslant 0$,从而 $\Delta P_1 > 0$, $\Delta P_2 > 0$,故

$$P_f \geqslant \max(P_{f,1},\ P_{f,2}) \tag{18}$$

这正是经典可靠度界限分析中已有的结果[1].

若 X, Y 完全相关,不失一般性,可设 $Y = kX + b(k > 0)$,即 $p_{XY}(x,\ y) =$

$p_X(x)\delta(y-kx-b)$，这里 $p_X(x)$ 为 X 的边缘概率密度函数，$\delta(\cdot)$ 为 Dirac 函数，则由式(16)有

$$\begin{aligned}\Delta P_1 &= \int_{-\infty}^{a}\left(\int_{a}^{\infty} p_{XY}(x,\ y)\mathrm{d}y\right)\mathrm{d}x \\ &= \int_{-\infty}^{a}\left(\int_{a}^{\infty} p_X(x)\delta(y-kx-b)\mathrm{d}y\right)\mathrm{d}x \\ &= \int_{-\infty}^{a} p_X(x)u\left(x-\frac{a-b}{k}\right)\mathrm{d}x\end{aligned} \tag{19}$$

式中，$u(\cdot)$为单位阶跃函数.

类似地，不难得知，

$$\Delta P_2 = \int_{-\infty}^{a} p_Y(y)\delta(y-ka-b)\mathrm{d}y \tag{20}$$

当 $k>0$ 时，a 必位于$(a-b)/k$ 与 $ka+b$ 之间，因此从式(19)和(20)可知 ΔP_1，ΔP_2 中至少一个为零. 因而，$P_f=P_{f,1}$ 和 $P_f=P_{f,2}$ 至少有一个成立. 结合式(18)可见此时最弱链假设(13)是成立的.

上述分析表明，在各基本失效事件完全相关的情况下，通常应用的最弱链假设是成立的. 从物理背景上考察，这是因为在此情况下各基本失效事件具有某种同步性(即 δ 函数所体现的意义)，因而，最弱链假设事件等同于复杂失效准则的等价极值事件. 而在各基本失效事件不完全相关的场合，最弱链事件与等价极值事件不具有等价性. 显然，较之最弱链假设，等价极值事件反映了相关问题的本质.

2 复杂失效准则下的结构可靠度分析

2.1 典型复杂失效准则下的结构可靠度

在命题 1、命题 2 的基础上，可以方便地将一般复杂失效准则下的结构可靠度分析问题转化为等价极值事件的概率计算. 这里仅举两种最典型情况以说明等价极值事件构造的基本思想.

若结构可靠度为

$$P_r = P\{\bigcap_{j=1}^{m}(g_j(\boldsymbol{\Theta})>0) \tag{21}$$

式中，$g_1(\boldsymbol{\Theta})$，$g_2(\boldsymbol{\Theta})$，…，$g_m(\boldsymbol{\Theta})$ 为各分段或分片极限状态函数，则可以构造等价极值

$$Z_{\min} = \min_{1\leqslant j\leqslant m} g_j(\boldsymbol{\Theta}) \tag{22}$$

从而式(21)定义的可靠度为

$$P_r = P \bigcap_{j=1}^{m}(g_j(\boldsymbol{\Theta}) > 0) = P\{Z_{\min} > 0\}$$
$$= \int_0^{\infty} p_{Z_{\min}}(z)\mathrm{d}z \tag{23}$$

式中，$p_{Z_{\min}}(z)$ 为 $Z_{\min}$ 的概率密度函数.

类似地，若结构可靠度为

$$P_r = P\{\bigcup_{j=1}^{m}(g_j(\boldsymbol{\Theta}) > 0)\} \tag{24}$$

则可以构造等价极值

$$Z_{\max} = \max_{1 \leqslant j \leqslant m} g_j(\boldsymbol{\Theta}) \tag{25}$$

因此，式(24)定义的可靠度为

$$P_r = P\{\bigcup_{j=1}^{m}(g_j(\boldsymbol{\Theta}) > 0)\} = P\{Z_{\max} > 0\} = \int_0^{\infty} p_{Z_{\max}}(z)\mathrm{d}z \tag{26}$$

式中，$p_{Z_{\max}}(z)$ 为 $Z_{\max}$ 的概率密度函数.

2.2 结构动力可靠度

考察首次超越破坏问题的结构动力可靠度，若结构反应量为 $Q(\boldsymbol{\Theta}, t)$，则动力可靠度为

$$R(T) = P\{Q(\boldsymbol{\Theta}, t) < Q_b,\ 0 \leqslant t \leqslant T\} \tag{27}$$

式中，Q_b 为安全阈值. 若令 $g_t(\boldsymbol{\Theta}) = Q_b - Q(\boldsymbol{\Theta}, t)$，则式(27)成为

$$R(T) = P\{g_t(\boldsymbol{\Theta}) > 0,\ 0 \leqslant t \leqslant T\} \tag{28}$$

显然，式(28)等价于

$$R(T) = P\{\bigcap_{0 \leqslant t \leqslant T}(g_t(\boldsymbol{\Theta}) > 0)\} \tag{29}$$

由此可见，首次超越破坏动力可靠度问题本质上是一个具有无穷多个分段(或分片)极限状态函数的复杂失效准则问题. 当采用与随机过程 $g_t(\boldsymbol{\Theta})$ 相关的概率信息直接进行动力可靠度分析时，理论上需要应用随机过程 $g_t(\boldsymbol{\Theta})$ 的无穷维联合分布信息(无穷维相关信息)，方有可能获得精确的可靠度解答. 从这一角度考察结构动力可靠度分析中最常用的首次穿越损坏理论[9]，可见，由于采用 Rice 公式计算期望穿阈率时本质上仅采用了二维联合分布信息，因而，即使反应量及其速度的二维联合分布信息是精确的(这一点常常是相当困难的)，也仍然无法对于一般情形获得可靠度的精确解答. 换句话说，基于跨越过程的可靠度理论本质上是某种二阶理论，这是它不可能得到结构动力可靠度精确解答的根本原因.

而从本文基本观点出发，式(29)事实上是式(21)中问题的推广. 因此，可以构

造等价极值

$$Z_{\min,T}=\min_{0\leqslant t\leqslant T} g_t(\boldsymbol{\Theta}) \tag{30}$$

即可通过简单的一维积分获得关于指定物理量的动力可靠度

$$R(T)=P\{Z_{\min,T}>0\}=\int_0^\infty p_{Z_{\min,T}}(z)\mathrm{d}z \tag{31}$$

容易理解,构造等价极值事件的思想可以方便地推广到结构体系可靠度分析的场合,即若结构动力可靠度定义为

$$R(T)=P\{\bigcap_{j=1}^{m}(Q_j(\boldsymbol{\Theta},t)<Q_{b,j})\},\ 0\leqslant t\leqslant T \tag{32}$$

则只需构造等价极值

$$Z_{\min,T}=\min_{1\leqslant j\leqslant m}\{\min_{0\leqslant t\leqslant T} g_{t,j}(\boldsymbol{\Theta})\} \tag{33}$$

即可类似式(31)获得式(32)定义的可靠度.

再次指出,根据 2.1 中的分析,在各类复杂失效准则下的结构可靠度分析问题中,所构造的等价极值内蕴了各个分段(或分片)极限状态函数之间的相关性信息,因而,不再需要对相关性加以另外的特殊考虑和专门处理. 显然,利用等价极值事件分析结构可靠度未引入任何假定或近似,因此,除数值分析的误差外,在原理上是精确的结果.

3 极值分布的数值算法

如前所述,复杂失效准则下的结构动力可靠度分析可以通过构造等价极值进行. 文献[10]基于密度演化理论,发展了获取一般随机函数或随机过程的极值分布的方法.

以式(30)中最小值的概率密度函数求解为例. 从式(22)可知, $Z_{\min,T}$ 显然依赖于 $\boldsymbol{\Theta}$,即 $Z_{\min,T}$ 是 $\boldsymbol{\Theta}$ 的函数,因此,可以给出 $Z_{\min,T}$ 关于 $\boldsymbol{\Theta}$ 的形式

$$Z_{\min,T}=W(\boldsymbol{\Theta},T) \tag{34}$$

构造一个以 τ 为虚拟时间的虚拟随机过程

$$Z(\tau)=\varphi(W(\boldsymbol{\Theta},T),\tau)=\phi(\boldsymbol{\Theta},\tau) \tag{35}$$

该随机过程在给定时刻 τ_c 的值等于式(25)中的极值,即

$$Z(\tau_c)=\varphi(W(\boldsymbol{\Theta},T),\tau_c)=\phi(\boldsymbol{\Theta},\tau_c)=W(\boldsymbol{\Theta},T) \tag{36}$$

为方便计,式(35)的初始值可以取为 0,即

$$Z(\tau)\big|_{\tau=0}=0 \tag{37}$$

式(35)构造了一个随机过程，可以引用密度演化的基本思想[11]，获得 $(Z(\tau), \boldsymbol{\Theta})$ 的联合概率密度函数 $p_{Z\boldsymbol{\Theta}}(z, \boldsymbol{\theta}, \tau)$ 的演化方程：

$$\frac{\partial p_{Z\boldsymbol{\Theta}}(z, \boldsymbol{\theta}, \tau)}{\partial \tau} + \dot{\phi}(\boldsymbol{\theta}, \tau) \frac{\partial p_{Z\boldsymbol{\Theta}}(z, \boldsymbol{\theta}, \tau)}{\partial z} = 0 \tag{38}$$

式中，$\dot{\phi}(\boldsymbol{\theta}, \tau) = \partial \phi(\boldsymbol{\theta}, \tau)/\partial \tau$，当式(37)满足时，式(38)的初始条件为

$$p_{Z\boldsymbol{\Theta}}(z, \boldsymbol{\theta}, \tau) \mid_{\tau=0} = \delta(z) p_{\boldsymbol{\Theta}}(\boldsymbol{\theta}) \tag{39}$$

求解式(38)和式(39)获得 $p_{Z\boldsymbol{\Theta}}(z, \boldsymbol{\theta}, \tau)$ 之后，即可进一步得到 $Z(\tau)$ 的概率密度函数

$$p_Z(z, \tau) = \int_{\Omega_{\boldsymbol{\Theta}}} p_{Z\boldsymbol{\Theta}}(z, \boldsymbol{\theta}, \tau) \mathrm{d}\theta \tag{40}$$

式中，$\Omega_{\boldsymbol{\Theta}}$为 $\boldsymbol{\Theta}$ 的分布区域.

显然，由式(36)可知

$$p_{Z_{\min, T}}(z) = p_Z(z, \tau_c) \tag{41}$$

式(38)和式(39)求解的基本过程与密度演化的基本思想是完全一致的[11]：首先在多维随机参数空间 $\Omega_{\boldsymbol{\Theta}}$ 中取得离散代表点 $\boldsymbol{\theta}_q (q = 1, 2, \cdots, N_{\mathrm{sel}})$，这里 N_{sel}为离散代表点的总数目；对于给定的 $\boldsymbol{\Theta} = \boldsymbol{\theta}_q$，进行确定性结构分析获得式(34)及式(35)的导数 $\dot{\phi}(\boldsymbol{\theta}_q, \tau)$ 的值，代入式(38)采用有限差分求解即可获得 $p_{Z\boldsymbol{\Theta}}(z, \boldsymbol{\theta}, \tau)$ 的数值解答，进一步对式(40)进行数值积分得到 $p_Z(z, \tau)$ 的数值解答.

离散代表点的选取可以采用数论方法并进行超球体筛选[12]，使得随机变量数目较多时的计算工作量与单一随机变量时的计算工作量基本相当.

对式(38)进行差分求解时，有多种不同的差分格式可资选用，例如单边差分格式、Lax-Wendroff 格式等[13]. 经验表明，在进行结构动力反应的密度演化分析时，采用 Lax-Wendroff 格式及其修正格式具有较好的计算性能，而在进行极值分布计算时，采用单边差分格式较为理想. 注意到式(38)的系数 $\dot{\phi}(\boldsymbol{\theta}_q, \tau)$ 的符号随着 τ 的变化而变化，应采用具有方向自适应性质的单边差分格式

$$p_{j,k} = (1 - |h_k r_L|) p_{j,k-1} + \frac{1}{2}(h_k r_L + |h_k r_L|) p_{j-1,k-1} - \frac{1}{2}(h_k r_L - |h_k r_L|) p_{j+1,k-1} \tag{42}$$

式中，$p_{j,k}$表示 $p_{Z\boldsymbol{\Theta}}(z_j, \boldsymbol{\theta}, \tau_k)$，其中，$z_j = j\Delta z (j = 0, \pm 1, \pm 2, \cdots)$，$\tau_k = k\Delta\tau (k = 0, 1, 2, \cdots)$，$\Delta z$，$\Delta\tau$ 分别为 z 方向与 τ 方向的离散步长，

$$h_k = \frac{1}{2}(\dot{\phi}(\boldsymbol{\theta}_q, \tau_{k-1}) + \dot{\phi}(\boldsymbol{\theta}_q, \tau_k)), \quad r_L = \Delta\tau / \Delta z.$$

式(42)的 Courant-Friedrichs-Lewy 条件

$$|h_k r_L| \leqslant 1, \ \forall k = 0, 1, 2, \cdots \tag{43}$$

在本文中，式(35)取用

$$\varphi(W(\boldsymbol{\Theta}, T), \tau) = \dot{\phi}(\boldsymbol{\Theta}, \tau) = W(\boldsymbol{\Theta}, T)\sin(\omega\tau) \tag{44}$$

式中 $\omega = 13\pi/2$, $\tau_c = 1$. 根据计算经验，一般时间离散步长可取 $\Delta\tau = 1/15\ 000 \sim 1/10\ 000$ s.

4 分析实例

4.1 静力可靠度分析

如图 1 所示由三根钢索构成的受力体系. 每根钢丝的拉断力 Θ_1, Θ_2, Θ_3 服从对数正态分布，各变量独立同分布，且各变量均值均为 340 kN，变异系数为 0.15. 荷载 S 亦为对数正态分布，均值为 540 kN，变异系数为 0.25.

该受力体系当三根钢丝索全部断裂后失效，是一个简单但是典型的复杂失效准则问题，采用传统的结构体系可靠度分析方法，可以获得结构失效概率的解答[14].

设 $P_{f,1}$, $P_{f,2}$ 和 $P_{f,3}$ 分别为每根钢丝索按顺序发生拉断事件的概率，则受力体系的失效概率为

$$P_f = 6P_{f,1}P_{f,2}P_{f,3} - (3P_{f,1}^2 P_{f,3} + 3P_{f,1}P_{f,2}^2 - P_{f,3}^3) \tag{45}$$

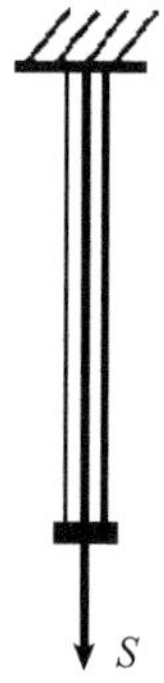

图 1　三根钢索构成的受力体系

根据上述参数，不难计算得到 $P_{f,1} = 0.014\ 6$, $P_{f,2} = 0.214\ 5$, $P_{f,3} = 0.943\ 7$，进而可以由式(45)得到 $P_f = 0.015\ 1$.

图 1 受力体系的可靠度亦可采用等价极值的思想求解. 显然，受力体系的失效概率为

$$P_f = P\{\bigcap_{j=1}^{3}(g_j(\Theta_1, \Theta_2, \Theta_3, S) < 0)\} \tag{46}$$

式中，$g_1 = 3\min(\Theta_1, \Theta_2, \Theta_3) - S$, $g_2 = 2\mathrm{mid}(\Theta_1, \Theta_2, \Theta_3) - S$, $g_3 = \max(\Theta_1, \Theta_2, \Theta_3) - S$，式中 max(·)，mid(·)和 min(·)分别表示取括号中的最大值、中间值和最小值.

此时，易知式(46)的等价极值为

$$Z_{\max} = \max_{1\leqslant j\leqslant 3}(g_j(\Theta_1, \Theta_2, \Theta_3, S)) \tag{47}$$

故当利用第 4 节的方法获取极值分布以后，即可立即获得失效概率

$$P_f = P\{Z_{\max} < 0\} = \int_{-\infty}^{0} p_{Z_{\max}}(z)\mathrm{d}z \tag{48}$$

由式(47)定义的 Z_{max} 的概率密度与概率分布如图 2 所示. 显然,由式(48)可知图 2(b)横坐标为 0 处的概率分布函数值 0.015 5 即为失效概率 . 这一解答与式(45)获得的解答是一致的,由于数值方法造成的误差仅为 2.67%,可见等价极值思想具有很好的精度.

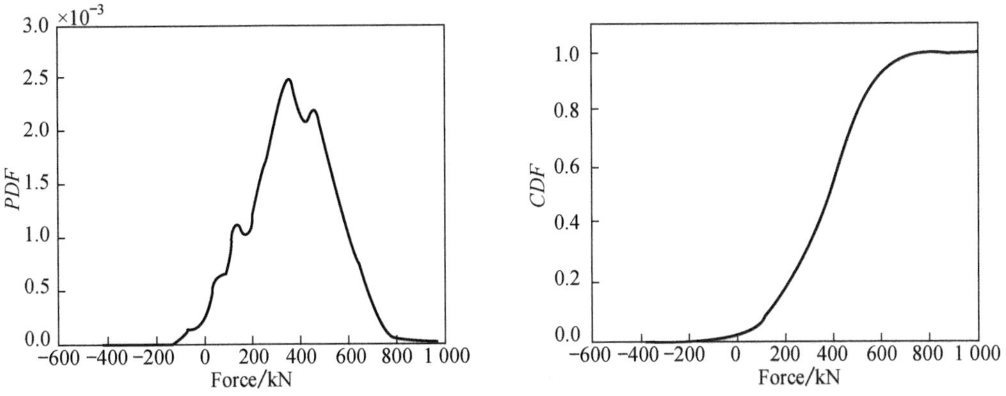

(a) 概率密度函数 (b) 概率分布函数

图 2 Z_{max} 的概率密度函数与概率分布函数

4.2 结构动力可靠度

考察图 3 所示的 10 层框架结构. 柱截面尺寸为 500 mm×450 mm,柱高 $h_1=4$ m, $h=3$ m. 从顶层向下各层的集中质量均值分别为 1.0, 2.1, 2.1, 2.0, 2.1, 2.1, 2.3, 2.2, 2.2, 2.2×10^5 kg,各层柱的弹性模量均值分别为 2.8, 2.8, 3.0, 3.0, 3.0, 3.0, 3.25, 3.25, 3.25, 3.25×10^{10} Pa. 集中质量和弹性模量均为正态分布的随机变量,从顶层向下每两层的质量完全相关,即每两层质量的随机性可以用同一个标准化随机变量表示,弹性模量的分布类似,因此,质量和弹性模量的随机性共由 10 个标准化独立随机变量刻划,其变异系数均为 0.2.

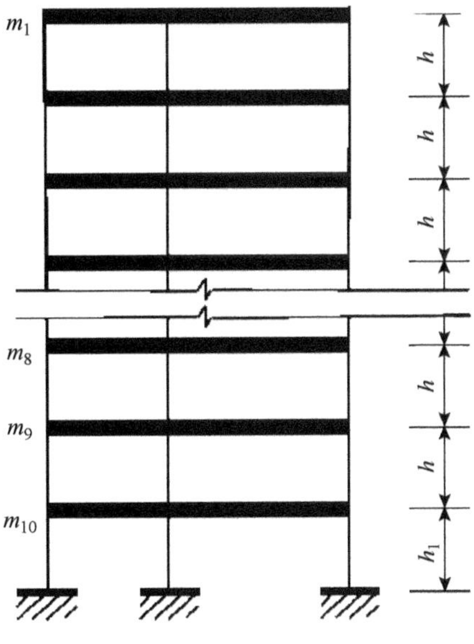

图 3 层间剪切型框架模型

结构的层间恢复力采用连续可微、能够反映构件的强度退化、刚度退化和捏拢效应等典型非线性特性的 Bouc-Wen-Baber-Noori 模型[15,16]. 在此模型中,共有 13 个基本参数,其中 α 为屈服后与屈服前的刚度比; A, β, γ, n 为曲线基本形状参数, d_v 为反映强度退化性质的参数, d_η 为反映刚度退化性质的参数；p, q, ψ, d_{ψ}, λ, ζ_s 为反映捏拢效应的参数. 根据参数灵敏度分析，本文中以 β, γ, d_v, d_η, ζ_s 为正态分布的独立随机变量，其均值分别为 $\mu_\beta=140$, $\mu_\gamma=20$, $\mu_{d_v}=200$, $\mu_{d_\eta}=200$, $\mu_{\zeta_s}=0.95$，变异系数均为0.3，其余参数取确定性的值 $A=1$, $n=1$, $q=0$, $p=2\,500$, $d_\psi=0.01$, $\psi=0.003$, $\lambda=0.003$.

随机地震动输入采用基于物理随机系统思想建立的地震动模型[17]. 该模型考虑了基岩地震动的不确定性和场地土条件的不确定性，引入基岩地震动随机Fourier谱幅值参数 F_0，场地频率 ω_0 与阻尼比 ζ_0 作为独立随机参数，根据对实际地震记录的分析识别，采用对数正态分布，其均值和变异系数分别取为 $\mu_{F_0}=0.9$, $\mu_{\omega_0}=25$, $\mu_{\zeta_0}=0.7$, $\delta_{F_0}=0.5$, $\delta_{\omega_0}=0.4$, $\delta_{\zeta_0}=0.3$.

若以层间位移角定义各层的可靠度，即

$$R_j(T)=P\{|X_{fl,j}(t)|\leqslant H_j[\vartheta_p],\ 0\leqslant t\leqslant T\}\ (j=1,2,\cdots,10) \tag{49}$$

式中，$X_{fl,j}(t)$ 为第 j 层与第 $j-1$ 层的层间位移(基底记为0层)，H_j 为各层层高，$H_1=h_1$, $H_2=\cdots=H_{10}=h$, $[\vartheta_p]$ 为塑性层间位移角限值，对于钢筋混凝土框架结构，可取1/50.

若规定只要有一层层间位移角超过限值，则结构失效，此时结构可靠度为复杂失效准则问题

$$R(T)=P\{\bigcap_{j=1}^{10}(|X_{fl,j}(t)|\leqslant H_j[\vartheta_p]),\ 0\leqslant t\leqslant T\} \tag{50}$$

采用数论方法并经超球体筛选，在18维随机参数空间中取出208个离散代表点. 在随机地震动作用下，当 $T=15$ s时，利用第3节中所述方法构造等价极值，可以获得结构可靠度见表1.

表1　框架结构动力可靠度 $T=15$ s

楼层	动力可靠度
10	1.000 000
9	1.000 000
8	1.000 000
7	1.000 000
6	1.000 000
5	0.946 920
4	1.000 000
3	0.923 446
2	0.994 684
1	0.686 391
复杂失效准则(式(50))	0.599 364

从表 1 可见，由各层层间位移角衡量的结构动力可靠度分布颇不均匀. 底层可靠度最小，第 3 层和第 5 层次之，其余各层则可靠度较高或完全可靠. 注意到对于剪切型框架结构，当刚度与质量分布相对较为均匀时，往往底层层间位移最大，因而底层可靠度也最低. 同时，从本模型的弹性模量分布可知，在第 3 层，5 层，7 层和 9 层处结构的刚度有一个突变，而刚度突变处往往构成结构的薄弱层，故第 3 层和第 5 层的可靠度亦较小，这是合乎框架结构地震反应特性的定性性质的.

表 1 的结果还表明，按照复杂失效准则(50)计算的结构可靠度较之结构各层可靠度均低，且明显低于可靠度最低的底层. 这恰恰说明了 2.2 节中的分析结论：复杂失效准则下的结构可靠度与最弱链可靠度并不是等价的，仅在各个基本失效事件完全相关的场合，两者才是等价的. 在各基本失效事件非完全相关的场合，各基本失效事件都将对失效概率有所贡献，因而导致复杂失效事件的概率较之最弱链失效事件的概率为大.

5 结　论

由于结构效应与结构基本变量之间的物理相关关系，结构的效应与抗力、结构的不同反应量之间必然存在着相关性. 在基本物理量存在随机变量的场合，这种相关性在现象学意义上表现为概率相关. 恰当地反映这种相关性，在结构可靠度分析中至关重要. 本文从分析复杂失效准则的基本随机事件及其概率积分入手，阐述了等价极值的基本思想，指出等价极值事件给出的概率积分内蕴了结构不同反应量的概率相关信息. 在此基础上，将等价极值事件的基本思想推广到复杂失效准则下一般结构的可靠度分析之中. 计算实例表明：等价极值事件给出的结构可靠度分析结果具有较高的精度.

参考文献

[1] Nowak A S, Collins K R. Reliability of Structures[M]. McGraw-Hill Companies, Inc., 2000.

[2] Wen Y K. Reliability and performance-based design[J]. Structural Safety, 2001, 23: 407-428.

[3] Song J H, Der Kiureghian A. Bounds on system reliability by linear programming[J]. Journal of Engineering Mechanics, 2003, 129(6): 627-636.

[4] Ditlevsen O. Narrow reliability bounds for structural systems[J]. Journal of Structural Mechanics, 1979, 107(4): 453-472.

[5] Chen K S, Zhang S K, Huang W. Artificial intelligenceβ-unzipping method in structural system reliability analysis[J]. Computers and Structures, 1995, 60(4): 619-626.

[6] Mahadevan S, Raghotham Achar P. Adaptive simulation for system reliability analysis of large structures[J]. Computers and Structures, 2000, 77: 725-734.

[7] Yang K, Younis H. A semi-analytical Monte Carlo simulation method for system's

reliability with load sharing and damage accumulation[J]. Reliability Engineering and System Safety, 2005,87:191-200.
[8] 李广慧,王东炜,傅方. 小震下 RC 框架结构失效相关性研究[J]. 哈尔滨建筑大学学报, 1999,32(2):7-10.
[9] 朱位秋. 随机振动[M]. 北京:科学出版社, 1998.
[10] 陈建兵,李杰. 随机结构动力可靠度分析的极值概率密度方法[J]. 地震工程与工程振动, 2004,24(6):39-44.
[11] 李杰,陈建兵. 随机结构非线性动力响应的概率密度演化方法[J]. 力学学报,2003,35(6): 716-722.
[12] Chen J B, Li J. Extreme value distribution and reliability of nonlinear stochastic structures [J]. Earthquake Engineering and Engineering Vibration,2005,4(2):275-286.
[13] Thomas J W. Numerical Partial Differential Equations[M]. Springer-Verlag New York, Inc. ,1995.
[14] 李继华,等. 建筑结构概率极限状态设计[M]. 北京:中国建筑工业出版社,1990.
[15] Wen Y K. Method for random vibration of hysteretic systems [J]. Journal of the Engineering Mechanics Division,1976,102(2):249-263.
[16] Baber T T, Noorim N. Random vibration of degrading, pinching systems[J]. Journal of Engineering Mechanics,1985,111(8):1010-1027.
[17] 艾晓秋. 基于随机地震动模型的地下管线地震反应及抗震可靠度研究[D]. 上海:同济大学,2005.

The Inherent Correlation of the Structural Response and Reliability Evaluation

Chen Jian-bing　Li Jie

Abstract: The structural system reliability evaluation is still a difficult problem. In the present paper, a typical case is studied to illustrate that an equivalent extreme value event could be constructed so that the correlation information is inherent in the probabilistic integration of the equivalent extreme value. This concept could then be extended to deal with the reliability evaluation of general structures with complex failure criterion through constructing an equivalent extreme value event to evaluate the reliability through a simple integration of the extreme value distribution. Numerical examples on static and dynamic reliability evaluation demonstrate that the proposed method is versatile and of acceptable accuracy.

(本文原载于《计算力学学报》第 25 卷第 4 期, 2008 年 8 月)

钢筋混凝土框架结构体系可靠度分析

李杰　范文亮

摘　要　结构体系可靠度是一个40年来尚没有得到很好解决的问题,即使对于理想弹塑性体系,经典的结构体系可靠度分析也往往会遭遇两个难以克服的困难:相关失效与组合爆炸.近年来,基于概率守恒原理的随机事件描述,提出了广义密度演化方程,从而将确定性系统和随机系统分析纳入到统一的理论框架之中.基于这一进展,结合结构非线性全过程分析的位移控制算法,本文推导了结构静力非线性发展过程的概率密度演化方程.采用纤维梁柱单元进行结构非线性分析,研究钢筋混凝土框架结构的体系可靠度,并与Monte Carlo法进行对比分析.研究结果证明了概率密度演化理论对结构体系可靠度分析的适用性.

引　言

结构体系可靠度研究始于20世纪70年代,Stevenson和Moses最早进行了框架结构系统可靠度的研究[1].就物理机制考察,体系可靠度与构件可靠度的区别在于结构达到相同的极限状态可以经由不同的方式或路径.

经典的体系可靠度分析主要研究理想弹塑性杆系结构的不倒概率,其主要方法包括PNET法、分支约界法、优化准则法、最小荷载增量法等[2-4].仔细考察这些以识别失效模式为基础的方法可知:对于复杂结构,体系可靠度分析必然会遭遇两个困难的问题:组合爆炸和相关失效.为了规避这两个困难,引入了主要失效模式识别策略和失效模式相关性假定,这往往会增加可靠度计算的误差.

事实上,经典体系可靠度分析的最大不足在于理想弹塑性假定.对于混凝土结构,上述假定过于粗糙.然而,如果取消这一假定而引入一般的非线性分析过程,经典可靠度分析理论将会遇到难以逾越的障碍:无穷失效模式,而不仅仅是组合爆炸[5].

近年来,基于概率守恒原理的随机事件描述,提出了广义密度演化方程,从而将确定性系统和随机系统分析纳入到统一的理论框架之中[6-10].本文在概率密度演化理论基础上研究结构体系可靠度分析问题,结合结构非线性全过程分析的位移控制算法,推导了结构非线性发展过程的概率密度演化方程.采用纤维梁柱单元对结构进行非线性分析，研究了钢筋混凝土框架结构的体系可靠度. 将建议方法与Monte Carlo 法进行了对比分析，证明了概率密度演化理论对于一般框架结构体系可靠度分析的适用性.

1　结构非线性发展过程的概率密度分析

在框架结构非线性分析中，常采用增量比例加载模式，求解方法则包括荷载增量法、位移增量法等，其中荷载增量法只能模拟结构非线性发展过程的上升段，而后者则适用于全过程非线性分析，因此可以比较方便地用于计算结构的极限承载力. 本文采用位移增量法进行结构全过程分析.

1.1　结构非线性发展过程的概率密度演化方程

考虑比例加载条件(图 1(a))，框架结构的典型受力全过程曲线如图 1(b)所示. 图中，P 为基准荷载参数；Δ 为结构的某一位移参数，既可以是顶点位移，也可以是某层层间位移；$\boldsymbol{r}$ 为比例加载系数向量；Δ_p为 $P_{\max}$ 对应的位移参数值.

对于图 1 所示的曲线，可以用两种方式描述

$$\Delta = G(\boldsymbol{\xi},\ \boldsymbol{\Theta},\ P,\ \boldsymbol{r}) \tag{1a}$$

或

$$P = g(\boldsymbol{\xi},\ \boldsymbol{\Theta},\ \Delta,\ \boldsymbol{r}) \tag{1b}$$

式中，$\boldsymbol{\xi}$ 为确定性结构参数；$\boldsymbol{\Theta}$ 为随机结构参数.

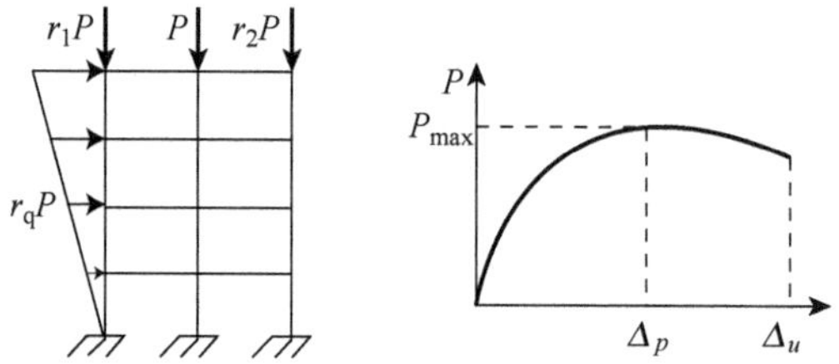

(a)　　　　(b)

图 1　框架结构比例加载简图及典型受力全过程曲线

如果说式(1a)描述的是结构在给定荷载参数下的位移反应，那么式(1b)则描述了结构在给定位移状态下对给定形式荷载的抵抗能力，更方便获得极限承载力.

不失一般性，引入加载参数 t，当采用位移增量法分析时，可取 $t=\Delta$，于是式(1b)可改写为

$$P = g(\boldsymbol{\xi},\ \boldsymbol{\Theta},\ \boldsymbol{r},\ t) \tag{2}$$

对于 $\boldsymbol{\Theta}$ 中任一样本 $\boldsymbol{\theta}$，P 以概率 1 等于 $g(\boldsymbol{\xi},\ \boldsymbol{\theta},\ \boldsymbol{r},\ t)$ ，即

$$f_{P|\boldsymbol{\Theta}}(p, t \mid \boldsymbol{\theta}) = \delta[p - g(\boldsymbol{\xi}, \boldsymbol{\Theta}, \boldsymbol{r}, t \mid \boldsymbol{\theta})] \tag{3}$$

式中，$f_{P|\boldsymbol{\Theta}}(\cdot)$ 表示 P 关于 $\boldsymbol{\Theta}$ 的条件概率密度函数，$\delta[\cdot]$为一维 Dirac 函数.

对上式关于 t 求偏导并简化可得

$$\frac{\partial f_{P|\boldsymbol{\Theta}}(p, t \mid \boldsymbol{\theta})}{\partial t} + \frac{\partial g(\boldsymbol{\xi}, \boldsymbol{\Theta}, \boldsymbol{r}, t \mid \boldsymbol{\theta})}{\partial t} \cdot \frac{\partial f_{P|\boldsymbol{\Theta}}(p, t \mid \boldsymbol{\theta})}{\partial p} = 0 \tag{4}$$

又

$$\frac{\partial g(\boldsymbol{\xi}, \boldsymbol{\Theta}, \boldsymbol{r}, t \mid \boldsymbol{\theta})}{\partial t} = \frac{\partial g(\boldsymbol{\xi}, \boldsymbol{\Theta}, \boldsymbol{r}, t \mid \boldsymbol{\theta})}{\partial \Delta} = k(\Delta \mid \boldsymbol{\theta}) \tag{5}$$

式中 $k(\Delta \mid \boldsymbol{\theta})$ 表示当 $\boldsymbol{\Theta} = \boldsymbol{\theta}$ 时 P-Δ 曲线在 Δ 处的斜率，即结构的瞬时刚度. 显然，此刚度是 Δ 的函数. 将式(5)代入式(4)有

$$\frac{\partial f_{P|\boldsymbol{\Theta}}(p, t \mid \boldsymbol{\theta})}{\partial t} + k(\Delta \mid \boldsymbol{\theta}) \cdot \frac{\partial f_{P|\boldsymbol{\Theta}}(p, t \mid \boldsymbol{\theta})}{\partial_p} = 0 \tag{6}$$

利用条件概率密度函数和联合概率密度函数的关系，式(6)可改写为

$$\frac{\partial f_{P, \boldsymbol{\Theta}}(p, \boldsymbol{\theta}, t)}{\partial t} + k(\Delta \mid \boldsymbol{\theta}) \cdot \frac{\partial f_{P, \boldsymbol{\Theta}}(p, \boldsymbol{\theta}, t)}{\partial_p} = 0 \tag{7}$$

其初始条件为

$$f_{P, \boldsymbol{\Theta}}(p, \boldsymbol{\theta}, t) \mid_{t=0} = \delta(p) f_{\boldsymbol{\Theta}}(\boldsymbol{\theta}) \tag{8}$$

根据边缘概率密度函数和联合概率密度函数的关系可以方便地得到 $f_P(p, t)$，即

$$f_P(p, t) = \int f_{P, \boldsymbol{\Theta}}(p, \boldsymbol{\theta}, t) \mathrm{d}\boldsymbol{\theta} \tag{9}$$

上述推导中，借助了基准荷载参数（等价于给定参数 t 处的结构承载力)，但是并不仅限于基准荷载参数. 仔细考察推导过程，式(1b)所描述的物理过程才是根本所在. 显然，在结构的非线性发展过程中，不仅仅基准荷载参数具有这类形式. 从这一意义上说，式(7)描述的是一类物理量随加载过程而变化的概率密度演化方程，本文称之为结构非线性发展过程的概率密度演化方程.

1.2　承载力裕量的概率密度演化方程

若以 $\boldsymbol{F}$ 表示设计荷载向量，且 $\boldsymbol{r}$ 中分量为 1 位置处的荷载值为 P_0. 令 $Z_{\max} = P_{\max}(\boldsymbol{\Theta}) - P_0$，则易知 $Z_{\max}$ 的物理意义是：结构的承载安全裕量. $Z_{\max} = 0$ 表示结构处于承载极限状态；$Z_{\max} > 0$ 表示结构可靠；$Z_{\max} < 0$ 表示结构失效. 本文称 $Z_{\max}$ 为承载力裕量. 显然，若 $P_0 = 0$，则 $Z_{\max} = P_{\max}(\boldsymbol{\Theta})$. 若定义虚拟随机过程

$$Z = (P_{\max}(\boldsymbol{\Theta}) - P_0) \cdot \lambda \tag{10}$$

显然有：

$$Z_{\max}=Z|_{\lambda=1} \tag{11}$$

对于联合随机向量$[\boldsymbol{\Theta}, P_0]$中任一样本$(\boldsymbol{\theta}, p_0)$，有

$$f_{Z|\boldsymbol{\Theta}, P_0}(z, \lambda \mid \boldsymbol{\theta}, p_0)=\delta[z-(P_{\max}(\boldsymbol{\theta})-p_0)\cdot\lambda] \tag{12}$$

对上式关于λ求偏导，经简化不难获得如下的概率密度演化方程

$$\frac{\partial f_{Z,\boldsymbol{\Theta}, P_0}(z, \boldsymbol{\theta}, p_0, \lambda)}{\partial\lambda}+(P_{\max}(\boldsymbol{\theta})-p_0)\cdot\frac{\partial f_{Z,\boldsymbol{\Theta}, P_0}(z, \boldsymbol{\theta}, p_0, \lambda)}{\partial z}=0 \tag{13}$$

其初始条件为

$$f_{Z,\boldsymbol{\Theta}, P_0}(z, \boldsymbol{\theta}, p_0, \lambda)|_{\lambda=0}=\delta(z)f_{\boldsymbol{\Theta}}(\boldsymbol{\theta})f_{P0}(p_0) \tag{14}$$

由$f_{Z,\boldsymbol{\Theta}, P_0}(z, \boldsymbol{\theta}, p_0, \lambda)$可以方便地得到$f_Z(z, \lambda)$，即

$$f_Z(z, \lambda)=\iint f_{Z,\boldsymbol{\Theta}, P_0}(z, \boldsymbol{\theta}, p_0, \lambda)\mathrm{d}\boldsymbol{\theta}\mathrm{d}_{p_0} \tag{15}$$

再根据式(10)，有

$$f_{Z_{\max}}(z_{\max})=f_Z(z, \lambda)|_{\lambda=1} \tag{16}$$

1.3 概率密度演化方程的数值求解

按照上述过程推导出的概率密度演化方程可采用数值方法求解，基本步骤如下：

(1) 在随机参数空间$\Omega_{\boldsymbol{\Theta}}$中选取离散代表点$\boldsymbol{\theta}_q(q=1, \cdots, N_{\mathrm{sel}})$，其中$N_{\mathrm{sel}}$为总的选点数，根据$\Omega_{\boldsymbol{\Theta}}$维数的不同，可分别采用格栅选点策略或切球选点策略[11]；

(2) 对于给定的$\{\boldsymbol{\Theta}=\boldsymbol{\theta}_q\}$，利用位移增量法进行结构的非线性全过程分析，并获得$k(\Delta \mid \boldsymbol{\theta}_q)$；

(3) 将$k(\Delta \mid \boldsymbol{\theta}_q)$代入方程(7)，采用有限差分法的 TVD 格式对其进行求解，获得联合概率密度函数的数值解；

(4) 对式(9)进行数值积分，即可获得$f_P(p, t)$.

对于式(13)～式(16)的数值求解过程与此类似.

2 框架结构非线性有限元分析

概率密度演化方程的数值求解步骤(2)实际上是一个确定性的结构非线性分析过程.

钢筋混凝土框架结构的非线性分析经历了由层间模型向杆系模型的发展过程. 杆系模型的关键在于杆件单元的建模. 根据建模方法的不同，杆件单元模型大

致可分为:集中塑性模型(如单分量模型[12]、多分量模型[13-14]和多弹簧模型[15]等)和分段变刚度模型(如三区段变刚度模型、五区段变刚度模型和有限长度多弹簧模型[16-17]等)和多区段有限元模型. 本文采用和截面纤维模型结合的多区段有限元模型[18]进行结构分析.

基于纤维梁柱单元的框架结构非线性分析遵循的是一种从本构到结构的分析途径,不存在截面恢复力模型的简化以及由此带来的误差. 在纤维梁柱单元中,每个纤维单向受力,基于平截面假定和单轴材料应力-应变关系,可由各纵向纤维数值积分求得整个断面的轴力及弯矩. 显然,纤维梁柱单元可以直接考虑轴力对弯矩-曲率恢复力关系的影响.

ZeusNL 软件[19]是美国伊利诺伊斯大学开发的基于纤维梁柱单元模型的结构非线性分析程序. 其截面纤维模型可划分为钢筋纤维、保护层混凝土纤维和核心区混凝土纤维,钢筋纤维采用双线性本构模型,混凝土纤维采用文献[20]提出的改进的 Mander 模型,保护层混凝土采用无约束模型,核心区混凝土采用约束模型,各微段纵向采用三次形函数. 本文采用这一软件进行确定性非线性分析.

3 框架结构极限承载力可靠度分析

从物理随机系统的观点出发,结构非线性发展过程可以视为是以结构荷载与结构物理参数为基本变量的抗力随机函数,而极限承载力可视为这一随机函数的极值[21]. 在这一意义上,经典的结构体系可靠度等价于极限承载力大于给定荷载的概率,用数学形式描述即为

$$
\begin{aligned}
R &= Pr\{P_{\max}(\boldsymbol{\Theta}) - P_0 > 0\} \\
&= \begin{cases}
\displaystyle\int_{P_{\max}(\boldsymbol{\Theta})-P_0>0} f_{\boldsymbol{\Theta}}(\theta)\mathrm{d}\theta = \int_{P_0}^{\infty} f_{P\max(\boldsymbol{\Theta})}(x_1)\mathrm{d}x_1 \text{(if } P_0 \text{ is a deterministic load)} \\
\displaystyle\iint_{P_{\max}(\boldsymbol{\Theta})-P_0>0} f_{\boldsymbol{\Theta}}(\theta) f_{P_0}(p_0)\mathrm{d}\theta\mathrm{d}_{p_0} = \int_{Z_{\max}>0} f_{Z_{\max}}(x_2)\mathrm{d}\,x_2 \\
\displaystyle\qquad = \int_0^{\infty} f_{Z_{\max}}(x_2)\mathrm{d}\,x_2 \text{(if } \mathrm{P}_0 \text{ is a stochastic load)}
\end{cases}
\end{aligned}
\tag{17}
$$

4 分析实例

考察一个双层双跨的混凝土框架结构,跨度 6 m,层高 3. 2 m,截面尺寸和配筋见图 2. 节点竖向荷载 Q 用以模拟恒载和活载,设为确定性变量,取为 195 kN;水平荷载完全相关,按倒三角分布;荷载分阶段施加:首先施加竖向荷载,再按比例施加

水平荷载. 纵筋采用Ⅱ级钢筋，考虑到钢筋强度的变异性比较小，视为确定性变量，$f_y=350$ MPa；混凝土强度等级为 C30，由于混凝土强度的变异性比较明显，取为随机变量，且假设其服从正态分布，例中采用《混凝土结构设计规范》(GB 50010—2002)[22]中抗压强度的统计资料来确定抗压强度的统计参数，取 $\mu_{f_c}=25$ MPa，$\delta_{f_c}=10\%$. 分别对 F_0 为确定性荷载和随机性荷载两类情况下框架结构的体系可靠度进行分析.

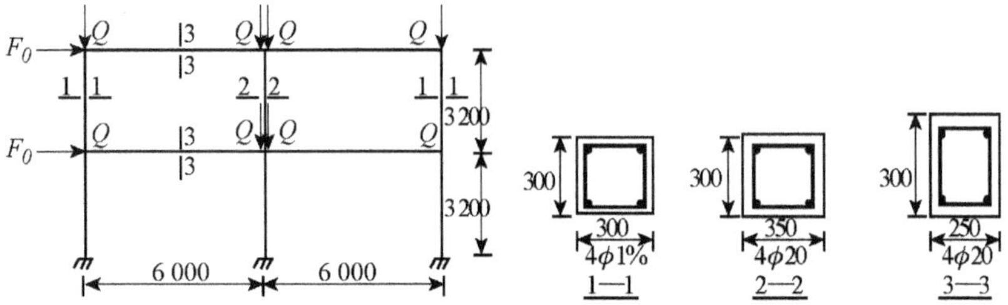

图 2　框架结构模型

4.1　F_0 为确定性荷载

利用格栅选点策略对 f_c 选取 300 个代表点，取比例加载系数向量 $r=(1\quad 0.5)^{\mathrm{T}}$，得到 $P_{\max}$ 的概率密度函数 PDF 如图 3 所示，其中分布均值和变异系数分别为 $\mu_{P_{\max}}=133.85$ kN，$\delta_{P_{\max}}=1.546\,6\%$.

由图 3 可看出，虽然 f_c 服从正态分布，但是由于结构的非线性，$P_{\max}$ 显然不再是正态分布，甚至不是对称型和单峰型分布.

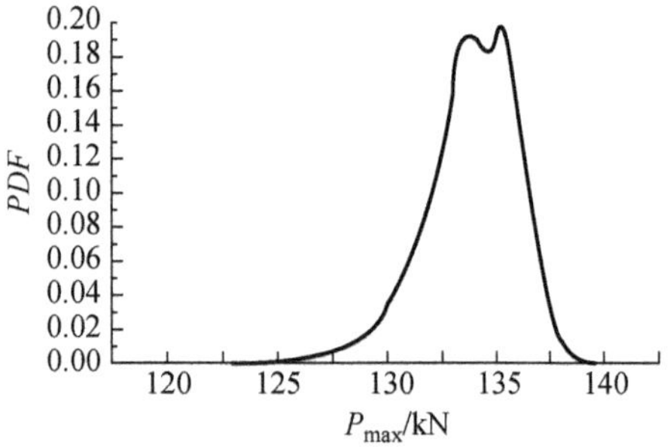

图 3　$P_{\max}$ 的概率密度函数

对于给定的 F_0，利用式(17)积分即可求出结构失效概率，见表 1. 图 4 则给出了 F_0 取不同值时 Monte Carlo 法(MCM)的计算结果随着抽样数量的变化趋势曲线. 可见，MCM 具有明显的随机收敛性质. 以 $F_0=130$ kN 为例，模拟 2 500 次到模拟 20 000 次的过程中，其失效概率在 0.045 5～0.052 之间波动，误差范围达 13%. 而概率密度演化方法不存在这一问题.

表 1　建议方法的计算结果

F_0/kN	125	127.5	130	132.5	135
P_f	0.001 03	0.007 85	0.049 48	0.236 92	0.681 41

4.2 F_0 为随机性荷载

模拟结构遭受地震动情况，取 F_0 的变异系数为 $\delta_{F_0}=0.2$，均值分别取为 $\mu_{F_0}=105$ kN和 $\mu_{F_0}=120$ kN.

(1) $\mu_{F_0}=105$ kN

利用切球选点策略对 (F_0, f_c) 选取 331 个代表点，计算出 $Z_{\max}$ 的概率密度分布如图 5 所示，积分可得到失效概率 $P_f=8.688\%$. 图 6 示出了 Monte Carlo 法的计算结果随着抽样数量的变化趋势曲线. 在分别模拟 2 500 次至 20 000 次的过程中，失效概率在 8.1%至 9.2%之间波动.

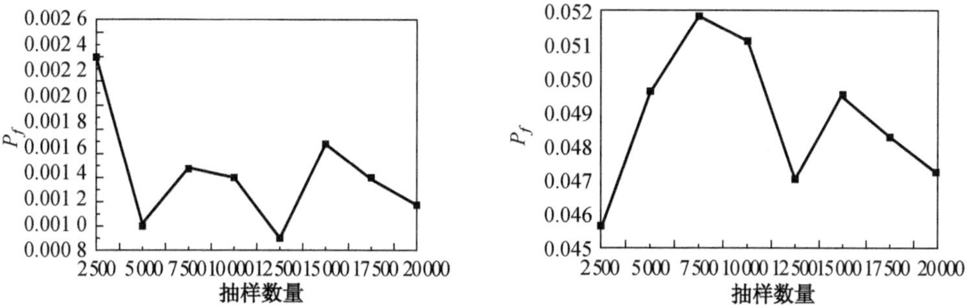

(a) $F_0=125$ (b) $F_0=130$

图 4 MCM 结果随抽样数变化趋势图

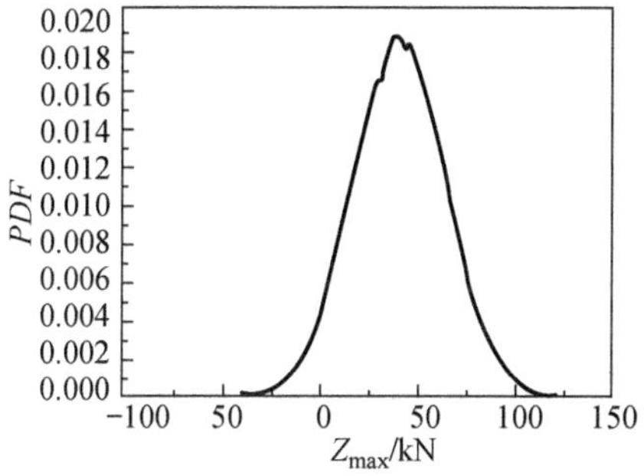

图 5 $Z_{\max}$ 的概率密度函数

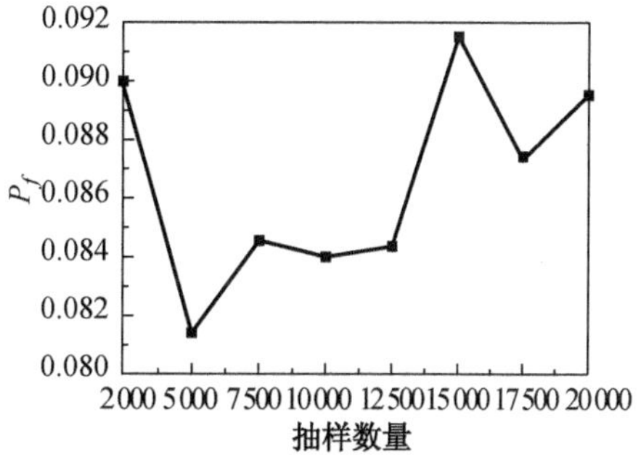

图 6 *MCM* 结果随抽样数变化趋势图

(2) $\mu_{F_0}=120$ kN

利用本文建议方法计算出 $Z_{\max}$ 的概率密度分布如图 7 所示，积分可得到失效概率 $P_f=28.869\%$. 图 8 示出了 Monte Carlo 法的计算结果随着抽样数量的变化趋势曲线. 在 2 500 次至 20 000 次的模拟过程中，失效概率在 27.45%～29.3%之间波动.

此外，对 Monte Carlo 模拟结果的方差[4]进行了分析，结果如图 9 所示. 分析表明，随着抽样数的增加，方差呈减小趋势. 需指出的是：由于 P_f 的真实值未知，图中数值仅是方差的近似.

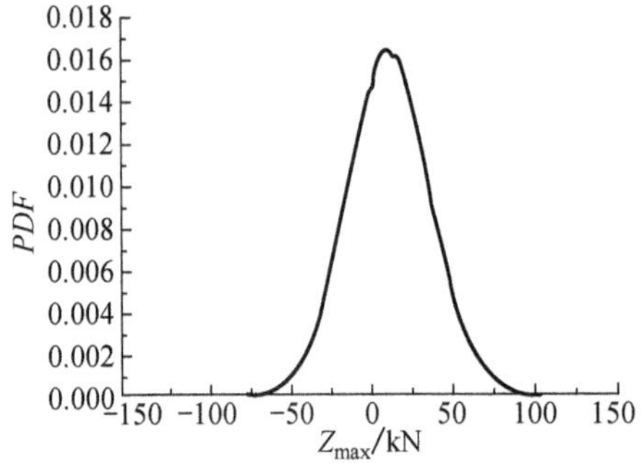

图 7　Z_{max} 的概率密度函数

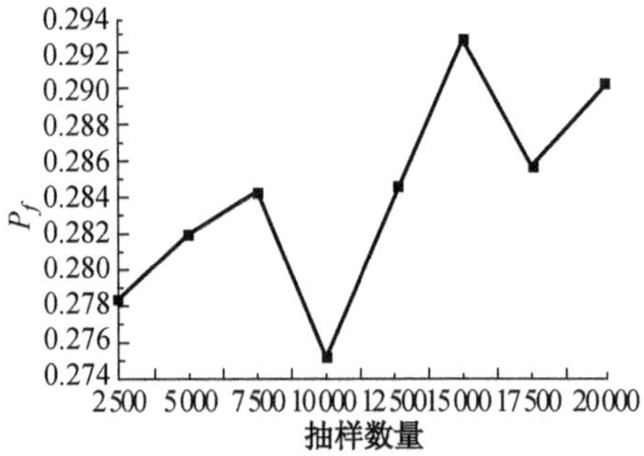

图 8　MCM 结果随抽样数变化趋势图

上述分析表明：与 Monte Carlo 法相比，本文建议方法具有很好的精度，且有较高的计算效率. 同时，MCM 结果的随机收敛性是值得关注的问题.

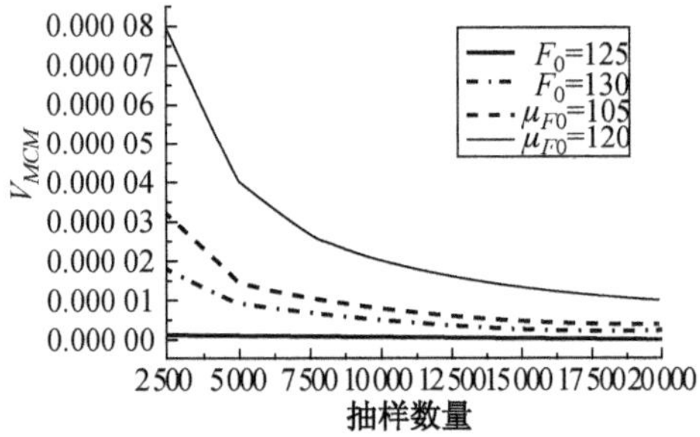

图 9　MCM 模拟结果的方差变化趋势

5　结　论

结合概率密度演化理论和结构非线性全过程分析，推导了具有物理意义的结构非线性发展过程的概率密度演化方程，给出了承载力裕量和结构极限承载力概率分布密度的数值求解方法. 以此为基础，发展了混凝土框架结构的体系可靠度分析方法. 以双层双跨的混凝土框架结构为例，验证了文中建议方法的有效性，分析表明此方法在高、中、低可靠度的情形都有很好的精度，且有较高的计算效率.

值得指出的是：虽然 Monte Carlo 法被认为是具有广泛适用性的结构可靠度分析方法，但是由于其本质的随机收敛性，以随机模拟的计算结果作为结构可靠度的评价标准往往并不合理.

致谢　对美国伊利诺伊斯大学（University of Illinois at Urbana-Champaign，

UIUC)的中美地震中心(Mid-America Earthquake Center, MAE)提供的非线性分析软件 ZeusNL 表示诚挚的谢意.

参考文献

[1] 赵国藩. 工程结构可靠度理论与应用[M]. 大连:大连理工大学出版社, 1996.

[2] Thoft-Christensen P, Murotsu Y. Application of structural systems reliability theory [M]. Heidelberg: Springer-Verlag Berlin, 1986.

[3] Bennett R M, Ang A H S. Formulations of structural system reliability[J]. Journal of Engineering Mechanics, ASCE, 1987, 112(11): 1135-1151.

[4] 董聪. 现代结构系统可靠性理论及其应用[M]. 北京:科学出版社, 2001.

[5] Li Jie, Chen Jianbing, Fan Wenliang. The equivalent extreme-value event and evaluation of the structural system reliability[J]. Structural Safety, 2007, 29: 112-131.

[6] 李杰,陈建兵. 随机结构非线性动力响应的概率密度演化分析[J]. 力学学报, 2003, 35(6): 716-721.

[7] 李杰,陈建兵. 随机结构反应的概率密度演化分析[J]. 同济大学学报, 2003, 31(12): 1387-1391.

[8] 李杰,陈建兵. 随机动力系统中的广义密度演化方程[J]. 自然科学进展, 2006, 16(6): 712-719.

[9] Li Jie, Chen Jianbing. The principle of preservation of probability and the generalized density evolution equation[J]. Structural Safety, 2008, 30: 65-77.

[10] Chen Jianbing, Li Jie. Development process of nonlinearity based reliability evaluation of structures[J]. Probabilistic Engineering Mechanics, 2007, 22: 267-275.

[11] 陈建兵,李杰. 随机结构反应概率密度演化分析的切球选点法[J]. 振动工程学报, 2006, 19(1): 1-8.

[12] Giberson M F. Two nonlinear beams with definitions of ductility[J]. Journal of Structural Division, ASCE, 1969, 95(2): 137-157.

[13] Clough R W, Benuska K L, Wilson E L. Inelastic earthquake response of tall buildings [C]//Proc. 3rd World Conf. on Earthquake Engrg. New Zealand: 1965.

[14] D'Ambrisi A, Filippou F C. Modeling of cyclic shear behavior in RC members [J]. Journal of Structural Engineering, 1999, 125(10): 1143-1150.

[15] Lai S S, George T W. R/C space frames with column axial force and biaxial bending moment interactions[J]. Journal of Structural Engineering, 1986, 112(7): 1553-1572.

[16] 张娟. 钢筋混凝土框架结构非线性反应的随机分析[D]. 上海:同济大学, 2004.

[17] 吕西林,卢文生. 纤维杆元模型在框架结构非线性分析中的应用[J]. 力学季刊, 2006, 27(1): 14-22.

[18] Mari A, Scordies A. Nonlinear geometric material and time dependent analysis of three dimension reinforced and prestressed concrete frames[R]. SESM 82-12, 1984.

[19] Elnashai A S, Papanikolaou V, Lee D H. Zeus N L user manual: a system for inelastic analysis of structures[M].

[20] Martlnez-Rueda J E, Elnashai A S. Confined concrete model under cyclic load [J]. Materials

and Structures, 1997,30:139-147.
[21] 李杰. 物理随机系统研究的若干基本观点[R]. 上海:同济大学,2006.
[22] GB 50010—2002 混凝土结构设计规范[S].

System Reliability Analysis of RC Frames

Li Jie　Fan Wen-liang

Abstract: In spite of nearly four decades of investigations, structural system reliability is still an unresolved issue. In classical system reliability theory encountered are the two obstacles, the correlation of failure modes, and the combinatorial explosion problems. Recently, based on the random event description of the principle of preservation of probability, a generalized density evolution equation has been established, and a family of original and effective approaches capable of capturing the instantaneous probability density functions of the responses of multi-degree-of-freedom linear and nonlinear systems developed. In the present paper, based on the above theory, namely the probability density evolution method (PDEM), a generalized density evolution equation of the nonlinear evolution process of frames with loading parameter as the "time parameter" is derived, from which the probability density function of the ultimate capacity can be obtained. Combining such approach with structural nonlinear analysis based on the fiber beam-column elements, the system reliability of RC frames subjected to static loads is evaluated. The reliability of a 2-story 2-bay RC frame with random parameters is numerically investigated. Comparing with the Monte Carlo simulation, the proposed method is accurate and more efficient for the reliability analysis of RC frames.

(本文原载于《土木工程学报》第 41 卷第 11 期,2008 年 11 月)

考虑多重失效机制的结构体系可靠度分析

范文亮　李 杰

摘　要　经典的体系可靠度分析仅涉及构件的抗弯失效,而未考虑可能发生的抗剪失效和抗扭失效等其他失效机制. 为此,文中对经典的体系可靠度进一步拓展,提出考虑多重失效机制的体系可靠度问题,进而在概率密度演化理论的框架中,针对静定结构和超静定结构,分别引入等价极值事件和吸收边界条件,导出等价极值变量的密度变换解和考虑吸收边界条件的广义目标量的密度变换解. 由于密度变换解的特殊形式,引入 δ 序列逼近的思想,获得各类密度变换解的 δ 序列逼近算法. 最后,通过多个算例验证文中建议算法的合理性和有效性,同时指出抗剪失效机制对失效概率的贡献并不总是可以忽略,需慎重对待.

引　言

可靠度是结构设计的语法,它可分为两类: 构件可靠度和体系可靠度. 构件可靠度已基本步入实用阶段,然而,体系可靠度虽历经了近半个世纪的研究和发展,却远未成熟.

经典的体系可靠度分析源起于机电系统和航空航天系统[1-3],其中主要采用 H. A. Watson 提出并由 D. F. Haasl 改进的故障树分析方法(FTA)[3]. 但对于大型故障树,由于涉及大量相关失效概率的计算,可靠度计算十分困难.

真正意义上的结构体系可靠度研究约始于 20 世纪 60 年代. 1961 年 A. M. Freudental 和 1969 年 J. T. P. Yao 等都尝试进行结构体系可靠度分析[4];1970 年, J. Stevenson 等首开框架结构的体系可靠度研究之先河[5]; 1975 年, A. H-S. Ang 等在 FTA 分析基础上,提出了概率网络计算技术(PNET 法)[6-7].

由于 PNET 法不能很好地考虑元件之间的相关性和结构的失效演化历程,有效的约界方法和自动化分析手段逐渐占据了主导地位[8]. 1979 年, F. Moses 等提出了取参数均值系统的失效模式为系统失效模式的均值失效模式识别法[9]; 1983 年, F. Moses 等对其进行改进,提出用 Monte Carlo 模拟补充一定的失效模式,但仍不能确保识别出主要失效模式[10]. 均值失效模式识别法虽然不能保证识别出结构的主要失效模式,但是其中的增量荷载分析却为识别主要失效模式提供了借鉴作用.1982 年，F. Moses 提出了基于利用率的失效模式识别方法，它继承了均值失效模式识别法的均值参数系统和增量加载的特性，但确定候选失效单元的依据为增量加载过程中构件利用率变化的大小[11]. 不过此方法亦不能确保获得最主要失效模式，而且不能考虑此前构件响应的累积效应. 1988 年，我国科学家冯元生考虑了累积效应的影响，提出以有效承力比的变化作为候选失效单元判别依据的优化准则法，初步解决了 Moses 方法容易遗漏主要失效模式的问题[12]. 此后，我国学者冯元生和董聪等在这方面进行了大量的研究，获得了比较丰硕的成果[8].

除了上述按元件受力的程度来搜寻主要失效模式元件的失效模式识别法外，尚存在另一类依据元件失效概率来确定候选失效元件的分枝限界类算法. 1975 年 W. E. Vesely 在利用 FTA 进行系统可靠度分析时就提出了以失效模式的发生概率为依据识别主要失效模式的方法[13]；1980 年 Y. Murotsu 等将这一思想引入到候选失效单元的判定上，初步提出了分枝-约界法[14]；1982 年，P. Thoft-Christensen 等提出了 β 约界法，其思路与 Murotsu 方法异曲同工，只不过判断候选失效单元的准则为条件可靠度指标[15]；P. Thoft Christensen 和 Y. Murotsu 在他们的经典著作中系统介绍了 β 约界法和分枝-约界法的思想和实现过程[16]；董聪在对 β 约界法深入考察的基础上，提出了修正的 β 约界法、联合 β 约界法和全局 β 约界法等[8].

除了经典的失效模式识别法，研究者对响应面法和 Monte Carlo 法的研究亦倾注了极大的热情. 遗憾的是，迄今为止，确定响应面的函数形式和改善 Monte Carlo 法的计算效率等仍未很好解决.

近年来，李杰及其合作者在概率密度演化理论的框架下，基于等价极值事件原理或者从非线性发展过程的角度考察，将结构体系可靠度问题转化为简单可靠度问题求解，成功地解决了体系可靠度问题中的组合爆炸问题以及相关失效问题，为体系可靠度问题的求解提供了一种实用、有效的途径[17-19]. 此外，赵衍刚等提出的矩方法与上述方法思路上有相似之处，但具体计算方法差异较大[20].

纵观上述方法，它们均存在一个共同点：在体系可靠度的计算过程中只考虑了构件的抗弯失效机制. 然而，杆状构件存在 4 种基本的受力形式：拉(压)、弯、剪和扭，相应地有 4 种失效机制. 框架结构中，梁柱构件以拉(压)与弯、剪为主，对应的破坏机制则包括抗弯(包括压弯)失效和抗剪失效. 上述失效机制引起的构件失效均可能导致结构的整体失效，因此仅考虑单一的抗弯失效机制的体系可靠度是不完整的. 为此，本文试图在概率密度演化理论的框架下，研究考虑多重失效机制的结构体系可靠度问题. 作为初步研究，文中以抗弯失效和抗剪失效两种机制为考察重点.

1 考虑多重失效机制的体系可靠度

一般而言，抗弯失效是一种延性失效模式，而抗剪失效则是一种脆性失效模式，结构设计中应尽量避免. 事实上，框架结构在非线性发展过程中，从形成抗弯塑性铰至达到塑性铰极限转动能力会经历较长的延性过程，设计良好的结构可利用这一现象，使构件逐一达到极限承载能力直至形成整体或局部的破坏机构；而若抗剪失效，则在单个构件层次即可形成局部结构倒塌。因此，同时考虑构件抗弯失效和抗剪失效的结构体系可靠度分析问题，在本质上是同时考虑结构整体倒塌及局部倒塌的概率分析问题，这方面的研究鲜有学者涉及.

仔细考察搜寻主要失效模式的过程. 不难发现搜寻过程实际是一个变结构分析过程，即塑性铰数量逐步增加的过程. 若仅考虑构件抗剪失效，那么结构破坏的全过程可视为构件逐一局部倒塌的过程，同属于变结构分析. 因此，理论上，经典的失效模式识别法亦可用于考虑双重失效模式的结构体系可靠度分析，只不过组合爆炸问题将进一步加剧，实用性大大受限.

事实上，可以在结构非线性发展过程中考察涉及双重失效机制的体系可靠度问题，只需在结构非线性分析过程中增加判定构件是否抗剪失效的步骤.

考虑到构件发生局部倒塌后会严重影响建筑物完成预定功能的能力，所以本文将考虑抗弯失效和抗剪失效的结构体系可靠度问题的极限状态定义为结构发生局部倒塌或整体倒塌. 对于经典体系可靠度所考察的理想弹塑性结构，结构发生整体倒塌与结构达到极限承载力是等价的；而对于一般结构，如钢筋混凝土框架结构，一般以承载力下降到极限承载力的某一比值来定义倒塌，但这一比值并不统一，另外考虑到单调力加载时承载力不会出现下降段，极限承载力亦与倒塌对应. 因此，基于上述认识，且为简单计算，可将上述极限状态定量为结构任一构件达到抗剪承载力或结构整体达到极限承载力(此极限承载力计算中仅考虑构件抗弯失效). 此时，结构体系的失效事件可用数学语言描述为

$$(F_{\max} < F) \cup \left[\bigcup_{i=1}^{n} (Q_{u,i} < Q_i(F))\right] \tag{1}$$

式中，n 为结构中可能发生抗剪失效截面的数量；$F_{\max}$ 表示仅考虑抗弯失效时结构的极限承载力；F 为荷载参数；$Q_{u,i}$，$Q_i(F)$ 分别为第 i 个截面的抗剪承载力和剪力. 显然，$F_{\max} < F$ 表示整体抗弯失效事件，即整体倒塌，而 $Q_{u,i} < Q_i(F)$ 表示构件抗剪失效事件，即局部倒塌.

对于静定结构，任一截面抗弯失效或抗剪失效均会导致结构失效，于是式(1)可等价描述为

$$\left[\bigcup_{j=1}^{m} (M_{u,j} < M_j(F))\right] \cup \left[\bigcup_{i=1}^{n} (Q_{u,i} < Q_i(F))\right] \tag{2}$$

式中，m 为结构中可能发生抗弯失效截面的数量；$M_{u,j}$，$M_j(F)$ 分别为第 j 个截面的抗弯承载力和弯矩.

对于超静定结构，在结构达到 $F_{\max} < F$ 过程中可能会有构件出现 $Q_{u,i} < Q_i(F)$，即 $F_{\max} < F$ 和 $\bigcup_{i=1}^{n} (Q_{u,i} < Q_i(F))$ 可能存在交集. 为此，可将式(1)等价描述为

$$\{F_{\max} < F\} \cup \{[\bigcup_{i=1}^{n}(Q_{u,i} < Q_i(F))] \cap (F_{\max} \geqslant F)\} \tag{3}$$

显然，$F_{\max} < F$ 和 $F_{\max} \geqslant F$ 是随机变量空间的一个划分，$F_{\max} < F$ 和 $[\bigcup_{i=1}^{n}(Q_{u,i} < Q_i(F))] \cap (F_{\max} \geqslant F)$ 为不交的子集，而后者表示在结构不发生整体抗弯失效前提下的构件抗剪失效事件.

若同时考虑更多的失效机制，如抗弯失效、抗剪失效和抗扭失效等，亦可以获得与式(2)和式(3)相类似的结构失效事件的数学描述.

2　体系可靠度求解方法

2.1　等价极值事件及其密度变换解

式(2)所描述的结构体系的失效概率为

$$P_f = Pr\{[\bigcup_{j=1}^{m}(M_{u,j} < M_j(F))] \cup [\bigcup_{i=1}^{n}(Q_{u,i} < Q_i(F))]\} \tag{4}$$

式中，$P_r\{\cdot\}$ 表示随机事件的概率. 根据文献[20]，若引入如下的等价极值变量

$$Z_{\min} = \min\left\{\min_{j=1,m}\left[\frac{(M_{u,j} - M_j(F))}{\max\limits_{j=1,m}(|M_{u,j} - M_j(F)|)}\right], \min_{i=1,n}\left[\frac{(Q_{u,i} - Q_i(F))}{\max\limits_{i=1,m}(|Q_{u,i} - Q_i(F)|)}\right]\right\} \tag{5}$$

那么，体系失效概率可改写为

$$P_f = Pr\{Z_{\min} < 0\} = \int_{-\infty}^{0} p_{Z_{\min}}(z)\mathrm{d}z \tag{6}$$

式中，$p(\cdot)$ 表示概率密度函数，下同.

易知，$Z_{\min}$ 是荷载参数和结构参数的函数，若记其中的随机参数向量为 $\boldsymbol{\Theta}$，确定参数向量为 $\boldsymbol{\xi}$，且函数用 $H(\cdot)$ 表示，于是 $Z_{\min} = H(\boldsymbol{\xi}, \boldsymbol{\Theta})$. 那么，可通过构造与 $Z_{\min}$ 相关可靠度问题的两类不同算法给出 $p_{Z_{\min}}(z)$ 的求解公式，即密度变换解，可参见文献[21]，其过程简述如下：

若 $Z_{\min} \geqslant a$ 则结构可靠；否则结构失效. 于是，该问题的可靠度 R 为

$$R = \int_{H(\boldsymbol{\xi},\boldsymbol{\Theta}) \geqslant a} p_{\boldsymbol{\Theta}}(\boldsymbol{\theta})\mathrm{d}\boldsymbol{\theta} = \begin{cases} \int_{\Omega_{\boldsymbol{\Theta}}} I(\boldsymbol{\theta}, a) \cdot p_{\boldsymbol{\Theta}}(\boldsymbol{\theta})\mathrm{d}\boldsymbol{\theta} \\ Pr\{Z_{\min} \geqslant a\} = \int_{a}^{\infty} p_{Z_{\min}}(z)\mathrm{d}z \end{cases} \tag{7}$$

式中，$\Omega_{\boldsymbol{\Theta}}$ 为随机向量 $\boldsymbol{\Theta}$ 的取值空间；$I(\boldsymbol{\theta}, a) = \begin{cases} 1, & H(\boldsymbol{\xi}, \boldsymbol{\theta}) \geqslant a, \\ 0, & \text{其他}. \end{cases}$

显然，两种算法是等价的，即

$$\int_a^{\infty} p_{Z_{\min}}(z)\mathrm{d}z = \int_{\Omega_{\boldsymbol{\theta}}} I(\boldsymbol{\theta}, a) \cdot p_{\boldsymbol{\Theta}}(\boldsymbol{\theta})\mathrm{d}\boldsymbol{\theta} \tag{8}$$

将上式两端对 a 进行偏微分，且考虑到 a 是哑元，于是可得到

$$p_{Z_{\min}}(z) = \int_{\Omega_{\boldsymbol{\theta}}} \delta(H(\boldsymbol{\xi}, \boldsymbol{\theta}) - z) \cdot p_{\boldsymbol{\Theta}}(\boldsymbol{\theta})\mathrm{d}\boldsymbol{\theta} \tag{9}$$

式中，$\delta(\cdot)$ 表示 Dirac δ 函数. 式(9)描述了 $\boldsymbol{\Theta}$ 的概率结构向 $Z_{\min}$ 的概率结构转换关系，本文称之为等价极值变量的密度变换解.

由于积分项中包含广义函数 $\delta(\cdot)$，直接积分并不方便，可引入 δ 函数序列代替 δ 函数以获得近似解，即式(9)可近似为

$$p_{Z_{\min}}(z) \approx p_{Z_{\min}}(z, \rho) = \int_{\Omega_{\boldsymbol{\theta}}} \delta_{\rho}(H(\boldsymbol{\xi}, \boldsymbol{\theta}) - z) \cdot p_{\boldsymbol{\Theta}}(\boldsymbol{\theta})\mathrm{d}\boldsymbol{\theta} \tag{10}$$

式中，$\delta_{\rho}(\cdot)$ 为 δ 函数序列，此处采用正态的 δ 函数序列，即

$$\delta_{\rho}(H(\boldsymbol{\xi}, \boldsymbol{\theta}) - z) = \frac{1}{\sqrt{2\pi}\rho}\exp\left[\frac{-1}{2\rho^2}(H(\boldsymbol{\xi}, \boldsymbol{\theta}) - z)^2\right] \tag{11}$$

引入选点策略，可将式(10)转化为数值积分，即

$$p_{Z_{\min}}(z) \approx \sum_{q=1}^{N_{\mathrm{sel}}} \frac{1}{\sqrt{2\pi}\rho H_0} \exp\left[\frac{-1}{2\rho^2}\left(\frac{H(\boldsymbol{\xi}, \boldsymbol{\theta}) - z}{H_0}\right)^2\right] \cdot P_q \tag{12}$$

式中，$H_0 = \max\limits_{\boldsymbol{\theta} \in \Omega_{\boldsymbol{\Theta}}} H(\boldsymbol{\xi}, \boldsymbol{\theta})$；$\boldsymbol{\theta}_q$ 为选择的代表点；N_{sel} 为所选代表点的数量；P_q 为 $\boldsymbol{\theta}_q$ 的赋得概率.

因此，利用等价极值事件及其密度变换解求解静定结构体系可靠度的具体步骤如下：

(1) 由切球选点策略[22]或数论选点策略[23]，在随机变量空间内选取离散代表点，并给出其赋得概率.

(2) 对于给定代表点，计算可能抗弯失效和抗剪失效截面的剪力、弯矩和抗剪承载力、抗弯承载力，再由式(5) 计算 $Z_{\min}$.

(3) 选取适当小的 ρ，利用式(12)计算出 $p_{Z_{\min}}(z)$ 的近似解.

(4) 最后由式(6)获得体系的失效概率.

2.2 考虑吸收边界的密度变换解及其 δ 序列逼近

相比于式(2)，基于式(3)构造与超静定结构体系可靠度对应的等价极值事件并不容易，因为当 $F_{\max} < F$ 时，$Q_i(F)$ 不是具体的数值，无法获得等价极值. 为此，本文引入吸收边界条件来处理超静定结构的体系可靠度问题.

考察与式(3)描述的可靠度问题相关的多个物理量 S_i(如杆端弯矩 $M_i(F)$、剪力 $Q_i(F)$ 和承载力安全裕量 $F_{\max} - F$ 等)，若采用比例加载，即 $F = r\tau\,|_{\tau=\tau_0}$($r$ 为基

准荷载，τ 为比例加载系数，τ_0 为与 F 对应的 τ 值)，那么在加载过程中 $\boldsymbol{S}=\{S_1, S_2, \cdots, S_n\}$ 的概率密度演化规律服从以下概率密度演化方程

$$\frac{\partial p_{\boldsymbol{S},\boldsymbol{\Theta}}(\boldsymbol{s},\boldsymbol{\theta},\tau)}{\partial\tau}+\sum_{j=1}^{n}\frac{\partial S_j}{\partial\tau}\bigg|_{\boldsymbol{\Theta}=\boldsymbol{\theta}}\cdot\frac{\partial p_{\boldsymbol{S},\boldsymbol{\Theta}}(\boldsymbol{s},\boldsymbol{\theta},\tau)}{\partial s_j}=0 \tag{13a}$$

$$p_{\boldsymbol{S},\boldsymbol{\Theta}}(\boldsymbol{s},\boldsymbol{\theta},\tau)\big|_{\tau=0}=\delta(\boldsymbol{s})p_{\boldsymbol{\Theta}}(\boldsymbol{\theta}) \tag{13b}$$

对于一般的随机系统分析问题，式(13a)仅有初值条件式(13b)，但是对于可靠度问题，$\boldsymbol{S}$ 并不能自由演化，当其演化至失效域时，讨论 $\boldsymbol{S}$ 的演化已经不具有意义了，因此，在可靠度问题中，$\boldsymbol{S}$ 的概率密度演化规律需在考虑初值条件的同时再附加一个与失效域相关的概率吸收边界条件，即

$$p_{\boldsymbol{S},\boldsymbol{\Theta}}(\boldsymbol{s},\boldsymbol{\theta},\tau)=0,\ \text{如果}\ s(\tau)\in\Omega_{s,f} \tag{14}$$

式中，$\Omega_{s,f}$ 表示 $\boldsymbol{S}$ 空间内的失效域，它可以进一步转换为原始随机向量 $\boldsymbol{\Theta}$ 的失效域，由于 $\boldsymbol{S}$ 是 τ 的函数，那么不同加载时刻 $\boldsymbol{\Theta}$ 的失效域亦是不同的，即 $\boldsymbol{\theta}\in\Omega_{\boldsymbol{\Theta},f}|_{\tau}$. 于是，边界条件式(14)可改写为

$$p_{\boldsymbol{S},\boldsymbol{\Theta}}(\boldsymbol{s},\boldsymbol{\theta},\tau)=0,\ \text{如果}\ \boldsymbol{\theta}\in\Omega_{\boldsymbol{\Theta},f|\tau} \tag{13c}$$

式(13a)～式(13c)构成了体系可靠度问题中描述物理量概率密度演化的微分方程. 显然，上述方程为多维偏微分方程，求解非常不便. 若根据边缘概率密度函数与联合概率密度函数的关系，对式(13)关于 $S_1, S_2, \cdots, S_{i-1}, S_{i+1}, \cdots, S_n$ 积分，可得关于 S_i 的概率密度演化方程为

$$\frac{\partial p_{S_i,\boldsymbol{\Theta}}(s_i,\boldsymbol{\theta},\tau)}{\partial\tau}+\frac{\partial S_i}{\partial\tau}\bigg|_{\boldsymbol{\Theta}=0}\cdot\frac{\partial p_{S_i,\boldsymbol{\Theta}}(s_i,\boldsymbol{\theta},\tau)}{\partial s_i}=0 \tag{15a}$$

$$p_{S_i,\boldsymbol{\Theta}}(s_i,\boldsymbol{\theta},\tau)\big|_{\tau=0}=\delta(s_i)\,p_{\boldsymbol{\Theta}}(\boldsymbol{\theta}) \tag{15b}$$

$$p_{S_i,\boldsymbol{\Theta}}(s_i,\boldsymbol{\theta},\tau)=0,\text{如果}\ \boldsymbol{\theta}\in\Omega_{\boldsymbol{\Theta},f}|_{\tau} \tag{15c}$$

此方程与随机动力系统的广义概率密度演化方程的区别，主要在于附加了一个与可靠度问题失效域相关的边界条件，因此，将其称为考虑吸收边界的广义密度演化方程. 由于推导过程可以发现 S_i 可以是任意物理量，不失一般性，可将其记为 S，而式(15)亦可称为考虑吸收边界的广义概率密度演化方程.

在获得式(15)的解 $p_{S,\boldsymbol{\Theta}}(s,\boldsymbol{\theta},\tau)$ 的基础上，与式(3)对应的结构体系可靠度可由式(16)计算.

$$R=\int_{\Omega_S}\int_{\Omega_{\boldsymbol{\Theta}}}p_{S,\boldsymbol{\Theta}}(s,\boldsymbol{\theta},\tau_0)\mathrm{d}\boldsymbol{\theta}\mathrm{d}s=\int_{\Omega_S}p_S(s,\tau_0)\mathrm{d}s \tag{16}$$

由上式不难发现，若仅就可靠度而言，只需了解 $\tau=\tau_0$ 时刻的 $p_{S,\boldsymbol{\Theta}}(s,\boldsymbol{\theta},\tau_0)$，

而并不用关注加载过程中 $p_{S,\boldsymbol{\Theta}}(s, \boldsymbol{\theta}, \tau)$ 的演化过程.

根据特征线法,由式(15)可给出如下形式解析解

$$p_{S,\boldsymbol{\Theta}}(s, \boldsymbol{\theta}, \tau) = \delta(s - G(\boldsymbol{\theta}, \tau))p_{\boldsymbol{\Theta}}(\boldsymbol{\theta}) \tag{17}$$

式中, $G(\cdot)$ 表示 S 与 $\boldsymbol{\Theta}$ 的时变函数关系.

结合式(17),式(15c)可等价转换为

$$p_{\boldsymbol{\Theta}}(\boldsymbol{\theta}) = 0, \text{如果} \boldsymbol{\theta} \in \Omega_{\boldsymbol{\Theta},f}|_{\tau} \tag{18}$$

综合式(17)和式(18),可获得式(15)的形式解析解为

$$p_{S,\boldsymbol{\Theta}}(s, \boldsymbol{\theta}, \tau) = \delta(s - G(\boldsymbol{\theta}, \tau))\breve{p}_{\boldsymbol{\Theta}}(\boldsymbol{\theta})|_{\tau} \tag{19}$$

式中,

$$\breve{p}_{\boldsymbol{\Theta}}(\boldsymbol{\theta})|_{\tau} = \begin{cases} 0, & \text{如果} \theta \in \Omega_{\boldsymbol{\Theta},f}|_{\tau} \\ p_{\boldsymbol{\Theta}}(\boldsymbol{\theta}), & \text{其他} \end{cases} \tag{20}$$

表示考虑吸收边界条件后修正的 $\boldsymbol{\Theta}$ 的联合概率密度函数.

于是,当 $\tau = \tau_0$ 时有

$$p_{S,\boldsymbol{\Theta}}(s, \boldsymbol{\theta}, \tau_0) = \delta(s - G(\boldsymbol{\theta}, \tau_0))\breve{p}_{\boldsymbol{\Theta}}(\boldsymbol{\theta})|_{\tau_0} \tag{21}$$

$$p_S(s, \tau_0) = \int_{\Omega_{\boldsymbol{\Theta}}} \delta(s - G(\boldsymbol{\theta}, \tau_0))\breve{p}_{\boldsymbol{\Theta}}(\boldsymbol{\theta})|_{\tau_0} \mathrm{d}\boldsymbol{\theta} \tag{22}$$

式(22)描述的是给定荷载水平下,考虑吸收边界条件后目标量 S 的概率密度解答,文中称之为考虑吸收边界的密度变换解. 参照文献[24],式(22)亦可采用 Dirac 序列逼近算法近似,即

$$p_S(s, \tau_0) \approx \int_{\Omega_{\boldsymbol{\Theta}}} \delta_{\rho}(s - G(\boldsymbol{\theta}, \tau_0))\breve{p}_{\boldsymbol{\Theta}}(\boldsymbol{\theta})|_{\tau_0} \mathrm{d}\boldsymbol{\theta} \tag{23}$$

仍采用正态 Dirac 函数序列,即

$$\delta_{\rho}(s - G(\boldsymbol{\theta}, \tau_0)) = \frac{1}{\sqrt{2\pi}\rho} \exp\left[\frac{-1}{2\rho^2}(s - G(\boldsymbol{\theta}, \tau_0))^2\right] \tag{24}$$

引入数论选点、切球选点等选点策略选取 $\Omega_{\boldsymbol{\Theta}}$ 中的有效代表点,并结合式(20)给出其修正的赋得概率,于是式(23)可改写为

$$p_Z(s, \tau_0) \approx \sum_{q=1}^{N_{\mathrm{sel}}} \frac{1}{\sqrt{2\pi}\rho G_0} \exp\left[\frac{-1}{2\rho^2}\left(\frac{s - G(\boldsymbol{\theta}_q, \tau_0)}{G_0}\right)^2\right] \cdot \breve{p}_q \tag{25}$$

式中, $\breve{p}_q = \begin{cases} 0, & \text{如果} \boldsymbol{\theta}_q \in \Omega_{\boldsymbol{\Theta},f|\tau_0} \\ P_q, & \text{其他} \end{cases}$ 为 $\boldsymbol{\theta}_q$ 经式(20)修正后的赋得概率, P_q 为 $\boldsymbol{\theta}_q$ 在

$\Omega_{\boldsymbol{\Theta}}$ 域内的赋得概率，$G_0 = \max\limits_{\boldsymbol{\theta}\in\Omega_{\boldsymbol{\Theta}}} G(\boldsymbol{\theta},\ \tau_0)$.

显然，对于可由等价极值变量求解的静定结构，可靠度问题亦可用考虑吸收边界的广义密度演化方程分析，只需调整吸收边界即可.

仔细分析不难发现，无论是等价极值事件还是考虑吸收边界的密度变换解，对失效事件的复杂程度并未作任何限制. 因此，上述算法均可方便地推广至考虑多重失效机制的情形，只需构造相应的等价极值事件或引入相应的吸收边界条件即可.

3 算例分析

3.1 考虑吸收边界密度变换解的逼近算法验证

为验证考虑吸收边界的密度变换解的正确性及其 δ 序列逼近的有效性，以一个重构算例说明之. 令 $Z = Y$ 且失效域为 $Z > 1.6$，欲获 Y 为标准正态变量时 Z 的概率密度函数. 显然，该问题的解析解为

$$p_Z(z) = \begin{cases} \dfrac{1}{\sqrt{2\pi}} \mathrm{e}^{-\frac{z^2}{2}}, & z \leqslant 1.6 \\ 0, & z > 1.6 \end{cases}$$

另一方面，根据式(22)，可获得与之对应的考虑吸收边界的密度变换解：

$$p_Z(z) = \int_{\Omega_Y} \delta(z - y) \breve{p}_Y(y) \mathrm{d}_y$$

$$\breve{p}_Y(y) = \begin{cases} \dfrac{1}{\sqrt{2\pi}} \mathrm{e}^{-\frac{y^2}{2}}, & z \leqslant 1.6 \\ 0, & z > 1.6 \end{cases}$$

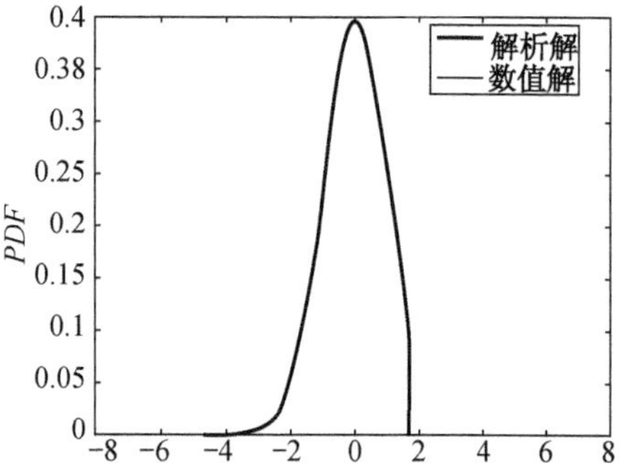

图 1　$p_z(z)$ 的解析解与数值解的比较

采用 δ 序列逼近算法，可给出其数值解答. 将其与解析解的比较示于图 1. 由观察不难发现，δ 序列逼近解答无论在整体形状，还是在吸收边界附近数值有剧烈变化的局部区域，均与精确解吻合良好，充分验证了考虑吸收边界的密度变换解的正确性及 δ 序列逼近的有效性.

3.2 考虑多重失效机制的静定结构体系可靠度分析

为简单计算，仅以简支梁为例说明.

3.2.1 理想弹塑性简支梁

考察图 2 所示的理想弹塑性简支梁，均布荷载 q 、抗弯极限承载力 M_u 和抗剪极限承载力 Q_u 取为随机变量，且假设三者为相互独立的正态随机变量，即 $M_u \sim N(80, 8)$ kN · m, $Q_u \sim N(80, 8)$ kN；分别取 $q \sim N(20, 4)$ kN/m, l= 4.8 m 和 $q \sim N(30, 6)$ kN/m, l =3.6 m.

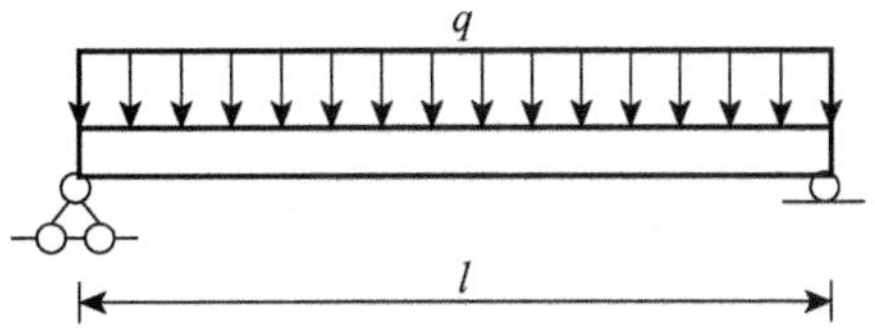

图 2 简支梁计算简图

构造等价极值变量如下

$$Z_{min} = \min(2Q_u/l - q,\ 8M_u/l^2 - q)$$

(1) $q \sim N(20, 4)$ kN/m, l=4.8 m

利用切球选点策略在随机向量空间 (q, Q_u, M_u) 中选取 492 个代表点，再根据 δ 序列逼近算法，可获得 Z_{min} 的概率密度函数，如图 3 所示，由此可得梁的失效概率为 P_f = 5.87% . 采用 Monte Carlo 法，抽取 1.0×10^7 个样本，可计算出结构的失效概率为 P_f = 5.72% ，可知建议算法合理且有效.

若令 $Q_u = \infty$ ，那么该梁只可能发生抗弯失效，此时可获得失效概率的解析解为 P_f = 5.61% ，而由 Monte Carlo 法给出的数值解为 P_f = 5.51% . 因此可见，此例中简支梁失效主要由抗弯失效控制.

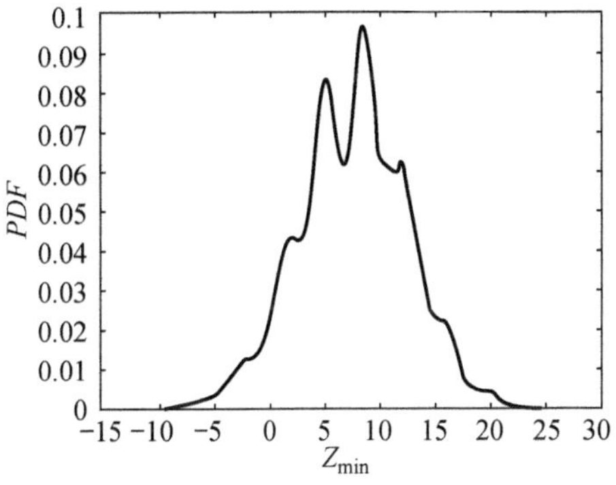

图 3 Z_{min} 的概率密度函数

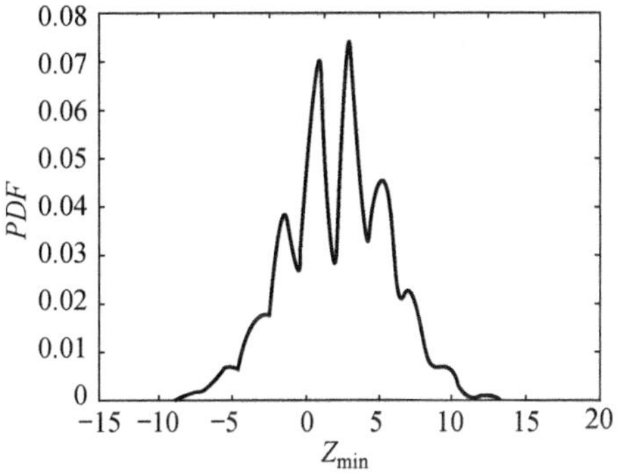

图 4 Z_{min} 的概率密度函数

(2) $q \sim N(30, 6)$ kN/m, l =3.6 m

类似地，由 δ 序列逼近算法，可获得 Z_{min} 的概率密度函数，如图 4 所示，梁的失效概率为 P_f= 3.13% . 采用 Monte Carlo 法的计算结果为 P_f = 3.03% .

若令 $M_u = \infty$ ，那么该梁只可能发生抗剪失效，失效概率的解析解为 P_f = 2.66% ，Monte Carlo 法的数值解与之相同. 可见，此例中梁主要发生抗剪失效. 因此，抗剪失效机制并不总是可以忽略.

3.2.2 钢筋混凝土简支梁

与上述算例不同,钢筋混凝土结构中 Q_u 和 M_u 不再相互独立,而具有明显的相关性,这种相关性源于物理上的同源性,若从独立的基本随机变量出发,则可有效解决这类相关性问题.

考察图 5 所示的钢筋混凝土简支梁, l =3.6 m,截面 200 mm×400 mm,混凝土等级为 C25,受拉纵筋 3 Φ 18,箍筋 ϕ 6@150.考虑到 f_y、f_{yv} 变异性较小,视为确定量,即 f_y =352.4 MPa, f_{yv} =247.2 MPa; f_c、F 取为随机变量,假设两者为互相独立的正态变量,即 $f_c \sim N$ (15.16, 1.62) MPa, $F \sim N$ (90,18) kN.

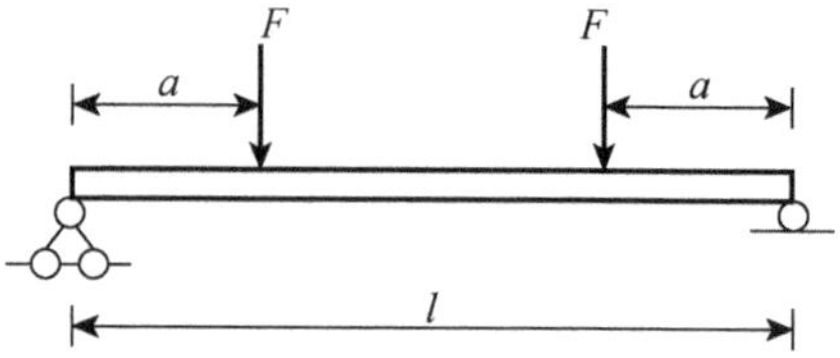

图 5 简支梁计算简图

根据文献[25-26],矩形截面钢筋混凝土构件的抗弯极限承载力和抗剪极限承载力分别为

$$M_u = f_y A_s \left(h_0 - \frac{1}{2} \frac{f_y A_s}{f_c b} \right)$$

$$Q_u = f_c b h_0 \left(k_1 + 100 k_2 \frac{\rho}{f_c} + k_3 \frac{\rho_{sv} f_{yv}}{f_c} \right)$$

式中, $k_1 = 0.08/(\lambda - 0.3)$,且 $0.03 \leqslant k_1 \leqslant 0.1$, $k_2 = 1/\lambda$, $k_3 = 0.4 + 0.3\lambda$,且 $k_3 \leqslant 1.0$, λ 为剪跨比.

显然,截面和材料确定后梁的抗力不变,但是该梁的内力却会随着 a 值变化.不难发现,梁中最大剪力与 a 无关,最大弯矩却随着 a 的增大而增大.换言之,当 a 很小时梁抗剪失效可能性较大,随着 a 的增大抗弯失效的可能性逐步增加直至以抗弯失效为主.

若假定 a =0.6 m,可通过求解关于基本随机变量的二维概率积分给出梁失效概率的解析解为

$$P_f = \iint_{\Omega_f} p_F(f) p_{f_c}(f_c) \mathrm{d}f \mathrm{d}f_c = 0.282\% + 0.045\% = 0.327\%$$

式中,第 1 项代表由抗剪失效贡献的失效概率;第 2 项为由抗弯失效贡献的失效概率; Ω_f 表示失效域.显然,此时以抗剪失效为主,抗剪失效不可忽略.

若假定 a =0.75 m,则梁失效概率的解析解为

$$P_f = 0.0394 + 0.0013 = 0.0407$$

式中,两项分别表示由抗弯失效和抗剪失效贡献的失效概率.显然,此时以抗弯失效为主.

事实上, a =0.6 m 时,根据规范可计算出抗剪失效和抗弯失效的极限荷载分别为 F =90.4 kN 和 F =102.7 kN; a = 0.75 m 时,两种失效机制对应的极限荷

载均约为 $F=82$ kN，但就失效概率的贡献而言则以抗弯失效为主，与规范中极限抗剪承载力公式取实验值的下限的初衷是相吻合的.

然而，失效概率的解析解并不总是容易获得的，为此，以 $a=0.6$ m 为例，采用建议算法计算失效概率的数值解. 构造等价极值变量

$$Z_{\min}=\min(Q_u-F,\ M_u/a-F)$$

利用切圆选点策略选取 271 个代表点，再根据 δ 序列逼近算法，可获得 $Z_{\min}$ 的概率密度函数，如图 6 所示，进而计算出梁的失效概率为 $P_f=0.336\%$，与解析解非常接近.

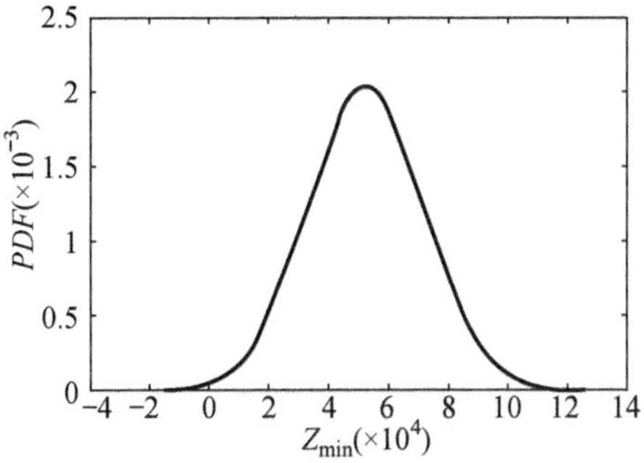

图 6　$Z_{\min}$ 的概率密度函数

上述算例充分说明了“强剪弱弯”设计的必要性. 同时指出：仅增大抗弯纵筋（设计人员的常规做法）并不很合理，因为在强化抗弯能力的同时弱化了抗剪能力，抗剪失效贡献增大，甚至出现以抗剪失效为主的情形.

3.3　超静定结构体系可靠度分析

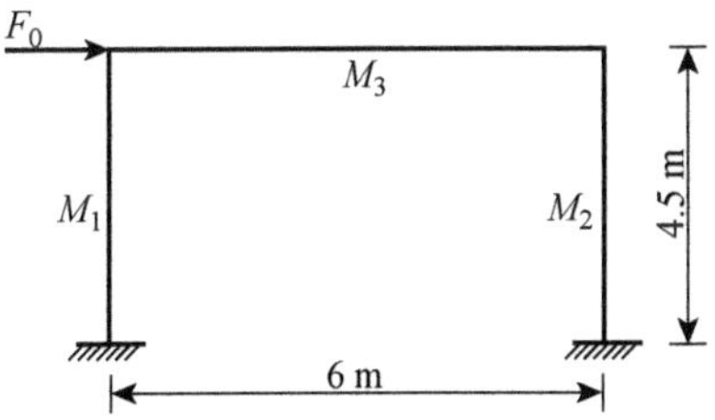

图 7　单层单跨框架模型图

为简单计算，仅以框架结构为例说明.

考察图 7 所示的单层单跨理想弹塑性框架结构，M_1，M_2，M_3 为各截面的抗弯承载力，F_0 为节点荷载，且上述变量为独立对数正态随机变量，相应统计参数见表 1[27]；梁柱截面相同，数值和材料弹模取值示于表 2. 假设截面的抗弯承载力 Q_u 为确定量.

表 1　随机变量的统计参数

	M_1/(kN·m)	M_2/(kN·m)	M_3/(kN·m)	F_0/kN
均值	2.0×10^3	2.0×10^3	2.0×10^3	5.0×10^2
标准差	3.0×10^2	3.0×10^2	3.0×10^2	2.0×10^2

表 2　确定性参数的取值

弹模/MPa	截面宽/mm	截面高/mm
2.0×10^5	300	300

(1) $Q_u=\infty$

由于 Q_u 无限大，截面不可能抗剪失效，此时双重失效机制的可靠度问题退化

为经典的体系可靠度问题.可以底部剪力为广义目标量,采用考虑考虑吸收边界的密度变换解及其 δ 序列逼近算法求解.

根据数论选点在随机向量空间选取 306 个代表点并给出赋得概率,即确定 306 个代表样本;然后结合单分量杆单元模型和位移增量法对每一样本进行全过程分析,由吸收边界条件修正代表点的赋得概率;根据式(25) 可计算出考虑吸收边界条件后,顶点位移的概率密度函数,如图 8 所示,积分即可获得结构的失效概率为 $P_f=5.24\times10^{-4}$,与文献[27]采用 Monte Carlo 法模拟 1.0×10^{6} 次的结果 $P_f=5.34\times10^{-4}$ 相差甚小,验证了建议算法的合理性和有效性.

(2) Q_u 对失效概率的影响

随着 Q_u 的变化,吸收边界条件亦不断更新.类似地,采用 δ 序列逼近算法亦可给出基底剪力的概率密度函数的变化过程,如图 9 所示,与此同时可计算出失效概率示于表 3.由图表可发现概率密度函数和失效概率均随 Q_u 发生变化:Q_u 较小时变化异常显著,当 Q_u 增大到一定程度(如 800 kN) 后基本上不变.这一现象说明在 Q_u 较小时抗剪失效模式贡献明显,当 Q_u 较大时以抗弯失效为主,抗剪失效基本可以忽略不计.

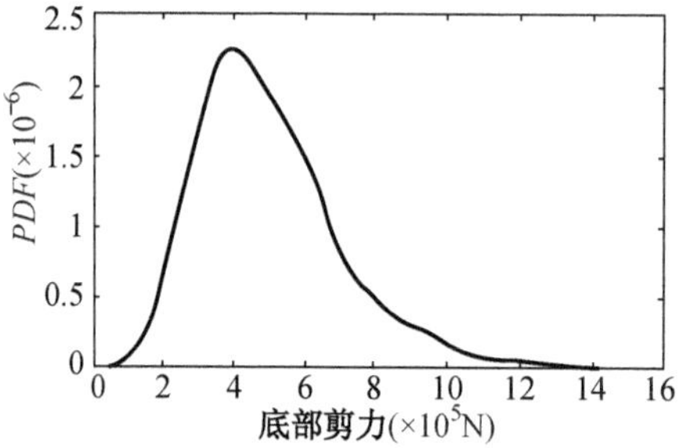

图 8 考虑吸收边界后底部剪力的概率密度函数

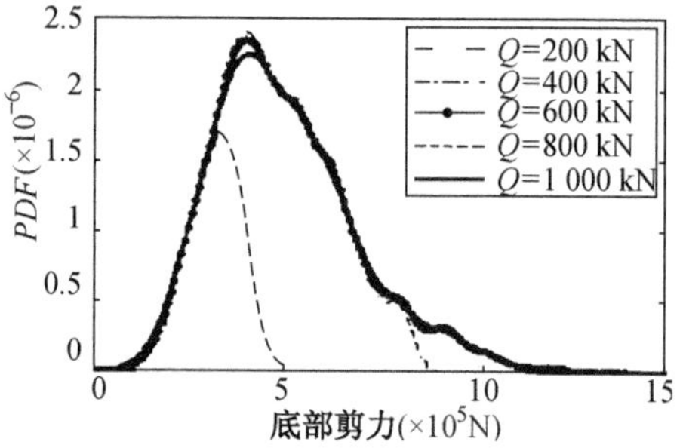

图 9 考虑吸收边界后底部剪力的概率密度函数

表 3 失效概率随 Q_u 的变化

Q_u /kN	200	400	600	800	1 000
P_f	68.78%	6.95%	0.78%	0.071%	0.052%

4 结 论

针对构件失效机制的多样性,提出了考虑多重失效机制的体系可靠度问题,可视为仅考虑抗弯失效机制的经典体系可靠度问题的拓展.然而,若仿照经典体系可靠度分析,从识别失效模式的角度出发,则组合爆炸问题和相关失效问题将进一步突显.为此,本文在概率密度演化理论的框架中,分别针对静定结构和超静定结构提出了相应的分析方法：对于静定结构，引入等价极值事件，导出等价极值变量的密度变换解及其 δ 序列逼近算法；对于超静定结构，建立与失效域对应的吸收边界条件，导出考虑吸收边界条件的广义概率密度演化方程，并针对可靠度问题导出与之相应的考虑吸收边界条件的密度变换解及其 δ 序列逼近算法. 文中构造了两类算例以验证建议算法的合理性和有效性. 首先通过重构截尾正态分布算例验证了考虑吸收边界的密度变换解及其 δ 序列逼近算法；其次借助简支梁结构和简单框架结构，分别检验了等价极值原理和考虑吸收边界的密度变换解，在考虑多重失效机制的结构体系可靠度问题中的适用性和有效性，为后续的研究奠定了基础. 另外，由简单结构的体系可靠度分析算例可发现：抗剪失效机制对失效概率的贡献并不总是可以忽略，需慎重对待.

参考文献

[1] Barlow R E. Statistical theory of reliability and life testing: probability models[M]. New York: Holt Reinhart and Winston, 1975.

[2] Wolman W W. Reliability analysis for space systems[R]. USA: National Aeronautics and Space Administration, 1963.

[3] Henley E J. 可靠性工程与风险分析[M]. 北京：原子能出版社，1988(Henley E J. Reliablity engineering and risk assessment[M]. Beijing: Atomic Energy Press, 1988(in Chinese)).

[4] Wang W. Structural system reliability: a study of several important issues[D]. Baltimore: The Johns Hopkins University, 1994.

[5] Stevenson J, Moses F. Reliability analysis of frame structures[J]. Journal of the Structural Division, 1970, 96(11): 2409-2427.

[6] Ang A H-S, Chaker A A, Abdelnour J. Analysis of activity networks under uncertainy[J]. Journal of Engineering Mechanics Division, 1975, 101(4): 373-387.

[7] Ang A H-S, Tang W H. Probability concepts in engineering planning and design[M]. New York: John Wiley & Sons, 1984.

[8] 董聪. 现代结构系统可靠性理论及其应用[M]. 北京：科学出版社，2001.

[9] Moses F, Stahl B. Reliability analysis format for offshore structures[J]. Journal of Petroleum Technology, 1979, 31(3): 347-354.

[10] Moses F, Rashedi M R. The application of system reliability to structural safety[C]// The 4th International Conference on Applications of Statistics and Probability in Soil and Structural Engineering. Italy, 1983: 573-584.

[11] Moses F. System reliability developments in structural engineering[J]. Structural Safety, 1983, 1(1): 3-13.

[12] Feng Y S. Enumerating significant failure modes of a structural system by using criterion methods[J]. Computers & Structures, 1988, 30(5): 1152-1157.

[13] Vesely W E. Reliability quantification techniques used in the Rasmussen study[C]// Reliability and Fault Tree Analysis, 1975: 775-803.

[14] Murotsu Y, Okada H, Niwa K, et al. Reliability analysis of truss structures by using

matrix method[J]. Journal of Mechanical Design,1980,102:749-756.

[15] Thoft-Christensen P, Sorensen J D. Calculation of failure probabilities of ductile structures by the β-unzipping method[R]. Aalborg:University of Aalborg,1982.

[16] Thoft-Christensen P, Murotsu Y. Application of structural systems reliability theory[M]. Heidelberg: Springer-Verlag,1986.

[17] Li J, Chen J, Fan W. The equivalent extreme-value event and evaluation of the structural system reliability[J]. Structural Safety,2007,29(2):112-131.

[18] 李杰,范文亮.钢筋混凝土框架结构体系可靠度分析[J].土木工程学报,2008,41(11):7-12 (Li Jie, Fan Wenliang. System reliability analysis of RC frames[J]. China Civil Engineering Journal,2008,41(11):7-12(in Chinese)).

[19] Chen J B, Li J. The extreme value distribution and dynamic reliability analysis of nonlinear structures with uncertain parameters[J]. Structural Safety, 2007,29(2):77-93.

[20] Zhao Yangang, Ono T. Moment methods for structural reliability[J]. Structural Safety, 2001,23(1):47-75.

[21] 范文亮,李杰.不同抗震区结构承载力裕度的概率结构分析与比较[J].工程力学,2011,28(2):69-74(Fan Wenliang, Li Jie. Probabilistic analysis of margin ratio for ultimate limit capacity of structures in different seismic regions[J]. Engineering Mechanics,2011,28 (2): 69-74 (in Chinese)).

[22] Chen J B, Li J. Strategy for selecting representative points via tangent spheres in the probability density evolution method[J]. International Journal for Numerical Methods in Engineering, 2008,74(13):1988-2014.

[23] Li J, Chen J. The number theoretical method in response analysis of nonlinear stochastic structures[J]. Computational Mechanics, 2007,39(6):693-708.

[24] 范文亮,李杰.广义密度演化方程的δ函数序列解法[J].力学学报, 2009,41(3):398-409 (Fan Wenliang, Li Jie. Solution of generalized density evolution equation via a family of δ sequences[J]. Chinese Journal of Theoretical and Applied Mechanics, 2009,41 (3):398-409(in Chinese)).

[25] 滕智明,陈家夔.钢筋混凝土构件正截面强度计算[G]//中国建筑科学院编.钢筋混凝土结构设计与构造——1985年设计规范背景资料汇编,1985:53-60.

[26] 施岚青,喻永言.钢筋混凝土构件斜截面抗剪强度计算[G]//中国建筑科学院编.钢筋混凝土结构设计与构造——1985年设计规范背景资料汇编,1985:112-139.

[27] Zhao Y G, Ang A H-S. System reliability assessment by method of moments[J]. Journal of Structural Engineering, 2003,129(10):1341-1349.

Structural System Reliability Under Multiple Failure Mechanisms

Fan Wen-liang Li Jie

Abstract: Classical system reliability only focuses on the flexural failure mechanism of members, while other possible failure mechanisms, such as shear failure, torsion failure, etc., are usually ignored. In this study, structural system reliability involving multiple failure mechanisms is put forward, and two analysis approaches based on probability density evolution theory proposed. For statically determinate structures, an equivalent extreme-value event corresponding to a failure event is derived, and transiting solution of PDF (Probability Density Function) for equivalent extreme-value variables are also obtained. For statically indeterminate structures, absorbed boundary condition is introduced into generalized density evolution equation derived together with the transiting solution of PDF. Approximation via a family of δ sequences is used to evaluate the transiting solution of PDF, and reliability can be calculated by using one-dimensional numerical integration. The accuracy and effectiveness of the proposed methods are verified through several examples. It is found from the example cases that shear failure mechanism can not be always neglected for system reliability.

(本文原载于《土木工程学报》第 44 卷第 11 期，2011 年 11 月)

风力发电高塔系统抗风动力可靠度分析

贺广零　李杰

摘　要　介绍一种基于广义概率密度演化理论的动力可靠度分析方法.结合随机脉动风场物理模型和“桨叶-机舱-塔体-基础”一体化有限元模型,分别分析1.25 MW风力发电钢塔和钢筋混凝土风力发电高塔的抗风动力可靠度.研究表明,广义概率密度演化方法可以有效地分析风力发电高塔系统抗风动力可靠度.相比风力发电钢塔,钢筋混凝土风力发电高塔具有更高的可靠度.

开发风能是解决能源匮乏和环境污染两大基本问题的有效措施.正因如此,风能技术在国内外得到大力发展,风电事业方兴未艾.截止到2008年底,世界风力发电机组总装机容量已达到121 188 MW,增长率为29%.其中,中国装机容量达到12 210 MW,世界排名第四,增长率为107%,居世界第一.然而,一片欣欣向荣景象背后的残酷现实是,作为世界上的风能大国,我国尚不具备独立开发风力发电高塔系统,尤其是大型风力发电高塔系统的能力.因此,迫切需要建立正确评估风力发电高塔系统结构动力可靠度的分析方法,并基于结构整体可靠度,为风力发电高塔系统的结构设计、施工提供科学依据和支撑.

尽管已有学者对风力发电高塔系统抗风动力可靠度进行了初步探索,然而这方面的文献还是较为罕见.Ronold等基于一次可靠度分析方法,以桨叶根部受拉破坏为失效模式,研究桨叶(没有考虑其他构件的影响)在正常运行工况下的可靠度问题[1-3].本质上,Ronold等是将动力模型的随机过程等效为静力模型的随机变量来分析结构可靠度的.尽管这种简化方法在工程中获得广泛应用,然而其等效过程必然导致精度下降和重要信息的缺失.Tarp-Johansen等采用了相似的方法,但考虑了更多随机因素的影响,并将结构模型由风轮拓展至整个风力发电高塔系统[4].在结构动力可靠度分析领域,基于首次超越破坏准则的结构动力可靠度分析已经取得了重要的进展,形成了过程跨越分析方法和扩散过程理论方法[5-7].其中,跨越分析方法得到了较为广泛的应用[8-9],风能技术亦为其中一例.例如:Cheng提出了一种基于可靠度的近海风力发电高塔系统极值响应设计方法[10].该法本质上为随机模拟方法,必然具有计算费用昂贵、随机收敛等诸多局限性.Veldkamp所用方法相似,但分析更为深入和全面,且核心为风力发电高塔系统疲劳可靠度问题[11].总体上,在基于过程跨越分析的动力可靠度计算中,一般需对反应(效应)及其速度的联合概率分布作出假设，进而对跨越过程的性质作出假定（如泊松假定或马尔可夫假定及其各种修正等）[7-8]. 由于通常的结构随机反应分析以结构反应的数值特征为主要目标，缺乏对于结构反应概率信息的全面把握，因此很难对这两个重要的环节作出根本的改进. 而基于 FPK 方程的扩散过程理论方法，虽然原则上可给出更为精确的解答，但目前仅能求解单自由度体系中的某些特殊情况.

近年来，李杰和陈建兵从概率守恒原理的随机事件描述出发，结合解耦的物理方程，提出了广义概率密度演化方程[12-13]，为人们获得任意时刻的随机动力系统反应的概率密度函数提供了有力的工具. 在此基础上，他们基于吸收边界条件或者极值分布理论，提出两类动力可靠度分析方法[14-17]；通过严格证明等价极值事件原理，发展了一类体系可靠度分析方法[18]. 为了实现该方法在风能技术领域中的应用，笔者试图结合 1.25 MW 风力发电高塔系统，分析此类结构的抗风动力可靠度，为风力发电高塔系统动力可靠度评价提供技术范例.

1　广义概率密度演化方程

考虑一般多自由度结构体系的运动方程为

$$\boldsymbol{M}(\boldsymbol{\Theta})\ddot{\boldsymbol{X}}+\boldsymbol{C}(\boldsymbol{\Theta})\dot{\boldsymbol{X}}+\boldsymbol{f}(\boldsymbol{\Theta},\ \boldsymbol{X})=\boldsymbol{F}(\boldsymbol{\Theta},\ t) \tag{1}$$

式中，$\boldsymbol{M}(\boldsymbol{\Theta})$ 为质量矩阵；$\boldsymbol{C}(\boldsymbol{\Theta})$ 为阻尼矩阵；$\boldsymbol{f}(\boldsymbol{\Theta},\ X)$ 为恢复力向量；$\boldsymbol{F}(\boldsymbol{\Theta},\ t)$ 为外部激励向量；基本随机变量 $\boldsymbol{\Theta}=(\boldsymbol{\eta},\ \boldsymbol{\zeta})=(\eta_1,\ \eta_2,\ \cdots,\ \eta_{s_1};\ \zeta_1,\ \zeta_2,\ \cdots,\ \zeta_{s_2})$，$\boldsymbol{\eta}=(\eta_1,\ \eta_2,\ \cdots,\ \eta_{s_1})$ 为反映结构系统物理参数随机性的随机参数，$\boldsymbol{\zeta}=(\zeta_1,\ \zeta_2,\ \cdots,\ \zeta_{s_2})$ 为反映外部激励随机性的随机参数，$s=s_1+s_2$，为系统中随机变量的总个数；$\boldsymbol{X}$ 代表广义位移；t 为时间.

通常，工程实际中的大部分系统是适定的动力学系统，对于此类系统，其解答存在、唯一且连续依赖于系统参数和初始条件. 在此情况下，对系统(1)，其解答 $\boldsymbol{X}(t)$ 必依赖于 $\boldsymbol{\Theta}$，不妨记为

$$\boldsymbol{X}(t)=\boldsymbol{G}(\boldsymbol{\Theta},\ t) \tag{2}$$

相应的分量形式可表示为

$$X_l(t)=G_l(\boldsymbol{\Theta},\ t) \tag{3}$$

类似地，其速度亦为 $\boldsymbol{\Theta}$ 的函数，可记为

$$\dot{\boldsymbol{X}}(t)=\boldsymbol{H}(\boldsymbol{\Theta},\ t) \tag{4}$$

显然，应存在 $\boldsymbol{H}(\boldsymbol{\Theta},\ t)=\dfrac{\partial \boldsymbol{G}(\boldsymbol{\Theta},\ t)}{\partial t}$.

在工程实践中，往往不仅关心结构的位移、速度和加速度反应，还可能对诸如

关键点的应力和应变、控制截面的内力和变形等其他物理量感兴趣.一般来说,这些物理量均可由结构的状态(速度和位移)确定[19].例如,结构某点的应变可以通过位移的偏导数求得.

记 $\boldsymbol{Z}=(Z_1, Z_2, \cdots, Z_q)^{\mathrm{T}}$ 为所需要考察的物理量,则一般地有

$$\dot{\boldsymbol{Z}}(t)=\psi[\boldsymbol{X}(t), \dot{\boldsymbol{X}}(t)] \tag{5}$$

式中,$\psi(\cdot)$ 是从状态向量向所考察物理量转化的算子,对于线性结构体系,为线性算子;对非线性结构,可能为线性算子,也可能为非线性算子.

将式(2),(4)代入式(5),有

$$\dot{\boldsymbol{Z}}(t)=\psi[\boldsymbol{G}(\boldsymbol{\Theta}, t), \boldsymbol{H}(\boldsymbol{\Theta}, t)]=\boldsymbol{h}(\boldsymbol{\Theta}, t) \tag{6}$$

由于 $\boldsymbol{\Theta}$ 的随机性,这也是一个随机状态方程,其分量形式可表示为

$$\dot{Z}_l(t)=h_l(\boldsymbol{\Theta}, t); \quad l=1, 2, \cdots, q \tag{7}$$

记 $(\boldsymbol{Z}(t), \boldsymbol{\Theta})$ 的联合概率函数为 $p_{\boldsymbol{Z\Theta}}(\boldsymbol{z}, \boldsymbol{\theta}, t)$.利用概率守恒原理的随机事件描述,可导出[13]

$$\frac{\partial p_{\boldsymbol{Z\Theta}}(\boldsymbol{z}, \boldsymbol{\theta}, t)}{\partial t}+\sum_{j=1}^{q}\dot{Z}_j(\theta_j, t)\frac{\partial p_{\boldsymbol{Z\Theta}}(\boldsymbol{z}, \boldsymbol{\theta}, t)}{\partial z_j}=0 \tag{8}$$

此即为广义概率密度演化方程.特别地,当 $q=1$ 时,广义概率密度演化方程成为

$$\frac{\partial p_{Z\boldsymbol{\Theta}}(z, \boldsymbol{\theta}, t)}{\partial t}+\dot{Z}(\boldsymbol{\theta}, t)\frac{\partial p_{Z\boldsymbol{\Theta}}(z, \boldsymbol{\theta}, t)}{\partial z}=0 \tag{9}$$

在一般情况下,方程(8)的边界条件可采用

$$p_{Z\boldsymbol{\Theta}}(z, \boldsymbol{\theta}, t)\big|_{z_j\to\pm\infty}=0, \ j=1, 2, \cdots, q \tag{10}$$

而初始条件则为

$$p_{Z\boldsymbol{\Theta}}(z, \boldsymbol{\theta}, t)\big|_{t=t_0}=\delta(z-z_0)p_{\boldsymbol{\Theta}}(\boldsymbol{\theta}) \tag{11}$$

其中,z_0 为确定性初始值.

通过求解广义概率密度演化方程,可最终得到 $\boldsymbol{Z}(t)$ 的概率密度函数

$$p_Z(z, t)=\int p_{Z\boldsymbol{\Theta}}(z, \boldsymbol{\theta}, t)\mathrm{d}\boldsymbol{\theta} \tag{12}$$

上述分析表明,概率守恒原理建立了广义概率密度演化方程坚实的物理基础.正是概率守恒原理的随机事件描述所提供的对随机事件分解观察的可能性,导致了与物理系统解耦方程的自然结合,产生了广义概率密度演化方程.

2 结构动力可靠度分析

基于密度演化的基本思想，可以沿着两条途径获得结构动力可靠度——吸收边界法和极值分布法，进而结合等价极值事件原理，获得结构体系可靠度.

2.1 吸收边界法

采用首次超越破坏准则，则结构动力可靠度为

$$R(t) = \Pr\{\boldsymbol{Z}(t) \in \Omega_s,\ t \in [0,\ T]\} \tag{13}$$

式中，Ω_s 为安全区域. 这意味着，在区间 $[0,\ T]$，物理量 $\boldsymbol{Z}(t)$ 所达区域不能向外穿越 Ω_s 的边界 $\partial\Omega_s$，一旦外穿，则认为结构失效. 因此，一旦某个状态穿越了边界，则认为该状态不再返回安全区域. 从概率的意义上分析，意味着一旦结构失效，该事件"所携带"的概率即不再传回安全域内. 结合概率守恒与概率密度演化及系统物理演化关系的分析，可见由此导致广义概率密度演化方程的吸收边界条件为

$$p_{Z\boldsymbol{\Theta}}(z,\ \boldsymbol{\theta},\ t) = 0, \quad z \in \Omega_s \tag{14}$$

在此吸收边界条件下求解广义概率密度演化方程，即可最终得到结构动力可靠度

$$R = \int_{\Omega_s} \check{p}_Z(z,\ t)\mathrm{d}z \tag{15}$$

通过施加式(15)所示的吸收边界，就可以保证失效域内的概率不再传回安全域内. 这是因为，若失效域内的概率密度函数为 0，从式(8)可知，第二项与演化速度相关的项为 0，此时传回安全域内概率必为 0. 因此，对给定的初始条件(11)、边界条件(14)求解概率密度演化方程(8)，并根据方程(12)，即可得到此时的"剩余概率密度函数". 为区别起见，记为 $\check{p}_Z(z,\ t)$，而以 $p_Z(z,\ t)$ 表示未施加吸收边界条件时的概率密度函数解答.

2.2 极值分布法

另一方面，当定义一个与失效准则相应的极值时，例如

$$Z_{\mathrm{ext}}(T) = \operatorname*{ext}_{t\in[0,\ T]} \boldsymbol{Z}(t)\ \big|_{\Omega_s} \tag{16}$$

结构动力可靠度式(13)亦可采用如下等效方法计算

$$R(t) = \Pr\{Z_{\mathrm{ext}}(T) \in \Omega_s\} = \int_{\Omega_s} p_{Z_{\mathrm{ext}}(T)}(z)\mathrm{d}z \tag{17}$$

因此，只要能够获取极值分布，即 $Z_{\mathrm{ext}(T)}$ 的概率密度函数 $p_{Z_{\mathrm{ext}}(T)}(z)$，即可通过一维积分式(17)得到结构动力可靠度. 事实上，式(17)的极值必然依赖于基本随机参数 $\boldsymbol{\Theta}$，因之可以在形式上写为

$$Z_{\text{ext}}(T)=\underset{t\in[0,\ T]}{\text{ext}}\boldsymbol{Z}(t)=W(\boldsymbol{\Theta},\ T) \tag{18}$$

不难看到,这实际上就是随机动力系统(2)的形式.因此,可以采用推广的广义概率密度演化方程求解获得 $p_{Z_{\text{ext}}(T)}(z)$,进而通过积分式(17)获得结构的动力可靠度.

2.3 结构体系可靠度

进而,若考虑一个结构的体系可靠度问题,例如

$$R(t)=Pr\{\underset{i=1}{\overset{m}{\Xi}}\{Z_i(t)\in\Omega_{s,\,i},\ t\in[0,\ T_i]\}\} \tag{19}$$

式中,Ξ 表示随机事件的并、交或其组合等逻辑运算;$\Omega_{s,\,i}$表示第i 个随机事件的安全域.类似地,可以构造一个等价的极值事件

$$Z_{\text{ext}}(T)=\underset{t\in[0,\ T_i],\ 1\leqslant i\leqslant m}{\text{ext}}{}^{(\Xi)}Z(t) \tag{20}$$

式中,$(\Xi)\boldsymbol{Z}(t)$ 表示 $\boldsymbol{Z}_i(t)$ 经过一系列逻辑运算后的结果.由此,可以采用推广的广义概率密度演化方程求解方法获得该等价极值的概率密度函数,并获得其体系可靠度

$$R=\int_{\Omega_s}p_{Z_{\text{ext}}}(z)\mathrm{d}z \tag{21}$$

值得指出,在经典的基于跨越过程的结构动力可靠度分析中,需要过程及其导数的联合概率密度函数,以及关于跨越事件性质的假定构成分析中的基本难点;而在基于概率密度演化理论的结构动力可靠度分析中,并不出现这样的难点,也避免了基于后向 Kolmogorov 方程求解动力可靠度时对多维系统无法求解的困境.

3 风力发电高塔系统动力可靠度分析

3.1 结构模型

原模型是 1.25 MW 三桨叶变桨距风力发电高塔系统.风轮直径为 64.35 m,桨叶宽度 1.50 m,深度 0.30 m.在分析中,不妨将机舱及其内部构件视为一个整体,质量为 68.5 t.为了比较钢塔和钢筋混凝土塔性能,分别对两种塔体建模.其中,钢塔高 66.35 m,塔底直径 3.90 m,塔底厚度 0.02 m,塔顶直径 2.55 m,塔顶厚度 0.012 m,弹性模量 210 GPa,密度 7 850 kg · m^{-3}.钢筋混凝土塔高 66.35 m,塔底直径 3.90 m,塔底厚度 0.30 m,塔顶直径 2.55 m,塔顶厚度 0.20 m,塔身高度范围内的壁厚和直径按线性变化;混凝土标号 C30,弹性模量 30 GPa,泊松比 0.2;钢筋为 HRB335,弹性模量 210 GPa,泊松比 0.3.塔底采用了 10 m×10 m×1.8 m 的

钢筋混凝土圆截面筏基. 基础之下土体的泊松比 0.3,重度 21 kN·m^{-3},剪切模量 520 MPa.

为了充分考虑风力发电高塔系统不同构件之间的相互耦合作用,以大型通用有限元软件 ANSYS 为建模平台,建立风力发电高塔系统"桨叶-机舱-塔体-基础"一体化有限元模型. 因桨叶和塔体一个方向的尺寸与另外两个方向的尺寸相差较大,同时桨叶在工作状态下具有显著的应力刚化现象,故桨叶和塔体都采用了能较好体现这些特征的 8 节点壳体单元(SHELL91). 在整体分析中,不关注机舱及其内部构件的细部特征,因此机舱及其内部构件可视为一个整体,可借助梁单元(BEAM189)来模拟. 基础则采用钢筋混凝土实体单元(SOLID65)建立. 不同构件的结构尺寸、采用的单元类型不一样,为了避免构件之间出现滑移,采用多点约束单元(MPC184)来连接不同单元. 对钢筋混凝土风力发电高塔系统,则采用复合壳单元(SHELL181)进行塔体有限元建模. 复合壳单元可模拟由多层复合材料所组成的结构,定义该单元时需要给出每层材料的属性和厚度. 在应用该单元之前,首先必须对钢筋混凝土风力发电高塔进行弥散分层处理. 为此,将塔体沿壁厚方向分为 5 层,即内外混凝土保护层、内外纵向受力钢筋层和两层钢筋之间的混凝土层. 混凝土层的厚度取实际厚度,结构中离散的钢筋则按照面积等效原则弥散成厚度不变的钢筋层,层与层之间按照实际结构顺序排列(图 1). 风力发电高塔系统一体化有限元模型如图 2 所示,依据效率与精度均衡的原则,对风力发电钢塔和钢筋混凝土风力发电高塔分别划分了 1 098 和 1 608 个单元.

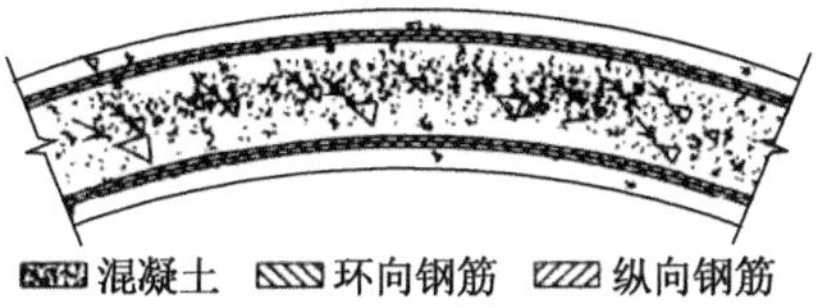

图 1　钢筋混凝土塔横截面分层图

图 2　结构有限元分析模型

3.2　风场模拟及风荷载计算

风力发电高塔系统随机风场可分为桨叶随机风场和塔体随机风场两部分. 基于工程结构随机动力激励的物理建模思想[20],依据随机过程的随机函数描述,塔体随机风场可用随机 Fourier 谱模型刻画[21]

$$F_u(n) = \frac{7.02 v_{10}^{4/5} n^{-1/3}}{\ln(10/z_0)[1 + 3.5 \times 10^4 (n/v_{10})^{9/5}]^{1/3}} \tag{22}$$

式中,n 为频率; 10 m 高度处平均风速 v_{10} 和地面粗糙度 z_0 为随机变量,分别服从极值Ⅰ型分布和对数正态分布.结构场地条件为我国华东地区某市郊区的空旷场地,由现场实测可知,$v_{10}=14.71\ \mathrm{m\cdot s^{-1}}$[22],地面粗糙度可取为 0.029 m,风剪系数 α 应取为 0.14[23].而在垂直平面上的任意两点之间的相关性则可以通过随机 Fourier 互谱来反映,其表达式可以由两点处的随机 Fourier 谱与随机相干函数的乘积确定,即

$$F_{ij}(n)=F_i(n)F_j(n)\gamma_{ij}(n) \tag{23}$$

式中,$\gamma_{ij}(n)$ 为相干函数.因为风力发电高塔系统塔体为长细比较大的高耸结构,故可忽略水平向风速的相关性,$\gamma_{ij}(n)$ 的表达式可简化

$$\gamma_{ij}(n)=C_1\exp\left(-\frac{2nC_z(z_i-z_j)}{v(z_i)+v(z_j)}\right) \tag{24}$$

式中,$v(z_i)$ 和 $v(z_j)$ 分别为高度在 z_i 和 z_j 的平均风速,可按指数律由基准高度(一般为 10 m)处平均风速换算得到;常数项 C_1 和指数衰减系数 C_z 取均值,分别为 0.492和 0.030 2[22].

相比较而言,风力发电机桨叶风场还具有其特殊性:桨叶上任意一点的空间位置随着桨叶旋转而不断变化,导致作用于旋转桨叶的风场具有空间变化性.总体上,旋转桨叶风场具有时间、空间双重变化性.为了考虑桨叶旋转效应,宜用旋转 Fourier 谱模型描述桨叶风场[24]

$$F_{ii}(n)=\sum_{m=-\infty}^{+\infty}k_m(n-mn_0)F_{ii}(n-mn_0) \tag{25}$$

式中,$k_m(n-mn_0)$ 为相干函数的 Fourier 展开系数;n_0 为桨叶旋转频率.事实上,旋转 Fourier 谱为作用在旋转桨叶上的风速时程经过 Fourier 变换所得,是一种自身蕴含桨叶旋转效应的紊流风速谱.图 3 给出了随机变量取定值时旋转 Fourier 谱与随机 Fourier 谱的比较.相比较而言,旋转 Fourier 谱的能量由低频向高频转移,并在桨叶转动频率的整数倍处出现峰值.由式(25)可知,旋转 Fourier 谱 $F_{ii}(n)$ 可由无穷多个随机 Fourier 谱 $F_{ii}(n)$ 经过桨叶旋转频率 n_0 整数倍平移之后叠加而成.这样,就容易理解为什么旋转 Fourier 谱在旋转频率整数倍处会出现多峰现象.

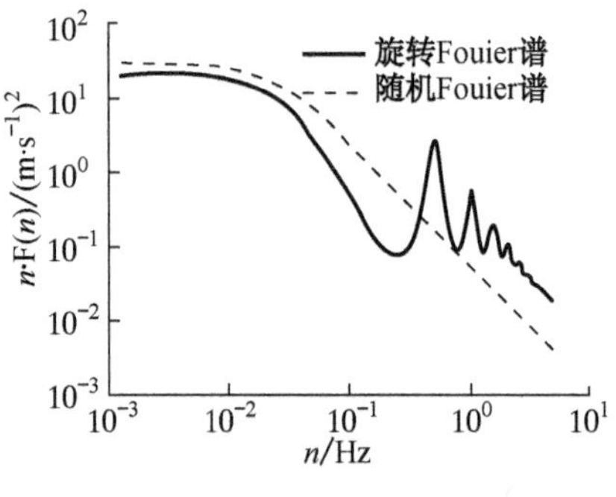

图 3　旋转 Fourier 谱与随机 Fourier 谱比较

为了考虑旋转桨叶上不同点风速之间的相关性,可构建旋转 Fourier 互谱

$$F_{ij}(n)=\sum_{m=-\infty}^{+\infty}\mathrm{e}^{\mathrm{i}m\varphi}k'_m(n-mn_0)F_{ij}(n-mn_0) \tag{26}$$

值得注意的是,桨叶上两点的脉动风速旋转 Fourier 互谱,与塔体上两点的脉动风速随机 Fourier 互谱有本质的不同. 主要体现在两个方面:①旋转 Fourier 互谱必须在旋转坐标系下考虑 2 点处脉动风速的相关性. 在旋转坐标系下,两点的脉动风速互谱已经不能简单地通过各点脉动风速的自谱与相干函数的乘积来确定. ②旋转 Fourier 互谱体现了桨叶上(而非风轮平面上)任意两点的脉动风速之间的相关性. 因此,旋转 Fourier 互谱可分为同一桨叶上两点之间的旋转 Fourier 互谱和不同桨叶上两点之间的旋转 Fourier 互谱.

依据随机函数法的基本思想[20],对上述两种随机 Fourier 谱模型逆 Fourier 变换,即可得到相应的风速时程. 限于篇幅,此处从略.

由于塔体为细长结构,可依据细长结构风荷载计算方法[25]确定作用在塔体上的风荷载. 一般来说,桨叶结构异常复杂,具体体现在两个方面:截面形状持续变化,截面扭角不断变化. 如何准确且简单地确定作用在复杂结构上的风荷载是个棘手的问题,而该问题一直困扰着风工程界. 另一方面,桨叶在旋转过程中会干扰风场,减缓作用在结构上的风速. 基于此,引入广泛认可的叶素动量(blade element momentum)理论[26-27],以准确且简单地确定作用在桨叶上的风速,并考虑旋转桨叶对风速的减缓作用.

3.3 抗风动力可靠度分析

基于广义概率密度演化方程,以塔体强度、稳定性和正常使用性能为设计目标,依据极值分布法,分析风力发电高塔系统抗风动力可靠度. 一般可采用如下步骤:

步骤一,概率空间选点与赋得概率确定. 在 $\boldsymbol{\Theta}$ 分布空间 $\Omega_{\boldsymbol{\Theta}}$ 中选取一系列的代表性离散点 $\boldsymbol{\theta}_q=(\theta_{q,1}, \theta_{q,2}, \cdots, \theta_{q,s})$, $q=1, 2, \cdots, n_{\mathrm{sel}}$($n_{\mathrm{sel}}$为所取离散代表点的数目, s 为随机变量数目),同时确定每个代表点的赋得概率 $P_q=\int V_q P_{\boldsymbol{\Theta}}(\boldsymbol{\theta})\mathrm{d}\boldsymbol{\theta}$, $q=1, 2, \cdots, n_{\mathrm{sel}}$($V_q$ 为代表性体积). 由于随机 *Fourier* 谱模型中有 2 个随机变量 v_{10} 和 z_0,故可采用切球选点法剖分概率空间[28],选点数 n_{sel} 取 109.

步骤二,确定性动力响应求解. 对于给定的 $\boldsymbol{\Theta}=\boldsymbol{\theta}_q$, $q=1, 2, \cdots, n_{\mathrm{sel}}$,求解物理方程(1)和(6),获得所需物理量的时间导数(速度) $\dot{Z}_j(\boldsymbol{\theta}_q, t)$, $j=1, 2, \cdots, m$.

步骤三,求解广义概率密度演化方程. 将第二步中的 $\dot{Z}_j(\boldsymbol{\theta}_q, t)$, $j=1, 2, \cdots, m$ 代入方程(8),采用有限差分法求解该偏微分方程,可获得其数值解.

步骤四,累计求和. 将所有上步求得的 $p_{\boldsymbol{Z\Theta}}(\boldsymbol{z}, \boldsymbol{\theta}_q, t)$, $q=1, 2, \cdots, n_{\mathrm{sel}}$ 累计,即可获 $p_{\boldsymbol{Z}}(\boldsymbol{z}, t)$ 的数值解

$$p_{\boldsymbol{Z}}(\boldsymbol{z}, t)=\sum_{q=1}^{n_{\mathrm{sel}}} p_{\boldsymbol{Z\Theta}}(\boldsymbol{z}, \boldsymbol{\theta}_q, t) \tag{27}$$

步骤五,获取结构动力可靠度. 将 $p_{\boldsymbol{Z}}(\boldsymbol{z}, t)$ 代入式(17)中,一维积分后即可获

取风力发电高塔系统动力可靠度.

由此可见,风力发电高塔系统抗风动力可靠度的数值求解,就是结合一系列的确定性动力响应的求解、一系列的广义概率密度演化方程的求解和一次概率密度函数的积分.在上述步骤中,除第二步借助通用有限元软件 ANSYS 以外,其他步骤均通过 Matlab 软件和 C++软件编程实现.按照上述步骤,分别对风力发电钢塔和钢筋混凝土风力发电高塔进行抗风动力可靠度研究,可得结果如下:

(1) 风力发电钢塔

依据 Germanishcer Lloyd 规范[23],强度以 Mises 应力为代表,稳定性由基底弯矩和轴力共同决定;正常使用性能通常定义为桨叶在运行过程中不与塔体接触.限于篇幅,本文只给出了正常使用性能指标的抗风动力可靠度分析,其他设计指标的抗风动力可靠度分析见参考文献[29].

为了确保风力发电高塔系统正常运行,必须分析正常使用性能,其中最重要的性能指标是桨叶在运行过程中不得与塔体碰撞.一般来说,这个指标可量化为桨叶运行到最低位置时叶尖与塔体的距离.显然,这个距离随着风力发电高塔系统的不同而各异.为了方便,通常将叶尖与塔体的距离转化为塔顶位移来分析.以风力发电钢塔风致随机动力响应分析为基础,可以获得塔顶位移真实极值分布与相同均值与标准差的常规分布,如瑞利(Rayleigh)分布、正态(Normal)分布和标准正态(Lognormal)分布之间的比较(图 4a),并进一步获得基于广义概率密度演化方法(PDEM)和基于 Monte Carlo 法(MCM)的动力可靠度比较(图 4b).不难发现,塔顶位移真实极值分布与上述常规分布显著不同:瑞利分布结果完全失真,而正态分布与对数正态分布的结果精度较差.同时,从本方法与 Monte Carlo 法结果的比较可见,无论是在高界限(高可靠度)还是在低阶限(底可靠度),本方法都具有良好的精度.这与基于跨越过程动力可靠度分析方法在 Poisson 跨越假定时仅在高界限具有较好的精度,而 Markov 假定则受制于反应过程的带宽,形成了鲜明的对比.值得强调的是,两种方法的效率却相差甚远.采用 Monte Carlo 法在 2.09 GHz CPU 和 2 G 内存的 PC 机上耗时 1 525.5 h,本方法仅需时 27.5 h.为了便于分析,表 1 给出了在不同阈值条件下的结构动力可靠度.不难发现,可靠度随着阈值的增加而不断降低.本文的风力发电高塔塔顶位移阈值为 1.5 m.由表 1 可知,可靠度为 0.996 9.值得说明的是,之所以此处结构动力可靠度仍然较高,是因为桨叶与塔体碰撞已然是非常极端的正常使用性能指标.事实上,远在桨叶与塔体碰撞之前,风力发电高塔系统已经无法正常运行.然而,除此性能指标之外,迄今还未有更为合理的性能指标去衡量因结构变形过大而引发的停机事件,故仍沿用此性能指标.由模态分析可知[29],1.25 MW 风力发电钢塔系统为柔-柔结构,桨叶与塔体柔度都很大,在受力过程中变形较大,导致二者易于碰撞.这也正是此性能指标存在一定失效概率的原因.不可否认,柔-柔型风力发电钢塔系统具有很好的经济性,但是在使用性能方面也付出了相应的代价.

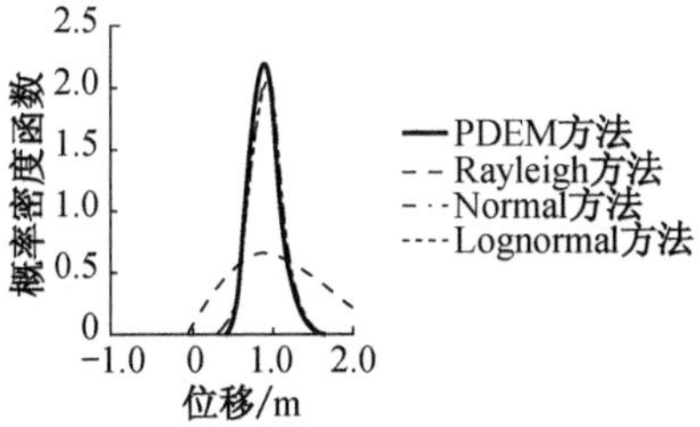

(a) 概率密度函数

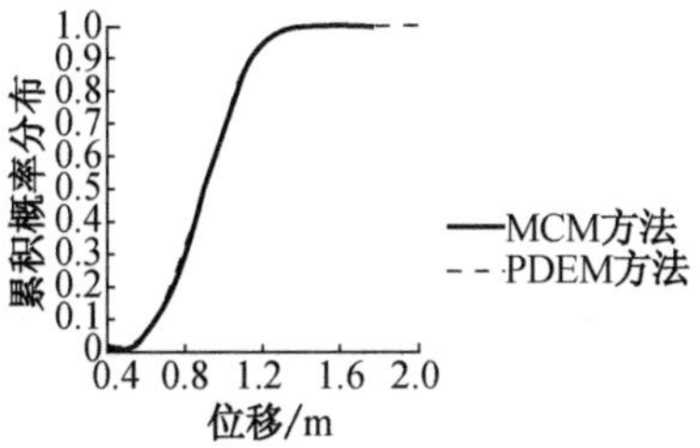

(b) 累积概率分布

图 4　风力发电钢塔塔顶位移极值

表 1　不同阈值下的结构抗风动力可靠度(风力发电钢塔)

塔顶位移阈值/m	抗风动力可靠度	塔顶位移阈值/m	抗风动力可靠度
0.9	0.493 5	1.3	0.977 4
1.1	0.828 2	1.5	0.996 9

(2) 钢筋混凝土风力发电高塔

风力发电钢塔已经在工程中获得广泛应用,但是钢筋混凝土风力发电高塔还未引起足够重视,故 Germanishcer Lloyd 规范[23]未对其详细规定. 基于此,将结合 Germanishcer Lloyd 规范和《高耸结构设计规范》[30]确定分析目标. 对于钢筋混凝土风力发电高塔而言,强度以混凝土抗压强度和钢筋抗拉强度为代表,极限承载力主要由基底弯矩确定;正常使用性能除确保桨叶与塔体不接触之外,还必须满足混凝土塔体开裂要求. 限于篇幅,只针对塔顶位移进行随机动力响应分析,其他设计指标的动力可靠度分析见参考文献[29]. 相似地,可给出塔顶位移真实极值分布与相同均值与标准差的常规分布之间的比较(图 5(a)),以及基于广义概率密度演化方法和基于 Monte Carlo 法的动力可靠度比较(图 5(b)). 为便于分析,表 2 给出了在不同阈值条件下的结构动力可靠度. 不难发现,可靠度随着阈值的增加而不断提高. 本文的钢筋混凝土风力发电高塔顶位移阈值为 0.8 m. 由表 2 可知,结构动力可靠度为 1. 显然,相比于风力发电钢塔,钢筋混凝土风力发电高塔具有更高的动力可靠度,原因是后者的刚度远大于前者.

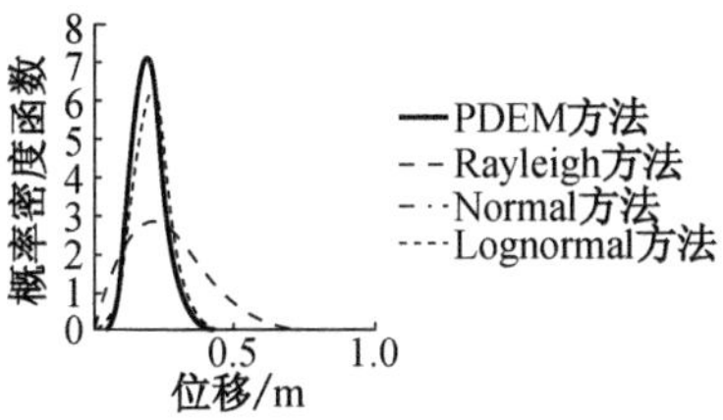

(a) 概率密度函数

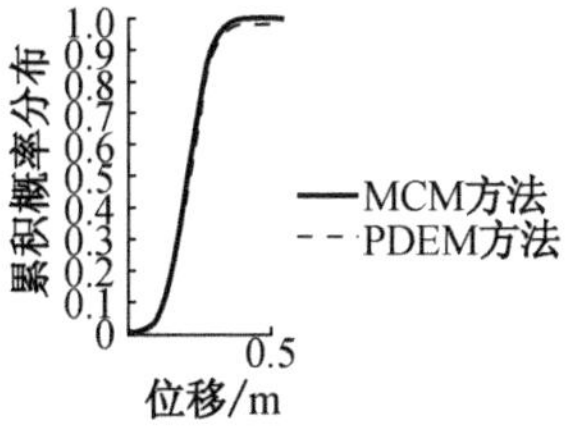

(b) 累积概率分布

图 5　钢筋混凝土风力发电高塔塔顶位移极值

表 2 不同阈值条件下的结构抗风动力可靠度

塔顶位移阈值/m	抗风动力可靠度
0.2	0.441 3
0.3	0.926 6
0.4	0.998 2
0.5	0.999 7
0.6	1.000 0

表 3 汇总了风力发电钢塔和钢筋混凝土风力发电高塔抗风动力可靠度分析结果. 总体上，风力发电钢塔的各项指标都有较高的可靠度. 不难发现，基于稳定性的抗风动力可靠度要小于基于强度的抗风动力可靠度. 在实际工程中，风力发电钢塔失稳破坏的可能性确实要大于强度破坏的可能性[27]，故而结构失稳是风力发电钢塔最为常见的失效模式. 对于钢筋混凝土风力发电高塔而言，基于强度、基于基底弯矩和基于塔顶位移的可靠度均较高，但是基于最大裂缝宽度的可靠度偏低. 因此，钢筋混凝土风力发电高塔很难满足最大裂缝宽度的限制. 为此，可考虑对钢筋施加预应力，构造预应力钢筋混凝土风力发电高塔以满足混凝土开裂要求. 对于相同的设计指标(如塔顶位移)，钢筋混凝土风力发电高塔的抗风动力可靠度要高于风力发电钢塔.

表 3 风力发电高塔系统抗风动力可靠度

风力发电钢塔	动力可靠度	钢筋混凝土风力发电高塔	动力可靠度
Mises 应力	0.958 8	基底弯矩	0.994 1
稳定性	0.930 0	塔顶位移	1.000 0
塔顶位移	0.997 0	裂缝宽度	0.450 9

4 结 语

将广义概率密度演化理论应用于风力发电高塔系统抗风动力可靠度分析是行之有效的. 相比风力发电钢塔而言，钢筋混凝土风力发电高塔具有更高的抗风动力可靠度. 但为了避免混凝土开裂，推荐使用预应力钢筋混凝土风力发电高塔.

参考文献

[1] Ronold K O, Larsen G C. Variability of extreme of flap loads during turbine operation[C]// 1999 European Wind Energy Conference: Wind Energy for the Next Millennium, Nice: James & James, 1999: 224-227.

[2] Ronold K O, Larsen G C. Reliability-based design of wind turbine rotor blades against failure in ultimate loading[J]. Engineering Structures, 2000, 22: 565.

[3] Ronold K O, Christensen C J. Optimization of a design code for wind-turbine rotor blades in fatigue[J]. Engineering Structures, 2001,23:993.

[4] Tarp-Johansen N J, Madsen P H, Frandsen S. Partial safety factors in the 3rd edition. of IEC 61400-1: wind turbine generator systems-part 1: safety requirements[R]. [S. l.]: Riso National Laboratory, 2002.

[5] Crandall S H. First-crossing probabilities of the linear oscillator[J]. Journal of Sound and Vibration,1970,12:285.

[6] 李桂青,曹宏,李秋胜,等. 结构动力可靠性理论及其应用[M]. 北京:地震出版社,1993.

[7] 朱位秋. 随机振动[M]. 北京:科学出版社,1998.

[8] Chen J J, Duan B Y, Zeng Y G. Study on dynamic reliability analysis of the structures with multidegree-of-freedom[J]. Computers and Structures,1997,62(5):877.

[9] Kawano K, Venkataramana K. Dynamic response and reliability analysis of large offshore structures[J]. Computer Methods in Applied Mechanics and Engineering, 1999,168:255.

[10] Cheng P W. A reliability based design methodology for extreme response of offshore wind turbine[D]. Delft: Delft University of Technology. Wind Energy Research Institute,2002.

[11] Veldkamp D. Chance in wind energy: a probabilistic approach to wind turbine fatigue design[D]. Delft: Delft University of Technology. Wind Energy Research Institute,2006.

[12] 李杰,陈建兵. 概率密度演化方程:历史、进展与应用[R]. 上海:同济大学建筑工程系,2008.

[13] Li Jie, Chen J B. Stochastic dynamics of structures[M]. Singapore: John Wiley & Sons,2009.

[14] Chen J B, Li J. Dynamic response and reliability analysis of nonlinear stochastic structures [J]. Probabilistic Engineering Mechanics,2005,20(1):33.

[15] Chen J B, Li J. The extreme value distribution and dynamic reliability analysis of nonlinear stochastic structures [J]. Earthquake Engineering and Engineering Vibration, 2005, 4 (2):275.

[16] Chen J B, Li J. The extreme value distribution and dynamic reliability analysis of nonlinear structures with uncertain parameters[J]. Structural Safety,2007,29(2):77.

[17] Chen J B, Li J. Development-process-of-nonlinearity-based reliability evaluation of structures [J]. Probabilistic Engineering Mechanics,2007,22(3):267.

[18] Li J, Chen J B, Fan W L. The equivalent extreme-value event and evaluation of the structural system reliability[J]. Structural Safety,2007,29(2):112.

[19] Fung Y C. A first course in continuum mechanics[M]. New Jersey: Prentice-Hall,1994.

[20] 李杰,陈建兵编. 随机振动理论与应用新进展[M]. 上海:同济大学出版社,2009.

[21] 李杰,张琳琳. 实测风速资料的随机 Fourier 谱研究[J]. 振动工程学报,2007,20(1):66.

[22] 张琳琳. 随机风场研究与高耸、高层结构抗风可靠性分析[D]. 上海:同济大学建筑工程系,2006.

[23] Germanischer Lloyd. GL—2005 Rules and guidelines IV—industrial services, part 2—guideline for the certification of offshore wind turbines [S]. Hamburg: Germanischer Lloyd,2005.

[24] 贺广零,李杰. 风力发电高塔系统基于物理机制的旋转 Fourier 谱[R]. 上海:同济大学建筑

工程系,2008.
[25] Simiu E, Scanlan R H. Wind effects on structures: an introduction to wind engineering [M]. New York: John Wiley,1978.
[26] 贺德馨. 风工程与工业空气动力学[M]. 北京:国防工业出版社,2006.
[27] Burton T, Sharpe D, Jenkins N, et al. Wind energy handbook[M]. Chichester: John Wiley & Sons,2001.
[28] Chen J B, Li J. Strategy for selecting representative points via tangent spheres in the probability density evolution method[J]. International Journal for Numerical Methods in Engineering,2008,74(13):1988.
[29] 贺广零. 风力发电高塔系统风致随机动力响应分析与抗风动力可靠度研究[D]. 上海:同济大学建筑工程系,2009.
[30] 同济大学建筑工程系. GBJ 135—90 高耸结构设计规范[S]. 北京:中国建筑工业出版社,1991.

Dynamic Reliability Analysis of Wind Turbine Systems Subject to Wind Loads

He Guang-ling　Li Jie

Abstract: The paper first presents a new dynamic reliability evaluation method based on generalized probability density evolution method (GPDEM). Then, the dynamic reliability of 1.25 MW steel wind turbine system and reinforced concrete wind turbine system is evaluated separately in combination with the physical model of stochastic wind field and the integrated finite element model consisting of the rotor, the nacelle, the tower and the foundation. The results show that the dynamic reliability of wind turbine systems can be worked out by the proposed method. Besides, the concrete wind turbine system is of a higher reliability than the steel one.

(本文原载于《同济大学学报》第 39 卷第 4 期,2011 年 4 月)

近海风力发电高塔波浪动力可靠度分析

徐亚洲　李杰

摘　要　采用基于广义概率密度演化方程的极值概率密度理论,研究了近海风力发电高塔在随机波浪作用下的动力可靠度问题.波场由基于拟层流风波生成机制的随机 Fourier 海浪谱及线性波浪理论模拟,确定性结构动力响应由有限元模型分析给出.结果表明:采用极值概率密度理论可以方便地计算出不同阈值水平下塔顶侧移的动力可靠度,采用经典的 Poisson 模型计算的动力可靠度随阈值水平的降低而误差增大.

近年来,近海风力发电工业正在取得长足的进步与广泛的关注.与之相关,关于近海风力发电高塔的运行安全问题也受到了普遍的重视.由此必然涉及风力发电高塔在风、浪、地震等灾害环境作用下的动力响应及可靠度分析问题.

海洋工程中经常遇到非线性问题,如波浪力、系泊结构的响应等.此时,即使输入是 Gaussian 过程,输出也是非 Gaussian 过程.利用二阶随机 Volterra 级数考虑此类非 Gaussian 问题是一种常见的处理手段.在此框架内,Neal[1],Vinje[2],Naess[3-6]等开展了一系列研究.Vinterstein 等采用 Volterra 级数模型研究了张拉腿平台(TLP)结构的极值及疲劳可靠度问题[7].基于 Sample-specific linearization 方法,Moarefzadeh 和 Melchers 研究了近海结构在风、波、流作用下的可靠度问题[8].Siddiqui 及 Ahmad 用一阶可靠度方法(FORM)研究了 TLP 结构在不同海况下的可靠度及失效概率[9].Naess 和 Karlsen 利用随机过程及其速度联合概率密度函数的特征函数表达穿越率,进而导出其联合特征函数的封闭形式,并采用最陡下降法给出穿越率的数值解[10].Moarefzadeh 和 Melchers 应用 Hermite 矩变换法研究了二阶非线性随机波浪及非 Gaussian 性对近海结构可靠度的影响[11].Naess 和 Gaidai (2007)利用二阶 Volterra 级数研究系泊结构在随机波浪作用下的慢漂响应,并给出了均值穿越率的渐进行为[12].

上述研究原则上都是基于响应的谱结构求取结构的可靠度.因此,在本质上属于近似方法.近年来发展的基于广义密度演化方程的结构随机动力分析方法[13],为结构随机动力响应计算提供了新的途径[14].结合极值概率密度分布理论还可以实现结构的动力可靠度分析[15-19].本文采用基于广义概率密度演化方程的极值概率密度方法,研究近海风力发电高塔结构在随机波浪作用下的动力可靠度问题.

1 基于密度演化的极值概率密度理论

基于密度演化的基本思想,陈建兵、李杰发展了极值分析的密度演化方法[20].该方法通过构造虚拟随机过程建立关于极值函数(极值事件)的概率密度演化方程,采用数值方法求解极值事件的概率密度函数,在给定的安全界限内对其积分即可给出相应的动力可靠度.

1.1 极值分布的虚拟随机过程法

以首次超越破坏机制为准则,结构动力可靠度可以表示为[20]

$$R = P\{X(\tau) \in Q_S,\ \tau \in [0,\ T]\} \tag{1}$$

式中,$X(\tau)$为结构的响应;$P\{\cdot\cdot\}$表示概率;Q_S为规定的安全域.

对于对称双侧界限问题,其等价形式为结构响应的绝对值$|X(\tau)|$在$[0,\ T]$的最大值处于安全域内的概率,即有

$$R = P\left\{\max_{\tau \in [0,\ T]} (|\ X(\tau)\ |) < x_B\right\} \tag{2}$$

其中,x_B为对称界限.

为了获得结构响应极值的概率分布,可以构造一个含有虚拟时间参数的随机过程,使得响应极值的概率分布等价于虚拟随机过程的截口随机变量,通过求解虚拟随机过程服从的概率密度演化方程,即可获得结构响应的极值概率分布.

对于真实的随机动力系统,其响应极值必然是依赖于随机参数$\boldsymbol{\Theta}$的随机变量,即有

$$Q = \max_{\tau \in [0, T]} (|\ X(\tau)\ |) = W(\boldsymbol{\Theta},\ T) \tag{3}$$

构造以τ为虚拟时间变量的随机过程

$$Z(\tau) = Q \cdot \tau = W(\boldsymbol{\Theta},\ T) \cdot \tau \tag{4}$$

容易发现,当$\tau = 1$时,虚拟随机过程即等价为待求的极值事件

$$Q = Z(\tau)\ |_{\tau=1} \tag{5}$$

注意到

$$\frac{\partial Z}{\partial \tau} = W(\boldsymbol{\Theta},\ T) \tag{6}$$

利用概率守恒原理,可知极值函数与随机参数的联合概率密度函数满足[20]

$$\frac{\partial p_{Z\boldsymbol{\Theta}}(z, \boldsymbol{\theta}, \tau)}{\partial \tau}+W(\boldsymbol{\Theta}, T)\frac{\partial p_{Z\boldsymbol{\Theta}}(z, \boldsymbol{\theta}, \tau)}{\partial z}=0 \tag{7}$$

相应的初始条件为

$$p_{Z\boldsymbol{\Theta}}(z, \boldsymbol{\theta}, \tau)\mid_{\tau=0}=\delta(z)p_{\boldsymbol{\Theta}}(\boldsymbol{\theta}) \tag{8}$$

采用差分法求解概率密度演化方程可获得 $p_{Z\boldsymbol{\Theta}}(z, \boldsymbol{\theta}, \tau)$，对随机参数 $\boldsymbol{\Theta}$ 积分可得

$$p_Z(z, \tau)=\int_{\Omega\boldsymbol{\Theta}} p_{Z\boldsymbol{\Theta}}(z, \boldsymbol{\theta}, \tau)\mathrm{d}\boldsymbol{\theta} \tag{9}$$

根据虚拟随机过程的定义可知

$$p_Q(q)=p_Z(z=q, \tau=1) \tag{10}$$

此即为响应极值的概率密度函数. 对其在规定的安全域内积分即可获得相应的动力可靠度. 以对称双侧界限为例，动力可靠度为

$$R=\int_{-x_B}^{x_B} p_Q(q)\mathrm{d}q \tag{11}$$

1.2 数值方法

采用 Lax-Wendroff 格式对 z 和 τ 进行离散可以获得概率密度函数的数值解及动力可靠度，详细步骤为[19]：

(1) 采用数论选点法离散随机变量空间，获得点集 $\boldsymbol{\Theta}_p=\{\Theta_{1,p}, \Theta_{2,p}, \cdots\Theta_{s,p}\}$，$p=1, 2\cdots, N_{sel}$ 为随机变量的离散点数目.

(2) 将 $\boldsymbol{\Theta}_p$ 代入结构运动方程中求解确定性反应(本文通过编制程序生成波浪力样本集，施加于有限元模型获得相应的结构响应).

(3) 利用确定性响应的极值构造结构响应极值的虚拟随机过程 Z.

(4) 利用响应极值的广义密度演化方程，采用差分法求解联合概率密度函数 $p_{Z\boldsymbol{\Theta}}(z, \boldsymbol{\theta}, \tau)$，其 Lax-Wendroff 格式为

$$p_j^{(k+1)}=p_j^{(k)}-\frac{\delta w}{2}[p_{j+1}^{(k)}-p_{j-1}^{(k)}]+\frac{\delta^2 w^2}{2}[p_{j+1}^{(k)}+p_{j-1}^{(k)}-2p_j^{(k)}] \tag{12}$$

其中，$p_j^{(k)}$ 指的是差分网格中时间节点 k、极值响应节点 j 的联合概率密度函数 $p_{Z\boldsymbol{\Theta}}(z, \boldsymbol{\theta}, \tau)$的值. 网格比 $\delta=\Delta\tau/\Delta z$，需要满足 CFL 稳定性条件.

(5) 将 $p_{Z\boldsymbol{\Theta}}(z, \boldsymbol{\theta}, \tau)$在基本随机变量空间中积分并取 $\tau=1$，即可得到结构响应极值的概率密度函数 $p_Q(q)$.

(6) 按照定义即可由 $p_Q(q)$积分获得其动力可靠度：

$$R=\int_{-x_B}^{x_B} p_Q(q)\mathrm{d}q \tag{13}$$

2 随机海浪模拟

近海风力发电塔的波浪力可采用 Morison 公式计算. Morison 公式中的水质点速度和加速度根据线性波浪理论由波面对时间求导获得,本文采用基于拟层流风波生成机制的随机 Fourier 海浪谱模拟波面.

2.1 随机 Fourier 海浪谱

迄今为止,拟层流风波生成机制是风波生成机制研究中重要的理论模型[21-23]. 基于此可以通过海浪过程的能量密度与风-波相互作用能量传递之间的关系建立随机 Fourier 海浪谱[24]:

$$F(\omega,\ \xi)=\sqrt{\frac{\rho_a}{2\rho_w g^2}}U\cdot\beta(\tilde{\omega})^{1/2}\cdot(\tilde{\omega})^{3/2}\cdot A(\tilde{\omega})\cdot\gamma^{\frac{1}{2}\exp(-(\omega-\omega_p)^2/(2\sigma^2\omega_p^2))}\tag{14}$$

其中,$\tilde{\omega}=\mu\omega/\omega_p$, ω_p 为谱峰频率,μ 是谱峰频率调整系数; $\beta(\tilde{\omega})$是能量传递系数,其计算方法可见文献[21,23-24]; $A(\tilde{\omega})$为波幅; U 为等效风速; ρ_a 为空气密度; ρ_w 是水密度;g 为重力加速度. 以下介绍等效风速和谐波振幅的计算方法.

2.1.1 等效风速 U

对应于无限风时与风距的充分成长海浪谱,根据有效波高 H_s 和 10 m 高风速之间的实测统计结果可确定等效风速:

$$U=\sqrt{59.367H_s}\tag{15}$$

其中,H_s 为波列中最大 1/3 波高的算术平均值.

2.1.2 谐波振幅 $A(\tilde{\omega})$

与频率有关的谐波振幅由等效风速与平均波高的统计关系及放大因子 λ 确定. 平均波高 $\overline{H}$ 与平均周期 $\overline{T}$ 及 10 m 高风速 U 之间存在如下关系[22]:

$$\begin{cases}\overline{H}=0.059\overline{T}^2, & \overline{T}<0.32U\\ \overline{H}=0.019U\overline{T}, & \overline{T}>0.32U\end{cases}\tag{16}$$

式中,平均周期 $\overline{T}$ 与每一谐波的圆频率 $\tilde{\omega}$ 满足 $\tilde{\omega}=2\pi/\overline{T}$. 谐波振幅等于平均波高与放大因子的乘积,即

$$A=\lambda\overline{H}\tag{17}$$

λ 与风速 U 之间的关系为

$$\lambda=1.071+0.211U\tag{18}$$

图 1 和图 2 分别为算例采用的随机 Fourier 谱均值和集合功率谱与相应实测值的比较[24].

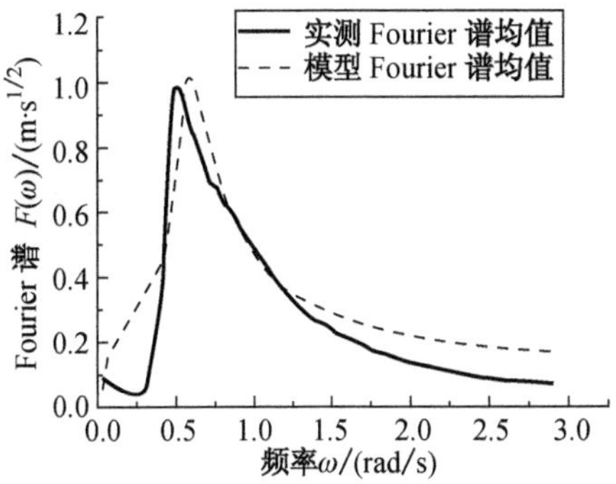

图 1　随机 Fourier 谱均值

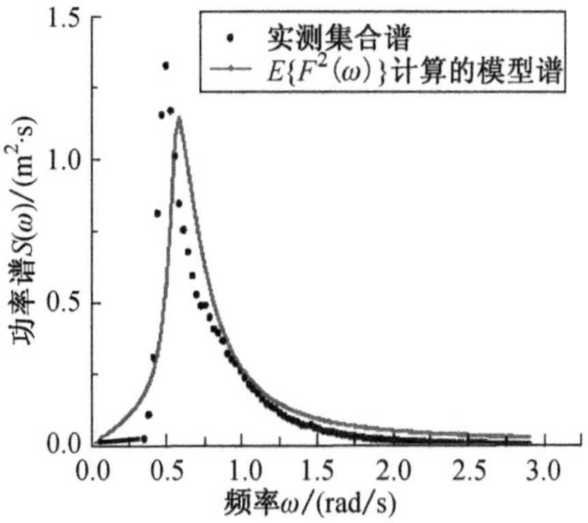

图 2　实测样本集合功率谱与按随机 Fourier 模型计算的功率谱比较

2.2　随机波面生成

随机 Fourier 海浪谱中基本随机变量的分布类型及特征参数可由实测记录识别给出[24]. 此处 6 个随机变量如用简单 Monte Carlo 抽样法则需要大量的样本点，导致计算量较大，可以考虑拟 Monte Carlo 等降低抽样数目的改进方法. 而数论选点法是一种加权离散概率空间的方法，由于各个样本点的权重不同故可以较少点数获得适当的精度. 基于多维随机变量概率空间的数论选点法[25]在随机 Fourier 海浪谱的六维随机变量空间中进行选点，共计 360 个.

本文采用的模型参数及其均值与按照赋得概率(权值)计算的均值见表 1，相应的随机 Fourier 谱均值见图 1，集合功率谱见图 2.

表 1　随机 Fourier 谱参数均值与赋得概率计算的均值

参数	有效波高 H_s	谱峰频率 ω_P	谱峰值调整系数 γ	谱峰频率调整系数 μ	谱形参数 σ_L	谱形参数 σ_R
模型	2.68	0.57	7.91	1.62	0.24	0.73
计算	2.68	0.57	7.95	1.62	0.24	0.76

基于随机 Fourier 谱与集合功率谱的关系[26]，并考虑相位由随机初相位和相位差谱确定，随机波面可以表示为

$$\eta(t) = \sum_{j=1}^{N} \sqrt{2\Delta\omega} F(\omega_j) \cos(\omega_j t + \varphi_{0j} + \sum \Delta\varphi_j) \tag{19}$$

其中，N 为离散点数目；φ_{0j} 为随机初相位；$\Delta\varphi_j$ 为相位差谱；$F(\omega_j)$ 为随机 Fourier 谱值.

直接利用 Matlab 软件包在[0, 2π]内抽取 360 个随机初相位 φ_{0j} 以及相位差谱

$\Delta\varphi_j$，结果见图 3、图 4.

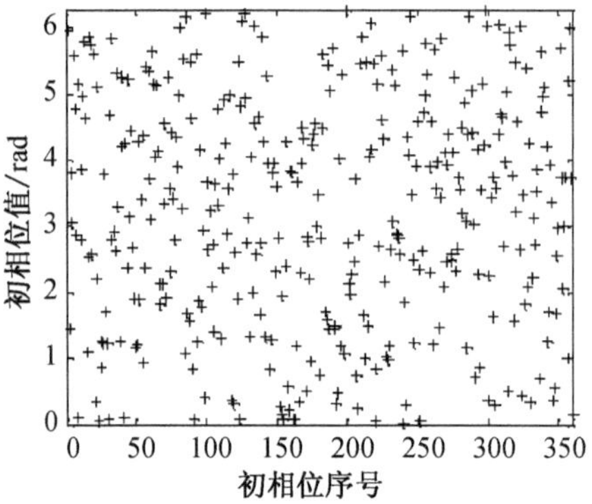

图 3　360 个样本的随机初相位

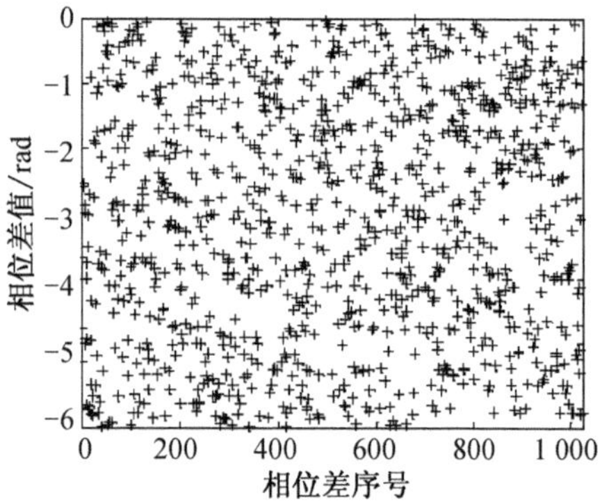

图 4　随机海浪相位差分布

3　近海风力发电高塔结构分析模型

3.1　随机波浪力

与所考虑的海况相比，近海风力发电高塔通常可视为小尺度结构物，对波场的影响一般并不显著，采用 Morison 公式[27]计算波浪力是合理的. 作用在单位长度直立圆柱上的波浪力为

$$f(t)=\frac{1}{2}C_D\rho D u_x\mid u_x\mid+\frac{1}{4}C_M\rho\pi D^2\dot{u}_x \tag{20}$$

其中，D 为塔身直径；拖曳力系数 $C_D=1$；质量系数 $C_M=2$；ρ 为海水密度；u_x 为质点水平速度；$\dot{u}_x$ 为质点水平加速度，由选用的波浪理论确定. 本文采用线性波浪理论，所以

$$u_x=\sum_{j=1}^{N}\frac{\cosh k_j(z+d)}{\cosh k_j d}\frac{gk_j}{\omega_j}\sqrt{2\Delta\omega}F(\omega_j)\cdot\cos\left(\omega_j t+\varphi_{0j}+\sum\Delta\varphi_j\right) \tag{21}$$

$$\dot{u}_x=-\sum_{j=1}^{N}\frac{gk_j\cosh k_j(z+d)}{\cosh k_j d}\sqrt{2\Delta\omega}F(\omega_j)\cdot\sin\left(\omega_j t+\varphi_{0j}+\sum\Delta\varphi_j\right) \tag{22}$$

式中，d 为水深；k_j 为第 j 个谐波分量的波数；$F(\omega_j)$ 由前述随机 Fourier 海浪谱确定，随机初相位和相位差利用 Matlab 直接生成.

由此，根据随机 Fourier 海浪谱确定的波面即可计算出单位长度直立圆柱上作用的随机波浪力，数论选点法及 Monte Carlo 法计算的静水面处波浪力的标准差见图 5，二者吻合良好. 波浪力时程作为节点力施加于有限元模型，在波浪力的计算中忽略了结构与流体质点相互作用的影响.

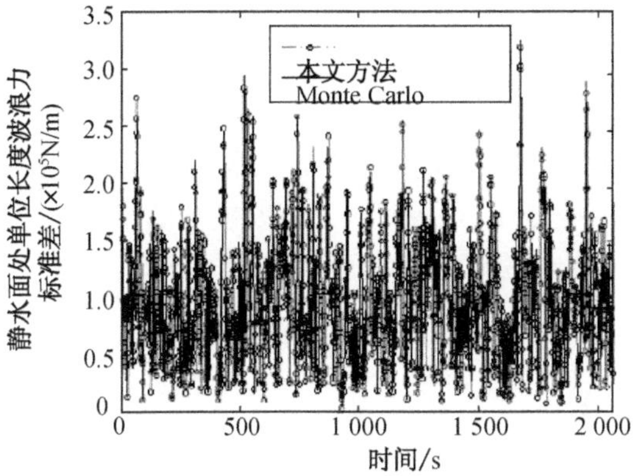

图 5　静水面处波浪力标准差

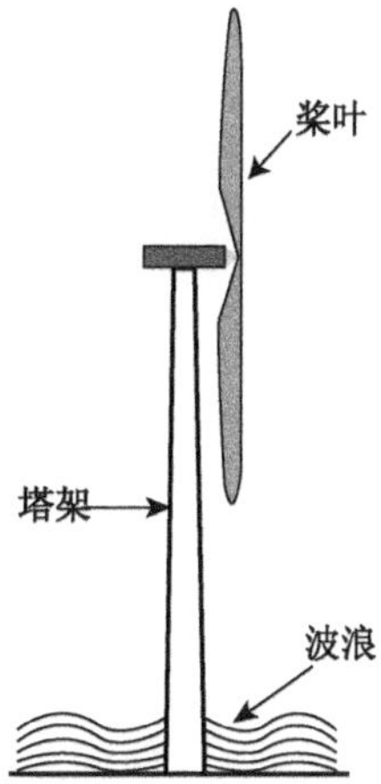

图 6　近海风力发电高塔架模型

3.2　有限元模型

近海风力发电高塔结构下部承受波浪作用，上部支撑桨叶等设备(图 6). 对其进行有限元建模时，考虑底部固结，忽略桨叶-塔身相互作用、桩-土相互作用等因素的影响，机舱、设备及桨叶质量均匀分布于塔顶. 塔高 64.65 m，塔身采用壳单元 S4R，桨叶和设备质量共计 81.462 t. 塔身钢材弹性模量为 2×10^5 MPa，阻尼比取为 1%. 结构一阶和二阶振型为两个主方向的平动振型，三阶和四阶为方向相反的扭转振型，其他各阶类似. 故此处只给出两个相似振型中的一个示意，但结构响应分析时均考虑在内. 前五个奇数阶频率见表 2，相应的模态示意见图 7，波浪力按前述方法计算.

表 2　模型基本动力特性

模态阶数	1	3	5	7	9
频率/Hz	0.429	0.879	1.687	2.714	3.604

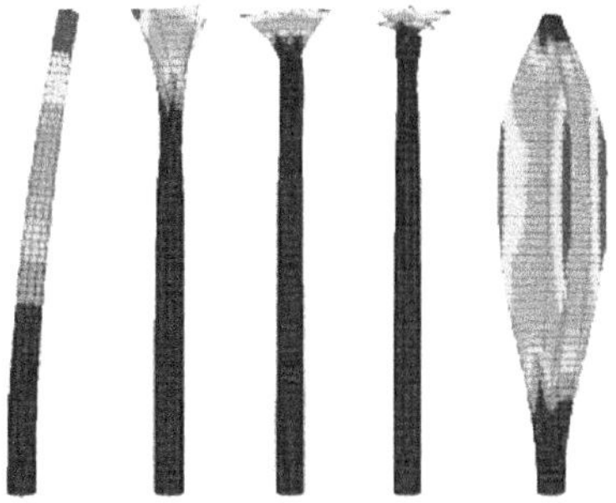

图 7　前 5 个奇数阶模态示意图(由左向右)

4 塔顶侧移动力可靠度分析

4.1 基于极值概率密度理论的动力可靠度分析

如前所述,首先利用有限元模型计算出确定性塔顶侧移时程样本,通过概率密度演化方法[13]计算的标准差见图 8. 其中还给出了 Monte Carlo 模拟的结果,二者吻合良好. 此外,塔顶侧移标准差表现出明显的时变性,不宜作为平稳过程处理.

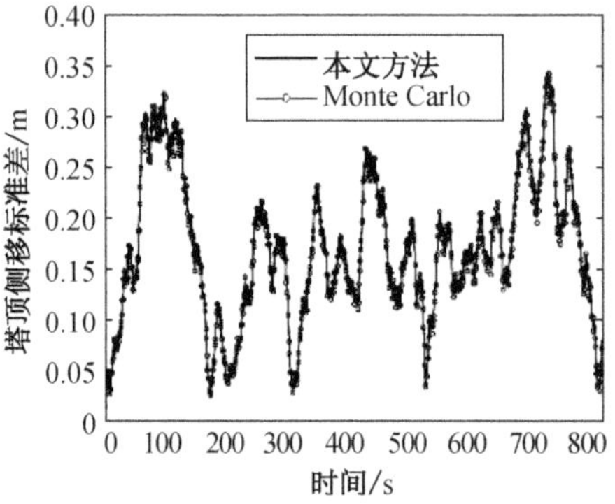

图 8 塔顶侧移标准差

进而,通过虚拟随机过程计算得等价极值事件的概率密度函数或累积概率分布函数. 其中,累积概率分布函数是概率密度函数的积分. 在给定的阈值范围对等价极值事件的概率密度函数积分,或者取阈值界限对应的累积概率分布函数值之差即为待求动力可靠度. 动力可靠度与等价极值事件概率密度函数、累积概率分布函数之间关系的示意见图 9. 具体算例分析结果见 4.3 节.

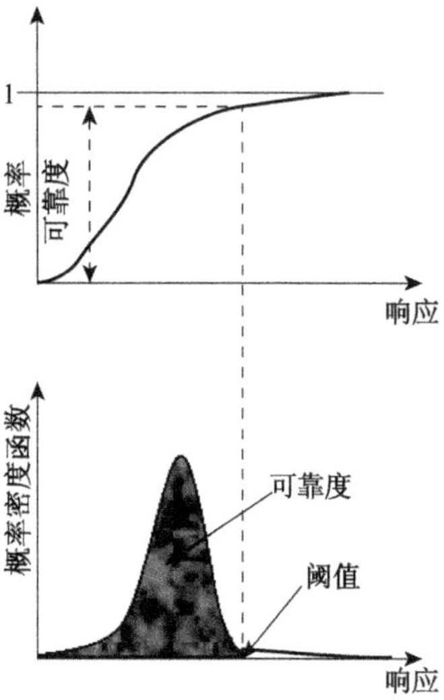

图 9 等价极值事件概率密度函数、累积概率密度函数与动力可靠度之间关系的示意图

4.2 基于 Poisson 模型的动力可靠度分析

如假定响应与界限相交的首次跨越事件服从 Poisson 分布,即采用 Poisson 模型计算基于首次跨越失效机制的动力可靠度,对称双侧限时的动力可靠度为[28-29]

$$R(-b,\ b) = \exp\left[-\int_0^T \frac{\sigma_{\dot{X}}}{\pi\sigma_X}\exp\left(-\frac{b^2}{2\sigma_X^2}\right)\mathrm{d}t\right] \tag{23}$$

其中,b 为给定的界限值;σ_X 为响应的标准差;$\sigma_{\dot{X}}$ 为响应变化率的标准差;T 为响应的持时.

4.3 动力可靠度分析结果

近海风力发电高塔一个重要的运行极限状态即是塔顶侧移的限制，通常由气动分析给出阈值. 采用极值概率密度理论分析算例塔顶侧移的动力可靠度需要构造出相应的等价极值事件. 图 10 和图 11 分别为极值事件的累积概率分布函数及概率密度函数.

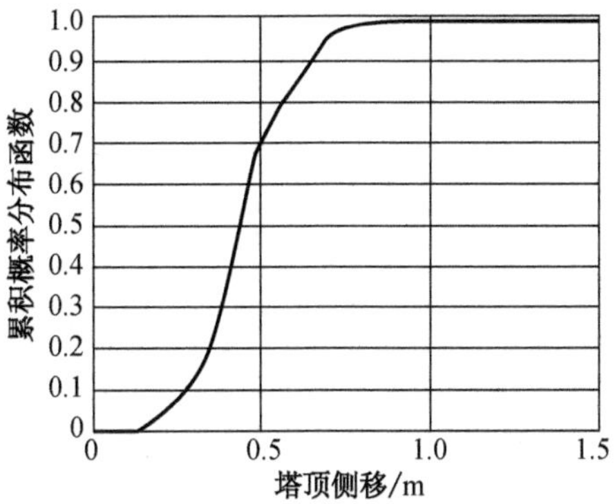

图10　塔顶侧移极值事件累积概率分布函数

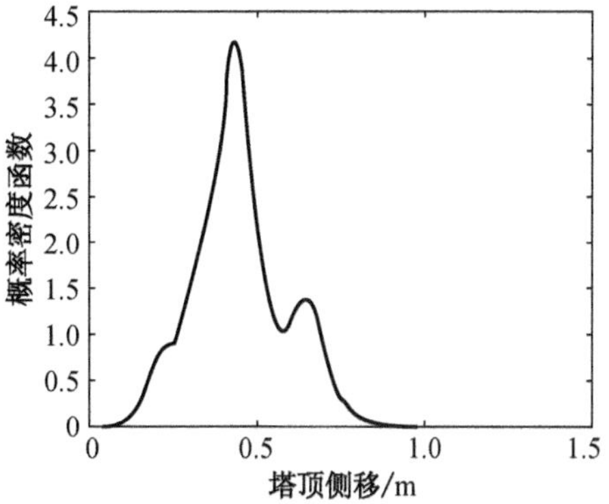

图 11　塔顶侧移极值概率密度函数

取风力发电高塔顶部侧移阈值为参数，采用极值概率密度理论与 Poisson 模型计算的风力发电高塔顶部侧移动力可靠度见图 12. 可见，当阈值较小时，按照 Poisson 模型计算的塔顶侧移动力可靠度较等价极值事件法的结果小些，而阈值增大到一定程度时两种方法分析的动力可靠度趋于一致. 主要原因在于，界限较小时 Poisson 模型中首次跨越事件的独立性不充分，导致分析结果出现较大误差，尽管该误差是偏于保守的. 当阈值趋于无穷大时，Poisson 模型的结果趋于精确解. 而基于等价极值事件的极值密度演化理论则对于不同的阈值水平给出合理的分析结果. 此外，本算例分析结果表明，当风力发电高塔顶部侧移阈值取为 1/65 塔高(1 m)时，其顶部侧移波浪动力可靠度接近于 1，具有足够的安全水平.

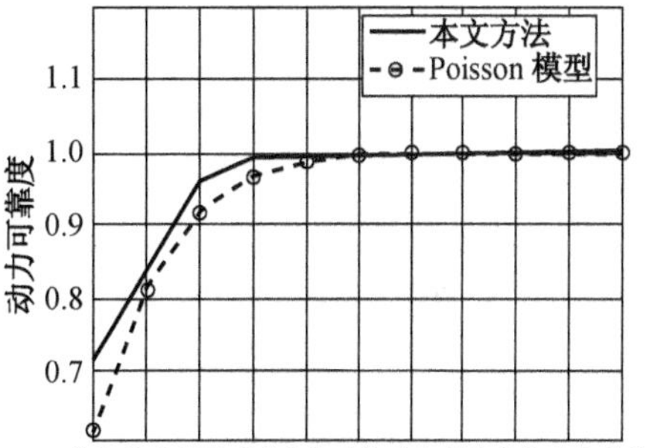

图 12　塔顶侧移动力可靠度分析结果

值得指出的是，考虑塔身风荷载以及桨叶-塔身相互作用效应时本文方法仍然是适用的. 但分析风和海浪共同作用下的结构动力可靠度需要确定风及波浪参数的统计分布并对其联合概率空间进行离散，采用适当方法生成风荷载及波浪荷载并将其同时作用于结构进行分析.

5 结 论

基于广义概率密度演化方程的极值概率密度理论可用于分析海洋结构在波浪作用下的动力可靠度问题. 随机波面模拟时,波面的幅值由随机 Fourier 海浪谱模型给出,随机初相位和相位差谱共同确定其相位信息. 采用 Airy 线性波理论在时域中模拟出波场,相应的波浪力由 Morison 公式计算.

近海风力发电高塔在波浪作用下的顶部侧移由 ABAQUS 有限元软件求解获得. 以塔顶侧移阈值为参数,分别利用极值概率密度理论和 Poisson 模型计算出近海风力发电高塔在随机波浪作用下的动力可靠度. 结果表明,基于等价极值事件的极值密度演化法在不同的阈值水平下均可以给出合理的结果. 而 Poisson 假定计算的动力可靠度在阈值水平较低时结果偏低,且阈值越小偏差越大. 本文方法克服了阈值较低时 Poisson 模型中独立性假定的影响,而阈值较高时与 Poisson 模型结果吻合.

参考文献

[1] Neal E. Second order hydrodynamic forces due to stochastic excitation[C]. Proceedings of the 10th ONR Symposium, Cambridge, MA, 1974.

[2] Vinje T. On the statistical distribution of second-order forces and motions[J]. International Shipbuilding Progress, 1983, 30: 58-68.

[3] Naess A. The statistical distribution of second-order slowly varying forces and motions[J]. Applied Ocean Research, 1986, 8(2): 110-118.

[4] Naess A. On the statistical analysis of slow-drift forces and motions of floating offshore structures[C]. Proceedings, 5th International Offshore Mechanics and Arctic Engineering Symposium, Tokyo, Japan, 1986: 317-329.

[5] Naess A. Response statistics of non-linear, second-order transformations to Gaussian loads [J]. Journal of Sound and Vibration, 1987, 115(1): 103-127.

[6] Naess A. Approximate first-passage and extremes of narrow-band Gaussian and non-Gaussian random vibration[J]. Journal of Sound and Vibration, 1990, 138(3): 365-380.

[7] Winterstein S R, Ude T C, Marthinsen T. Volterra models of ocean structures: Extreme and fatigue reliability[J]. Journal of Engineering Mechanics, 1994, 120(6): 1369-1385.

[8] Moarefzadeh M R, Melchers R E. Sample-specific linearization in reliability analysis of offshore structures[J]. Structural Safty, 1996, 18(2): 101-122.

[9] Siddiqui N A, Ahmad S. Reliability analysis against progressive failure of TLP tethers in extreme tension[J]. Reliability Engineering and System Safety, 2000, 68: 195-205.

[10] Naess A, Karlsen H C. Numerical calculation of the level crossing rate of second order stochastic Volterra systems[J]. Probabilistic Engineering Mechanics, 2004, 19: 155-160.

[11] Moarefzadeh M R, Melchers R E. Nonlinear wave theory in reliability analysis of offshore structures[J]. Probabilistic Engineering Mechanics, 2006, 21: 99-111.

[12] Naess A, Gaidai O. The asymptotic behaviour of second-order stochastic Volterra series models of slow drift response[J]. Probabilistic Engineering Mechanics, 2007,22: 343-352.
[13] 李杰,陈建兵. 随机结构非线性动力反应的概率密度演化分析[J]. 力学学报, 2003,35(6): 716-722.
[14] 陈建兵,李杰. 非线性随机结构动力可靠度的密度演化方法[J]. 力学学报,2004,36(2): 196-201.
[15] Chen J B, Li J. Dynamic response and reliability analysis of non-linear stochastic structures [J]. Probabilistic Engineering Mechanics, 2005, 20(1): 33-44.
[16] Li J, Chen J B. Dynamic response and reliability analysis of structures with uncertain parameters[J]. International Journal for Numerical Methods in Engineering, 2005, 62(2): 289-315.
[17] Chen J B, Li J. The extreme value distribution and dynamic reliability analysis of nonlinear structures with uncertain parameters[J]. Structural Safety, 2007, 29: 77-93.
[18] Li J, Chen J B, Fan W L. The equivalent extreme-value event and evolution of the structural system reliability[J]. Structural Safety, 2007, 29: 112-131.
[19] Li J, Chen J B. The principle of preservation of probability and the generalized density evolution equation[J]. Structural Safety, 2008, 30: 65-77.
[20] 陈建兵,李杰. 随机结构动力可靠度分析的极值概率密度方法[J]. 地震工程与工程振动, 2004,24(6): 39-44.
[22] 文圣常,于宙文. 海浪理论与计算原理[M]. 北京:海洋出版社,1984: 331-332.
[23] 徐亚洲,李杰. 风浪相互作用的 Stokes 模型[J]. 水科学进展,2009, 20(2):281-286.
[24] 徐亚洲. 随机海浪谱的物理模型与海洋结构波浪动力可靠度分析[D]. 上海:同济大学,2008.
[25] 陈建兵,李杰. 结构随机响应概率密度演化分析的数论选点法[J]. 力学学报,2006, 38(1): 134-140.
[26] 李杰,李国强. 地震工程学导论[M]. 北京:地震出版社,1992:60-63.
[27] Morison J R, O'Brien M P, Johnson J W, et al. The forces exerted by surface waves on piles[J]. Petroleum Transactions, 1950, 189: 149-156.
[28] 李桂青,曹宏,李秋胜,霍达. 结构动力可靠性理论及其应用[M]. 北京:地震出版社,1993.
[29] 朱位秋 . 随机振动[M]. 北京:科学出版社,1992.

Ocean Dynamic Reliability Analysis of Offshore Wind Turbine Towers

Xu Ya-zhou　Li Jie

Abstract: The probability density theory of an extreme event based on the generalized probability density evolution equation is employed to investigate the dynamic reliability of an offshore wind turbine tower subjected to wave loads. The wave field is simulated by using the linear water wave theory and stochastic Fourier spectrum of ocean waves which originates from quasi-laminar wind-wave generation mechanism. Deterministic structural responses are analyzed by the finite element method. The results indicate that the dynamic reliability of the top drift for the offshore wind turbine tower under different thresholds can be evaluated reasonably by the probability density theory of equivalent extreme events. The result of dynamic reliability according to a Poisson model exhibits a worse accuracy as the threshold decreases.

(本文原载于《工程力学》第 30 卷第 3 期，2013 年 3 月)

基于广义密度演化方程的结构随机最优控制

李 杰　彭勇波

摘 要 基于广义密度演化方程和 Pontryagin 极大值原理,推导了一般随机激励作用下闭环系统随机最优控制中状态向量和控制力向量的物理解答,讨论了基于二阶统计量评价的控制律参数设计准则. 以物理随机地震动模型为输入,考察了单层框架结构主动锚索系统的随机最优控制,并与经典 LQG 控制做了比较分析. 结果表明,本文提出的随机最优控制方法具有适用性和有效性.

引 言

在经典的结构随机最优控制理论中,随机激励和量测噪声一般数学形式化为白噪声或过滤白噪声过程. 在此框架下形成了一系列的随机最优控制方法[1],如线性二次 Gaussian 控制 LQG(Linear Quadratic Gaussian)及其衍生方法. 事实上,上述(过滤)白噪声过程假定与多数工程激励过程相去甚远,而基于相空间的经典随机最优控制理论恰恰是依赖于这一假定的. 对于随机动力系统,近年来,Li 和 Chen 发展了一类概率密度演化方法[2],提出了适用于一般随机动力系统的广义密度演化方程[3]GDEE(Generalized Density Evolution Equation),采用样本轨道描述,鲜明地揭示了随机系统和确定性系统之间的联系. 基于这一工作,本文尝试结合 Pontryagin 极大值原理,发展适用于一般随机激励作用下闭环系统的物理随机最优控制策略,探讨随机最优控制的控制律参数设计准则,并与经典 LQG 控制做了比较分析. 研究表明本文所提出方法具有适用性和有效性.

1 闭环系统随机最优控制的物理解答

采用样本轨道描述,随机系统的物理演化过程可以由确定性样本轨迹反映. 因此,随机最优系统的控制律可以通过研究受控系统的样本解答给出. 考察一般随机激励下受控系统的运动方程

$$\boldsymbol{M}\ddot{\boldsymbol{X}}(t)+\boldsymbol{C}\dot{\boldsymbol{X}}(t)+\boldsymbol{K}\boldsymbol{X}(t)=\boldsymbol{B}_s\boldsymbol{U}(t)+\boldsymbol{D}_s\boldsymbol{F}(\varpi,\ t) \tag{1}$$

式中 $\boldsymbol{X}(t)=\boldsymbol{X}(\boldsymbol{\Theta},t)$ 是 n 维位移向量，$\boldsymbol{U}(t)=\boldsymbol{U}(\boldsymbol{\Theta},t)$ 为 r 维控制力向量，$\boldsymbol{F}(\cdot)$ 为 p 维随机激励向量，ϖ 为表征激励随机性的基本随机事件，$\boldsymbol{\Theta}=\boldsymbol{\Theta}(\varpi)$ 是结构系统的随机参数向量，是 ϖ 的某种映射；$\boldsymbol{M}$, $\boldsymbol{C}$ 和 $\boldsymbol{K}$ 分别为 $n\times n$ 维质量、阻尼和刚度矩阵，$\boldsymbol{B}_s$ 为 $n\times r$ 维控制力位置矩阵，$\boldsymbol{D}_s$ 为 $n\times p$ 维激励位置矩阵. 本文忽略量测噪声的影响. 事实上，由于科技的进步、人们观测和控制手段的增强，量测引入的不确定性正逐渐弱化，相比目前仍难以控制的环境荷载，产生的随机性影响要小得多. 因此，作为研究的初阶，系统控制的量测噪声暂不考虑. 由于不需要通过状态估计实时调整控制策略，在前述假定下经典的反馈式控制与闭环控制是一致的.

在状态空间，式(1)变为

$$\dot{\boldsymbol{Z}}(t)=\boldsymbol{A}\boldsymbol{Z}(t)+\boldsymbol{B}\boldsymbol{U}(t)+\boldsymbol{D}\boldsymbol{F}(\varpi,t) \tag{2}$$

具有初始条件

$$\boldsymbol{Z}(t_0)=\boldsymbol{Z}_0 \tag{3}$$

式中 $\boldsymbol{Z}(t)$为 $2n$ 维状态向量，$\boldsymbol{A}$ 为 $2n\times 2n$ 维系统矩阵，$\boldsymbol{B}$ 为 $2n\times r$ 维控制力位置矩阵，$\boldsymbol{D}$ 为 $2n\times p$ 维激励位置矩阵，分别为

$$\begin{aligned}&\boldsymbol{Z}(t)=\begin{bmatrix}\boldsymbol{X}(t)\\ \dot{\boldsymbol{X}}(t)\end{bmatrix},\quad \boldsymbol{A}=\begin{bmatrix}\boldsymbol{0} & \boldsymbol{I}\\ -\boldsymbol{M}^{-1}\boldsymbol{K} & -\boldsymbol{M}^{-1}\boldsymbol{C}\end{bmatrix}\\ &\boldsymbol{B}=\begin{bmatrix}\boldsymbol{0}\\ \boldsymbol{M}^{-1}\boldsymbol{B}_s\end{bmatrix},\quad \boldsymbol{D}=\begin{bmatrix}\boldsymbol{0}\\ \boldsymbol{M}^{-1}\boldsymbol{D}_s\end{bmatrix}\end{aligned} \tag{4}$$

结构随机最优控制涉及特定二次性能泛函的最大化或最小化，在随机参数向量 Θ 的背景下，二次性能泛函定义为[4]

$$\boldsymbol{J}(\boldsymbol{Z},\boldsymbol{U},\Theta,t)=\frac{1}{2}\boldsymbol{Z}^{\mathrm{T}}(t_f)\boldsymbol{P}(t_f)\boldsymbol{Z}(t_f)+\frac{1}{2}\int_{t_0}^{t_f}[\boldsymbol{Z}^{\mathrm{T}}(t)\boldsymbol{Q}\boldsymbol{Z}(t)+\boldsymbol{U}^{\mathrm{T}}(t)\boldsymbol{R}\boldsymbol{U}(t)]\mathrm{d}t \tag{5}$$

式中，$\boldsymbol{Q}$ 为 $2n\times 2n$ 维半正定矩阵，$\boldsymbol{R}$ 为 $r\times r$ 维正定矩阵.

注意到经典 LQG 控制中，性能泛函定义为对式(5)取期望的形式，因此为确定性的时变函数，其最小化的物理意义是设定控制律参数条件下使系统状态均方特征量最小，由此构造相应的控制增益. 不过，经典 LQG 控制依赖于系统输入的 Gaussian 白噪声过程假定，对于一般随机系统，与结构反应性态相关的概率密度很难得到，且控制增益在本质上是基于矩特征值的. 而本文定义的性能泛函是一随机过程，在设定的控制律参数下，泛函最小化将使系统状态的样本解答全局最优、达到数值特征量最小或概率密度形态最佳. 由于不需要引入特定的随机过程假设，因而能够获得满足目标结构性态的控制增益.

图 1 给出了确定性控制 DC(Determinative Control)，LQG 控制和本文建议的物理随机最优控制 PSC(Physical Stochastic Optimal Control)对系统性态演化轨迹的追踪. 从图中可以看出，确定性控制的系统性态轨迹是点到点，由于外加随机

扰动的影响，确定性控制方式基本不具备把握系统性态的能力；LQG 控制的系统性态轨迹是圈到圈，即在均方特征意义上控制系统的性态，这种方式缺乏对高阶特征形态的把握；物理随机最优控制的系统性态轨迹是域到域。由于所感兴趣的系统量在任意时刻的概率密度都受控于广义密度演化方程，因此，可以客观、合理地评价系统的可靠性，从而实现系统性态的精细化控制。

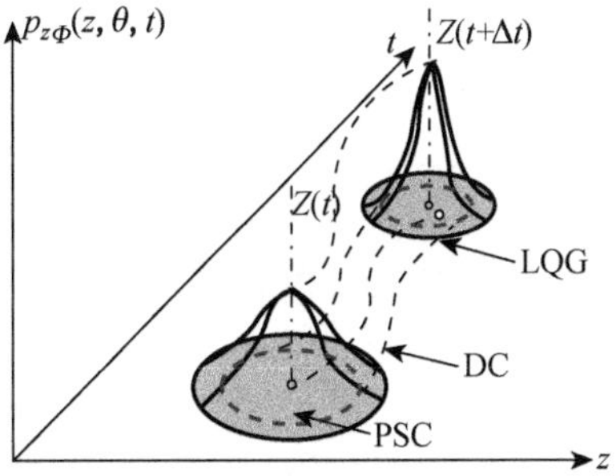

图 1　确定性控制、LQG 控制和本文建议控制方法对系统性态演化轨迹的影响

简言之，本文发展的随机最优控制方法涉及两步优化：一是对于随机参数 $\boldsymbol{\Theta}$ 的每一个实现样本 $\boldsymbol{\theta}$，通过性能泛函的最小化，建立控制律参数集合与控制增益集合之间的映射关系；二是根据目标性态，优化控制增益，确定最优的控制律参数。

从样本角度考察式(5)的泛函条件极值问题。根据 Lagrange 乘子法，引入协状态向量 $\lambda(t) \in \mathbb{R}^n$（$\mathbb{R}^n$ 为 n 维 Euclidean 空间），将上述等式约束泛函极值问题转化为无约束泛函极值问题

$$J(\boldsymbol{Z}, \boldsymbol{U}, \lambda, \boldsymbol{F}, \Theta, t) = \frac{1}{2}\boldsymbol{Z}^{\mathrm{T}}(t_f)\boldsymbol{P}(t_f)\boldsymbol{Z}(t_f) + \int_{t_0}^{t_f}[H(\boldsymbol{Z}, \boldsymbol{U}, \lambda, \boldsymbol{F}, \boldsymbol{\Theta}, t) - \lambda^{\mathrm{T}}(t)\dot{\boldsymbol{Z}}(t)]\mathrm{d}t \tag{6}$$

式中 Hamilton 函数包含激励项，即

$$H(\circ) = \frac{1}{2}[\boldsymbol{Z}^{\mathrm{T}}(t)\boldsymbol{Q}_z\boldsymbol{Z}(t) + \boldsymbol{U}^{\mathrm{T}}(t)\boldsymbol{R}_U\boldsymbol{U}(t)] + \lambda^{\mathrm{T}}(t)[\boldsymbol{A}\boldsymbol{Z}(t) + \boldsymbol{B}\boldsymbol{U}(t) + \boldsymbol{D}\boldsymbol{F}(\bar{\omega}, t)] \tag{7}$$

泛函 $J(\boldsymbol{Z}, \boldsymbol{U}, \lambda, \boldsymbol{F}, \Theta, t)$ 极小的必要条件为经典的 Pontryagin 极大值原理，推导得到如下控制方程[5]

$$\boldsymbol{U}(t) = -\boldsymbol{R}^{-1}\boldsymbol{B}^{\mathrm{T}}\lambda(t) \tag{8}$$

对于一般的闭-开环控制系统，为了使 $\boldsymbol{U}(t)$ 能由状态反馈和输入反馈同时实现，建立 $\lambda(t)$ 与 $\boldsymbol{Z}(t)$ 和 $\boldsymbol{F}(\bar{\omega}, t)$ 的线性变换关系[4]

$$\lambda(t) = \boldsymbol{P}(t)\boldsymbol{Z}(t) + \boldsymbol{S}(t)\boldsymbol{F}(\bar{\omega}, t) \tag{9}$$

式中 $\boldsymbol{P}(t)$ 和 $\boldsymbol{S}(t)$ 为待求矩阵，存在

$$\boldsymbol{P}(t_f) = \boldsymbol{S}(t_f) = 0 \tag{10}$$

将式(9)代入式(8)，得到

$$\boldsymbol{U}(t)=-\boldsymbol{R}^{-1}\boldsymbol{B}^{\mathrm{T}}\boldsymbol{P}(t)\boldsymbol{Z}(t)-\boldsymbol{R}^{-1}\boldsymbol{B}^{\mathrm{T}}\boldsymbol{S}(t)\boldsymbol{F}(\bar{\omega},t) \tag{11}$$

根据 Pontryagin 极大值原理，有如下协态方程[5]

$$\dot{\lambda}(t)=-\boldsymbol{Q}\boldsymbol{Z}(t)-\boldsymbol{A}^{\mathrm{T}}\lambda(t) \tag{12}$$

将式(9)代入式(12)，得到

$$\begin{aligned}\dot{\boldsymbol{P}}(t)=&-\boldsymbol{P}(t)\boldsymbol{A}-\boldsymbol{A}^{\mathrm{T}}\boldsymbol{P}(t)+\boldsymbol{P}(t)\boldsymbol{B}\boldsymbol{R}^{-1}\boldsymbol{B}^{\mathrm{T}}\boldsymbol{P}(t)-\boldsymbol{Q}-\\&[\dot{\boldsymbol{S}}(t)+\boldsymbol{A}^{\mathrm{T}}\boldsymbol{S}(t)-\boldsymbol{P}(t)\boldsymbol{B}\boldsymbol{R}^{-1}\boldsymbol{B}^{\mathrm{T}}\boldsymbol{S}(t)+\boldsymbol{P}(t)\boldsymbol{D}]\boldsymbol{F}(\bar{\omega},t)\boldsymbol{Z}^{-1}(t)+\\&\boldsymbol{S}(t)\dot{\boldsymbol{F}}(\bar{\omega},t)\boldsymbol{Z}^{-1}(t)\end{aligned} \tag{13}$$

式(13)称为 Riccati 矩阵微分方程，$\boldsymbol{P}(t)$为 Riccati 矩阵函数.

式(13)表明，对于连续时间、考虑输入反馈的控制系统，$\boldsymbol{P}(t)$，$\boldsymbol{S}(t)$与$\boldsymbol{F}(\bar{\omega},t)$，$\boldsymbol{Z}(t)$是耦合的，需要根据实际量测的数据进行在线计算，不能构造出如状态反馈系统中$\boldsymbol{P}(t)$与$\boldsymbol{Z}(t)$解耦的形式. 因此，考虑输入反馈的控制律设计模式不便于工程实践应用. 事实上，结构随机最优控制的核心是控制律及其参数的设计，而设计准则恰恰是依赖于结构反应性态的，在概率意义上蕴含了外加激励的影响. 因此，在随机最优控制反馈增益中可以略去外加激励相关项，形成状态反馈的闭环控制

$$\boldsymbol{U}(t)=-\boldsymbol{G}\boldsymbol{Z}(t) \tag{14}$$

式中$\boldsymbol{G}=\boldsymbol{R}^{-1}\boldsymbol{B}^{\mathrm{T}}\boldsymbol{P}(t)$为反馈增益矩阵(或控制律泛函). 同时，计算表明[6]：$\boldsymbol{P}(t)$在t_0以后比较长的时间段内保持稳态解，在接近于t_f时进入瞬态解并迅速变化为零，当$t_f\to\infty$，瞬态解的起始时刻向t_f推移. 因此，在有限时间内，$\boldsymbol{P}(t)$等于稳态解$\boldsymbol{P}$，有$\dot{\boldsymbol{P}}(t)=0$. $\boldsymbol{P}$是如下形式的 Riccati 矩阵代数方程的解

$$\boldsymbol{P}\boldsymbol{A}+\boldsymbol{A}^{\mathrm{T}}\boldsymbol{P}-\boldsymbol{P}\boldsymbol{B}\boldsymbol{R}^{-1}\boldsymbol{B}^{\mathrm{T}}\boldsymbol{P}+\boldsymbol{Q}=0 \tag{15}$$

显然，$\boldsymbol{Z}(t)$和$\boldsymbol{U}(t)$均依赖于随机向量$\boldsymbol{\Theta}$. 根据广义密度演化理论，$(Z,\boldsymbol{\Theta})$和$(U,\boldsymbol{\Theta})$分别满足如下广义概率密度演化方程[3]

$$\frac{\partial p_{Z\boldsymbol{\Theta}}(z,\boldsymbol{\theta},t)}{\partial t}+\dot{Z}(\boldsymbol{\theta},t)\frac{\partial p_{Z\boldsymbol{\Theta}}(z,\boldsymbol{\theta},t)}{\partial z}=0 \tag{16}$$

$$\frac{\partial p_{U\boldsymbol{\Theta}}(u,\boldsymbol{\theta},t)}{\partial t}+\dot{U}(\boldsymbol{\theta},t)\frac{\partial p_{U\boldsymbol{\Theta}}(u,\boldsymbol{\theta},t)}{\partial u}=0 \tag{17}$$

式中$Z(t)$和$U(t)$分别为$\boldsymbol{Z}(t)$和$\boldsymbol{U}(t)$的分量形式. 在给定初始条件下，可得控制系统在任一时刻$Z(t)$和$U(t)$的概率密度函数

$$p_Z(z,t)=\int_{\Omega_\Theta}p_{Z\Theta}(z,\theta,t)\mathrm{d}\theta \tag{18}$$

$$p_U(u,\ t) = \int_{\Omega_\Theta} p_{U\Theta}(u,\ \theta,\ t)\mathrm{d}\theta \tag{19}$$

式中 Ω_Θ 是 Θ 的分布域,θ 是 Θ 的样本实现值,联合概率密度函数 $p_{Z\Theta}(z,\ \theta,\ t)$ 和 $p_{U\Theta}(u,\ \theta,\ t)$ 分别为方程(16,17)的解.

一般情况下,概率密度函数 $p_Z(z,\ t)$,$p_U(u,\ t)$ 的解析解很难得到,因此通过数值方法求解是现实的选择. 具体数值求解步骤可参见文献[3].

2 基于二阶统计评价的权矩阵选择

前已述及,依赖于性能泛函形式的系统控制,无论是经典的确定性泛函、还是本文定义的随机泛函,控制效果都取决于设定的控制律参数. 事实上,控制系统设计的关键是控制律参数的设计,决定于与目标结构性态相关的概率控制准则. 从式(14)可以看出,线性二次调节器设计(Riccati 控制)的主要工作在于权矩阵 $\boldsymbol{Q}$ 和 $\boldsymbol{R}$ 的设计. 在经典 LQG 控制模式下,发展了一系列基于概率控制的权矩阵选择策略,如基于控制量均值特征评价的权矩阵选择[7]、系统鲁棒性概率最优的权矩阵确定[8]和基于 Hamilton 理论框架的权矩阵比较[9]. 对于随机动力系统,基于首次超越失效准则,关心的重点是系统响应的极值. 基于这一认识,本文提出了基于系统响应等价极值向量二阶统计特征的控制律设计方法,即在给定约束条件下,系统二阶统计特征评价准则取为

$$(\boldsymbol{Q}^*,\ \boldsymbol{R}^*) = \underset{Q,\ R}{\mathrm{argmin}}\{E[\tilde{\boldsymbol{Y}}]\ \mathrm{or}\ \sigma[\tilde{\boldsymbol{Y}}] \mid F[\tilde{\boldsymbol{X}}] \leqslant \tilde{\boldsymbol{X}}_{con}\} \tag{20}$$

式中 $\tilde{\boldsymbol{Y}} = \max\limits_t[\max\limits_i \mid Y_i(\boldsymbol{\Theta},\ t) \mid]$ 为评价量的等价极值向量,$\tilde{\boldsymbol{X}} = \max\limits_t[\max\limits_i \mid X_i(\boldsymbol{\Theta},\ t) \mid]$ 为约束量的等价极值向量,$\tilde{X}_{con}$ 为阈值;上标符号"$\sim$"表示等价极值向量或等价极值过程[10],$F[\cdot]$为分位值函数,表征置信水平. 显然,评价准则式(20)的含义是:在约束量 $\tilde{X}$ 的分位值小于约束值 $\tilde{X}_{con}$ 的条件下,寻求可能的 $\boldsymbol{Q}^*$ 和 $\boldsymbol{R}^*$,使得评价量 $\tilde{Y}$ 的均值最小,或者标准差最小. 在这里,评价量可以是任一种结构响应(如位移、速度、加速度、内力以及控制力等)的过程最大值.

在此意义下,对于二次性能泛函,权矩阵可采用如下形式[4]

$$\boldsymbol{Q} = q\begin{bmatrix} \boldsymbol{I} & \boldsymbol{0} \\ \boldsymbol{0} & \boldsymbol{I} \end{bmatrix},\quad \boldsymbol{R} = r\boldsymbol{I} \tag{21}$$

式中,q 为状态量权矩阵系数,r 为控制力权矩阵系数. 由式(5)可知,权矩阵系数比 q/r 确定了随机最优控制中效益(响应降低)和经济(所需控制力)的相对重要程度.

3 实例分析

考虑图 2 所示的单层剪切框架主动锚索控制系统:层质量 $m=10^5$ kg,无控结

构基本频率 $\omega_0=11.22$ rad/sec，实施于结构的控制力 $u(t)=2f(t)\cos\alpha$，$f(t)$为作动器控制力，α 为锚索相对于基础的倾角，算例直接模拟 $u(t)$；作动器质量忽略不计(一般小于结构质量的 5%)，无控结构阻尼比 0.05. 采用物理随机地震动模型[11]，切球选点得到 221 个代表性地震动时程样本[12]，最大加速度峰值 0.11g，采样频率 50 Hz，计算时长 20.48 sec，均值参数地震波如图 3 所示. 约束量设为层间位移，评价量包括层间位移、层加速度和控制力，分位值函数定义为等价极值向量的均值加三倍标准差，等价极值位移的阈值假定为 10 mm. 系统最优控制的目标是控制层间相对位移保证结构的安全性，控制层加速度以考虑结构舒适性，控制控制器出力以满足系统的工作性为目的. 确定性动力反应数值计算采用传递函数变换分析方法(线性时不变系统的 S 变换)，通过 MATLAB 工具箱函数编程实现[13].

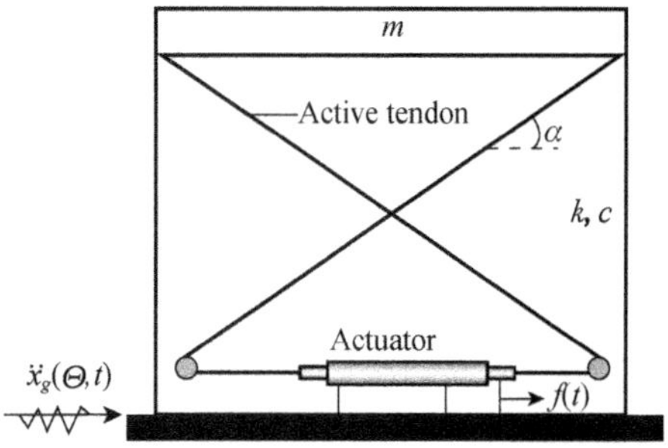

图 2　单层框架主动锚索控制系统

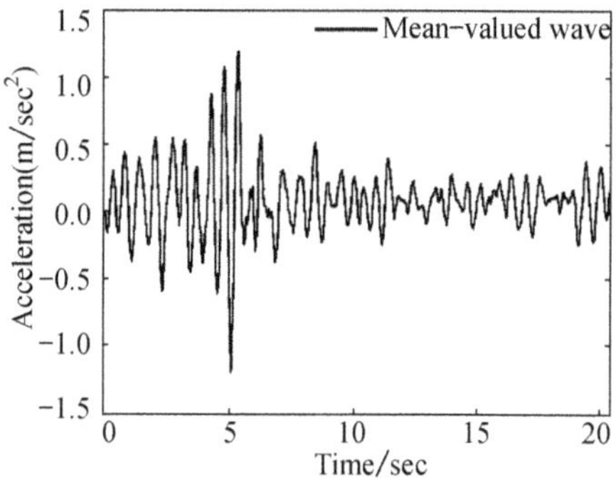

图 3　均值参数地震波

为考察权矩阵对结构随机最优控制的影响，图 4 分别给出了结构相对位移、绝对加速度和控制力等价极值向量与权矩阵系数比 q/r 的关系，如图中细虚线所示($q=100$). 不难发现对于不同的地震动实现样本，各物理量与权矩阵系数比的变化关系不同，由此确定的最优权矩阵不同. 换言之，由于输入地震动的随机性，从样本轨道描述角度最优权矩阵的客观表现形式是随机的. 这导致了一个问题：以什么准则确定系统控制律参数？

事实上，控制律泛函是确定的设计乘子，其中的控制律参数是设定的确定模式，如前述，它决定于目标结构性态. 采用系统二阶统计量评价准则. 图 4 进一步给出了相对位移、绝对加速度和控制力等价极值向量的二阶统计特征与权矩阵系数比 q/r 的关系，如图中粗实线和粗短划线所示. 从图中可以看出：①当 $q/r\geqslant 2\times 10^{12}$，约束位移的分位值在阈值范围内；②当 $q/r\geqslant 2\times 10^{14}$，结构位移的标准差已达最小、均值缓慢变小，加速度的标准差缓慢变大、均值几乎不变化，控制力的标准差和均值逐渐变大；③当 $q/r=8\times 10^{12}$，加速度的标准差达到最小、均值即将达到最小，位移的标准差和均值缓慢变小，控制力的标准差和均值尽管持续变大，却明显小于 $q/r=2\times 10^{14}$ 的特征值.

因此，考虑到系统量均衡，可选择 $q^* = 80$，$r^* = 10^{-11}$ 为最优控制律参数值.

采用上述最优控制律参数值设计锚索控制系统. 图 5 为最优控制前后相对位移、绝对加速度响应的均值及标准差时程曲线比较. 从图 5 可以看出，对结构实施最优控制后，位移的二阶统计特征较受控前的最大幅值降低了近 5 倍，在具有较强离散性的时间段(2 sec～8 sec 区间)，位移反应的离散性得到了重点削弱，说明系统控制可有效地增加结构性态的鲁棒性. 加速度的二阶统计特征较受控前的最大幅值降低了近 3 倍.

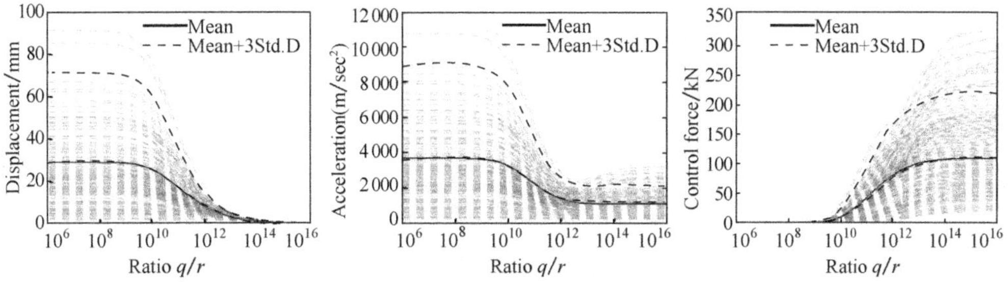

(a) 等价极值位移　(b) 等价极值加速度　(c) 等价极值控制力

图 4　等价极值向量与权矩阵系数比关系

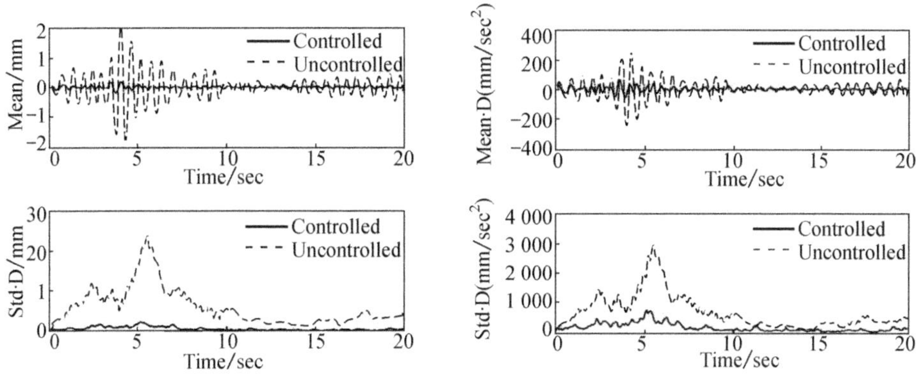

(a) 相对位移　(b) 绝对加速度

图 5　最优控制前后结构响应的均值、标准差时程曲线比较

从典型时刻的概率密度曲线考察(图 6～图 7)，位移反应的变异性显著降低，加速度反应也得到了较好的控制，与图 5 的分析结果一致. 可见，实施最优控制后，结构的抗震性态得到了较大改善.

图 8 给出了系统最优控制力的均值、标准差时程曲线. 其中，标准差时程曲线与结构位移和加速度的标准差时程曲线具有某种相似性. 这种相似性源于反馈最优控制力与系统状态的线性映射关系[14]：反馈最优控制力为位移和速度按相应的增益矩阵分量加权的线性组合. 这种线性映射关系导致了标准差时程曲线的明显相似性.

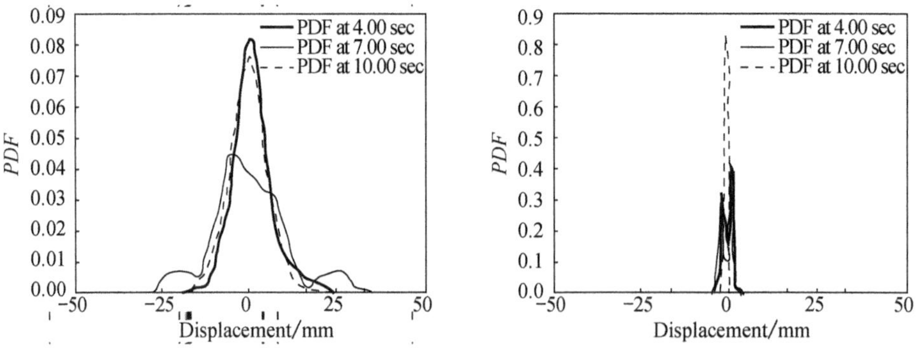

(a) 最优控制前　　(b) 最优控制后

图 6　最优控制前后相对位移在典型时刻的概率密度曲线

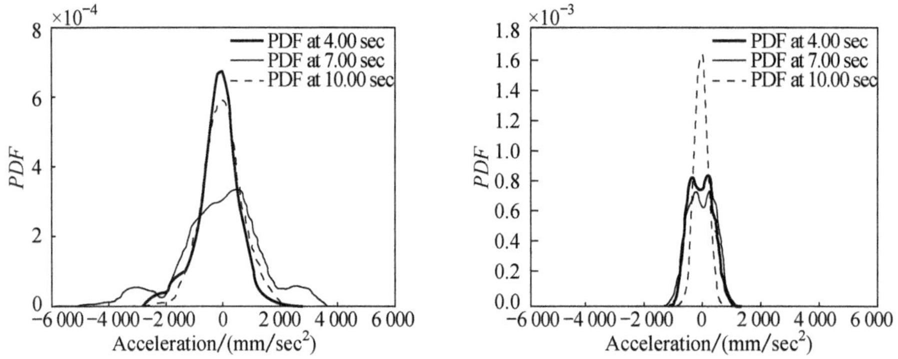

(a) 最优控制前　　(b) 最优控制后

图 7　最优控制前后绝对加速度在典型时刻的概率密度曲线

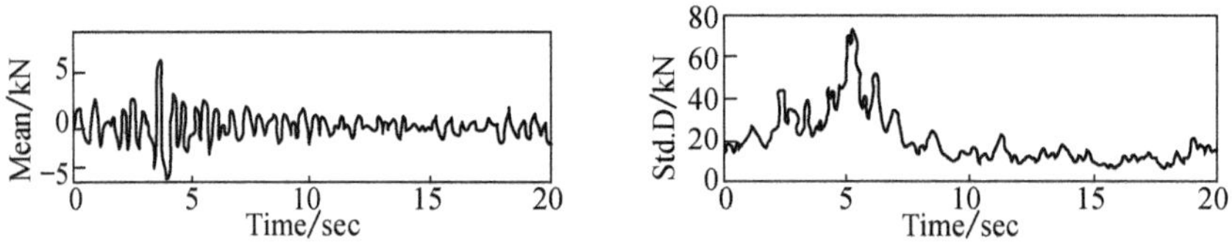

图 8　最优控制力均值、标准差时程曲线

为了进一步倡导本文发展的物理随机最优控制方法，以此例为背景，比较分析了经典 LQG 控制. 图 9 所示为物理随机最优控制的等价极值位移和等价极值控制力的均方根、LQG 控制的均方根位移和均方根控制力与权矩阵系数比 q/r 的关系 $(q=100)$.

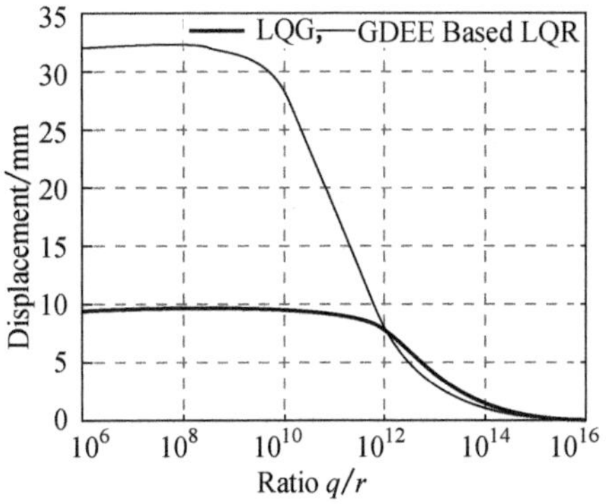

(a) 等价极值位移

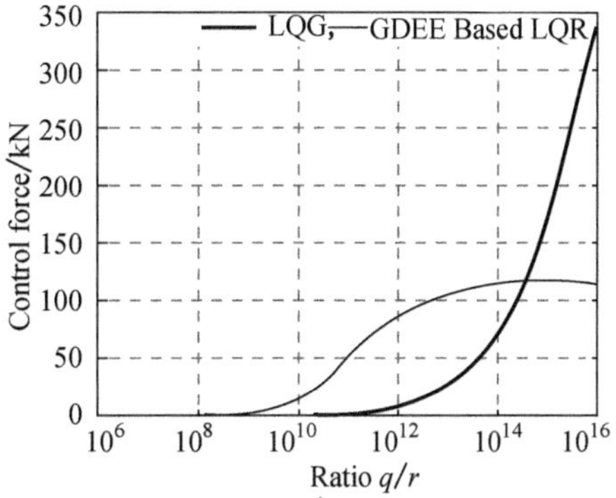

(b) 等价极值控制力

图 9　物理随机最优控制、LQG 控制的均方根响应与权矩阵系数比的关系

从图 9 可以看出：①当 $10^6 \leqslant q/r < 10^{12}$ 时，LQG 控制低估了结构的位移响应，由此低估了实际所需要的控制力；②当 $10^{12} \leqslant q/r < 4 \times 10^{14}$ 时，随着实施控制力增强，LQG 控制和物理随机最优控制的峰值反应及其离散性被大大削弱，位移反应水平相当，控制力水平之间的差异减小；③当 $q/r \geqslant 4 \times 10^{14}$ 时，LQG 控制和物理随机最优控制的位移反应水平相当，但 LQG 控制施加的控制力由于增长速度较快，已超过了物理随机最优控制施加的控制力；④根据频域中位移、速度与加速度之间的传递关系，LQG 控制的速度、加速度与权矩阵系数比的关系曲线相似于位移. 然而，比较图 4(a)，(b)，可以看出，实际位移与加速度并不完全相似(在高权矩阵系数比段不相似). LQG 控制并不能反映加速度的统计特征，如在高权矩阵系数比段加速度标准差出现最小值、加速度均值几乎不变化.

因此，采用 LQG 设计，在较小权矩阵系数比时，会低估所需要的控制力. 而在较大权矩阵系数比时，则会高估所需要的控制力，同时，采用名义上的高斯白噪声输入，不能合理设计土木工程结构控制系统.

4　结　论

基于广义概率密度演化方程和 Pontryagin 极大值原理，发展了一种适用于一般随机激励作用的现代随机最优控制方法. 该方法从样本轨道的角度研究随机最优控制问题，可以很容易推广到多自由度或多维系统的随机最优控制中，较经典的基于相空间的随机最优控制方法向前迈出了一步. 数值算例表明，本文提出的随机最优控制方法具有适用性和有效性.

参考文献

[1] Housner G W. Structural control: past, present, and future[J]. Journal of Engineering Mechanics, 1997,123(9): 897-971.

[2] Li J, Chen J B. Probability density evolution method for dynamic response analysis of structures with uncertain parameters[J]. Computational Mechanics, 2004,34(5):400-409.
[3] Li J, Chen J B. The principle of preservation of probability and the generalized density evolution equation[J]. Structural Safety, 2008, 30(1):65-77.
[4] Soong T T. Active Structural Control: Theory and Practice [M]. Longman Scientific&Technical, New York, 1990.
[5] Sperb R P. Maximum Principles and their Applications[M]. Academic Press, New York, 1981.
[6] Athans M, Falb P. Optimal Control: An Introduction to the Theory and its Applications [M]. McGraw Hill, New York, 1966.
[7] Zhang W S, Xu Y L. Closed form solution for alongwind response of actively controlled tall buildings with LQG controllers [J]. Journal of Wind Engineering and Industrial Aerodynamics, 2001,89(9): 785-807.
[8] Stengel R F, Ray L R and Marrison C I. Probabilistic evaluation of control system robustness[A]. IMA Workshop on Control Systems Design for Advanced Engineering Systems: Complexity, Uncertainty, Information and Organization [C]. Minneapolis, MN, 1992.
[9] Zhu W Q, Ying Z G, Soong T T. An optimal nonlinear feedback control strategy for randomly excited structural systems[J]. Nonlinear Dynamics, 2001,24(1):31-51.
[10] Li J, Chen J B, Fan W L. The equivalent extremevalue event and evaluation of the structural system reliability[J]. Structural Safety, 2007, 29(2): 112-131.
[11] 李杰,艾晓秋.基于物理的随机地震动模型研究[J].地震工程与工程振动,2006,26(5): 21-26.
[12] 陈建兵,李杰.随机结构反应概率密度演化分析的切球选点法[J].振动工程学报, 2006, 19 (1): 1-8.
[13] Mathews J H, Fink K D, Fink K. Numerical Methods using Matlab(4th Edition)[M]. Prentice Hall, 2003.
[14] Chung L L, Reinhorn A M, Soong T T. Experiments on active control of seismic structures [J]. Journal of Engineering Mechanics, 1988, 114(2): 241-256.

Generalized Density Evolution Equation Based Structural Stochastic Optimal Control

Li Jie Peng Yong-bo

Abstract: The celebrated Pontryagin's maximum principles is employed in this paper to conduct the physical solutions of the state vector and the control force vector of stochastic optimal controls of closed-loop systems by synthesizing deterministic optimal control solutions of a collection of representative excitation driven systems using the generalized density evolution equation. The optimal control scheme extends the classical stochastic optimal control methods, which is practically useful to general nonlinear systems driven by non-stationary and non-Gaussian stochastic processes, and can govern the evolution details of stochastic dynamical systems, while the classical stochastic optimal control methods, such as the LQG control, essentially hold the system statistics, and cannot govern the desirable evolution details. Further, the selection strategy of weighting matrices of stochastic optimal controls is discussed to construct optimal control policies based on the control criterion of system second-order statistics assessment. The stochastic optimal control of an active tendon control system, subjected to the random ground motion represented by the physical stochastic earthquake model is investigated. Numerical investigations reveal that the structural seismic performance is significantly improved when the optimal control strategy is applied. The LQG control, however, using the nominal Gaussian white noise as the external excitation cannot design the reasonable control system for civil engineering structures. It is indicated that the developed physical stochastic optimal control methodology has the validity and applicability.

（本文原载于《计算力学学报》第 27 卷第 6 期，2010 年 12 月）

考虑控制器拓扑的随机动力系统最优控制

李杰　彭勇波

摘　要　在简要回顾几类结构控制模式的基础上，本文提出考虑控制装置最优布设与控制器参数优化的随机最优控制方法，将它们统一为物理随机最优控制的广义最优控制律. 为有效地寻找每个序列工况的控制器最优拓扑和控制器参数，分别定义基于超越概率的层可控指标梯度最小准则和能量均衡最优准则. 数值算例分析表明，采用广义最优控制律可以以最小的投资获得最大的控制效益. 同时表明，按层可控指标梯度最小准则寻优，比先前按层可控指标最大准则寻优能更有效地收敛到目标性态.

引　言

为有效改善结构性态、提高结构安全性和增强结构功能性，近年来结构随机最优控制得到了广泛关注与研究，形成了以 LQG 控制为主要框架的结构随机最优控制理论和方法[1]. 然而，依赖于状态方程描述和 Itô 微积分的经典随机控制理论，通常将量测噪声和随机激励数学形式化为白噪声或过滤白噪声，并以 Gaussian 白噪声过程为基础建立性能泛函准则，这就很难合理地考虑诸如地震、强风等非平稳随机激励作用[2]，且对于一般随机系统本质上是矩特征值控制. 有鉴于此，作者发展了结构性态控制的概率密度演化方法，建立了随机最优控制的一类概率准则，形成了物理随机最优控制较为完整的体系[3-4].

事实上，结构最优控制的效果不仅依赖于控制器增益设计的准则，也取决于有限结构拓扑空间对控制器位置的约束. 因此，需要深入讨论结构性态随机最优控制的另一个比较重要的问题：如何确定最优控制器数目以及它们的布置方式. 这一问题可分为两个侧面：一是采用有限数目的控制器，如何设计控制参数、分配控制器位置，以使控制效果最大化；二是根据既定的结构性态控制目标，如何设置控制器数目位置及参数，以使控制成本最小化. 控制器数目及拓扑的优化近年来虽然得到了关注，但还没有如控制力优化那样引起人们广泛的兴趣[5]. 已探讨的控制器位置优化策略包括能量指标最小化[6]、模态指标最小化[7]、失效指标最小化[8]等. 其中，有意义的思路是基于可控度的控制器优化[9].

仔细分析不难发现,结构性态控制的两个方面,控制力设计和控制装置布设可以纳入一个统一的框架.由此,本文在回顾经典被动、主动、半主动和混合控制随机最优控制律的基础上,提出了随机动力系统广义最优控制律的概念.为有效地寻找每个序列工况的控制器最优拓扑和控制器参数,分别定义了基于超越概率的层可控指标梯度最小准则和能量均衡最优准则,给出了广义最优控制律的解答程序.最后,进行了数值算例研究与分析.

1 物理随机最优控制理论

不失一般性,考察受控随机动力系统

$$\dot{\boldsymbol{Z}} = \boldsymbol{L}[\boldsymbol{Z}, \boldsymbol{U}, \boldsymbol{\Theta}, t] \tag{1}$$

式中,$\boldsymbol{Z}(t)$为 $2n$ 维状态向量;$\boldsymbol{U}(t)$为 r 维控制力向量;$\boldsymbol{\Theta}$ 为表征动力系统随机性的随机参数向量;$\boldsymbol{L}[\cdot]$为 $2n$ 维向量算子.显然,控制力的引入必然对系统状态产生影响,而根据控制理论,系统状态反过来影响控制力的调节.因此,控制力和系统状态均为系统反应的随机过程.控制力和系统状态的随机性来源于 $\boldsymbol{\Theta}$,且有如下形式解答

$$\boldsymbol{Z}(t) = \boldsymbol{H}_Z(\boldsymbol{\Theta}, t) \tag{2}$$

$$\boldsymbol{U}(t) = \boldsymbol{H}_U(\boldsymbol{\Theta}, t) \tag{3}$$

在概率保守条件下,增广系统$(\boldsymbol{Z}(t), \boldsymbol{\Theta})$、$(\boldsymbol{U}(t), \boldsymbol{\Theta})$分别满足如下广义密度演化方程[3]

$$\frac{\partial p_{Z\boldsymbol{\Theta}}(z, \boldsymbol{\theta}, t)}{\partial t} + \dot{Z}(\boldsymbol{\theta}, t)\frac{\partial p_{Z\boldsymbol{\Theta}}(z, \boldsymbol{\theta}, t)}{\partial z} = 0 \tag{4}$$

$$\frac{\partial p_{U\boldsymbol{\Theta}}(u, \boldsymbol{\theta}, t)}{\partial t} + \dot{U}(\boldsymbol{\theta}, t)\frac{\partial p_{U\boldsymbol{\Theta}}(u, \boldsymbol{\theta}, t)}{\partial u} = 0 \tag{5}$$

其中,$Z(t)$和$U(t)$分别为$\boldsymbol{Z}(t)$和$\boldsymbol{U}(t)$的分量形式.在给定初始条件下,可得控制系统在任一时刻 $Z(t)$和$U(t)$的概率密度函数

$$p_Z(z, t) = \int_{\Omega_{\boldsymbol{\Theta}}} p_{Z\boldsymbol{\Theta}}(z, \boldsymbol{\theta}, t)\mathrm{d}\boldsymbol{\theta} \tag{6}$$

$$p_U(u, t) = \int_{\Omega_{\boldsymbol{\Theta}}} p_{U\boldsymbol{\Theta}}(u, \boldsymbol{\theta}, t)\mathrm{d}\boldsymbol{\theta} \tag{7}$$

式中,$\Omega_{\boldsymbol{\Theta}}$为 $\boldsymbol{\Theta}$ 的分布区域;$\boldsymbol{\theta}$ 为 $\boldsymbol{\Theta}$ 的实现样本;联合概率密度函数 $p_{Z\boldsymbol{\Theta}}(z, \boldsymbol{\theta}, t)$、$p_{U\boldsymbol{\Theta}}(u, \boldsymbol{\theta}, t)$分别为式(4)和式(5)的解[10].广义密度演化式(4)和式(5)的初始条件分别为

$$p_{Z\boldsymbol{\Theta}}(z, \boldsymbol{\theta}, t)\big|_{t=0} = \delta(z - z_0)p_{\boldsymbol{\Theta}}(\boldsymbol{\theta}) \tag{8}$$

$$p_{U\Theta}(u, \boldsymbol{\theta}, t)\mid_{t=0} = \delta(u-u_0)p_{\Theta}(\boldsymbol{\theta}) \tag{9}$$

式中，z_0，u_0 为 $Z(t)$和$U(t)$的确定性初始值.

2 考虑控制器拓扑的广义最优控制律

考察一般随机激励下线性受控系统的运动方程

$$\boldsymbol{M}\ddot{\boldsymbol{X}}(t)+\boldsymbol{C}\dot{\boldsymbol{X}}(t)+\boldsymbol{K}\boldsymbol{X}(t)=\boldsymbol{B}_s\boldsymbol{U}(t)+\boldsymbol{D}_s\boldsymbol{F}(\tilde{\boldsymbol{\omega}}, t) \tag{10}$$

式中，$\boldsymbol{X}(t)$是 n 维位移向量；$\boldsymbol{F}(\cdot)$为 p 维随机激励向量；$\tilde{\boldsymbol{\omega}}$ 是描述激励随机特性的基本随机事件；$\boldsymbol{M}$、$\boldsymbol{C}$ 和 $\boldsymbol{K}$ 分别为$n\times n$ 维质量、阻尼和刚度矩阵；$\boldsymbol{D}_s$ 为$n\times p$ 维激励位置矩阵；$\boldsymbol{B}_s$ 为$n\times r$ 维控制装置位置矩阵；$\boldsymbol{U}(t)$为 r 维控制力向量. 对于被动控制装置(如调谐质量阻尼 TMD、调谐液体阻尼 TLD、基础隔震等)，或采用非线性控制算法的主动控制装置、半主动控制装置、混合控制装置，控制力与状态量一般为非线性映射关系，在一般意义上具有如下形式

$$\boldsymbol{U}(t)=\boldsymbol{L}[\widetilde{\boldsymbol{M}}, \widetilde{\boldsymbol{C}}, \widetilde{\boldsymbol{K}}, \ddot{\boldsymbol{X}}(t), \dot{\boldsymbol{X}}(t), \boldsymbol{X}(t), \boldsymbol{\Theta}] \tag{11}$$

式中，$L[\cdot]$为非线性向量算子；$\widetilde{\boldsymbol{M}}$, $\widetilde{\boldsymbol{C}}$, $\widetilde{\boldsymbol{K}}$ 分别为控制力等价产生的广义质量、广义阻尼和广义刚度；$\boldsymbol{\Theta}=\boldsymbol{\Theta}(\tilde{\boldsymbol{\omega}})$ 为表征控制系统随机性的随机参数向量.

2.1 被动控制模式的最优控制律

若上述随机动力系统受控于被动控制装置，运动方程为

$$\boldsymbol{M}\ddot{\boldsymbol{X}}(t)+\boldsymbol{C}\dot{\boldsymbol{X}}(t)+\boldsymbol{K}\boldsymbol{X}(t)=\boldsymbol{B}_{sp}\boldsymbol{U}_p(t)+\boldsymbol{D}_s\boldsymbol{F}(\tilde{\boldsymbol{\omega}}, t) \tag{12}$$

式中，$\boldsymbol{B}_{sp}$为 $n\times r$ 维被动控制装置位置矩阵；$\boldsymbol{U}_p(t)$为 r 维被动控制力向量.

当被动控制力模型化为位移、速度和加速度的线性函数时，最优控制律泛函的一般形式为 $f(\widetilde{\boldsymbol{M}}, \widetilde{\boldsymbol{C}}, \widetilde{\boldsymbol{K}})$，被动控制力可写为

$$\boldsymbol{U}_p(\boldsymbol{\Theta}, t)=f(\widetilde{\boldsymbol{M}}, \widetilde{\boldsymbol{C}}, \widetilde{\boldsymbol{K}})[\ddot{\boldsymbol{X}}(\boldsymbol{\Theta}, t)\quad \dot{\boldsymbol{X}}(\boldsymbol{\Theta}, t)\quad \boldsymbol{X}(\boldsymbol{\Theta}, t)]^{\mathrm{T}} \tag{13}$$

不难看出，被动控制模式的最优控制律依赖于控制装置附加质量 $\widetilde{\boldsymbol{M}}$、附加阻尼 $\widetilde{\boldsymbol{C}}$ 和附加刚度 $\widetilde{\boldsymbol{K}}$ 的优化设计.

2.2 主动控制模式的最优控制律

若上述随机动力系统受控于主动控制装置

$$\boldsymbol{M}\ddot{\boldsymbol{X}}(t)+\boldsymbol{C}\dot{\boldsymbol{X}}(t)+\boldsymbol{K}\boldsymbol{X}(t)=\boldsymbol{B}_{sa}\boldsymbol{U}_a(t)+\boldsymbol{D}_s\boldsymbol{F}(\tilde{\omega}, t) \tag{14}$$

式中，$\boldsymbol{B}_{sa}$为 $n\times r$ 维主动控制装置位置矩阵；$\boldsymbol{U}_a(t)$为 r 维主动控制力向量. 线性调节控制系统的最优控制力为[3]

$$U_a(\Theta, t) = f(Q_Z, R_U) Z(\Theta, t) \tag{15}$$

定义：$f(\cdot)$为最优控制增益矩阵；Q_Z 为 $2n \times 2n$ 维半正定权矩阵；R_U 为 $r \times r$ 维正定权矩阵.

将式(15)展开为

$$U_a(\Theta, t) = [f_C(Q_Z, R_U) \quad f_K(Q_Z, R_U)][\dot{X}(\Theta, t) \quad X(\Theta, t)]^{\mathrm{T}} \tag{16}$$

将式(16)代入式(14)中，得到

$$M\ddot{X}(t) + [C - B_{sa} f_C(Q_Z, R_U)]\dot{X}(t) + [K - B_{sa} f_K(Q_Z, R_U)]X(t) = D_s F(\tilde{\omega}, t) \tag{17}$$

可见，作用于系统的主动控制力等价于数值阻尼 $B_{sa} f_C(Q_Z, R_U)$和数值刚度 $B_{sa} f_K(Q_Z, R_U)$的影响.

若考虑加速度对反馈增益的贡献，最优控制力为

$$U_a(\Theta, t) = f(Q_Z, R_U)[\ddot{X}(\Theta, t) \quad \dot{X}(\Theta, t) \quad X(\Theta, t)]^{\mathrm{T}} \tag{18}$$

此时，Q_Z 为 $3n \times 3n$ 维半正定矩阵.

2.3 半主动控制模式的最优控制律

半主动控制系统的运动方程为

$$M\ddot{X}(t) + C\dot{X}(t) + KX(t) = B_{sa} U_s(t) + D_s F(\tilde{\omega}, t) \tag{19}$$

式中，B_{sa} 为 $n \times r$ 维半主动控制装置位置矩阵；$U_s(t)$为 r 维半主动控制力向量.

半主动控制模式一般分为主动变刚度和主动变阻尼，相比较，后者应用更广泛. 考察限界 Hrovat 控制策略[11]，可以看出，半主动控制模式是被动控制和主动控制的分段线性组合模式，控制力的一般形式为

$$U_s(\Theta, t) = f(\widetilde{M}, \widetilde{C}, \widetilde{K}, Q_Z, R_U)[\ddot{X}(\Theta, t) \quad \dot{X}(\Theta, t) \quad X(\Theta, t)]^{\mathrm{T}} \tag{20}$$

2.4 混合控制模式的最优控制律

混合控制系统的运动方程为

$$M\ddot{X}(t) + C\dot{X}(t) + KX(t) = B_{sp} U_P(t) + B_{sa} U_a(t) + D_s F(\tilde{\omega}, t) \tag{21}$$

显然，混合控制模式是被动控制和主动控制的线性组合模式，其特点是充分发挥两者的优势，而在实现上需要更大的空间[12]. 混合控制力的一般形式为

$$U_a(\Theta, t) = f(\widetilde{M}, \widetilde{C}, \widetilde{K}, Q_Z, R_U)[\ddot{X}(\Theta, t) \quad \dot{X}(\Theta, t) \quad X(\Theta, t)]^{\mathrm{T}} \tag{22}$$

与半主动控制模式类似，混合控制不仅如主动控制补偿数值质量、数值阻尼和

数值刚度,而且如被动控制补偿物理质量、物理阻尼和物理刚度.

综合上述分析,当控制力是系统状态的线性映射时,各种控制模式具有统一的控制形式

$$\boldsymbol{U}(\boldsymbol{\Theta},\ t)=\boldsymbol{f}(\widetilde{\boldsymbol{M}},\ \widetilde{\boldsymbol{C}},\ \widetilde{\boldsymbol{K}})[\ddot{\boldsymbol{X}}(\boldsymbol{\Theta},\ t)\quad \dot{\boldsymbol{X}}(\boldsymbol{\Theta},\ t)\quad \boldsymbol{X}(\boldsymbol{\Theta},\ t)]^{\mathrm{T}} \tag{23}$$

2.5 考虑控制器拓扑的最优控制律统一表达

若考虑控制器的分布,控制系统的最优控制律泛函在广义上存在统一的表达式 $f(\boldsymbol{I}^*,\ \boldsymbol{L}^*)$. 其中:$I^*=[\boldsymbol{I}_{\widetilde{M}}^*,\ \boldsymbol{I}_{\widetilde{C}}^*,\ \boldsymbol{I}_{\widetilde{K}}^*]$ 是描述广义质量、广义阻尼和广义刚度的最优参数向量;$\boldsymbol{L}^*=[\boldsymbol{L}_x^*,\ \boldsymbol{L}_y^*,\ \boldsymbol{L}_z^*]$ 是描述控制装置在三维结构空间$(x,\ y,\ z)$中分布的最优拓扑矩阵,发梁柱间的单元格为元素. 例如图 1 所示的控制器分布,对于二维结构,向量矩阵为

$$\boldsymbol{L}_{xz}^*=\begin{bmatrix}2&0&0\\0&0&0\\0&0&0\\0&0&1\\0&0&0\end{bmatrix}_{5\times 3}^{\mathrm{T}} \tag{24}$$

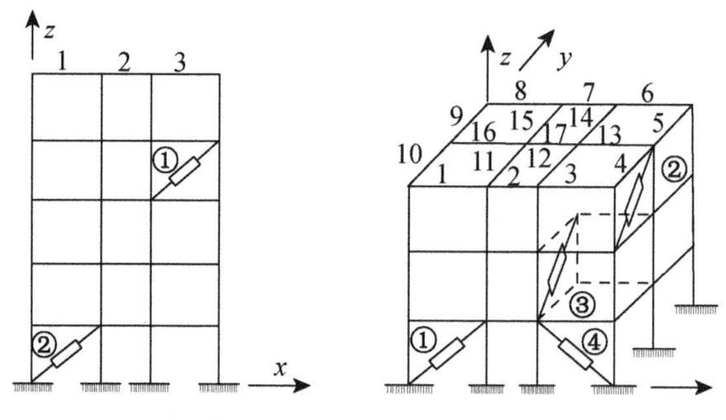

(a) 二维结构　　(b) 三维结构

图 1　结构空间中控制器的分布形式

对于三维结构,将 y 轴视作 x 轴的扩展,向量矩阵为

$$\boldsymbol{L}_{xyz}^*=\begin{bmatrix}1&0&4&0&0&0&0&0&0&0&0&0&0&0&0&0&0\\0&0&0&0&0&0&0&0&0&0&0&3&0&0&0&0&0\\0&0&0&2&0&0&0&0&0&0&0&0&0&0&0&0&0\end{bmatrix}_{3\times 17}^{\mathrm{T}} \tag{25}$$

向量矩阵中,0 表示格间无控制器,非 0 表示格间控制器及其放置的顺序.

事实上,随机最优控制中最优控制律设计的关键是控制律参数优化,因此求解广义最优控制律实质上是寻求满足目标性态的最优控制律参数向量$(\boldsymbol{I}^*,\ \boldsymbol{L}^*)$.

3 超越概率准则

3.1 层可控指标梯度最小准则

如前所述，广义最优控制律泛函中的参数是按某种准则设计的最优值. 为了确定最优拓扑矩阵，定义如下概率可控指标

$$\rho_i = \frac{1}{2}[\boldsymbol{P}^{\mathrm{T}}_{\tilde{Z}_i}(\tilde{\boldsymbol{Z}}_i - \tilde{\boldsymbol{Z}}_{\mathrm{i,thd}} > 0)\boldsymbol{Q}_{\tilde{Z}_i}\boldsymbol{P}_{\tilde{Z}_i}(\tilde{\boldsymbol{Z}}_i - \tilde{\boldsymbol{Z}}_{\mathrm{i,thd}} > 0) + \boldsymbol{P}^{\mathrm{T}}_{\tilde{U}_i}(\tilde{\boldsymbol{U}}_i - \tilde{\boldsymbol{U}}_{\mathrm{i,thd}} > 0)\boldsymbol{R}_{\tilde{U}_i}\boldsymbol{P}_{\tilde{U}_i}(\tilde{\boldsymbol{U}}_i - \tilde{\boldsymbol{U}}_{\mathrm{i,thd}} > \boldsymbol{0})] \quad i = 1, 2, \cdots, n \tag{26}$$

式中，$\boldsymbol{P}(\cdot)$为超越概率；$\tilde{\boldsymbol{Z}}_i = [\max\limits_t | X_i(\boldsymbol{\Theta}, t) | \max\limits_t | \dot{X}_i(\boldsymbol{\Theta}, t) | \max\limits_t | \ddot{X}_i(\boldsymbol{\Theta}, t) |]^{\mathrm{T}}$ 和 $\tilde{\boldsymbol{U}}_i = \max\limits_t | U_i(\boldsymbol{\Theta}, t) |$ 分别为时间段$[t_0, t_f]$内第 i 个单元的状态极值向量和控制力极值向量；$\tilde{\boldsymbol{Z}}_{\mathrm{i,thd}}$，$\tilde{\boldsymbol{U}}_{\mathrm{i,thd}}$为极值向量 $\tilde{\boldsymbol{Z}}i$，$\tilde{\boldsymbol{U}}i$ 的阈值；权矩阵 $\boldsymbol{Q}_{\tilde{Z}_i}$，$\boldsymbol{R}_{\tilde{U}_i}$ 定义为

$$\boldsymbol{Q}_{\tilde{Z}_i} = \begin{bmatrix} 1 & 0 & 0 \\ 0 & 1 & 0 \\ 0 & 0 & 1 \end{bmatrix}, \quad \boldsymbol{R}_{\tilde{U}_i} = 1 \tag{27}$$

式(26)表明，基于超越概率的概率可控指标内蕴系统安全性(结构位移控制)、系统服务性(结构速度控制)、系统舒适性(结构加速度控制)、控制装置工作性(控制力约束)以及它们之间的均衡. 显然，概率可控指标比先前仅考虑单一系统量的可控指标更具有实践意义[9].

进一步地，定义概率可控指标梯度

$$\Delta\rho_i^j = \frac{\rho_i^{j-1} - \rho_i^j}{\rho_i^{j-1}}, \quad i = 1, 2, \cdots, n; \quad j = 1, 2, \cdots, r \tag{28}$$

式中，ρ_i^0 为无控结构的概率可控指标.

为确定每个序列工况(控制器布设)下最优的控制器拓扑，构造层可控指标梯度最小准则，即序列最优拓扑的设计包含如下寻优问题

$$\begin{aligned} &(x^*, y^*, z^*) = \underset{x, y, z}{\operatorname{argmin}}\{\Delta\rho_i^j(x_i, y_i, z_i)\} \\ &i = 1, 2, \cdots, n; \quad j = 1, 2, \cdots, r \end{aligned} \tag{29}$$

如此，下一个即将加入的控制器 $j+1$ 应放置于当前状态概率可控指标梯度向量$(\Delta\rho_1^j, \Delta\rho_2^j, \cdots, \Delta\rho_n^j)$的最小值处，相应的位置向量$(x^*, y^*, z^*)$促使控制器位置的最优向量矩阵更新，直到目标结构性态得到满足. 由于当前状态的概率可控指标梯度没有意义，因此，第 1 个控制器应置于概率可控指标向量$(\rho_1^0, \rho_2^0, \cdots, \rho_n^0)$的最大值处. 需要指出，若按层可控指标(Maximum Storey Controllability Index,

MaxSCI)最大准则确定下一个控制装置位置的策略[9],即下一个加入的控制器 $j+1$ 放置于当前状态概率可控指标向量(ρ_1^j, ρ_2^j, …, ρ_n^j)的最大值处,将比本文按层可控指标梯度最小准则(Minimum Storey Controllability Index Gradient, MinSCIG)确定控制器布置的策略收敛到目标结构性态的速度更慢,后面的数值算例将说明这一点.

显然,由于状态极值向量和控制力极值向量 $\tilde{\boldsymbol{Z}}_i$,$\tilde{\boldsymbol{U}}_i$ 均受控于广义密度演化方程式(4)和式(5),超越概率可控指标能够方便地求解.

3.2 能量均衡最优准则

前已述及,广义最优控制律泛函 $f(\boldsymbol{I}^*, \boldsymbol{L}^*)$的求解涉及优化程序,包括概率可控指标梯度的序列评价以确定最优控制器位置、控制准则的性态泛函最小化以设计最优控制器参数.本文采用能量均衡的超越概率准则[4],定义如下控制准则:

$$\min(J)=\min\left\{\begin{array}{l}\dfrac{1}{2}[\boldsymbol{P}_{\tilde{Z}}^{\mathrm{T}}(\tilde{\boldsymbol{Z}}-\tilde{\boldsymbol{Z}}_{\mathrm{thd}}>\boldsymbol{0})\,\boldsymbol{Q}_{\tilde{Z}}\boldsymbol{P}_{\tilde{Z}}(\tilde{\boldsymbol{Z}}-\tilde{\boldsymbol{Z}}_{\mathrm{thd}}>\boldsymbol{0})+ \\ \boldsymbol{P}_{\tilde{U}}^{\mathrm{T}}(\tilde{\boldsymbol{U}}-\tilde{\boldsymbol{U}}_{\mathrm{thd}}>\boldsymbol{0})\,\boldsymbol{R}_{\tilde{U}}\boldsymbol{P}_{\tilde{U}}(\tilde{\boldsymbol{U}}-\tilde{\boldsymbol{U}}_{\mathrm{thd}}>\boldsymbol{0})]\end{array}\right\} \tag{30}$$

式中,性态泛函 J 为目标函数;$\tilde{\boldsymbol{U}}=\max\limits_t(\max\limits_i|U_i(\boldsymbol{\Theta}, t)|)$ 为等价控制力极值向量;
$\tilde{\boldsymbol{Z}}=[\max\limits_t(\max\limits_i|X_i(\boldsymbol{\Theta}, t)|)\quad \max\limits_t(\max\limits_i|\dot{X}_i(\boldsymbol{\Theta}, t)|)\ \max\limits_t(\max\limits_i|\ddot{X}_i(\boldsymbol{\Theta}, t)|)]^{\mathrm{T}}$
为等价状态极值向量;$\tilde{\boldsymbol{Z}}_{\mathrm{thd}}$,$\tilde{\boldsymbol{U}}_{\mathrm{thd}}$为等价极值向量 $\tilde{\boldsymbol{Z}}$, $\tilde{\boldsymbol{U}}$ 的阈值;权矩阵 $\boldsymbol{Q}_{\tilde{Z}}$, $\boldsymbol{R}_{\tilde{U}}$分别设定为与 $\boldsymbol{Q}_{\tilde{Z}_i}$, $\boldsymbol{R}_{\tilde{U}_i}$ 相同.不难看出,控制准则式(30)具有与层可控指标梯度最小准则相同的物理意义.

图 2 给出了广义最优控制律的求解流程.

4 数值算例

以参考文献[13]中 8 层剪切型框架结构为对象进行主动锚索控制.层间位移、层间速度、层加速度和控制力的阈值分别假定为 15 mm, 150 mm/sec, 8 000 mm/sec^{2}和 2 000 kN.结构输入采用物理随机地震动模型[14],根据切球选点概率剖分策略[15],生成 221 条地震动时程样本,最大加速度峰值 0.3g,采样频率 50 Hz,计算时长 20.48 s.代表地震动加速度时程如图 3 所示.

系统最优控制的目标是确定最少数目的锚索位置及其设计参数,达到锚索满布时相同的控制效果.主动控制中权矩阵采用如下形式

$$\begin{aligned}\boldsymbol{Q}_Z&=\mathrm{diag}\{Q_{d_1}, Q_{d_2}, \cdots, Q_{d_n}, Q_{v_1}, Q_{v_2}, \cdots, Q_{v_n}\}\\ \boldsymbol{R}_U&=\mathrm{diag}\{R_{u_1}, R_{u_2}, \cdots, R_{u_r}\}\end{aligned} \tag{31}$$

满布工况的锚索是一起加入的,作为结构最优性态评价的一种标准,各锚索的控制力权矩阵参数相同、各层的状态权矩阵参数相同,但各锚索的控制律泛函并非

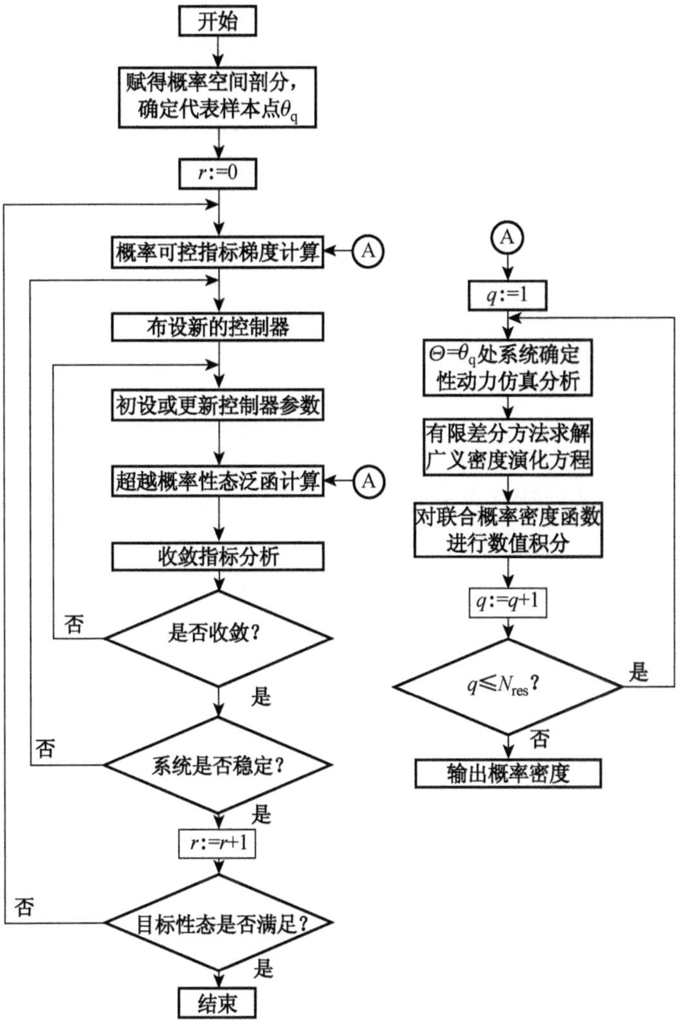

图 2　广义最优控制律求解流程图

相同.

每个序列工况下的新加入锚索位置及其设计参数、目标函数分别列于表 1、表 2. 从表中可以看到，采用 5 个控制器即达到了系统最优控制的目标（目标函数具有相同量级），它们先后放置于 0～1 层间、1～2 层间、5～6 层间、6～7 层间和 3～4 层间. 由此，构造如下广义最优控制律参数向量

$$(\boldsymbol{Q}_d^*,\ \boldsymbol{Q}_v^*,\ \boldsymbol{R}_u^*,\ \boldsymbol{L}^*)=\begin{bmatrix} 155.4 & 14\,360.0 & 0 & 99.8 & 0 & 0.0 & 11.6 & 0 \\ 240.0 & 9.6 & 0 & 89.5 & 0 & 0.0 & 0.0 & 0 \\ 10^{-12} & 10^{-12} & 0 & 10^{-12} & 0 & 10^{-12} & 10^{-12} & 0 \\ 1 & 2 & 0 & 5 & 0 & 3 & 4 & 0 \end{bmatrix}^{\mathrm{T}} \tag{32}$$

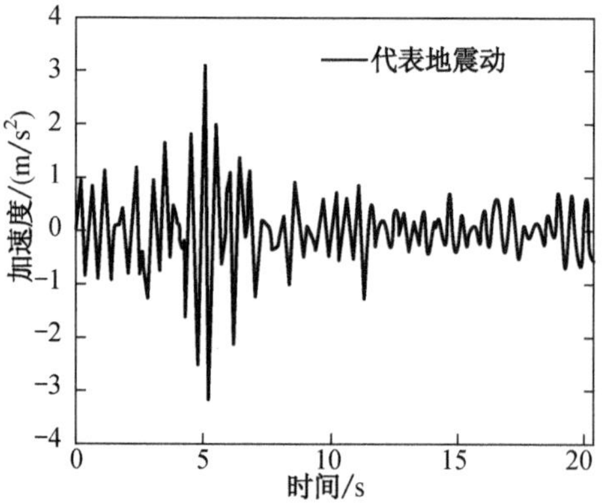

图 3　0.3g 代表地震动加速度时程

为使广义控制律参数的表达更明确,式中 $\boldsymbol{Q}_d^*$, $\boldsymbol{Q}_v^*$, $\boldsymbol{R}_u^*$ 均为向量而非矩阵形式,其中的元素排列与锚索加入的顺序相同.

表 1　序列工况下新加入锚索位置及其设计参数

序列号	拓扑向量	设计参数		
		Q_d	Q_v	R_u
0	$[0\ 0\ 0\ 0\ 0\ 0\ 0\ 0]^T$	—	—	—
1	$[1\ 0\ 0\ 0\ 0\ 0\ 0\ 0]^T$	155.4	240.0	10^{-12}
2	$[1\ 2\ 0\ 0\ 0\ 0\ 0\ 0]^T$	14 360.0	9.6	10^{-12}
3	$[1\ 2\ 0\ 0\ 0\ 3\ 0\ 0]^T$	0.0	0.0	10^{-12}
4	$[1\ 2\ 0\ 0\ 0\ 3\ 4\ 0]^T$	11.6	0.0	10^{-12}
5	$[1\ 2\ 0\ 5\ 0\ 3\ 4\ 0]^T$	99.8	89.5	10^{-12}
满布	$[1\ 1\ 1\ 1\ 1\ 1\ 1\ 1]^T$	118.2	163.5	10^{-12}

注:初设锚索设计参数 $Q_d=100$, $Q_v=100$, $R_u=10^{-12}$.

表 2　序列工况下锚索最优控制结果

序列号	超越概率				目标函数 J	均方控制力 MSC/kN²
	$P_{f,d}$	$P_{f,v}$	$P_{f,a}$	$P_{f,u}$		
0	0.996 3	0.758 2	0.199 2	—	0.803 6	—
1	0.962 0	0.451 9	0.076 4	0.209 8	0.589 8	4.710×10^8
2	0.397 6	0.326 7	0.018 1	0.108 8	0.138 5	3.219×10^8
3	0.014 1	0.062 6	0.000 9	0.000 2	0.002 1	8.708×10^7
4	0.013 4	0.057 0	0.000 2	3.61×10^{-7}	0.001 7	8.196×10^7
5	0.000 1	0.013 0	0.003 2	0.000 4	8.95×10^{-5}	8.722×10^7
满布	0.002 2	0.003 5	3.60×10^{-7}	0.002 2	1.11×10^{-5}	1.737×10^8

层可控指标随锚索布设的变化见图 4. 可见,随着锚索的布设,层可控指标均逐步减小. 图 5 比较了层可控指标梯度最小准则和层可控指标最大准则两种布设控制器的策略对目标函数的影响. 可以看出,采用层可控指标梯度最小准则,当第 5 个锚索布设后,与锚索满布时具有相同的结构性态水平,而采用文献[9]所建议的层可控指标最大准则,则需要 6 个锚索才能获得相同的控制效果. 从图中还可以看到,按层可控指标梯度最小准则的第 3 个锚索放置后,结构性态已接近目标水平,而此时按层可控指标最大准则的结构性态还离目标水平较远. 表明,层可控指标梯度最小策略可以比层可控指标最大策略更有效地逼近目标性态. 图 6 示意对比了两种策略布设锚索的顺序,图中锚索编号表示放置的先后次序.

为了评价各序列工况的控制耗能,定义均方控制力指标

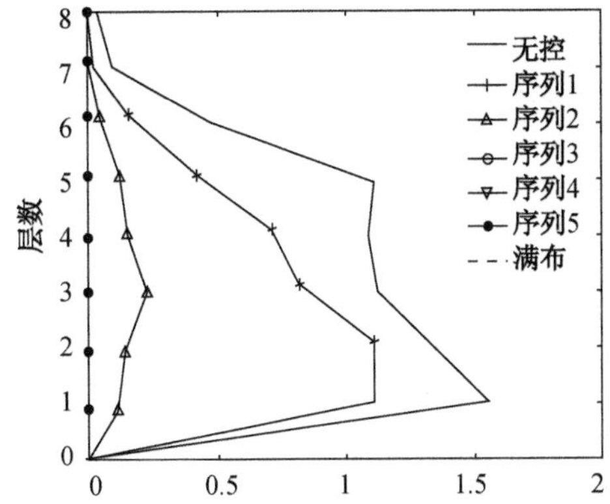

图 4　层可控指标随锚索布设的变化

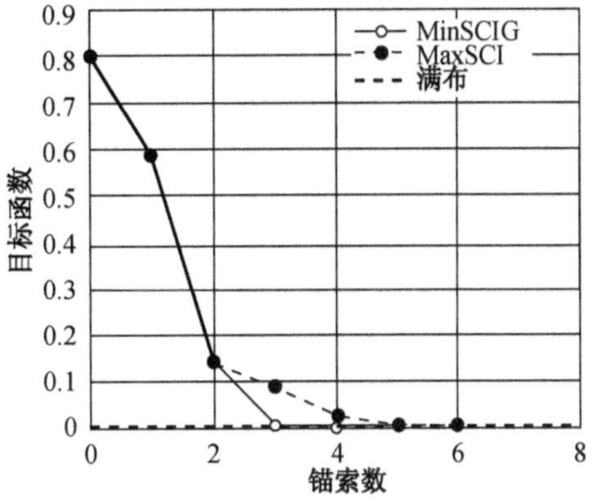

图 5　两种锚索布设策略的目标函数

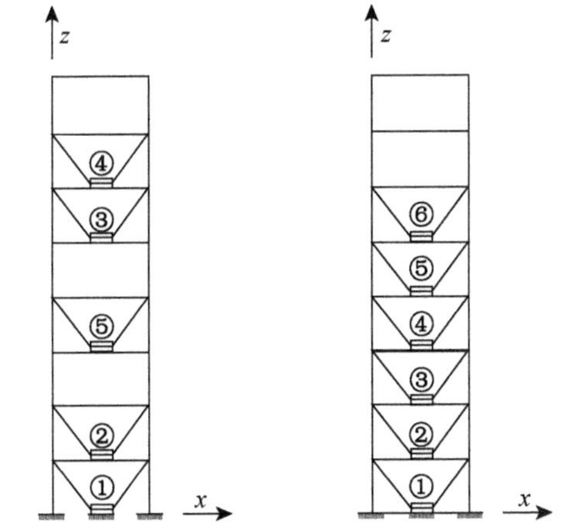

(a) 采用 MinSCIG 准则　　(b) 采用 MaxSCI 准则

图 6　两种锚索布设策略的图示

$$MSC = \int_{t_0}^{t_f} E[\boldsymbol{U}(t)\,\boldsymbol{U}^{\mathrm{T}}(t)]\mathrm{d}t \tag{33}$$

各序列工况下的均方控制力和系统量体系超越概率列于表 2 中. 从表 2 中可见,各系统量的体系超越概率随着锚索的合理布设逐步减小,结构系统性态逐渐趋于目标性态,序列 5 工况达到锚索满布时的结构性态水平. 与锚索满布工况比较,序列 5 工况关于速度、加速度的控制效果较差,但位移控制效果较好、控制装置更安全.

图 7 所示的位移、加速度的等价极值概率密度分布亦表明,序列 5 工况的位移控制效果较满布工况要好、加速度控制效果较满布工况较差. 从目标函数考察,序列 5 工况的总体控制效果虽然略差于满布工况,然而,序列 5 工况的均方控制力小于满布工况时的均方控制力. 一方面是因为满布工况控制器数目为序列 5 工况控制器数目的 1.6 倍——均方控制力与锚索的数目直接相关;另一方面是因为序列 5 工况的位移控制远好于满布工况、速度控制略差. 因此,满布工况控制能量达到了序列 5 工况控制能量的 2 倍左右. 显然,从控制耗能角度说明,序列 5 工况比满布工况更经济.

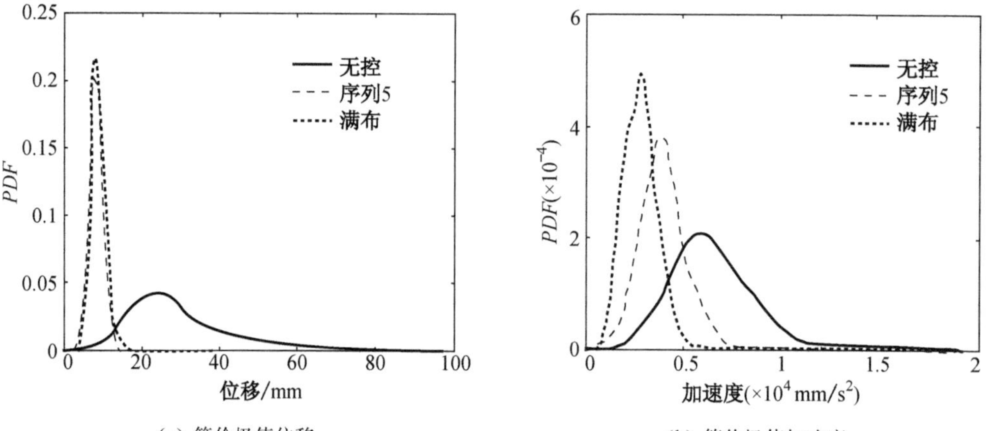

(a) 等价极值位移　　(b) 等价极值加速度

图 7　各工况下位移和加速度的等价极值概率密度分布

层间位移极值的二阶统计特征随锚索布设的变化关系如图 8 所示. 从图中可以看出,各层间位移极值的均值和标准差随着锚索的布设逐步变小. 同时,图 9 表明各层加速度极值的均值和标准差亦随着锚索的布设逐步变小. 注意到,无论是层间位移、还是层加速度,较大反应的结构层在受控后得到了重点改善、结构反应沿层分布较受控前更均匀,这符合结构性态最优控制的初衷. 另一方面,序列 5 工况沿层分布的层间位移控制整体好于锚索满布工况,而层加速度控制整体差于锚索满布工况,与表 2 中的结果一致.

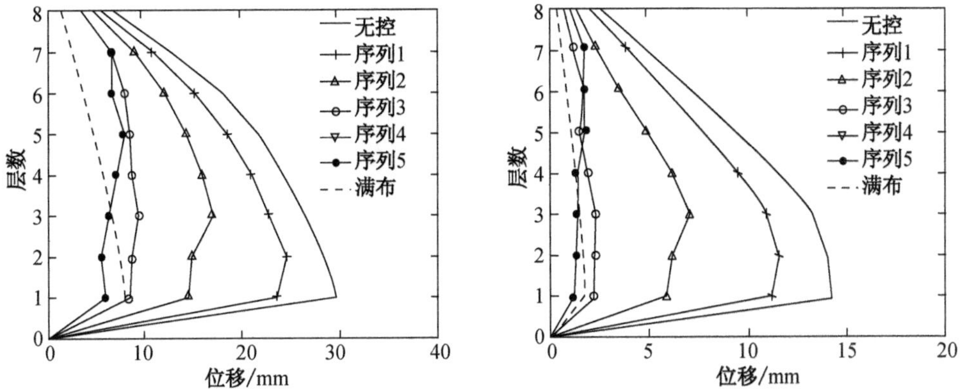

(a) 层间位移极值均值　　(b) 层间位移极值标准差

图 8　层间位移极值的二阶统计特征随锚索布设的变化

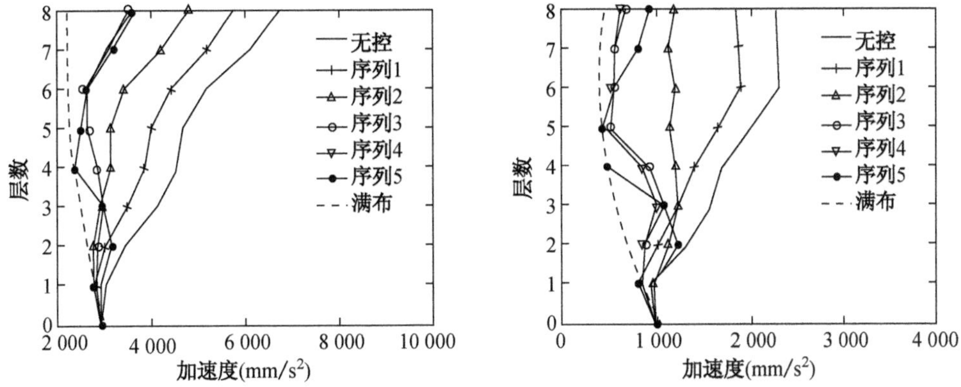

(a) 层加速度极值均值　　(b) 层加速度极值标准差

图 9　层加速度极值的二阶统计特征随锚索布设的变化

5　结　论

现代建筑结构设计不仅要求保证人居的安全性，而且希望能够提供尽可能大的可利用空间. 因此，控制装置的最优布置与控制器参数优化具有同等重要的意义. 采用较少的控制器，一方面可以减少投资成本；另一方面也在一定程度上节省了建筑空间. 本文正是基于这一认识，探讨了控制装置的最优布置与控制器参数优化，将它们统一为物理随机最优控制的广义最优控制律. 文中定义了基于超越概率的概率可控指标，与先前仅考虑单一系统量的可控指标相比较，这类指标更具有实践意义，内蕴了系统安全性(结构位移控制)、系统服务性(结构速度控制)、系统舒适性(结构加速度控制)、控制装置工作性(控制力约束)以及它们之间的均衡.

为有效地寻找每个序列的最优结构拓扑，定义了层可控指标梯度最小准则. 在控制器参数优化中,采用了与层可控指标梯度最小准则具有相同物理意义的能量均衡超越概率准则. 数值算例分析结果表明,采用广义最优控制律可以以最小的投资获得最大的控制效益. 同时表明,按层可控指标梯度最小准则寻优比先前按层可控指标最大准则寻优更为有效. 显然,这一控制理念符合结构性态最优控制的初衷、具有良好的应用前景.

致谢 感谢国家留学基金委(CSC)对本文第二作者在美国南加州大学(USC)以联合培养博士研究生身份进行访问期间给予的资助.

参考文献

[1] Housner G W, Bergman L A, Caughey T K, et al. Structural control: past, present, and future[J]. Journal of Engineering Mechanics, ASCE, 1997, 123(9): 897-971.

[2] Yang J N. Application of optimal control theory to civil engineering structures[J]. Journal of the Engineering Mechanics Division, ASCE, 1975, 101(6): 819-838.

[3] Li J, Peng Y B, Chen J B. A physical approach to structural stochastic optimal controls [J]. Probabilistic Engineering Mechanics, 2009, 25(1): 127-141.

[4] Li J, Peng Y B, Chen J B. Probabilistic criteria of structural stochastic optimal controls [J]. Probabilistic Engineering Mechanics, 2011, 26(2): 240-253.

[5] Amini F, Tavassoli M R. Optimal structural active control force, number and placement of controllers[J]. Engineering Structures, 2005, 27(9): 1306-1316.

[6] Chen G S, Bruno R J, Salama M. Optimal placement of active/passive members in truss structures using simulated annealing[J]. AIAA Journal, 1991, 29(8):1327-1334.

[7] Chang M I J, Soong T T. Optimal controller placement in modal control of complex systems[J]. Journal of Mathematical Analysis and Applications, 1980, 75(2): 340-358.

[8] Ibidapo-Obe O. Optimal actuators placements for the active control of flexible structures [J]. Journal of Mathematical Analysis and Applications, 1985, 105(1): 12-25.

[9] Zhang R H, Soong T T. Seismic design of viscoelastic dampers for structural applications [J]. Journal of Structural Engineering, ASCE, 1992, 118(5): 1375-1392.

[10] Li J, Chen J B. Probability density evolution method for dynamic response analysis of structures with uncertain parameters [J]. Computational Mechanics, 2004, 34 (5): 400-409.

[11] Hrovat D, Barak P, Rabins M. Semi-active versus passive or active tuned mass dampers for structural control[J]. Journal of Engineering Mechanics, 1983, 109(3): 691-705.

[12] Chu S Y, Soong T T, Reinhorn A M. Active, hybrid and semi-active structural control [M]. West Sussex: John Wiley & Sons, 2005.

[13] Yang J N, Akbarpour A, Ghaemmaghami P. New optimal control algorithms for structural control[J]. Journal of Engineering Mechanics, ASCE, 1987, 113(9): 1369-1386.

[14] 李杰,艾晓秋. 基于物理的随机地震动模型研究[J]. 地震工程与工程振动,2006, 26(5): 21-26.

[15] Chen J B, Li J. Strategy for selecting representative points via tangent spheres in the

probability density evolution method[J]. International Journal for Numerical Methods in Engineering, 2008, 74(13): 1988-2014.

Optimal Control of Stochastic Dynamical Systems Involving Distributed Controllers

Li Jie　Peng Yong-bo

Abstract: A Generalized Optimal Control Policy (GOCP), including the optimal placement and optimization of parameters of controllers, is proposed for the physical stochastic optimal control of structural systems. It extends the classical forms of structural optimal control policy inherent in passively controlled modalities, active control modalities, semi-active control modalities and hybrid control modalities. A control criterion of minimum storey controllability index gradient related to the exceedance probability is defined so as to search for the optimal structural topology efficiently, which characterizes system safety (indicated as inter-story drift), system serviceability (indicated as inter-story velocity), system comfort (indicated as story acceleration), controller workability(indicated as control force) and their trade-offs. Another exceedance probability based control criterion associated with the optimal trade-off of system energy is also constructed to define the optimized parameters of controllers. Numerical results reveal that the proposed GOCP may achieve the maximum controlled effectiveness with minimum cost. Meanwhile, the utilization of the design criterion of the minimum controllability index gradient achieves the objective performance more efficiently than that of the currently used maximum controllability index.

(本文原载于《土木工程学报》第 44 卷第 8 期,2011 年 8 月)

结构地震反应随机最优控制的多目标概率准则研究

彭勇波　李杰

摘　要　建立了结构随机最优控制的一类多目标概率准则，包括以性态均衡的反应量等价极值过程的期望和超越概率为目标的准则，和以能量均衡的反应量等价极值过程的期望和超越概率为目标的准则.分析表明，各概率准则的控制效果依赖于其物理意义，能量均衡超越概率准则能够获得系统响应降低与控制力需求之间的合理均衡，是设计随机动力系统最优控制律的优选准则.算例分析表明，所提出的多目标概率准则可以实现地震动作用下结构反应性态的精细化控制.

在基于随机扰动为零均值白噪声或过滤白噪声过程假定的经典随机最优控制理论框架下，已发展形成了一系列的随机最优控制方法[1]，如线性二次 Gauss 最优控制(LQG)及其衍生方法.分析可知，上述(过滤)白噪声过程假定与多数工程激励过程相去甚远，且在设定的最优控制律条件下，这些方法一般仅能使系统控制效果在二阶数值特征意义上最优.为了获得一般随机动力激励作用下结构系统响应的精细化控制，作者提出了基于广义密度演化方程的物理随机最优控制方法[2].并在此基础上，从系统目标控制量的物理意义出发，建立了递阶层次的单目标控制准则[3].然而，当仅以单个状态量或控制力为目标时，一般会忽视与结构性态相关的其它物理量，如与系统服务性相关的层间速度，与系统舒适性相关的层加速度等.而且，在实践中，这些物理量往往相互制约.本文引入均衡设计的思想，试图建立结构随机最优控制的一类多目标概率准则，并将这类准则应用到多层剪切型框架结构的随机地震反应最优控制之中.

1　随机最优控制律泛函

根据物理随机最优控制方法，闭环控制系统的反馈控制力表达为[2]

$$\boldsymbol{U}(\boldsymbol{\Theta},\ t)=\boldsymbol{f}(\boldsymbol{Q}_Z,\ \boldsymbol{R}_U)\boldsymbol{Z}(\boldsymbol{\Theta},\ t) \tag{1}$$

式中，$\boldsymbol{U}(\cdot)$为 r 维控制力向量；$\boldsymbol{Z}(\cdot)$为 $2n$ 维状态向量；$\boldsymbol{f}(\cdot)$为最优控制律泛函

矩阵,$\boldsymbol{Q}_Z$ 为 $2n\times 2n$ 维半正定矩阵,$\boldsymbol{R}_U$ 为 $r\times r$ 维正定矩阵,$\boldsymbol{\Theta}$ 是结构系统的随机参数向量. 分析可知,$\boldsymbol{Z}(\boldsymbol{\Theta}, t)$和 $\boldsymbol{U}(\boldsymbol{\Theta}, t)$分别满足如下广义密度演化方程[2]

$$\frac{\partial p_{Z\boldsymbol{\Theta}}(z, \boldsymbol{\theta}, t)}{\partial t}+\dot{Z}(\boldsymbol{\theta}, t)\frac{\partial p_{Z\boldsymbol{\Theta}}(z, \boldsymbol{\theta}, t)}{\partial z}=0 \tag{2}$$

$$\frac{\partial p_{U\boldsymbol{\Theta}}(u, \boldsymbol{\theta}, t)}{\partial t}+\dot{U}(\boldsymbol{\theta}, t)\frac{\partial p_{U\boldsymbol{\Theta}}(u, \boldsymbol{\theta}, t)}{\partial u}=0 \tag{3}$$

其中 $Z(\cdot)$和 $U(\cdot)$分别为 $\boldsymbol{Z}(\cdot)$和 $\boldsymbol{U}(\cdot)$的分量形式. 在给定初始条件下,可得控制系统在任一时刻 $Z(\cdot)$和 $U(\cdot)$的概率密度函数

$$p_Z(z, t)=\int_{\Omega_{\boldsymbol{\Theta}}} p_{Z\boldsymbol{\Theta}}(z, \boldsymbol{\theta}, t)\mathrm{d}\boldsymbol{\theta} \tag{4}$$

$$p_U(u, t)=\int_{\Omega_{\boldsymbol{\Theta}}} p_{U\boldsymbol{\Theta}}(u, \boldsymbol{\theta}, t)\mathrm{d}\boldsymbol{\theta} \tag{5}$$

式中,$\Omega_{\boldsymbol{\Theta}}$是 $\boldsymbol{\Theta}$ 的分布域,$\boldsymbol{\theta}$ 是 $\boldsymbol{\Theta}$ 的样本实现值,联合概率密度函数 $p_{Z\boldsymbol{\Theta}}(z, \boldsymbol{\theta}, t)$, $p_{U\boldsymbol{\Theta}}(u, \boldsymbol{\theta}, t)$分别为方程(2)、方程(3)的解.

由此,可以建立基于概率密度演化过程的最优控制准则,并得到最优控制律参数向量($\boldsymbol{Q}_Z^*$, $\boldsymbol{R}_U^*$). 图 1 示意了某一典型时刻不同控制律参数向量对物理量概率密度函数形态的影响.

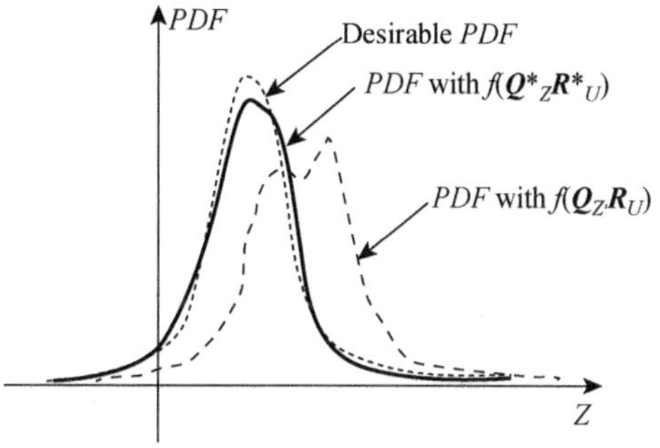

图 1 控制律参数向量对物理量概率密度函数的影响

物理最优控制方法涉及两步优化[2],一是最小化性能泛函以建立控制律参数集合与控制增益集合之间的映射关系,二是最小化性态泛函以获得与目标性态相一致的控制律参数. 因此,基于概率密度演化过程的最优控制准则,是寻求可能的 $\boldsymbol{Q}_Z^*$, $\boldsymbol{R}_U^*$,使得准则中性态泛函 J 最小化,其表达式为

$$(\boldsymbol{Q}_Z^*, \boldsymbol{R}_U^*)=\underset{\boldsymbol{Q}_Z, \boldsymbol{R}_U}{\arg\min}(J) \tag{6}$$

已表明,权矩阵 $\boldsymbol{Q}_Z$, $\boldsymbol{R}_U$ 分别为半正定和正定的. 理论上,它们均为时变、对称的满阵[4],然而应用中经常假定为定常矩阵. 已有关于权矩阵的选择与分析表明,状态权矩阵对角线上的元素一般远大于非对角线上的元素,位移与速度的交叉项元素可以忽略,可合理假定为如下形式[5]

$$\boldsymbol{Q}_Z=\begin{bmatrix}\boldsymbol{Q}_d & 0\\ 0 & \boldsymbol{Q}_v\end{bmatrix},\quad \boldsymbol{R}_U=\boldsymbol{R}_u \tag{7}$$

2 结构随机最优控制多目标概率准则

基于概率密度演化过程的最优控制准则，一般从系统目标控制量的物理意义出发，建立依赖于系统性态的单目标[3]或多目标概率准则. 前已述及，单目标概率准则一般会忽视与结构性态相关的其它物理量，如与系统服务性相关的层间速度，与系统舒适性相关的层加速度等. 而且，在实践中，这些物理量往往相互制约. 因此，需要引入均衡设计的思想，进行多目标物理量的控制.

2.1 性态均衡优化准则

(1) 均值准则Ⅰ(i)

准则中性态泛函定义为状态量和控制力二次组合的期望形式

$$J=\frac{1}{2}E\left[\int_{t_0}^{t_f}\{\widetilde{\boldsymbol{Z}}_t^{\mathrm{T}}(t)\boldsymbol{Q}_{\widetilde{Z}_t}\widetilde{\boldsymbol{Z}}_t(t)+\widetilde{\boldsymbol{U}}_t^{\mathrm{T}}(t)\boldsymbol{R}_{\widetilde{U}_t}\widetilde{\boldsymbol{U}}_t(t)\}\mathrm{d}t\right] \tag{8}$$

式中，$\widetilde{\boldsymbol{Z}}_t(\boldsymbol{\Theta},t)=\max\limits_i|\boldsymbol{Z}_i(\boldsymbol{\Theta},t)|$，$\widetilde{\boldsymbol{U}}_t(\boldsymbol{\Theta},t)=\max\limits_i\cdot|\boldsymbol{U}_i(\boldsymbol{\Theta},t)|$ 分别为状态量和控制力等价极值过程；$E[\cdot]$为期望算子. 权矩阵 $\boldsymbol{Q}_{\widetilde{Z}_i}$，$\boldsymbol{R}_{\widetilde{U}_i}$ 的维数分别与状态量和控制力等价极值过程 $\widetilde{\boldsymbol{Z}}_t$，$\widetilde{\boldsymbol{U}}_t$ 一致，有如下形式

$$\boldsymbol{Q}_{\widetilde{Z}_t}=\begin{bmatrix}\boldsymbol{Q}_d & 0\\ 0 & \boldsymbol{Q}_v\end{bmatrix},\quad \boldsymbol{R}_{\widetilde{U}_t}=\boldsymbol{R}_u \tag{9}$$

进而，引入加速度约束的均值准则为

$$\min(J_2)=\min\left\{\frac{1}{2}E\left[\int_{t_0}^{t_f}\{\widetilde{\boldsymbol{Z}}_t^{\mathrm{T}}(t)\boldsymbol{Q}_{\widetilde{Z}_t}\widetilde{\boldsymbol{Z}}_t(t)+\widetilde{\boldsymbol{U}}_t^{\mathrm{T}}(t)\boldsymbol{R}_{\widetilde{U}_t}\widetilde{\boldsymbol{U}}_t(t)\}\mathrm{d}t\right]+10^6\times H(\widetilde{A}_{\max}-\widetilde{A}_{\mathrm{con}})\right\} \tag{10}$$

不难看出，基于性态均衡优化原则的均值准则实质上是系统能量在均值意义上最小的准则.

(2) 超越概率准则Ⅰ(ii)

均值准则使均衡性态泛函在均值意义上最小，但并不满足精细化设计的要求. 为此，基于超越概率，构造如下性态泛函

$$J=\int_{L_{thd}}^{\infty}p(L)\mathrm{d}L \tag{11}$$

式中，$p(\cdot)$是概率密度泛函

$$L(\widetilde{Z}_t,\widetilde{U}_t,\Theta)=\frac{1}{2}E\left\{\int_{t_0}^{t_f}\{\widetilde{Z}_t^{\mathrm{T}}(t)\boldsymbol{Q}_{\widetilde{Z}_t}\widetilde{\boldsymbol{Z}}_t(t)+\widetilde{U}_t^{\mathrm{T}}(t)\boldsymbol{R}_{\widetilde{U}_t}\widetilde{\boldsymbol{U}}_t(t)\}\mathrm{d}t\right\} \tag{12}$$

$$L_{thd} = \frac{1}{2}[q_{corr}[F(\widetilde{\boldsymbol{D}})]^2 + q_{corr}[F(\widetilde{\boldsymbol{V}})]^2 + r_{corr}[F(\widetilde{\boldsymbol{U}})]^2](t_f - t_0) \tag{13}$$

式中，$F(\cdot)$为分位值函数，表征置信水平；$\widetilde{D}$, $\widetilde{V}$, $\widetilde{U}$ 分别表示位移、速度和控制力等价极值向量；泛函 L 的阈值 L_{thd} 按首达准则定义，即若位移、速度和控制力三者中任一物理量的分位值首先达到其阈值，其他两者分别取阈值范围内的当前分位值，同时确定当前权矩阵系数 q_{corr}，r_{corr}.

由此，加速度约束下的超越概率准则为

$$\min(J) = \min\left\{\int_{t_{L_{thd}}}^{\infty} p(L)\mathrm{d}L + H(\widetilde{A}_{\max} - \widetilde{A}_{\mathrm{con}})\right\} \tag{14}$$

显然，基于均衡优化原则的超越概率准则实质上是使系统能量失效可能最小的准则.

2.2 能量均衡优化准则

性态均衡优化准则是物理量之间的均衡形式在概率意义上最小，并不直接满足各性态量的要求. 因此，需要进一步从各性态量加以考察、构造能量均衡形式的优化准则.

(1) 均值准则Ⅱ(i)

在物理量的均值意义上，性态泛函定义为

$$J = \frac{1}{2}\int_{t_0}^{t_f}\{E^{\mathrm{T}}[\widetilde{\boldsymbol{Z}}_t]\boldsymbol{Q}_{\widetilde{\boldsymbol{Z}}_t}E[\widetilde{\boldsymbol{Z}}_t] + \boldsymbol{E}^{\mathrm{T}}[\widetilde{\boldsymbol{U}}_t]\boldsymbol{R}_{\widetilde{\boldsymbol{U}}_t}E[\widetilde{\boldsymbol{U}}_t]\}\mathrm{d}t \tag{15}$$

为此，构造如下均值准则

$$\min(J_2) = \min\left\{\frac{1}{2}\int_{t_0}^{t_f}\{E^{\mathrm{T}}[\widetilde{\boldsymbol{Z}}_t]\boldsymbol{Q}_{\widetilde{\boldsymbol{Z}}_t}E[\widetilde{\boldsymbol{Z}}_t] + E^{\mathrm{T}}[\widetilde{\boldsymbol{U}}_t]\boldsymbol{R}_{\widetilde{\boldsymbol{U}}_t}E[\widetilde{\boldsymbol{U}}_t]\}\mathrm{d}t + 10^6 \times H(\widetilde{A}_{\max} - \widetilde{A}_{\mathrm{con}})\right\} \tag{16}$$

比较性态均衡优化的均值准则，能量均衡优化的均值准则实质上是使系统平均能量最小.

(2) 超越概率准则Ⅱ(ii)

为保证各物理量失效可能总体最小，定义不同于上述能量相关准则的超越概率泛函

$$J = \frac{1}{2}\int_{t_0}^{t_f}[Pr_{\widetilde{\boldsymbol{Z}}_t}^{\mathrm{T}}(\widetilde{\boldsymbol{Z}}_t - \widetilde{\boldsymbol{Z}}_{t,\,thd} > 0)\,\boldsymbol{Q}_{\widetilde{\boldsymbol{Z}}}Pr_{\widetilde{\boldsymbol{Z}}_t}(\widetilde{\boldsymbol{Z}}_t - \widetilde{\boldsymbol{Z}}_{t,\,thd} > 0) \cdot Pr_{\widetilde{\boldsymbol{U}}_t}^{\mathrm{T}}(\widetilde{\boldsymbol{U}}_t - \widetilde{\boldsymbol{U}}_{t,\,thd} > 0)\boldsymbol{R}_{\widetilde{\boldsymbol{U}}}Pr_{\widetilde{\boldsymbol{U}}_t}(\widetilde{\boldsymbol{U}}_t - \widetilde{\boldsymbol{U}}_{t,\,thd} > 0)]\mathrm{d}t \tag{17}$$

显然，以式(17)为泛函的优化涉及时变可靠度的计算，大大增加了求解问题的复杂程度. 然而，事实上并非每个时刻的可靠度对于系统安全性评价都是必需的. 根据

极值分布理论,对反应过程极值的考察更有意义.因此,性态泛函定义为

$$J=\frac{1}{2}\int_{t_0}^{t_f}[Pr_{\tilde{\boldsymbol{Z}}}^{\mathrm{T}}(\tilde{\boldsymbol{Z}}-\tilde{\boldsymbol{Z}}_{thd}>0)\boldsymbol{Q}_{\tilde{Z}}Pr_{\tilde{\boldsymbol{Z}}}(\tilde{\boldsymbol{Z}}-\tilde{\boldsymbol{Z}}_{thd}>0)\cdot Pr_{\tilde{\boldsymbol{U}}}^{\mathrm{T}}(\tilde{\boldsymbol{U}}-\tilde{\boldsymbol{U}}_{thd}>0)\boldsymbol{R}_{\tilde{U}}Pr_{\tilde{\boldsymbol{U}}}(\tilde{\boldsymbol{U}}-\tilde{\boldsymbol{U}}_{thd}>0)]\mathrm{d}t \tag{18}$$

式中,$\tilde{\boldsymbol{Z}}_{thd}$,$\tilde{\boldsymbol{U}}_{thd}$分别为$\tilde{\boldsymbol{Z}}$,$\tilde{\boldsymbol{U}}$的阈值;权矩阵$\boldsymbol{Q}_{\tilde{Z}}$,$\boldsymbol{R}_{\tilde{U}}$不同于$\boldsymbol{Q}_{\tilde{Z}_t}$,$\boldsymbol{R}_{\tilde{U}_t}$,因为对于无量纲$J_2$,它们蕴含不同的单位量纲.同$\boldsymbol{Q}_{\tilde{Z}_t}$,$\boldsymbol{R}_{\tilde{U}_t}$,$\boldsymbol{Q}_{\tilde{Z}}$,$\boldsymbol{R}_{\tilde{U}}$应依据结构性态进行设计,本文定义为如下简单形式:

$$\boldsymbol{Q}_{\tilde{Z}}=\begin{bmatrix}1 & 0\\ 0 & 1\end{bmatrix},\quad \boldsymbol{R}_{\tilde{U}}=1 \tag{19}$$

于是,加速度约束下的超越概率准则为

$$\min(J_2)=\min\left\{\frac{1}{2}[Pr_{\tilde{\boldsymbol{Z}}}^{\mathrm{T}}(\tilde{\boldsymbol{Z}}-\tilde{\boldsymbol{Z}}_{thd}>0)\cdot\boldsymbol{Q}_{\tilde{Z}}Pr_{\tilde{\boldsymbol{Z}}}(\tilde{\boldsymbol{Z}}-\tilde{\boldsymbol{Z}}_{thd}>0) Pr_{\tilde{\boldsymbol{U}}}^{\mathrm{T}}(\tilde{\boldsymbol{U}}-\tilde{\boldsymbol{U}}_{thd}>0)\boldsymbol{R}_{\tilde{U}}Pr_{\tilde{\boldsymbol{U}}}(\tilde{\boldsymbol{U}}-\tilde{\boldsymbol{U}}_{thd}>0)]+H(\tilde{A}_{\max}-\tilde{A}_{\mathrm{con}})\right\} \tag{20}$$

3 概率准则比较分析

考察线性定常单自由度系统:结构质量 1×10^5 kg,基本周期 0.56 sec(基本频率 11.22 rad/sec),阻尼比 0.05,初始位移 $x(t_0)=0$,初始速度 $\dot{x}(t_0)=0$.系统物理量的阈值或约束值分别为:相对位移 10 mm、相对速度 100 mm/sec、绝对加速度 3 000 mm/sec^{2}和控制力 200 kN,分位值函数定义为等价极值向量的均值加三倍标准差.采用基于物理的随机地震动模型[6],随机地震动输入峰值加速度 0.11g,均值参数地震波如图 2 所示.最优控制的二次性能泛函中,状态权矩阵形式$\boldsymbol{Q}_Z=\mathrm{diag}\{Q_d, Q_v\}$,控制力权矩阵$\boldsymbol{R}_U=\boldsymbol{R}_u$.采用 MATLAB 编制控制系统仿真程序,优化策略采用约束非线性规划工具箱函数 fmincon[7].

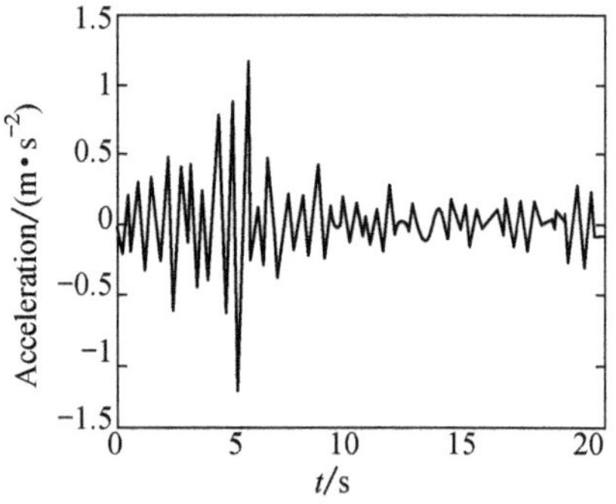

图 2 0.11g 均值参数地震波

性态均衡的超越概率准则中 L 的阈值 L_{thd} 根据图 3 进行评价:当等价极值速度的分位值达到其阈值 100 mm/sec 时,等价极值位移和等价极值控制力的分位值分别为 7.41 mm 和 188.86 kN,小于它们的阈值,对应的权矩阵系数比为

4×10^{12}，由此可确定权矩阵系数 $q_{corr}=400$，$r_{corr}=10^{-10}$；进而，根据式(13)计算得到国际制单位下的阈值 $L_{thd}=77.71$ (SI).

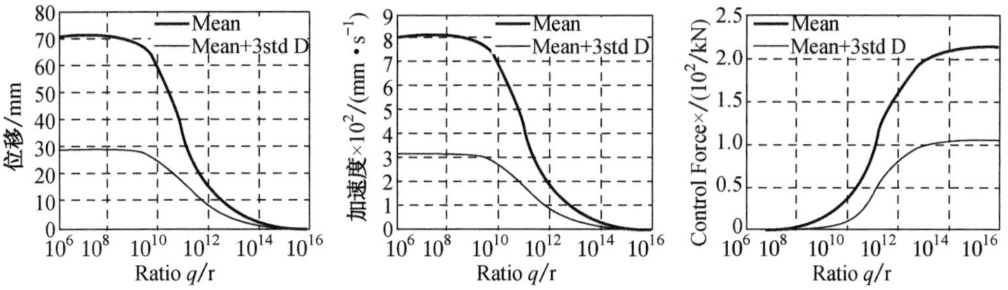

(a) 等价极值位移 (b) 等价极值速度 (c) 等价极值控制力

图 3 等价极值向量的二阶统计与权矩阵系数比的关系

表 1 为多目标量控制准则的参数优化结果，进一步表明随机最优控制的控制效果与其物理意义相关：多目标准则Ⅰ(i)，Ⅰ(ii)，Ⅱ(i)优化得到的控制律参数几乎相同，这是因为它们均要使系统能量在概率意义上最小. 表 2 所示为多目标量准则的控制效果比较，从中不难分析得到，性态均衡优化控制-加速度约束准则以泛函在概率意义上最小化为目标，并不强调物理量的控制，可能导致系统不安全；如其均值准则和超越概率准则中位移和速度的超越概率均比较大，尽管其以式(12)为表征泛函的超越概率 $P_{f,p}$ 均比较小、达到了较好的状态量与控制力的均衡. 同样地，能量均衡优化控制-加速度约束准则的均值准则以状态量和控制力的期望最佳均衡为目标，也不能保证系统的安全. 然而，能量均衡优化控制-加速度约束准则的超越概率准则不仅保证系统的安全性，同时控制能量消耗在一定的范围内. 如表中，多目标准则Ⅱ(ii)的位移和速度超越概率远小于其他多目标准则，而控制力超越概率 0.000 2 也是可以接受的. 此外，注意到各多目标准则中，作为约束的加速度，其超越概率均小于 5×10^{-5}，说明优化过程中对约束量的控制是有效的.

注意到，经典 LQG 控制的性能泛函具有与式(8)相似的形式，表明单一优化的均方状态控制策略不能保证结构系统的安全，基于超越概率准则的控制律设计是随机最优控制的关键.

表 1 多目标量控制准则优化

参数	性态均衡优化控制-加速度约束准则(多目标准则Ⅰ)						能量均衡优化控制—加速度约束准则(多目标准则Ⅱ)					
	均值准则(i)			超越概率准则(ii)			均值准则(i)			超越概率准则(ii)		
	Q_d	Q_v	R_u	Q_d	Q_v	R_u	Q_d	Q_v	R_u	Q_d	Q_v	R_u
初始值	100	100	10^{-10}	100	100	10^{-10}	100	100	10^{-10}	100	100	10^{-10}
最优值	0.0	80.7	10^{-10}	3.6	80.7	10^{-10}	0.0	80.7	10^{-10}	1 073.6	505.0	10^{-10}
目标函数	35.96			0.038 6			0.837 0			$0.015\,0\times10^{-6}$		

表 2　多目标量准则的控制效果比较

超越概率 \ 概率准则	无控	多目标准则Ⅰ		多目标准则Ⅱ	
		(i)	(ii)	(i)	(ii)
位移 $P_{f,d}$	0.902 0	0.314 7	0.314 6	0.314 7	3.60×10^{-7}
速度 $P_{f,v}$	0.894 1	0.524 5	0.524 4	0.524 5	4.88×10^{-5}
加速度 $P_{f,a}$	0.573 5	4.46×10^{-5}	4.46×10^{-5}	4.46×10^{-5}	3.60×10^{-7}
控制力 $P_{f,u}$	—	3.60×10^{-7}	3.60×10^{-7}	3.60×10^{-7}	1.66×10^{-4}
表征泛函 $P_{f,p}$	0.674 5	0.033 9	0.038 6	0.033 9	0.698 1

表 3　各准则对应控制律的控制效果比较

控制准则			多目标准则Ⅱ(ii)：$Q_Z=$ diag{1 073.6, 505.0}, $R_U=10^{-10}$	单目标准则：$Q_Z=$ diag{101.0, 195.4}, $R_U=10^{-10}$	二阶统计量评价：$Q_Z=$ diag{80.0, 80.0}, $R_U=10^{-11}$	Lyapunov 条件：$Q_Z=100\times$ diag{K, M}, $R_U=8\times10^{-6}$
位移等价极值/mm	均值	无控	28.47	28.47	28.47	28.47
		受控	4.15	6.23	3.40	5.35
		效果*	85.42%	78.12%▼	88.06%▲	81.21%
	标准差	无控	13.78	13.78	13.78	13.78
		受控	0.81	1.41	0.63	1.40
		效果*	94.12%	89.77%▼	95.43%▲	89.84%
加速度等价极值/($mm\cdot s^{-2}$)	均值	无控	3 602.7	3 602.7	3 602.7	3 602.7
		受控	1 141.0	1 235.6	1 114.7	909.9
		效果*	68.33%	65.70%▼	69.06%	74.74%▲
	标准差	无控	1 745.6	1 745.6	1 745.6	1 745.6
		受控	331.8	348.9	332.0	364.8
		效果*	80.99%▲	80.01%	80.98%	79.10%▼
控制力等价极值/kN	均值		94.93	86.55▲	98.02 ▼	88.78
	标准差		32.46	30.71▲	33.12	33.51 ▼

* 控制效果 $=\dfrac{(\text{无控}-\text{受控})}{\text{无控}}$.

表 3 比较了各准则对应控制律的控制效果，包括多目标准则Ⅱ(ii)、单目标超越概率准则[3]、二阶统计量评价准则[2]和 Lyapunov 渐近稳定条件准则[8]. 从中可以看出，Lyapunov 稳定条件准则的加速度均值控制效果最好(▲)，但加速度标准差控制效果最差(▼)、控制力标准差最大(▼)；二阶统计量评价准则的位移均值和标准差控制效果最好(▲)，但控制力均值最大(▼)；单目标超越概率准则的控制力均值和标准差最小(▲)，但位移均值和标准差、加速度均值控制效果最差(▼)；多目标准则Ⅱ(ii)的加速度标准差控制效果最好(▲). 结合表 2，有理由认为：能量均衡的超越概率准则能够获得系统响应降低与控制力需求之间的合理均衡，是建立随机动力系统最优控制律的优选准则.

4 实例分析

考察八层框架剪切结构主动锚索控制系统. 无控框架结构参数：层质量 $m_i = 3.456 \times 10^5$ kg，层间刚度 $k_i = 3.404 \times 10^2$ kN/mm，结构内阻尼系数 $c_i = 2.937$ kN × sec/mm，$i = 1, 2, \cdots, 8$，结构外阻尼假定为 0；第一振动模态阻尼比 0.02；结构自振频率分别为 5.79，17.18，27.98，37.82，46.38，53.36，58.53，61.69 rad/sec. 作动器质量忽略不计. 物理随机地震动最大加速度峰值 $0.3g$. 层间位移、层间速度、层加速度和控制力的阈值或约束值分别假定为 15 mm，150 mm/sec，8 000 mm/sec^2 和 2 000 kN. 不考虑权矩阵中各层状态量的交叉项，并按相同状态权量设计各层控制器，权矩阵采用如下形式：

$$\boldsymbol{Q}_Z = \begin{bmatrix} Q_d \boldsymbol{I} & 0 \\ 0 & Q_v \boldsymbol{I} \end{bmatrix}, \quad \boldsymbol{R}_U = \boldsymbol{R}_u \boldsymbol{I} \tag{21}$$

采用能量均衡的超越概率准则，优化获得控制器参数为：$Q_d = 102.8$，$Q_v = 163.7$，$\boldsymbol{R}_u = 10^{-12}$. 目标函数为 1.122×10^{-5}，位移、速度和控制力的超越概率分别为：0.002 3，0.003 5，0.002 2. 各物理量的超越概率表明，超越概率准则获得了状态量与控制力之间较好的均衡.

图 4 和图 5 所示为最优控制前后第 1 层和第 8 层层间位移和层加速度的标准差时程. 可以看到，实施最优控制后，结构层间位移反应沿层水平等比例减小、较受控前降幅达到 4 倍；第 1 层加速度反应改善不明显，而第 8 层加速度反应显著降低，受控后层加速度沿层分布更均匀.

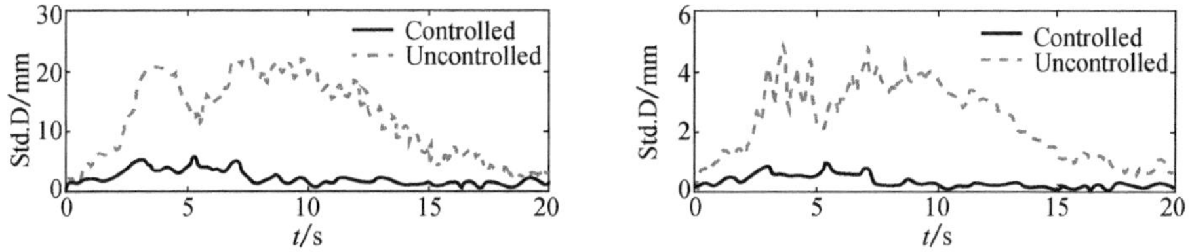

(a) 层间 0—1　　(b) 层 7—8

图 4　最优控制前后层间位移的标准差时程曲线比较

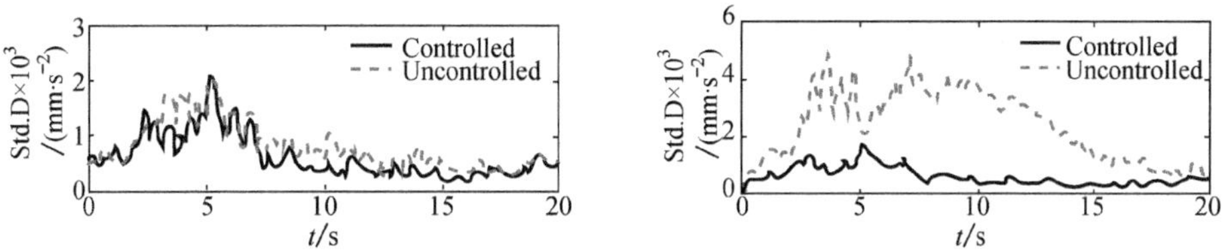

(a) 第 1 层　　(b) 第 8 层

图 5　最优控制前后层加速度的标准差时程曲线比较

更为精细的概率表现如图 6、图 7 所示控制前后层间 0—1 位移和第 8 层层加速度在典型时刻的概率密度. 可以看到,层间位移的变异性受控前随时间变化较大,而受控后随时间变化较小、概率密度的尾部变化很小;层加速度在典型时刻的概率密度曲线也表明,概率密度的尾部基本不随时间变化. 这与概率准则的物理意义是相符的,如前所述,超越概率准则并非是概率密度完整形态的控制策略,因此无论是位移、还是加速度,均是具有较小出现概率的极值得到了控制.

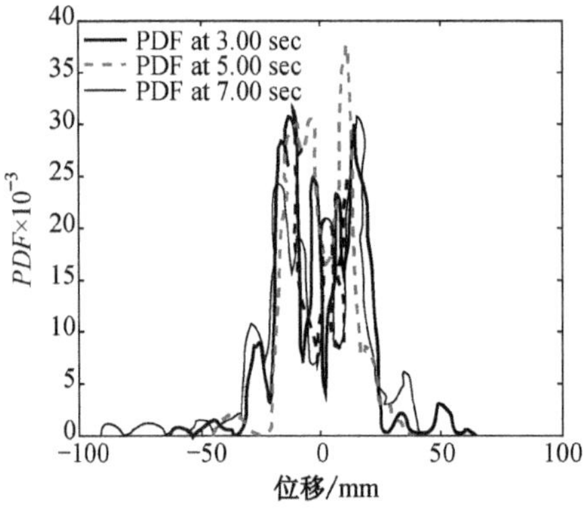

(a) 无控层间位移　　(b) 受控层间位移

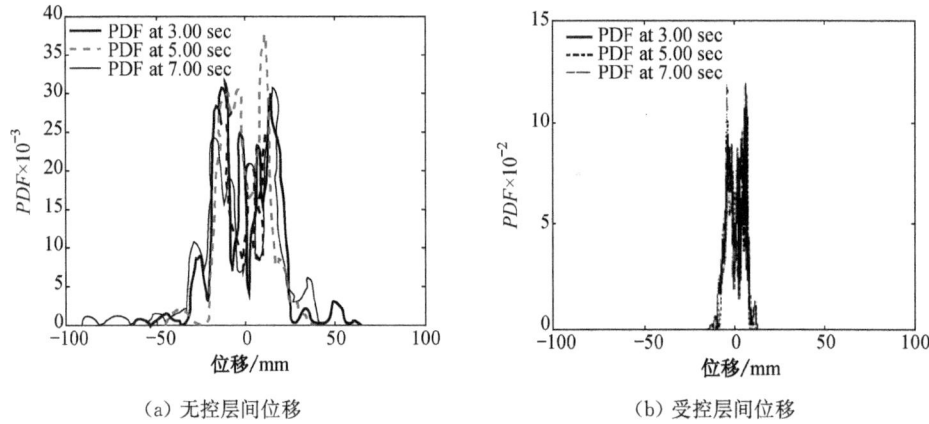

图 6　最优控制前后层间 0—1 位移在典型时刻的概率密度曲线

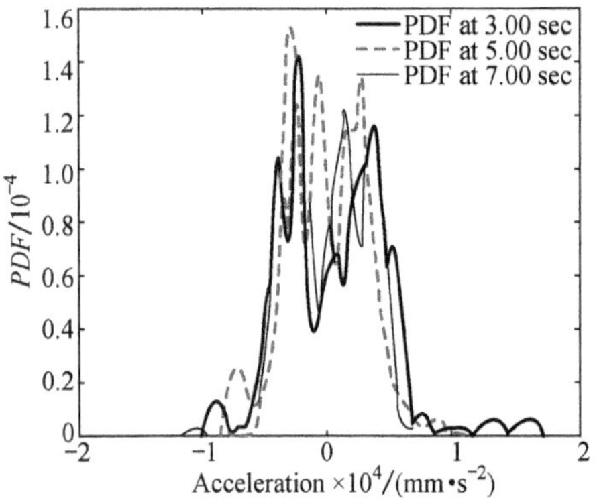

(a) 无控层加速度　　(b) 受控层加速度

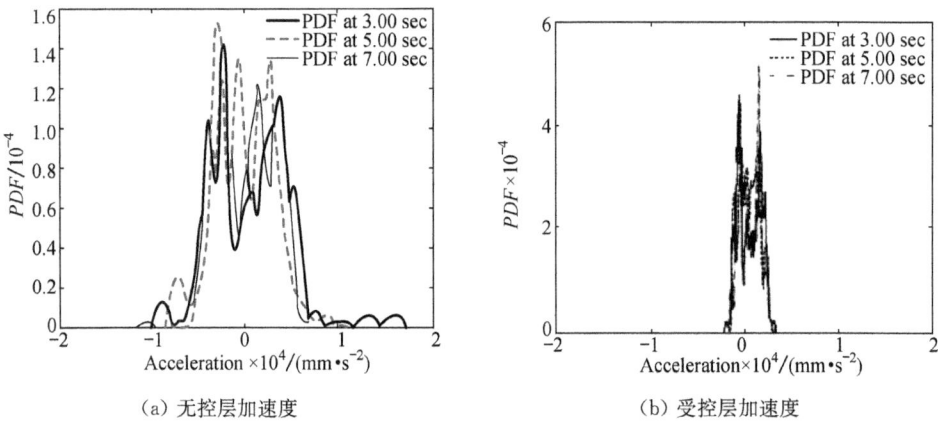

图 7　最优控制前后第 8 层层加速度在典型时刻的概率密度曲线

图 8 所示为层间 0～1 和层间 7～8 最优控制力的标准差时程. 可以看到,两层

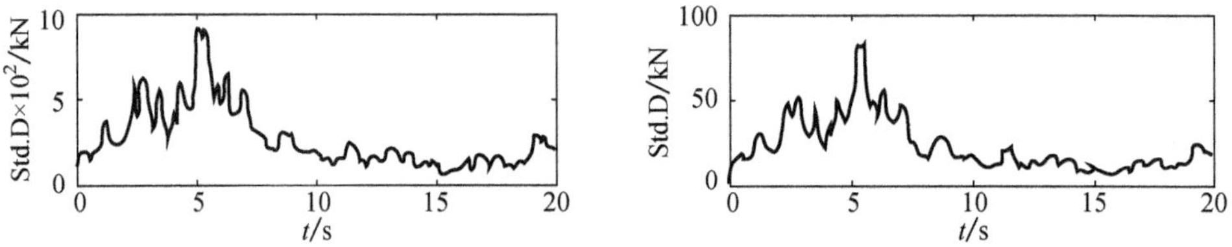

(a) 层间 0—1　　(b) 层间 7—8

图 8　层间控制力的标准差时程曲线

间控制力时程的标准差曲线形态相似,但控制力幅值前者是后者的 10 倍.这种相似性也表现在层间控制力的概率密度曲线中,如图 9 所示.

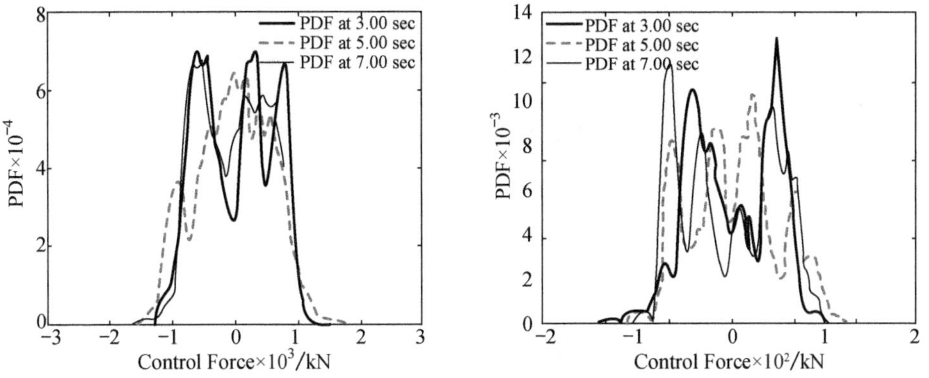

(a) 层间 0—1 (b) 层间 7—8

图 9 层间控制力在典型时刻的概率密度曲线

5 结 论

本文建立了一类结构随机最优控制的多目标概率准则,考察了以性态均衡的反应量等价极值过程期望和超越概率为目标的准则,和以能量均衡的反应量等价极值过程期望和超越概率为目标的准则.分析表明,各类准则的控制效果依赖于其物理意义,能量均衡的超越概率准则能够获得系统响应降低与控制力需求之间的合理均衡,是建立随机动力系统最优控制律的优选准则.算例分析表明,本文提出的多目标概率准则可以实现地震动作用下结构反应性态的精细化控制.

同时,本文发展的概率准则并非完整形态的概率密度控制准则,一方面因为概率密度控制理念的完善和推广需待时日;另一方面,基于首次超越概率准则的可靠度评价显然符合一大类结构工程特性、具有广泛的工程实践意义.然而,对于基于累积损伤准则的结构耐久性设计,精细化的结构性态把握、完整形态的概率密度控制可能是所希望的.因此,考虑特定约束条件下结构反应性态的概率密度控制是即将开展的工作之一.

参考文献

[1] Housner G W, Bergman L A, Caughey T K, et al. Structural control: past, present, and future [J]. Journal of Engineering Mechanics, 1997, 123(9): 897-971.

[2] Li J, Peng Y B, Chen J B. A physical approach to structural stochastic optimal controls [J]. Probabilistic Engineering Mechanics, 2010, 25(1): 127-141.

[3] 李杰,彭勇波,陈建兵.随机动力系统最优控制准则研究[J].地震工程与工程振动,2010,30(1):117-122.

[4] Leondes C T, Salami M A. Algorithms for the weighting matrices in sampled-data linear time-invariant optimal regulator problems[J]. Computers & Electrical Engineering, 1980, 7: 11-23.

[5] Zhang W S, Xu Y L. Closed form solution for along wind response of actively controlled tall buildings with LQG controllers [J]. Journal of Wind Engineering and Industrial Aerodynamics, 2001, 89: 785-807.

[6] 李杰,艾晓秋. 基于物理的随机地震动模型研究[J]. 地震工程与工程振动, 2006, 26(5): 21-26.

[7] Mathews J H, Fink K D, Fink K. Numerical Methods Using Matlab(4th Edition)[M]. Boston: Prentice Hall, 2003.

[8] Peng Y B, Ghanem R, Li J. Polynomial chaos expansions for optimal control of nonlinear random oscillators [J]. Journal of Sound and Vibration, 2010, 329(18): 3660-3678.

Analysis on Multi-Objective Criteria for Stochastic Optimal Control of Base-excited Structures

Peng Yong-bo Li Jie

Abstract: A family of multi-objective probabilistic criteria for stochastic optimal control of base-excited structures was developed including the two criteria taking the ensemble-expectation and exceedance probability of equivalent extreme-value processes as objective functions in the sense of performance and energy trade-off respectively. Numerical investigations show that the effectiveness of response control hinges on the physical origin of the probabilistic criteria. The exceedance probability criterion in energy trade-off sense accommodates system performance to a better trade-off between response reductions and control requirements, compared with other control criteria currently used. A randomly base-excited eight-storey shear frame, controlled by active tendons was analysed as a numerical example. Numerical results reveal that using the advocated probabilistic criterion, the structural stochastic optimal control operates efficiently with a desirable objective performance achieved.

(本文原载于《振动与冲击》第 30 卷第 11 期,2011 年 11 月)

第六篇　工程网络可靠性分析与设计

大型生命线工程抗震可靠度分析的递推分解算法

何军　李杰

摘　要　提出了系统结构函数的递推分解格式，建立了网络抗震可靠度的递推分解算法．这一算法的邦弗瑞尼不等式下限为系统可靠度的真实界限，从而给出了计算大型网络系统抗震可靠度的一类新方法；并进行了不同类型系统抗震可靠性分析的案例研究，证实了建议算法的有效性．

生命线工程系统是维系城市或区域经济功能的基础设施工程系统[1]．交通、供水、供电、煤气系统等是典型的生命线工程系统．对国内外现代城市的地震灾害分析表明：现代化城市对生命线系统具有高度的依赖性．

视具体情况，生命线系统可以拓扑成由元素组成的、具有特定功能的有向或无向网络模型．表1列出了城市主要生命线系统网络模型中各主要要素的相应含义及模型的类型．

表1　生命线系统网络模型四要素的含义及网络类型

生命线系统分类	节点	线路	流量	网络	类型
				网络图类型	赋权形式
电力系统	电厂、变电站	供电线路	电压、电流	有向图	点权网络
水系统	水源地、水厂、泵站	供水管线	供水量、压力、流速	有向图	一般赋权网络
煤气系统	煤气、储气罐	供气线路	供气流量、压力	有向图	一般赋权网络
交通系统	车站、港口、码头、机场	交通线路(大型桥梁、隧道等)	运输通行量	有向图	边权网络

生命线网络系统的抗震可靠性分析，较多采用蒙特卡罗随机模拟方法[2]．对于中小型网络，不交最小路方法也在研究中有所应用[2-4]．由于网络可靠度的计算是典型的非多项式难解问题[4]，所以不交最小路方法不适用于大型网络系统的分析．而蒙特卡罗随机模拟方法则存在着运算时间随模拟次数成倍增长、一般误差范围无法确定和不支持进一步优化分析等问题，因此，有必要研究新的解析算法，以求

解大型生命线工程网络系统的抗震可靠度.

本文根据网络特点,运用布尔代数基本定律,提出一类递推分解算法.理论分析与实践应用表明,这类方法可以有效地计算大型生命线工程网络系统的可靠度.

1 解析算法

根据表1,一般生命线工程网络可抽象为一点权或边权系统,通常记为 $G(V, E)$(其中 $V=(v_1, v_2, \cdots, v_n)$ 为网路节点集,$E=(e_1, e_2, \cdots, e_m)$ 为网络线路集).若系统各元素仅有正常与失效两种状态,且各元素失效相互独立,则系统的可靠度分析可以从经典的两终端问题入手.为此,定义 G 中从一源点到达汇点的所有最小路中路径最短者为 G 的一个基本事件. $\boldsymbol{L}_0=\{s_1, s_2, \cdots, s_{|S_0|}\}$,网络 G 可靠度框图的结构函数为 $\Phi(\boldsymbol{G})$.

由吸收律

$$\Phi(\boldsymbol{G})=\bigcup_{i=0}^{s_u}\boldsymbol{S}_i=\boldsymbol{L}_0\cup\left(\bigcup_{i=0}^{s_u}\boldsymbol{S}_i\right)=\boldsymbol{L}_0\cup\Phi(\boldsymbol{G})=\boldsymbol{L}_0+\bar{\boldsymbol{L}}_0\Phi(\boldsymbol{G}) \tag{1}$$

式中,s_u+1 为网络系统全部最小路数.

由德·摩根定律及容斥定理

$$\bar{\boldsymbol{L}}_0=\{\bar{s}_1\}+\{s_1\bar{s}_2\}+\{s_1s_2\cdots\bar{s}_i\}+\cdots+\{s_1s_2\cdots s_i\cdots\bar{s}_{|S_0|}\} \tag{2}$$

则有

$$\begin{aligned}\Phi(\boldsymbol{G})=\boldsymbol{L}_0+\{\bar{s}_1\}\Phi(\boldsymbol{G}_1)+\{s_1\bar{s}_2\}\Phi(\boldsymbol{G}_2)+\cdots+\{s_1s_2\cdots\bar{s}_i\}\Phi\\(\boldsymbol{G}_i)+\cdots+\{s_1s_2\cdots s_i\cdots\bar{s}_{|S_0|}\}\Phi(\boldsymbol{G}_{|S_0|})\end{aligned} \tag{3}$$

式中,$(\boldsymbol{G}_i)$ 为从 G 中删除元件 s_i 后得到的网络图,即由 $\{s_1, s_2, \cdots \bar{s}_i\}$ 决定的子图.

若式(3)中 $(\boldsymbol{G}_i)$, $i=1, 2, \cdots, |S_1|$ 仍为连通图,则继续分解为

$$\Phi(\boldsymbol{G})=\boldsymbol{L}_0+\sum_{i=1}^{|S_1|}\boldsymbol{c}_i\boldsymbol{S}_i+\sum_{i=1}^{|S_1|}\boldsymbol{c}_i\bar{\boldsymbol{S}}_i\Phi(\boldsymbol{G}_i) \tag{4}$$

式中,$\boldsymbol{c}_i=\{e_1e_2\cdots\bar{e}_i\}$, $\boldsymbol{S}_i$ 为 $\boldsymbol{G}_i$ 的一个最短最小路.

则根据互补律,系统失效概率为

$$\Phi'(\boldsymbol{G})=1-\Phi(\boldsymbol{G})=\sum_{j=1}^{|S_0|-|S_1|}\boldsymbol{F}_j+\boldsymbol{Q} \tag{5}$$

式中,$\boldsymbol{F}_j$ 为式(3)中非连通图结构函数 $\Phi(\boldsymbol{G}_j)$, $j=1, 2, \cdots |S_0|-|S_1|$ 前的系数;$\boldsymbol{Q}$ 为余项.

根据上述原理,继续递推分解公式(4)直到公式中不存在连通子图,则有

$$\Phi(\boldsymbol{G}) = \boldsymbol{L}_0 + \sum_{i=1}^{|S_1|} \boldsymbol{c}_i \boldsymbol{S}_i + \sum_{i=|S_1|+1}^{|S_1|+|S_2|} (\bigcap_{j=1}^{n_i} c_i^j) \boldsymbol{S}_i + (\bigcap_{j=1}^{n_i} c_i^j) \bar{\boldsymbol{S}}_i \Phi(\boldsymbol{G}_i) = \cdots$$
$$= \boldsymbol{L}_0 + \sum_{i=1}^{|S_1|} \boldsymbol{c}_i \boldsymbol{S}_i + \sum_{i=|S_1|+1}^{|S_1|+|S_2|} \boldsymbol{c}_i \boldsymbol{S}_i + \cdots + \sum_{i=|S_1|+\cdots+|S_{N-1}|+1}^{|S_1|+\cdots+|S_N|} \boldsymbol{c}_i \boldsymbol{S}_i = \sum_{i=0}^{N} \boldsymbol{L}_i \tag{6}$$

式中,c_i^j为第 i 个子图的第 j 个分解因子; n_i 为第 i 个子图的全部分解因子数; $c_i = \bigcap_{j=1}^{n_i} c_i^j$ 为原系统的第 i 个递推因子; $\boldsymbol{L}_i = \boldsymbol{c}_i \times \boldsymbol{S}_i$ 为原系统的第 i 个不交最小路; N 为系统所有不交最小路数.

此时,得到公式(5)的完整形式为

$$\Phi'(\boldsymbol{G}) = \sum_{j=1}^{M} (\bigcap_{k=1}^{n_j} \boldsymbol{F}_j^k) = \sum_{j=1}^{M} \boldsymbol{F}_j \tag{7}$$

式中,$\boldsymbol{F}_j^k$ 为第 j 个非连通子图的第 k 个分解因子; $\boldsymbol{F}_j = \bigcap_{k=1}^{n_j} \boldsymbol{F}_j^k$ 为原系统的第 j 个不交最小割; M 为原系统所有不交最小割数.

由公式(6),网络系统可靠度为

$$R(\boldsymbol{G}) = \sum_{i=0}^{N} p_r \{\boldsymbol{L}_i\} \tag{8}$$

$$P_r\{\boldsymbol{L}_i\} = \prod_{i=1}^{N_i} (1 - p_i) \prod_{i=N_i+1}^{N_i+K_i} p_i \tag{9}$$

式中,p_i 为系统第 i 个元件的可靠度; N_i 为 $\boldsymbol{L}_i$ 中的失效状态元件数; K_i 为 $\boldsymbol{L}_i$ 中的正常状态元件数.

由公式(7),网络失效概率为

$$\bar{R}(\boldsymbol{G}) = \sum_{j=1}^{M} p_r \{\boldsymbol{F}_j\} \tag{10}$$

$$P_r\{\boldsymbol{F}_j\} = \prod_{j=1}^{M_j} (1 - p_j) \prod_{j=N_j+1}^{M_j+K_j} p_j \tag{11}$$

式中,M_j 为 $\boldsymbol{F}_j$ 中的失效状态元件数; K_j 为 $\boldsymbol{F}_j$ 中的可靠状态元件数.

算法采用宽度优先搜索法生成各子图的最小路.

由于式(1)中结构函数 $\Phi(\boldsymbol{G})$代表网络 G 中最小路完备集的逻辑并运算,在每一级递推分解过程中,都是式(1)~(4)的反复运用,即算法是严格按照吸收律、德·摩根定律和主元律进行的,既没有破坏结构函数 $\Phi(\boldsymbol{G})$的完备性,也没有违背逻辑并的运算性质,计算结束时结构函数 $\Phi(\boldsymbol{G})$中所有最小路均已被计算,因此 $R(\boldsymbol{G})$必为系统可靠度的精确值.

对大型网络,若考虑计算成本,亦可根据邦弗瑞尼不等式求取系统可靠度在给定误差条件下的近似值. 即有

$$\sum_{i=0}^{K_S} p_r\{\boldsymbol{L}_i\} \leqslant R(\boldsymbol{G}) \leqslant 1-\sum_{j=1}^{K_F} p_r\{\boldsymbol{F}_j\} \tag{12}$$

式中，K_S+1 为不交最小路数；K_F 为不交最小割数；K_S 及 K_F 由设定的误差界限 $E_B=1-\sum_{j=1}^{K_F} p_r\{\boldsymbol{F}_j\}-\sum_{i=0}^{K_S} p_r\{\boldsymbol{L}_i\}$ 确定.

2 算　法

在程序分析中，递推分解步骤可按下列顺序进行：①$R\leftarrow 0.0$；$\bar{R}\leftarrow 0.0$；$i\leftarrow 0$，$j\leftarrow 0$. ②由 G_j 按式(1)～(4)建立递推分解格式，转④. ③判断 G_j 是否存在基本事件，若是，生成 L_i，转②；若否，转⑤. ④ $R\leftarrow R+p_r\{\boldsymbol{L}_i\}$，删除 L_i，$i\leftarrow i+1$，$j\leftarrow j+1$，转③. ⑤ $\bar{R}\leftarrow \bar{R}+p_r\{\boldsymbol{F}_i\}$，删除 F_j，$j\leftarrow j+1$. ⑥判断 F_j 是否为空，若是，转⑦；若否，转③. ⑦输出 R 及 $1-\bar{R}$，运算停止.

3 真实界问题

递推分解算法的基本公式(1)～(5)在各级递推分解中反复运用. 在公式(1)中结构函数 $\Phi(\boldsymbol{G})$代表网络 G 中最小路完备集的逻辑并运算，即

$$\Phi(\boldsymbol{G})=\bigcup_{i=0}^{s_u} \boldsymbol{S}_i \tag{13}$$

式中，s_u+1 为网络系统 G 中所有最小路数.

对大型网络系统，算法的递推级数非常大，不可能让递推分解过程无限进行下去，但由于递推因子是逐级传递的，因此，对任意 $\varepsilon>0$，存在递推级 N，使得对一切 $n>N$ 及此级终极事件 S_i，$i=1, 2, \cdots, |S_N|$，有

$$\left|\sum_{i=0}^{|S_n|} p_r\{\boldsymbol{S}_i\}-R(\boldsymbol{G})\right|<\varepsilon \tag{14}$$

即结构函数的递推分解格式一致收敛于网络 G 可靠度的真实值，因此，邦弗瑞尼不等式的下界极限值为真实界，而设定的误差则为真实误差.

4 分析实例

例 1　图 1 为一 34 个节点，128 条边的节点失效网络系统图，源点为节点 20，终端为节点 25. 为尽可能反映工程实际，分别计算各节点单元抗震可靠度 α_i($i=1, 2, \cdots, 34$)为 0.9，0.7 和 0.5 三种情况下不同误差界限的系统可靠度，计算结果列于表 2 中.

图 2 为三种情况下的误差界限与计算最小路和最小割数相关曲线，图 3 为三

种情况下的误差界限与计算时间相关曲线.图中曲线及表2中各相应数值表明:在相同的计算精度下,随系统中各节点可靠度值的降低,算法所需要计算的最小路和最小割数及计算时间也越多;另一方面,在误差界限大于0.005的范围内,被计算的最小路和最小割数及计算时间都随计算精度的提高呈线性增长(更多更复杂的算例也验证了此规律),而系统可靠度误差为0.002 5左右,在电力系统的抗震分析中是可以被接受的.

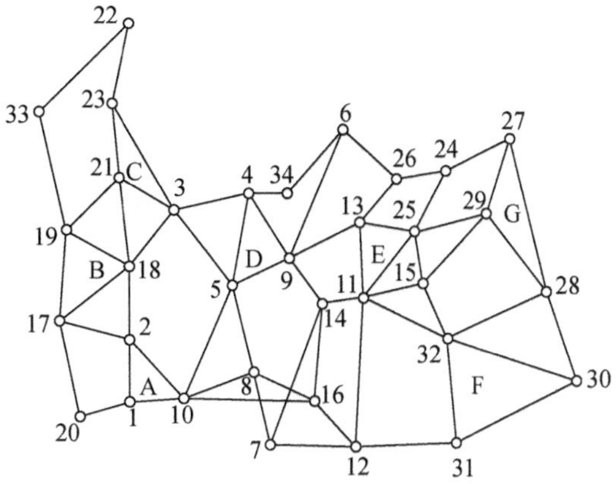

图1 网络系统模型

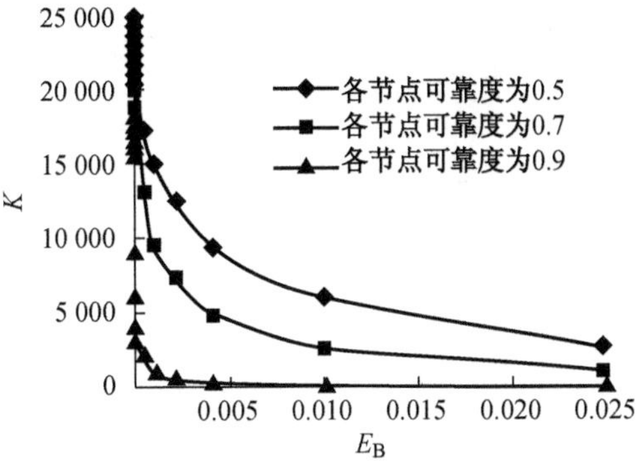

图2 误差界限与计算事件数相关曲线

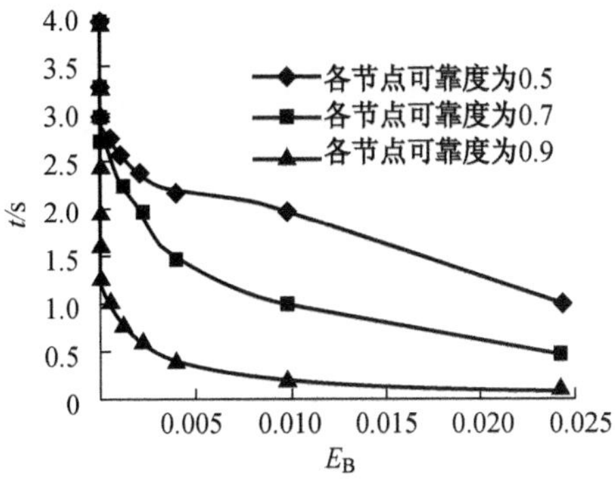

图3 误差界限与计算时间数相关曲线

表2 不同精度下的计算结果

误差	各工况下事件数 $K=K_S+K_F$			各工况下计算时间/s			各工况下系统可靠度		
	$\alpha_i=0.5$	$\alpha_i=0.7$	$\alpha_i=0.9$	$\alpha_i=0.5$	$\alpha_i=0.7$	$\alpha_i=0.9$	$\alpha_i=0.5$	$\alpha_i=0.7$	$\alpha_i=0.9$
0.025 000	2 767	1 109	30	1	<1	<1	0.132 68	0.497 55	0.869 30
0.010 000	5 997	2 617	89	2	1	<1	0.119 86	0.490 58	0.874 00
0.004 000	9 320	4 954	301	2	1	<1	0.114 34	0.487 18	0.877 58
0.002 000	12 516	7 680	554	2	2	<1	0.112 50	0.485 88	0.878 02
0.001 000	14 904	9 234	895	2	2	<1	0.111 55	0.485 12	0.878 10
0.000 400	17 379	12 865	2 402	2	2	1	0.110 99	0.484 67	0.878 07
0.000 050	21 796	18 330	2 932	3	2	1	0.110 66	0.484 39	0.878 06
0.000 020	22 945	20 423	4 232	3	3	1	0.110 63	0.484 37	0.878 06
0.000 005	24 037	22 229	6 342	3	3	2	0.110 61	0.484 36	0.878 05
0.000 001	24 576	23 483	9 101	4	3	2	0.110 61	0.484 35	0.878 05

若采用传统的不交最小路方法，需经 A，B，…，G 个环路分解后（如图 2 所示），才能计算出系统可靠度的精确值，并且运算时间至少超过 10 h[7].

例 2 图 4 为上海市内环线内管径大于 500 mm 的主干供水系统网络图，浦西和浦东各自独立. 浦西供水系统网络图共有 742 线路，434 个节点，8 个源点分别为节点 1、52、126、242、379、380、381 和 382. 设地震作用下，只有管线破坏（各管线地震可靠度见文献[10]），各节点完好.

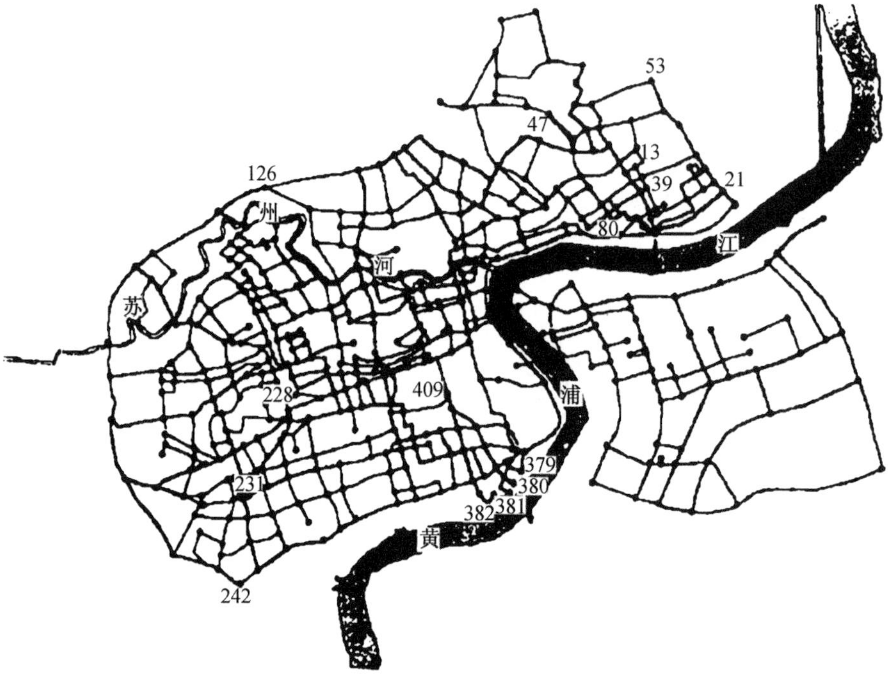

图 4 上海浦西供水系统网络模型

由递推分解法可求出误差界限为 0.005 的系统可靠度分析结果，部分结果列于表 3 中.

表 3 端点位置及系统可靠性评价

汇点号	系统可靠度 R	误差 E	t/s	抗震等级
13（抚顺路、鞍山路）	0.714 060	0.000 002	1	轻微不可靠
21（杭州路、宁国路）	0.703 200	0	1	轻微不可靠
39（周家嘴路、江浦路）	0.988 942	0.001 268	1	可靠
47（密云路、大连路）	0.824 343	0	1	轻微不可靠
80（霍山路、大连路）	0.852 526	0.003 108	102	轻微不可靠
222（衡山路、宛平路）	0.995 991	0.002 432	52	可靠
231（天平路、肇家浜路）	0.780 707	0.002 453	74	轻微不可靠
409（肇周路、西藏南路）	0.960 571	0.002 499	32	可靠

上述结果表明，即使对于网络结构较为复杂的大型生命线工程网络系统，将计算误差控制在很小的范围以内，递推分解算法也可以在短时间内计算出各源点到一组汇点的系统抗震可靠度. 同时，计算结果也显示，对那些距各源点较远的汇点（如 80 节点霍山路、大连路用户，231 节点天平路、肇家浜路用户等），计算时间会明显增长.

5 结　语

针对大型复杂网络的抗震可靠度分析问题，作者提出了一类递推分解算法. 由于这一算法在递推分解过程中并不破坏系统结构函数的完备性，因而对中、小型网络，可以求出系统可靠度的真实值，而对复杂网络，递推分解格式则一致收敛于系统可靠度的真实界. 同时，由于算法直接递推出系统结构函数中的互斥事件，因此算法可解决复杂系统可靠度计算的空间复杂性问题. 实例分析表明，对比较复杂的大型生命线工程网络系统进行抗震可靠性分析，递推分解算法是一种高效的分析方法.

参考文献

[1] 李杰. 复杂生命线工程系统的地震反应分析与行为控制[J]. 中国科学基金，1999，13(6)：335-338.

[2] 李杰. 李国强. 地震工程学导论[M]. 北京：地震出版社，1992.

[3] Moghtaderizadeh M，Wood R K. Seismic reliability of flow and communication networks [A]. Smith D J. Lifeline Earthquake Engineering—The Current State of Knowledge[C]. [S. L.]：ASCE，1981，81-126.

[4] McGuire Robin K. Effects of uncertaninties in component fragility on lifeline seimsic risk analysis[A]. Kiremidjian Annes. Technical Council on Lifeline Earthquake Engineering [C]. [S. L.]：ASCE，1990，12-22.

[5] Ball M O. Computation complexity of network reliability analysis：An overview[J]. IEEE Trans Reliability，1986，R-35：230-239.

[6] Yoo Y B，Deo Narsingh. A comparison of algorithm for terminal-pair reliability[J]. IEEE Trans Reliability，1988，R-37：210-215.

[7] Torrieri Don. Calculation of node-pair reliability in large networks with unreliable nodes [J]. IEEE Trans Reliability，1994，R-43：375-377.

[8] Netes Victor A，Filin Boris P. Consideration of node failures in network-reliability calculation[J]. IEEE Trans Reliability，1994，R-45：127-128.

[9] Kuo Sy-Yen，Lu Shyue-Kung，Yeh Fu-Min. Determining terminal-pair reliability based on edge expansion diagrams using OBDD[J]. IEEE Trans Reliability，1999，R-48：234-246.

[10] 上海防灾救灾研究所. 上海市煤气系统和供水系统地震灾害预估及抗震对策研究报告(二)[R]. 上海：同济大学上海防灾救灾研究所，1999.

Recursive Algorithm for Seismic Reliability Evaluation of Large Scale Lifeline System

He Jun　Li Jie

Abstract: This paper suggests a recursive decomposition form of system reliability structure function and establishes a recursive decomposition method for large-scale network seismic reliability analysis. Through analyzing the problem of real bound, it is proved that the lower bound of Bonferroni inequality, which embedded with the recursive decomposition algorithm, is the real limit of system reliability. Therefore, a new method of evaluating reliability of large system is presented. Some cases for study including the Shanghai water supply system show that the suggested method is of validaty for large scale network system.

（本文原载于《同济大学学报》第 29 卷第 7 期，2001 年 7 月）

大型相关失效工程网络系统可靠度的近似算法

何军 李杰

摘　要　为避开失效模式(或系统可靠路径)的 NP 难题(non-polynomial increase hard problem),提出递推分解算法,降低大型工程网络系统可靠度分析中的计算复杂性,同时,将改进的多维正态变量积分公式,引入递推分解算法之中,计算多失效模式(或系统可靠路径)的联合概率,并最终计算工程网络系统的失效概率和可靠度,对于特别复杂的工程网络系统,采用上下界的方法,给出具有很高精度的可靠度近似值.实例分析表明,本文提出的方法,具有较高的精度和计算效率.

引　言

在大型结构系统的可靠度分析中,往往将结构系统简化为由节点和边组成的工程网络系统,并且根据结构系统的特点,分别将工程网络系统的节点或边赋予一定的可靠度值(前者称为点权工程网络系统,后者称为边权工程网络系统),进而计算网络系统的连通可靠度,来替代原结构系统的可靠度分析.这一类结构系统可靠度的分析方法统称为概率网络分析技术,著名的 PENT 方法,即是这类结构系统可靠度分析技术中应用较为广泛的一种方法[1].

对应于结构系统的失效事件与可靠事件,在工程网络系统中分别用网络系统的最小割和最小路来表示[2],根据系统可靠度理论,系统的可靠度 $p_r(S)$为

$$p_r\{S\} = p_r\{\bigcup_{k=1}^{n} L_k\} \tag{1}$$

其中,L_k 为工程网络系统的第 k 条最小路,n 为工程网络系统的最小路数.

若最小路 L_i 与 L_j 相互独立,则有

$$p_r\{S\} = 1 - \prod_{k=1}^{n} (1 - p_r\{L_k\}) \tag{2}$$

其中,$p_r\{L_k\}$为最小路 L_k 的发生概率.

对于大型工程网络系统,由于系统最小路与系统规模是呈非线性增长的,系统

的最小路数 n 往往非常大，而式(2)展开后有 2^n-1 个积之和项，所以对于大型工程网络系统，采用式(2)进行可靠度计算，工作量大得难以完成. 这一难题，称为系统可靠度分析中的 NP 难题(non-polynomial increase hard problem)[3].

当最小路 L_i 与 L_j 相关时，由概率加法公式的一般形式，系统的可靠度

$$p_r\{S\}=\sum_{i=1}^{n}p_r\{L_i\}-\sum_{1<i<j<n}p_r\{L_iL_j\}+\cdots+(-1)^{n-1}p_r\{L_1L_2\cdots L_n\} \tag{3}$$

式中需要计算系统最小路集 $L_i\cdots L_j$，$1\leqslant i<j\leqslant n$ 的联合概率. 在正态分布假定下，路集 $L_i\cdots L_j$，$1\leqslant i<j\leqslant n$ 联合概率的计算是多正态随机变量积分的过程[4, 5]. 多正态随机变量积分的有效计算是工程网络系统可靠度分析中的另一个关键的技术难题.

针对上述工程网络系统可靠度分析中的难题，本文提出递推分解算法，构造一个逐一搜寻工程网络系统不交最小路和不交最小割的递推格式，避开网络系统可靠度分析中的 NP 难题，建立系统可靠度和失效概率的布尔函数表达式，在此基础上，根据不交最小路和不交最小割的组成特点，将改进的多维正态变量积分公式，引入递推分解算法之中，计算不交最小路(多可靠模式)和不交最小割(多失效模式)的联合概率，并最终计算工程网络系统的可靠度和失效概率. 对于特别复杂的工程网络系统，采用 Bonforrieni 不等式，通过求系统可靠度的上下界，计算具有较高精度的系统可靠度近似值.

本文进行的大型串联系统和一般复杂工程网络系统的可靠度算例分析，验证了该方法的可行性、精度和计算效率.

1 递推分解算法

根据结构系统可靠度分析的目的，建立由边和节点组成的工程网络系统，在边权网络(即节点永远完好)的基础上建立递推分解算法. 为此，假定

① 系统和边只存在两个状态：可靠状态和失效状态；

② 系统中只有边失效，节点完好.

令工程网络系统的结构函数(系统的结构函数为系统所有最小路的逻辑并，代表系统可靠状态)

$$J(S)\equiv 1=\bigcup_{k=1}^{K}L_k \tag{4}$$

式中，L_k 为网络的第 k 条最小路，K 为网络的所有最小路数.

利用吸收律以及互斥和公式对式(4)进行变换，有

$$J(S)=L_1\cup(\bigcup_{k=1}^{K}L_k)=L_1+\overline{L}_1\cdot J(S) \tag{5}$$

式中，$\overline{L}_1$ 为 L_1 的逻辑反. 若令 $L_1=e_1e_2\cdots e_m$，其中 e_i 为组成最小路 L_1 的第 i 个处

于可靠状态的边，则有

$$\bar{L}_1 = \bar{e}_1 + e_1\bar{e}_2 + \cdots + e_1 e_2 \cdots \bar{e}_m \tag{6}$$

式中，$\bar{e}_i$ 表示编号为 e_i 的边处于失效状态.

将式(6)代入式(5)中，经布尔律化简后，式(4)变换为

$$J(S) = L_1 + \bar{e}_1 \cdot J(S_{-e_1}) + e_1\bar{e}_2 \cdot J(S_{-e_2}) + \cdots + e_1 e_2 \cdots \bar{e}_m \cdot J(S_{-e_m}) \tag{7}$$

式中，S_{-e_i} $(i = 1, 2, \cdots, m)$ 为从原网络中删除边 e_i 后得到的子网络. 将含有 S_{-e_i} 中非连通子网络系统结构函数的项从(7)中删除，而对子网络系统 S_{-e_i} 中连通网络系统的结构函数，分别按式(5)～式(7)的分解格式再次分解，代入式(7)并进行布尔律运算，得到原结构函数的下一级分解格式. 如此反复进行，直到 $J(S)$的分解展开式中不再含有任何子网络系统的功能函数为止，得到由不交最小路表示的原网络系统的结构函数

$$J(S) = L_1 + \sum_{i=2}^{N} S_i = \sum_{i=1}^{N} S_i \tag{8}$$

式中，S_i 为网络的第 i 个不交最小路，且有 $S_1 = L_1$，N 为网络的不交最小路数.

在上述对式(4)的各级分解过程中，各非连通子网络系统结构函数前的布尔变量串代表了原网络系统的一条不交最小割，累计所有的不交最小割，则有

$$1 - J(S) = \sum_{j=1}^{M} F_j \tag{9}$$

式中，F_j 为网络系统的第 j 条不交最小割，M 为网络系统的所有不交最小割数.

由式(8)和式(9)，分别得到网络系统的可靠度 $p_r\{S\}$和失效概率 $p_f\{S\}$为

$$p_r\{S\} = \sum_{i=1}^{N} p_r\{S_i\}, \quad p_f\{S\} = \sum_{j=1}^{N} p_r\{F_j\} \tag{10a,10b}$$

符号 $p_r\{\cdot\}$代表随机事件的概率计算.

递推分解算法的图解形式与 Dotson 算法类似[6,7]. 图 1 为一简单边权网络系统，图 2 为采用递推分解算法分析该网络系统可靠度的图解形式. 根据图 2，系统可靠度和失效概率分别为

$$p_r\{S\} = \sum_{i=1}^{4} p_r\{S_i) = p_r\{14\} + p_r\{\bar{1}25\} + p_r\{12\bar{4}5\} + p_r\{1\bar{2}3\bar{4}5\} \tag{11}$$

$$\begin{aligned} p_f\{S\} &= \sum_{j=1}^{5} p_r\{F_j) \\ &= p_r\{\bar{1}\bar{2}\} + p_r\{\bar{1}2\bar{5}\} + p_r\{12\bar{4}5\} + p_r\{1\bar{2}\bar{3}\bar{4}\} + p_r\{1\bar{2}3\bar{4}\bar{5}\} \end{aligned} \tag{12}$$

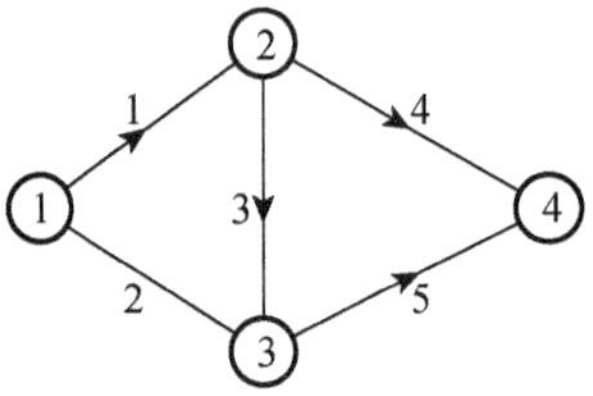

图 1　边权网络系统

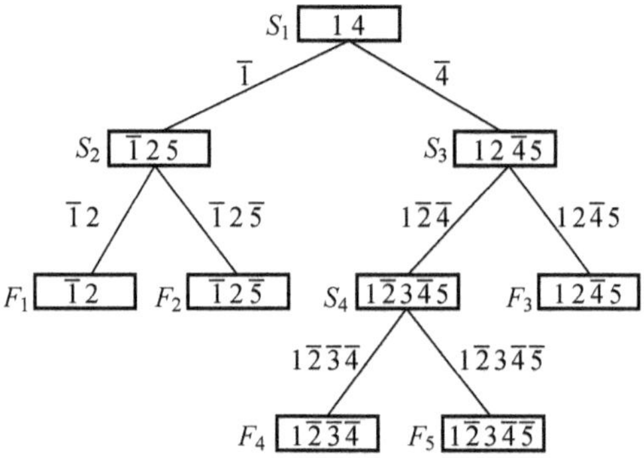

图 2　递推分解的图解形式

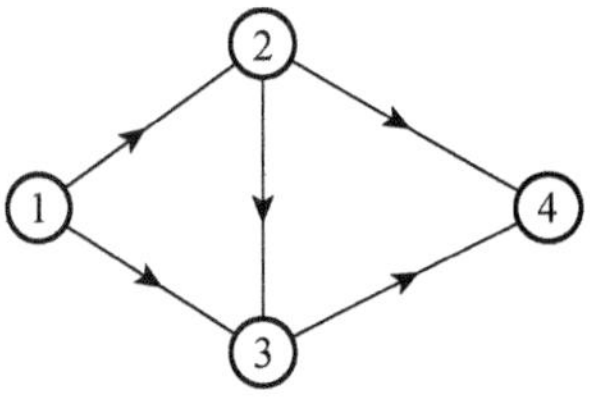

图 3　点权网络系统

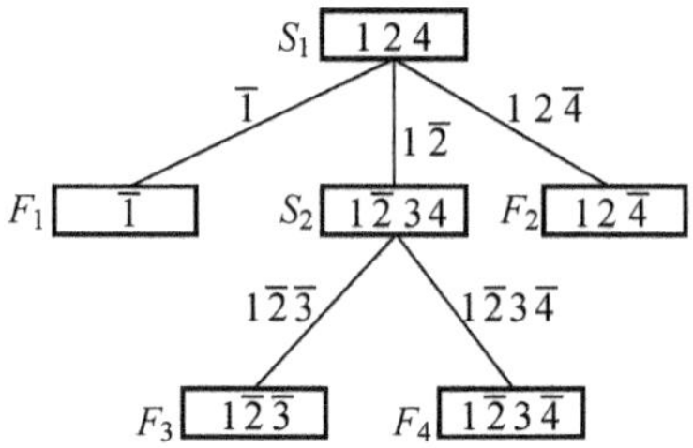

图 4　递推分解的图解形式

递推分解算法的上述推导过程，虽然是在边权工程网络系统基础上进行的，但是，对于点权工程网络系统，依然是成立的. 图 3 为一简单点权工程网络系统，图 4 为采用递推分解算法分析该工程网络系统可靠度的图解形式. 根据图 4，系统可靠度和失效概率分别为

$$p_r\{S\} = \sum_{i=1}^{2} p_r\{S_i\} = p_r\{124\} + p_r\{1\bar{2}34\} \tag{13}$$

$$p_f\{S\} = \sum_{j=1}^{4} p_r\{F_j\} = p_r\{\bar{1}\} + p_r\{12\bar{4}\} + p_r\{1\bar{2}\bar{3}\} + p_r\{1\bar{2}3\bar{4}\} \tag{14}$$

由于在递推分解算法中，工程网络系统的不交最小路和不交最小割是逐一递推得到的，因此，对特别复杂的工程网络系统，可以采用 Bonforrieni 不等式，给出如下的可靠度上下界形式

$$\sum_{i=1}^{N'} p_r\{S_i\} \leqslant p_r\{S\} \leqslant 1 - \sum_{j=1}^{M'} p_r\{F_j\} \tag{15}$$

式中，N'和 M'分别为累计的工程网络系统不交最小路数和不交最小割数. 对于一般的工程网络系统，由于结构构件的可靠度通常都比较高，在上下界差非常小的时候(比如上下界差为 0.5%)，N'和 M'的值都比较小，运算可以在较短的计算时间内结束.

2 不交事件联合概率的计算

如式(11)、式(13)和式(12)、式(14)所示，递推分解算法得到的工程网络系统可靠度和失效概率计算公式(10a)和公式(10b)中，工程网络系统不交最小路和不交最小割的组成特点是：一个不交事件中系统元件(即结构系统中的结构构件)的状态既可能是可靠状态，也可能是失效状态. 而目前的计算多失效模式联合概率的方法——多维正态变量积分法中，要求元件的状态或者都是可靠状态，或者都是失效状态[4, 5]，因此，为了使多维正态变量积分计算公式适用于递推分解算法中不交事件联合概率的计算，有必要对其进行进一步的改进.

令采用随机有限元法，分析出的结构构件可靠度指标为 U_i，$i=1$，…，P，P 为结构系统的结构构件数，以及任意两个结构构件 i 和 j 失效模式之间的相关系数为 d_{ij}. 则可以按如下的多维正态变量积分计算公式，计算公式(10a)和公式(10b)中不交最小路和不交最小割的联合概率.

以不交最小路 S_i 为例，其联合概率

$$p_r\{S_i\} \approx \prod_{k=1}^{m_i} H(c_{k|k-1}) \tag{16}$$

式中，$H(\cdot)$为标准正态分布函数，m_i 为 S_i 中的系统元件数，$c_{k|k-1}$ 为条件分位值，代表 S_i 中前 $k-1$ 个元件处于可靠或失效状态后，第 k 个元件处于可靠或失效状态的积分分位值. $c_{k|k-1}$ 按如下递推公式计算：

$$c_{i|j} = \frac{c_{i|j-1} + d_{i,\,j|j-1} \cdot A_{j|j-1}}{\sqrt{1 - d_{i,\,j|j-1}^2 \cdot B_{j|j-1}}} \tag{17}$$

式中，$d_{i,\,j|j-1}$ 表示 S_i 中前 $j-1$ 个元件处于可靠或失效状态后，元件 i 和 j 处于可靠或失效状态之间的条件相关系数，它的递推计算式为

$$d_{i,\,j|k} = \frac{d_{i,\,j|k-1} - d_{i,\,k|k-1} \cdot d_{j,\,k|k-1} \cdot B_{k|k-1}}{\sqrt{1 - d_{i,\,k|k-1}^2 \cdot B_{k|k-1}} \cdot \sqrt{1 - d_{j,\,k|k-1}^2 \cdot B_{k|k-1}}} \tag{18}$$

式(17)及式(18)中初值的确定如下：

$$\begin{cases} c_{k|0} = U_k, & \text{当元件 } k \text{ 处于可靠状态} \\ c_{k|0} = -U_k, & \text{当元件 } k \text{ 处于失效状态} \end{cases} \tag{19a}$$

$$\begin{cases} d_{i,\,j|0} = d_{i,\,j}, & \text{当元件 } i \text{ 和 } j \text{ 处于相同状态} \\ d_{i,\,j|0} = -d_{i,\,j}, & \text{当元件 } i \text{ 和 } j \text{ 处于不同状态} \end{cases} \tag{19b}$$

式中，U_k 为 S_i 中元件 k 的可靠指标，$d_{i,\,j}$ 为 S_i 中元件 i 和 j 的失效模式之间的相关系数.

式(17)及式(18)中的系数

$$A_{j|j-1} = f(c_{j|j-1}) \cdot [H(c_{j|j-1})]^{-1} \tag{20a}$$

$$B_{k|k-1} = A_{k|k-1} \cdot (c_{k|k-1} + A_{k|k-1}) \tag{20b}$$

式中，$f(\cdot)$为标准正态分布概率密度.

将按上述递推方法计算的条件分位值 $c_{k|k-1}$ 代入式(16)，来计算不交最小路的联合概率，再利用(10a)，可计算工程网络系统的可靠度 $p_r\{S\}$.

采用类似的方法，可以计算工程网络系统的失效概率 $p_f\{S\}$.

当系统特别复杂时，利用式(15)分析工程网络系统可靠度的窄界限.

3 算例分析

算例 1 考虑一 100 个元件的串联工程网络系统[5]，系统元件的可靠度指标为 2.883(相当于可靠度为 0.998 031)，系统元件失效相关系数为 0.690 9.

表 1 分别列出了本文提出的算法以及文献[5]介绍算法的计算结果. 结果分析表明：本文提出算法的计算结果虽然与其它 4 种算法的计算结果有微小的差异，但仍然在 Ditlevsen 窄界内.

表 1 算例 1 分析结果

计算方法	系统失效概率
Monte Carlo Simulation	3.242×10^{-2}
Ditlevsen's Bound	$[1.969\times10^{-3}, 6.217\times10^{-2}]$
Rackwitz's Method	1.818×10^{-3}
FORMS	2.572×10^{-2}
本文方法	6.156×10^{-2}

算例 2 图 5 为一 34 个节点 64 条边的管网系统工程网络图. 源点为节点 20(水厂)，终端为节点 25(某一用户端).

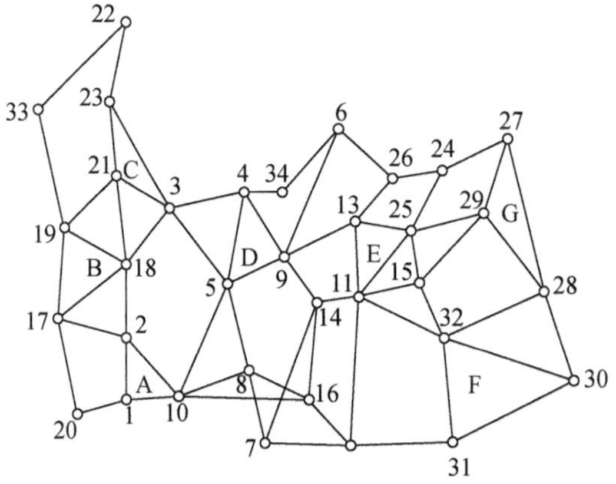

图 5 某一管网工程系统网络模型

若图 5 系统为点权网络系统(只考虑三通和泵站的失效),令各节点可靠度指标为 1.3(相当于可靠度为 0.903 2),各节点的失效相关系数为 0.5.则采用本文方法,566 秒 CPU 时间内计算出的系统可靠度界限为[0.823 654,0.833 234].

若图 5 系统为边权网络系统(只考虑埋地管线的失效),令各边可靠度指标为 1.3(相当于可靠度为 0.903 2),各边的失效相关系数为 0.5.则采用本文方法,26 分 24 秒 CPU 时间内计算出的系统可靠度界限为[0.927 945,0.962 978].

如果采用其它的分析方法,对这样复杂的工程网络系统,很难在普通微机上进行系统可靠度的分析.

算例 3 图 6 为一 60 个节点 80 条边的电力系统工程网络图.节点 2-16 表示 15 个发电厂,在网络分析中作为 15 个源点,虚设节点为节点 1(该节点的可靠度为 1),单向联接 15 个源点(使多源点系统可靠度问题简化为单源点可靠度问题的一种处理方法[8]),节点 17-61 表示各变电站.则由所有发电厂到各变电站的地震可靠度等于由虚设节点 1 到相应变电站的可靠度.

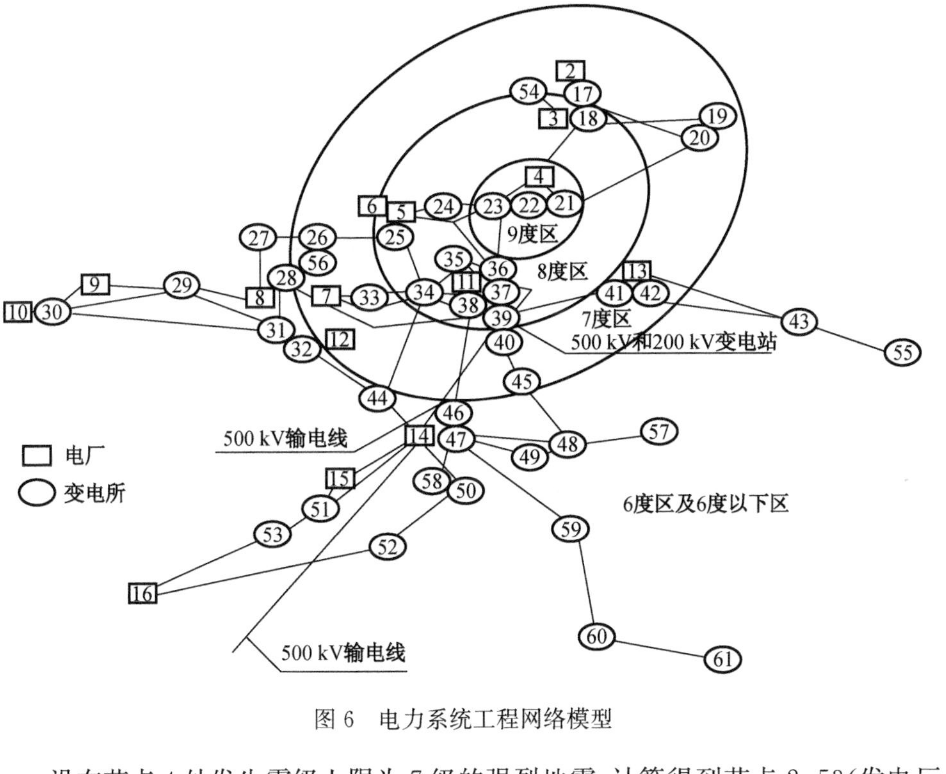

图 6 电力系统工程网络模型

设在节点 4 处发生震级上限为 7 级的强烈地震,计算得到节点 2-53(发电厂和变电站)的地震可靠度列于表 2 中.令各节点失效相关系数均为 0.5.

根据上述数据,采用本文提出的方法,在 7.5 秒 CPU 时间内即可计算出由各发电厂到达部分变电站的地震可靠度,计算结果列于表 3 中.

表 2　图 5 某电力系统各节点可靠度

节点编号	可靠度	节点编号	可靠度	节点编号	可靠度	节点编号	可靠度
2	0.999 6	15	0.999 9	28	0.999 9	41	0.999 4
3	0.340 9	16	0.999 9	29	0.999 9	42	0.999 4
4	0.350 0	17	0.999 4	30	0.999 4	43	0.999 9
5	0.587 8	18	0.841 5	31	0.999 9	44	0.999 9
6	0.999 6	19	0.999 4	32	0.999 9	45	0.995 4
7	0.999 6	20	0.999 4	33	0.990 0	46	0.999 9
8	0.999 9	21	0.600 0	34	0.646 1	47	0.999 8
9	0.999 9	22	0.600 0	35	0.315 4	48	0.999 9
10	0.999 9	23	0.600 0	36	0.990 4	49	0.999 9
11	0.340 9	24	0.758 4	37	0.659 1	50	0.999 9
12	0.999 6	25	0.758 4	38	0.691 4	51	0.999 9
13	0.999 6	26	0.999 4	39	0.691 4	52	0.992 8
14	0.999 9	27	0.999 9	40	0.995 4	53	0.999 9

表 3　图 5 工程网络系统可靠度分析的部分计算结果

终端	可靠度	终端	可靠度	终端	可靠度	终端	可靠度
17	0.999 503	24	0.699 173	34	0.647 149	45	0.996 774
21	0.571 778	28	0.999 701	36	0.828 986	53	0.999 903

5　结　语

针对工程网络系统可靠度分析中的计算复杂性问题和多失效模式联合概率的计算问题，本文提出一种具有很小计算复杂性的工程网络系统可靠度计算方法——递推分解方法，并根据递推分解算法产生的不交最小路(代表系统的可靠模式)和不交最小割(代表系统的失效模式)的组成特点，改进了文献[4]和文献[5]提出的多维正态变量积分计算公式，将其代入递推分解算法，来分析大型工程网络系统的可靠度.

文中进行了大型串联系统、大型管网系统和大型电力系统的可靠度分析，分析结果表明，递推分解算法的计算精度是满足工程要求的，耗费的 CPU 计算时间较其它的系统可靠度分析方法有很大的减少. 初步证明了该方法的高效性和实用性.

参考文献

[1] Ang A H-S, Tang W H. Probability Concepts in Engineering Planning and Design [M]. John Wiley & Sons, New York, 1984.

[2] 梅启智,廖炯生,孙惠中. 系统可靠性工程[M]. 北京:科学出版社,1987.

[3] Michael O B. Computational complexity of network reliability analysis: an overview[J]. IEEE Trans. Reliability, 1986, R-45: 230-239.

[4] Terada S, Takahashi T. Failure-conditioned reliability index [J]. Journal of Structural Engineering, ASCE 1988, 114(4): 943-952.

[5] Pandey M D. An effective approximation to evaluate multinormal integrals[J]. Journal of Structural Safety, 1998,20: 56-67.

[6] Dotson W P, Gobien J O. A new analysis technique for probability graphs[J]. IEEE Trans. Circuits & Systems, 1979, 26: 855-865.

[7] Yoo Y B, Narsingh D. A comparison of algorithm for terminal—pair reliability[J]. IEEE Trans, Reliability, 1988, 37(2): 210-215.

[8] Li Jie, He Jun. A recursive decomposition algorithm for network seismic reliability evaluation[J]. Earthquake Engineering and Structure Dynamics. 2002, 31: 1525-1539.

Approximate Method for Large Engineering Network System with Correlation Failure

He Jun　Li Jie

Abstract: A disjoint-minpath recursive decomposition method was proposed to establish the reliability bound expression in the reliability analysis of large engineering network system. With the multivariate normal distribution assumption, some developed formulas are used to evaluate simultaneous probabilities of various disjoint-minpaths (operating paths) and disjoint-mincuts (failed paths) in the reliability bounds expression and, finally, the reliability bound of a large engineering network system. It appears that the bound is in the allowable limit, as shown in the examples.

(本文原载于《计算力学学报》第 20 卷第 3 期,2003 年 6 月)

生命线工程网络抗震可靠性分析方法的比较研究

包元锋　李杰

摘　要　生命线工程网络抗震可靠性分析是进行生命线工程系统规划、设计、改造与优化的基础. 因此,寻找一种高效的适应性强的系统可靠性分析方法对实际工程应用具有重要的意义. 本文主要介绍两种高效的网络系统两终端连通可靠性分析方法——递推分解算法和有序二分决策图算法. 首先,分别对两种算法的原理及实现过程进行了详细的论述和说明,并且用C语言编制了二分决策图算法的计算程序. 然后,利用这两种方法及随机模拟算法对20个以往研究中的经典算例和两个实际工程网络——河南省电力网和上海市浦西供水管网,进行了网络系统抗震连通可靠性分析. 通过对实例分析结果的比较研究,得到了一些经验性的结论,以期为优化设计工程网络时选择系统可靠性的分析工具提供参考. 研究表明,由于递推分解算法具有适应性强和能够求得问题近似解的优点,因此有良好的实际工程应用前景.

引　言

城市生命线工程系统,是指城市供水、供气、交通、电力、通讯等基础工程设施系统. 这些系统是维持现代城市生产、生活的基础和城市发展的命脉. 生命线工程系统具有网络性和复杂性的特点,在分析中往往将生命线工程系统简化为网络模型来研究. 国内外的震害表明,生命线工程网络系统的可靠性不仅与网络单元的抗震性能有关,还与网络的拓扑结构形式紧密相联. 因此,在网络单元可靠性分析的基础上,研究网络系统整体可靠性具有重要的意义. 本文分析考察地震作用下生命线工程网络系统两终端的连通可靠性.

网络系统连通可靠性的分析方法,总的来说主要有概率解析法与随机模拟算法. 随机模拟算法原理较为简单,程序实现也较为容易,但其不仅计算精度难以预测,而且很难适应于失效相关网络的可靠性分析. 与之相对应,概率解析算法是应用网络分析技术建立精确或半精确的数学模型,该类方法的研究主要包括:由Aggarwal、Abraham、廖炯生等先后提出的不交最小路方法和最小路不交化定理[1,2]，由 Dotson 提出的最小路事件概率递推算法[3]，全概率公式分解算法，二分决策算法等. 对于不交最小路方法，Y. B. Yoo 等根据 Dotson 的思想，提出了修正的 Dotson 算法[4]. 随之，Torrieri 将修正 Dotson 算法推广于一般赋权网络[5]. 李杰、何军基于结构函数递推分解的思想，进一步发展了不交最小路算法，实现了大型复杂网络的抗震可靠度计算[6]. 对于全概率分解算法，武小悦等提出了计算机算法，有效实现了全概率算法的逻辑运算. 然而，对于复杂系统，这类算法仍然无能为力[7]. 在另一方面，缘于对二分决策图算法的深入研究. Kuo 等提出了修正的有序二分决策图算法(Ordered Binary Decision Diagram，下文简称为 OBDD)[8]，并认为此类方法可以解决复杂网络的精确分析问题.

基于上述研究背景，本文分析对比了递推分解算法和 OBDD 算法，试图在计算性能、对于大型复杂网络的适应能力等方面提供一些研究经验.

为了简化分析，本文对所分析的网络引入如下基本假定：

(1) 不考虑网络系统中节点单元的失效，仅考虑边单元的失效；

(2) 网络系统中边既可以是无向边，也可以是有向边；

(3) 网络系统中各边的失效相互独立；

(4) 已知网络系统各边的失效概率.

只考虑网络各边失效的可能性，而不考虑网络节点的失效，这样，各边失效的概率可视为边的“权”，相应的网络系统称为边权网络系统. 本文只限于讨论边权网络系统两终端可靠度的计算问题. 文中网络系统的无向边作为两条流向相反的有向边来处理.

1 递推分解算法

递推分解算法[6]沿用最小路方法和 Dotson 实时不交化的技术路线，通过引入结构函数递推分解的思想，给出了系统可靠度计算的递推格式.

对于边权网络系统，令系统 $G(V, E)$ 的结构函数为

$$\Phi(G) = \bigcup_{k=0}^{m} A_k \tag{1}$$

式中，$m+1$ 为系统所有最小路数目；A_k 为系统的第 k 条最小路.

若定义系统中从源点到汇点的所有最小路中路径最短者为系统安全的一个基本事件 $A_0 = a_{11}a_{12}\cdots a_{1m_1}$. 这里 $a_i(i=1, 2, \cdots, m_1)$ 为网络系统的边，m_1 为 A_0 中边单元的数目，则由布尔代数运算中的吸收律，有

$$\Phi(G) = A_0 \cup (\bigcup_{k=0}^{m} A_k) = A_0 \cup \Phi(G) \tag{2}$$

进而，根据不交和公式对上式进行变换，有

$$\Phi(G) = A_0 + \bar{A}_0 \Phi(G) \tag{3}$$

根据 D. Morgan 定律和不交和公式

$$\bar{A}_0 = \bar{a}_{11} + a_{11}\bar{a}_{12} + \cdots + a_{11}a_{12}\cdots a_{1i-1}\bar{a}_{1i} + \cdots + a_{11}a_{12}\cdots\bar{a}_{1m_1} \tag{4}$$

将上式代入式(3),并经简化给出

$$\begin{aligned}\Phi(G) = A_0 + \bar{a}_{11}\Phi(G_{11}) + a_{11}\bar{a}_{12}\Phi(G_{12})\cdots + \\ a_{11}a_{12}\cdots a_{1i-1}\bar{a}_{1i}\Phi(G_{1i}) + \\ \cdots + a_{11}a_{12}\cdots\bar{a}_{1m_1}\Phi(G_{1m_1})\end{aligned} \tag{5}$$

式中,G_{1i} 为从网络系统 G 中去掉边 a_{1i} 后得到的系统子图.

所有子图 $G_{1i}(i = 1, \cdots, m_1)$ 可以分为两个部分:连通子图和非连通子图.设连通子图共有 m_{1c} 个,则非连通子图数为 $m_{1u} = m_1 - m_{1c}$. 显然,非连通子图结构函数前的系数应为系统的一个最小割,且由公式(4)可知,这些最小割已经进行了不交化.设 $C_{1j} = a_{11}a_{12}\cdots\bar{a}_{1j}$ 为对应第 j 个不连通子图 G_{1j} 的原网络系统最小割,则根据互补律,原系统 G 的补系统结构函数为

$$\Phi'(G) = 1 - \Phi(G) = \sum_{j=1}^{m_{1u}} C_{1j} + Q_1 \tag{6}$$

式中,Q_1 为余项,表示 $C_{1j}(j = 1, 2, \cdots, m_{1u})$ 尚不是系统的全部最小割集.

由于不连通子图对于系统连通概率的贡献为零,因此,可将其从原结构函数中删除,将原系统等价表示为

$$\Phi(G) = A_0 + \sum_{i=1}^{m_{1c}} C_{1i}\Phi(G_{1i}) \tag{7}$$

式中,$C_{1i} = a_{11}a_{12}\cdots\bar{a}_{1i}$.

显然,对各个连通子图可以继续寻求其从系统源点到汇点的最短最小路,并可以按照前述式(2)至式(7)做法,逐级一一分解直至分解公式中不存在连通子图,将有

$$\Phi(G) = A_0 + \sum_{i=1}^{m_{1c}} C_iA_i + \sum_{i=m_{1c}+1}^{m_{2c}} C_iA_i + \cdots + \sum_{i=m_{(n-1)c}+1}^{m_{nc}} C_iA_i = A_0 + \sum_{i=1}^{N} L_i \tag{8}$$

式中,C_i 为第 i 个连通子图结构函数前的系数;A_i 为第 i 个连通子图的一个最短最小路;N 为系统所有连通子图数;L_i 为归并运算后的不交最小路,$i = 1, 2, \cdots, N$.

若令 $L_0 = A_0$,则式(8)可以写成更为一般的形式

$$\Phi(G) = \sum_{i=0}^{N} L_i \tag{9}$$

与此同时,在上述递推分解过程中,累计系统的不交最小割将最终给出

$$\Phi'(G) = \sum_{j=1}^{M} C_j \tag{10}$$

式中，C_j 为系统的第 j 个不交最小割；M 为所有不交最小割的数目.

由式(9)，网络系统可靠度

$$R_{sys} = \sum_{i=0}^{N} p_r\{L_i\} \tag{11}$$

根据失效独立假定

$$p_r\{L_i\} = \prod_{i=1}^{S_i}(1-p_i)\prod_{i=S_i+1}^{S_i+T_i} p_i \tag{12}$$

式中，S_i 为 L_i 中的失效状态边数；T_i 为 L_i 中的安全状态边数；p_r 为不交最小路 L_i 的可靠度；p_i 为 L_i 中第 i 个边的可靠度.

由式(10)，网络失效概率

$$F_{sys} = \sum_{j=1}^{M} p_r\{C_j\} \tag{13}$$

根据失效独立假定

$$p_r\{C_j\} = \prod_{j=1}^{S_j}(1-p_j)\cdot\prod_{j=S_j+1}^{S_j+T_j} p_j \tag{14}$$

式中，S_j 为 C_j 中的失效状态边数；T_j 为 C_j 中的安全状态边数；p_r 为不交最小割 C_j 的可靠度；p_j 为 C_j 中第 j 个边的可靠度.

分析上述递推分解过程可以发现，每一级的递推分解都是严格按照吸收律、D. Morgan 定律和主元律进行的，既没有破坏结构函数的完备性，也没有违背逻辑并的运算性质. 计算结束，则表示结构函数中所有最小路均已被计算，因此式(11)的计算结果必为系统可靠度的精确值.

当系统规模太大以至运算不能在要求的时间内完成时，可以采用式(15)通过设定误差 $1-\sum_{i=1}^{K_s} p_r\{L_i\} - \sum_{j=1}^{K_F} p_r\{C_j\}$，累计计算系统可靠度的上下界. 即

$$\sum_{i=1}^{K_s} p_r\{L_i\} \leqslant R_{sys} \leqslant 1-\sum_{j=1}^{K_F} p_r\{C_j\} \tag{15}$$

式中，K_s 为系统不交最小路数，K_F 为系统不交最小割数，K_s 及 K_F 由设定的误差界限确定.

以图 1 所示的桥形网络为例，已知网络系统 5 条边的可靠度均为 0.9，求解源点 s 和汇点 t 之间的连通可靠度. 采用递推分解算法，分解过程共产生 5 条不交最小路，6 条不交最小割，累计计算各条最小路的概率可得源点和汇点间的连通可靠度为 0.978 48. 图 1 给出了递推分解算法的分解过程.

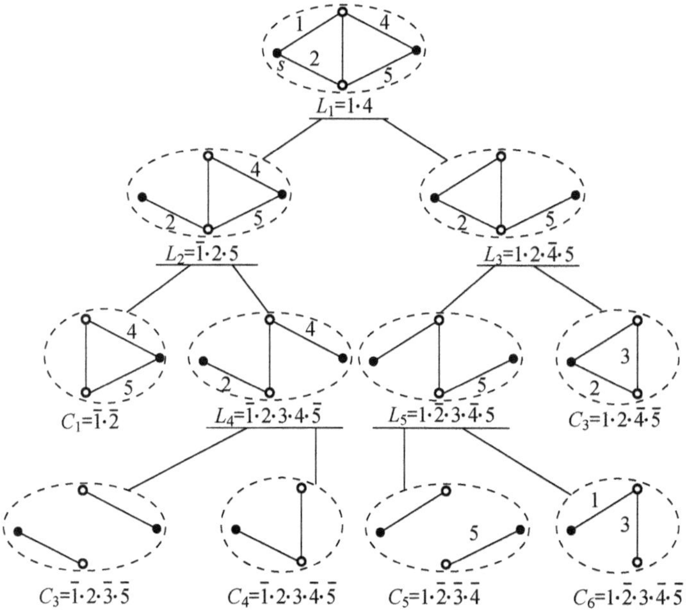

图 1　递推分解算法分解网络的过程示意

2　二分决策图算法(OBDD)

2.1　OBDD 算法的原理

最早由 Lee 提出利用二分决策图(Binary Decision Diagram，简写为 BDD)作为结构函数的一种描述结构[9]. Akers 进一步改进了这种算法[10]. BDD 的原理是网络分解技术中的香农定理(Shannon expansion)

$$f = xf_{x=1} + \bar{x}f_{x=0} \tag{16}$$

式中，f 为任意结构函数；x 为布尔变量；$\bar{x}$ 为变量取逆.

利用 BDD 表达结构函数具有一个非常有用的特点：BDD 中各条最小路都是互不相容的. 因此可以认为二分决策图是功能函数的完备不交最小路集的图形表达形式.

1986 年到 1990 年 Randal 和 Bryant 分别对二分决策图进行了改进，提出了有序二分决策图(OBDD)[11, 12]. 利用 OBDD 表达结构函数时，变量的分解次序是事先确定的. 增加了这一变量次序的约束后，可以更加有效地利用 OBDD 对结构函数进行各种运算和操作，在一定程度上缓解了存储器与处理时间的矛盾. OBDD 有一个很好的性质：布尔函数的 OBDD 表示是正则的. 已经证明：结构相同的 2 个布尔函数的 OBDD 表示是同构的[11]. 目前，OBDD 已成为一种有效的表达结构函数的数据结构,在许多领域得到了广泛的应用.

2.2 OBDD求解系统可靠度的过程

利用OBDD求解网络系统两终端可靠度主要有3个步骤[8]:首先,确定结构函数中变量的次序;然后,由网络源点出发对网络沿边基于深度优先的原则进行分解,得到由连接源点和汇点间的最小路集表示的结构函数,在网络的分解过程中递归调用布尔运算进行子图OBDD的布尔组合,当分解完毕时,可得到表示系统两终端连通的结构函数的OBDD;最后,将单元可靠度代入遍历得到的OBDD,进行两终端连通可靠度的计算.

2.2.1 变量序的确定

基于OBDD形式对结构函数进行运算的计算复杂度是由OBDD中节点的数目决定的,与节点的数目呈多项式关系[12]. 研究发现OBDD节点数的大小对OBDD中变量次序的选择非常敏感,即同一结构函数可能因为选择不同的变量序,而导致表达该结构函数的OBDD节点数量出现大幅度的涨落[13],见图2. 因此,若要高效地求解网络系统可靠度,必须预先确定一个优良的变量序,以使得表达结构函数的OBDD节点数较少. 文献[12]指出:对于一般的结构函数存在最优变量序,但是寻求这一最优变量序本身就属于NP完全问题,所以得到结构函数的最优变量序是比较困难的. 文献[13]通过对一些实例的研究,发现运用启发式算法,可以得到一些较好的变量序,所得变量序决定的OBDD节点数也比较小. 文献[8]中通过实例分析比较了几种启发式算法,最终确定利用图的宽度优先遍历网络中的边以确定变量的次序. 本文也采用这种方法来确定变量序.

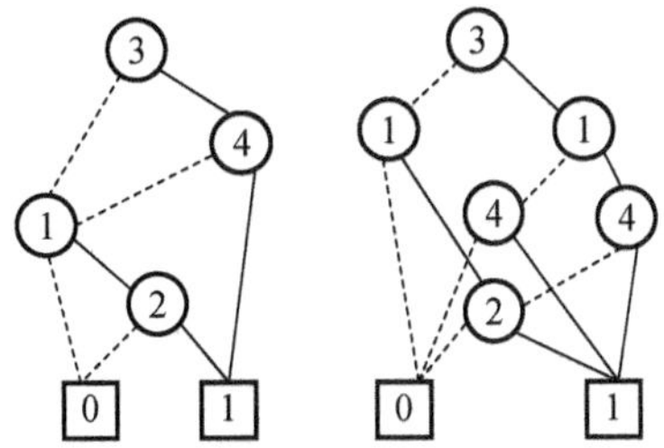

图2 功能函数($x_1x_2+x_3x_4$),选择不同变量序(3, 4, 1, 2)和(3, 1, 4, 2)的OBDD对比

2.2.2 建立网络系统两终端连通的OBDD

建立网络系统两终端连通的OBDD的思路是:逐级对网络沿边基于深度优先的原则进行分解,得到两终端连通的所有最小路. 在分解过程中,递归调用布尔运算进行子图OBDD的布尔组合,最终建立网络系统两终端连通的OBDD.

首先对网络进行沿边的分解,该过程的目的是为了得到两终端连通的结构函数. 以往的网络分解没有考虑分解过程中可能出现同构子图的情况,即分解中两个子网络图的边与点对应相同,而文献[8]考虑了这种情况,从而避免了分解过程中的重复操作,提高了分解的效率. 文献[8]通过实例分析指出一般情况下可能出现同构子图的概率可达40%以上. 以桥形网络为例进行分解(图3),建立两终端连通的结构函数过程如下:

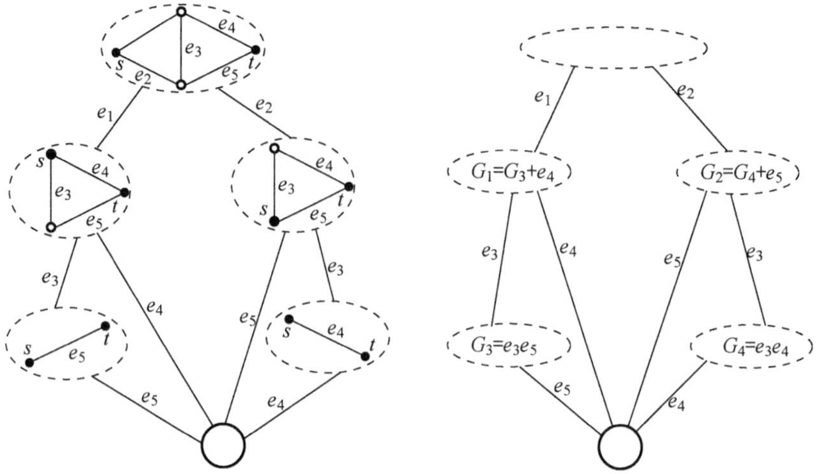

(a)　　　　　　　　　　　　　　(b)

图 3　基于边的网络分解的过程示意图(a)和最小路的布尔表达(b)

(1) 检查要分解的图是否包含同构子图. 如果该图已存在于计算过的散列表中,则可以直接得到结果;否则,分别沿着与源点相连的边(e_1, e_2, …, e_k)依次分解该图 G,可得到对应的 k 个新的子图.

每个子图 $G * e_i$ 由如下操作得到:对于与源点相连的边 e_i,将该边的两个节点缩减为一个新的节点,作为新子图的源点,而原图中以新源点为终点的所有边都删除. 图 G 连通的结构函数由式(17)决定

$$P(G) = \sum_{i=1}^{k} e_i P(G * e_i) \tag{17}$$

(2) 去除冗余节点以避免不必要的冗余分解. 如果一个节点只与一个其它的节点相连,且该节点既不是源点,也不是汇点,则该节点为冗余节点.

(3) 对于每步分解得到的新子图 $G * e_i (i = 1, 2, \cdots, k)$,重复进行上述(1)、(2)步直至到达汇点,返回逻辑值"真". 网络最终的结构函数由上述中间过程产生子图的结构函数递归组合得到.

在整个分解过程中,子图的结构函数都以 OBDD 形式表达,通过子图间布尔运算可得原网络系统两终端连通的 OBDD. 两个结构函数运算如下式

$$f\langle op\rangle g = x(f_{x=1}\langle op\rangle g_{x=1}) + \bar{x}(f_{x=0}\langle op\rangle g_{x=0}) \tag{18}$$

式中,f, g 为结构函数;$\langle op\rangle$ 表示两结构函数之间的逻辑运算,如并、交、异或等.

期间所进行的逻辑运算操作,主要是交运算(BDD-and)和并运算(BDD-or).

BDD-and(∘):在分解过程中进行边的变量与由缩减该边而得到的子图的结构函数间的交运算,得到各分支的结构函数;BDD-or(+):对分解过程中得到各分支结构函数,进行各分支组合并操作.

2.2.3 计算两终端连通可靠度

通过上述步骤,可以建立网络系统两终端连通的 OBDD. 由于二分决策图中各条路径即最小路是互斥的,所以 OBDD 可以看作是图式的完备不交最小路集. 将各单元的可靠度代入遍历 OBDD,可以由式(19)递归得到系统两终端连通的可靠度.

$$\mathrm{Pr}\ ob(f) = P(x_i)\mathrm{Pr}\ ob(f_{x_i=1}) + (1-P(x_i))\mathrm{Pr}\ ob(f_{x_i=0}) \quad (19)$$

图 4 即为 OBDD 形式的两终端连通可靠度的计算过程.

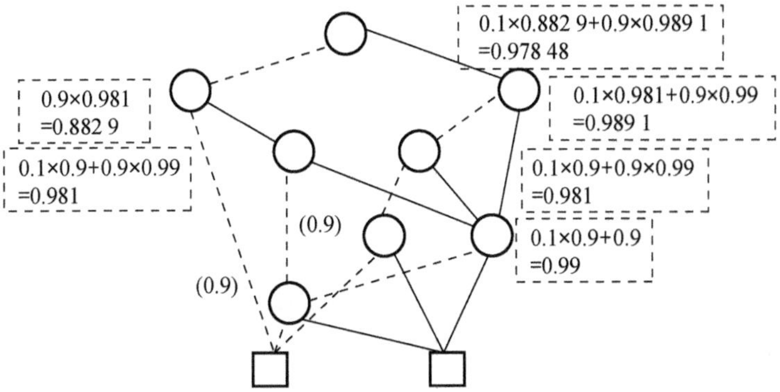

图 4 网络系统两终端连通可靠度计算过程示意图

注:所有边单元的可靠度为 0.9; $G = e_1(e_3e_5 + e_4) + e_2(e_3e_4 + e_5)$.

3 两种算法的比较研究

3.1 经典分析案例

针对文献[8]中给出的经典算例(图 5),本文分别采用递推分解算法、OBDD 算法与 Monte Carlo 模拟算法进行网络连通可靠性分析. 计算结果、相对误差及所用的时间列于表 1. OBDD 算法所求得的系统可靠度是精确解;采用递推分解算法求解时,如果问题的规模较小,可得到问题的精确解,若问题的规模较大时,通过设定误差在可接受的时间内得到近似解;Monte Carlo 模拟算法是模拟计算一百万次的结果. 本文中计算所用个人计算机基本配置为 P4-1.5G CPU, 128 MB 内存.

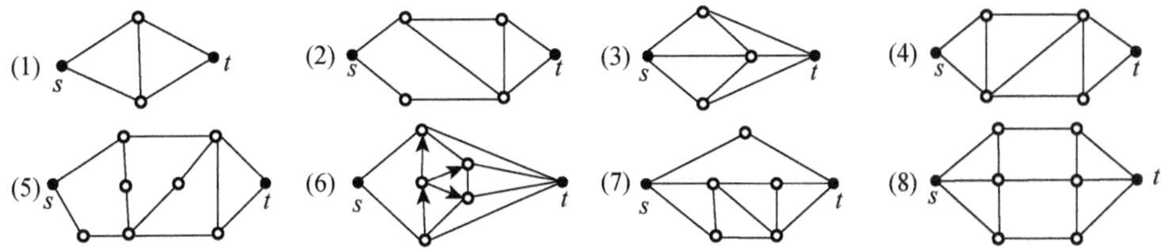

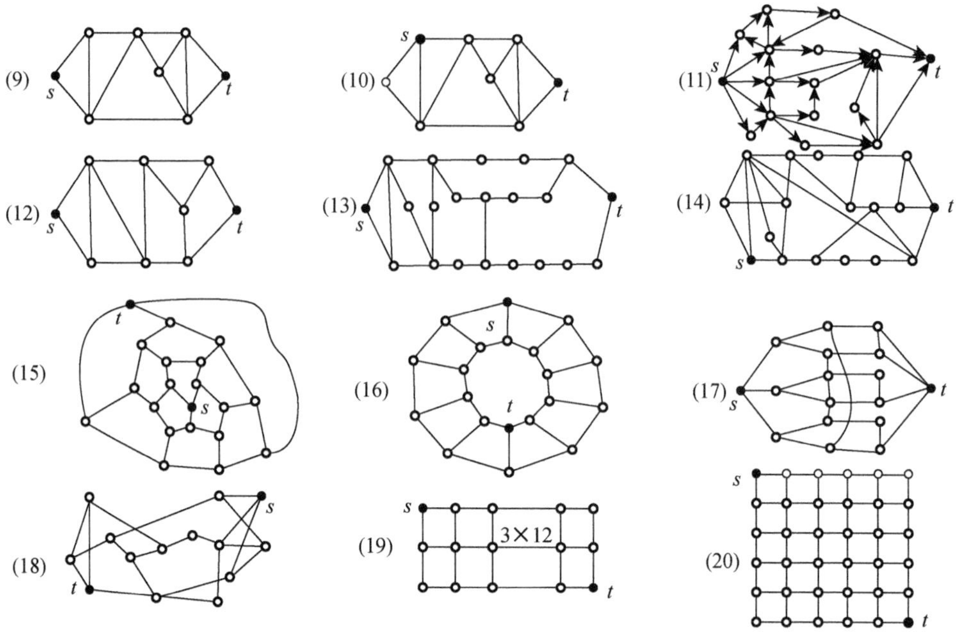

图 5　20 个经典实例的网络图

表 1　递推分解算法、OBDD 算法与 Monte Carlo 模拟算法计算结果

编号	OBDD 算法		递推分解算法				Monte Carlo 模拟算法		
	可靠度	时间/s	可靠度	设定误差	相对误差/%	时间/s	可靠度	相对误差/%	时间/s
1	0.978 480	<1.0	0.978 480	0.00	0.00	<1.0	0.978 500	0.002 0	3
2	0.968 425	<1.0	0.968 425	0.00	0.00	<1.0	0.967 800	0.064 5	6
3	0.997 632	<1.0	0.997 632	0.00	0.00	<1.0	0.996 600	0.103 4	5
4	0.977 184	<1.0	0.977 184	0.00	0.00	<1.0	0.977 300	0.011 9	6
5	0.964 855	<1.0	0.964 855	0.00	0.00	<1.0	0.965 200	0.035 8	10
6	0.998 750	<1.0	0.998 750	0.00	0.00	<1.0	0.998 600	0.015 0	9
7	0.995 665	<1.0	0.995 665	0.00	0.00	<1.0	0.995 800	0.013 6	8
8	0.996 217	<1.0	0.996 217	0.00	0.00	<1.0	0.996 200	0.001 7	9
9	0.976 896	<1.0	0.976 896	0.00	0.00	<1.0	0.976 800	0.009 8	10
10	0.985 865	<1.0	0.985 865	0.00	0.00	<1.0	0.985 900	0.003 6	9
11	0.997 186	<1.0	0.997 186	0.00	0.00	<1.0	0.997 400	0.021 5	26
12	0.974 145	<1.0	0.974 145	0.00	0.00	<1.0	0.973 500	0.066 2	10
13	0.904 577	<1.0	0.904 577	0.00	0.00	<1.0	0.905 000	0.046 8	34
14	0.995 896	<1.0	0.995 896	0.00	0.00	5.0	0.996 100	0.020 5	29
15	0.995 768	<1.0	0.995 768	0.00	0.00	10.0	0.995 400	0.037 0	33
16	0.994 395	<1.0	0.994 395	0.00	0.00	<1.0	0.994 200	0.019 6	31
17	0.998 171	<1.0	0.998 171	0.00	0.00	2.0	0.998 100	0.007 1	27
18	0.995 447	<1.0	0.995 447	0.00	0.00	<1.0	0.995 300	0.014 8	19
19	0.961 730	45	0.961 633	0.001	0.010	328.0	0.962 300	0.059 3	84
20	0.975 645	1 560	0.975 464	0.000 5	0.018 6	100.0	0.974 400	0.127 6	85

注:各实例中网络单元的可靠度都为 0.9.

3.2 大型复杂网络的分析实例

实例 1:河南省电力网是由 53 个节点、125 条边组成的一个单向边权网络系统. 编号为 216 的节点是发电厂,即网络系统的源点. 虚拟节点编号为 1,虚拟节点通过 15 条指向 15 个源点的有向线路与 15 个源点联接,见图 6. 本算例递推分解算法求得的结果是精确解,随机模拟算法模拟次数为十万次,模拟算法总的计算时间为 16 秒. 部分节点的计算结果见表 2. 表中,Monte Carlo 算法的计算误差是与 OBDD 算法比较给出的.

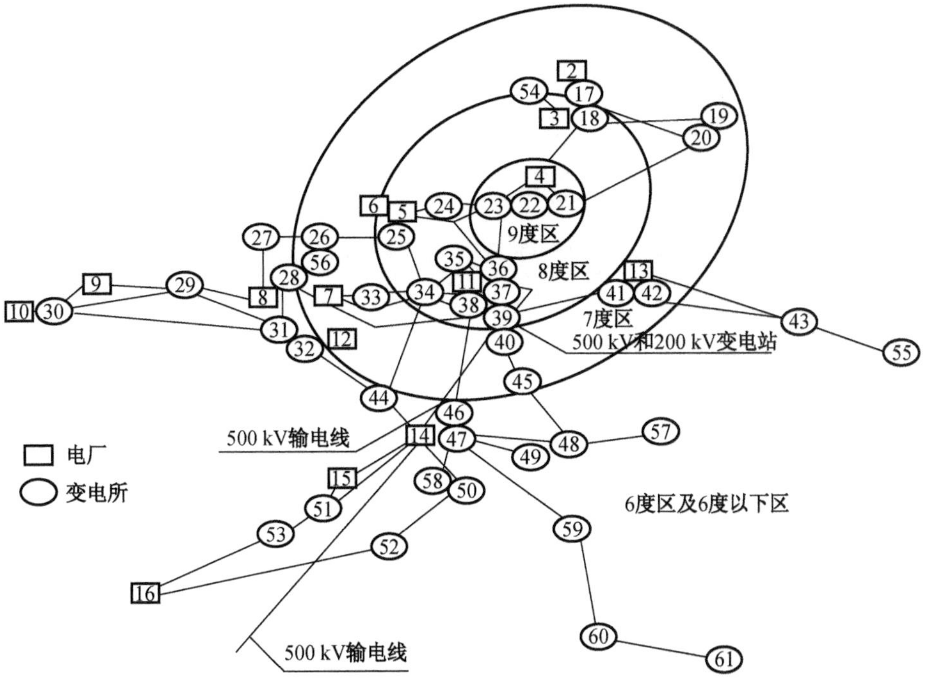

图 6 设定地震条件下的河南省电力网

表 2 河南省电力网抗震连通可靠性计算结果

节点编号	OBDD 算法		递推分解算法		Monte Carlo 模拟算法	
	可靠度	时间/s	可靠度	时间/s	可靠度	计算误差/%
17	0.999 222	<1.00	0.999 222	<1.00	0.999 200	0.002 2
18	0.841 213	<1.00	0.841 213	<1.00	0.841 500	0.034 1
20	0.930 451	<1.00	0.930 451	1.00	0.930 100	0.037 7
23	0.585 205	<1.00	0.585 205	4.00	0.586 300	0.187 1
25	0.758 400	<1.00	0.758 400	1.00	0.757 200	0.158 2
26	0.999 380	<1.00	0.999 380	2.00	0.999 400	0.002 0
30	0.999 400	<1.00	0.999 400	1.00	0.999 400	0.00
32	0.999 900	<1.00	0.999 900	1.00	0.999 900	0.00

（续表）

节点编号	OBDD算法		递推分解算法		Monte Carlo 模拟算法	
	可靠度	时间/s	可靠度	时间/s	可靠度	计算误差/%
34	0.646 100	<1.00	0.646 100	1.00	0.645 300	0.123 8
35	0.309 194	<1.00	0.309 194	<1.00	0.308 300	0.289 1
37	0.635 966	<1.00	0.635 966	2.00	0.635 400	0.089 0
39	0.691 400	<1.00	0.691 400	<1.00	0.692 800	0.202 5
41	0.999 277	<1.00	0.999 277	<1.00	0.999 200	0.007 7
43	0.999 776	<1.00	0.999 776	1.00	0.999 800	0.002 4
47	0.999 786	<1.00	0.999 786	1.00	0.999 800	0.001 4
49	0.999 823	<1.00	0.999 823	4.00	0.999 800	0.002 3
50	0.999 899	<1.00	0.999 899	<1.00	0.999 900	0.001 0
53	0.999 900	<1.00	0.999 900	<1.00	0.999 900	0.00

注：网络单元节点的可靠度由单元结构可靠性分析得到.

实例2：上海市浦西供水管网系统是由742条边、434个顶点组成的有向边权网络系统.共有8个源点（水厂），虚拟节点通过8条指向8个源点的有向边与8个源点联接，见图7.随机模拟为经10万次模拟的结果，部分节点的计算结果见表3.

表3 上海市浦西主干供水管网抗震连通可靠度部分节点计算结果

节点编号	递推分解	OBDD	随机模拟	节点编号	递推分解	OBDD	随机模拟
2	0.637 382	0.637 382	0.637 8	115	0.742 122	—	0.740 2
18	0.256 707	0.256 707	0.256 7	118	0.706 855	—	0.692 3
29	0.867 380	0.867 380	0.867 3	122	0.434 286	—	0.426 1
40	0.820 974	0.820 974	0.820 9	124	0.555 623	—	0.552 6
53	0.331 984	0.331 984	0.333 2	131	0.583 327	—	0.604 2
55	0.727 474	—	0.725 4	135	0.620 027	—	0.641 4
58	0.666 383	—	0.664 8	137	0.707 166	—	0.750 4
63	0.756 415	—	0.753 6	300	0.860 153	—	0.869 2
70	0.431 342	—	0.428 2	302	0.708 822	—	0.747 8
75	0.727 476	—	0.725 4	305	0.840 740	—	0.861 0
79	0.648 489	—	0.647 4	402	0.864 386	—	0.784 4
102	0.822 399	—	0.821 0	406	0.989 193	—	0.988 0
104	0.373 040	—	0.370 2	411	0.728 535	—	0.726 6
108	0.510 638	—	0.508 2	415	0.851 751	—	0.850 0
112	0.664 921	—	0.659 3	417	0.919 172	—	0.916 3

注：1）网络单元边的可靠度由单元结构可靠性分析得到；

2）“—”表示无法完成问题的求解，所以此栏空出.

图 7　上海市浦西主干供水系统网络图

4 结　论

通过上述分析,可以得到如下结论:

(1) 当问题规模较小时,递推分解算法和 OBDD 算法都可以迅速地得到系统可靠度的精确解. 当问题规模较大时,OBDD 算法适应性较差,对于一些大型复杂网络系统(如上海市浦西主干供水管网),甚至根本无法求解;而递推分解算法可以通过设定误差来控制计算时间,得到问题的近似解,所以求解的规模较 OBDD 算法更大. 因此,递推分解算法有更强的实用性能.

(2) 利用递推分解算法求解网络系统可靠度时,在相同的计算精度下,随系统单元可靠度的降低,算法所需要计算的最小路和最小割及计算时间也越多. 另一方面,在误差界限大于 0.005 的范围内,被计算的最小路和最小割数及计算时间都随着精度的提高呈线性增长(更多更复杂的算例也验证了此规律),而此时系统可靠度误差为 0.002 5 左右,在生命线工程系统的抗震可靠度分析中这是可以被接受的. 在分析大型复杂网络系统时,若设定的误差过小,所需的计算量随着精度的提高呈非线性增长,可能计算时间是无法令人接受的.

(3) 利用 OBDD 算法分析网络系统可靠性,求解运算的规模与系统单元的可靠度大小无关. 但应当指出:其求解计算的复杂性对网络系统的拓扑结构更为敏感. 网络的拓扑形式愈复杂,所需的计算量也就愈大. 例如,格栅型网络(图 5(19))和棋盘型网络(图 5(20))的比较,显著地体现了这一特点.

(4) Monte Carlo 模拟方法计算精度不能事先预期. 分析图 5 与表 1 给出的实例可见:在设定计算次数下,计算误差大小与网络复杂程度并无相关关系. 事实上,图 5(2)与图 5(4)相比较,后者拓扑形式更为复杂. 但经一百万次的随机模拟,前者计算误差反而大于后者. 对于图 5(3),经过一百万次随机模拟,网络可靠性计算误差仍有千分之一左右. 对于河南省电力网络这样的工程网络,经过十万次模拟计算,各节点的计算误差仍波动较大,一些节点的计算误差高达千分之二到千分之三. 这一发现,不能不引起随机模拟方法使用者们的重视.

参考文献

[1] Aggarwal K K, Misra K B. A fast algorithm for reliability evaluation[J]. IEEE Trans, Reliability, 1975, R-24(1):83-85.

[2] 梅启智,廖炯生,孙惠中. 系统可靠性工程[M]. 北京:科学出版社,1987: 100-110, 353-388.

[3] Dotson W P, Gobien J O. A new analysis technique for probability graphs[J]. IEEE Trans, Reliability, Circuits & Systems, 1979(28): 855-865.

[4] Yoo Y B, Deo Narsingh. A comparison of algorithms for terminal-pair reliability[J]. IEEE Trans, Reliability, 1988, R-37(2):210-215.

[5] Torrieri Don. Calculation of node-pair reliability in large networks with unreliable nodes [J]. IEEE Trans, Reliability, 1994, R-43(3):375-377.

[6] Li Jie, He Jun. A recursive decomposition algorithm for network seismic reliability evaluation[J]. Earthquake Engng Struct Dyn, 2002,(31): 1525-1539.

[7] 武小悦,沙基昌. 网络可靠度分析全概分解法的计算机化算法[J]. 系统工程与电子技术, 1998(6):71-73.

[8] Kuo Sy-Yen, Lu Shyue-Kung, Yeh Fu-Min. Determining terminal-pair reliability based on edge expansion diagrams using OBDD[J]. IEEE Trans. Reliability, 1999, R-48(3): 234-246.

[9] Lee C. Representation of switching circuits by binary decision diagrams[J]. Bell Syst. Tech. J., 1959,(38): 985-999.

[10] Akers S B. Binary decision diagrams[J]. IEEE Trans, Computers, 1979,28(6): 509-516.

[11] Bryant R E. Graph-based algorithms for boolean function manipulation[J]. IEEE Trans, Computers, 1986, C-35(8):677-691.

[12] Brace K S, Rudell R L, Bryant R E. Efficient implementation of an OBDD package[EB/OL]. Proc. 27th ACM/IEEE Design Automation Conf. 1990:40-45.

[13] Friedman S J, Supowit K J. Finding optimal variable ordering for binary decision diagrams [J]. IEEE Trans. Computers, 1990, 39(5):710-713.

A Comparison Research on the Methods of Analyzing Lifeline Systems' Seismic Reliability

Bao Yuan-feng Li Jie

Abstract: Reliability analysis of lifeline systems under seismic action is the basic problem in the lifeline systems' layout, design, rebuilding and optimization. Finding an efficient evaluating method for large lifeline systems' reliability is a very urgent task in practice. Two approaches-recursive decomposition algorithm (RDA) and ordered binary decision diagrams (OBDD) algorithm, which were regarded as the most effective method of evaluating systems' terminal-pair reliability, are described and comparied in this paper.

It is known that enumerating all simple paths or minimal cutset would lead to the NP-hard problem, i.e., the number of simple paths or cuts must be non-polynomial in the size of the network. To avoid enumerating all simple paths or minimal cutset, RDA was put forward by assumption of s-independent. By the method, disjoint simple paths or cuts of a network can be obtained directly one by one, and the reliability or the failure probability of a network can be evaluated through accumulating probability of these obtained disjoint paths or cuts. When a large lifeline system is considered, RDA can get a narrow reliability bound of the lifeline system within satisfying computer run time.

OBDD is a graph-based data structure for representing Boolean functions. By network traversing with edge expansion diagram, the success-path function of a given network can be constructed based on OBDD. Then the network reliability is obtained by directly evaluating on this OBDD recursively. Although a function requires, in a worst case, a graph of size exponential in the number of arguments, many of the functions encountered in typical applications have a more reasonable representation. A dramatic improvement, as demonstrated by the experimental results for a 2-by-n lattice network, is that the number of OBDD nodes is only proportional to the number of the stages.

This article consists of three parts. First, the two algorithms' basic principles and realizing process is presented in detail, and the program of evaluating terminal-pair reliability using OBDD algorithm is written with C language. Then, 20 benchmark networks collected in published articles and two large practical networks-Henan power electric system and Shanghai water supply pipeline system, are analyzed using the two methods and Monte Carlo method. Finally, according to the comparison of the examples' results using different methods, empirical conclusions are gained for practical application.

Experimental results show that both RDA and OBDD algorithm have better performance than other techniques for large lifeline systems, and especially RDA is very applicable for large networks because of its' ability of supplying approximation of lifeline systems' reliability.

（本文原载于《防灾减灾工程学报》第 24 卷第 2 期，2004 年 6 月）

网络可靠度分析的最小割递推分解算法

李 杰　刘 威　钱摇琨

摘　要　基于不交最小割求解系统失效概率的思想，提出了求解网络系统失效概率的最小割递推分解算法. 在此基础上，利用概率不等式给出了失效概率的上、下界，从而可以通过控制上、下界之间的误差来获得计算精度和计算时间之间的平衡. 计算实例分析表明，该算法能计算给出中、小型网络失效概率的精确值，并能够高效、高精度地求解出大型复杂网络系统的失效概率.

引　言

生命线网络系统的抗震可靠性分析主要有 Monte Carlo 模拟算法和解析算法[1]. Monte Carlo 模拟算法[2]可以较迅速地获得各种规模网络的系统可靠度，但是其计算精度无法估计，并且每次计算结果都会不同. 解析算法可以求出网络可靠度的精确值，主要的方法有不交最小路方法[3]、不交最小割方法[4]、OBDD 方法[5]等. 由于网络可靠度的求解是典型的非多项式增长难题，传统解析方法都只能适用于中、小型网络(网络节点不超过 100 个)的分析. 对于大型工程网络系统会因网络结构复杂性和计算复杂性问题而无法求解. 2002 年，李杰、何军[6,7]提出了基于最小路的递推分解算法，较为有效地解决了网络可靠度分析中的非多项式增长难题.

本文根据不交最小割求解网络系统失效概率的思想，提出求解网络系统失效概率的最小割递推分解算法. 对于中、小型网络，利用这一方法可以分解出全部不交最小割，从而获得网络系统失效概率的精确解. 而对于大型复杂网络系统则利用概率不等式给出失效概率的上、下界，通过控制上、下界之间的误差界限，可以获得计算精度和计算时间之间的平衡. 实例分析表明，最小割递推分解算法能够在较短的时间内获得系统失效概率高精度的解，为强震下生命线工程系统抗震可靠度分析提供了新的工具.

1　算法原理

1.1　基本定义

(1) 不可去边：在选取网络割时不能选取的边.

(2) 通路图：不存在割的图，即网络的源点和汇点之间至少存在一条路径，该路径上的所有的边均是不可去边.

(3) 非通路图:存在割的图,即网络的源点和汇点之间所有的边均是不可去边的路径不存在.

1.2 最小割递推分解算法

对于边权网络系统,定义系统互补结构函数为

$$\Phi'(G) = \bigcup_{k=1}^{m} D_k \tag{1}$$

其中,m 为系统割的总数;D_k 为系统的第 k 条割, $D_k = a_{k1} a_{k2} \cdots a_{km_k}$, a_{ki} 为网络系统 G 的边.

类似地,定义系统结构函数为

$$\Phi(G) = \bigcup_{k=1}^{n} A_k \tag{2}$$

其中,n 为系统路的总数;A_k 为系统的第 k 条路,$A_k = a_{k1} a_{k2} \cdots a_{kn_k}$.

从分析简单的角度出发,令 D_1 为系统的一条最小割,则根据布尔代数中的吸收率,网络系统互补结构函数可写为

$$\Phi'(G) = D_1 \cup \Phi'(G) = D_1 \cup (\bigcup_{k=1}^{m} D_k) \tag{3}$$

根据不交和公式对上式进行变换,有

$$\Phi'(G) = D_1 + D_1 \Phi'(G) \tag{4}$$

根据 D. Morgan 定律以及不交和公式有

$$D_1 = a_{11} + \bar{a}_{11} a_{12} + \cdots + \bar{a}_{11} \bar{a}_{12} \cdots \bar{a}_{1i-1} a_{1i} + \cdots + \bar{a}_{11} \bar{a}_{12} \cdots a_{1m_1} \tag{5}$$

将上式代入式(4),利用附录中的定理 1 和定理 2 可以得到

$$\begin{aligned}\Phi'(G) = D_1 + a_{11} \Phi'(G_{11}) + \bar{a}_{11} a_{12} \Phi'(G_{12}) + \cdots + \bar{a}_{11} \bar{a}_{12} \cdots \\ \bar{a}_{1i-1} a_{1i} \Phi'(G_{1i}) + \cdots + \bar{a}_{11} \bar{a}_{12} \cdots a_{1m_1} \Phi'(G_{1m_1})\end{aligned} \tag{6}$$

其中, G_{1i} 为 G 中边 a_{1i} 变成不可去边,同时去掉边 a_{1j} ($j = 1, 2, \cdots, i-1$) 后的网络系统子图.

网络系统子图 G_{1i} 可分为两个部分:通路子图和非通路子图.令通路子图数目为 m_{1p},则非通路子图为 $m_{1c} = m_1 - m_{1p}$. 显然,通路子图互补结构函数项前的系数应为系统的一条最小路,且从式(5)中可知这些最小路已经进行了不交化.

故网络系统 G 的结构函数可写为

$$\Phi(G) = \sum_{j=1}^{m_{1p}} L_{1j} + Q_1 \tag{7}$$

其中，$L_{1j}(j=1, 2, \cdots, m_{1p})$ 为式(6)中网络系统一个通路子图互补结构函数前的系数，显然其为网络系统的一条不交最小路；Q_1 为余项，表示 $L_{1j}(j=1, 2, \cdots, m_{1p})$ 尚不构成网络系统的全部最小路集.

由于网络系统的通路子图中不存在割，其对系统失效概率的贡献为 0，因此将其从互补结构函数中删除，$\Phi'(G)$ 可写为

$$\Phi'(G)=D_1+\sum_{i=1}^{m_{1c}}E_{1i}\Phi'(G_{1i}) \tag{8}$$

其中，$E_{1i}(i=1, 2, \cdots, m_{1c})$ 为式(6)中非通路子图前面的系数.

对于各个非通路子图 $G_{1i}(i=1, 2, \cdots, m_{1c})$，根据以上方法继续分解，可得到二级子图. 这些二级子图中通路子图前对应的系数同样是原系统 G 的一条不交最小路. 从而可以进一步给出 $\Phi(G)$ 的公式为

$$\Phi(G)=\sum_{j=1}^{m_{1p}}L_{1j}+\sum_{j=1}^{m_{2p}}L_{2j}+Q_2 \tag{9}$$

其中，Q_2 为余项，且 $P(Q_2)<P(Q_1)$.

系统的互补结构函数可进一步表示为

$$\Phi'(G)=D_1+\sum_{i=1}^{m_{1c}}E_{1i}D_{2i}+\sum_{i=1}^{m_{1c}}\sum_{l=1}^{m_{2c}}E_{1i}E_{2il}\Phi'(G_{2i}) \tag{10}$$

其中，D_{2i} 为 $G_{1i}(i=1, 2, \cdots, m_{1c})$ 的一条最小割；$E_{2il}(l=1, 2, \cdots, m_{2c})-D_{2i}$ 根据公式(5) 分解出来的一项；G_{2i} 为表示二级非通路子图.

对上面的二级非通路子图继续进行分解，记录每次分解得到的不交最小割和不交最小路，并删除通路子图，直到分解结束，这样就得到网络系统的全部不交最小割和全部不交最小路，此时网络的互补结构函数可以表示为

$$\Phi'(G)=D_1+\sum_{i=1}^{m_{1c}}E_iD_i+\sum_{i=m_{1c}+1}^{m_{2c}}E_iD_i+\cdots+\sum_{i=m_{(n-1)c}+1}^{m_{nc}}E_iD_i \tag{11}$$

其中，E_i 为吸收归并后的系数；D_i 为总体排序后第 i 个非通路子图的一个最小割；$m_{nc}+1$ 为系统所有非通路子图个数.

令 $C_1=D_1$、$C_{i+1}=E_iD_i(i=1, 2, \cdots, m_{nc})$，则可将上式写为

$$\Phi'(G)=\sum_{i=1}^{M}C_i \tag{12}$$

其中，$C_i(i=1, 2, \cdots, M)$ 为系统的不交最小割；$M=m_{nc}+1$ 为系统全部不交最小割的数目.

与此同时，在上面的递推分解过程中可以得到全部的通路子图，其相应互补结构函数前面的系数也就是网络系统的全部不交最小路. 因此有

$$\Phi(G) = \sum_{j=1}^{K} L_j \tag{13}$$

其中，L_j 为系统第 j 条不交最小路；K 为系统全部不交最小路的数目.

在求出了全部不交最小割以后，网络系统的失效概率为

$$F = P[\Phi'(G)] = \sum_{i=1}^{M} P(C_j) \tag{14}$$

而网络的连通概率为

$$R = P[\Phi'(G)] = \sum_{j=1}^{K} P(L_j) \tag{15}$$

对于大型网络系统，试图求出全部的不交最小割是不现实的. 幸运地是，每次分解过程中都可以给出网络系统部分的不交最小割和不交最小路，故可以采用下述概率不等式累积计算系统失效概率的上下界，即

$$\sum_{i=1}^{M_f} P(C_i) \leqslant F_{\text{sys}} \leqslant 1 - \sum_{j=1}^{K_s} P(L_j) \tag{16}$$

其中，K_s 为系统部分不交最小路数，$K_s \leqslant K$；M_f 为系统部分不交最小割数，$M_f \leqslant M$.

当式(16)给出的系统失效概率的上、下界达到预先设定的精度时，可以采用下式给出系统的失效概率近似值：

$$F_{\text{sys}} \approx \frac{1}{2}\left[1 - \sum_{j=1}^{K_s} P(L_j) + \sum_{i=1}^{M_f} P(C_i)\right] \tag{17}$$

1.3 算法步骤

文献[4]提出了合并节点的算法来求解系统的最小割，将该方法与本文建议的算法相结合，可以得到最小割递推分解算法的步骤如下：

(1) 对于原始的网络 G，将网络的源点存放到源点集合中，构成初始源点集合，网络中其它的点则构成了非源点集合.

(2) 将端点分别为源点集合中点与非源点集合中点的边搜索出来并去除其中多余边，从而得到了网络系统一条最小割. 根据式(6)，将网络 G 分解成一级子图. 这里的多余边是指与该边相连的非源点集合中的点到汇点的所有路径都包含了源点集合的点，判断方法是搜索与该边相连的非源点集合中的点到汇点的所有路径，如果有一条路中的点全部是非源点集合中点，则该边不是多余边，否则为多余边.

(3) 将子图中与不可去边相连的点加入到源点集合，并从非源点集合中去除，判断汇点是否在源点集合中. 如果汇点在源点集合中，则该子图是一个通路子图，记录该图互补结构函数前的系数，其对应于网络 G 一条不交最小路. 从概率不等式

的上界中减去该条不交最小路的概率，并删除该通路子图；如果汇点不在源点集合中，则该子图是一个非通路子图，采用(2)中的方法分解出一条最小割，其与该图互补结构函数前的系数共同构成网络 G 的一条不交最小割，将其累加到概率不等式的下界中去，并分解出其对应的下级子图.

(4) 重复(3)的过程，直到网络 G 分解完毕或者概率不等式中上界和下界的误差达到预先设定的精度.

(5) 如果网络 G 分解完毕，则概率不等式(16)中的下界即为失效概率的精确解，否则根据式(17)计算得到失效概率的近似值.

图 1 为对一个简单的网络利用最小割递推分解算法求解网络全部不交最小割的过程. 图中，ss 表示源点集合，子图中实线为不可去边，注意到第二级子图中的一个子图在求最小割时出现了一条多余边 e_5.

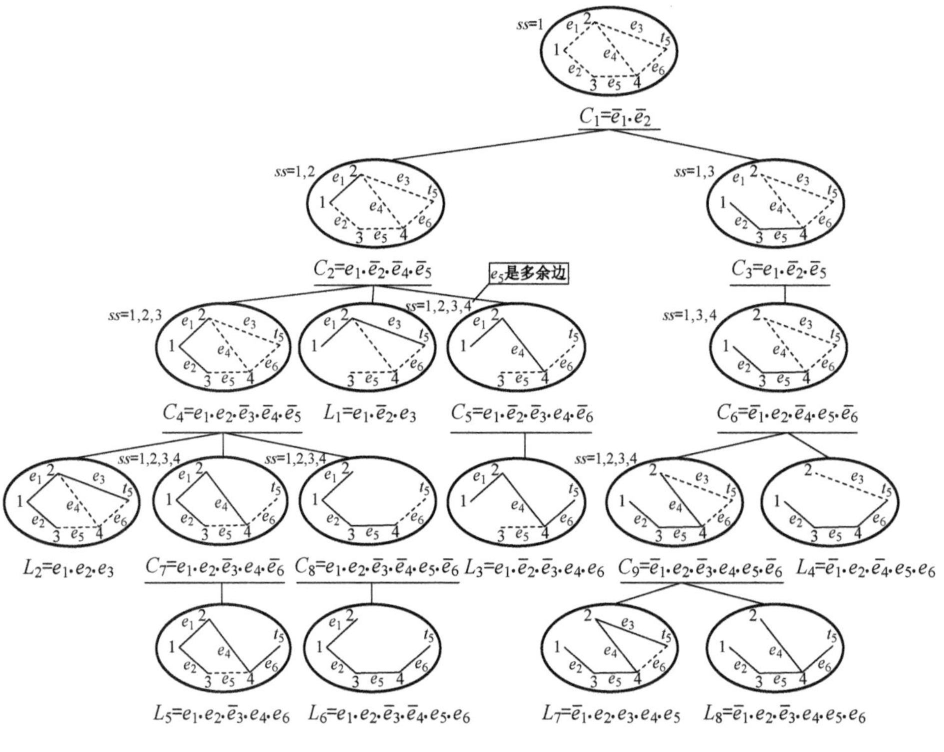

图 1　最小割递推分解算法的分解过程

2　分析实例

例 1　图 2 是一个有 17 个节点、32 条边的网络图，其中 1 和 17 分别是源点和汇点.

令网络所有边可靠度分别为 0.1，0.2，0.3 时，利用上述的最小割递推分解算法进行了计算,每种情况计算时间均为 194 s,每种情况共计算了 8 631 880 条不交最小割和 3 379 311 条不交最小路,计算出来的系统失效概率的精确值分别为0.999 22, 0.982 80, 0.897 90.

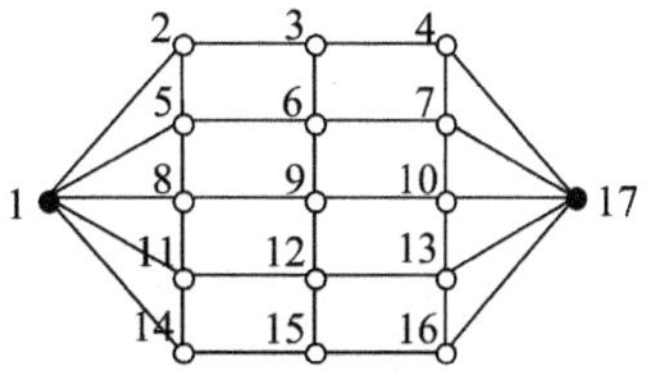

图 2　网络图

例 2　图 3 为沈阳市城区主干供气管网的网络图,其天然气管网部分共有 492 条管线,379 个节点和 2 个源点,管线在 8 度地震作用下的可靠度利用弹性地基梁原理[8]和验算点法[9]求解得到,利用前述最小割递推分解算法可以求解误差界限为 0.000 1 时系统可靠度结果,部分有代表性的结果如表 1 所示.

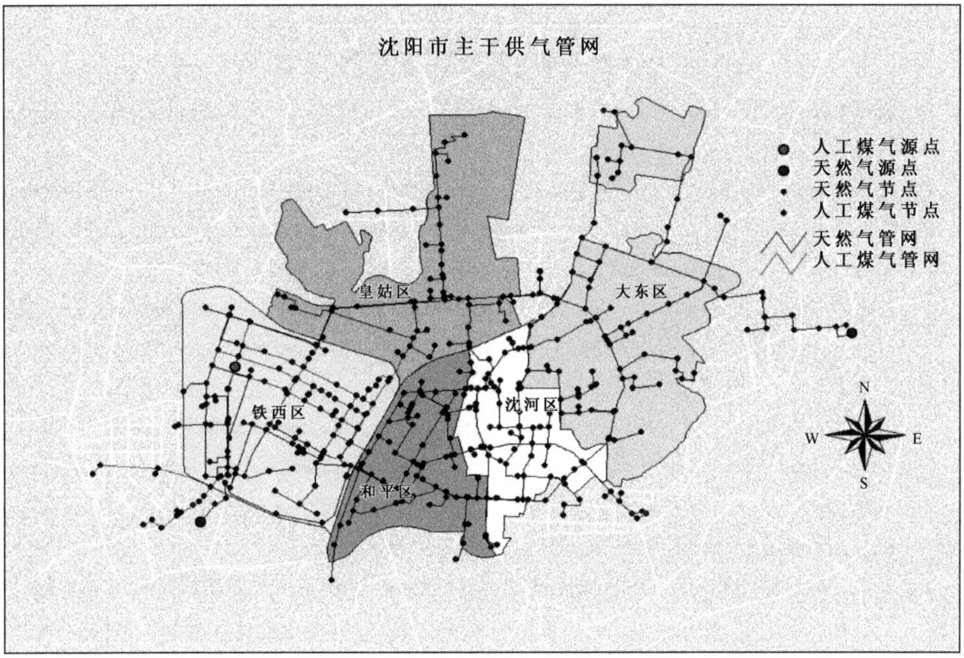

图 3　沈阳市主干供气网络

表 1　节点失效概率

节点号	不交最小路数目	不交最小割数目	失效概率	计算时间/s
1	0	3 727	0.999 95	17
45	23	2 905	0.999 93	13
68	1	1 037	0.993 50	5
345	202	1 489	0.863 50	7
362	0	3 727	0.999 95	17

从上述结果可以看到,对于网络结构较为复杂的大型生命线工程网络,最小割递推分解算法可以在较短的时间内获得与精确解误差小于 0.000 1 的高精度结果.

3 结 论

基于网络系统互补结构函数，本文提出了最小割递推分解算法. 对于中、小型生命线工程网络，该方法可以通过分解得到系统全部不交最小割，从而得到系统失效概率的精确解. 而对于大型复杂生命线工程网络，通过设定误差界限可以有效地解决网络可靠度分析中的复杂性问题，获得具有良好精度的系统失效概率. 实例分析表明，该方法是一种高效、精确的大型网络可靠性分析算法

参考文献

[1] 李杰. 生命线工程抗震——基础理论与应用[M]. 北京：科学出版社，2005.

[2] 何军. 生命线工程网络系统抗震可靠度分析方法研究[D]. 上海：同济大学博士论文，2002.

[3] Aggarwal K K, Misra K B. A Fast Algorithm for Reliability Evaluation[J]. IEEE Trans, Reliability, 1975, 24(1):83-85.

[4] Lin Hungyau, Kuo Syyen, Yeh Fumin. Minimal Cutset Enumeration and Network Reliability Evaluation by Recursive Merge and BDD[C]//Proceedings of the Eighth IEEE International Symposium on Computers and Communication(ISCC'03).

[5] Kuo Syyen, Lu Shyuekung, Yeh Fumin. Determining terminal-pairreliability based on edge expansion diagram susing OBDD[J]. IEEE Tran sactions on Reliability, 1999, 48: 234-246.

[6] Li Jie, He Jun. A recursive decomposition algorithm for network seismic reliability evaluation[J]. Earthquake Engineering & Structural Dynamics, 2002, 31(8): 1525-1539.

[7] 何军，李杰. 单一震源下生命线系统失效概率分析的新方法(一)——系统可靠路径与失效路径的识别[J]. 地震工程与工程振动，2003，23(3)：53-59.

[8] 刘威，李杰. 摄动理论在腐蚀管线随机地震反应分析中的应用[J]. 地震工程与工程振动，2007，27(2)：32-38.

[9] 赵国藩. 结构可靠度理论[M]. 北京：中国建筑工业出版社，2000.

附录：基本定理的证明

定义 Ω'_G 为网络 G 所有割和元素 0 的集合，也即 $\Omega'_G=\{0, D_1, D_2, \cdots, D_m\}$. 显然，网络 G 的互补结构函数 $\Phi'(G)$ 为 Ω'_G 中所有元素的并. 同时，为了后面定理证明的方便，记 $a\Omega'_G=\{0, aD_1, aD_2, \cdots, aD_{m'}\}$，其中 a 为网络 G 的一条边.

定理 1：若 G 为一个连通网络，G_1 为 G 的子网，它是将 G 中的一条边 a_n 去除后形成. 则有：$\bar{a}_n\Phi'(G_1)=\bar{a}_n\Phi'(G)$

证明：根据互补结构函数的定义，等式右边可写为

$$\bar{a}_n\Phi'(G)=\bigcup_{k=1}^{m}(\bar{a}_nD_k) \qquad (附 1)$$

同样,等式左边可写为

$$\bar{a}_n\Phi'(G_1)=\bigcup_{k=1}^{l}(\bar{a}_nD_{k1}) \quad (附 2)$$

其中,D_k、D_{k1} 分别为 G 和 G_1 中的割.

因此如果能够证明 $\bar{a}_n\Omega'_G=\bar{a}_n\Omega'_{G1}$,则原等式必然成立.

对于集合 $\bar{a}_n\Omega'_G$,Ω'_G 中的 D_k 可划分为 2 种情况:

(1) 含有 $\bar{a}_n$ 项;(2) 不含有 $\bar{a}_n$ 项.

对于(1),根据布尔吸收率 $\bar{a}_nD_k=\bar{a}_nD'_k$,其中 D'_k 为从 D_k 中去除 a_n 后的项,根据 G_1 是将 G 中的一条边 a_n 去除后形成,故 D'_k 必然为 G_1 的一条割;对于(2),根据割的定义及 G_1 与 G 的关系,D_k 必然为 G_1 的一条割.

据以上分析,有

$$\bar{a}_n\Omega'_G\subset\bar{a}_n\Omega'_{G1} \quad (附 3)$$

对于集合 $\bar{a}_n\Omega'_{G_1}$,Ω'_{G_1} 中的 D_{k1} 根据布尔吸收率有 $\bar{a}_nD_{k1}=\bar{a}_nD'_{k1}$,其中 D'_{k1} 为 D_{k1} 增加了 a_n 后的项,根据 G_1 是将 G 中的一条边 a_n 去除后形成,故 D'_{k1} 必然为 G 的一条割.

故有

$$\bar{a}_n\Omega'_G\supset\bar{a}_n\Omega'_{G_1} \quad (附 4)$$

根据式(附 3)和(附 4)有

$$\bar{a}_n\Omega'_G=\bar{a}_n\Omega'_{G_1} \quad (附 5)$$

因此 $\bar{a}_n\Phi'(G_1)=\bar{a}_n\Phi'(G)$,定理成立.

定理 2:若 G 为一个连通网络,a_n 为 G 的一条边,且 a_n 的一个端点为源点,另外一个端点为节点 H. G_1 为 G 的子网,它是将 G 中的边 a_n 改为不可去边生成.则有:$a_n\Phi'(G_1)=a_n\Phi'(G)$

证明:等式右边可写为

$$a_n\Phi'(G)=\bigcup_{k=1}^{m}(a_nD_k) \quad (附 6)$$

同样,等式左边可写为

$$a_n\Phi'(G_1)=\bigcup_{k=1}^{l}(a_nD_{k1}) \quad (附 7)$$

其中,D_k、D_{k1} 分别为 G 和 G_1 中的割.

因此如果能够证明 $a_n\Omega'_G=a_n\Omega'_{G_1}$,则原等式必然成立.

对于集合 $a_n\Omega'_G$,Ω'_G 中的 D_k 可划分为 2 种情况:

(1) 含有 $\bar{a}_n$ 项;(2) 不含有 $\bar{a}_n$ 项.

对于(1),显然与 a_n 求交后为0;对于(2),由于 G_1 和 G 的拓扑结构完全一样,故

G 不含有 $\bar{a}_n$ 项的割必然使得 G_1 中的源点与汇点之间不存在路，其必然是 G_1 的割.

据以上分析，有

$$a_n\Omega'_G \subset a_n\Omega'_{G_1} \tag{附 8}$$

对于集合 $a_n\Omega'_{G_1}$，如果 G_1 为通路图，则 $l=0$，$a_n\Omega'_{G_1}=\{0\}$. 如果 G_1 为非通路图，由于 G_1 的生成特点，故 D_{k1} 必然为 G 不含边 $\bar{a}_n$ 的割.

故有

$$a_n\Omega'_G \supset a_n\Omega'_{G_1} \tag{附 9}$$

根据式(附 8)和式(附 9)有

$$a_n\Omega'_G = a_n\Omega'_{G_1} \tag{附 10}$$

因此 $a_n\Phi'(G_1)=a_n\Phi'(G)$ 定理成立.

Minimal Cut-based Recursive Decom Position Algorithm for Network Reliability Analysis

Li Jie   Liu Wei   Qian Yao-kun

Abstract: In this paper, aminimal cut-based recursive decomposition algorithm is presented to calculate the failure probability of network system. In the algorithm, a complementary structural function is established. During the process of decomposing the complementary structural function, the disjointminimal cuts and the disjointminimal paths are obtained one by one. Once all disjointminimal cuts are decomposed, the failure probability of the network can be calculated by adding the probability of all disjointminimal cuts. For large-scale network, as it is impossible to decom pose all disjointminimal cuts of the network, the probability inequality can be used to evaluate the approximate solution which satisfies a prescribed error bound. The results of two examples show that the suggested algorithm can calculate the failure probability of the system with high accuracy and high efficiency.

（本文原载于《地震工程与工程振动》第 27 卷第 5 期，2007 年 10 月）

基于遗传算法的生命线工程网络抗震优化设计

包元锋　李杰

摘　要　进行网络抗震可靠性分析的目的,不仅在于定量评价生命线工程网络系统的抗震性能,更重要的是利用这种分析工具指导网络抗震性能的优化设计.以无向边权网络系统为分析对象,分别以管网造价和系统抗震可靠度作为优化目标和约束条件,建立网络系统拓扑优化模型,利用递推分解算法作为网络系统抗震可靠性分析工具,并引入系统单元的灵敏度分析,采用遗传算法求解网络系统的拓扑优化问题,从而发展了一类工程网络抗震优化设计方法.实例分析结果表明,网络系统拓扑结构与系统可靠度之间有显著的正相关关系.

引　言

生命线工程系统是指维系现代城市功能与区域经济功能的基础性工程设施系统[1],包括交通、通讯、供水、供电、燃气和输油等工程系统.国内外震害调查表明:各类生命线工程结构在强烈地震中易于遭受破坏,由此导致震后工程系统的功能受到极大的损害乃至彻底丧失,严重的还将导致地震次生灾害的发生,给城市的震后救灾工作和人民的生活生产造成巨大的障碍和危害.

生命线工程网络系统的抗震研究包括系统分析与优化两部分,系统抗震可靠性分析是进行系统优化的基础.自20世纪70年代以来,国内外学者先后针对系统可靠性分析进行了大量的研究,而关于生命线工程系统抗震性能优化方面的研究则很少.2002年,陈玲俐、李杰[2]利用遗传算法进行了基于抗震功能可靠性的供水系统优化研究.在生命线工程基础设施的投资中,生命线管网系统所占的费用往往可以达到总投资的50%～80%[3],因此合理进行管网设计是非常重要的.

管网优化问题往往具有优化变量多、呈现高度非线性及约束条件较多的特点,因此传统的优化算法很难给出解答.伴随着计算机技术的快速发展,出现了一批广泛应用于复杂非线性问题的现代启发式优化算法,有禁忌搜索算法、模拟退火算法、遗传算法及人工神经网络等.本文以生命线工程网络的抗震连通可靠性作为系统优化的基本指标,针对管网的拓扑结构,采用遗传算法进行了生命线工程系统抗震优化设计方面的研究.

1 管网抗震的优化模型

就埋地生命线工程管网而言，其基本设计参数包括网络的拓扑结构形式、管段的管径、管材、接头形式等，这些设计参数同时也是影响网络抗震可靠度的基本参数. 因此，从理论上讲，可以对上述基本设计参数进行优化设计[1]. 然而，针对具体问题，则要具体分析. 管材对单元抗震可靠度有较为明显的影响，但在实际工程中，管材的选择往往受其他设计因素甚至设计习惯的影响；管段直径对抗震可靠度的影响是有限度的；接头形式对管段抗震可靠度影响最大，一般与管径优化、拓扑优化相结合，作为局部优化参数采用. 通过对上述 3 个参数的优化可以实现在结构单元层次上提高网络的抗震性能. 然而在研究中发现，生命线工程系统的抗震可靠性在更大程度上取决于网络的拓扑结构形式. 对于大型复杂的生命线工程系统，即使单元结构具有较高的抗震可靠度，还是经常会出现丧失服务功能（如断水或断气）的网络节点. 通过在必要的位置增设或删除管段使网络系统功能达到最优，是拓扑优化的基本含义. 本文从管网的拓扑结构优化途径进行管网的抗震优化设计.

仅将管网的拓扑结构作为优化参数，以管网的造价为目标函数来建立优化模型. 当不考虑管段接头形式的优化时，管网的造价函数可以写为

$$c(l,\ d) = \sum \gamma_{ij} c(l_{ij},\ d_{ij}) \tag{1}$$

式中，$\sum$ 表示对管网中各管段的工程造价取和；l_{ij} 为 $i,\ j$ 节点之间的管段的长度；d_{ij} 为 $i,\ j$ 节点之间的管段管径；γ_{ij} 为连通系数，定义为

$$\gamma_{ij} = \begin{cases} 0 & \text{在节点 } i,\ j \text{ 之间不铺设管段} \\ 1 & \text{在节点 } i,\ j \text{ 之间铺设管段} \end{cases} \tag{2}$$

将式(2)代入式(1)，即构成管网基于抗震功能可靠性的拓扑优化基本模型. 当对管网中各节点可靠度不提出不同等级的要求时，这一模型可进一步写为

$$\begin{aligned} &\min C(l,\ d) = \sum_{i=1}^{N_{pipe}} \gamma_{ij}(a_1 + a_2 d_i^{a_3}) l_i \\ &\text{s.t. } \beta_j \geqslant \beta_0 \quad (j = 1,\ 2,\ \cdots,\ m) \end{aligned} \tag{3}$$

其中 a_1，a_2，a_3 是造价经验常数，本文中 3 个参数分别取 62.1，1 979.7，1.5，此时造价的单位为元(RMB)；N_{pipe} 为管网中管段的总数；β_j 为管网中各节点的抗震可靠度；β_0 为允许的最低抗震可靠度指标.

模型中基本优化变量是 γ_{ij}，优化的方向是在满足管网各节点抗震可靠度约束的前提下，寻找经济合理的管网拓扑结构. 对于大型工程网络而言，模型中变量的数目可达成百上千个. 很明显，上述管网拓扑优化模型属于 0—1 组合优化问题.

2 管网系统抗震可靠性分析

系统可靠性分析是进行网络系统优化设计的基础，能否实现对生命线工程系统的抗震优化设计，前提是必须具备能够高效地分析大型复杂网络系统抗震可靠性的方法. 在本文中，采用文献[4]发展的递推分解算法作为系统可靠性分析的基本工具，以此在优化过程中判断各搜索方案的各节点的抗震可靠度是否满足约束条件. 在此基础上，考虑到网络优化方向选择的需要，进一步引入网络单元灵敏度分析方法.

2.1 递推分解算法

递推分解算法通过对系统功能函数进行逐级分解，次序得到系统的不交最小路和不交最小割，分别累计不交最小路和不交最小割的概率，求得系统连通概率和失效概率，图 1 为递推分解算法求解网络两终端(s-t)连通可靠度的过程示意.

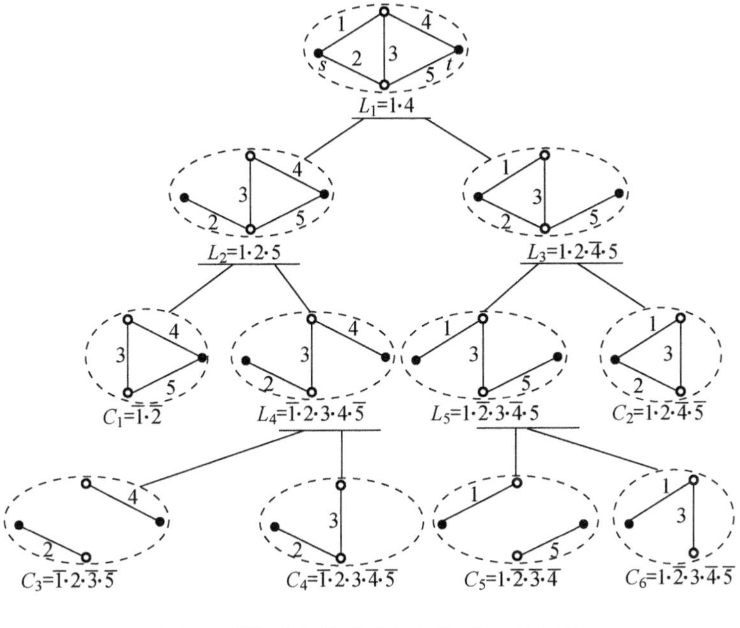

图 1　递推分解算法分解网络的过程示意

根据不交最小路和不交最小割的 NP 完全性质，对于大型生命线工程网络系统，企图逐级分解得到系统所有的不交最小路或不交最小割往往是不现实的. 针对这一问题，递推分解算法采用上、下界逼近的方法求出满足于工程精度要求的可靠度值，从而避开了不交最小路的 NP 难题，这是递推分解算法与传统网络分析技术的本质区别. 系统的上、下界公式是

$$\sum_{i=1}^{K_S} p_r\{L_i\} \leqslant R_{sys} \leqslant 1-\sum_{j=1}^{K_F} p_r\{C_j\} \tag{4}$$

式中，K_S 为系统不交最小路数，K_F 为系统不交最小割数，K_S 及 K_F 由设定的误差界限确定.

2.2 单元灵敏度分析

系统中每个单元对系统可靠度的贡献是不同的，某些单元可靠度的改变可能会对系统可靠性产生较大的影响，而改变另外一些单元的可靠度则不会造成系统可靠度较大的变动. 因此引入系统单元灵敏度分析可以为管网优化选择优化方向提供信息.

一般情况下，网络系统的单元重要度不仅依赖于系统的拓扑结构形式，而且还依赖于各单元的可靠度和系统可靠度，这就引出了单元概率重要度的概念. 网络系统 S 的单元 j 的概率重要度定义为[5]

$$I_{prob,\,j}=\frac{\partial P_S}{\partial p_j}=\frac{\partial p_S(p_1,\,\cdots,\,p_j,\,\cdots,\,p_J)}{\partial p_j} \tag{5}$$

式中，$P_S(p_1,\,\cdots,\,p_j,\,\cdots,\,p_J)$ 为网络系统 S 的安全概率，p_j 是网络系统中 j 单元的安全概率.

从上式可以看出，单元 j 的概率重要度是网络系统 S 的安全概率对单元 j 安全概率的变化率. 因此，$\partial P_S/\partial p_j$ 越大，即 $I_{prob,\,j}$ 值越大，则 j 单元对于系统安全可靠的影响也越大，也就愈加重要.

一般，可用不交最小路集法求解单元概率重要度：

$$I_{prob,\,j}=\frac{\partial P_S(p_1,\,\cdots,\,p_j,\,\cdots,\,p_J)}{\partial p_j}=\frac{\partial P\left\{\sum_{i=0}^{N} L_i\right\}}{\partial p_j}=\sum_{i=0}^{N}\frac{\partial P\{L_i\}}{\partial p_j} \tag{6}$$

通过递推分解算法搜索到的不交最小路，可求得 $P\{L_i\}$ 对单元 j 的可靠度的偏导数：

$$\frac{\partial P\{L_i\}}{\partial p_j}=\begin{cases}0 & (j\notin L_i)\\ \dfrac{P\{L_i\}}{p_j} & (j\in L_i)\\ -\dfrac{P\{L_i\}}{1-p_j} & (\bar{j}\in L_i)\end{cases} \tag{7}$$

将式(7)代入式(6)即可求解系统各单元的概率重要度.

在递推分解算法分析系统可靠性过程中，当分解出一条不交最小路时，可以累计各单元的概率重要度. 若网络系统规模太大，单元概率重要度的累计计算随着系统连通可靠度计算的结束而终止，此时得到的是单元概率重要度近似值. 此值同样可以反映该单元对系统可靠性能的重要度.

3 遗传算法用于管网的抗震优化设计

3.1 遗传算法的基本原理

遗传算法是借鉴生物进化原则提出的一种自适应并行全局优化概率搜索算法[6]. 在自然界中，生物的染色体决定生物形态，并且生物在其进化过程中遵循“物竞天择，适者生存”的原则；而在工程优化问题中，优化方案性能的优劣取决于优化变量的取值. 因此，在管网优化过程中可以采用生物进化的原则构造管网拓扑优化问题的遗传优化算法.

3.2 利用遗传算法进行管网优化设计的步骤

利用遗传算法基于系统抗震性能进行管网的拓扑优化，基本过程和主要步骤如下：

(1) 编码. 管网拓扑优化属于 0-1 规划问题，采用二进制编码方法最为方便，优化模型中的一个优化参数对应一个取 0 或 1 值的基因. 当基因值为 0 时，表示不铺设该基因所对应的管线；当基因值为 1 时，则表示应铺设该基因对应的管线.

(2) 生成初始种群. 采用随机数发生器生成一组个体，作为算法的初始群体. 但是应当注意，采用随机数生成的管网拓扑结构可能是工程中无意义的解，例如，在网络拓扑结构中如果管网出现度为零的节点，说明该管网为非连通图，则这个管网的拓扑结构在工程实践中无意义. 本文在随机生成个体以及后续算法中生成新个体之后，首先进行管网拓扑结构的合理性判断. 对于不合理个体，及时作出修补，若修补后的个体仍为不合理方案，则抛弃该设计方案.

(3) 个体评价. 遗传算法仅使用所求问题的目标函数值来获取下一步的搜索信息. 而对目标函数值的使用是通过评价个体的适应度来体现的，可由解空间的目标函数值转化得到搜索空间中个体的适应度. 本文中优化问题为求最小值问题，作下述转换：

$$F(X)=\begin{cases}C_{\max}-f(X), & \text{if } f(X)<C_{\max}\\ 0, & \text{if } f(X)\geqslant C_{\max}\end{cases} \tag{8}$$

群体的进化过程是以群体中各个个体的适应度为依据，通过一个反复迭代过程，不断地寻找并保留适应度较大的个体，最终得到问题的最优解或近似最优解.

(4) 选择操作. 算法使用选择算子对群体中的个体实现优胜劣汰：适应度较高的个体被遗传到下一代的概率较大；适应度较低的个体被遗传到下一代的概率较小. 选择操作建立在对个体的适应度进行评价的基础之上. 选择操作的主要目的是为了避免基因缺失、提高全局收敛性和计算效率. 本文采用比例选择结合最优方案保留的选择算子.

(5) 交叉操作.遗传算法通过交叉算子来产生新的个体,它对 2 个相互配对的染色体按某种方式相互交换其部分基因,从而形成 2 个新的个体.交叉运算是遗传算法区别于其它进化算法的重要特征,它在遗传算法中起着关键作用,是产生新个体的主要方法,决定了遗传算法的全局搜索能力.本文采用单点交叉算子,即在个体编码串中只随机设置 1 个交叉点,然后在该点相互交换 2 个配对个体的部分染色体.

(6) 变异操作.遗传算法中的变异运算,是指将某个体染色体编码串中的某些基因座上基因值用该基因值的其他等位基因来替换,从而形成一个新的个体.变异运算只是产生新个体的辅助方法,但它也是必不可少的一个运算步骤,决定着遗传算法的局部搜索能力.本文结合单元灵敏度来确定基因位变异率,采用基本位变异算子.

(7) 惩罚算子.由于优化问题一般都含有一定的约束条件,约束处理困难是遗传算法的一个缺陷.本文采用罚函数法来进行处理,该法先不考虑约束条件产生可行解,然后通过降低违约个体评价函数的适应度对其进行惩罚.在管网拓扑优化问题中,以抗震可靠度为约束条件,染色体适应值的确定需要特别处理.本文将染色体适应值定义为

$$Fit(t) = \max\{OBJ(j),\ j = 1,\ NN\} - OBJ(i) + Penalty(i),\quad i = 1,\ \cdots,\ NN \tag{9}$$

其中,$Fit(i)$ 为第 i 个染色体的适应值;$OBJ(i)$ 为第 i 个染色体的目标函数值;NN 为种群规模;$Penality(i)$ 为第 i 个染色体的惩罚值,惩罚值的计算采用如下规则:

如果 $\beta(i) \geqslant \beta_0$,则 $Penality(i) = 0$

否则当 $\beta_{max} \neq \beta_{min}$,则

$$Penalty(i) = [\beta_{max} - \beta_i]\frac{OBJ_{max} - OBJ_{min}}{\beta_{max} - \beta_{min}} \tag{10}$$

如果 $\beta_{max} = \beta_{min}$,则 $Penality(i) = 0$.

(8) 收敛判断.遗传算法要跳出局部最优解,通常要经过几代,所以遗传算法的停止规则不能采用前后 2 次的最优解充分接近原则.通常的停止规则有计算达到固定的最大进化代数、解群体间差异充分小等规则.本文将这 2 种规则相结合来终止算法.该算法流程详见图 2.

4 实例分析

图 3(a)为一无向边权网络局部布置,节点 1 为管网源点,备选管线属性见表 1,备选管线总造价为 5 737.04 千元.仅考虑管网的拓扑结构作为优化变量,备选管线的单元抗震可靠度 β 取为 0.90.在管网节点抗震可靠度 β 不低于 0.6, 0.7, 0.8, 0.9 及 0.95 的约束条件下,采用遗传算法分别选取经济而合理的管网拓扑结

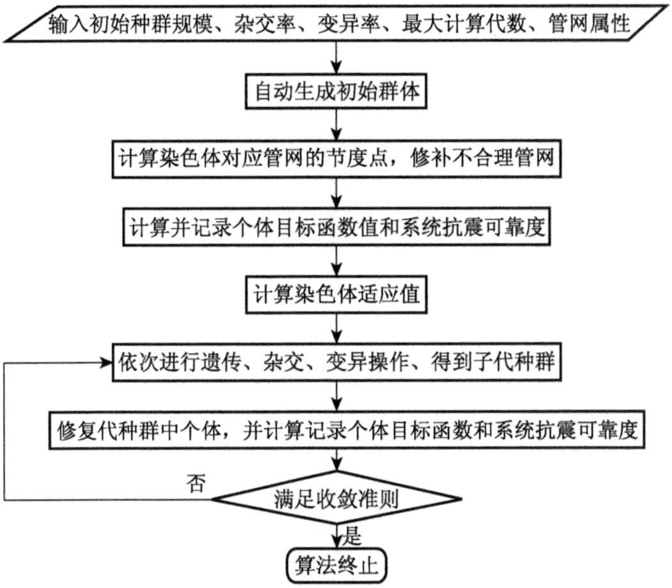

图 2　遗传算法进行管网拓扑优化的流程

构.各约束条件下搜索得到的网络拓扑结构见图 3(b)～(f).由此可以得到管网造价和约束可靠性的关系曲线,如图 4 所示.

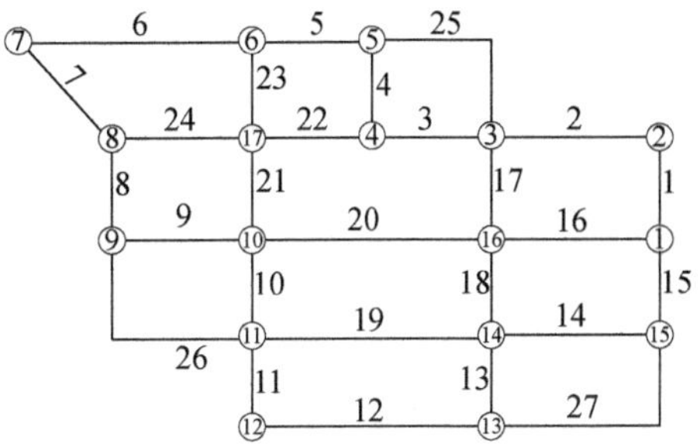

(a) 备选管网

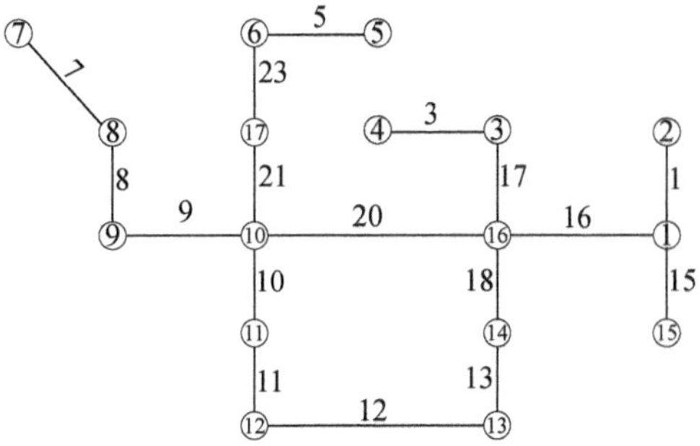

(b) $\beta \geqslant 0.6$；$\cos t = 2.60\text{E}+06$(RMB)

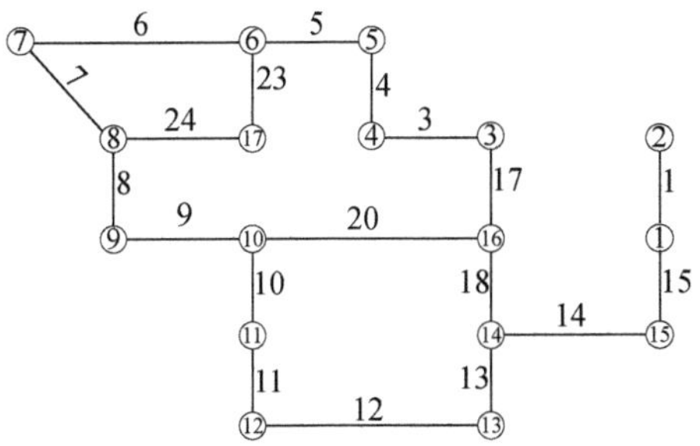

(c) $\beta \geqslant 0.7$；$\cos t = 2.90\text{E}+06$(RMB)

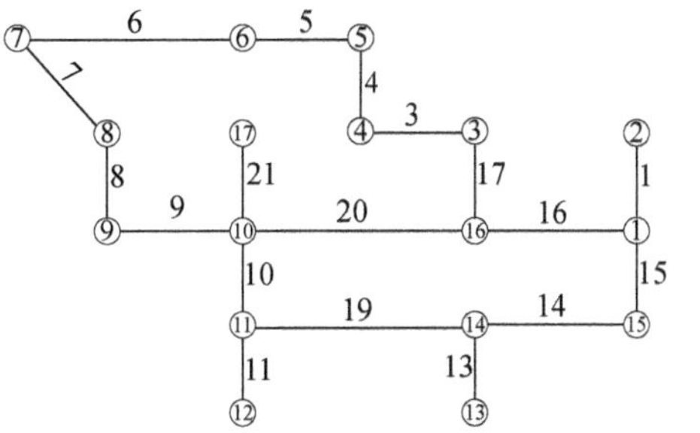

(d) $\beta \geqslant 0.8$；$\cos t = 3.17\text{E}+06$(RMB)

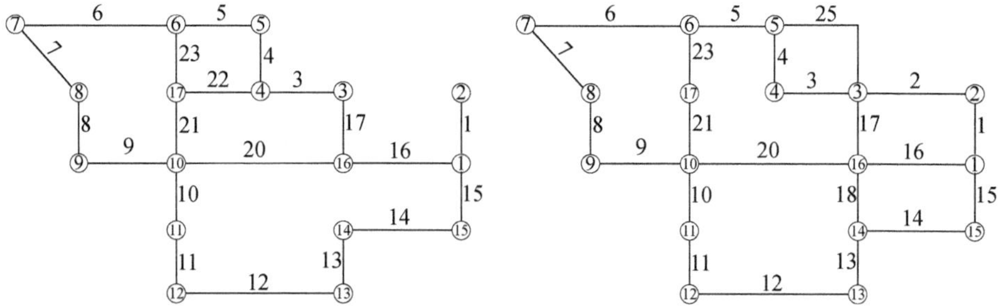

(e) $\beta \geqslant 0.9$；$\cos t = 3.47E+06$(RMB)　　(f) $\beta \geqslant 0.95$；$\cos t = 4.02E+06$(RMB)

图 3　备选管线布置图及各可靠度约束下管网拓扑结构

表 1　备选管网设计参数

管线编号	管长/m	管径/mm	管线编号	管长/m	管径/mm	管线编号	管长/m	管径/mm
1	400	400	10	350	200	19	700	300
2	850	400	11	400	250	20	100	300
3	100	400	12	750	250	21	400	300
4	400	250	13	300	250	22	600	300
5	600	200	14	850	350	23	400	200
6	850	200	15	350	400	24	650	250
7	480	200	16	850	400	25	500	300
8	400	200	17	400	250	26	950	300
9	650	250	18	350	250	27	1 040	400

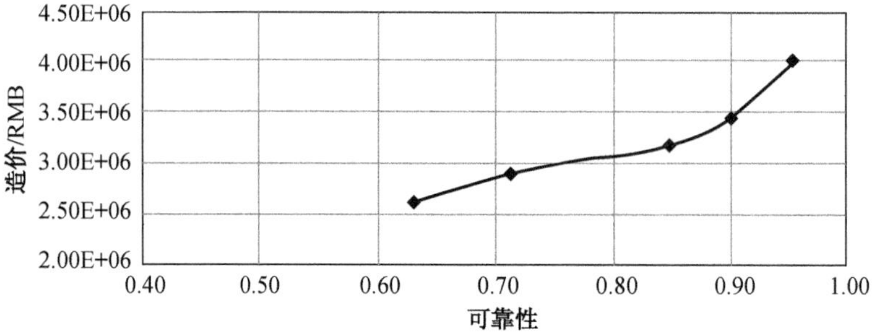

图 4　管网系统造价与可靠性关系

5　结　论

本文以管网拓扑结构作为优化对象，管网造价为目标函数，在管网系统抗震可靠度约束下，利用遗传算法并结合单元灵敏度分析研究了工程网络系统的优化设计. 实例分析结果证明此算法是一条可行的路径.

值得指出：遗传算法作为一种现代启发式算法，其最终优化方案的优劣对优化参数的选取及优化算子的构造比较敏感. 因此在实际分析中，需要深入了解具体工程背景，建立合理的优化模型，并先进行预分析以确定优化算法的基本参数及算子，从而保证以较大的概率搜索到问题的最优解或近似最优解.

参考文献

[1] 李杰. 生命线工程抗震——基础理论与应用[M]. 北京：科学出版社，2004.
[2] 陈玲俐. 城市供水管网系统抗震可靠性分析与优化[D]. 上海：同济大学，2002.
[3] 周荣敏，雷延峰. 管网最优化理论与技术：遗传算法与神经网络[M]. 郑州：黄河水利出版社，2002.
[4] Li Jie, He Jun. A recursive decomposition algorithm for network seismic reliability evaluation[J]. Earthquake Engineering and Structural Dynamics, 2002,(31): 1525-1539.
[5] 曹晋华，程侃. 可靠性数学引论[M]. 北京：科学出版社，1986.
[6] 邢文训，谢金星. 现代优化计算方法[M]. 北京：清华大学出版社，1999.

Seismic Reliability Optimization of Lifeline System Networks with Genetic Algorithms

Bao Yuan-feng　Li Jie

Abstract: Lifeline system networks include cities or regions' water supply systems, gas transmission systems, electrical power systems, transportation systems and so on. The aim of networks' seismic reliability analysis is used to guide lifeline network systems' layout and design. Networks' optimization problem usually involves a lot of factors and represents high non-linear character, so traditional optimization methods can't solve the problem. With the development of computer techniques, modern heuristic optimization methods, such as tabu search method, simulated annealing algorithm, genetic algorithm and neural networks, are advanced and used widely to solve NP-hard problems. In this article, undirected edge-weight networks are analyzed. With network's cost and reliability as optimization object and restriction, a network topology optimization model is established. Taking recursive decomposition algorithm as a tool for system reliability analysis, the genetic algorithms combined with sensitivity analysis of system's elements is applied to solve above optimization problem. An example is given at the end of the paper, and the results show that the suggested algorithm represents certain global searching ability. We can find that networks'topology positively correlated with system's reliability capability.

（本文原载于《防灾减灾工程学报》第 26 卷第 1 期，2006 年 2 月）

生命线网络系统抗震拓扑优化的 Benchmark 模型

刘小坛 刘威 李杰

摘 要 生命线系统拓扑优化问题的 Benchmark 模型是评测新型算法正确性和适用性的重要手段. 基于此, 首先以生命线网络系统抗震拓扑优化分析模型为背景, 建立了该优化问题的三个 Benchmark 模型, 并在 Visual Compaq Fortran 开发环境下, 通过穷举法统计出解空间的所有网络, 进而甄选出不同节点可靠度约束下的最优网络和若干次优网络, 最后利用上述 Benchmark 模型对生命线网络系统抗震拓扑优化中的蚁群算法进行测试. 结果表明, 当网络规模较小时, 蚁群算法能精确地搜索到最优解; 当网络规模增大后, 蚁群算法也能以较大概率搜索到最优解或次优解.

引 言

生命线工程系统是维系现代城市功能与区域经济功能的基础性工程设施系统, 包括电力、交通、通信、城市供水、供热、供燃气等工程系统[1]. 国内外震害调查表明, 各类生命线工程结构在强震作用下易于遭受破坏, 由此导致的工程系统功能损害严重影响了震后的救灾工作和人民的生产生活活动. 生命线工程系统通常以网络的形式覆盖某一区域, 因此可从网络可靠度的角度来考察生命线系统的抗震性能. 网络系统的可靠性不仅与网络单元的抗震性能有关, 还与网络的拓扑结构形式紧密相联. 分析表明, 在许多情况下, 优化网络拓扑结构不仅可以有效地提高网络系统的可靠度, 而且对于现有系统的改造也同样具有意义.

国内外对生命线工程系统抗震拓扑优化的研究相对较少. 2002 年以来, 李杰[2-5]等对生命线系统特别是城市供水、供燃气系统进行了一系列的抗震拓扑优化研究, 采用的优化技术涵盖了遗传算法、模拟退火、蚁群算法等. 然而, 仔细分析现有研究状况可见, 尚缺乏必要的 Benchmark(测试基准)以验证各类优化算法的正确性与可行性. 基于此, 本文首先建立了三个网络测试基准, 给出考虑节点可靠度约束的最优解, 然后以蚁群算法为例, 进行了拓扑优化算法正确性研究.

1　生命线网络系统抗震拓扑优化问题

管网系统是生命线工程网络的重要组成部分. 在实际工程中，管网系统往往是一个复杂的大系统，其优化设计往往要考虑多种指标，如服务可靠性、建设经济性、运营经济合理性和抗灾可靠性等. 理论上，人们希望设计的管网系统所有性能指标都能达到最优，但是优化目标越多，对应的优化模型就越复杂. 事实上，不同的指标往往可能导致不一致的甚至是互相矛盾的结果. 例如，造价上较为经济的枝状管网，其管网服务可靠性和抗灾可靠性均要小于经济性稍差的环状管网. 当以网络的拓扑结构形式为优化对象时，管网系统的造价函数一般可以写为[1]

$$C = \sum V_{ij} c(l_{ij},\ d_{ij}) \tag{1}$$

式中，l_{ij}、d_{ij} 分别为 i，j 节点之间的管线长度(m)；V_{ij} 为连通系数，铺设该管段取 1，不铺设则取 0；$c(l_{ij},\ d_{ij})$ 为管线的造价，通常可以用下列函数来估算：

$$c(l_{ij},\ d_{ij}) = (a_1 + a_2 d_{ij}^{a_3}) l_{ij} \tag{2}$$

式中，a_1，a_2 和 a_3 都是常数，可以根据实际工程的造价采用回归方法得到.

以管网的造价为优化目标，可以建立如下的优化模型：

$$\begin{aligned} \text{Min}: C &= \sum V_{ij}(a_1 + a_2 d_{ij}^{a_3}) l_{ij} \\ \text{s.t.}\ \ P_i &\geqslant P_0 \end{aligned} \tag{3}$$

式中，P_i 为管网节点抗震连通可靠度的最小值，可以采用最小路递推分解算法获得[6]；P_0 为管网节点的抗震连通可靠度约束.

2　生命线网络系统拓扑优化问题的 Benchmark 模型

对于生命线网络的拓扑优化问题，基本的测试基准或称 Benchmark 模型的建立，可以从小型网络入手. 小型网络规模不大，通过穷举法即可遍历其搜索空间，从而确切地获知其最优解. 考虑到网络规模及连接方式的差异，本文依次选取桥式网络[7]、完全连接的星型网络[8]、非完全连接的小型网络作为背景，建立 Benchmark 模型(图 1). 网络的参数属性见表 1、表 2 和表 3，在三个网络中，均假定 1 点是源点.

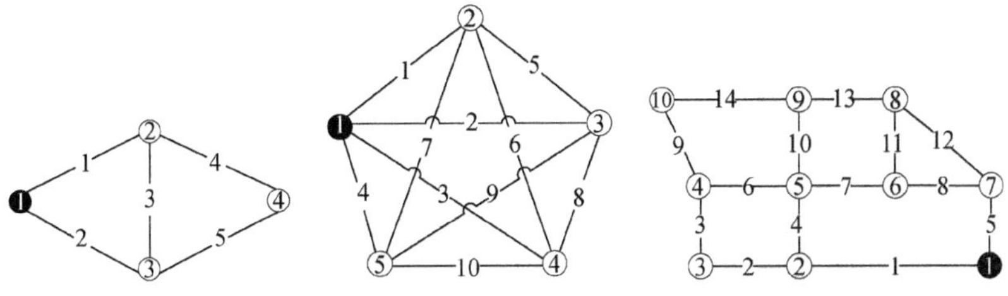

(a)　　(b)　　(c)

图 1　三个 Benchmark 网络

表 1　网络(a)的属性表

管线编号	起点	终点	管线造价/万元	管线单元可靠度
1	1	2	32	0.9
2	1	3	62	0.9
3	2	3	34	0.9
4	2	4	54	0.9
5	3	4	25	0.9

表 2　网络(b)的属性表

管线编号	起点	终点	管线造价/万元	管线单元可靠度
1	1	2	32	0.9
2	1	3	54	0.9
3	1	4	62	0.9
4	1	5	25	0.9
5	2	3	34	0.9
6	2	4	58	0.9
7	2	5	45	0.9
8	3	4	36	0.9
9	3	5	52	0.9
10	4	5	29	0.9

表 3　网络(c)的属性表

管线编号	起点	终点	管线造价/万元	管线单元可靠度
1	1	2	115	0.9
2	2	3	607	0.9
3	3	4	287	0.9
4	2	5	460	0.9
5	1	7	374	0.9
6	4	5	607	0.9
7	5	6	690	0.9
8	6	7	158	0.9
9	4	10	345	0.9
10	5	9	287	0.9
11	6	8	374	0.9
12	7	8	575	0.9
13	8	9	431	0.9
14	9	10	611	0.9

不难发现，对于一个有着 M 条边 N 个节点的网络，其拓扑结构的全部组合方

案有 2^M 个，考虑到生成一条 N 个节点的最小树需要 $N-1$ 条边，组合方案将减少到 $\sum_{i=N-1}^{M} C_M^i$ 个. 所以，网络(a)的组合方案有 $\sum_{i=3}^{5} C_5^i = 16$ 个(图 2).

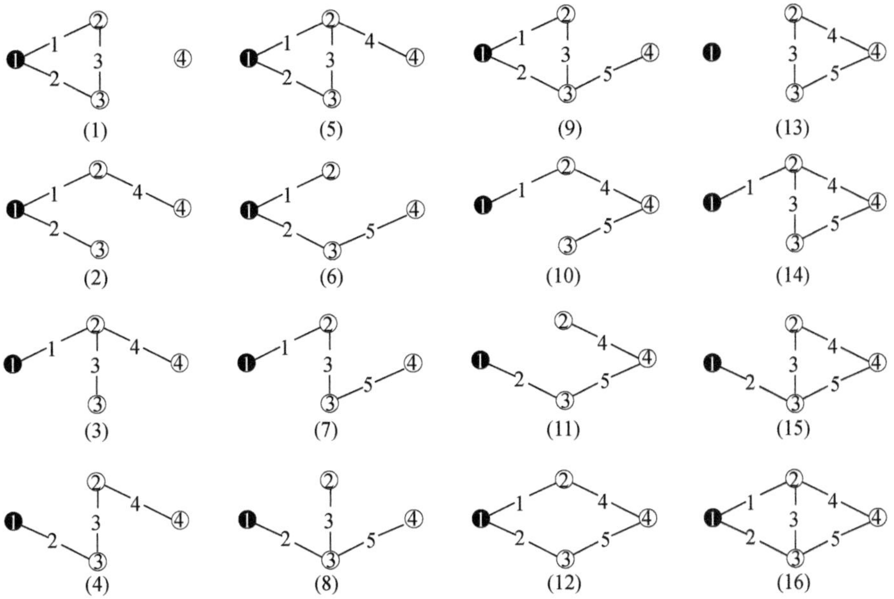

图 2　采用穷举法得到的网络(a)的全部拓扑组合方案

对上述全部组合方案依次进行连通可靠度计算，可以得出各网络的节点最低可靠度和造价，计算结果如表 4 所示.

表 4　网络(a)各组合方案的连通可靠度计算结果

网络编号	造价 C/万元	最低可靠度 P_{min}	网络编号	造价 C/万元	最低可靠度 P_{min}
1	128	0	9	153	0.882 9
2	148	0.81	10	111	0.729
3	120	0.81	11	141	0.729
4	150	0.729	**12**	**173**	**0.963 9**
5	182	0.882 9	13	113	0
6	**119**	**0.81**	14	145	0.882 9
7	**91**	**0.729**	15	175	0.882 9
8	121	0.81	16	207	0.978 48

注：表格中黑体部分表示节点可靠度约束分别为 0.7、0.8、0.9 时的最优网络.

网络(b)的全部组合方案为 $\sum_{i=4}^{10} C_{10}^i = 848$ 个. 同理，可以穷举出所有的网络，并进行网络的连通可靠性计算. 对计算结果进行统计分析后可知：848 个网络中，非连通网络有 120 个，网络节点最低可靠度大于 0.7 的有 704 个. 对 704 个网络按造价进行从小到大的排序，可以得到节点可靠度约束分别大于等于 0.7、0.8、0.9 的最优网络，如图 3 所示.

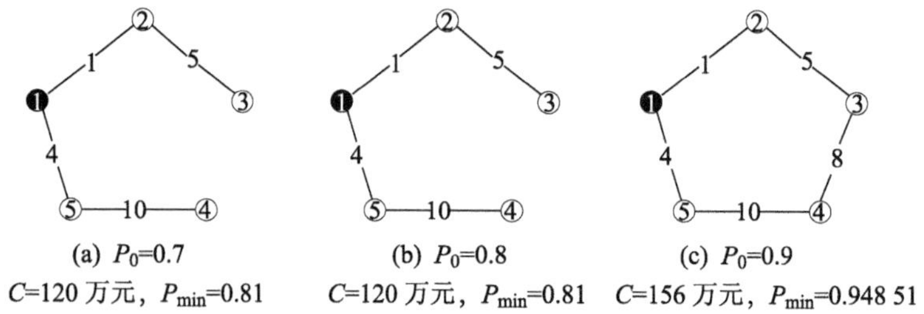

图 3　网络(b)在不同节点可靠度约束下的最优网络

从图 3 可以看出，节点可靠度约束 0.7，0.8 时的最优拓扑结构完全相同，节点可靠度约束 0.9 时的最优网络是环形. 图 4 同时给出了若干不同节点可靠度约束下的次优网络.

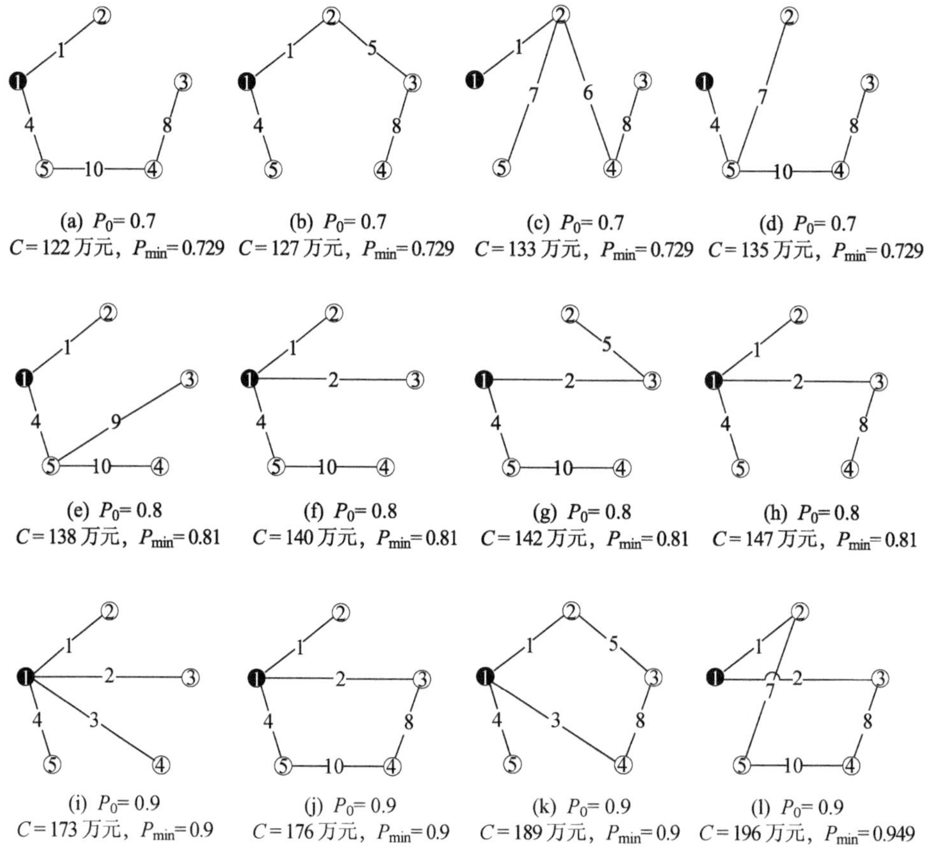

图 4　网络(b)在不同节点可靠度约束下的次优网络

网络(c)的全部组合方案为 $\sum_{i=9}^{14} C_{14}^{i} = 3\,473$ 个. 同样,用穷举法列举出全部组合方案,然后计算各网络的连通可靠度. 对计算结果进行统计分析,可知:非连通网络有 1 843 个,最低节点可靠度高于 0.7 的网络数有 527 个. 将 527 个网络按造价从小到大排序,可以给出满足不同节点最低可靠度约束下的最优网络,如图 5 所示.

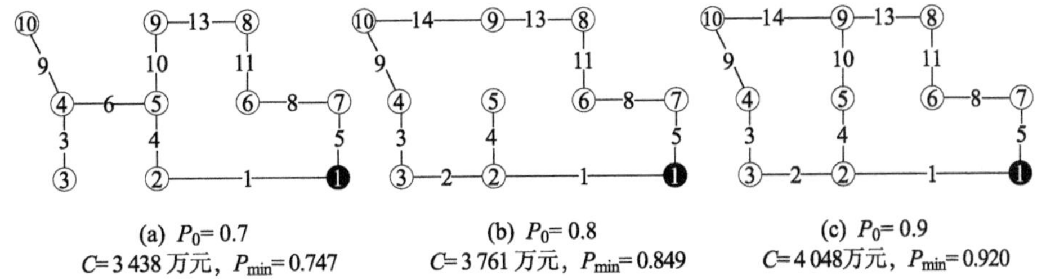
(a) P_0= 0.7
C=3 438 万元, P_{min}= 0.747
(b) P_0= 0.8
C=3 761 万元, P_{min}= 0.849
(c) P_0= 0.9
C=4 048万元, P_{min}= 0.920

图 5　网络(c)在不同节点可靠度约束下的最优网络

从图 5 也可以看出,环形网络的抗震可靠性比较高. 节点可靠度约束为 0.7、0.8 时,最优网络中包含一个环;节点可靠度约束 0.9 时,最优网络中包含三个环. 同样,这里也给出若干不同节点可靠度约束下的次优解,如图 6 所示.

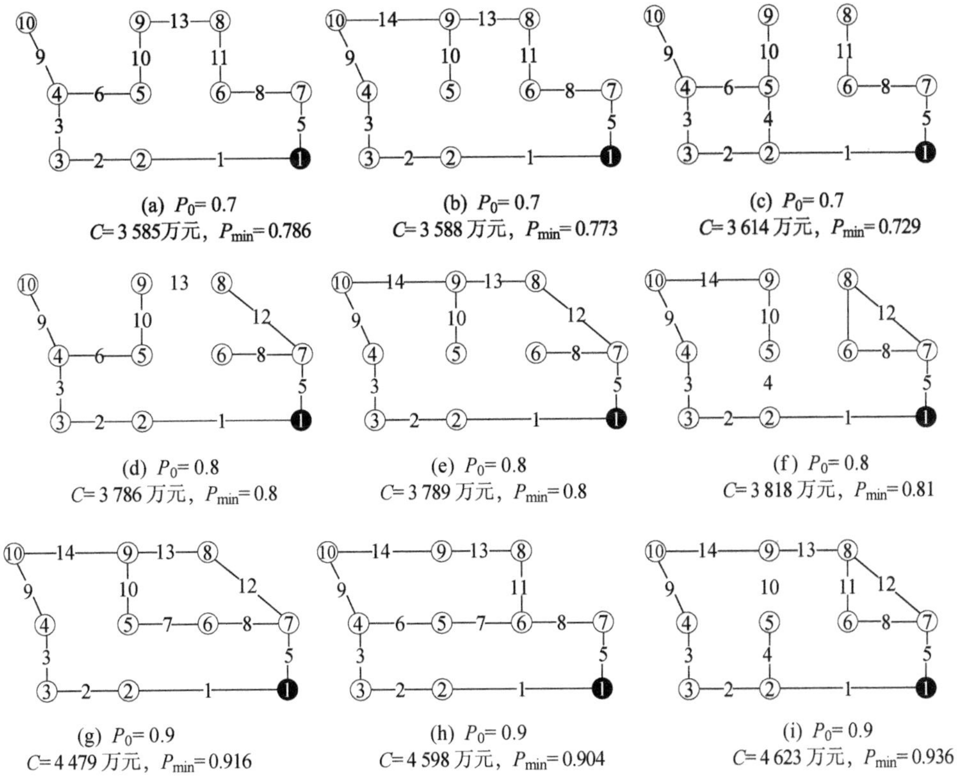
(a) P_0= 0.7
C=3 585万元, P_{min}= 0.786
(b) P_0= 0.7
C=3 588 万元, P_{min}= 0.773
(c) P_0= 0.7
C=3 614 万元, P_{min}= 0.729
(d) P_0= 0.8
C=3 786 万元, P_{min}= 0.8
(e) P_0= 0.8
C=3 789 万元, P_{min}= 0.8
(f) P_0= 0.8
C=3 818 万元, P_{min}= 0.81
(g) P_0= 0.9
C=4 479 万元, P_{min}= 0.916
(h) P_0= 0.9
C=4 598 万元, P_{min}= 0.904
(i) P_0= 0.9
C=4 623 万元, P_{min}= 0.936

图 6　网络(c)在不同节点可靠度约束下的次优网络

3 蚁群算法的正确性验证

3.1 生命线网络拓扑优化中的蚁群算法

蚁群算法是受蚂蚁觅食行为的启发而提出的一种仿生进化算法[9]. 蚂蚁个体之间通过一种称为信息素的物质进行信息传递,从而达到寻找从巢穴到食物源的最短路径的目的. 下面结合生命线网络系统抗震拓扑优化问题,简要介绍蚁群算法的实现过程[5].

首先将决策点放到备选管网的每条管线上. 在每个决策点,可选选项有两个,即表示不选择该管线的“0”选项和选择该管线的“1”选项. 蚂蚁在决策点 i 处选择 j 选项的选择概率为

$$p_{i(j)} = \frac{f_{i(j)}}{f_{i(0)} + f_{i(1)}} (i = \{1,\ 2,\ \cdots,\ n_{pipe}\},\ j \in \{0,\ 1\}) \tag{4}$$

式中,$f_{i(j)}$ 为在决策点 i 处选项 j 上的信息素强度;n_{pipe} 为管线总数.

经过一次迭代,蚁群就构建了 m 条解(m 是蚂蚁数量). 值得指出,此时得到的 m 条解对应的拓扑结构很有可能是非连通网络,因此要对各网络进行判断,并对非连通网络进行修补. 修正 m 条解后,对所有选项 $f_{i(j)}$ 上的信息素进行更新,以强化较好解对应的选项信息素. 更新公式如下:

$$f_{i(j)} \leftarrow (1-d) f_{i(j)} + \Delta f_{i(j)} \tag{5}$$

式中 $d \in (0,\ 1)$ 为信息素挥发因子;$\Delta f_{i(j)}$ 为决策点 i 处 j 选项的信息素增量,在 Ant-cycle 模型中,$\Delta f_{i(j)}$ 可表示为

$$\Delta f_{i(j)} = \sum_{k=1}^{m} \Delta f_{i(j)}^{k} \tag{6}$$

式中 $\Delta f_{i(j)}^{k}$ 为蚂蚁 k 在决策点 i 处 j 选项的信息素增量,由下式给出:

$$\Delta f_{i(j)}^{k} = \begin{cases} \dfrac{Q}{f(h)^{k}}, & \text{如果蚂蚁 } k \text{ 的角在点 } i \text{ 处选择选项 } j \\ 0, & \text{否则} \end{cases} \tag{7}$$

式中 Q 为信息量;$f(h)^{k}$ 为蚂蚁 k 构建成的解对应的造价. 蚂蚁 k 构建的解越优,则最优解中各选项上的信息素增量就越多. 对于不满足约束条件的生成解,采用罚函数进行惩罚,$f(h)^{k}$ 可表示为

$$f(h)^{k} = \begin{cases} \displaystyle\sum_{i=0}^{n_{pipe}} V_{ij}^{k} c_{i}, & \text{如果满足约束条件} \\ PC + P_{\min}^{-1}, & \text{否则} \end{cases} \tag{8}$$

式中，V_{ij}^k 为蚂蚁 k 的生成解中各选项的取值系数，$V_{ij}^k=\begin{cases}0, & j=0\\1, & j=1\end{cases}$；$P_{\min}$ 为蚂蚁 k 的生成解对应的网络中不满足约束条件的节点最低可靠度；PC 为惩罚因子，可取为备选管网总造价.

3.2 对蚁群算法的 Benchmark 检验

3.2.1 基准 1

对于网络(a)，蚁群算法中相关参数设定如下：信息素量 $Q=20$，初始信息素值 $f_0=1$，信息素挥发因子 $d=0.2$，蚂蚁数量 $m=5$，算法终止原则采用最大迭代次数，$Ite_{\max}=50$. 程序由 VC++ 语言编写. 由于蚁群算法与初始随机数种子有关，因此设定不同的时间种子，对上述组合参数分别计算 10 次，结果如表 5 所示.

表 5 采用蚁群算法分析网络(a)的计算结果

节点可靠度约束	最低造价/万元	最低可靠度	进化代数		
			min	mean	max
0.7	91	0.729	1	1.9	4
0.8	119	0.81	1	1.8	5
0.9	173	0.963 9	1	1	1

注：表格中进化代数表示首次获得最优解的进化代数.

3.2.2 基准 2

对于网络(b)，蚁群算法中相关参数设定如下：信息素量 $Q=20$，初始信息素值 $f_0=1$，信息素挥发因子 $d=0.2$，蚂蚁数量 $m=10$，算法终止原则采用最大迭代次数，$Ite_{\max}=300$. 设定不同的种子，独立计算 10 次，结果如表 6 所示.

表 6 采用蚁群算法分析网络(b)的计算结果

节点可靠度约束	最低造价/万元	最低可靠度	进化代数		
			min	mean	max
0.7	120	0.81	16	84.8	282
0.8	120	0.81	4	94.7	253
0.9	173	0.963 9	1	67.3	212

注：表格中进化代数表示首次获得最优解的进化代数.

3.2.3 基准 3

对于网络(c)，蚁群算法中相关参数设定如下：信息素量 $Q=500$，初始信息素值 $f_0=10$，信息素挥发因子 $d=0.2$，蚂蚁数量 $m=14$，算法终止原则采用最大迭代次数，$Ite_{\max}=1\,000$. 设定不同的种子，独立计算 10 次，结果如表 7 所示.

表 7 采用蚁群算法分析网络(c)的搜索结果

计算次数	节点约束可靠度 0.7		节点约束可靠度 0.8		节点约束可靠度 0.9	
	造价/万元	最小可靠度	造价/万元	最小可靠度	造价/万元	最小可靠度
1	**3 438(8)**	**0.746 98**	4 045	0.840 64	4 479	0.916 39
2	3 585	0.785 72	3 844	0.816 12	**4 048(18)**	**0.919 78**
3	**3 438(9)**	**0.746 98**	3 962	0.853 05	4 623	0.936 37
4	3 614	0.729	3 962	0.853 05	**4 048(23)**	**0.919 78**
5	3 639	0.757 07	3 844	0.816 12	4 479	0.916 39
6	**3 438(34)**	**0.746 98**	3 786	0.800 12	4 479	0.916 39
7	3 585	0.785 72	3 818	0.81	4 479	0.916 39
8	3 614	0.729	4 163	0.824 3	**4 048(34)**	**0.919 78**
9	3 617	0.709 24	**3 761(7)**	**0.848 74**	4 623	0.936 37
10	3 840	0.768 29	**3 761(29)**	**0.848 74**	**4 048(284)**	**0.919 78**

注:表格中黑体部分表示全局最优解,圆括号中的数字表示首次获得最优解的进化代数.

综合表 5 至表 7 可以看出:利用蚁群算法优化网络,对于较简单的网络,可以保证在不同的优化计算次数时获得相同的结果.而对于复杂网络,则不能保证每次计算都能得到全局最优的拓扑结构,但可以保证在绝大部分情况下获得次优解.例如:对于网络(c),在节点可靠度约束为 0.7 时,算法 3 次搜到了最优解,4 次搜到了与最优解很接近的其造价与最优解仅相差 5%的次优网络;在节点可靠度约束为 0.8 时,2 次搜索到最优网络,6 次搜索到了次优网络;在节点可靠度约束为 0.9 时,4 次搜索到最优解,6 次搜索到次优解.上述结果说明:在生命线网络拓扑优化中采用蚁群算法是可行的,但对大型复杂网络,尚不能保证必然获得最优解答.

4 结 语

本文建立了生命线网络抗震拓扑优化基于连通可靠性的 Benchmark 模型,给出了不同节点可靠度约束下的最优网络拓扑,并对应用到生命线系统抗震拓扑优化问题中的蚁群算法进行了测试.从分析结果看,当网络规模较小时,蚁群算法能精确地搜索到最优解;当网络规模增大后,蚁群算法也能以较大概率搜索到最优解或次优解.值得指出的是,本文所建立的 Benchmark 模型对于不同的管线可靠度具有适应性,因此可广泛地应用于其它同类问题的测试.

参考文献

[1] 李杰.生命线工程抗震——基础理论与应用[M].北京:科学出版社,2005.
[2] 陈玲俐,叶志明,李杰.基于经济流速的管径优化方法[J].上海大学学报,2005,11(2):196-200.
[3] 包元锋.基于遗传算法的生命线工程网络抗震优化设计[J].防灾减灾工程学报,2006,26

(1):21-27.

[4] 卫书麟.大型供水管网抗震可靠性分析与优化[D].上海:同济大学,2005.

[5] 李杰,刘小坛,刘威.蚁群算法在生命线网络系统抗震拓扑优化中的应用[J].防灾减灾工程学报,2007,27(2):127-132.

[6] Li J, He J. A recursive decomposition algorithm for the network seismic reliability evaluation[J]. Earthquake Engineering and Structural Dynamics, 2002, (31): 1525-1539.

[7] Premprayoon P, Wardkein P. Topological communication network design using ant colony optimization[J]. Advanced Communication Technology, 2005, (2): 1147-1151.

[8] Dengiz B, Altiparmak F, Smith E. Efficient optimization of all-terminal reliable Networks using an evolutionary approach[J]. IEEE Transactions on Reliability, 1997, 46(1): 18-26.

[9] Dorigo M, Maniezzo V, Colorni A. Ant system: optimization by a colony of cooperating agents[J]. IEEE Transactions on Systems, Man, and Cybernetics-Part B, 1996, 26(1): 29-41.

Benchmark Models for Seismic Topological Optimization Problem of Lifeline Systems

Liu Xiao-tan　Liu Wei　Li Jie

Abstract: Benchmark models of seismic topological optimization of lifeline systems are important means of evaluating the validity and applicability of some new optimization algorithms. In this paper, based on the model of seismic topological optimization of lifeline systems, three Benchmark models on such optimization problem are presented firstly, then all of the networks belonging to the solution space are emulated by exhaust algorithm under the development environment of Visual Compaq Fortran, whereafter the optimal networks and some suboptimal networks subjected to different nodal reliability constraint are accurately located. Finally, based on the above proposed Benchmark models, the ant colony algorithm applied to seismic topological problem of lifeline network systems is tested. It is clear that the ant colony algorithm can accurately locate the optimal networks in small scale networks and likely find the optimal networks or suboptimal networks as the network's scale increasing.

(本文原载于《防灾减灾工程学报》第 27 卷第 3 期,2007 年 8 月)

城市供水管网系统抗震功能可靠度分析

陈玲俐　李 杰

摘　要　借鉴结构可靠度分析方法，提出了供水管网抗震功能可靠度分析的一次二阶矩方法.将渗漏面积作为供水管网管线震害的量化参数，使得震后供水管网的功能能够通过带渗漏供水管网的水力分析结果加以反映.通过引入供水管网系统随机水力模型，建立了渗漏面积为随机参数时管网节点水压的均值及方差计算格式.应用一次二阶矩方法，得到供水管网系统的抗震功能可靠度.通过实例分析反映了随机参数的相关系数对管网抗震可靠度的影响，并且比较了均值一次二阶矩法和改进一次二阶矩法的计算结果.

前　言

城市供水系统是现代城市重要的生命线工程系统之一.在近代发生的历次城市地震灾害中，城市供水管网系统均遭受了严重的破坏[1].供水管网中的埋地管线是系统中数量最多、投资最大的单元.同时，由于埋地管线隐蔽在地下、布置分散，震后检测和抢修都非常困难.因此，供水管网目前的抗震设计目标不是完全避免管线破坏，而是在管线遭受部分破坏情况下，仍能保证系统具有一定的震后供水能力，即：在预定服务水平要求下，管网节点水压应大于节点最低允许水压.由此，供水管网系统的抗震功能可靠度可以定义为：在地震作用下，供水系统发生破坏条件下，对应于预定的系统服务水平要求，供水管网节点水压大于节点最低允许水压的概率.

早期的供水管网抗震可靠度分析多采用 Monte-Carlo 模拟方法.就其分析目标，又可分为连通可靠性[2]和功能可靠性分析[3]两类.众所周知，Monte-Carlo 分析方法计算精度随模拟次数增加而提高.因此，为了获取较为满意的精度，不得不进行大量的管网分析.这大大限制了其工程实用性.针对这一问题，本文提出了供水管网抗震功能可靠度分析的一次二阶矩方法，为进行供水管网的抗震可靠度分析提供了一条简便直接的分析途径.

1 带渗漏供水管网震后供水能力分析

地震后,供水管线发生渗漏,由于检修困难,导致管网在一定时间内处于带渗漏工作状态,系统的服务水平降低.震后供水管网功能分析通过对带渗漏管网的水力计算,能够得到震后系统的服务状态.文献[4]建议了带渗漏管网的两类功能分析方法.其中,对于点式渗漏模型,带渗漏供水管网水力分析过程如下:

(1) 在预测渗漏管段增加虚拟节点模拟渗漏点,并提供节点(虚拟节点)水压的初始值.

(2) 节点水压力得到管段压力差.将压力差代入管段物理方程(如 Hessen-Willams 方程),得到管段流量.将虚拟节点压力代入渗漏模型中,得到渗漏流量.

(3) 将管段流量和渗漏流量代入节点流量平衡方程,得到节点流量不平衡量.当它达到规定精度时,结束;否则,进行下一步.

(4) 对管段物理方程求导,得到管段流量对节点水压力和虚拟节点压力的变化梯度.对渗漏模型求导,得到渗漏流量对虚拟节点压力的变化梯度.利用 Newton-Raphson 法对节点水压力进行线性修正,得到新的节点水压力.

重复步骤(2)、(3)和(4),直至达到规定精度.

由于地震中管线不可避免发生破坏,将导致整个供水管网系统的服务水平降低.日本的 Tadaka 将供水管网服务水平划分为四级,见表 1[5].在震后供水系统的服务水平评价时,利用这种划分标准,可以假定供水系统节点用水量等于某抗震阶段的某一级设防水平对于的用水量,并借以分析节点水压.

表 1 日本对供水管网抗震设计的标准

抗震阶段	设防水平	抗震设计要求	抗震设计的量化标准
大震阶段	一级	震后满足消防要求	节点供水量大于正常用水量的 3%
	二级	满足最低生活要求	节点供水量大于正常用水量的 30%
小震阶段	一级	满足基本生活要求	节点供水量大于正常用水量的 70%
	二级	满足正常生活要求	节点供水量等于正常用水量

2 供水管网抗震功能可靠度分析的一次二阶矩方法

在震后工作状态下,对每一个供水节点都可以建立如下形式的极限状态方程:

$$G_i = H_i(A_{leak}) - H_{i,\min} \tag{1}$$

式中, H 为管网节点水压,是管线渗漏面积的非线性函数; $H_{i\min}$ 为节点最小允许水压.

显然, $G_i > 0$ 对应节点可靠状态. $G_i = 0$ 对应节点极限状态. $G_i < 0$ 对应节点

失效状态. 因此,节点抗震功能可靠度可以表示为

$$P_i = P\ (G_i > 0) \tag{2}$$

引用可靠度分析的基本思想,供水管网的节点可靠指标可以表示为

$$\beta_i = \frac{u_{G_i}}{\sigma_{G_i}} \tag{3}$$

可靠指标与失效概率之间有一一对应关系. 如果 G_i 为正态分布,则节点失效概率

$$P_{fi} = 1 - \Phi(\beta_i) \tag{4}$$

本文建议将系统节点极限状态方程(1)在系统变量均值点处展开,并近似用非线性函数 Taylor 展开式的线性主部代替原来的非线性函数. 由此,可以计算得到的近似值,代入式(3),即求得系统节点可靠性指标. 由于这一方法在精神实质上与结构可靠度分析中心点法的一致性,我们称其为均值一次二阶矩方法. 以下具体推导这一方法的计算格式.

供水管网在渗漏状态下的水力方程可以表示为

$$F(\boldsymbol{H}', \boldsymbol{Q}') = 0 \tag{5}$$

其中, $\boldsymbol{H}' = [H_1,\ H_2,\ \cdots,\ H_n,\ H_{L,1},\ \cdots,\ H_{L,n2}]^{\mathrm{T}}$, $\boldsymbol{Q}' = [Q_1,\ Q_2,\ \cdots,\ Q_n,\ Q_{L,1},\ \cdots,\ Q_{L,n2}]^{\mathrm{T}}$. Q_1 到 Q_n 为管网已知信息, H' 为未知信息; n_2 为破坏管线数,意味着管网增加 n_2 个渗漏点; $Q_{L,i}$ 由渗漏模型计算.

在地震作用下,埋地管线发生随机破坏,表现为每条埋地管线的渗漏面积的大小是随机的. 在每条管线中间设置一个虚拟节点,来模拟管线破坏导致的水量和水压的损失. 其中,虚拟节点的出水面积等于管线的渗漏面积,出水量等于破坏管线的渗漏流量. 地震作用下埋地管线渗漏面积估算方法见文献[6]和[7]. 采用经验模式法,地震作用下埋地管线渗漏面积的均值和方差为

$$E(A_L) = \left[\frac{p_{f1}\cdot\alpha_1^2 + p_{f2}\cdot(\alpha_2^2 - \alpha_1^2)}{2} + \frac{p_{f3}\cdot(1 - 3\alpha_2^2 + 2\alpha_2^3)}{6(1-\alpha_2)}\right]\cdot A \tag{6}$$

$$\sigma^2(A_L) = \left[\frac{p_{f1}\cdot\alpha_1^3 + p_{f2}\cdot(\alpha_2^3 - \alpha_1^3)}{3} + \frac{p_{f3}\cdot(1 - 4\alpha_2^3 + 3\alpha_2^4)}{12(1-\alpha_2)}\right]\cdot A^2 \tag{7}$$

其中, p_{f1}, p_{f2}, p_{f3} 分别为管线在地震作用下处于基本完好状态、中等破坏状态和严重破坏状态的概率; α_1, α_2 是两个模糊界限值,由震害调查人员的偏好统计得到,两个值所对应的临界破坏状态应与震害调查中的破坏状态相符,也可以建立专家系统确定. 本文建议 $\alpha_1 = 0.02 \sim 0.05$, $\alpha_2 = 0.15 \sim 0.3$.

管线发生随机的渗漏面积又会引起系统节点 H' 的随机性. 因此,式(5)不再是一个确定的方程,而是代表管网的随机水力关系. 对式(5)作一阶 Taylor 展开,得

$$F(H', Q') + \frac{\partial F}{\partial H'} \cdot \Delta H' + \frac{\partial F}{\partial Q'} \cdot \Delta Q' = 0 \tag{8}$$

其中，

$$\Delta Q' = \begin{Bmatrix} 0 \\ \dfrac{\partial Q_L}{\partial H_L} \cdot \Delta H_L + \dfrac{\partial Q_L}{\partial A_L} \cdot \Delta A_L \end{Bmatrix} \tag{9}$$

$$\frac{\partial F}{\partial H'} = \left[\begin{array}{c|c} \dfrac{\partial F^1}{\partial H^1}, \cdots, \dfrac{\partial F^1}{\partial H^n}, & \dfrac{\partial F^1}{\partial H^{L,1}} \cdots, \dfrac{\partial F^1}{\partial H^{L,n2}} \\ \cdots & \cdots \\ \dfrac{\partial F^n}{\partial H^1}, \cdots, \dfrac{\partial F^n}{\partial H^n}, & \dfrac{\partial F^n}{\partial H^{L,1}} \cdots, \dfrac{\partial F^n}{\partial H^{L,n2}} \\ \hline \dfrac{\partial F^{n+1}}{\partial H^1}, \cdots, \dfrac{\partial F^{n+1}}{\partial H^n}, & \dfrac{\partial F^{n+1}}{\partial H^{L,1}} \cdots, \dfrac{\partial F^{n+1}}{\partial H^{L,n2}} \\ \cdots & \cdots \\ \dfrac{\partial F^{n+n2}}{\partial H^1}, \cdots, \dfrac{\partial F^{n+n2}}{\partial H}, & \dfrac{\partial F^{n+n2}}{\partial H^{L,1}} \cdots, \dfrac{\partial F^{n+n2}}{\partial H^{L,n2}} \end{array}\right] = \begin{bmatrix} J_0, & J_{12} \\ J_{21}, & J_{22} \end{bmatrix} \tag{10}$$

$$\frac{\partial Q_L}{\partial A_L} = \begin{bmatrix} \dfrac{\partial Q_L}{\partial A_{L,1}} & 0 & \cdots \\ \cdots & \ddots & \cdots \\ \cdots & 0 & \dfrac{\partial Q_L}{\partial A_{L,n2}} \end{bmatrix} = J_{AL} \tag{11}$$

$$\frac{\partial Q_L}{\partial H_L} = \begin{bmatrix} \dfrac{\partial Q_L}{\partial H_{L,1}} & 0 & \cdots \\ \cdots & \ddots & \cdots \\ \cdots & 0 & \dfrac{\partial Q_L}{\partial H_{L,n2}} \end{bmatrix} = J_{HL} \tag{12}$$

因为水力方程在系统变量均值处是平衡的，因此式(9)中的第一项为0. 由此，式(9)可进一步展开为

$$J_0(H - \bar{H}) + J_{12}(H_L - \bar{H}_L) = 0 \tag{13a}$$

$$J_{21}(H - \bar{H}) + J_{22}(H_L - \bar{H}_l) + J_{AL}(A_L - \bar{A}_L) + J_{HL}(H_L - \bar{H}_L) = 0 \tag{13b}$$

从(13)中可以得到

$$\begin{aligned} H_L - \bar{H}_L &= -(J_{22} + J_{HL})^{-1}[J_{AL}(A_L - \bar{A}_L) + J_{21}(\bar{H} - \bar{H})] \\ &= -(J'_{22})^{-1}[J_{AL}(A_L - \bar{A}_L) + J_{21}(H - \bar{H})] \end{aligned} \tag{14}$$

将(14)代入(13a),得到

$$[J_0 - J_{12}(J'_{22})^{-1} + J_{21}](H - \bar{H}) = J_{12}(J'_{22})^{-1}J_{AL}(A_L - \bar{A}_L) \tag{15}$$

令:

$$\begin{aligned} A &= J_0 - J_{12}(J'_{22})^{-1} + J_{21} \\ B &= J_{12}(J'_{22})^{-1}J_{AL} \end{aligned} \tag{16}$$

则

$$H = \bar{H} + A^{-1}B(A_L - \bar{A}_L) = \hat{H} + CA_L \tag{17}$$

其中,$\hat{H} = \bar{H} - A^{-1}B\bar{A}_L$, $C = A^{-1}B$

式(17)表明:震后供水管网节点水压的随机特征可以由管段渗漏面积的随机特征得到. 显然,对于式(17)第一个等式求期望值,将给出节点水压均值. 在本文中,采用均值参数给出的水力分析结果作为节点水压均值. 而利用式(17)的后一等式,容易给出节点水压的方差为:

$$\sigma_{Hi}^2 = \sum_{j=1}^{n_2}\sum_{k=1}^{n_2} C_{ij}C_{ik}Cov(A_{Lj}, A_{Lk}) \tag{18}$$

其中,n_2 为渗漏节点,n 为管网用水节点,$i = 1, 2, \cdots, n$, C_{ij} 是矩阵C 中的元素.

根据式(3)节点可靠指标为

$$\beta_i = \frac{\bar{H}_i - H_{\min}}{\sigma_{Hi}} \quad (i = 1, 2, \cdots, n) \tag{19}$$

显然,供水系统抗震功能可靠度能够应用节点可靠性指标向量(β_1, β_2, $\cdots$, β_n)表示之.

均值一次二阶矩法适用于系统极限状态方程的非线性程度不高,且随机参数为正态或对数正态分布的系统可靠性分析,可以得到较好的精度. 在上面两个条件不满足时,MVFOSM 得到的可靠指标可能与系统实际可靠指标相差较大. MVFOSM 法由于省略了 Taylor 级数的多阶和高阶项,将引入误差. 对于非线性的极限状态方程,误差将随着均值 x_{i0} 到随机变量点 x_i($i = 1, 2, \cdots, n$) 的距离增加而增大. 原因是均值 x_{i0} 一般位于安全区域 $g(X) > 0$ 内,而 x_i 在极限状态曲面 $g(X) = 0$ 上. 其次对于同一个问题,当采用不同的系统极限状态方程时得到的可靠度指标可能不同.

针对 MVFOSM 法存在的问题,人们将 Taylor 展开式的点选在位于极限状态曲面、并具有最大可能失效概率的点上. 这种方法称为改进的一次二阶矩法(FORM)或验算点法.

3 供水管网抗震功能可靠度分析的改进一次二阶矩法

改进一次二阶矩法又称验算点法、设计点法，是针对均值一次二阶矩法的缺点提出的一种改进的方法. FORM 法无须知道随机参数的概率分布信息. 对于任意概率分布或概率分布未知的随机变量总可以通过下面的变换化成标准正态分布

$$y = \frac{x - \mu_x}{\sigma_x} \tag{20}$$

则极限状态方程变为

$$g(x) = g'(Y) \tag{21}$$

FORM 与 MVFOSM 的原理基本相同，都是将非线性极限状态方程线性化，采用线性方程的误差传递关系，得到非线性函数的近似方差. 但是在 FORM 与 MVFOSM 的线性化过程中，方程的展开点不同. 在 MVFOSM 中方程展开点为随机参数的均值点，而在 FORM 中方程展开点为系统验算点(设计点). 验算点是在系统极限状态方程所表示的曲面中对应最小可靠指标的点. 从几何角度描述，也就是极限状态曲面上，距离坐标源点最近的点称为系统验算点. 由于线性展开点的不同，使 FORM 与 MVFOSM 的可靠指标计算过程完全不同. Shinozuka 在 1983 年证明位于极限状态曲面，并具有最大可能失效概率的验算点 Y^* 满足以下条件

$$\text{min.} \quad Y^T Y \tag{22}$$

$$\text{s. t.} \quad g'(Y) = 0 \tag{23}$$

由于在 FORM 中要在极限状态曲面上确定验算点，这是一个优化过程，因此 FORM 比 MVFOSM 要复杂的多. FORM 又有多种计算格式：1974 年 Hasofer 和 Lind 提出的 H-L 法；1984 年赵国藩提出的改进 R-F 法和 FORM 的实用分析法. 各种 FORM 的分析方法的区别在于验算点 Y^* 的计算过程不同，其中最常用的方法是 H-L 法.

H-L 法求解格式如下：

$$Y_{k+1} = \left(Y_k^T a_k + \frac{g'(Y_k)}{|\ G(Y_k)\ |}\right) a_K \tag{24}$$

$$a_k = -\frac{G_L^T(Y_k)}{|\ G(Y_k)\ |} \tag{25}$$

$$G(Y) = \left(\frac{\partial g'}{\partial Y}\right) = \left(\frac{\partial g'}{\partial y_1}, \frac{\partial g'}{\partial y_2}, \cdots, \frac{\partial g'}{\partial y_n}\right) \tag{26}$$

$$\frac{\partial g'}{\partial y_i}=\frac{\partial g}{\partial x_i}\frac{\partial x_i}{\partial y_i}=\sigma_{xi}\frac{\partial g}{\partial x_i} \tag{27}$$

最终 $\beta=\sqrt{Y^{*T}Y^{*}}=a^{*T}Y^{*}$.

Liu 和 Der Kiurghian 指出 H-L 法有时会不收敛.[8]对此他们构造了一个非负的品质函数以改善算法的收敛进程.

$$m(Y_k)=\frac{1}{2}|Y_k-a_k^TY_ka_k|^2+\frac{1}{2}cg'^2(Y_k) \tag{28}$$

当 $m(Y_{k+1})<m(Y_k)$，接受 Y_{k+1}；否则，取 Y_{k+1} 和 Y_k 的中间点作为 Y_{k+1}，重新作品质检验，直至找到品质函数值小于 $m(Y_k)$ 的点为止.

改进后的 H-L 法的稳定性和计算效率都非常优秀.

假如随机参数不是正态分布，需要先对参数进行正态化，变成正态分布，例如，假定 X 服从对数正态分布，则 $Y=\mathrm{Ln}(X)$ 服从正态分布，则

$$E(Y)=\mathrm{Ln}\left[E(X)-\frac{1}{2}\sigma^2(Y)\right] \tag{29}$$

$$\sigma^2(Y)=\mathrm{Ln}\left(\frac{\sigma^2(X)}{E^2(X)}+1\right) \tag{30}$$

至此，上面介绍的求解格式基本不变.

假如随机参数之间具有相关性，需要先对参数进行正交化处理，使参数变成独立的变量. 假定 X 的相关矩阵为 C_x，A 为 C_x 的单位特征向量，则

$$Y=A\cdot X \tag{31}$$

Y 为 X 正交化后的参数. Y 的方差为 C_x 的特征值. Y 的分布类型与 X 相同，正态化过程和可靠指标的求解格式与前面已经介绍的方法基本相同.

4 实例分析

分析图 2 所示的供水管网在 8 度地震作用下的抗震性能. 1 节点为水源点，源点水压为 41 米，其它各节点的允许最小服务水压为 10 米.

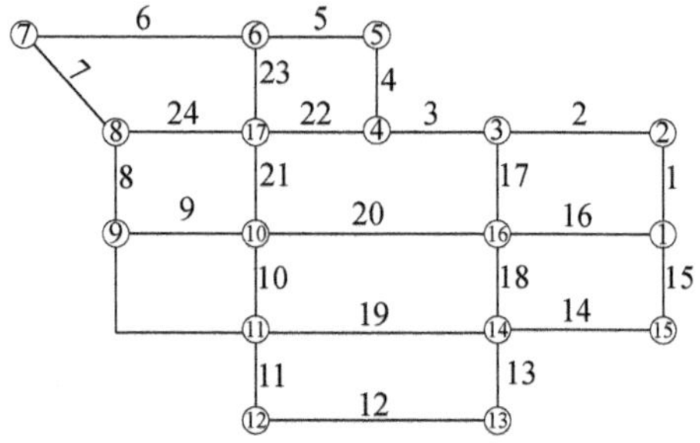

图 2 供水管网

已知管线管材为延性铸铁管，管线的 Hazen-Williams 粗糙系数 CHW 为 110. 管道接头形式采用橡胶密封圈接头. 根据美国生命线联合会给出的经验公式[1]，管网的震害率为 $RR=0.101$ 处/千米，$P_{f3}=1-e^{-0.15\cdot RR\cdot L}$，$P_{f2}=1-e^{-0.85\cdot RR\cdot L}$，$P_{f1}=$

$1-P_{f2}-P_{f3}$. 取 $\alpha_1=0.02$，$\alpha_2=0.2$，由公式(6)和(7)能够得到管网各管线在地震作用下的渗漏面积的均值、方差. 结果见表 2.

表 2　地震作用下管线渗漏面积均值和标准差(m^2)

管线号	均值	标准差	管线号	均值	标准差	管线号	均值	标准差
1-2	002 027	005 838	9-10	000 977	002 867	16-3	000 792	002 280
2-3	002 875	008 340	10-11	000 483	001 372	16-14	000 755	002 143
3-4	001 451	003 184	11-12	000 792	002 280	14-11	001 460	004 276
4-5	000 792	002 280	12-13	001 050	003 069	16-10	000 816	001 791
5-6	000 602	001 766	13-14	000 717	001 997	10-17	001 140	003 284
6-7	000 719	002 085	14-15	002 201	006 385	4-17	001 354	003 974
7-8	000 545	001 589	15-1	001 932	005 487	17-6	000 507	001 459
8-9	000 507	001 459	1-16	002 875	008 340	17-8	000 977	002 867

分别进行正常使用阶段和震后阶段的供水管网功能分析，分析结果见图 3. 从图 3 中可以明显看出管线震害造成整个供水管网节点水压不同程度的降低.

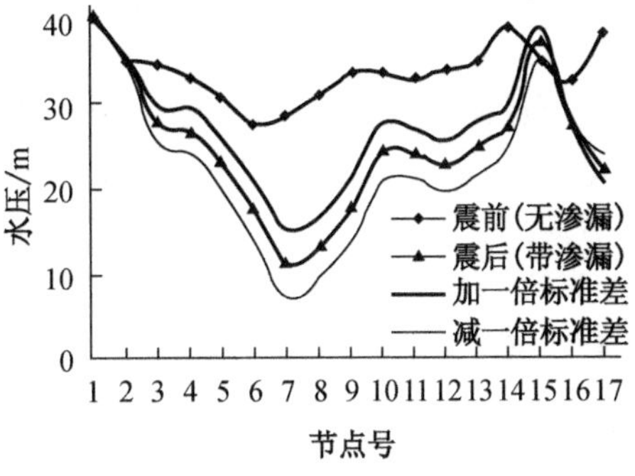

图 3　节点水压分布图

应用本文的均值一次二阶矩方法，计算管网在不同抗震设计要求下各供水节点抗震可靠度. 计算结果见图 4. 地震中，管线单元的震害之间存在一定的相关关系. 在管网抗震可靠度计算中，相关系数对节点抗震可靠指标的大小有影响. 图 5 为不同相关系数下用均值一次二阶矩方法计算得到的管网各供水节点的抗震可靠指标. 图 4、图 5 中的节占不包括虚拟节点.

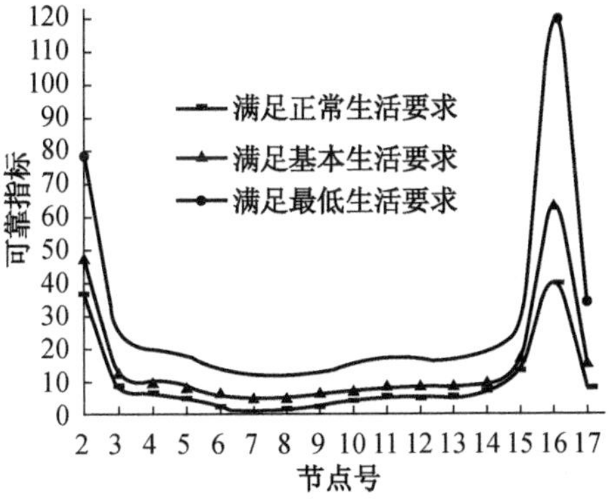

图 4　节点抗震可靠指标(相关系数=0.1)

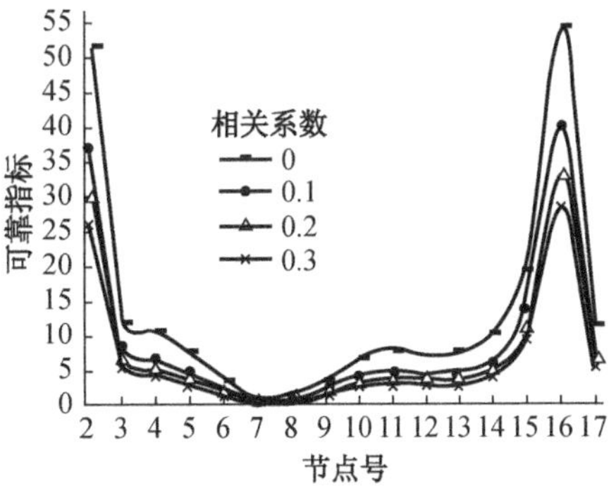

图 5　节点抗震可靠指标(满足正常生活要求)

从图 5 可见，节点 7 的抗震可靠指标最低，可以认为节点 7 是系统最不可靠节点. 以 7 节点的极限状态方程作为改进一次二阶矩法的展开曲面，得到节点 7 的可靠指标为−0.885. 以管网中其它几个节点的极限状态方程作为改进一次二阶矩法的展开曲面，得到节点的抗震功能可靠指标见表3.

表3 改进一次二阶矩法得到的几个节点抗震功能可靠指标

节点号	4	5	6	7	8	9	10
抗震可靠指标	0.846	−0.311	−1.669	−0.885	−0.154	1.480	0.857

改进一次二阶矩法与均值一次二阶矩法得到的节点可靠指标相差较大. 从图3可见，系统节点的震后水压均值高于节点允许最小服务水压. 这说明采用均值一次二阶矩法时，节点的Taylor展开点偏离对应的节点极限状态曲面很远，因此采用改进一次二阶矩法得到的节点抗震可靠度指标与均值一次二阶矩法得的节点抗震可靠度指标也相差较远.

靠近管网源点的几个节点，如2，3，15，16等节点(图2)的水压虽然受震害影响会降低，但是仍远高于节点允许最小服务水压. 假设这几个节点达到极限状态，则管网其它节点早已完全丧失供水能力，管网功能处于完全崩溃状态，已经不是本文所讨论的状态. 所以，改进一次二阶矩法不能用于管网中所有节点抗震功能可靠度分析. 鉴于此，本文建议在供水管网抗震功能可靠度分析中采用均值一次二阶矩方法.

5 结 语

本文给出了供水管网抗震功能可靠度分析的均值一次二阶矩方法和改进一次二阶矩法. 推导了具体的计算格式，并给出了计算实例. 对比均值一次二阶矩方法，改进一次二阶矩法的计算工作量有较大的增加. 另外，两种方法得到的节点抗震功能可靠指标相差较大. 虽然从理论上说改进一次二阶矩法比均值一次二阶矩法更准确，但是本文仍然建议在供水管网抗震功能可靠度分析中采用均值一次二阶矩方法. 均值一次二阶矩方法的计算结果能够反映各节点抗震功能可靠度相对大小，已经能够满足供水管网系统的抗震功能可靠度优化的需要[10].

参考文献

[1] ALA(American Lifeline Alliance). Seismic fragility formulations for water system[R]. ASCE, 2001.

[2] 何军，李杰. 大型生命线工程系统抗震可靠度的递推分解算法[J]. 同济大学学报，2001，7：757-672.

[3] Hwang(b) H, Zhou X, Hu Y, Shinozuka M. Comparison of American and Chinese methodologies for evaluation seismic performance of water delivery systems[C]. Optimizing Post-earthquake Lifeline System Reliability, ASCE, Restion, Virginia, 2000:343-350.

[4] 陈玲利，李杰. 供水管网渗漏分析研究[J]. 地震工程与工程振动，2003，23(1)：115-121.

[5] Kameda H, Goto H, Kasuga T. System reliability and serviceability of water supply

pipelines under seismic environment[C]. Proceedings of the 8th World Conference on Earthquake Engineering, 1984, 7:491-498.
[6] 陈玲俐. 城市供水系统抗震功能分析与优化[D]. 上海:同济大学,2002.
[7] 陈玲俐,李杰. 供水管线震害量化参数——渗漏面积的估算方法[J]. 自然灾害学报,2003,12(1):69-72.
[8] Liu Peiling, Kiureghian A D. Optimization algorithms for structure reliabiltiy[J]. Structural Safety, 1991, 9:161-177.
[9] Xu Chengchao, Goulter I C. Probabilistic model for water distribution reliability[J]. J. Water Resources Planning and Management, 1988, 124(4):218-228.
[10] Chen Lingli, Li J, Xu C. Aseismic reliability-based optimization for water supply network [J] Taipei, Taiwan: China The Ninth Conference on Computing in Civil and Engineering, 2002, 2:793-798.

Aseismatic Serviceability Analysis of Water Supply Network

Chen Ling-li　Li Jie

Abstract: The mean-value-first-order-second-moment method and advanced first-order-second-moment method are used to analyze the aseismatic serviceability of water supply network. The pipe leakage area measures the seismic damage of the water supply network. The pressure distribution of the water supply network with leakage can present the survival function of a system after an earthquake. The mean values and variances of nodal heads can be obtained through probabilistic model recognizing uncertainty in seismic damage of water supply network. Thus, the aseismatic serviceability of the water supply network is obtained. The results of the two methods are compared.

(本文原载于《工程力学》第 21 卷第 4 期,2004 年 8 月)

基于模拟退火算法的供水管网抗震优化设计

李杰　卫书麟　刘威

摘　要　本文以管网造价为优化目标，管网拓扑结构为优化参数，管网节点最低可靠度为约束条件，建立了供水管网抗震拓扑优化模型. 在供水管网功能可靠性分析方法的基础上，结合单元概率重要度分析方法，利用模拟退火算法提出了供水管网的抗震拓扑优化方法，并对一典型供水管网进行了拓扑优化分析. 分析表明，对于管网抗震拓扑优化这样一个组合优化问题，模拟退火算法提供了一类很好的途径，以此为基础进行供水管网抗震可靠性优化设计具有很好的效果.

引　言

生命线工程系统是指维系现代城市功能与区域经济功能的基础性工程设施系统[1]. 在近代历史震例中，生命线工程系统因地震灾害而导致严重功能损害或破坏的事例比比皆是. 在强烈地震作用下城市生命线系统仍保有较高的抗震可靠性是一个亟待解决的问题. 进行网络抗震优化设计，其目的正是希望系统在保有规定的抗震可靠度的条件下，使系统达到最为经济和合理. 遗憾的是，长期以来，受制于供水系统抗震功能可靠性分析的计算效率，在国内外抗震研究中，关于城市供水系统抗震可靠性优化的研究很少见. 2001 年，陈玲俐、李杰首次利用遗传算法进行了基于抗震功能可靠性的供水系统优化研究[2].

管网设计的合理与否不仅决定了整个工程的建设投资大小，而且决定了系统服务性能的优劣，运营费用的高低、资源合理消耗量水平、可维修性和系统在灾害袭击下的功能稳定性. 生命线工程系统最初的设计都是建立在大量设计实践基础上的启发式方法. 启发式方法形式直观简单，但它缺少严格的数学证明. 在比较了其他一些现代优化算法如禁忌搜索、遗传算法、神经网络等算法之后，本文选用模拟退火算法作为网络系统拓扑结构的优化工具.

1　供水管网的抗震拓扑优化模型

优化设计目标是指系统期望达到的性能标准. 就生命线工程中的供水管网这

样一个复杂大系统而言,其优化设计往往要考虑多种指标,如服务可靠性、建设经济性、运营经济合理性和抗灾可靠性等,好的设计应该是系统多种优化指标的协调.本文以抗震可靠度为约束,以管网建设造价为设计目标来进行供水管网的优化设计.

供水管网的基本设计参数包括网络的拓扑结构形式,管线的管径、管材、接头形式等.这些设计参数是影响网络抗震可靠度的基本参数.

管径对抗震可靠度的影响不仅仅体现在管线可靠度的提高,而且会提高管线的运输能力,减少运输过程中的压力降.分析表明,管径的改变可以提高管网连通可靠度,并且能在一定范围内提高网络的功能可靠度[3].在管网抗震优化设计中,单纯通过管径优化提高管网抗震可靠度并不可行,较好的方式是结合管网日常运行性质实现管径优化.

管材对单元抗震可靠度有较为明显的影响.当单元的其他属性均相同时,采用不同的管材将得到不同的期望抗震可靠度.在实际工程中,通过大量改变管线的管材来提高系统抗震可靠性并不现实.

供水管网系统中管线的接头形式对系统管线抗震可靠度影响较大.然而,在已建成管网的抗震改造设计中,通过大面积改造管线接头形式工程量巨大,往往得不偿失.

对于埋地管网系统的抗震可靠性优化,以管网拓扑形式优化较为现实.通过在必要的位置增设或删除管线可以使网络系统功能达到最优.以管网运行中的经济管径范围为约束条件,进行网络拓扑优化,是实现供水管网抗震优化设计的最佳途径.

一般而言,管线系统的工程造价可以用下列函数来估算:

$$C = \sum_{i=1}^{N_{\text{pipe}}} \gamma_i (a_1 + a_2 \cdot d_i^{a_3}) \cdot l_i \tag{1}$$

其中,a_1, a_2, a_3 是造价经验系数,可以分别取 621 051, 1 979.7, 1.486[4];γ_i 为连通系数,铺设该管段取 1,不铺设则取 0;N_{pipe}为管线总数;d_i 为管径(单位:m);l_i 为管长(单位:m).

以供水管网的造价为优化目标,可以建立如下的优化模型:

$$\begin{aligned} &\text{P1:} \quad && \min C \\ &\text{Subject to:} \quad && \beta_{\min} \geqslant \beta_0 \\ & && d_{\min} \leqslant d_i \leqslant d_{\max} \end{aligned} \tag{2}$$

其中, $\beta_{\min}$为供水管网所有节点的抗震可靠度指标的最小值,可以通过本文下面的供水管网抗震功能可靠性分析方法得到;β_0 为供水管网的允许抗震可靠指标限值;$d_{\min}$, $d_{\max}$分别为管网运行中经济管径的最小值和最大值.

2 供水管网抗震功能可靠性分析

城市供水管网抗震功能可靠度分析用于评价供水管网系统的抗震能力，它是进行网络抗震功能优化改造和设计的基础，分析方法的精度和计算效率直接影响抗震优化设计的可行性. 陈玲俐，李杰结合对震后渗漏管网的分析[5]，发展了城市供水系统抗震功能可靠性分析的一次二阶矩方法[2]. 文献[6, 7]进一步研究了供水管网渗漏模型，对供水管网抗震功能可靠性分析方法作出了进一步改进. 本文将以此作为工具求解各优化方案中节点的抗震可靠度指标.

带渗漏管网的节点水力方程式可写为

$$f(H):\ AR(A^{\mathrm{T}}H)^{\alpha} - Q_N - Q_L = 0 \tag{3}$$

供水管网的节点极限状态方程可以写为

$$Z_i = H_i - H_{i\min} = g_i - H_{i\min} \quad (i = 1,\ 2,\ \cdots,\ n) \tag{4}$$

其中，$H_i = g_i(A,\ R,\ Q_N,\ Q_L)(i=1,\ 2,\ \cdots,\ n)$为由方程(3)求得的管网节点 i 处的水压；$H_{i\min}$为节点 i 处最小允许水压；Q_N 为 $n\times 1$ 维节点流量向量，n 为管网中节点总数；Q_L 为节点渗漏流量(单位为 m^3/s)，可采用文献[6-7]中的渗漏模型得到.

显然，$Z_i>0$ 对应节点 i 的可靠状态；$Z_i<0$ 对应节点 i 的失效状态；$Z_i=0$ 对应节点 i 的极限状态. 则节点 i 保有服务功能的概率，即节点 i 的可靠度为

$$P_{si} = P \quad (Z_i > 0) \tag{5}$$

设基本随机变量为管线接头渗漏面积 A_{Lj}，并记

$$\mu_j = E(A_{Lj}) = \bar{A_{Lj}} \tag{6}$$

$$\sigma_j = E[(A_{Lj} - \mu_j)^2] \tag{7}$$

此两值不难由管段接头变形的概率分析[6]求出.

将 Z_i 在均值处展开并取线性部分有：

$$Z_i \approx g_i(\mu_1,\ \mu_2,\ \cdots,\ \mu_n) - H_{i\min} + \sum_{j=1}^{n} a_j(A_{Lj} - \mu_j) \quad (i = 1,\ 2,\ \cdots,\ n) \tag{8}$$

其中：

$$a_j = \left(\frac{\partial g_i}{\partial Q_N}\frac{\partial Q_N}{\partial A_{Lj}} + \frac{\partial g_i}{\partial Q_L}\frac{\partial Q_L}{\partial A_{Lj}}\right) \tag{9}$$

若假定各随机变量彼此独立，则可知：

$$\mu_{z_i} \approx g_i(\mu_1,\ \mu_2,\ \cdots,\ \mu_n) - H_{i\min} \quad (i = 1,\ 2,\ \cdots,\ n) \tag{10}$$

$$\sigma_{z_i} \approx \sqrt{\sum_{j=1}^{n}(a_j\sigma_j)^2} \quad (i = 1,\ 2,\ \cdots,\ n) \tag{11}$$

式中，σ_j 按式(7)取值.

当各基本变量 A_{Lj} 服从正态分布时，Z_i 显然服从正态分布，则节点可靠性指标为

$$\beta_i = \frac{\mu_{z_i}}{\sigma_{z_i}} \quad (i = 1,\ 2\cdots,\ n) \tag{12}$$

3 供水网络系统抗震功能可靠性优化

3.1 模拟退火算法基本原理[8-11]

模拟退火的思想最早是由 Metropolis[10] 在 1953 年提出的，它源于对物体降温过程中的统计热力学现象的研究. Kirkpatrick 等人[11] 在 1982 年正式提出模拟退火算法，并成功地将它应用在组合优化问题中. 模拟退火的基本思想是对决定性算法引入随机扰动，使得当考察点达到局部极值时，算法过程有一个小概率“跳出”局部极值陷阱的能力. 在组合优化过程中引入 Metropolis 准则就得到一种对 Metropolis 算法进行迭代的组合优化算法. 因为它是模拟物理系统退火过程的随机性迭代寻优方法，故被称之为“模拟退火算法”. 模拟退火算法是局部搜索算法的扩展，所以理论上来说，它是一个全局最优算法. 具有易实现和全局渐进收敛的特点，被广泛应用于求解一些 NP 问题.

在模拟退火算法中，设优化问题的一个解 i 及其目标函数 $f(i)$ 分别与固体的一个微观状态 i 及其能量 E_i 等价，随着算法进程递减其值的控制参数 t 相当于固体退火过程中的温度的角色，则对于控制参数 t 的每一取值，算法持续进行“产生新解-判断-接受/舍弃”的迭代过程就对应着固体在某一恒定温度下趋于热平衡的过程，也就是执行了一次 Metropolis 算法. 与 Metropolis 算法从某一初始状态出发，通过计算系统的时间演化过程，求出系统最终达到的状态相似，模拟退火算法从某个初始解出发，从邻域中随机产生另一个解，接受准则允许目标函数在有限范围内变坏. 经过大量解的变换后，可以求得给定控制参数 t 值时组合优化问题的相对最优解. 然后减小控制参数 t 的值，重复执行 Metropolis 算法，当控制参数 t 趋于零时，系统亦越来越趋于平衡状态，最终求得组合优化问题的整体最优解.

模拟退火算法用 Metropolis 算法产生组合优化问题解的序列，并由与 Metropolis 准则对应的转移概率 P：

$$P_i(i \Rightarrow j)\begin{cases} 1, & f(j) \leqslant f(i) \\ \exp\left(\dfrac{f(i) - f(j)}{t}\right), & f(j) > f(i) \end{cases} \tag{13}$$

确定是否接受从当前解 i 到新解 j 的转移. 式(13)中的 $t \in R$ 表示控制参数. 开始让 t 取较大的值(与固体的溶解温度相对应)，在进行足够多的转移后，缓慢减小 t 的

值(与“徐徐”降温相对应),如此重复,直至满足某个停止准则,算法终止.因此,模拟退火算法可视为递减控制参数值时 Metropolis 算法的迭代.

假定存在邻域结构和产生器,再设 L_k 表示 Metropolis 算法第 k 次迭代时产生的变换个数,t_k 表示 Metropolis 算法第 k 次迭代时控制参数 t 的值,$T(t)$表示控制参数更新函数,t_0 表示初始温度,t_f 表示终止温度,则模拟退火算法的具体操作步骤可归结如下:

(1) 随机产生一个初始解,以此作为当前最优点,并计算目标函数值;

(2) 设置初始温度、终止温度及控制参数更新函数:t_0, t_f, $T(t)$;

(3) $t_k=T(t_k-1)$,设置 L_k,令循环计数器初值 $k=1$;

(4) 对当前最优点作一随机变动,产生一个新解,计算新解的目标函数,并计算目标函数的增量 Δ;

(5) 若 $\Delta<0$,则接受该新解为当前最优点;若 $\Delta\geqslant 0$,则以概率式(13)的方式接受该新解为当前最优点;

(6) 若 $k<L_k$,则 $k=k+1$,转(4);

(7) 若 $t<t_f$,则转(3);若 $t\geqslant t_f$,则输出当前最优点,算法结束.

模拟退火算法比启发式算法的解空间更大些,并且可以从局部最优的“陷阱”中跳出,因此更能求得优化问题的整体最优解,又不失简单性和通用性.对大多数优化问题而言,模拟退火算法要优于局部搜索算法,所得近似最优解的质量也比局部搜索算法好.

3.2 单元概率重要度分析

系统可靠度是由组成系统的单元可靠度决定的.对于供水管网系统,最主要的组成单元就是管线,它也是系统抗震中薄弱的单元.系统中每个单元对系统可靠度的贡献是不同的,改变某些单元的可靠度对系统可靠性可能产生较大的影响,而改变另一些单元的可靠度可能不会造成系统可靠度较大的波动.网络系统单元的概率重要度分析能够为选择网络系统的优化方向提供信息,即在优化过程中,应优先选择重要度大的单元和单元设计方案作为优化结果.

网络系统 S 的单元 j 的概率重要度可定义为[12]

$$I_{\mathrm{prob},\,j}=\frac{\partial P_f}{\partial q_j}=\frac{\partial P_f(q_1,\ \cdots,\ q_j,\ \cdots,\ q_J)}{\partial q_j} \tag{14}$$

其中,$P_f(q_1,\ \cdots,\ q_j,\ \cdots,\ q_J)$为系统 S 的失效概率,q_j 是网络系统中 j 单元的失效概率,J 为系统单元数目.可以看出,单元 j 的概率重要度是网络系统 S 的失效概率对单元 j 失效概率的变化率,因此,$\partial P_f/\partial q_j$ 越大,即 $I_{\mathrm{prob},\,j}$ 值越大,则 j 单元对系统失效的可能性影响也越大,也就愈加重要.通过改造该单元,可以获取系统可靠性较大的提高.在系统可靠度的优化分析中,应选择每一步中概率重要度大的单元作为这一步中的优化单元和单元优化方案.

对于供水管网而言,因为系统功能可靠度无法表示为管线单元可靠度的显式函数,所以在基于功能可靠度的优化设计中进行单元概率重要度分析成为一大难题.考虑到供水管网的功能可靠度反映的是水流能否以一定的压力水平从源点到达汇点,而连通性与功能的可达性之间存在这样的关系,即连通不一定可达,而可达则一定连通,对连通可靠性影响较大的管段,往往也是对功能可靠性起关键作用的管段.因此,在文献[8]提出的基于连通可靠度的管线单元概率重要度分析方法基础上,本文尝试给出功能可靠性分析时单元概率重要度的求解方式.

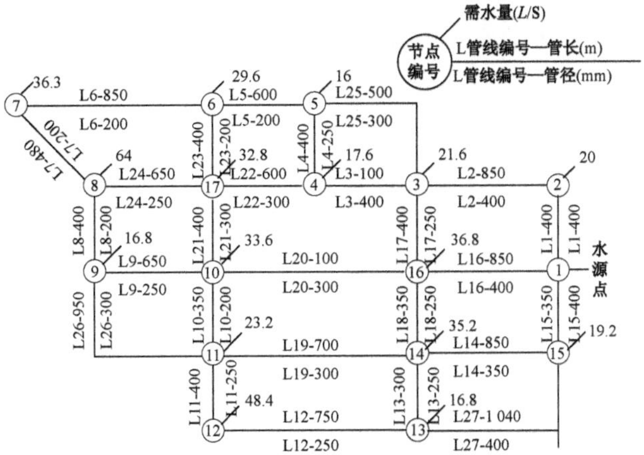

图 1　供水管网

以图 1 为例,这是一个小型供水管网,节点 1 为水源点,各管段属性如图所示.为研究各单元的概率重要度,首先对该网络进行一次连通可靠性分析,由此可以得到各管段对整个系统的整体概率重要度.其次,以递推分解算法作为系统可靠性分析的工具,对该系统进行一次基于连通可靠性的模拟退火拓扑优化[8],将各管段在每次优化方案中的概率重要度记录下来,求出优化过程中的平均单元概率重要度值,并将其和整体概率重要度进行比较,分析结果如图 2 所示.

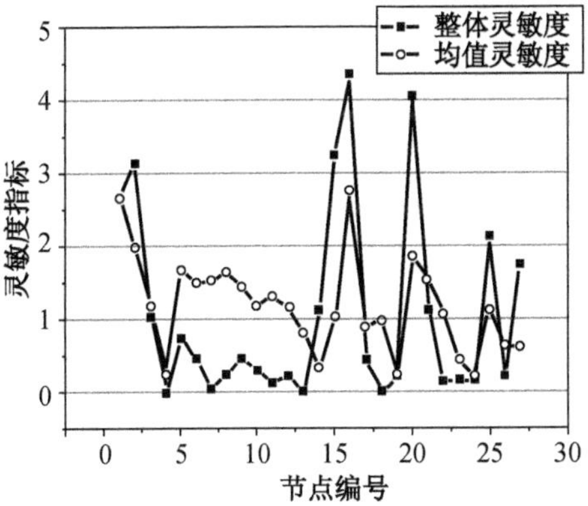

图 2　管网概率重要度分析

由图中可以看出,概率重要度较大的几条边,如管线 1, 2, 15, 16, 20 等正是由源点 1 通往各汇点的首要通道,其在整个管网中的重要性自然不言而喻.而管线在优化过程中的均值概率重要度与各管线对整个管网的整体概率重要度也有着一致的趋势,这与设想相同.因为在优化设计过程中,单元概率重要度作为衡量管线对系统可靠度的贡献,只是优化选择的参考依据,重要的是各单元概率重要度之间的大小关系,而非其具体值的大小.因此,可以推论:通过一次连通可靠性分析求得的各管段对整个系统的单元整体概率重要度可以近似反映其在优化过程中的概率重要度变化情况.故在供水管网抗震拓扑优化中,可先进行一次连通可靠性分析求得各单元整体概率重要度，作为各单元的基本属性，再进行功能可靠性分析基础上的优化设计.

3.3 模拟退火算法的实现

供水管网抗震拓扑优化问题属于 0—1 组合优化问题，模拟退火算法中解的形式采用二进制编码：一个管网的布置方案就是一个由 0 和 1 组成的字符串. 模拟退火算法从初始方案出发，进行降温迭代寻找最优解. 在降温过程中，不断地对当前解进行随机扰动以产生新解，因此，随机扰动模型的确定是很重要的.

本文随机扰动模型是结合考虑管网管线单元抗震概率重要度给出的，即管线状态的变化概率大小由管线单元的概率重要度确定. 确定的原则是当管线存在于当前管网时，概率重要度高的管线变化概率小，而概率重要度低的单元发生变化的概率大；当管线不存在于当前管网时则正好相反. 对当前解进行随机扰动产生新解的操作步骤为：首先，随机地选出一定数量的管线；然后，依据各管线的变化概率对选出的各管线随机地进行状态改变，由此得到搜索空间中下一个搜索点.

解的构造无法保证每个邻域中邻居都是可行解，可能某一随机扰动产生的向量为不合理方案或者不满足约束条件. 处理这个问题有两类方法：一个是用罚函数将不可行解可行化，另一个方法是研究解和邻域结构，从理论上保证模拟退火算法以概率 1 收敛到全局最优解. 本文对于违反约束条件的解采用罚函数来处理，而对不合理方案（搜索中产生的非连通管网）进行修补，若仍不合理则将其抛弃，重新生成一个管网.

在模拟退火算法中，温度参数是最关键的参数之一，包括起始温度的选取 t_0、温度的下降方法 $T(k)$ 和终止温度 t_f 的确定等.

（1）起始温度 t_0 的选取：从理论上来说，要使算法进程返回一个高质量的最终解，则必须选取“足够大”的 t_0 值. 然而过大的 t_0 值可能导致计算时间上的不能忍受，这同样会使模拟退火算法丧失可行性. 本文采用估计一个值为 $t_0=K\delta$，K 为充分大的数，其中，$\delta=\max\{f(j)\mid j\in D\}$，$f(\cdot)$ 为管网的造价，D 为可行域；一般来说，$\max\{f(j)\mid j\in D\}$ 可以用备选管网的总造价.

（2）温度下降方法 $T(k)$：模拟退火算法的性能好坏主要取决于其温度下降方法，即温度更新函数，使其保持适当的温度下降速度. 本文采用的温度下降方法为 $t_{k+1}=t_k/k$.

（3）算法的终止温度 t_f，模拟退火算法从初始温度开始，通过在每一温度的迭代和温度的下降，最后达到终止温度 t_f 而停止. 本文采用零度法，即令 t_f 为一个比较小的正数.

4 实例分析

用一次二阶矩方法作为管网抗震功能可靠度分析的工具，采用模拟退火算法结合管网单元概率重要度，对图 1 所示的小型网络进行八度地震烈度作用下的管网拓扑优化设计. 优化的约束条件分别为节点最低可靠度指标β_0不得低于1.28(对应于可靠度不低于0.9),0.84(对应于可靠度不低于0.8),0.53(对应于可靠度不低于0.7). 图3为对应于可靠度约束条件为1.28时,模拟退火算法搜索过程中的点的搜索轨迹. 由图可见,模拟退火算法能很快搜索到满足约束条件的解,并在众多解中,选出既满足约束条件又是造价最低的解. 从实例的优化结果看,模拟退火算法具有良好的优化性能,并且最终所得的最优解基本不依赖于初始点的位置.

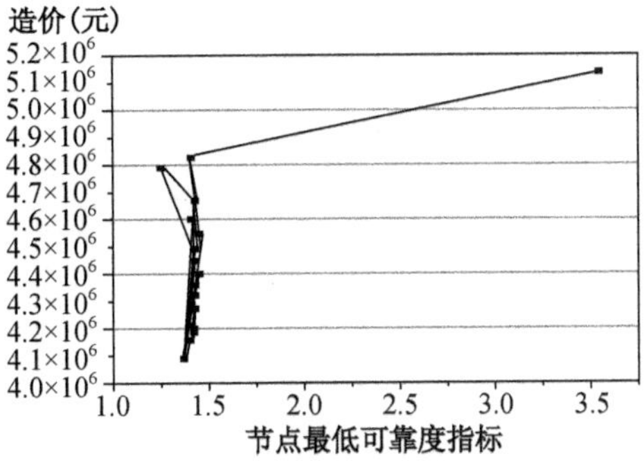

图3 管网拓扑优化搜索轨迹图

表1 各种约束条件下的系统造价

节点最小可靠度指标	造价/万元
0.53(对应 $p=0.7$)	356.9
0.84(对应 $p=0.8$)	373.2
1.28(对应 $p=0.9$)	408.5
原始方案	570.3

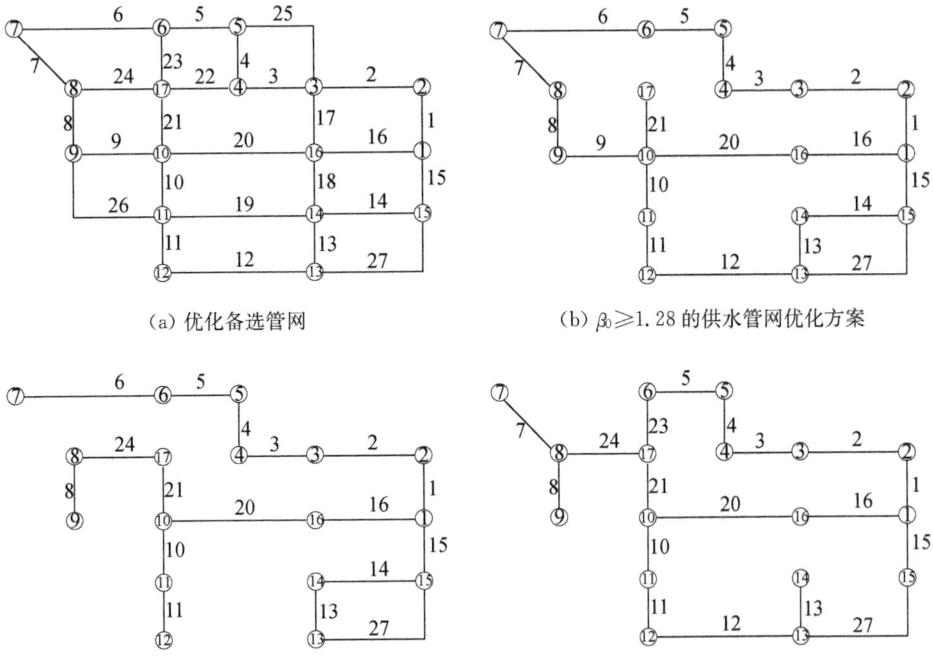

(a) 优化备选管网

(b) $\beta_0 \geqslant 1.28$的供水管网优化方案

(c) $\beta_0 \geqslant 0.84$的供水管网优化方案

(d) $\beta_0 \geqslant 0.53$的供水管网优化方案

图4 备选管网布置图及各可靠度约束下管网拓扑结构

图 4 为节点最小可靠度指标 β_0 分别为 1.28，0.84，0.53 的供水管网最优拓扑结构布置图. 表 1 给出了三种约束条件下的管线变化情况及相应的改造费用. 可以看出，节点最小可靠度指标约束值 β_0 越大，相应的优化结构越复杂，相应的造价就越高. 可靠度从 0.8 提高到 0.9(相应的可靠度指标从 0.84 提高到 1.28)需要增加的投资(35.3 万元)比可靠度从 0.7 提高到 0.8 的费用(16.3 万元)明显增加，但不管哪种方案，相对原始方案而言，在造价上均有显著降低.

5 结 语

本文针对供水管网系统建立了以管网造价为目标函数、系统抗震可靠度为约束条件的拓扑优化模型. 在供水管网功能可靠性分析方法的基础上，结合单元概率重要度分析方法，利用模拟退火算法提出了供水管网的抗震拓扑优化设计方法. 利用上述方法对一个小型供水管网系统进行了不同约束条件下的拓扑优化设计. 从优化结果可以看出，模拟退火算法能很快搜索到满足约束条件的解，并且最终所得的最优解基本不依赖于初始点的位置，具有很好的优化性能. 经过优化的管网不但系统造价大大降低，而且可靠度分布得到很好的调整，节点最小可靠度满足期望的约束条件.

参考文献

[1] 李杰. 生命线工程抗震——基础理论与应用[M]. 北京：科学出版社，2005.

[2] 陈玲俐. 城市供水管网系统抗震可靠性分析与优化[D]. 上海：同济大学，2002.

[3] ALA(American Lifeline Alliance). Seismic fragility formulations for water system[R]. A Public-Private Partnership to Reduce the Risk to Utility and Transportation Systems for Natural Hazards, ASCE, 2001.

[4] 邵知宇. 给水管网分段线性优化模型[D]. 上海：同济大学，2001.

[5] 陈玲俐，李杰. 供水管网渗漏分析研究[J]. 地震工程与工程振动，2003，23(1)：115-121.

[6] 卫书麟. 大型供水管网抗震可靠性分析与优化[D]. 上海：同济大学，2005.

[7] 李杰，卫书麟. 城市供水管网抗震功能可靠度分析[J]. 防灾减灾工程学报，2005，25(4)：353-358.

[8] 包元峰. 生命线工程网络系统抗震可靠性分析及优化[D]. 上海：同济大学，2004.

[9] 邢文训，谢金星. 现代优化计算方法[M]. 北京：清华大学出版社，1999.

[10] Metropolis N, Rosenbluth A, Rosenbluth M, et al. Equation of state calculations by fast computing machines[J]. Journal of Chemical Physics, 1953, 21: 1087-1092.

[11] Kirkpatrick S, Gelatt Jr C D, Vecchi M P. Optimization by simulated annealing[J]. Science, 1983, 220: 671-680.

[12] 曹晋华，程侃. 可靠性数学引论[M]. 北京：科学出版社，1986.

Seismic Reliability Optimization of Water Distribution Networks with Simulated Annealing Algorithms

Li Jie　Wei Shu-lin　Liu Wei

Abstract: Lifeline systems, including transportation systems, water distribution networks, energy supply systems etc., are indispensable to our daily life. As an essential component of lifeline systems, water distribution networks play more and more important role in modern city life. Researches on seismic capability analysis of water distribution networks are to guide the seismic design and improve the system seismic reliability. Taking network's cost as optimization object and reliability as restriction, a network topology optimization problem is built. Using the first-order reliability method as a tool for system reliability analysis, the simulated annealing algorithm combining with elements probabilistic importance analysis is applied to solve the optimization problem of water distribution networks. An example is provided at the end of the paper, and the results show that the simulated annealing algorithm has fairly well effect forwater distribution networks optimization.

（本文原载于《地震工程与工程振动》第 29 卷第 3 期,2009 年 6 月）

基于微粒群算法的供水管网抗震优化设计

徐良　刘威　李杰

摘　要　以管网年费用折算值为优化目标、管网拓扑结构与管径为优化参数、管网节点最低可靠度为约束条件，建立了供水管网抗震优化设计模型. 利用微粒群算法对这一模型进行了求解，该算法以管网作为微粒个体，通过不断地更新微粒的位置来搜索最优的管网结构，直到最后给出优化的管网结构. 利用上述方法对一典型供水管网进行了抗震优化设计分析，给出了3种不同节点最低可靠度约束条件下的优化改造方案.

引　言

生命线工程系统是指维系现代城市功能与区域经济功能的基础性工程设施系统[1]. 作为城市生命线系统的重要组成部分，城市供水管网系统在地震作用下的性能直接关系到生产建设和灾后社会生活秩序. 进行城市供水管网抗震优化设计，以保证城市供水系统在强烈地震作用下仍具有较高的抗震可靠性，是亟待解决的问题. 在这方面的研究中，陈玲俐[2]以管网建设造价为优化目标，采用遗传算法并结合启发式管径优化算法，提出了供水管网抗震拓扑优化和管径优化设计方法；卫书麟[3]采用模拟退火算法，提出了供水管网的抗震拓扑优化设计方法；邢燕[4]则在此基础上，通过自动生成策略生成初始管网，采用遗传-模拟退火混合算法进行供水管网抗震拓扑和管径优化设计.

在上述学者工作的基础上，本文以管网年费用折算值为优化目标、管网拓扑结构与管径为优化参数、管网节点最低可靠度为约束条件，建立了新的供水管网抗震优化设计模型，并应用现代组合优化算法——微粒群算法对这一模型进行了求解. 最后，对一典型供水管网进行了算例分析，给出了3种不同的节点最低可靠度约束条件下的优化改造方案. 计算结果表明，微粒群算法可以较好地完成管网抗震优化设计.

1　供水管网的抗震优化模型

城市供水管网是一个复杂的大系统，其基本设计参数包括管网的拓扑结构、管段的管径、管材、接头形式等.考虑到实际工程项目的可行性以及设计习惯等因素,本文以管网拓扑结构和管径为优化参数,抗震可靠度作为约束,管网费用最小为设计目标,进行供水管网优化设计.

供水管网的费用包括管网建设投资费用和建成后的运行管理费用,可以用供水管网的年费用折算值(管网建设投资偿还期内的管网建设投资费用和运行管理费用之和的年平均值)来表示.因此建立如下优化模型

$$\min W \quad \text{s.t} \quad U_{\min} \geqslant U_0 \tag{1}$$

式中,$U_{\min}$为供水管网所有节点的抗震可靠度指标的最小值,可以采用文献[4]介绍的均值一次二阶矩方法来求解;U_0 为供水管网设计时允许的抗震可靠指标限值;W 为供水管网的年费用折算值,可用下式表示[5]

$$W=\left(\frac{p}{100}+\frac{1}{T}\right)\cdot C+\sum_{i=1}^{n} P_i q_i h_{pi} \tag{2}$$

式中,p 为管网的每年折旧和大修的百分率;T 为管网建设投资偿还期(年);n 为泵站数目;P_i 为泵站 i 的单位运行电费指标(元/(m^3/(s・m・a)));q_i 为泵站 i 的设计扬水流量(m^3/s);h_{pi}为泵站 i 的最大时扬程(m);C 为管网造价,可用下式计算得到

$$C=\sum_{i=1}^{m} V_i (a_1+a_2\cdot d_i^{a_3})\cdot l_i \tag{3}$$

式中,l_i 为管线长度(m);d_i 为管径(mm);a_1、a_2、a_3 为造价经验系数,可以分别取为 62.105 1、1 979.7、1.486[6];V_i 为连通系数,铺设管线时取为 1,不铺设时取为 0;m 为管网中管线的数目.

上述模型中,采用管网拓扑结构和管径作为优化参数,这是因为这两者是供水管网抗震可靠度和建造运营费用的主要影响因素.好的拓扑结构可以以较少的管线来保证管网的日常运营和抗震可靠度,不仅建设费用低,而且抗震可靠度好.而管径的大小影响了管线的抗震可靠度和管网的费用.管径增大,管网造价增加,但抗震可靠度好,运营费用因管段中水头损失减小、水泵所需扬程降低而减小.相反,管径减小,管网造价下降,但抗震可靠度降低,运营费用增加.

2 供水管网抗震功能可靠性优化

2.1 微粒群算法基本原理

微粒群算法是模拟鸟群的捕食行为而建立起来的.一群鸟在搜索食物,所有的鸟都不知道食物的位置,但知道它们当前位置与食物间的距离,那么找到食物的最优策略就是搜索目前离食物最近的周围区域.微粒群算法就从上述模型中得到启

发而产生的[7-10].

在微粒群算法中,用微粒的位置表示待优化问题的解,每个微粒性能的优劣程度取决于待优化问题目标函数确定的适应值,每个粒子由一个速度矢量决定其飞行方向和速率大小.设在一个 d 维的目标搜索空间中,群体中的第 i 个微粒位置可表示为一个 d 维矢量, $\boldsymbol{X}_i=(x_{i1}, x_{i2}, \cdots, x_{id})^{\mathrm{T}}$,微粒 i 的速度(位置的改变)用矢量 $\mathbf{V}_i=(v_{i1}, v_{i2}, \cdots, v_{id})^{\mathrm{T}}$ 表示.第 i 个微粒目前所搜索到的最好位置用 $\boldsymbol{p}_i=(p_{i1}, p_{i2}, \cdots, p_{id})^{\mathrm{T}}$ 表示,群体目前所搜索到的最好位置用 $\boldsymbol{p}_g=(p_{g1}, p_{g2}, \cdots, p_{gd})^{\mathrm{T}}$ 表示.用上标 t 表示进化代数,则微粒群中,对每一代,微粒 i 的第 j 维的进化方程为

$$v_{ij}^{t+1}=k\cdot v_{ij}^{t}+c_1\cdot \mathrm{ran}\ d_1()\cdot(p_{ij}^{t}-x_{ij}^{t})+c_2\cdot \mathrm{ran}\ d_2()\cdot(p_{gj}^{t}-x_{ij}^{t}) \tag{4}$$

$$x_{ij}^{t+1}=x_{ij}^{t}+v_{ij}^{t+1} \tag{5}$$

式中, k 为惯性权重, k 取较大值可以使算法具有较强的全局搜索能力,取较小值则算法倾向于局部搜索; c_1 和 c_2 为加速度常数,取较大值可以拓展微粒的搜索空间,取较小值则可提高微粒的搜索精度,一般在[0, 2]取值;

ran $d_1()$ 和ran $d_2()$ 为 2 个在 0,1 范围内变化的随机数.

方程(4)中,第 1 部分可以理解为微粒先前的速度或惯性;第 2 部分可理解为微粒的"认知"行为,表示个体自身经验对下一步飞行的指导作用;第 3 部分可以理解为微粒的"社会"行为,表示借鉴群体的经验调整下一步飞行.方程(5)表示微粒位置的更新规则.

在微粒群算法中,由于微粒可能偏离所期望的搜索空间,从而导致在指定代数内无法达到全局极值点,因此应该预先设定搜索空间的大小或者设置参数 $V_{\max}=X_{\max}$,以便对算法进行限定,从而保证无论在收敛率还是搜索性能方面都有所改进[11],缘于此,本文采用 $V_{\max}=X_{\max}$ 对微粒的速度进行限制.

在微粒群算法中,通过微粒的相互协作和信息共享,其运动速度受到自身和群体的历史运动状态信息的影响,以自身和群体的历史最优位置来对微粒当前的运动方向和运动速度加以影响,可较好地协调微粒本身和群体运动之间的关系,收敛速度较快.微粒群算法是一种原理简单的算法,与其他算法相比,具有较少的代码和参数,因而应用比较方便.

2.2 微粒群算法在供水管网抗震优化设计中的应用

将微粒群算法应用到管网抗震优化设计中时,每个微粒的位置对应一个管网结构方案,即问题的一个解.微粒的位置矢量中,每一维对应一条管线,当微粒的位置矢量中的某一维的值取零时,代表该维对应的管线不铺设,取不为零的自然数则代表铺设不同直径的管线.举例而言,假定一根管线管径可取 100, 150, 200, 250, 300, 350, 400, 450, 500 mm,对应的管径编码可取 1, 2, 3, 4, 5, 6, 7, 8, 9,而取值为零时,则表示这根管线不用铺设.上述编码的好处是将优化参数连通系数

V_i 和管径 d_i 合二为一，从而实现了供水管网的拓扑优化和管径优化的统一. 根据工程实际，选定管网中管线的管径种类和管径值，并按照前述方法对管径值进行编码. 在进化过程中，当位置矢量中的某一维的值小于零时，则取为零；当其值大于最大的管径编码值时，则取最大的管径编码值；处于两者间时，则选择与其最接近的管径编码值.

管网抗震优化问题是以节点抗震可靠度为约束条件的，对于不满足约束条件的解，采用罚函数进行处理，从而把有约束条件问题转化为无约束条件问题. 待优化问题的优化目标是为了获得管网最低的年费用折算值，于是对不满足约束条件的解，通过增加年费用折算值对其惩罚. 解的适应值函数取为

$$f(s)=\begin{cases} W(s), & U_{\min}\geqslant U_0 \\ M+\sum_{i=1}^{m}(\Delta U_i), & \text{otherwise} \end{cases} \tag{6}$$

式中，s 为优化过程产生的解；$W(s)$ 为与解 s 对应的管网的年费用折算值；$U_{\min}$ 为与解 s 对应的管网所有节点的抗震可靠度指标的最小值；U_0 为管网设计时允许的抗震可靠度指标限值；M 为惩罚函数，取足够大的数；m 为不满足抗震可靠度指标限值的节点个数；ΔU_i 为抗震可靠度指标约束值与节点 i 抗震可靠度指标的差值.

对不合理的方案(进化过程中产生的非连通管网)先进行修补，若仍不合理，则将其抛弃，重新生成一个管网.

微粒群算法的关键参数是惯性权重 k 以及加速度常数 c_1、c_2，为了使微粒在优化初始阶段有较大的搜索能力、在优化后期有较好的搜索精度，本文对惯性权重和加速度常数采用线性减小的方式来取值，即随着进化代数线性减小.

管网抗震优化的微粒群算法的步骤如下：

(1) 随机产生初始微粒群个体的位置和速度，并对无意义的管网结构进行修补，输入管网属性；

(2) 计算每个微粒的适应值，对不满足约束条件的微粒采用罚函数进行处理；

(3) 对每个微粒，将其适应值与其目前所搜索到的最佳位置的适应值进行比较，若较好，则将其作为当前的最佳位置；

(4) 对每个微粒，将其目前所搜索到的最佳位置的适应值与群体目前所搜索到的最佳位置的适应值进行比较，若较好，则将其作为当前的群体最佳位置；

(5) 分别对每个微粒的各维的速度和位置进行进化，并对无意义的管网结构进行修补；如未达到结束条件(通常为足够好的适应值或达到一个预设的最大代数)，返回步骤(2).

3 实例分析

图 1 为一个 29 个节点、47 条管线的供水管网，其中节点 29 为水源点，管线总长度为 11 168 m，考虑以地震烈度 8 度来进行管网抗震优化设计. 约束条件分别取 U_0 = 1. 28(对应可靠度 0. 9)，0. 84(对应可靠度 0. 8)，0. 53(对应可靠度 0. 7).

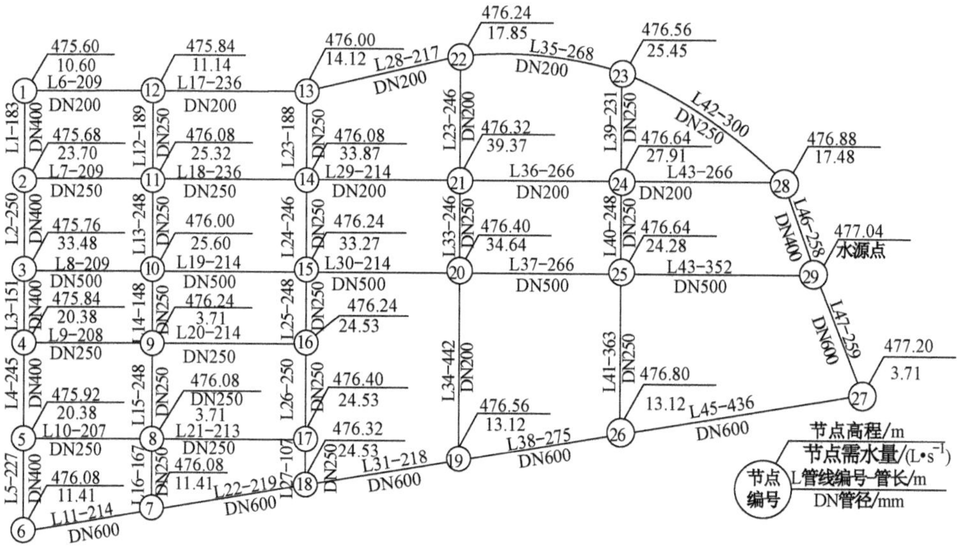

图 1 原始供水管网

根据工程实际，选定管网中管线的管径种类和管径值，分别为 200，250，300，350，400 mm 5 种，对应的管径编码取为 1，2，3，4，5. 节点日常水压取为 28 m，在地震作用下，节点最低水压为 10 m，利用前述方法对原始管网进行抗震优化设计. 图 2 给出了节点最小可靠度 U_0 指标分别为 1. 28，0. 84，0. 53 的供水管网优化方案. U_0 = 1. 28 的供水管网优化方案的管线铺设数目为 30 根，管线总长度 6 997 m；U_0 = 0. 84 的供水管网优化方案的管线铺设数目为 31 根，管线总长度 7 340 m；U_0 = 0. 53 的供水管网优化方案的管线铺设数目为 30 根，管线总长度 6 990 m. 表 1 给出了各可靠度约束条件下，供水管网的年费用折算值. 从表中可以看出，随着 U_0 的提高，管网的拓扑结构变得复杂，供水管网的年费用折算值增大，但相对于原始管网方案，年费用折算值均减小了，节点最小可靠性指标 U_0 为1. 28，0. 84，0. 53 时，年费用折算值分别减少了 12. 3，13. 6，17. 4 万元；同时，节点最小可靠度指标都满足了相应的可靠度指标约束条件.

表 1　各种约束条件下的管网年费用折算值

节点最小可靠性指标	年费用折算值/万元
0.53	91.142 85(0.699)
0.84	94.974 89(1.199)
1.28	96.261 26(1.291)
原始管网	108.591 48(−3.242)

注：()内数值为管网节点最小可靠度指标.

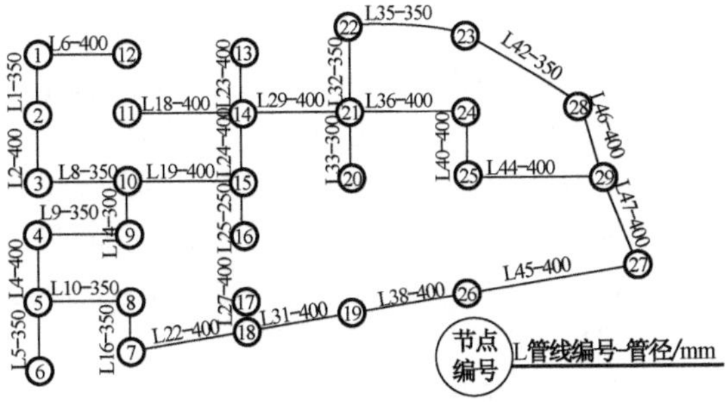

(a) $\beta_0=1.28$ 时

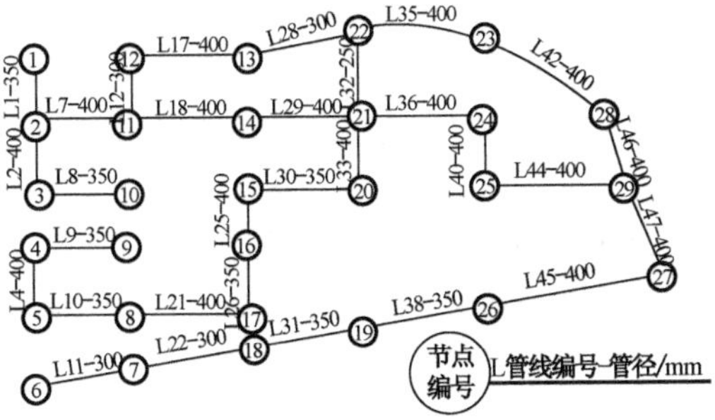

(b) $\beta_0=0.84$ 时

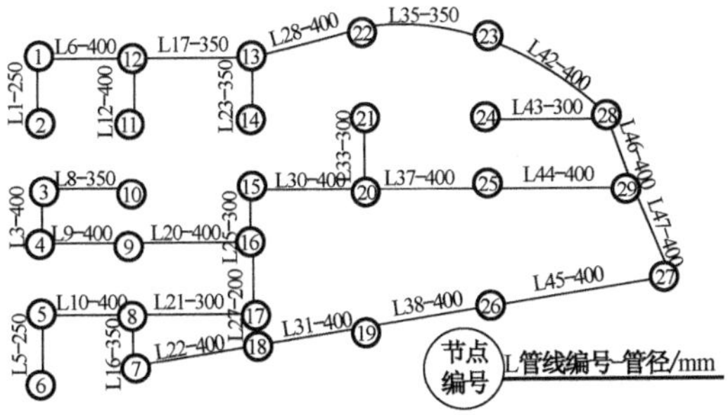

(c) $\beta_0=0.53$ 时

图 2　各可靠度约束条件下的供水管网优化方案

4 结 语

本文以管网年费用折算值为优化目标、管网节点最低可靠度为约束条件，建立了供水管网抗震优化设计模型. 同时，以微粒群算法作为优化工具，进行了供水管网的抗震优化设计. 实例分析表明，利用微粒群算法优化后，管网的年费用折算值降低，抗震可靠度指标满足给定的约束条件，能够较好地实现管网的抗震优化设计.

参考文献

[1] 李杰. 生命线工程抗震——基础理论与应用[M]. 北京：科学出版社，2005.

[2] 陈玲俐. 城市供水管网系统抗震功能可靠性分析与优化[D]. 上海：同济大学，2002.

[3] 卫书麟. 大型供水管网抗震可靠性分析与优化[D]. 上海：同济大学，2005.

[4] 邢燕. 基于可靠性的生命线工程管网智能化抗震设计[D]. 上海：同济大学，2007.

[5] 严煦世，刘遂庆. 给水排水管网系统[M]. 北京：中国建筑工业出版社，2003.

[6] 邵知宇. 给水管网分段线性优化模型[D]. 上海：同济大学，2001.

[7] 高尚，杨静宇. 群智能算法及其应用[M]. 北京：中国水利水电出版社，2006.

[8] Kennedy J. A new optimizer using particle swarm theory [C] // The Sixth International Symposium on Micro Machine and Human Science. Piscataway NJ: IEEE Service Center, 1995:39-43.

[9] Kennedy J, Eberhart R. Particle swarm optimization [C] // Proccedings of IEEE International conference on Neural Networks. Piscataway NJ: IEEE Service Center, 1995. 1942-1948.

[10] Kennedy J, Eberhart R C. A discrete binary version of the particle swarm algorithm [C] // IEEE International Conference on Systemics and Informatics. Cybernetics, Piscataway NJ: IEEE Service Center, 1997:4104-4108.

[11] Eberhart R C, Shi Y. Comparing inertia weights and constriction factors in particle swarm optimization[C] // Proceedings of the 2000 Congress on Evolutionary Computation. Piscataway NJ: IEEE Service Center, 2000:84-88.

Seismic Reliability Optimization of Water Distribution Network with Particle Swarm Algorithm

Xu Liang　Liu Wei　Li Jie

Abstract: As an essential component of lifeline systems, water distribution networks play an important role in modern city. Taking network's annual reduced cost as optimization object and seismic reliability as optimization restriction, a network topology and pipe diameter optimization model is established. The particle swarm algorithm, which takes network as particle and updates the particle' s location to give the optimal network structure, is chosen to solve the optimization problem. Also, a typical water distribution net-work, which consists of 29 nodes and 47 pipelines, is investigated. Three different network structures are given respectively under three different reliability restrictions. The results show that the approach put forward in this paper are qualified for water distribution networks optimization.

（本文原载于《防灾减灾工程学报》第 30 卷第 3 期，2010 年 6 月）

基于可靠度的生命线工程网络抗震设计

李杰　邢燕

摘　要　提出了生命线工程网络基于可靠度的抗震设计思想.发展了一种可以自动生成网络拓扑结构、修补无意义解的网络拓扑优化设计方法.利用这一技术,在综合考虑建设经济性、运营经济合理性、抗震可靠性的基础上,计算机可以一次性地完成生命线工程网络的拓扑结构设计全过程.

在各类自然灾害中,强烈地震是对生命线工程威胁最大的灾害.这种威胁,不仅体现在各类生命线工程结构会在强烈地震中遭受严重破坏,而且体现在生命线工程系统的功能会在强烈地震后受到极大的损害乃至彻底丧失.在近代历史震例中,生命线工程系统因地震灾害而导致严重功能损害或破坏的事例比比皆是.在1994年美国Northridge地震[1]、1995年日本阪神地震[2]、1999年中国台湾集集地震[3]中,生命线工程均遭到了极大的破坏.这些震例所造成的重大损失反复警示我们:加强生命线工程系统的抗震设计具有重大现实意义[4].

根据我国《城市工程管线综合规划规范》,城市埋地管网应结合城市道路网的设置,由相关专业的人员根据城市的总体需求来布设管线.仔细考虑这一背景,并注意到生命线工程的研究发展背景,可见在生命线网络抗震研究与设计中存在以下问题:①现行城市生命线管网在规划设计阶段缺乏抗震设计理念,生命线管网的抗震设计水平明显滞后于结构设计;②在传统的管网拓扑优化中,一般仅考虑系统使用性能,并且在优化之初,是通过人工设计备选网络,然后再通过比较分析进行优化设计;③在研究管网抗震设计的众多学者中,大部分都集中于研究管网中的管径优化,如M. Shinozuka[5],Gupta Indrani[6]等.研究表明:管段直径对抗震可靠度的影响是有限度的,在管网抗震优化设计中,单纯通过管径优化提高管网抗震可靠度往往代价巨大,也很少有可行性[7].令人遗憾的是,关于城市生命线管网基于可靠度的拓扑优化研究还鲜有见及.

基于上述背景,本文提出了一种生命线工程网络的抗震设计方法,寄希望于能够在综合考虑建设经济性、运营经济合理性、抗震可靠性基础上,计算机可以一次性地完成生命线工程网络的拓扑结构设计全过程.该技术的发展,有望大大改善生命线管网无抗震设计、布线过程繁琐、优化途径单一的弊端,使生命线网络的抗震设计能够真正走入到计算机辅助设计的时代.

1 生命线工程管网的抗震设计思想

1.1 网络系统的抗震可靠性

网络系统可视为是由一系列边和节点构成的. 其抗震可靠性可以在不同层次上加以衡量:如结构抗震可靠性指标(又称网络单元的抗震可靠性指标),不同节点之间的连通可靠性指标,反映各个节点处使用功能(如供水压力)的功能可靠性指标等.

对于各种类型的生命线工程网络,都存在结构抗震可靠性分析问题. 事实上,对于网络抗震可靠性的分析、计算与评价是建立在对网络单元即结构的抗震可靠性分析、计算与评价基础之上的. 在此基础上,对于网络连通可靠性与功能可靠性的分析,应视不同类型的生命线工程系统与研究目的而有所侧重. 例如,对于城市供燃气系统,由于不允许带渗漏工作,因此只需分析其连通可靠性. 对于城市供水系统,若研究目的在于管网震害状态的预测,则可考虑进行连通可靠性分析,若研究目的在于进行系统功能可靠性优化,则应进行网络功能可靠性分析. 对于道路交通系统,由于交通流量与道路破坏状态之间的关系是阶跃式变化,因此进行功能分析意义不大,应侧重进行连通性分析. 而对于区域电力系统,若可以建立电力设备破坏状态与电压损失之间的关系,则可以进行功能可靠性分析;若这一关系难以具体确定,则宜以连通可靠性为主进行研究工作[4]. 本文工作,侧重考虑城市供水管网的功能可靠性分析.

1.2 管网抗震设计模型

城市生命线管网是一个复杂的大系统,其设计要求考虑多种因素的影响. 一般来说,管网的建设经济性可以用造价来反映. 但这一指标要求又是与抗震可靠性要求相矛盾的,需要在两者之间取得某种平衡. 以城市供水管网为例,日常运行的经济合理性主要通过经济流速控制. 在实际工程中,存在使管网造价和管网管理运行费用之和最小的流速,称之为经济流速. 文献[4]提出了基于可靠度的供水管网抗震设计模型

$$\left.\begin{aligned} &\min C = C(l,\ d) = \sum \gamma_{ij} C(l_{ij},\ d_{ij}) \\ &\text{s. t.} \quad V_{\min} \leqslant V_j \leqslant V_{\max} \\ &\qquad\quad \beta_j \geqslant [\beta_j],\ j = 1,\ 2,\ \cdots,\ m \end{aligned}\right\} \tag{1}$$

式中,C 为管网总造价,是管段长度 l、管段直径 d 的函数;V_j 为流速,通过管网水力分析给出;$V_{\max}$,$V_{\min}$ 分别为平均经济流速的最大、最小值;β_j 为节点抗震功能可靠度;$[\beta_j]$ 为规定的节点抗震功能可靠度;γ_{ij} 为连通系数,定义为

$$\gamma_{ij} = \begin{cases} 0, & \text{在 } i,\ j \text{ 之间不铺设管段} \\ 1, & \text{在 } i, j \text{ 之间铺设管段} \end{cases}$$

对于城市供燃气管网,需要对式(1)中的约束条件做出修改[8].

1.3 生命线管网的抗震设计流程

本文建议的生命线管网的设计过程示于图 1 中. 整个设计过程依托于网络拓扑优化算法的基本框架,以自动生成思想和启发式修补策略的完成为先导,进而完成整个设计过程. 在这一过程中,首先是管网初始数据的输入,过程主要包括计算参数的输入和管网的原始节点属性信息的输入. 对于旧网改造工程,还需要将原始旧网的属性输入. 其次是在自动生成思想的指导下完成自动生成管网初始拓扑点集和无意义解的修补过程. 在该过程中,对于旧网改造工程,要在原始管网的基础上通过灵敏度分析和随机扰动生成若干网络. 第三,是对原始管网种群中各个网络属性数据进行标定和管网抗震可靠度的计算. 其中网络属性数据包括管段直径、管材、管线接头方式等. 而对管径的标定,采用启发式管径优化算法获得经济最优管径[9]. 第四,优化迭代. 由于管网的抗震可靠性要求是和建设经济性要求相互矛盾的,需要在这两者间取得某种平衡,解决这种问题的最佳手段就是运用现代组合优化算法. 当满足预设的优化终止准则时,输出最优的设计管网.

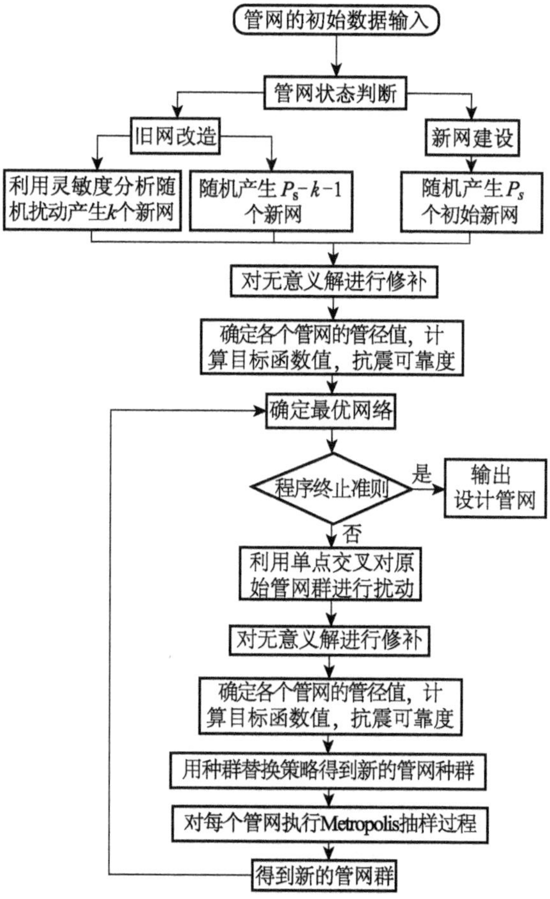

图 1　生命线管网设计流程

2 生命线管网的自动生成与修补

2.1 自动生成技术

在上述设计流程中,除优化方法之外,最为重要的环节是管网拓扑结构的自动生成. 通常,在设计之初,首先要输入原始网络节点属性信息,包括节点类型,x,y 坐标等. 在连接新管线时,需要知道节点之间的空间相邻关系. 本文提出了动态子区域的概念，即在每个节点周围形成一个动态的圆形子区域，进入这个子区域中的节点就表明它与子区域中心节点空间相邻．具有这种空间相邻性的节点就可以以一定的概率相连接，形成管线．用图 2 来诠释这个过程．

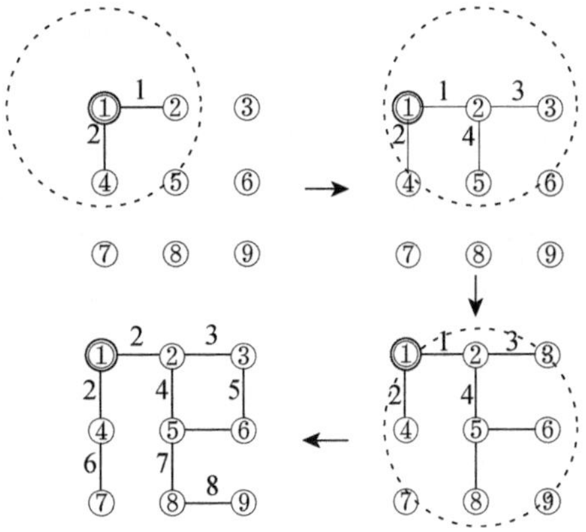

图 2　管网自动生成过程

首先，以节点①为核心建立子区域，②，④节点进入子区域，说明②，④与①空间相邻，随机相连，产生管线 1，2．然后以节点②为核心建立子区域，①，③，⑤节点进入子区域，它们将有机会与核心点相连，产生管线 3，4．重复上述过程，即可实现管线的自动生成．

动态圆形子区域范围的选择主要依靠对网络节点空间分散性的分析．根据图论知识[7]，用拓扑关联矩阵 $\mathbf{A}$ 表示管网中管线与节点之间的连接关系

$$\mathbf{A}=[\,a_{ij}\,],$$

$$a_{ij}=\begin{cases}1, & \text{当节点 } i \text{ 为管线 } j \text{ 子始节点}\\ -1, & \text{当节点 } i \text{ 为管线 } j \text{ 子末节点}\\ 0, & \text{当节点 } i \text{ 不是管线 } j \text{ 的端点}\end{cases}$$

图 2 生成的网络对应的关联矩阵为

$$A=\begin{bmatrix}1 & 1 & 0 & 0 & 0 & 0 & 0 & 0\\ -1 & 0 & 1 & 1 & 0 & 0 & 0 & 0\\ 0 & 0 & -1 & 0 & 1 & 0 & 0 & 0\\ 0 & -1 & 0 & 0 & 0 & 1 & 0 & 0\\ 0 & 0 & 0 & -1 & 0 & 0 & 1 & 0\\ 0 & 0 & 0 & 0 & -1 & 0 & 0 & 0\\ 0 & 0 & 0 & 0 & 0 & -1 & 0 & 0\\ 0 & 0 & 0 & 0 & 0 & 0 & -1 & 1\\ 0 & 0 & 0 & 0 & 0 & 0 & 0 & -1\end{bmatrix}$$

2.2　启发式修补策略

在上述管网生成的过程中，每次生成新网都可能产生一些无意义的解，诸如出现节点度为 0 的节点，或 1 个管网断成 2 个或更多子网等．如果不修复这些无意义解，在后续的功能分析中就会出现无法收敛的现象，而使设计进程停滞．通常修补无意义解的方法是使无意义解所对应管网中的所有节点度均大于 0，即完成修补．这种方法只能修补出现节点度为 0 的点，对出现断网的情况无能为力．鉴于此，本

文提出一种新的启发式修补策略.

首先,判断出现断网的地方.将源点作为初始节点;与源点直接相连的节点为第一级节点,相应涉及的管线标定为第一级管线;从第一级节点出发,与他们直接相连的节点为第二级节点,相应管线标定为第二级管线;重复上面步骤,直到不会再出现下一级节点为止.至此,没有标定级别的节点和管线就是与源点断开的部分.其次,进行修补.对于没有标定等级的节点,采用自动生成管线的方法来修补.需要指出的是,以每个待修补节点为核心的动态圆域中,只有已标定等级的节点才可以以一定的概率与待修补点进行相连.重复上面步骤,直到所有的待修补节点全部完成修补.下面用图3来解释上述过程.

图3中,节点①为水源点,与其相连的节点②应标定为第一级节点,涉及的管线 e_1 为第一级管线;从节点②出发,通过第二级管线 e_2, e_3 可到达第二级节点③,⑤;接着分别从节点③,⑤出发,通过第三级管线 e_4, e_5 到达第三级节点⑥;继续从与节点⑥相连的管线出发,将管线 e_7 标定为第四级管线,到达第四级节点⑨.与节点⑨相连的所有管线均已标定了等级,说明这个分级的过程已无法继续,这时检查所有的节点,没有标定级别的节点④,⑦,⑧即为无法与水源点直接或间接相连的点,即发生了断网的情况.

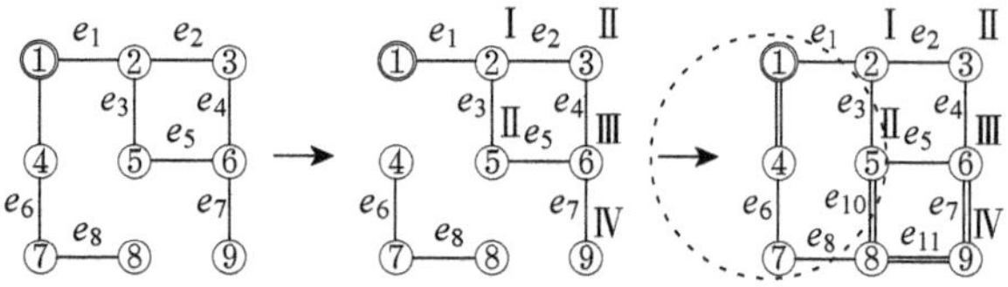

图3 启发式修补策略过程分析

修补过程:分别以节点④,⑦,⑧为中心建立动态圆形子区域,进入子区域的节点中,只有已标定等级的节点才有机会跟子区域中心节点进行相连,例如图中以节点④为中心的子区域中包含了节点①,⑤,⑦,但是只有节点①,⑤才可以有机会与④相连,从而产生管线 e_9.修补过程产生的管线为 e_9, e_{10}, e_{11}.

3 实例分析

某小区给水管网的需求节点分布如图4所示.设计输入的原始信息如表1.小区所在地抗震设防烈度为8度,管材选择为延性铸铁管,管线的 Hazen-Williams 系数为110.管道接头采用柔性接头方式.

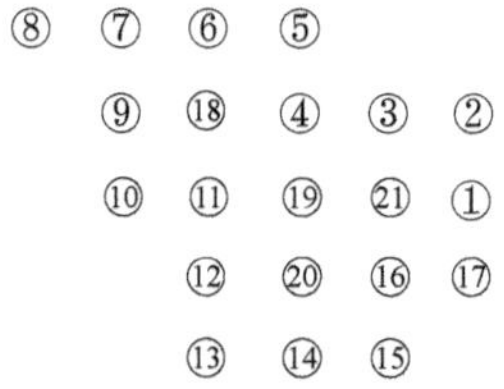

图4 网点分布图

表 1　管网节点属性数据

序号	节点类型	节点高程/m	X/m	Y/m	节点需水量/(m·s^{-1})	动态子区域范围/m	用水量调整
1	1	20	900	600	0.600	300	0
2	0	0	900	900	0.020	300	0
3	0	0	600	900	0.010	300	0
4	0	0	300	900	0.015	400	0
5	0	0	300	1 300	0.025	400	0
6	0	0	0	1 300	0.013	400	0
7	0	0	−300	1 300	0.021	400	0
8	0	0	−600	1 300	0.025	500	0
9	0	0	−300	900	0.018	500	0
10	0	0	−300	600	0.035	300	0
11	0	0	0	600	0.021	300	0
12	0	0	0	300	0.019	300	0
13	0	0	0	0	0.026	300	0
14	0	0	300	0	0.019	300	0
15	0	0	600	0	0.026	300	0
16	0	0	600	300	0.025	300	0
17	0	0	900	300	0.027	300	0
18	0	0	0	900	0.025	400	0
19	0	0	300	600	0.016	300	0
20	0	0	300	300	0.020	300	0
21	0	0	600	600	0.024	300	0

计算模型选用：水力分析基础方程选用 Hazen-Williams 方程，管线渗漏面积计算采用近似概率密度估测法，渗漏流量的计算采用水力学基本公式. 计算参数选择：种群数目 300，Metropolis 抽样稳定次数 20，程序终止准则为最优值连续 20 次保持不变则退出. 交叉概率 0.2. 计算耗时 1 026 s，由计算机自动设计的拓扑结构如图 5 所示. 网络的属性数据列于表 2 中. 管网总造价为 305 万元，管网最低抗震功能可靠度指标为 1.53.

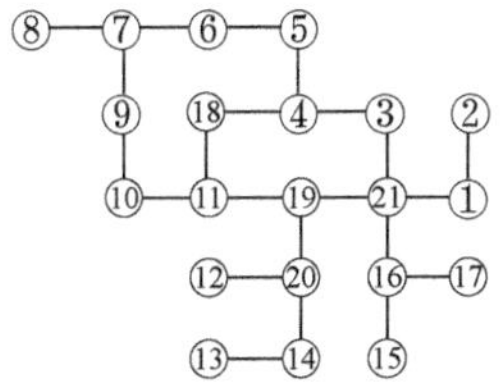

图 5　自动设计的网络拓扑结构图

表 2　所生成的管线的属性数据

序号	起始点	终止点	管段直径/m	管段长度/m
1	18	4	0.20	300
2	9	10	0.35	300

（续表）

序号	起始点	终止点	管段直径/m	管段长度/m
3	16	17	0.20	300
4	8	7	0.20	300
5	12	20	0.20	300
6	6	7	0.25	300
7	5	6	0.20	300
8	2	1	0.20	300
9	7	9	0.30	400
10	3	4	0.20	300
11	19	21	0.60	300
12	14	20	0.25	300
13	16	21	0.30	300
14	11	10	0.40	300
15	11	19	0.45	300
16	15	16	0.20	300
17	20	19	0.30	300
18	13	14	0.20	300
19	21	1	0.70	300
20	3	21	0.20	300
21	18	11	0.20	300
22	4	5	0.30	400

4 结 语

本文建议了一种生命线管网基于可靠度的抗震设计方法，该方法可以在综合考虑建设经济性、运行合理性、抗震可靠性后，由计算机一次性完成管网拓扑结构设计的全过程. 以城市供水管网为对象，说明了这一方法的合理性与可行性，给出了实际算例. 文中提出网络自动生成思想和启发式修补策略，可以用于一般生命线网络的抗震优化设计之中.

参考文献

[1] EERI. Northridge earthquake of January 17. 1994 reconnaissance report[J]. Earthquake Spectra, 1995(11):1.

[2] 日本阪神大地震考察组. 日本阪神大地震考察报告[M]. 北京：地震出版社，1997.

[3] 台湾地区建筑师协会. 集集大地震考察报告[R]. 台北：台湾地区建筑师协会，1999.

[4] 李杰. 生命线工程抗震——基础理论与应用[M]. 北京：科学出版社，2005.

[5] Hwang Howard H M, Lin Huijie, Shinozuka Masanobu. Seismic performance assessment of water delivery systems[J]. Journal of Infrastructure Systems:ASCE, 1998,4(3):118.

[6] Indrani G, Gupta A, Khanna P. Genetic algorithm for optimization of water distribution systems[J]. Environmenal Modelling and Software, 1999,4(5):437.
[7] American Lifeline Alliance. Seismic fragility formulations for water system[R]. ASCE: American Lifeline Alliance, 2001.
[8] 包元峰. 生命线工程网络系统抗震可靠性分析与优化[D]. 上海:同济大学土木工程学院,2004.
[9] 陈玲俐. 城市供水管网系统抗震可靠性分析与优化[D]. 上海:同济大学土木工程学院,2002.

Reliability-based Seismic Design of Lifeline Networks

Li Jie　Xing Yan

Abstract: Reliability-based seismic design of lifeline networks is proposed. The paper also presents a network topology optimization method, with which network topology can be automatically generated and meaning less solution can be repaired. With this technology, lifeline networks can be designed numerically by taking the construction cost, economic rationality of operation and seismic reliability into consideration.

(本文原载于《同济大学学报》第 38 卷第 6 期,2010 年 6 月)

综论二　物理随机系统研究的若干基本观点

物理随机系统研究的若干基本观点*

李 杰

摘 要 本文试图阐明下述基本观点：将客观现象之间的物理关系（或规律）引入随机系统的研究之中，才能合理地揭示随机系统乃至客观世界的内在规律. 在本质上，随机性源于对于物理现象及导致这一现象的诸多原因的可控制性. 样本轨道、系综特征和概率密度描述是客观世界物理规律的三条基本反映途径. 在物理随机系统框架内，确定性系统与随机系统是可以相互转化的，由此，提供了思维主体——人对于客观世界进行能动反映的可能. 文中，同时阐述了概率守恒原理、物理模型的正确性判据、随机系统建模准则. 结合工程背景，给出了若干应用实例.

引 言

在工程系统中，存在大量随机性问题：电子元器件的寿命、工业过程的控制、工程材料的强度、工程结构的振动……. 在多数情况下，人们从概率论或随机过程的角度研究随机性问题，并逐步发展了统计力学、统计物理学、工程随机振动等一系列学科分支[1-4]. 毋庸置疑，人类在研究随机现象的数量规律方面已经取得了巨大的进步与成功.

进步与挑战同在. 在概率论的基本观点得到广泛认可和应用的同时，一些基本问题迄今仍然没有得到完满的回答. 随机性的本质是什么？随机系统与确定性系统的关系怎样？为什么会存在统计规律性？随着大量工程实际问题的广泛涌现，人们在应用经典理论的同时，也日益迫切地希望对这些基本问题作出合乎理性的回答. 事实上，对于上述基本问题的理解，已在某种程度上影响到了应用经典理论解决实际问题的信心. 例如，在工程结构设计领域，由于随机性问题的处理方式日趋复杂，人们宁愿采用简单的确定性分析方式设计工程结构，而不愿意应用在工程随机力学领域产生的大量理论研究成果.

仔细分析经典概率论与随机过程理论可以发现：在经典理论中，是侧重于从现象学的角度研究随机现象的数量规律的. 这种研究方法论，必然导致对于客观物理背景

---

* 同济大学科学研究报告，2006 年 5 月.

的忽视，自然也难以回答上述一系列基本问题. 在经典理论中，随机性、随机系统、统计规律性是作为一种先验的假设存在，而非基于物理的客观解释而存在. 因此，大量的研究是公理化体系下的逻辑推演，而忽略了这些推演的实际物理意义.

本文作者认为：只有基于客观现象的物理联系研究随机现象，才能真正合理地揭示随机系统乃至客观世界的内在规律性. 正是从这一发现或理念出发，作者进行了一系列关于物理随机系统的思考和研究. 本文，试图就这些思考与研究作一阶段性的总结.

1 客观物理关系

科学始于对客观现象的观察，实验产生于深入观察的需要. 将在观察过程中所积累的经验归纳、抽象、升华，可以分别形成经验物理关系与理论物理关系[5].

1.1 经验物理关系

在多数情况下，对现象的观察必然导致对于引起此类现象原因的思考. 这种思考的数量化表述即为数学中的函数. 其本质，则是客观现象之间的物理联系.

以地震动研究为例. 从强地震动记录可以发现：地震动加速度幅值随着地震震级的大小、观察点距离震中的远近、观察点场地条件的不同而变化. 这种观察本身，事实上已经引入了影响地震动加速度幅值的主要影响因素. 换句话说，对物理现象的逻辑归纳导致了概念函数的产生[6]：

$$a_{\max} = f(M,\ R,\ S) \tag{1}$$

这一概念函数在本质上反映了：

(1) 由描述物理现象需要而引入的物理概念：加速度最大值 $a_{\max}$、震级 M、震中距 R、场地 S. 在数学上，这些物理概念用变量的方式加以描述；

(2) 物理变量之间的内在联系，即物理关系 $f(\cdot)$.

将物理关系式 $f(\cdot)$ 加以具体化的方式是对经验(或实验)观察的数量归纳. 依据一批具体的地震记录，可以利用回归分析方式给出地震动加速度最大值的经验物理表达式[7]：

$$a_{\max} = b_1\ (R + R_0)^{b_3}\, e^{(b_2 M + b_4 T_S)} \tag{2}$$

这里，b_1、b_2、b_3、b_4 通常称之为经验系数；T_S 为表达场地条件的变量，一般取为场地固有周期；R_0 为一常数.

根据观察事实，利用数值回归分析给出的经验物理关系在本质上是最小二乘意义上的“均值”关系. 而若采用观察样本的均值统计曲线做一致逼近，则是以实验(经验)均值关系逼近真实的物理关系.

类似的研究手法在物理研究中是大量存在的. 其共性，是通过观察与归纳，利用数学方法(如：最小二乘法、均值一致逼近、神经网络方法等)[8, 9]导出经验的物理关系. 在经验物理关系中，并不排除随机性存在. 事实上，经验物理关系在不同程度上反映了物理现象之间的均值联系. 而均值,则可视为对于随机性的一种最粗略的反映.

图 1～图 3 示出了几种经验物理关系和它们的实验观察结果[10-12].

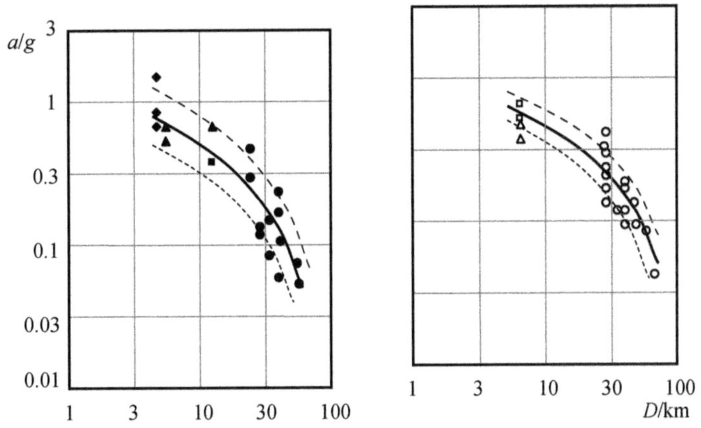

(a) 岩石　　(b) 坚硬土

图 1　地震动衰减关系

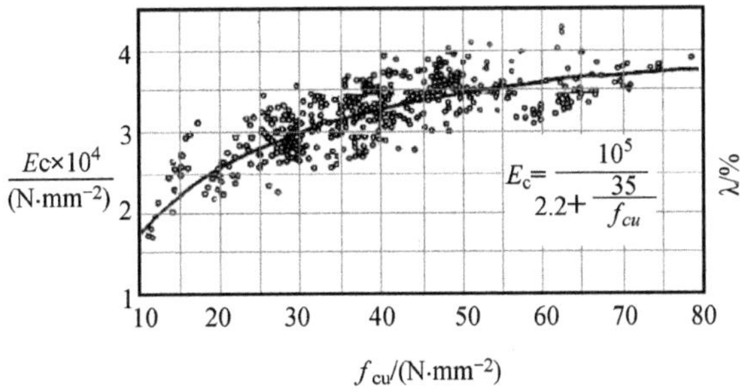

图 2　混凝土弹性模量与抗压强度的关系

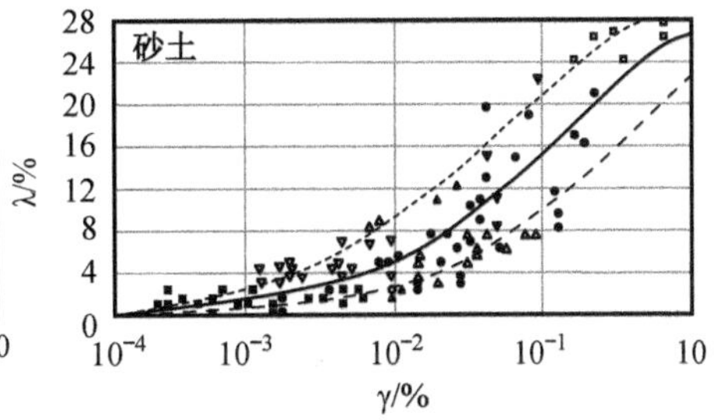

图 3　砂土的阻尼比-剪应变幅值关系

值得指出的是,通常,在述及经验物理关系时,人们往往用“经验表达式”这样一种描述. 因为使用了最小二乘意义上的回归关系,便往往轻视甚至贬低其反映物理本质的价值. 事实上,经验物理关系中最具有价值的东西恰恰是对于定性物理关系(如式(1))的认识. 有经验的研究者都曾意识到:对 $f(\cdot)$ 中变量的正确选择是物理研究中最具功力的所在. 而对于类似于(2)的具体形式,则具有一定的灵活性.

1.2　理论物理关系

对客观世界更高级的反映方式是理论物理模型的建立. 这类模型通过对客观现象的抽象、凝炼与升华,在更为本质的意义上反映了客观现象之间的内在逻辑联系.

以各向同性弹性材料的结构静力分析为例. 根据对微元体(图 4)的受力平衡分析、应变-变形几何关系的分析以及物理本构关系的引入,可以建立经典的弹性力学基本方程[13, 14]:

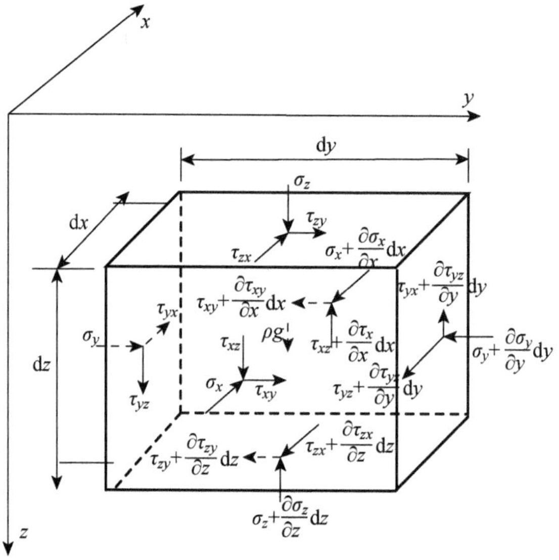

图 4　微元体的受力平衡

$$\sigma_{ij,j}+P_i=0 \tag{3}$$

$$\varepsilon_{ij}=\frac{1}{2}(u_{i,j}+u_{j,i}) \tag{4}$$

$$\sigma_{ij}=\lambda\varepsilon_{kk}\delta_{ij}+2\mu\varepsilon_{ij} \tag{5}$$

式中，σ 为应力；P 为体力；ε 为应变；u 为位移；λ、μ 为弹性常数；δ 为克罗内克尔符号.

由此，可以确定任意受力弹性体外力与内部应力、应变之间的物理关系.

在理论物理关系中，理性的抽象分析过程占据了主要的地位，抽象的结果是模型(如图 4 中的微元体). 然而，这种抽象并不排除观察经验作为先验性的存在. 事实上，式(5)在本质上是经验物理关系(虎克定律)的总结与升华，抽象的起点，往往是观察事实.

客观事物最基本的存在形式是运动. 为反映事物基本的运动规律，引入了微分及微分算子的观念. 在此基础上，大量物理系统的运动规律可以采用状态空间中的微分算子方式描述[15, 16]：

$$\dot{\boldsymbol{X}}=\boldsymbol{F}(\boldsymbol{X},\ \boldsymbol{A},\ \boldsymbol{B},\ \cdots) \tag{6}$$

式中，$\dot{\boldsymbol{X}}$ 及 $\boldsymbol{X}$ 为状态空间中的状态量；$\boldsymbol{A}$，$\boldsymbol{B}$ 为物理参数向量或矩阵.

对于线性动力系统，通常有

$$\dot{\boldsymbol{X}}=\boldsymbol{AX}+\boldsymbol{Bu}(t) \tag{7}$$

式中，$\boldsymbol{u}$ 为系统输入量.

只以微分形式或状态空间内状态方程形式出现的基本方程，通常要附以初始条件或边界条件才能具体求解. 由此，导致所谓的初值问题、边值问题或初、边值混合问题[17].

在本质上，理论物理关系描述的仍然是物理现象之间的联系. 这种联系以代数方程组或微分方程组方式出现. 其实质，则揭示了所要反映的物理现象之间的内在联系. 同时，稍加分析即可发现，在这种联系中，可观测的物理参数(如式(5)中的λ，μ，式(6)中的$\boldsymbol{A}$，$\boldsymbol{B}$)起着至关重要的作用. 事实上，无论是代数方程组还是微分方程组，其解答中，必然包括这些物理参数.

不失一般性，可给出上述理论物理关系的形式解，有(分量形式)

$$x = f(t, \boldsymbol{u}, \zeta) \tag{8}$$

在这里，以ζ表示一般的物理参数.

比较式(1)和式(8)可见，经验物理关系与理论物理关系统一于一般意义上的函数关系. 它们都反映了物理现象之间的本质联系.

1.3 经典物理研究的局限性

遗憾的是，在一般物理问题研究中，往往忽略随机性的影响，而倾向于采用确定性的因果关系反映客观物理规律. 在理论预测结果与观察事实出现差异时，一般采用两种方法对理论模式加以改进：其一是引入更多的变量(或更复杂的物理模型)给出改进模型，其二是引入所谓经验参数对理论模型加以修正，以与观测结果获得较好的吻合性. 值得注意的是，在多数场合，关于理论预测结果与实验观测结果的符合性判断源于下述两个直觉性法则：

(1) 理论预测结果与一次或多次实验观测结果之间的最大误差(包括绝对误差或相对误差)小于某一可接受量值；

(2) 理论预测值与实验观测样本集合均值之间的误差小于某一可接受值.

显然，在这里，对随机性的影响是采取一种粗略的、直觉的方式加以处理的. 按照这种处理方式，必然不会发现这样的可能：随机性可以影响建模结果的正确性.

造成上述局限性的根本原因固然源于在长期的实践中人们已习惯于用确定性的方式思考问题，从而导致传统的因果决定论的产生. 而若从方法论的角度分析，可以发现：经典物理研究往往缺乏对于基本物理量可观测、可控制性质的足够思考与重视. 恰恰是这一点，造成了经典物理研究与随机系统研究之间的隔膜与分野.

2 随机性及其本质

2.1 经典概率论及其局限性

概率论是研究随机现象之间数量规律的科学[18, 19]. 前已述及，经典概率论已经取得了巨大的进步与成就. 然而，由于经典概率论与随机过程理论采用现象学的方式研究随机现象，因此不可避免地将确定性现象与随机现象对立起来．这种对立的观念，逐步形成了确定性系统研究与随机系统研究之间的鸿沟，也严重影响了人们对随机性本质的认识．

在多数概率论与随机过程的书籍中，往往开宗明义，把自然现象与自然界中事物的变化过程分为两大类别：确定性现象（过程）与随机现象（过程）[20-22]．例如，具有代表性的文献[20]中的描述是：

“在一定条件下，必然会发生的事情称之为必然事件……在一定条件下，必然不会发生的事情称为不可能事件……必然事件和不可能事件，虽然形式相反，但是两者的实质是相同的……所有这种现象我们称之为决定性现象……在基本条件不变的情况下，一系列试验或观察会得到不同的现象……这种现象称为随机现象．”

对于随机现象，经典概率论通过引进样本空间、事件域（又称 σ-代数）和样本空间上的概率测度建立概率论的公理化体系，并进而通过在概率空间上定义的可测函数（随机变量）完成对于样本空间的全面刻划．利用测度论和随机变量的概念，即可以用数量全面描述随机实验的结果，乃至构造整个概率论的基本体系[23]．在随机现象与时间过程或空间位置有关时，则将随机变量的概念加以拓展，使之成为时间变量和空间位置变量的形式函数，从而完成对随机过程或随机场的基本描述[24]．

尽管在后续的理论推演中几乎无懈可击，但在起始点，概率论关于产生随机现象的条件描述事实上是语焉不详的．只要仔细地研究经典概率论中给出的典型案例，就不难发现：所有关于随机现象的条件描述均是现象学意义下的条件或非本质条件．仅举数例于下：

抽样问题：从某类产品中抽取 n 件产品，其中 k 件是合格的．前者是条件，后者是随机事件；

射击问题：某射手进行 n 次射击，击中 k 次．前者是条件，后者是随机事件；

排队问题：在某一时间区间内，某服务台前有 m 个人排队．前者是条件，后者是随机事件．

可见：所有这些事件的共同特征是对条件刻划的非本质性，即这类条件与事件发生的物理机制并无任何实质联系．在非本质条件（现象学条件）下研究概率问题，必然是现象学的研究，也很难给出关于随机性本质的解释．

2.2 物理关系的引入·基本变量的可观性与可控性

在随机系统中引入物理关系，有助于认识随机性的本质．

在一般意义上，物理现象之间的联系可以用如下函数关系表述：

$$x = f(t, \boldsymbol{u}, \boldsymbol{\lambda}, \boldsymbol{\xi}) \tag{9}$$

式中，t 表示时间变量；$\boldsymbol{u}$ 表示位置变量；$\boldsymbol{\lambda}$, $\boldsymbol{\xi}$ 表示与物理要素有关的诸变量．

为了定量确立物理关系，首先要求基本物理量具备可观测性，即物理量 t, $\boldsymbol{u}$,

λ, ξ 是可以观察、可以用数量方式测量的. 其次，是对于实验结果的符合性判别，即观测 $\tilde{x}$ 与预测 x 之间的符合性判别. 在经典概率论中，将 $\tilde{x}=x$ 作为必然现象，而把 $\tilde{x}$ 徘徊于 x 周围作为随机现象，这种处理并无不当之处. 问题在于：这种现象学的描述没有说明 $\tilde{x}$ 徘徊于 x 周围的本质原因. 为了阐明这种原因，要求对引起现象的基本条件作本质的、细致的刻划，即要求引入与现象相联系的原因诸要素及原因～现象间的物理关系. 事实上，一次试验，如果能够对影响结果的全部要素实现完全的观测与控制，换句话说，如果基本物理量 t, $\boldsymbol{u}$, λ, ξ 不仅是可以观测、而且是可以控制的，则可以断言：试验结果将是可以精确预测的. 从样本试验的角度考察，如果对一组试验采用完全相同的基本变量，且这些变量是可以完备观测、完全控制的，则这一组试验中的每一个试验将得出相同的结果.

遗憾的是，并不是所有可观测物理量都是可以实施完全控制的. 例如，地震的震级，尽管可以精确观测，但并不能人为控制. 类似的例子还可以举出很多. 随机性，在表面上表现为对于观测结果的不可精确预测的特性，在本质上则源于对于物理现象及其产生原因的可控制性①. 在这一意义上，随机性具有客观性. 对于不可控制、但可以测量的物理量实施测量，就提供了统计的基础. 由此，导致概率论.

对于可以确定物理关系的物理现象，基本变量中出现不可控制变量，必然导致试验结果的随机性. 换句话说："因"的随机性导致"果"的随机性. 在这类试验中，表面上大体相同的基本条件隐含了对其中若干基本要素的不完全控制背景，由此，导致观测 $\tilde{x}$ 徘徊于 x 的周围. 典型的例子是火炮射击，尽管发射条件完全一致，但由于受风速等不可控制因素的影响，炮弹落点将出现随机偏差. 但是，炮弹的轨迹毕竟符合基本的运动和物理规律，引入物理关系，炮弹的落点范围将是可以预测的.

从样本试验的角度考察，如果一组试验的基本变量是可以完备观测的，但其中若干变量不可完全控制，则试验结果必然出现随机性. 此时，在精确意义上，$\tilde{x}$ 与 x 不完全符合. 采用前述的经验物理关系，可以得到在某种意义上的均值关系表达式. 而若采用理论物理关系，引入后面将要阐明的随机建模方法，甚至可以获取物理变量的概率密度分布.

对于原因变量（基本物理量）的完备观测与完全控制，将导致对于结果变量（被研究物理现象）的精确预测，而原因变量的不可控制性必然导致结果变量的随机性分布. 这一结论是建立在全部物理量可以观测的基础之上的. 事实上，对于一些物理现象，其影响因素众多，不可能或不必要对全部影响要素进行测量或控制. 一般说来，一个好的物理模型在于抓住了影响事物本质的主要方面，这样的一种处理也将导致试验结果与理论预测结果的非完全符合特征. 因某种原因（不可能、或不必要）不可观测也不可控制的因素可称之为未知因素. 未知因素的存在也可能导致结

① 这并非一个简单的名词转换. 经典的随机性，人是无所作为的. 从随机性在本质上源于现象的可控制性，就架设了确定性现象与随机现象转化的桥梁：确定性 $\underset{\text{可控}}{\overset{\text{不可控}}{\rightleftharpoons}}$ 随机性. 同时，主体-客体之间的相互关系突现了出来.

果变量的随机性分布.

对于未知因素，存在两种反映方式:(1)采用经验系数方式;(2)采用随机覆盖方式.关于(2)，我们将在本文的第5部分加以说明.关于(1)，事实上是限于经验物理关系的反映方式.经验系数在本质上不仅反映了原因变量与结果变量之间的物理联系，而且在综合意义上反映了物理未知因素对结果的影响，这一点，是以前的研究者们所忽略的事情.从这一观点考察，可以推论:经验物理关系中的经验系数在本质上应为随机变量.当采用最小二乘法给出回归关系表达式时，所给出的系数值是这一随机变量在某种均值意义上的反映.

在一般意义上，注意到未知要素的影响，式(9)的物理关系可扩展为

$$x = f(t,\ \boldsymbol{u},\ \boldsymbol{\lambda},\ \boldsymbol{\xi},\ \boldsymbol{\alpha}) \tag{10}$$

式中，$\boldsymbol{\alpha}$ 是与经验系数有关的变量.

我们约定:在式(10)中，t 是时间变量，$\boldsymbol{u}$ 是位置变量(显然，在一般情况下，t，$\boldsymbol{u}$ 均是可观测、可控制变量)，$\boldsymbol{\lambda}$ 是可观测、可控制的基本物理量，$\boldsymbol{\xi}$ 是可观测、不可控制的基本物理量，$\boldsymbol{\alpha}$ 是反映未知要素的综合变量.

称式(10)所表达的系统为物理随机系统，随系统基本变量取值特征的不同，上述系统可转化为确定性系统和随机系统.显然，在这里，确定性与随机性不再是互相对立的概念，而是可以互相转换的.转化的基本契机，在于基本物理量的可控制性质.这样的表述，不仅解答了随机性的本质是什么的问题，也指明了随机系统与确定性系统之间的关系，即其统一性.

值得指出:在传统观念中，随机性通常被理解为因果关系的缺失(或破缺).由于因果关系被认为是确定性关系，因此，随机性系统与确定性系统被人为地对立起来.大多数人认为:需要用两种不同的方式(确定性方式与随机性方式)反映同一个客观世界[25].而依照物理随机系统的基本观点，客观物理关系(包括因果关系)事实上隐藏于人们的观察事实(确定性或随机现象)之中.因此，只需要用同一个客观物理关系反映同一个客观世界.根据对客观现象的可控制性与否，随机性与确定性可以互相转化，统一于对客观规律的反映过程之中.

3　样本轨道、系综特征与概率密度演化

前述分析表明:研究一个物理现象，不能仅从现象学的角度入手，而应该同时考察影响这一物理现象的诸多原因.通过合理地选择基本的物理要素并加以模型化(建立物理关系)，将有助于逻辑地再现客观物理世界的基本规律，也有助于理解随机性之所以产生的实质.事实上，这样的一种思想，具有从一般意义上研究客观世界的价值.

由于客观现象，尤其是其影响变量中存在可否观测、可否控制的分野，在客观世界物理规律的基本反映途径上，存在三种方式:样本轨道描述、系综特征描述与概率密度描述.

3.1 样本轨道

一次具体的物理实验称为样本.对于可以完备观测、完全控制的物理系统,其样本轨道具有确定性性质.对这样的系统,可以发现:对于完全相同的实验条件,一组样本的试验结果与其中一个样本的试验结果将是等价的.因此,在经验物理关系研究中,可以采用确定性函数依据一组试验中的任何一个样本建立物理关系.而在理论物理关系研究中,仅要一个验证性试验便可以证明理论物理关系的正确性.

在一般意义上,确定性样本轨道意义上的物理关系可以表述为

$$x = f(t, \boldsymbol{u}, \boldsymbol{\lambda}) \tag{11}$$

显然,确定性样本轨道是在理想情况下的实验结果.在一般情况下,即使采用表面上完全相同的一组实验控制参量,一组实验结果的诸样本之间也会出现或多或少的差异.其本质原因,在于对于系统基本变量的可控制性.非完全控制导致随机性.我们将对一组样本(样本集合)的总体描述称为系综描述.对于确定性系统,系综描述等价于样本轨道描述.而对于随机系统,系综描述包括了样本集合(或总体)特征值(如均值、方差等)描述和概率分布密度描述两个基本层次.

为了揭示系综内的基本运动规律,第一要求建立系综内诸变量间的物理关系,第二要建立所研究物理量与影响此物理量诸要素间的概率性联系,即建立基本随机变量与目标变量之间的特征值传递关系或概率密度演化关系.换句话说,对于受随机性影响的物理系统,不仅要研究物理现象之间的联系,还要考察在物理现象转化、演变过程中随机性的输运与演化过程.两者共同构成完整的对客观事物的反映过程.

3.2 系综特征值传递

对于一组具体的物理实验结果,如本文第 2 节所述,既可以应用经验物理模式建立物理关系,也可以应用理论物理模式建立物理关系.在一般意义上,系综意义上的物理关系可以表达为式(10)的基本形式.为简便起见,这里考虑 $\boldsymbol{\xi}$、$\boldsymbol{\alpha}$ 为一维的情况,即

$$x = f(t, \boldsymbol{u}, \boldsymbol{\lambda}, \xi, \alpha) \tag{10a}$$

引用随机函数的级数展开,可以建立基本随机变量与目标随机变量之间在数值特征意义上的传递关系.事实上,对式(10a)关于随机变量在均值处作级数展开,有

$$\begin{aligned} x = {} & f(t, \boldsymbol{u}, \boldsymbol{\lambda}, E(\xi), E(\alpha)) + \left.\frac{\partial f}{\partial \xi}\right|_{\substack{\xi=E(\xi)\\ \alpha=E(\alpha)}} [\xi - E(\xi)] + \left.\frac{\partial f}{\partial \alpha}\right|_{\substack{\xi=E(\xi)\\ \alpha=E(\alpha)}} [\alpha - E(\alpha)] \\ & + \frac{1}{2}\left.\frac{\partial^2 f}{\partial \xi \partial \alpha}\right|_{\substack{\xi=E(\xi)\\ \alpha=E(\alpha)}} [\xi - E(\xi)][\alpha - E(\alpha)] + \cdots \end{aligned} \tag{12}$$

当仅取级数的线性项作近似表达时，可得随机函数 x 的均值与标准差分别为

$$E(x)=f(t,\boldsymbol{u},\boldsymbol{\lambda},E(\xi),E(\alpha)) \tag{13}$$

$$\sigma(x)=\sqrt{\left(\frac{\partial f}{\partial \xi}\bigg|_{\substack{\xi=E(\xi)\\ \alpha=E(\alpha)}}\right)^2\sigma^2(\xi)+\left(\frac{\partial f}{\partial \alpha}\bigg|_{\substack{\xi=E(\xi)\\ \alpha=E(\alpha)}}\right)^2\sigma^2(\alpha)} \tag{14}$$

上述两式，在一般意义上建立了随机函数在系统特征值意义上的近似传递关系.

对于某些微分系统，也可以利用微分方程的形式解结合随机变量数值特征的基本定义建立系综特征值意义上的传递关系. 典型的例子是经典随机振动[3, 26, 27].

为简单计，以线弹性单自由度体系为例. 熟知，其运动方程为

$$\ddot{y}(t)+2\xi\omega_0\dot{y}(t)+\omega_0^2y(t)=x(t) \tag{15}$$

$$y(0)=\dot{y}(0)=0 \tag{16}$$

当 $x(t)$ 为随机过程时，上述运动方程的形式解仍然保持确定性系统的基本形式. 即

$$y(t)=\int_{-\infty}^{t}h(t-\tau)x(\tau)\mathrm{d}\tau \tag{17}$$

式中，$h(\cdot)$ 为脉冲响应函数.

值得指出：在随机振动理论中，上述形式解又称为均方解答. 随机过程的基本理论指出：对线性系统，随机微分方程的均方解与确定性系统的解答具有相同的形式[27].

利用随机变量的数值特征表达式，对于平稳随机输入时的稳态反应，可以给出上述系统的均值反应与相关函数分别为

$$E[y(t)]=E[x(t)]\int_{-\infty}^{t}h(\tau)\mathrm{d}\tau \tag{18}$$

$$R_y(\tau)=\int_{-\infty}^{\infty}\int_{-\infty}^{\infty}h(u)h(v)R_x(\tau+u-v)\mathrm{d}u\mathrm{d}v \tag{19}$$

式中，$R_x(\cdot)$ 为输入过程的自相关函数.

上述两式，事实上建立了输入随机过程与输出随机过程时域数值特征之间的联系. 对于零均值随机过程输入，仅用式(19)即可表述系统所涉及随机变量之间的数值特征联系，在频域中，这一联系有更为简洁的形式：

$$S_y(\omega)=|H(\omega)|^2S_x(\omega) \tag{20}$$

在这里，$S_y(\omega)$ 与 $S_x(\omega)$ 事实上是输入与输出的频域数值特征；而 $H(\omega)$ 为频域传递函数.

上述推导中，具有重要意义的是其中的思想方法：利用形式解（其本质是物理解），结合数值特征的基本演算，给出一般物理关系中基本随机变量之间的数值特征联系，从而建立目标（结果）物理量和背景（原因）物理量之间在系综特征值意义

上的传递关系.

仔细分析随机结构分析中的随机摄动理论和正交分解理论[28-30]，不难发现类似的基本方法. 例如：在随机摄动理论中，是将问题的解展开为类似于式(12)的表达式，然后结合物理方程，利用随机变量的任意性，获取基本摄动方程. 而在正交分解理论中，同样是应用解的级数分解，结合基本的物理方程，获取随机源与随机响应之间的数值特征关系[30].

3.3 概率密度演化

对随机系统中系综描述的最精细方式是概率密度描述. 由于物理关系在本质上反映了基本物理量之间的转化或传递关系，因此，概率密度描述的本质是建立“随机源”与“目标”物理量之间的概率密度演化关系.

考察一般意义上的微分动力系统

$$\dot{X} = G(X, \boldsymbol{\Theta}, t) \tag{21}$$

式中，$\boldsymbol{\Theta}$ 为随机参数.

若式(21)在物理上是适定的，则其解答必存在、唯一、且必然是随机参数的函数，即：存在物理解答

$$X = H(\boldsymbol{\Theta}, t) \tag{22}$$

若在所考察的时间区段内，没有新的随机因素的介入，则 $X(t)$ 关于给定条件 $\{\boldsymbol{\Theta} = \theta\}$ 的条件概率密度函数可以表达为

$$p_{X|\boldsymbol{\Theta}}(x, t \mid \boldsymbol{\theta}) = \delta(x - H(\boldsymbol{\theta}, t)) \tag{23}$$

对上式两端关于 t 求导，有

$$\frac{\partial p_{X|\boldsymbol{\Theta}}(x, t \mid \boldsymbol{\theta})}{\partial t} = -\dot{H}(\boldsymbol{\theta}, t) \frac{\partial p_{X|\boldsymbol{\Theta}}(x, t \mid \boldsymbol{\theta})}{\partial x} \tag{24}$$

根据条件概率公式，$(X, \boldsymbol{\Theta})$ 的联合概率密度函数为

$$p_{X\boldsymbol{\Theta}}(\mathrm{x}, \boldsymbol{\theta}, t) = p_{X|\boldsymbol{\Theta}}(x, t \mid \boldsymbol{\theta}) p_{\boldsymbol{\Theta}}(\boldsymbol{\theta}) \tag{25}$$

由上述两式不难得到

$$\frac{\partial p_{X\boldsymbol{\Theta}}(x, \boldsymbol{\theta}, t)}{\partial t} + \dot{H}(\boldsymbol{\theta}, t) \frac{\partial p_{X\boldsymbol{\Theta}}(x, \boldsymbol{\theta}, t)}{\partial x} = 0 \tag{26}$$

称式(26)为广义密度演化方程[31].

引入初始条件

$$p_{X\boldsymbol{\Theta}}(x, \boldsymbol{\theta}, t \mid_{t=0}) = p_{\boldsymbol{\Theta}}(\boldsymbol{\theta}) \delta(x - x_0) \tag{27}$$

则可以结合式(21)，采用数值求解的方法获得 $p_X(x, t)$ [32, 33]. $p_X(x, t)$，恰恰描

述了目标物理量 X 随时间变化的概率密度演化过程. 而式(26)与(27),则建立了背景物理量(随机源)与目标物理量之间的概率密度联系途径.

事实上,对于一般的用代数关系表达的物理系统,也可以利用上述广义概率密度演化方程建立目标物理量与背景物理量之间的概率联系,这只要引入一个巧妙却十分自然的变换:

$$Y(\tau) = X(\boldsymbol{\Theta}) \cdot \tau \tag{28}$$

这里 $X(\boldsymbol{\Theta})$ 是目标物理量的具体表达,即可导出广义密度演化方程为

$$\frac{\partial p_{Y\boldsymbol{\Theta}}(y, \boldsymbol{\theta}, \tau)}{\partial \tau} + X(\boldsymbol{\theta}) \frac{\partial p_{Y\boldsymbol{\Theta}}(y, \boldsymbol{\theta}, \tau)}{\partial y} = 0 \tag{29}$$

结合初始条件解出 $p_Y(y, \tau)$ 后,有

$$p_X(x) = p_Y(y, \tau) \mid_{\tau=1, y=x} \tag{30}$$

研究一下式(26)的数值解答过程是很有意义的. 为了求得式(26)的数值解,可以首先选定 $\boldsymbol{\theta}$ 的若干样本点,对每一个样本点,求解确定性系统(式(21))的解答,然后,根据式(26)及式(27),即可以利用差分方法求得每一个样本轨道上的概率密度 $p_{X\boldsymbol{\Theta}}(x, \boldsymbol{\theta}, t)$. 由于式(26)在本质上反映了不同样本点之间的概率信息联系,换句话说,式(26)给出了联合概率密度函数 $p_{X\Theta}(x, \boldsymbol{\theta}, t)$ 所服从的基本规律,因此,不同样本点之间的概率联系规律被揭示了出来.

在工程随机系统研究中,Monte-Carlo 模拟法是被经常应用的方法. 这种方法采用模拟实验(随机取样)并附以数值统计的方式解答随机性问题. 仔细分析这类方法可知:Monte-Carlo 方法部分地触摸到了问题的实质:利用物理关系,通过随机取样,给出统计解答. 然而,Monte-Carlo 方法没有、也不可能揭示样本点之间的概率联系规律. 因此,必然导致很大的计算工作量和计算结果的不稳定性. 与之相对比,广义概率密度演化方程则揭示了随机系统样本点之间概率信息的本质联系,从而,不仅实现了对客观系统的正确反映,也大大降低了问题求解的难度和工作量.

3.4 概率守恒原理

在上述三种客观世界物理规律的反映方式中,概率密度描述显然具有更为一般的意义. 事实上,基于概率密度描述,不难给出样本轨道描述(这只要取具体样本点)和系综特征值描述(这只要取数值特征值). 因此,进一步剖析概率密度演化的基本原理是必要的.

研究发现,概率密度演化本质上基于概率守恒原理. 即:在保守的概率转移过程中,状态空间中单位体积的概率增量等于通过此单元边界的概率流入量[34]. 换句话说,在保守的系统演化过程中,状态空间中的概率总量不变[31]. 在这里,"保守的"这一定语的基本含义是在系统状态转移过程中不再加入新的随机因素.

事实上,在数学上,物理关系可视为自变量集合向因变量转化过程中的恒定不

变的函数关系，因此，在系统状态演化过程中，由初始随机源所决定的概率测度在整体上并不发生变化. 换句话说，在保守的随机系统中，"源"随机事件在系统演化过程中不会消失，也不会增加. 这一点，与连续介质力学系统中的质量守恒定律颇有类似之处. 因此，可定义物质导数 $\frac{\mathrm{D}}{\mathrm{D}t}(\cdot)$，若在时刻 t 物理系统的状态为 $(X,\ \boldsymbol{\Theta})^{\mathrm{T}}$，状态的联合概率密度函数为 $p_{X\boldsymbol{\Theta}}(\mathrm{x},\ \boldsymbol{\theta},\ t)$，则概率守恒原理可描述为

$$\frac{\mathrm{D}}{\mathrm{D}t}\int_{D_t \times D\theta} p_{X\boldsymbol{\Theta}}(\mathrm{x},\ \boldsymbol{\theta},\ t)\mathrm{d}x\mathrm{d}\theta = 0 \tag{31}$$

利用物理解答与物理关系的等价性，由式(22)及 Reynold 转换定理[35]，可由上式给出

$$\frac{\partial p_{X\boldsymbol{\Theta}}(\mathrm{x},\ \boldsymbol{\theta},\ t)}{\partial t} + \dot{X}(\boldsymbol{\theta},\ t)\frac{\partial p_{X\boldsymbol{\Theta}}(\mathrm{x},\ \boldsymbol{\theta},\ t)}{\partial x} = 0 \tag{32}$$

这在本质上等价于式(26).

与经典的 Liouville 方程相比[4, 36-38]，广义密度演化方程利用了微分系统的物理解答即物理关系，实现了状态变量之间的解耦，从而，大大简化了一般物理系统演化概率密度求解的难度. 进一步的深入研究表明：广义密度方程在本质上描述的是样本轨道与概率密度函数之间的关系[31]. 样本轨道，恰恰是物理关系的样本反映. 概率密度演化的实质，是客观物理系统中随机性转移、输运的过程.

3.5 客观物理模型的正确性判据

样本轨道描述、系综特征值描述、概率密度描述事实上建立了完整的、不同层次上的客观物理系统反映图景. 在这里，随机性与确定性统一于一个理论框架之中，随机系统是确定性系统的一个自然扩展. 而随机系统的求解方式又与确定性系统的求解方式天衣无缝般地结合了起来.

通过样本轨道描述、系综特征值描述、概率密度描述反映客观物理关系，在本质上是对客观物理规律的理论抽象. 这种理论抽象是否正确，则要通过试验的验证. 换句话说，存在客观物理模型的正确性判据问题.

在经典物理研究中，对于某一(或某一组)观测物理量，一般采取理论预测值与实验观测值的绝对误差或相对误差(对于一组物理量或一个过程，往往采用误差范数度量)来衡量理论预测的正确性. 即取

$$\| x - \tilde{x} \| < \varepsilon \tag{33}$$

或

$$\frac{\| x - \tilde{x} \|}{\| x \|} \leqslant \delta \tag{34}$$

为基本判据. 式(33)、(34)中 $\| \cdot \|$ 表示某种意义下的范数，ε 和 δ 为允许误差限.

从本文观点考察，不难发现：这种正确性判据是针对确定性系统而言的，换句

话说,这种判据属于样本轨道的判断准则.对于随机系统,由于不可控甚至不可知因素的存在,应针对系综建立正确性判据.即,对于随机系统,试验观测结果与预测结果的符合应理解为在特征值意义上的符合或概率分布意义上的符合.

在特征值意义上,可以引用系综均值与均方差建立客观物理模型的正确性判据.事实上,式(13)与式(14)的重要意义不仅在于它们给出了基本物理量与目标物理量在数值特征意义上的联系.同样重要的是,依据这种联系,可以在系统特征值意义上建立理论预测正确性的评判标准.根据一组样本实验结果,可以计算 $\tilde{x}_i$ 的样本均值 $E(\tilde{x})$ 与样本均方差 $\sigma_{\tilde{x}}$,而式(13)与(14)则给出了理论预测值 x 的均值与方差.这样,对于物理模型的正确性评判,不仅要看 $E(x)$ 与 $E(\tilde{x})$ 的符合程度,还要考虑 σ_x 与 $\sigma_{\tilde{x}}$ 之间的符合程度.不失一般性,可以建立这样的正确性判据

$$\| E(x) - E(\tilde{x}) \| < \varepsilon \tag{35}$$

$$\| \sigma_x - \sigma_{\tilde{x}} \| < \delta \tag{36}$$

显然,较之仅考虑均值关系的符合程度(这正是多数经典物理模型在处理含有随机性影响时的潜规则),在系综特征值意义上的全面比较,使得对于客观物理模型的正确性检验变得更为合理而有效.事实上,在经典随机振动分析中,结构随机响应分析结果的正确性检验,正是建立在二阶数值特征(如功率谱)的实验对比分析基础之上的.

在样本集合可以给出足够的统计信息时,可以在概率分布意义上建立客观物理模型的正确性判据.即对于给定物理量,若可以获得观测 $\tilde{x}$ 的统计描述 $p_{\tilde{x}}$,则依据物理关系(10)和密度演化分析,不难获取理论预测的 p_x ,客观物理模型的正确性要求满足

$$\| p_x - p_{\tilde{x}} \| < \varepsilon \tag{37}$$

上述不同层次上的正确性判据准则,事实上也给出了基本的客观物理关系建模准则.在一般意义上,准则(37)包括了准则(35)与(36).而准则(33)或(34)则与(35)、(36)、(37)所描述的基本准则可能产生冲突.这种冲突,在实质上来源于随机性所导致的样本冲突.在存在随机性的场合,按照某一样本建模给出的结果可能迥异于按另一样本建模给出的结果,这种差别,可以表现为同一类型函数中的参数差异,也可以依据建模者的旨趣差别表现为函数类型的差异(所谓等价函数关系).在特殊场合,这种差异甚至会导致对客观物理规律的歪曲性反映.因此,在存在随机性的场合,采用基于系综特征意义或概率分布意义上的正确性判据作为建模准则,具有方法论意义上的重要价值.唯有如此,才能正确地反映客观物理规律、认识客观世界.

4 能动的反映论

认识客观世界的基本目标是发现客观现象之间合目的性的联系,并拿了

这种规律性的认识去主动适应、影响乃至改造客观世界.在这一理念中,应该突出反映论的基本观点,强调人作为反映主体的能动作用[39].事实上,在客观世界的反映过程中,随机性与确定性不仅可以互相转化,也是可以加以选择的.

4.1 因果关系树与随机涨落

客观世界的物理关系环环相扣.如果用因果关系这样一个稍微传统一点的措词描述物理关系,则在客观对象的考察中,存在因果关系树(图 5).因果关系树或这一树状结构中的某一链条(因果关系链)的存在,意味着对于如式(10)所示的物理关系,其基本物理量还可以是另外一些基本变量的函数.例如,在随机结构承受随机地震动作用的场合,由牛顿第二定律所决定的物理解答中包括随机地震动输入、结构几何参数与结构物理参数.其中的随机地震动输入,又可以是地震震级、震中距及场地条件的函数,而结构物理参数中的结构刚度又是结构几何尺度、材料弹性模量乃至材料强度参数的函数.在这一链式或树状结构中,每一环节都可能引入不可控制的因素,即随机因素,从而引发概率密度分布在系统演化过程中的分化、聚合与涨落.对于非线性系统,这种随机性在演化进程中关于各类状态量的分布与涨落恰恰是人们必须加以密切关注的重点.已有的研究表明,正如非线性系统中状态量会因初始条件的微小扰动而出现灾变性突变一样,初始随机性在系统状态演化过程中关于各类状态量分布的涨落,也会出现复杂的聚、散变化,从而导致随机系统的复杂性[40].

图 5　因果关系树

因果关系树或因果关系链存在的第二个重要意义在于:人们可以主动地在适当的层次上引入随机性或选择随机变量.例如:在不同层级适当地扩充系统中的基本变量数量,有助于提高系统的建模精度.在适当的层次、以适当的数量扩展系统的状态空间,要求进一步的细化分析.

在一般意义上,扩展状态空间的物理关系可以表述为

$$x = f(t, \boldsymbol{u}, \lambda_1, \lambda_2, \cdots, \lambda_m, \xi_1, \xi_2, \cdots, \xi_n, \alpha_1, \alpha_2, \cdots, \alpha_l) \tag{38}$$

4.2 随机灵敏度与随机覆盖

决定一个基本物理量是否选取为随机变量,取决于三个基本判断:

(1) 基本随机变量的变异性

前已述及,判断物理现象的随机性,在本质上要研究、考察它的可控性.然而,更为深入而富有理性的做法是同时考察不可控变量的变异性.当不可控变量的变异性较小(图 6)时,则可以将此类变量处理为确定性变量;即用变量的均值作为其取值依据.否则,应将此类变量取做随机变量.

(2) 随机灵敏度的大小

对于随机函数：

$$\eta = f(s_i,\ i = 1,\ 2,\ \cdots) \quad (39)$$

随机灵敏度可定义为

$$I_i = \frac{\partial \eta}{\partial s_i} \quad i = 1,\ 2,\ \cdots \quad (40)$$

可以在均方意义上或概率测度意义上计算上式. 一般说来,具有较高随机灵敏度的基本变量应当选为随机变量. 事实上,有关这方面的研究尚有待于加强.

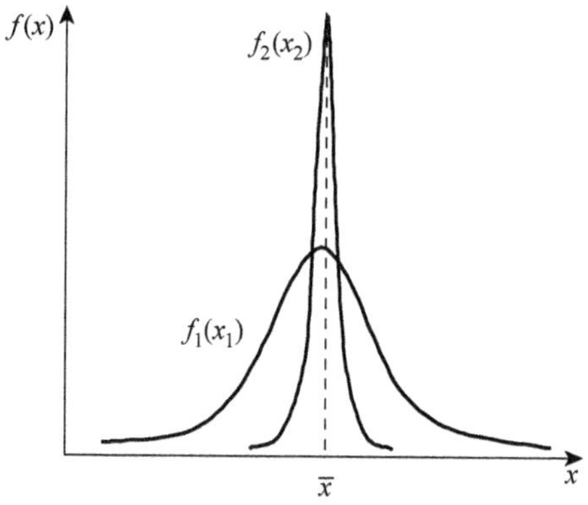

图 6　密度函数为 $f_2(x_2)$ 的变量其随机性可忽略不计

(3) 对目标变量的影响

结合基本随机变量的变异性与随机灵敏度,可以引出第三个基本判断,当某一变量对目标变量的影响较大时,宜将其作为系统状态变量. 在这里,尚应注意这种影响应从对目标均值影响和对目标概率分布产生影响两个侧面考虑. 当不对目标变量概率分布产生明显影响时,可将相应基本变量取为确定性变量,反之,则当作随机变量引入.

上述判断标准,隐含了这样一个价值观念:仅有那些对结果足以产生影响的随机要素才有"资格"成为随机变量. 这在本质上认可这一标准:任何对客观系统的反映都应该是能动的反映. 在这一观念支配下,小因素的影响可以利用主导变量的变异性特征加以综合反映. 进一步,我们甚至可以通过适度地扩展主导随机变量的变异区间,利用随机建模的思想,实现主导随机变量关于次要随机因素乃至不可知因素的随机覆盖.

4.3　随机建模

基本随机变量的概率分布可以在原因层次(随机源)利用数理统计方法确定,也可以通过样本集合层次上的随机建模在目标层次识别给出. 有意识地选择统计的层次,以方便地确定随机变量的概率分布类型,是能动的反映论用之于实际问题的一个重要方面.

确定随机变量分布的数理统计方法,已有许多经典书籍可供参考[19, 20, 42],这里着重阐述随机建模方法.

文献[30]详细阐明了随机结构的建模原理与方法. 在此基础上,本文将其进一步扩展到一般物理系统.

系统随机建模的基本准则是:利用物理系统的实验观察结果,采用数学优化的方法确定系统基本随机变量的概率结构,使得所研究物理模型在概率意义上等价于客观物理系统.

可以利用图 7 说明随机建模与经典数理统计建模方法的区别. 在经典数理统

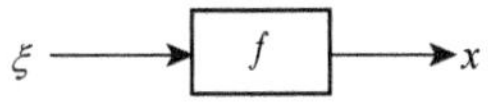

图 7　系统简图

计方法中，仅针对系统输入随机变量 $\boldsymbol{\xi}$，或输出随机变量 X 采用假设检验方式建模. 而在随机建模中，则试图利用物理关系 f 及系统观测量 x 反演 $\boldsymbol{\xi}$ 的概率结构. 原则上，应采用样本集合建模，才可以获得基本随机变量接近于真实的估计①. 在样本集合关于基本随机变量具有“各态历经”性质时，可以给出基本随机变量的真实概率结构.

采用一组试验结果(即样本集合)建模，存在三条可能途经:(1) 基于样本的建模;(2) 基于样本特征值建模;(3) 基于样本集合的概率分布密度建模.

(1) 基于样本的建模

此类建模方式是，首先针对样本集合中各单个样本，识别基本随机变量的样本实现值，然后加以统计.

对于样本集合中的各样本，按照物理关系，可以采用模型预测值与观测样本值具有最佳逼近准则或均方逼近准则识别基本随机变量的样本实现值，即:

最佳逼近，取

$$J_1 = \max[\tilde{x} - f(t, \boldsymbol{u}, \boldsymbol{\xi}, \boldsymbol{\alpha})] \leqslant \varepsilon_1 \tag{41}$$

为准则识别参数. 式中，ε_1 为设定误差限值.

均方逼近，取

$$J_2 = \max(E[(\tilde{x} - f(t, \boldsymbol{u}, \boldsymbol{\xi}, \boldsymbol{\alpha}))^2]) \leqslant \varepsilon_2 \tag{42}$$

为准则识别参数. 式中，$E[\cdot]$ 表示对误差平方值取均值; ε_2 为设定误差限值.

在识别给出基本随机变量的各样本实现值后，再采用数理统计方式给出各随机变量的概率分布.

(2) 基于系综特征值的建模

这一准则要求首先对集合样本采用数理统计方式给出目标随机变量的均值与方差，然后，利用系统物理关系，给出目标随机变量的预测特征值. 通过调整基本随机变量的概率分布参数或分布类型，满足建模准则，获取对于基本随机变量真实概率结构的估计.

基本的建模准则可以表示为

$$J_m = \min[(E(\tilde{x}) - E(x))^{\mathrm{T}}(E(\tilde{x}) - E(x))] \tag{43}$$

$$J_v = \min[(\sigma_{\tilde{x}} - \sigma_x)^{\mathrm{T}}(\sigma_{\tilde{x}} - \sigma_x)] \tag{44}$$

式中，$E(\cdot)$ 表示均值，$\tilde{x}$ 为试验观测值，x 为理论预测值.

值得指出的是:这类建模准则仅对线性系统才是正确的. 对于非线性系统，由

① 仅在单个样本关于基本随机变量具有“各态历经”性质时，才采用单个样本识别基本随机变量的概率结构. 此时，可以采用模型预测均值与观测样本轨道实现最佳逼近或均方逼近的原则建模. 一般说来，具有这种性质的“单个”样本往往是某种意义上的集合样本[30].

于随机系统均值不等于由均值参数所确定的系统值(典型例子是 $y = x^{-1}$),因此,若引用式(13)、式(14)计算 $E(x)$ 与 σ_x,则建模结果将具有近似性.因此,对于非线性系统,应该利用基本随机变量的分布,尽量由精确的积分表达式计算 $E(x)$ 与 σ_x。事实上,在经典物理研究中,依据试验结果均值进行建模,甚至不能正确识别非线性系统基本变量的均值,也难以保证物理关系的正确性.

(3) 基于概率密度分布准则的建模

对建模最苛刻的要求是模型预测概率密度分布与观测概率密度分布取得一致性,可以用最佳一致逼近准则给出此类准则:

$$J_p = \max|p_{\tilde{x}} - p_x| \leqslant \varepsilon_p \tag{45a}$$

或

$$J_P = \max|P_{\tilde{x}} - P_x| \leqslant \varepsilon_P \tag{45b}$$

式中,$p_{\tilde{x}}$ 、$P_{\tilde{x}}$ 分别为系统样本集合给出的目标变量概率密度与概率分布函数;p_x、P_x 分别为目标变量的预测概率密度与概率分布函数;ε_p 、ε_P 为设定误差限.

随机建模方法主要应用于难以直接对基本随机变量进行统计分析的场合以及需要采用随机覆盖原理缩减随机变量个数的场合,对于可以进行统计分析且不需要缩减随机变量的场合,则以采用统计分析方法确定基本随机变量分布为第一选择.

5 若干应用

对于土木工程结构,结构所受外部作用的随机性、结构受力作用时所表现出的非线性、以及随机性与非线性的耦合作用,是结构设计和结构性态控制中不可回避的基本问题,也是结构工程研究中的关键科学问题.针对这一背景,基于引入物理联系(或规律)研究随机系统的思想,在过去的数年中,我们进行了系列的研究工作,并将这些研究逐步应用于若干具体工程问题的分析之中,取得了成功的研究进展.

5.1 经验物理关系-随机风场模型

空气的流动形成风.在土木工程中,通常把空间中某点的风速记录分解为平均风与脉动风,并采用平稳随机过程模型反映脉动风速时间过程.仔细分析不难发现,这种反映方式属于现象学的反映方式,它无法、也不可能揭示风速时程的随机性本质.并且,由于采用二阶数值特征-自相关函数或功率谱密度函数反映脉动风速随机过程的主导概率特征,因此,很难精细地刻画风速过程的概率分布及其统计特征.这种本质性缺陷,导致结构分析与设计中的一系列难题:不仅对非线性系统很难获得实际工程结构的随机动力反应解答,即使对于线性结构系统,也难以获得结构动力可靠度的精确解[43].

从物理随机系统的观点加以考察,尽管影响边界层大气环流的因素多种多样,但对某一点的风速记录时程而言,标准高度处的平均风速(如 10 米高风速 v_{10})与记录场地的特征参数(如地面粗糙度系数 z_0)是对风速时程最具影响的两个基本参数. 换句话说,可以认为:在大气环流层面影响风速时程的各种因素必然会在平均风速上得到反映,而地面粗糙度系数,则综合反映了在大气环流流经某地时所形成的各种相互作用要素的影响. 因此,以这两个参数为基本随机变量,可以通过风速时程记录,构造反映风速时程记录的函数关系或经验物理关系.

在具体建模过程中,可以以时程函数 $f(t, v_{10}, z_0)$ 为目标构造经验物理关系,也可以从频域函数 $F(\omega, v_{10}, z_0)$ 为目标构造这类函数. 仔细研究可以发现,以前者为目标,要求采用正交函数(如正、余弦函数)为基函数,这必然导致组合随机系数数量的扩张,且难以建立组合系数与基本物理变量之间的联系. 而采用频域函数 $F(\omega, v_{10}, z_0)$ 为目标,则可以利用 Fourier 幅值谱函数的趋势项特征(图 8),建立经验物理关系. 如[44, 45]

$$F(\omega, v_{10}, z_0)=\frac{c_1 k v_{10}\left(\frac{1\,200n}{v_{10}}\right)^{\left(c_3 c_4-\frac{1}{3}\right)}}{\sqrt{n}\ln\left(\frac{10}{z_0}\right)\left[1+c_2\left(\frac{1\,200n}{v_{10}}\right)^{c_3}\right]^{c_4}} \tag{46}$$

式中, c_1, c_2, c_3, c_4 为经验系数,可以根据前述灵敏度分析及观测样本的识别,取为确定性变量或随机变量; k 为 von Karman 常数,通常取 0.4; $\omega=2\pi n$.

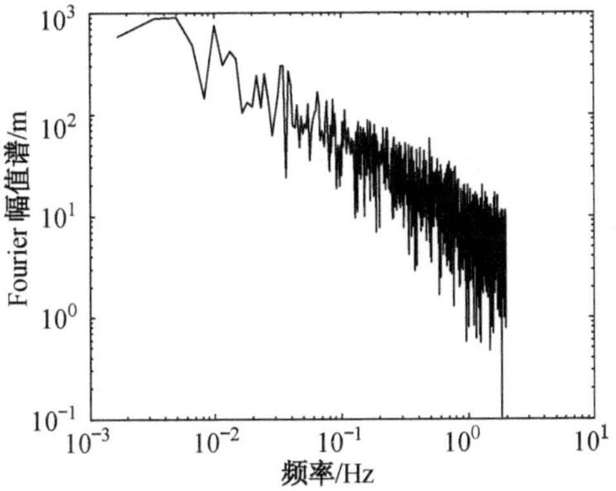

图 8　某脉动风速 Fourier 幅值谱

由于 v_{10}、z_0 为随机变量,因此, $F(\omega, v_{10}, z_0)$ 为随机 Fourier 函数. 表 1 为根据一组实测风速时程记录,统计给出的模型基本参数. 这一统计结果同时表明: v_{10} 服从极值 I 型分布,而 z_0 服从对数正态分布. 图 9 是上述建模结果与实际风速观测结果的比较,可见,无论均值谱还是标准差谱,都取得了理想的符合效果[45].

表 1　随机 Fourier 谱模型参数

	c_1	c_2	c_3	c_4	v_{10}	z_0
均值	4.25	0.1	1.8	0.3	5.62	0.44
方差	—	—	—	—	1.08	0.897

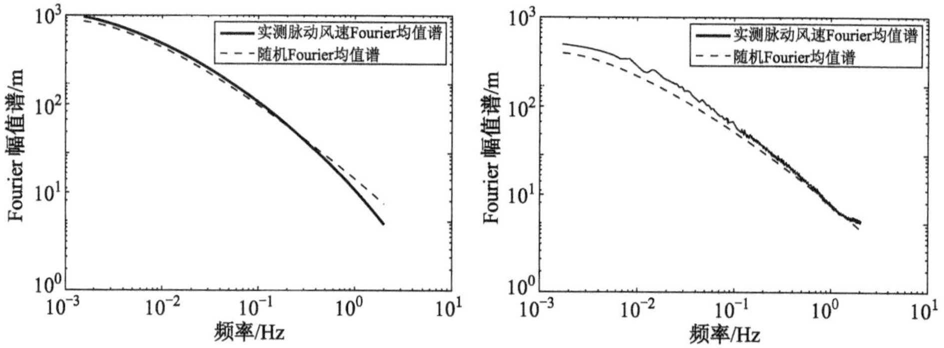

图 9　随机 Fourier 谱建模结果与观测结果的比较

基于随机 Fourier 模型，不难利用概率密度演化方法求取工程结构的随机风振响应与动力可靠度[46]. 文献[47]进一步将上述风谱推广到随机风场建模之中，建立了互相关随机 Fourier 谱模型.

5.2　理论物理关系-随机地震动模型

从地震地面运动的传播过程考察，地震动的特性主要受到地震震级、传播途径、场地条件诸方面因素的影响. 由于这些因素的不可控制性质，导致观察地震动表现出显著的随机性特征. 如果暂不考虑地震震级与传播途径的影响，而把研究重点放在具体工程场地的地震动传播机制上，则根据基本的物理原理，可以建立地表地震动与基岩输入地震动、场地固有周期和场地等效阻尼比之间的理论物理关系[48]：

$$F(\omega,\ \omega_0,\ \xi,\ F_0) = \frac{\omega_0^2 + 2\xi\omega_0\omega i}{\omega_0^2 - \omega^2 + 2\xi\omega_0\omega i} G(F_0,\ \omega) \tag{47}$$

式中，F 为输出 Fourier 谱，G 为输入 Fourier 谱，ω_0 为场地基本频率，ξ 为场地等效阻尼比，F_0 为输入地震动幅值谱参数.

显然，ω_0，ξ 与 F_0 均具有不可控制性质，因此是随机变量. 根据随机建模的基本准则，利用强震观测所获得的地震动时程作为样本集合，可以由数学优化方法识别给出这些基本随机变量的概率结构与分布参数，见表 2 与表 3. 图 10～图 11 则给出理论预测结果与实测地震动的 Fourier 谱的统计比较.

表 2　不同场地随机地震动模型参数的均值

	Ⅰ	Ⅱ	Ⅲ	Ⅳ
基底幅值 F_0	0.22	0.25	0.29	0.35
频率 ω_0	18	15	12	9
阻尼比 ζ	0.65	0.70	0.80	0.85

表 3　不同场地随机地震动模型参数的变异系数

	Ⅰ	Ⅱ	Ⅲ	Ⅳ
基底幅值 F_0	0.50	0.50	0.50	0.50
频率 ω_0	0.40	0.40	0.42	0.42
阻尼比 ζ	0.30	0.30	0.35	0.35

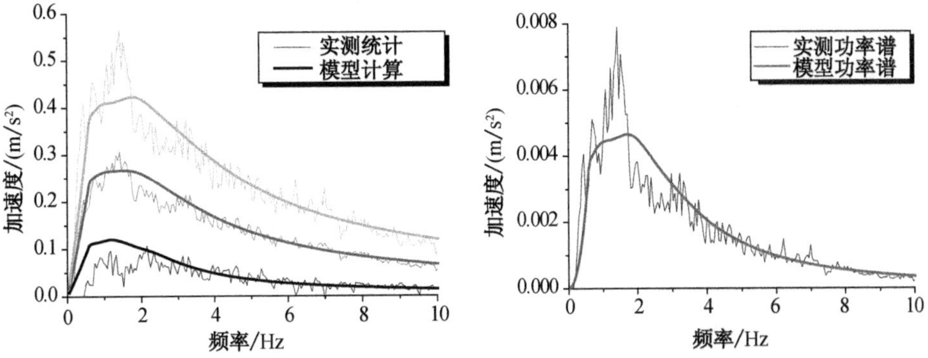

图 10　Ⅱ类场地条件 Fourier 谱的统计比较

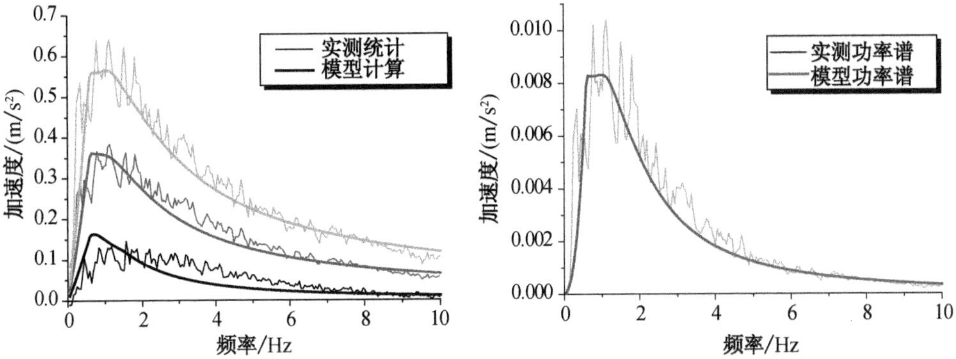

图 11　Ⅳ类场地条件 Fourier 谱的统计比较

在这项研究中,有意识地引入场地分类参数,从而,有效地降低了地震动的观测变异性.

对比经典地震动模型的研究,上述模型从随机 Fourier 谱函数角度建立随机地震动模型,从而明确指出了地震动随机过程随机性的物理本质. 并且,基本物理量是可观测、可统计的. 利用这一模型,不仅可以方便地生成随机地震动时程、从而可以完成复杂结构的随机地震反应分析,而且揭示了这样一条工程应用途径:对于具体工程场地,可以根据现场测试方式确定 ω_0 及 ξ 的概率分布,从而使随机地震动的变异性范围大大降低. 显然,这对于工程设计有重要的价值. 而采用经典地震动随机过程模型,则很难达成上述目的.

图 12 是应用随机地震动分析模型对在建的世界最高建筑——环球金融中心的部分抗震分析结果.

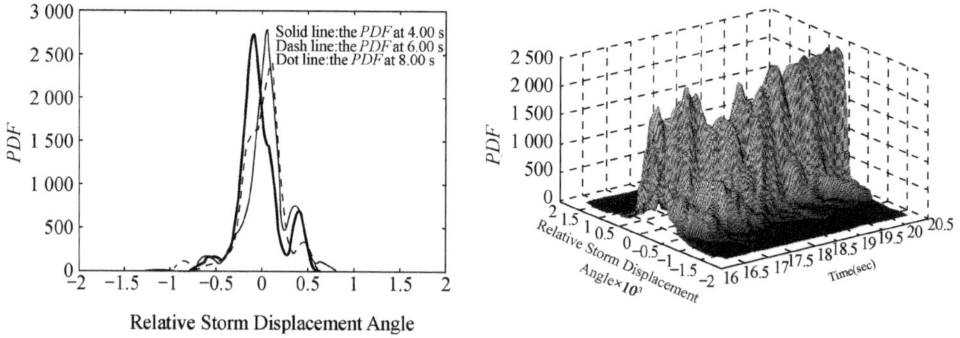

图 12 环球金融中心地震层间位移反应的概率分布密度与概率分布密度曲面

5.3 混凝土随机损伤本构关系

在土木工程中,混凝土是应用最为广泛的工程材料.现代混凝土科学与计算机技术的发展,使混凝土本构关系的研究具有了根本意义上的基础性地位.20 世纪 80 年代,损伤力学被引入混凝土本构关系的研究之中,并逐步形成了以宏观唯象学为标志的宏观损伤力学学派和以细观物理机制研究为特征的细观损伤力学学派[49].尽管两大学派在各自的领域中取得了丰硕的研究进展,然而,人们不无遗憾地看到:在宏观损伤力学研究中,由于对其中关键的损伤演化准则问题采取经验性的或拟塑性力学的处理,因而使宏观损伤力学的基础在总体上处于不稳固的地位.与之相对应,在细观损伤力学研究中,虽然可以在一定程度上描述损伤演化的细观物理机制,从而可以在细观层次上建立损伤演化的物理模型,但由于混凝土微裂缝、微缺陷发展过程中交互作用的复杂性,使得细观损伤模型很难预测混凝土所特有的软化性质及种种复杂特征[50].本文作者在研究过程中发现,如果利用物理随机系统的研究观念,采用随机损伤演化的观点,则有希望建立系综意义上的混凝土损伤演化法则,从而架起细观损伤力学与宏观连续介质损伤力学之间的桥梁[51].为此,我们先后在细观损伤力学意义上研究了单轴受拉与单轴受压随机损伤本构关系[41, 52],在宏观连续介质损伤力学意义上研究了确定性弹塑性损伤力学本构模型[53, 54].将细观损伤力学模型中建立的损伤演化法则应用于宏观连续介质损伤力学模型,建立了完整的混凝土随机损伤本构模型.

事实上,利用细观弹簧模型,容易给出受拉损伤[41]:

$$D(\varepsilon)=\int_0^1 H[\varepsilon-\Delta(x)]\mathrm{d}x \tag{48}$$

其均值与方差分别为

$$E[D(\varepsilon)] = \int_0^{\infty}\int_0^1 H[\varepsilon - \delta(y)] f_{\Delta}(\delta, y)\mathrm{d}y\mathrm{d}\delta \tag{49}$$

$$V^2[D(\varepsilon)] = E[D^2(\varepsilon)] - (E[D(\varepsilon)])^2 \tag{50}$$

式中，$H(\cdot)$ 为 Heaviside 函数；$f_{\Delta}(\delta, y)$ 为随机场 Δ（物理上为细观弹簧的断裂应变）的一维概率分布密度函数.

这一模型,不仅给出了损伤演化的均值,也给出了损伤演化的方差.利用前面所述的概率密度演化方法,甚至可以给出损伤变量关于 ε 的概率密度演化过程.

将损伤变量作为基本随机变量引入宏观连续介质力学模型,不仅有助于从本质上揭示混凝土损伤的物理本质及其演化过程,而且有助于填补细观损伤力学研究与宏观损伤力学之间的鸿沟.从而为混凝土结构的非线性分析与设计提供坚实的基础.显然,沿着这一方向的研究尚有待于进一步深入.

值得指出,在近年来相关领域的研究中,也存在与上述思路类似的努力,如文献[55]及其相关研究.但是,由于这类研究在细观向宏观的过渡中采用系综平均的思路,因而在很大程度上抹杀了损伤的随机演化效应及其影响.采取系综平均思路,在方法论上属于经典物理研究格局,很难全面、真实地反映混凝土材料的非线性性质.

5.4 随机结构非线性动力反应与动力可靠度

以概率密度演化方程为基础,围绕随机结构的非线性动力反应分析,开展了系列的研究工作[31-33, 56-63].在这一研究中,基本的物理关系是运动学基本定律:

$$\boldsymbol{M}\ddot{\boldsymbol{X}} + \boldsymbol{C}\dot{\boldsymbol{X}} + \boldsymbol{f}(\boldsymbol{X}) = \boldsymbol{F}(\mathrm{t}) \tag{51}$$

式中,$\boldsymbol{M}$, $\boldsymbol{C}$ 为结构质量矩阵与阻尼矩阵；$\boldsymbol{f}(\cdot)$ 为非线性恢复力；$\boldsymbol{X}$, $\dot{\boldsymbol{X}}$, $\ddot{\boldsymbol{X}}$ 分别为结构位移、速度和加速度向量；$\boldsymbol{F}(t)$ 为外部作用力.

由于材料质量密度、阻尼性质、材料弹性模量与强度的不可完全控制性质,相应的结构参数应视为随机变量,由此,构成随机结构的基本定义.引用前述微分方程的形式解(物理解),不难导出相应的广义概率密度演化方程:

$$\frac{\partial p_{X\boldsymbol{\Theta}}(\mathrm{x}, \boldsymbol{\theta}, t)}{\partial t} + \dot{X}(\boldsymbol{\theta}, t)\frac{\partial p_{X\boldsymbol{\Theta}}(\mathrm{x}, \theta, \mathrm{t})}{\partial \mathrm{x}} = 0 \tag{52}$$

结合式(27)所示的初始条件,容易用数值方法求出联合概率密度解 $p_{X\boldsymbol{\Theta}}(\mathrm{x}, \boldsymbol{\theta}, t)$.而关于结构反应任意状态量 x 的概率密度随时间演化的过程可由下述积分给出:

$$p_X(x, t) = \int_{\Omega\boldsymbol{\Theta}} p_{X\boldsymbol{\Theta}}(x, \boldsymbol{\theta}, t)\mathrm{d}\boldsymbol{\theta} \tag{53}$$

关于式(52)、(27)的数值求解过程可以用图 13 简明地加以表示.这一图示表明:关于给定样本点的确定性分析可以嵌入基于差分的联合概率密度求解过程中.在这里,确定性系统的分析与随机系统的分析天衣无缝般地统一在了一起.

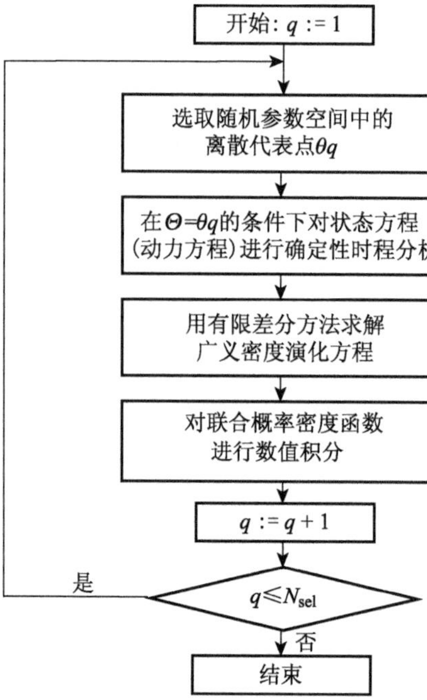

图 13　广义概率密度演化方程的求解

图 14 是采用广为所知的 Bouc-Wen 模型[64, 65]所进行的十层框架结构分析的若干结果. 在这一实例中,采用了 18 个随机变量,并与 Monte-Carlo 方法作了对比. 采用概率密度演化分析仅为经典 Monte-Carlo 方法计算工作量的 1/166 . 并且,后者基本不具备对于概率分布密度的求解能力.

结构分析的基本目的在于结构的设计或结构性态的控制. 当考虑基本物理背景中的随机因素影响时,合理的方式是基于可靠度进行结构设计或控制. 文献[62]通过对随机结构极值反应的分析,巧妙地提出了虚拟随机过程的概念,为解决结构动力可靠度问题奠定了基础.

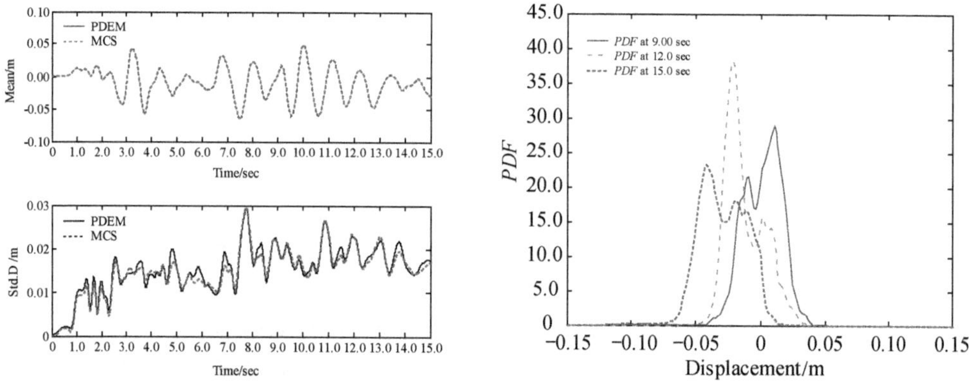

(a) 均值与标准差　　(b) 典型时刻的概率密度函数

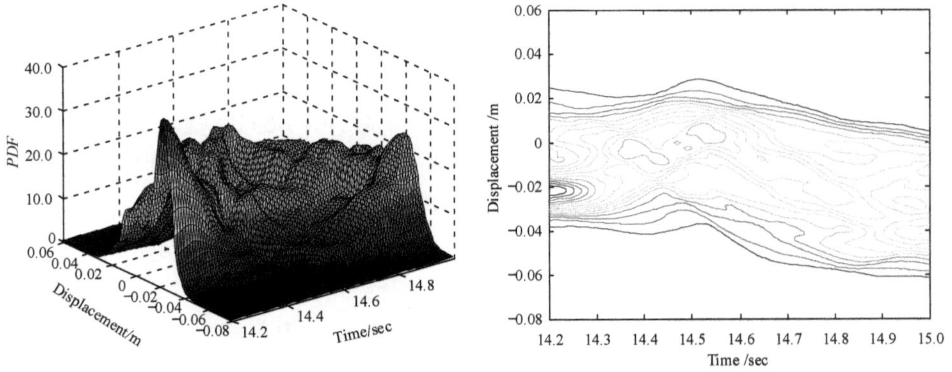

(c) 概率密度演化曲面　　　　(d) 等概率密度线

图 14　典型结构随机反应的概率信息

定义随机过程 $X(t)$的极大值为

$$W(\boldsymbol{\Theta}, T) = \underset{t\in[0, T]}{\operatorname{ext}}(X(\boldsymbol{\Theta}, t)) \tag{54}$$

式中，ext(•) 表示在[0，T]内取 $X(t)$的极大值.

引入虚拟随机过程概念：

$$Z(\tau) = \phi(W(\boldsymbol{\Theta}, T), \tau) \tag{55}$$

且

$$W(\boldsymbol{\Theta}, T) = Z(\tau)\big|_{\tau=\tau_c} \tag{56}$$

$Z(\tau)$ 与其中随机参数 $\boldsymbol{\Theta}$ 一起，构成了一个保守的动力系统，引用基于随机事件的概率守恒描述方式[31]，容易导出关于 $Z(\tau)$ 的广义概率密度演化方程：

$$\frac{\partial p_{Z\boldsymbol{\Theta}}(z, \boldsymbol{\theta}, \tau)}{\partial \tau} + \dot{\phi}(W(\theta, t), \tau)\frac{\partial p_{Z\boldsymbol{\Theta}}(z, \boldsymbol{\theta}, \tau)}{\partial z} = 0 \tag{57}$$

相应的初始条件为

$$p_{Z\boldsymbol{\Theta}}(z, \boldsymbol{\theta}, \tau_0) = \delta(z - z_0)p_{\boldsymbol{\Theta}}(\theta) \tag{58}$$

采用类似于图 13 的数值求解方式，不难给出随机响应 $X(t)$的极大值分布. 而在给定振动时限 T 内，结构动力可靠度为

$$R(t) = \int_{\Omega_s} P_Z(z, \tau_c)\mathrm{d}z \tag{59}$$

在原则上，虚拟随机过程 $\phi(\cdot)$ 的函数形式是可以选择的，这为构造具有某种滤波性质的差分算子提供了可能，从而为开拓具有某种稳健性质的差分算法提供了基础.

将概率密度演化方程与前述物理随机过程模型相结合，可望从根本上解决结

构非线性随机振动与动力可靠度的历史性难题.

5.5 结构体系可靠性:非线性发展过程的考虑

结构体系可靠度是结构工程领域中一个长期悬而未决的问题. 一般认为,造成这一难题的主要原因是各失效模式之间的相关性与失效模式的组合爆炸问题,两者都导致计算上的极端复杂性. 然而,从物理随机系统的观点考察,上述难题在本质上缘于对问题的现象学观察与现象学反映,换句话说,难题的症结出在研究方法论的层面. 以结构体系可靠度分析中最常遇到的框、桁架结构体系可靠度分析问题为例,仔细分析不难发现,经典的研究事实上是囿于理想弹塑性概念的非线性范畴,而所谓的"结构可靠"在实质上只是在研究结构不倒的概率. 在这两个限定下,早期基于塑性极限分析的机构法完全是从对破坏后果的考虑出发研究结构倒塌的概率. 由于不能揭示结构非线性发展过程的物理本质,因此,其失效模式相关性自然失去物理基础,而完全依赖于数学上的假设和推演. 20 世纪 80 年代初,以 Moses, Thoft-chrisfensen, Murotsu 等为代表,引入了以荷载增量法为基础的 β 分支约界法[66-68]. 这一方法的目的在于识别结构系统主要失效模式. 但仔细分析可以发现,这里事实上已经显现了利用物理关系分析结构可靠度的端倪. 然而,令人遗憾的是,由于这些经典作者未能深刻地洞察利用物理关系研究随机系统的意义,一个可能的研究前景与他们擦肩而过. 此后,沿着 β 分支约界法的方向展开了大量研究[66],这些工作恰恰证明了沿此方向进行结构体系可靠度分析很难成功.

事实上,理想弹塑性只是一般非线性的一个特例. 诚如经典研究已证实了的,由于弹-塑性转折点(如框架中的塑性铰)的随机性,使得在结构层次出现非线性转折点的机会在本质上应采用概率描述. 当问题规模增大时(如框架结构层数与跨数的增加),失效模式将随失效路径的增加出现组合爆炸式的增长(非多项式增长). 此时,即便是不计及相关性问题的复杂性,结构体系可靠度也变得极端难以求解. 如果继续循此思路前进,可知对于一般非线性问题,当考虑随机本构关系时,结构状态可以在任一点上产生分叉(图 15),由于非线性过程的连续性,很快可以发现,失效模式有无穷多个! 这将使任何所谓主要失效模式的研究失去意义. 换句话说,经典的结构体系可靠度研究在本质上是不可行的.

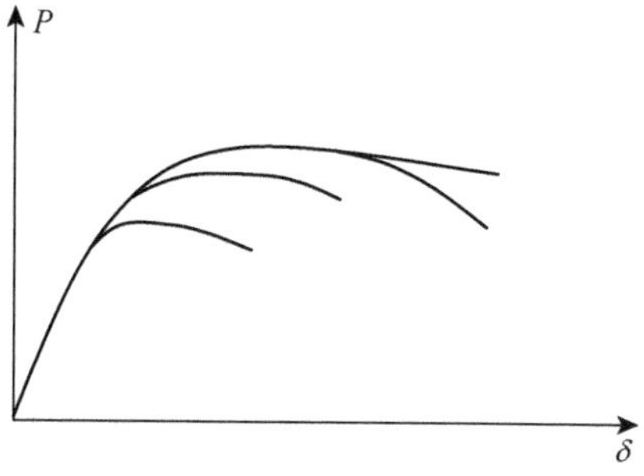

图 15　非线性随机分叉

如果从物理随机系统的基本观点出发观察问题,将会发现:沿着结构非线性发展的路径研究系统可靠度问题,不仅不至于陷于失效模式及其相关性的泥潭,而且可以直观地获得结构体系可靠度的解答. 以经典的框架结构体系可靠度分析问题为例:结构不倒的概率,可以简化为对结构极限承载力的分析,从物理随机系统观点考虑，结构非线性发展过程可视为是以结构荷载与结构参数为基本变量的抗力随机函数，而结构极限承载力可视为这一函数的极值. 利用广义概率密度演化方程和前述极值分布理论，可以容易地求得这一极值的分布. 而结构体系可靠度，则可以定义为结构承载力大于某一给定值的概率. 事实上，如果从上述基本原理出发，也可以引用吸收边界的方法[57, 61]求解结构体系可靠度.

6 几点注记

6.1 统计的必要性

基于物理关系研究随机系统，其基本目的在于揭示随机性的本质、确立随机性的本源，建立确定性系统与随机系统的统一理论框架. 本文作者认为：这种理论框架是反映客观世界的合理途径. 显然，基于物理关系研究随机系统，在大多数场合下可以将对于目标随机变量的统计转化为对于本质(原因)层次上的基本随机变量的统计，从而可望降低统计的难度. 但是，基于物理关系研究随机系统，并不排斥在目标系统层次对所观察随机现象的统计分析. 事实上，在前述随机建模方法中，关于系统实验观察样本集合的统计分析是不可或缺的内容.

与此相关联，基于物理关系研究随机系统也不排斥经典的基于现象学的概率论研究. 事实上，现在的研究是建立在所有经典研究成果之上的. 基于物理关系研究随机系统，仅仅指出了经典随机系统研究的局限性，并试图克服这一局限性. 而并不试图引发一场革命. 在实际问题中，甚至可能存在大量在目前还不具备条件引入物理关系进行研究的案例. 在与人的活动相关的领域内，这样的例子还可能比比皆是，例如，交通流的统计、客服系统，等等. 在这些问题中，经典的基于现象学的统计分析仍将具有重要作用.

6.2 事理随机系统

与人活动相关的领域不仅牵涉到物理，还牵涉到事理，即客观事物(包括社会活动)的内在机理. 引用物理随机系统的基本思想，可以发展基于事理的随机系统研究方式. 如前述的交通流、客服系统乃至金融系统等，都是事理随机系统可能的研究领域. 在这里，同样有效的是对于客观事物的观察、实验、抽象、建模，对于确定性变量的确定，对于基本随机变量的选取与统计，对于目标随机系统的样本轨道反映、系综特征值反映和概率密度反映，等等. 所有这些反映的目的，在于为正确的决策提供合理的、精细化的数量支持.

物理随机系统与事理随机系统，不妨合称为理性随机系统.

6.3 统计规律性的产生·一个猜测

随机性并不必然地导致统计规律性. 根据概率密度演化规律和因果关系树，可以推测:统计规律性产生于系统多层级物理关系的演化进程之中.由于在进化过程中不可控制因素的加入,使得系统性质出现随机性特征.在基本随机变量的统计分布给定后,根据物理关系和概率守恒原理,系统演化进程中的概率密度是可以预测的.在目标系统层次,这种预测应与所观察现象的统计规律基本吻合.由此可知,统计规律性事实上隐含于、产生于多层级物理关系的演化进程中.值得指出的是,在概率密度演化进程中,我们对基本随机变量的初始随机分布类型是没有任何要求的.这一点,与经典概率论中的中心极限定理有某种类同之处.在那里,当讨论独立随机变量和(注意,这恰构成一种"形式"上的物理关系!)的分布时,对各独立变量的分布类型并无任何要求.

6.4 统计相关性

与统计规律性相关联,从物理随机系统的观点考察,统计相关性事实上隐含于、产生于因果关系的演化过程之中.客观物理关系在本质上决定了因变量与自变量之间的相关关系,在基本物理量(原因变量)含有随机变量的场合,这种相关性在现象学意义上表现为概率相关.因此,统计相关性在本质上源于物理相关.这样地一种解释,有助于解决统计相关性应用于实际工程时所遭遇的困境.

7 结 语

至此,我们可以大体上总结一下物理随机系统基本思想的要旨了:

(1) 经典的随机系统研究,在本质上属于现象学的研究,忽视了对于随机现象物理本质的探究;经典的物理研究,倾向于采用确定性模型反映客观现象,忽略了研究对象及其产生原因中可能存在的不可控、不可观因素.将客观现象之间的物理关系引入随机系统的研究之中,有助于正确描述和反映随机系统乃至客观世界的内在规律;

(2) 随机性在本质上源于对物理现象及导致这一现象诸多原因的可控性.客观物理关系隐藏于观测事实之中.根据对客观现象的可控性与否的考察与鉴别,随机性与确定性可以相互转化,统一于对客观物理规律的反映过程之中;

(3) 存在三类基本的客观物理系统描述方式:样本描述、系综数值特征描述、概率密度描述.系综数值特征传递关系与概率密度演化在本质上反映了客观物理系统中随机性转移与输运的过程.

(4) 在研究客观物理规律时,不仅要研究物理现象之间的联系,还要考察在物理现象转化、演变过程中随机性的输运与演化过程.两者共同构成对客观事物的完整反映过程.在此基础上,才能理性地分析、预测乃至控制客观现象.

1934年,爱因斯坦在给玻尔的信中曾经不无激烈地写道:"上帝是不掷骰子的".确实,无所不知、无所不能的上帝是无需靠掷骰子决定事物的发展轨迹的.人,作为万物之灵,在大自然中生存并适度地改造自然的同时,也不无悲哀地发现:我们不是上帝.有限的理性与技术,不足以洞悉世界万物的复杂联系.然而,人,毕竟是万物之灵:人有人的智慧.通过观察客观现象,并适当地加以抽象,人们可以建立起反映客观事物内在联系的基本模型、进而发现其间的本质规律.在这种理性的反映过程中引入随机系统的观念,从而,将传统的确定性系统观念扩展为对一般物理世界的更为全面的反映,正是人类的智慧所在.基于物理关系(规律)研究随机系统及其演化过程,是这一历史进程中一个必要的关键环节.

致谢 在本文酝酿、研究的十年时间里,作者指导的博士研究生张其云、丁光莹、陈建兵、吴建营、艾晓秋、张琳琳分别进行了相关课题的研究工作,是他们创造性的劳动使本文的基本思想与研究背景不断得到丰富与发展.其中,陈建兵博士的工作对本文基本思想的发展起到了重要的推动作用.在此期间,作者先后得到了国家自然科学基金"随机结构非线性动力分析的深入研究"(19772034)、国家杰出青年基金"复杂生命线工程系统地震反应分析与控制理论研究"(59825105)、国家自然科学基金委创新研究群体计划"现代城市重大工程设施防灾的关键科学问题研究"(50321803)的资助与支持.正是这些合作与支持,使作者能够在这个日趋多元化的世界里可以较为深入地思考一些基本问题,在本文行将结束之际,作者希望向上述的合作与支持表达深切的感谢.

参考文献

[1] Ang AH-S, Tang W H. Probability Concepts in Engineering Planning and Design (Vol. 2)[M]. John Wiley & Sons, 1984.

[2] Gardiner C W. Handbooks of Stochastic Methods for Physics, Chemistry and the Natural Sciences (2nd ed)[M]. Berlin Heidelberg: Springer-Verlag, 1985.

[3] Lin Y K, Cai G Q. Probability Structural Dynamics: Advanced Theory and Application[M]. McGraw Hill College Div., 1995.

[4] Soong T T. Random Differential Equations in Science and Engineering[M]. New York and London: Academic Press, 1973.

[5] 吴大猷.物理学的历史和哲学[M].北京:中国大百科全书出版社,1997.

[6] 李杰,李国强.地震工程学导论[M].北京:地震出版社,1992.

[7] 胡聿贤.地震工程学[M].北京:地震出版社,1988.

[8] 李岳生,黄友谦.数值逼近[M].北京:人民教育出版社,1978.

[9] 焦李成.神经网络系统理论[M].西安:西安电子科技大学出版社,1990.

[10] 蒋溥,戴丽思.工程地震学概论[M].北京:地震出版社,1993.

[11] 中国建筑科学研究院[C]//钢筋混凝土结构研究报告选集.北京:中国建筑工业出版社,1977.

[12] 张克绪,谢君斐.土动力学[M].北京:地震出版社,1989.

[13] 徐芝纶.弹性力学[M].北京:人民教育出版社,1979.

[14] 汤任基.固体力学[M].上海:上海交通大学出版社,1999.

[15] A.П.亚历山大洛夫,等.数学——它的内容、方法与意义[M].北京:科学出版社,1984.

[16] 程其襄. 实变函数与泛函分析基础[M]. 北京:高等教育出版社,1983.
[17] 程建春. 数学物理方程及其近似方法[M]. 北京:科学出版社,2004.
[18] Loeve, M. Probability Theory[M]. Springer-Verlag, 1977.
[19] 王梓坤. 概率论基础及其应用[M]. 北京:科学出版社,1986.
[20] 复旦大学. 概率论[M]. 北京:人民教育出版社,1979.
[21] 陆大淦. 随机过程及其应用[M]. 北京:清华大学出版社,1986.
[22] 严士健,王隽骧,刘秀芳. 概率论基础[M]. 北京:科学出版社,1982.
[23] 柯尔莫哥洛夫,A H. 概率论基本概念[M]. 丁寿田,译. 商务印书馆,1952.
[24] И,И. 基赫曼,X B,斯科罗霍德. 随机过程论(第一卷)[M]. 北京:科学出版社,1986.
[25] 郝柏林. 从抛物线谈起——混沌动力学引论[M]. 上海:上海科技教育出版社,1993.
[26] 朱位秋. 随机振动[M]. 北京:科学出版社,1992.
[27] 欧进萍,王光远. 结构随机振动[M]. 北京:高等教育出版社,1998.
[28] Ghanem R, Spanos P D. Stochastic Finite Element: A Spectral Approach[M], Berlin: Springer-Verlag, 1991.
[29] Kleiber M, Hien T D. The Stochastic Finite Element Method[M]. Chishcester: John Wiley & Sons, 1992.
[30] 李杰. 随机结构系统——分析与建模[M]. 北京:科学出版社,1996.
[31] 李杰,陈建兵. 随机动力系统中的广义密度演化方程[J]. 自然科学进展,2006,16:712-719.
[32] 李杰,陈建兵. 随机结构非线性动力响应的概率密度演化分析[J]. 力学学报,2003, 35(6): 716-722.
[33] Li Jie, Chen Jianbing. Dynamic response and reliability analysis of structures with uncertain parameters[J]. International Journal for Numerical Methods in Engineering, 2005,62:289-315.
[34] 李杰. 生命线工程抗震——基础理论与应用[M]. 北京:科学出版社,2005.
[35] Belytschko. T, et al. Nonlinear Finite Elements for Continua and Structures[M]. John Wiley & Sons, 2000.
[36] Dostupov B G, Pugachev V S. The equation for the integral of a system of ordinary differential equations containing random parameters [J]. Automatikai Telemekhanika, 1957, 18: 620-630.
[37] Kozin F. On the probability densities of the output of some random systems[J]. Journal of Applied Mechanics, 1961, 28(2): 161-164.
[38] Syski R. Stochastic differential equations [C]//Saaty T L (ed). Modern Nonlinear Equations, Chapter 8. New York: McGraw-Hill, 1967.
[39] 朱德生,易从虎,雷永生. 西方认识论史纲[M]. 南京:江苏人民出版社,1983.
[40] 李杰,丁光莹. 随机结构非线性地震反应仿真分析[J]. 土木工程学报,2003,36(2):52-57.
[41] 李杰,张其云. 混凝土随机损伤本构关系[J]. 同济大学学报自然科学版,2001,29(10), 1135-1141.
[42] 沈恒范. 概率论讲义[M]. 北京:人民教育出版社,1982.
[43] 李桂青,曹宏. 结构动力可靠性理论及其应用[M]. 北京:地震出版社,1993.
[44] 李杰,张琳琳. 脉动风速功率谱与随机 Fourier 幅值谱的关系研究[J]. 防灾减灾工程学报, 2004,24(4):363-369.

[45] 李杰，张琳琳. 实测风速资料的随机 Fourier 谱研究. 振动工程学报，2007，20:66-72.

[46] Zhang Linlin，Li Jie. Probability Density Evolution Analysis on Dynamic Response of Wind-Excited Transmission Towers [C]//Chang-Koon Choi，Young-Duk Kim，Hyo-Gyong Kwak，eds. Proceedings of the Sixth Asia-Pacific Conference on Wind Engineering. Seoul，Korea，2005:1915-1925.

[47] 张琳琳，李杰. 脉动风速互随机 Fourier 谱函数研究[J]. 建筑科学与工程学报，2006.

[48] 李杰，艾晓秋. 基于物理的随机地震动模型研究[J]. 地震工程与工程振动，2006.

[49] 李杰，张其云. 混凝土随机损伤本构关系研究进展[J]. 结构工程师，2000(54 增刊)：54-61.

[50] 冯西桥，余寿文. 准脆性材料细观损伤力学[M]. 北京：高等教育出版社，2002.

[51] 李杰. 混凝土随机损伤力学的初步研究[J]. 同济大学学报，2004，32(10)，1270-1277.

[52] 李杰，卢朝辉，张其云. 混凝土随机损伤本构关系的单轴受压分析[J]. 同济大学学报，2003，31(5)，505-509.

[53] 李杰，吴建营. 混凝土弹塑性损伤本构模型研究Ⅰ：基本公式[J]. 土木工程学报，2005，38(9)：14-20.

[54] 吴建营，李杰，混凝土弹塑性损伤本构模型研究Ⅱ：数值计算和试验验证[J]. 土木工程学报，2005，38(9)：21-27.

[55] 白以龙，汪海英，夏蒙棼，林孚久. 统计细观力学和跨尺度耦合的特征表征[C]//材料的宏观微细观力学与强韧化设计. 黄克智，王自强. 北京：清华大学出版社，2003.

[56] Li Jie，Chen Jianbing. Probability density evolution method for dynamic response analysis of structures with uncertain parameters [J]. Computational Mechanics，2004，34 (5)，400-409.

[57] Li Jie，Chen Jianbing. The probability density evolution method for dynamic response analysis of non-linear stochastic structures[J]. International Journal for Numerical Methods in Engineering，2006，65(6)：882-903.

[58] Li Jie，Chen Jianbing. The dimension-reduction strategy via mapping for the probability density evolution analysis of nonlinear stochastic systems [J]. Probabilistic Engineering Mechanics，2006，20(1)：33-44.

[59] 李杰，陈建兵. 随机结构动力反应分析的概率密度演化方法[J]. 力学学报，2003，35(4)，437-442.

[60] 陈建兵，李杰. 随机结构静力反应概率密度演化方程的差分方法[J]. 力学季刊，2004，25(1)，21-28.

[61] 李杰，陈建兵. 随机结构动力可靠度分析的概率密度演化方法[J]. 振动工程学报，2004，17(2)，121-125.

[62] 陈建兵，李杰. 随机结构动力可靠度分析的极值概率密度方法[J]. 地震工程与工程振动，2004，24(6)：39-44.

[63] 陈建兵，李杰. 结构随机响应概率密度演化分析的数论选点法[J]. 力学学报，2006，38(1)：134-140.

[64] Baber T T，Noori M N. Random vibration of degrading，pinching systems[J]. Journal of Engineering Mechanics，1985，111(8)：1010-1027.

[65] Wen Y K. Method for random vibration of hysteretic systems[J]. Journal of Engineering

Mechanics,1976, 102(2): 249-263.
[66] 董聪.现代结构系统可靠性理论及其应用[M].北京:科学出版社,2001.
[67] Moses, F. System reliability developments in structural engineering[J]. Structural Safety, 1982(1):3-13.
[68] Thoft-christensen, P, Murostsu, Y, Application of Structural Systems Reliability Theory [M], Berlin, Hedeberg, New York, Tokyo: Springer-Verlag, 1986.